试井解释技术与应用

张英魁　编著

石 油 工 业 出 版 社

内 容 提 要

本书以吉林油气区为例介绍了试井解释的基础参数，提出了岩石压缩系数及流体性质的具体计算方法。阐述试井技术在吉林油气区的应用，解决了起泵测试的试井解释方法；首次提出了未出现径向流多井综合分析试井解释新方法，多井次利用环空测试资料的流动压力段计算采油指数、产量等参数，PanSystem 试井解释软件+注水井压力降落曲线斜率回归公式法+图解法三位一体的联合技术，及吉林油田气井快速产能评价——利用测井地层系数进行产能评价的方法，并确定了产能方程，预测出未进行产能试井的气井参数，为气井初期产量评价提供依据。

本书实用性较强，可供油藏地质、油藏工程、油田开发等专业的工程技术人员及油田管理人员学习参考，也可作为试井技术人员，特别是试井解释人员参考书。

图书在版编目（CIP）数据

试井解释技术与应用／张英魁编著．— 北京 ：石油工业出版社，2019.1

ISBN 978-7-5021-9184-9

Ⅰ．①试… Ⅱ．①张… Ⅲ．①油气藏-试井 Ⅳ．①TE353

中国版本图书馆 CIP 数据核字（2018）第 262776 号

出版发行：石油工业出版社
（北京安定门外安华里 2 区 1 号　100011）
网　址：www. petropub. com
编辑部：（010）64523544
图书营销中心：（010）64523633
经　　销：全国新华书店
印　　刷：北京中石油彩色印刷有限责任公司

2019 年 1 月第 1 版　2019 年 1 月第 1 次印刷
787×1092 毫米　开本：1/16　印张：28. 25
字数：723 千字

定价：180. 00 元
（如出现印装质量问题，我社图书营销中心负责调换）

前　言

试井技术发展已经有90多年的历史。早在20世纪20年代，随着石油工业的发展，美国就已研制和使用了最高读数压力计，测量井底最高压力，并把它作为地层压力应用于油藏工程研究之中。20世纪50年代，米勒（Miller）、戴斯（Dyes）、哈钦森（Hutchinson）以及霍纳（Horner）提出了单对数直线分析的理论和方法。他们的方法就是沿用至今的MDH法和霍纳法，即目前人们常说的常规试井解释方法。1979年Gringarten在前人研究基础上提出了双对数压力典型曲线分析法，1983年Bourdet又提出了压力导数典型曲线分析法，到此，Gringarten双对数压力典型曲线与Bourdet压力导数典型曲线组合成复合图版，成为石油工业标准，这也标志着现代试井解释技术的诞生，使得试井解释模型的识别选择更加容易和准确。

在20世纪40年代，我国从国外引进井下压力计，在玉门油田进行测取地层压力的作业。到了20世纪50年代，克拉玛依油田推广使用不稳定试井方法，开展计算油藏参数及压力系统的研究。进入20世纪60年代，大庆石油会战中，对每一口探井都要作压力恢复，试井对大庆油田早期评价起到了很大作用。1984年现代试井解释技术在我国迅速推广和普及。1985年我国开始引进试井解释软件；与此同时各石油院校联合科技攻关，开发研究试井解释软件。

吉林油气区的试井资料分析技术始于1972年，共分三个阶段。先后经历了1972—1983年手工半对数曲线解释分析阶段；1984—1994年手工现代试井解释分析阶段，其中1984年石油工业部召开试井工作会议，会议重点介绍现代试井技术方法，并要求逐步在全国各油田推广，由此试井测试技术和解释方法研究及应用进入最活跃期；1994—2016年为试井解释软件综合应用阶段，1995年吉林油田管理局开展现代试井解释软件引进及应用研究工作，引进了DOS系统下，加拿大FEKETE公司研制开发的Fast试井解释软件，以及国内研制开发的NSW-TI气井试井解释软件，这两套试井解释软件的引进标志着吉林油田手工试井解释的终结和应用试井解释软件的现代试井解释的开始。1999—2010年为试井资料综合应用阶段，其中在2003年引进EPS试井解释软件、2005年引进Windows版本Fast试井解释软件、2008年引进Ecrin试井解释软件。由于五套试井解释软件的引进，对于出现径向流的油气井采用数据预处理技术、模型诊断及图形分析技术、拟合技术，最终获得正确、合理的试井解释结果。

为了使试井技术人员，特别是吉林油区试井解释技术人员有很好的参考书，在发表的20多篇论文基础上编写成《试井解释技术与应用》一书。在此，感谢笔者的师父张之晶高级工程师在本书编纂过程中给予的耐心指导，是他的时时提醒和鞭策才使笔者走上科研之路，用6年的心血完成此书的撰写。感谢吉林油田勘探开发研究院三次采油研究所高级工程师谷武在反复审阅本书终稿后给予的校对和提出的宝贵修改意见。感谢吉林油田勘探开发研究院战永江高级工程师、孙胜宇工程师、史文选高级工程师在本书编写过程中提供的珍贵素材以及给予的部分图文绘制编写帮助。同时，感谢吉林油田教授级高级工程师钟显彪，天然气开发所高级工程师李忠诚、高级工程师李迎久、张慧宇、郭世超、宋鹏、孙文铁、孙莹等给予的大力支持。最后，要特别感谢天然气开发所张国一博士，在终稿时，针对本书书名问题，正是通过与他反复推敲后，才最终确定本书书名，在此表示感谢。

由于本人理论水平和实践经验有限，本书有不当之处，敬请专家、读者批评指正。

目　　录

概述 ……………………………………………………………………………………（1）

第一章　试井解释中基础参数的确定 ……………………………………………………（5）

第一节　流体参数的确定 ………………………………………………………………（5）

第二节　岩石压缩系数的确定 …………………………………………………………（9）

第二章　油井不稳定试井解释实例分析 ………………………………………………（15）

第一节　起泵、液面和环空测试试井实例分析 …………………………………………（15）

第二节　油井未出现径向流分析方法实例 ………………………………………………（32）

第三章　油井稳定试井实例分析 ………………………………………………………（54）

第一节　油藏地质简介 …………………………………………………………………（54）

第二节　测试井及测试简介 ……………………………………………………………（54）

第三节　压力恢复试井解释 ……………………………………………………………（54）

第四节　油井稳定试井 …………………………………………………………………（55）

第五节　小结 ……………………………………………………………………………（58）

第四章　气井产能试井 …………………………………………………………………（59）

第一节　回压试井 ………………………………………………………………………（59）

第二节　等时试井 ………………………………………………………………………（62）

第三节　修正等时试井 …………………………………………………………………（63）

第四节　一点法试井 ……………………………………………………………………（65）

第五节　稳定点法试井 …………………………………………………………………（66）

第六节　吉林油田气井快速产能评价 ……………………………………………………（68）

第五章　气田试井实例分析 ……………………………………………………………（76）

第一节　A 气田试井实例分析 …………………………………………………………（76）

第二节　B 气田试井实例分析 …………………………………………………………（132）

第三节　C 气田试井实例分析 …………………………………………………………（153）

第四节　D 气田 HS 组直井试井实例分析 ………………………………………………（182）

第五节　D 气田 HS 组水平井试井实例分析 ……………………………………………（238）

第六节　物质平衡法确定 D 气田 HS 组控制地质储量 …………………………………（330）

第七节　D 气田 DLK 组试井实例分析 …………………………………………………（332）

第八节　E 气田试井实例分析 …………………………………………………………… (367)
第六章　注水井试井解释分析 …………………………………………………………… (404)
第一节　Y 油田水井试井解释 ……………………………………………………………… (404)
第二节　BEN 油田水井试井解释 …………………………………………………………… (414)
第三节　水井未出现径向流试井解释 ……………………………………………………… (429)
第七章　试井解释技术 …………………………………………………………………… (437)
第一节　试井解释的步骤 …………………………………………………………………… (437)
第二节　试井解释技术关键 ………………………………………………………………… (438)
参考文献 …………………………………………………………………………………… (444)

概　　述

在石油天然气的勘探开发过程中，为了对钻井过程中遇到的油气显示作出准确评价，进行油气藏描述，得到油气田开发生产动态下的油藏参数，试井是油田开发的一种必不可少的动态监测手段。通过试井资料，可制订合理的油气田开发和调整政策，提高油田的最终采收率。何为试井？试井能取得油气藏的哪些参数呢？试井的分类又如何呢？下面简单谈一谈这几个问题。

一、试井的含义

试井就是对井（油、气、水井）进行测试。测试的内容包括测量井的产量、压力、温度及其变化，以及取样（包括油样、气样和水样）等。试井是一种以渗流力学为基础，以各种测试仪表为手段，通过对油、气、水井生产动态的测试来研究和确定油、气、水层的生产能力、物性参数、生产动态，判断测试井附近的边界情况，以及油、气、水层之间的连通关系的方法。

二、试井取得的油气藏参数

试井方法研究是油藏描述技术研究的主要内容之一。通过试井技术研究可获得油层在生产状态下的油藏参数，主要有平均地层压力、储层类型、有效渗透率、不渗透边界的大致几何形态及最近边界距离、井周围储层物性变化和伤害程度、措施效果评价、动储量以及油井的最大产能（气井的无阻流量）等。利用这些参数并结合地质、测井等资料可对油藏的压力系统、注水动态、措施效果、油藏特性等方面进行评价，同时为油藏描述提供可靠依据，从而可制订合理的油田开发和调整政策，提高油田的最终采收率。

三、试井的分类

1. 按压力分类

试井从压力上分有低压试井和高压试井。低压试井是指在油、气、水井测试过程中不动用井下压力计的一切测试，包括测液面、示功图、产油量、产水量、含砂量、含水量、气油比、气水比、井口油管压力和套管压力等。高压试井是指在油、气、水井测试过程中使用井下压力计的一切测试。

2. 按内容分类

试井从内容上分有广义和狭义之分。广义的试井包括的内容很广泛。从压力、温度的测量，到取高压物性样品，测量不同工作制度下的油、气、水流量，甚至探测砂面以了解地层出砂情况，测压力、温度梯度，以研究井筒内的流体等，都可算作是试井的范畴。但是，狭义的试井，则仅指井底压力的测量和分析，以及为了进行压力校正而进行的温度测量和为了分析压力而进行的产量计量。本书所讲的是吉林油田的高压试井或狭义试井内容。总体讲，试井包括产能试井和不稳定试井两大类：产能试井也就是稳定试井，包括回压试井、等时试井、修正等时试井；不稳定试井包括压力恢复试井、压力降落试井、压力回落试井、注入试井、变流量试井、多井试井（包括干扰试井、脉冲试井、垂直脉冲试井等）。

四、试井技术发展概况

1. 世界试井技术的发展

试井技术已经有90多年的历史。早在20世纪20年代，随着石油工业的发展，美国就已研制和使用了最高读数压力计，测量井底最高压力，并把它作为地层压力应用于油藏工程研究之中。但人们注意到，井底压力的高低与关井时间的长短有关，特别是在渗透性很差的油田，油井关井后相当长时间内，井底压力仍在不断上升。这使人们认识到，井底压力的变化与油层的性质有关。到20世纪30年代，连续记录压力的阿美瑞达（Amerada）型机械压力计问世，同时麦斯凯特（Muskat）提出了用不稳定试井资料外推地层压力的理论和方法。20世纪50年代，米勒（Miller）、戴斯（Dyes）和哈钦森（Hutchinson）以及霍纳（Horner）提出了单对数直线分析的理论和方法，为不稳定试井曲线的分析和解释奠定了基础。他们的方法就是沿用至今的MDH法和霍纳法，即目前人们常说的常规试井解释方法。

20世纪70—80年代，随着科学技术的发展，特别是电子计算机的广泛使用和高精度电子压力计的研制成功及推广使用，使试井技术产生了重大突破，20世纪70年代Ramey、Agarwal 、Mckinly 、Earlougher等研究出了以典型曲线分析为主的早期试井分析方法，现代试井解释方法有了重要进展。1979年Gringarten在前人基础上提出了双对数压力典型曲线分析法，1983年Bourdet又提出了压力导数典型曲线分析法，到此，Gringarten双对数压力典型曲线与Bourdet压力导数典型曲线组合成复合图版，成为石油工业标准，这也标志着现代试井解释技术的诞生。20世纪90年代，又进一步将数值解法或油气藏数值模拟直接运用到资料解释过程之中，从而创建了崭新的数值试井方法。2001年，Von Schroctet和Gringarten等把反褶积方法引入试井解释，使得试井解释模型的识别选择更加容易和准确。

2. 国内试井技术的发展

20世纪40年代，我国从国外引进井下压力计，在玉门油田进行测取地层压力的作业。到了20世纪50年代，克拉玛依油田推广使用不稳定试井方法，开展计算油藏参数及压力系统的研究。进入20世纪60年代，大庆石油会战中，对每一口探井都要作压力恢复，试井对大庆油田早期评价起到了很大作用。1984年现代试井解释技术在迅速推广和普及。1985年开始引进试井解释软件；与此同时各石油院校联合科技攻关，开发研究试井解释软件。

3. 吉林油区试井技术的发展

试井是动态监测的重要组成部分，是油气田勘探、评价、开发的“眼睛”。长期以来它在吉林油田得到广泛应用，并取得了良好的应用效果。吉林油田的试井资料分析技术始于1972年，共分三个阶段，先后经历了手工半对数曲线解释分析、手工现代试井解释分析、试井解释软件综合应用阶段。

1）第一阶段（1972—1983年）

1972—1983年一直采用手工绘制半对数曲线的常规分析，结合经验公式计算地层压力及地层参数。

1972年以压裂井测压资料为基础，研究出压裂油井压力恢复曲线解释方法。该方法结束了扶余油田没有压力恢复曲线解释方法的情况。

1979年根据以单向流为主的渗流规律，研究平面单向流压力恢复曲线在扶余油田的应用，认为压裂使油层普遍存在的东西向纵向裂缝扩大，形成以单向流为主的渗流规律。平面单向流压力恢复曲线计算地层压力的最大优点是缩短了测压关井时间。

1983 年以平面径向流为理论，研究压力恢复曲线在吉林油田的应用，目标为扶余油田测压解释方法及渗流参数的研究。即在 p_t—lg$t$ 坐标系下整理压力恢复曲线，同时认可 p_t—$\sqrt{t}$ 解释方法可缩短测压关井时间，利用逐次逼近法重复计算，直到满意为止。计算平均地层压力结果与实测值的最大相对误差不超过 4%，平均相对误差只有 1.1%。

2）第二阶段（1984—1994 年）

1984—1994 年是手工现代试井解释阶段。1984 年石油工业部召开试井工作会议，会议重点介绍现代试井技术方法，并要求逐步在全国各油田推广。试井测试技术和解释方法研究及应用进入最活跃期。

当时吉林油田管理局是省管油田，测试仪器装备落后，没有高精度电子压力计和小直径压力计，即不具备开展环空测压技术的条件，因此没能应用现代试井解释方法处理试井资料。但已开展现代试井解释方法应用的研究工作，掌握了现代试井方法和解释技术。

1986 年根据 Zh56 井等两口井压力恢复资料，应用 Gringarten 压力导数理论图版用手工拟合方法得到压力拟合值、时间拟合值、曲线拟合值进而计算出井筒储集系数、表皮系数、有效渗透率、平均地层压力等参数，标志着吉林油田已经掌握了现代试井技术，该研究成果获 1987 年“四省市试井学术会议”三等奖。

1990 年长春油田已具备自喷井不关井测压方法研究的条件，随即立项“长春油田自喷井不关井测压方法研究”，通过改变油井工作制度，在井底及其周围地层中形成不稳定的流动过程，任一点的压力变化都要反映出地层和流体性质以及井的边界条件，这样在生产状态下连续测量井底压力随时间的变化，利用测得的井底流压和测试时间绘制出半对数曲线，从而推导出改变工作制度后的一系列地层参数公式：有效渗透率、表皮系数、平均地层压力、导压系数、稳定流压等。

1991 年立项“气井试井分析方法”。在气井试井及分析中，结合中原油田、四川油田及吉林油田 C2 井的实际资料开展气井产能试井分析方法研究，即回压试井、等时试井和修正等时试井方法，并归纳出稳定试井测试要点，提出用测试前后的生产史验证所求二项式方程的可靠性。成果在 1994—1996 年 DFS 气田、BH 气田的评价和开发中得到了良好的应用，解决了关键问题，形成了实用配套技术。

3）第三阶段（1994—2016 年）

1995 年吉林油田管理局开展现代试井解释软件引进及应用研究工作，引进了 DOS 系统下，加拿大 FEKETE 公司研制开发的 Fast 试井解释软件；以及国内研制开发的 NSWTI 气井试井解释软件。这两套试井解释软件的引进标志着吉林油田手工试井解释的终结和应用试井解释软件的现代试井解释的开始。

4. 试井解释所需基础参数研究

1998 年吉林省石油集团有限责任公司开展“吉林油区试井解释中基础参数的确定及拟合技术”研究工作，该课题针对吉林油区 15 个已开发油田的岩石、流体性质及开发现状对试井解释中的原油体积系数、压缩系数、黏度、溶解气油比、岩石压缩系数、地层水压缩系数等基础参数进行了确定。

5. 试井资料综合应用

1999—2016 年为试井资料综合应用阶段，在 2003 年引进 EPS 试井解释软件；2005 年引进 Windows 版本 Fast 试井解释软件；2008 年引进 Ecrin 试井解释软件。

由于五套试井解释软件的引进，对于出现径向流的油气井采用数据预处理技术、模型诊断及图形分析技术、拟合技术进行综合分析，最终获得正确、合理的试井解释结果。

在应用试井解释软件的过程中发现吉林油田（油井）压力恢复曲线出现径向流占统计井次的 20%~30%之间。为了使未出现径向流大部分井的压力恢复资料得到很好的应用，研究出未出现径向流多井综合分析试井解释新方法——“吉林公式 3”。首次提出了图形识别和图形分析+最优算法（神经网络 BP 算法）+试井解释软件三位一体的联合技术，这项新技术、新方法、新思路的提出，打开了吉林油区低渗透储层的试井解释新局面。

第一章　试井解释中基础参数的确定

本章针对某油气区 15 个已开发油田的岩石、流体性质及开发现状对试井解释中的地层油体积系数及压缩系数、黏度、溶解气油比、岩石压缩系数、地层水压缩系数等基础参数进行了确定。主要方法是根据各油田有代表性的高压物性资料，采用多项式的方法对实测点进行拟合，得出原油的高压物性与地层压力之间的关系式；同时利用人工神经网络 BP 算法、多元回归方法确定岩石压缩系数。采用原始压力、孔隙度为学习样本（自变量），以岩石压缩系数为预测样本（因变量），利用人工神经网络 BP 算法和多元回归方法，进行了某油气区分油田、分层位预测油田岩石压缩系数的研究工作，便于各油田参考使用。

第一节　流体参数的确定

某油气区的大部分油田已到了注水开发的中后期，目前地层压力的确定是油藏工程师面临的一大难题，因而，试井解释工作显得更加重要。但随着油田的开发，由于地层压力的变化，导致地下流体性质也相应发生了变化，因此试井解释中基础参数的进一步确定是非常必要的。行之有效的方法是再次取油田高压物性样品进行化验分析，但实际开采中无论哪一个油田也不情愿这样做。另外，吉林油田部分采油厂在压力恢复试井解释中基础参数的选择也比较混乱，尤其是没有取过高压物性样品和缺少化验分析资料的油田，大多粗略地估计一下便采用，这样势必造成解释结果的不可靠。因此，本节提出了油田目前开发阶段的试井解释中基础参数的确定方法。另外，气井的试井解释中基础参数的确定，可以在试井解释软件中，利用气体组分计算出各项参数。

基础参数主要有地层油体积系数及压缩系数、黏度、溶解气油比和地层水的压缩系数 5 项参数。本节针对这 5 项参数，根据吉林油区 15 个油田（A、B、C、D、E、F、G、H、I、J、K、L、M、N 和 O）的实际油藏及流体特征，分油田研究确定这些基础参数。

一、原油高压物性参数

原油高压物性参数主要有体积系数、黏度、密度、气油比和压缩系数。其中黏度对解释的有效渗透率影响很大，压缩系数对解释的边界距离影响很大。原油高压物性参数的确定方法主要有经验公式法和多项式拟合法。

1. 经验公式法

首先考虑采用经验公式来确定原油高压物性参数。通过对国内外资料的检索，仅查到一套公式。

（1）地层油的溶解气油比是指在油藏温度和压力下地层油中溶解的气量。

地层油溶解气油比的相关公式：

$$R_s = 1.1661 r_g p^{1.187} \exp\left[\frac{6.3967^{\left(\frac{1.076}{r_o}-1\right)}}{3.6585 \times 10^{-3} T + 1}\right] \quad (1-1-1)$$

式中　R_s——溶解气油比，m^3/m^3；

p——地层压力，MPa；

T——地层温度,℃；

r_o——地面脱气原油的相对密度；

r_g——天然气的相对密度。

（2）地层原油压缩系数是指随压力的变化地层油体积的变化率。

地层原油压缩系数的相关公式：

$$C_o=\frac{-1433+28.075R_s+550.4(5.625\times10^{-2}T+1)-1180r_g+1658.215^{\left(\frac{1.076}{r_o}-1\right)}}{10^5p} \tag{1-1-2}$$

式中　C_o——地层原油压缩系数，1/MPa。

（3）地层原油体积系数是指原油在地下的体积（即地层油体积）与其在地面脱气后的体积之比。

地层原油体积系数的相关公式：

$$p\leqslant p_b$$

$$B_{ob}=1+2.6222\times10^{-3}R_s+[(0.0405+2.7642\times10^{-5}R_s)(6.4286\times10^{-2}T-1)(\frac{1.076}{r_o}-1)]\frac{1}{r_g} \tag{1-1-3}$$

$$p>p_b$$

$$B_o=B_{ob}\exp[-C_o(p-p_b)] \tag{1-1-4}$$

式中　B_{ob}——饱和压力下的地层原油体积系数；

B_o——地层原油体积系数。

（4）地层原油黏度。

地层原油黏度的相关公式：

$$p<p_b$$

$$\mu_o=(5.615\times10^{-2}R_s+1)^{-0.515}\mu_{od}^{(3.7433\times10^{-2}R_s+1)^{-0.338}} \tag{1-1-5}$$

$$p\geqslant p_b$$

$$\mu_o=\mu_{ob}(\frac{p}{p_b})^{956.4295p^{1.187}\exp[-11.513-1.302\times10^{-2}p]} \tag{1-1-6}$$

式中　μ_{od}——地层温度下的脱气原油黏度，mPa·s；

μ_{ob}——饱和压力下的地层原油黏度，mPa·s；

μ_o——地层原油黏度，mPa·s。

（5）地层原油密度是指在地层温度和地层压力下，溶解有天然气的地层原油密度。

地层原油密度的相关公式：

$$\rho_o=\frac{r_o+1.2237\times10^{-3}r_gR_s}{B_o} \tag{1-1-7}$$

式中 ρ_o——地层原油密度，g/cm³。

从公式（1-1-2）、公式（1-1-3）、公式（1-1-5）、公式（1-1-7）看，确定溶解气油比的公式（1-1-1）是关键。因为这 4 个公式都需要用溶解气油比这个参数进行计算，如果计算溶解气油比的误差不太大，公式（1-1-1）能应用，反之则不能应用。利用吉林油区 17 口井的原油高压物性资料对上述公式进行验证，计算结果表明误差约为 76.1%，见表 1-1-1。由此可见，相关经验公式的应用范围存在一定的局限性。

表 1-1-1　经验公式计算地层油高压物性与实际值对比

井号	输入参数					气油比		
	油相对密度	气相对密度	饱和压力（MPa）	油藏温度（℃）	原始地层压力（MPa）	计算值（m³/m³）	实际值（m³/m³）	相对误差（%）
H305	0.8279	0.8881	12.3	72	16.54	131.99	43.31	67.2
B143	0.8221	1.1573	9.05	63	14.5	160.69	38.04	76.3
…	…	…	…	…	…	…	…	…
总误差（%）								76.1

2. 多项式拟合法

收集并整理了某油气区 1965 年至今共计 62 口井的高压物性资料，其中有 20 口井做了多次脱气分析。对于具有多次脱气资料的油田采用有代表性的实际资料来确定原油的物性参数。从 20 口井的多次脱气资料中，选出具有代表性的 12 口井的资料，采用多项式对实测点进行曲线拟合，得出原油物性与地层压力之间的关系式，即体积系数、黏度、气油比、密度与地层压力关系式。H、B 油田典型多项式曲线拟合图及公式见图 1-1-1、图 1-1-2。利用这些公式可确定已开发油田目前地层压力下原油的物性参数。

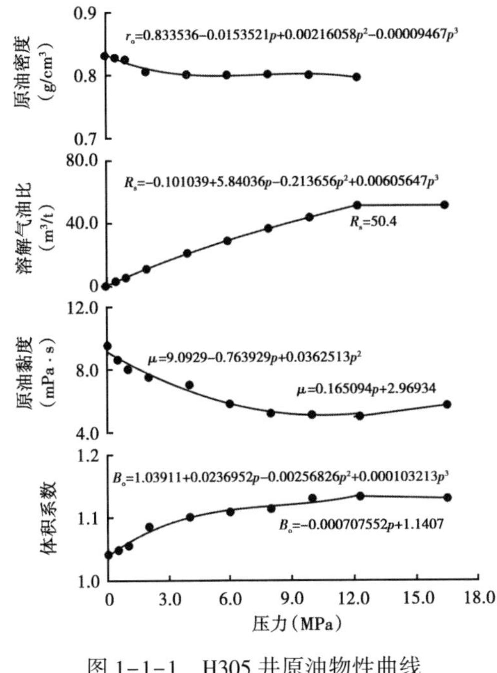

图 1-1-1　H305 井原油物性曲线

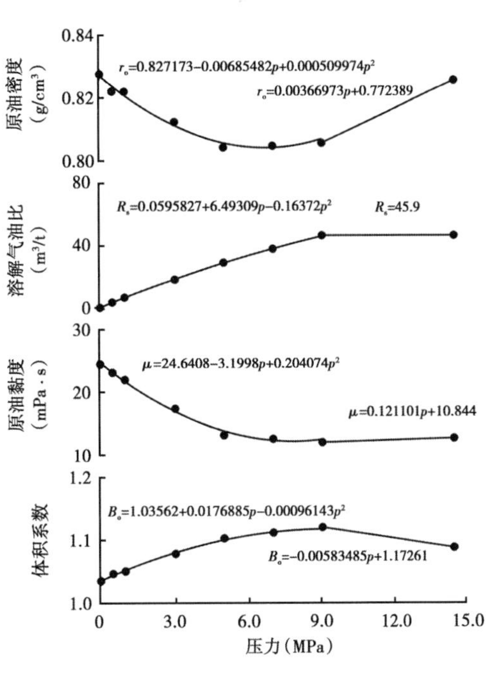

图 1-1-2　B143 井原油物性曲线

对于没有多次脱气资料的油井，考虑采用相邻类似油田相同层位的原油高压物性资料来确定这些油田的原油物性参数。由此确定了各油田目前地层压力下的原油高压物性参数，并且在某油气区的试井解释中得到了很好的应用，见表 1-1-2。

表 1-1-2　各油田实际确定的地层原油物性参数

油田	层位	代表井	原始地层压力（MPa）	目前地层压力（MPa）	原油体积系数	原油压缩系数（10^{-4}/MPa）	原油黏度（mPa·s）	气油比（m^3/t）	原油密度（g/cm^3）
H	G	H305	17.3	12.61	1.132	9.300	5.051	50.4	0.7989
B	S	B143	12.25	9.07	1.117	7.471	11.942	45.9	0.8057
…	…	…	…	…	…	…	…	…	…

二、地层水压缩系数

地层水压缩系数与地层压力、地层温度、地层水的矿化度和天然气的溶解度有关。

目前某油气区地层水压缩系数实测资料仅 F 油田做过一个样，因此其他油田地层水压缩系数需要利用经验公式确定。

1. 天然气在水中的溶解度

（1）在纯水中：

$$R_{sw} = [A + B(145.03p) + C(145.03p)^2]/5.615 \tag{1-1-8}$$

$$A=2.12+3.45\times10^{-3}F-3.59\times10^{-5}F^2$$

$$B=1.07\times10^{-2}-5.26\times10^{-5}F+1.48\times10^{-7}F^2$$

$$C=-8.75\times10^{-7}+3.9\times10^{-9}F-1.02\times10^{-11}F^2$$

（2）在矿化水中：

$$R_{sb} = R_{sw} \times SC' \tag{1-1-9}$$

$$SC' = 1 - (0.0753 - 0.000173F)S \tag{1-1-10}$$

式中　R_{sw}——纯水溶解度，m^3/m^3；

R_{sb}——矿化水溶解度，m^3/m^3；

p——地层压力，MPa；

SC′——矿化度校正系数；

S——含盐量（NaCl 质量分数）；

F——地层温度，℉。

2. 水的等温压缩系数

（1）脱气水等温压缩系数：

$$C_{wf} = 145.03 \times 10^{-6}(A + BF + CF^2) \tag{1-1-11}$$

式中　$A=3.8546-1.9435\times10^{-2}p$；

$B=-0.01052+6.9179\times10^{-5}p$；

$C=3.9267\times10^{-5}-1.2763\times10^{-7}p$。

（2）饱和水等温压缩系数：

$$C_{wg}=C_{wf}(1+5\times10^{-2}R_{sw}) \tag{1-1-12}$$

含盐量校正：

$$C_{wb}=C_{wg}SC \tag{1-1-13}$$

$$SC=(-0.052+2.7\times10^{-4}F-1.14\times10^{-6}F^2+1.121\times10^{-9}F^3)S^{0.7}+1 \tag{1-1-14}$$

式中 C_{wf}——脱气水等温压缩系数，1/MPa；

C_{wg}——天然气饱和水的等温压缩系数，1/MPa；

C_{bf}——盐水的等温压缩系数，1/MPa；

SC——矿化度校正系数。

利用 F 油田的地层水实测资料对上述经验公式进行验证，相对误差为 6.05%。利用上述公式确定了其余 14 个油田的地层水压缩系数，见表 1-1-3。

表 1-1-3　各油田地层水压缩系数

油田	层位	总矿化度（mg/L）	油藏温度（℃）	目前地层压力（MPa）	水压缩系数（10^{-4}/MPa）
H	G	10182.2	72	12.61	4.6519
B	S	11781.4	55	9.07	4.5692
…	…	…	…	…	…

第二节　岩石压缩系数的确定

针对油气藏工程中物质平衡计算、弹性能量计算和试井解释工作的需要以及实际测定岩石压缩系数的困难，本节应用油区现有的实际岩石压缩系数资料对前人的经验公式进行验证，得出总相对误差为 504.25%~681.15%，由此发现这些经验公式并非普遍适用。基于上述原因，首次提出了利用人工神经网络 BP 算法、多元回归方法确定岩石压缩系数。采用原始压力、孔隙度为学习样本（自变量），以岩石压缩系数为预测样本（因变量），利用人工神经网络 BP 算法和多元回归方法进行了分油田、分层位地预测没有岩石压缩系数油田的研究工作，并根据已有的实测岩石压缩系数资料验证了人工神经网络 BP 算法、多元回归方法的可靠性，BP 算法总相对误差为 12.43%，多元回归方法总相对误差为 16.24%。

一、岩石压缩系数的定义

储油岩石上覆岩层压力将迫使砂粒挤压、变形，使其排列更加紧密；岩石具有孔隙，因此可以被压缩，即具有一定的弹塑性。油气田开发前，原始条件下，地层中上覆岩石压力（外压）、地层压力（孔隙中的流体压力）以及岩石骨架所承受的压力处于平衡状态。投入开发后，随着油层中流体的采出，地层压力不断下降，压力平衡关系遭到破坏，外压与内压的压差增大，在上覆岩石压力作用下岩石颗粒挤压变形，排列更加紧密，从而孔隙体积缩小。

为了表示孔隙体积的缩小值随地层压力降落值的变化关系，引入岩石弹性压缩系数的概念。岩石弹性压缩系数是指在恒温条件下，每变化 1MPa 压力时，孔隙体积的变化率：

$$C_f = \frac{1}{V_P}(\frac{\partial V_P}{\partial p})_T \qquad (1-2-1)$$

式中 C_f——岩石压缩系数，1/MPa；

V_P——岩石孔隙体积，m^3；

p——压力，MPa；

T——恒温条件。

岩石压缩系数是岩石类型、孔隙度、孔隙压力、上覆压力以及地层中不同方位应力等因素的复杂函数。在文献中还没报道过就某些控制性函数对这一量值进行可靠校正的方法。实际上，在实验中确定 C_f 是很困难的，因为在实验室重现油田的实际条件很困难，即使有也是寥寥无几。由于岩石压缩系数是复杂函数，采用经验公式法计算该参数，首先考虑国外经验公式。

二、前人的经验公式

1. Hall 公式

Hall 提出的相关曲线用得最多，它是把 C_f 与一单变量数即孔隙度相关起来。利用图版作线性回归，得到如下相关经验公式：

$$C_f = \frac{2.587 \times 10^{-4}}{\phi^{0.43558}} \qquad (1-2-2)$$

式中 ϕ——孔隙度。

2. Newmen 公式

Newmen 在静水压力下，测定了胶结砂岩的等温压缩系数和孔隙度值，拟合实验数据得到如下经验公式：

$$C_f = \frac{0.014104}{(1 + 55.8721\phi)^{1.42359}} \qquad (1-2-3)$$

3. 用覆压资料对前人经验公式进行验证

首先，按区域构造把油区划分为两个区：Ⅰ区和Ⅱ区。目前油区 24 口井、45 块岩样、315 个测试点有覆压资料。然后，用覆压资料对 Hall 公式、Newmen 公式进行验证。

Ⅰ区共有 2 口井 4 块岩样的覆压资料，利用这 4 块样品进行了验证。验证结果：Hall 公式的总相对误差为 504.25%，Newmen 公式的总相对误差为 570.28%。

Ⅱ区共有 5 个油田 22 口井、41 块岩样、287 个测试点的覆压资料，利用这些岩样进行了验证。Hall 公式的总相对误差为 678.16%，Newmen 公式的总相对误差为 681.15%。例如：10 号油田 B 层岩样，从图 1-2-1、表 1-2-1 中可以看出误差相当大。

Hall 公式的总相对误差为 504.25%~678.16%（Newmen 公式总相对误差比 Hall 公式总相对误差还要大些）。正如 Earlougher 所指出的，这一相关曲线已经知道是不正确的，在特定情况下可以相差一个数量级或更多。因此，相关公式用起来容易，但所得到的结果对任一种应用来讲都会造成严重错误。

表 1-2-1　Ⅱ区 10 号油田 B 层岩样压缩系数对比表

实际压缩系数（1/MPa）	孔隙度	压力（MPa）	Hall 公式计算压缩系数（1/MPa）	相对误差（%）	Newmen 公式计算压缩系数（1/MPa）	相对误差（%）	神经网络BP 法计算压缩系数（1/MPa）	相对误差（%）	最优算法计算压缩系数（1/MPa）	相对误差（%）
0. 0119	0. 117	6. 37	0. 000658993	1705. 78	0. 000791759	1402. 98	0. 0096008	23. 948	0. 010013536	18. 83913
0. 00921	0. 114	9. 34	0. 000666496	1281. 85	0. 000817519	1026. 58	0. 0076552	20. 31038	0. 007030008	31. 00982
0. 00732	0. 111	12. 3	0. 000674287	985. 59	0. 000844739	766. 54	0. 0058177	25. 82292	0. 005466091	33. 91655
0. 00586	0. 109	15. 27	0. 000679651	762. 21	0. 000863755	578. 43	0. 0045187	29. 68332	0. 004481167	30. 76949
0. 00482	0. 107	18. 23	0. 000685158	603. 49	0. 000883512	445. 55	0. 0036953	30. 43596	0. 003813016	26. 40912
0. 00376	0. 106	21. 2	0. 000687968	446. 54	0. 00089368	320. 73	0. 0031996	17. 51469	0. 003315485	13. 40723
0. 00294	0. 105	24. 16	0. 000690816	325. 58	0. 00090405	225. 20	0. 0028902	1. 723064	0. 002938831	0. 039768
…	…	…	…	…	…	…	…	…	…	…
Ⅱ区 10 号油田 B 层压缩系数总相对误差（%）				678. 16		681. 15		11. 45		16. 22

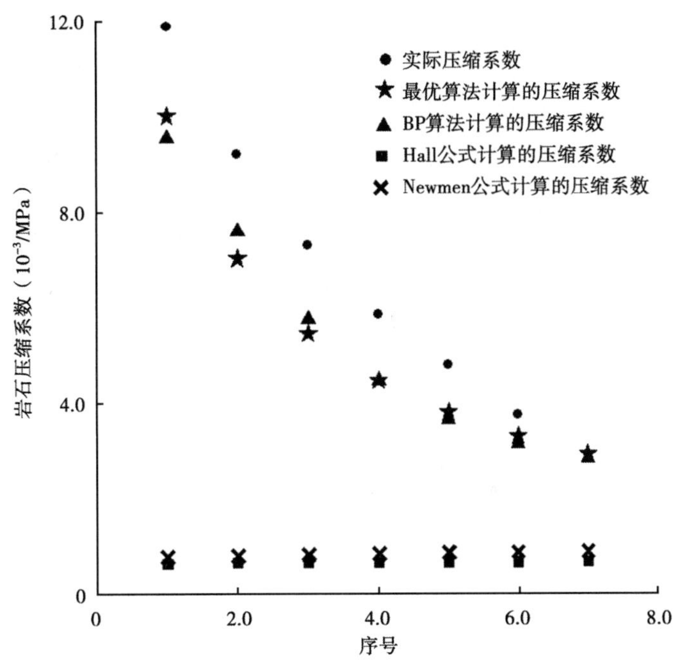

图 1-2-1　经验公式与 BP 算法、多元回归法计算的压缩系数与实际压缩系数对比图

三、原始地层压力与上覆压力

原始条件下，储层孔隙中各种流体总是处于一定压力之下，这种作用于地层孔隙所含流体的压力，称为原始地层压力（原始流体压力）。原始地层压力主要有两个来源：一是上覆岩层重量造成的岩石压力；二是地层孔隙空间内地层水重量造成的水柱压力。对覆压资料进行分析发现，岩石压缩系数不仅与孔隙度有关，而且与上覆压力关系很密切。为了引入原始

地层压力，作两个假设：

（1）假设地层是孤立的砂岩透镜体，在与外界无任何联系的封闭圈中。这种情况下，岩石压力的作用才是永久的。

（2）假设地层孔隙空间内不存在地层水，那么水柱造成的压力等于0。

通过这两个假设，原始地层压力约等于上覆压力。以上覆压力、孔隙度为输入层（自变量），以岩石压缩系数为输出层（因变量），利用人工神经网络和多元回归方法进行了岩石压缩系数的预测，这样就可以预测没有覆压资料的11个油田的岩石压缩系数。

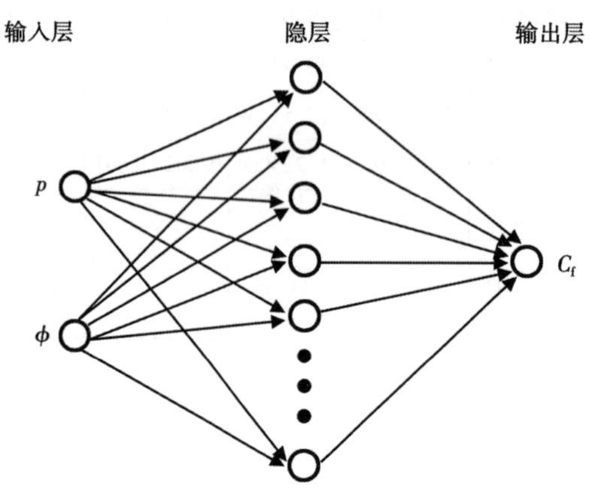

图1-2-2　人工神经网络结构示意图

四、人工神经网络

1. 人工神经网络应用范围

常用的方法是在一定的勘探开发条件下用人工神经网络（Artificial Neural Network，简写为ANN）进行地下参数的时空推算。假设已知某一组勘探开发参数的值，则通过ANN推算与该组勘探开发参数有关的未知参数值（图1-2-2）。

2. 人工神经网络应用条件

需要足够多的学习样本，以确保ANN预测的精确度，样本的已知指标个数大于1，即输入层的节点个数大于1，欲求的预测指标位于邻近的时间域或空间域。

3. BP算法

目前ANN中应用最广、最直观、最易理解的算法是BP算法。该算法的确切含义是误差反向传播（Error Back—Propagation），简称BP算法。

五、多元回归方法

多元回归方法是研究一个因变量与多个自变量的相关关系，从而得出公式：

$$\hat{y} = b_0 + b_1x_1 + b_2x_2 + \cdots + b_px_p$$

然后进行回归方程显著性检验的计算方法，它的目的是确定出合理的相关关系。

1. 回归系数的确定

确定回归系数的原则是首先应用最小二乘法确定正规方程组，再利用高斯消元法把正规方程组系数b_0、b_1、b_2、…、b_p解出来。

2. 回归方程的显著性检验

在研究问题中，往往不能事先断定自变量x_1、x_2、…、x_p与因变量y_k是否有线性关系，所求的回归方程是否有代表性。因此，对所求的回归方程，还必须作显著性检验。即y受x_1、x_2、…、x_p线性控制大，此时回归方程就显著；反之，效果就不好，用复相关系数R来表示。当R越接近1时，表示x_1、x_2、…、x_p的线性越密切，当R越接近0时，表示线性关系越差。

3. 利用多元回归方法确定吉林油区岩石压缩系数的公式

利用上述方法得出了计算吉林油区岩石压缩系数的公式：

$$C_f = b_0 p^{b_1} \phi^{b_2}$$

（此公式命名为吉林实用公式 1，它适用于除Ⅱ区 B 层以外的油田层位）

$$C_f = 10^{(b_0 + b_1 p + b_2 \phi)}$$

（此公式命名为吉林实用公式 2，它适用于Ⅱ区 B 层）

式中 p——原始地层压力，MPa；

b_0——常数项系数；

b_1——原始地层压力项系数；

b_2——孔隙度项系数。

六、BP 算法与多元回归方法的验证

利用吉林油区实际覆压资料，确定没有覆压资料的油田岩石压缩系数。本次采用吉林油区 24 口井、45 块岩样、315 个试验点覆压资料。按照前面分区情况把吉林油区划分为两个区，Ⅰ区 2 口井、4 块岩样、28 个测试点，Ⅱ区 22 口井、41 块岩样、287 个测试点。然后，按目的层位把Ⅰ区划分为 1 个层，为 A 层；把Ⅱ区划分为 4 个层，分别为 B、C、D、E 层。

1. Ⅰ区 BP 算法的验证

Ⅰ区 A 层只有 2 口井、4 块岩样、28 个测试点有覆压资料。选取其中 3 块岩样 21 个测试点为学习样本，学习次数为 300 次，隐层节点个数为 30 个，学习样本岩石压缩系数相对误差为 11.63%。另一块岩样 7 个测试点为预测样本，预测样本岩石压缩系数相对误差为 10.71%。学习样本、预测样本岩石压缩系数相对总误差为 11.40%。利用人工神经网络 BP 算法计算Ⅰ区 A 油层的岩石压缩系数为 2.2067×10^{-3}/MPa。

2. Ⅱ区 BP 算法的验证

Ⅱ区 B 层共有 8 口井、9 块岩样、63 个测试点有覆压资料。选取其中 7 块岩样 45 个测试点为学习样本，学习次数为 1000 次，隐层节点个数为 30 个，学习样本岩石压缩系数相对误差为 9.02%。另 2 块岩样 18 个测试点为预测样本，预测样本岩石压缩系数相对误差为 17.54%。学习样本、预测样本岩石压缩系数相对总误差为 11.45%。这样，可以利用人工神经网络 BP 算法计算Ⅱ区 B 油层的岩石压缩系数。其他层位（C、D、E）BP 算法的应用情况及岩石压缩系数的预测结果与层位 A、B 一起列于表 1-2-2 和表 1-2-3。

表 1-2-2 人工神经网络 BP 算法计算岩石压缩系数参数表

层位	覆压资料井数（口）	覆压资料样本个数（个）	覆压资料岩样个数（个）	学习样本个数（个）	预测样本个数（个）	学习次数（次）	隐层节点个数（个）	学习样本相对误差（%）	预测样本相对误差（%）	总相对误差（%）
Ⅰ区 A 层	2	4	28	21	7	300	30	11.63	10.71	11.40
Ⅱ区 B 层	8	9	63	45	18	1000	30	0.92	17.54	11.45
Ⅱ区 C 层	7	13	91	63	28	2000	30	11.11	21.51	13.93
Ⅱ区 D 层	4	10	70	54	16	2000	30	13.56	15.66	14.08
Ⅱ区 E 层	3	9	63	48	15	1000000	30	7.48	23.86	11.32

表 1-2-3　利用 BP 算法及多元回归方法确定岩石压缩系数表

油田	1号	2号	3号	4号	5号		6号	7号		8号		9号
层位	A	B	B	C	C	D	C	C	D	C	D	E
BP 算法确定岩石压缩系数(10^{-3}/MPa)	2.2076	5.4701	4.9661	2.2635	1.8162	2.5937	1.7157	1.8667	2.6689	2.4547	2.218	7.1579
最优算法确定岩石压缩系数(10^{-3}/MPa)	2.2721	5.4178	5.50759	2.5023	1.8713	2.3032	1.7443	1.9163	2.408	2.2712	2.0815	6.5911

3. Ⅰ区多元回归方法的验证

多元回归方法以同样的学习和预测样本进行回归，Ⅰ区 A 层学习样本岩石压缩系数相对误差为 12.66%，预测样本岩石压缩系数相对误差为 6.22%。学习样本、预测样本岩石压缩系数相对总误差为 11.23%，复相关系数 $R=0.9569$。利用多元回归方法计算Ⅰ区 A 油层的岩石压缩系数为 2.2067×10^{-3}/MPa。

4. Ⅱ区多元回归方法的验证

多元回归方法以同样的学习和预测样本进行回归，Ⅱ区 B 层学习样本岩石压缩系数相对误差为 14.41%，预测样本岩石压缩系数相对误差为 19.24%。学习样本、预测样本岩石压缩系数相对总误差为 15.79%，复相关系数 $R=0.9319$。其他层位（C、D、E）多元回归方法的应用情况及岩石压缩系数的预测结果与层位 A、B 一起列于表 1-2-4。

表 1-2-4　多元回归方法计算公式参数表

层位	b_0	b_1	b_2	R	学习样本相对误差(%)	预测样本相对误差(%)	总相对误差(%)
Ⅰ区 A 层	-0.07953	0.9948	0.6731	0.9569	12.66	6.22	11.23
Ⅱ区 B 层	-1.6457	-0.032636	-1.4988	0.9319	14.41	19.24	15.79
Ⅱ区 C 层	-2.5043	0.7267	-0.9819	0.8829	17.56	12.42	16.61
Ⅱ区 D 层	-2.3007	0.7679	-0.8083	0.9011	16.04	19.28	16.76
Ⅱ区 E 层	-1.8029	0.6938	-0.1777	0.7712	21.69	19.76	21.24

七、小结

前人的经验公式是把岩石压缩系数与一单变量即孔隙度相关起来。吉林油区以上覆压力（地层压力）、孔隙度为输入层（自变量），以岩石压缩系数为输出层（因变量），利用人工神经网络和多元回归方法进行岩石压缩系数的计算，它是把岩石压缩系数与两个变量数即孔隙度、地层压力相关起来，并根据已有的实测岩石压缩系数资料验证了人工神经网络 BP 算法、多元回归方法的可靠性，弥补了因没有覆压资料而无法确定岩石压缩系数的不足。人工神经网络 BP 算法和多元回归方法不仅可以计算岩石压缩系数，而且还可以用来进行二者的相互验证。人工神经网络 BP 算法和多元回归方法可以计算任一压力下、任一孔隙度下的岩石压缩系数，而且可用来检验实测覆压资料的可靠性。

第二章　油井不稳定试井解释实例分析

试井是动态监测的重要组成部分，是油气田勘探、评价、开发的“眼睛”。长期以来它在吉林油田得到广泛应用，并取得了良好的应用效果。吉林油田的试井资料分析技术始于1972年，共分三个阶段。先后经历了手工半对数曲线解释分析、手工现代试井解释分析、试井解释软件综合应用阶段。

由于计算机在试井分析领域的应用以及现代试井解释方法的普及，提高了试井解释能力，拓宽了测试资料的应用范围，更加显示出它的生命力和经济效益。本章对吉林油区的油（气）井测试进行实例分析。

第一节　起泵、液面和环空测试试井实例分析

一、起泵测试对试井解释中模型诊断及解释结果的影响

目前矿场录取开发井井底压力资料的方法有：环空液面恢复法、起泵测压法、环空测压法和井下关井测压法。环空液面恢复法是最不可取的方法，它是在没有压力计的情况下，采用液面折算压力的一种近似方法。井下关井测压法是最理想的测压方法，不仅可以测出完整恢复曲线，还可以降低井筒储集系数，但要求的工艺十分复杂。环空测压法是次理想方法，要求测试井上有偏心井口，采用小直径电子压力计进行测试，可以测到恢复曲线早期资料，对于低渗透油藏，如果测试时间长些，也可以测到恢复曲线的径向流段以及边界反映。起泵测压法不可取，是由于没有偏心井口或套管变形所采用的一种测压方法，其测试的恢复曲线缺失早期段；对于中高渗透油藏只能测到恢复曲线的过渡段、径向流段以及边界反映；对于低渗透油藏只能测到恢复曲线过渡段。

1. 起泵测试的过程

起泵测压法在矿场应用广泛，特别是在新区新油田中应用率达100%，在老区应用较少，占测试井的20%。大部分选那些井况差或需要作业的井进行测试，先把这些井的管、杆、泵拔出进行修井作业，作业时间需要1~2天，再用钢缆或油管将机械压力计或电子压力计下至油层中部进行测试，这样的测试有两点缺陷：第一，满足不了测试井正常生产的基本技术要求；第二，即使满足了测试井正常生产的基本技术要求，也因漏取恢复曲线早期资料的第一点时间、压力数据，给油藏工程师带来模型诊断的误导。因此对起泵测压法的试井解释有必要作数据处理。

2. 起泵测试模型诊断易出现的错误

首先看环空测压法测试曲线，图2-1-1是A油田A井双对数曲线图，导数曲线出现0.5水平线段，图2-1-2是该井半对数曲线图，径向流直线段在半对数图中很明显，它们反映出典型的均质地层类型。

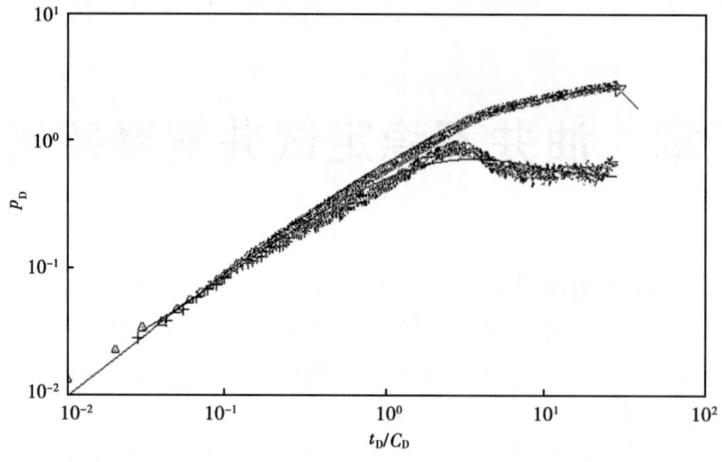

图 2-1-1　A 井环空测压法双对数图

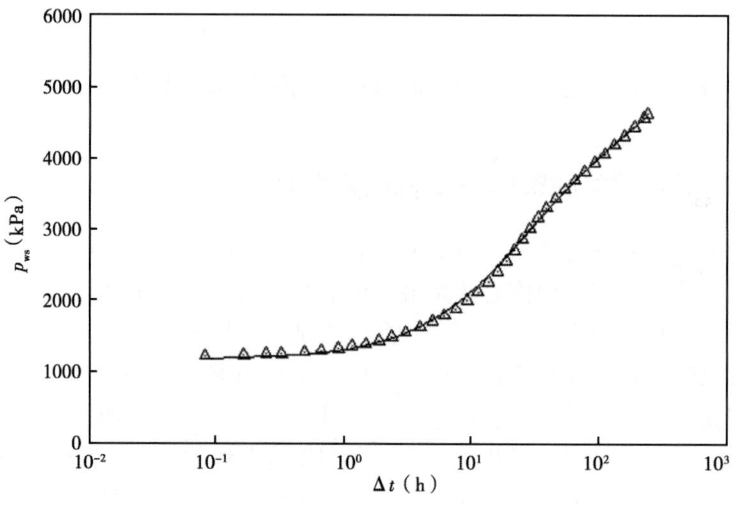

图 2-1-2　A 井环空测压法半对数图

再看把早期资料删掉的拟起泵测压法测试曲线，图 2-1-3 是 A 油田 A 井把早期资料删掉的拟起泵测压法的双对数图。从图 2-1-3 可以看出，曲线出现斜率为 1 的井筒储集早期阶段，在早期阶段后期导数与双对数出现相互平行的两条 1/2 斜率线，两线之间距离的双对数标差为 0.301，即 lg2 对数周期。从图 2-1-4 中可以看出，径向流直线段没有出现，曲线还在继续上升，综上所述 A 井是明显的无限导流垂直裂缝模型地层特征。

同井同井次有两个模型，一个是均质无限大地层类型，另一个是无限导流垂直裂缝模型地层类型，体现出早期资料（流动压力）的重要性。

在双对数初拟合时，使用的实测曲线是压差与测试时间的双对数曲线，即在压力恢复情况下的 Δp_{ws}（Δt）$=p_{ws}$（Δt）$-p_{wf}$（t_p）与 Δt 双对数曲线图。在半对数初拟合时，即在压力恢复情形的 p_{ws}（Δt）与 $\lg\Delta t$ 半对数图，由于测试曲线第一点时间、压力测量值丢失，只能用关井后 1~2 天的测试数据代替测试曲线第一点时间、压力，使双对数图、半对数图发生变化，导致模型诊断错误。为了消除这种错误，要求在测试时，除了必须准确测量压力恢复

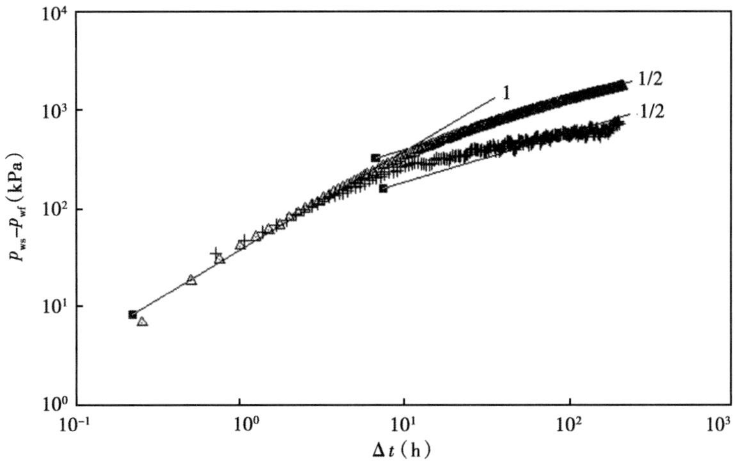

图 2-1-3　A 井删去早期数据拟起泵测压法双对数模型诊断图

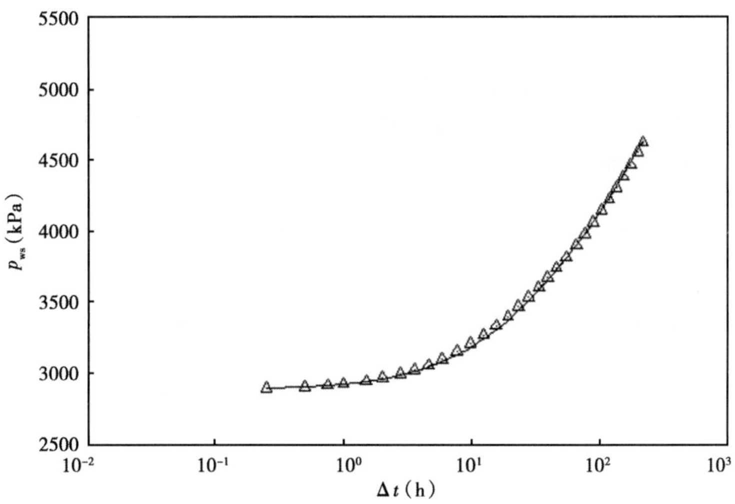

图 2-1-4　A 井删去早期数据拟起泵测压法半对数图

期间的压力值 p_{ws}（Δt）及它们所对应的关井时间 Δt 之外，还必须准确测量关井前的井底流动压力 p_{wf}（t_p）和关井（停井时刻）时间 Δt。因为无论是作双对数曲线还是半对数曲线图都需要这些数据进行计算。

3. 起泵测压法数据预处理

实际采集的压力、时间数据会因仪器精度、环境噪声和人为因素等影响而有一些异常的甚至是错误的数据，这时就要对这些数据做预处理或修正，特别是起泵测压法所采集的数据更需要做预处理或修正。

1）初始时间点的修正

对于起泵测压井，要准确记录关井时间，也就是停井不生产那一时刻，在作试井解释时把这一时间录入试井曲线中，见图 2-1-5。图中双对数中部分导数点在压力线上方，这一信息是流动压力高所产生的，要对压力恢复做初始压力修正。

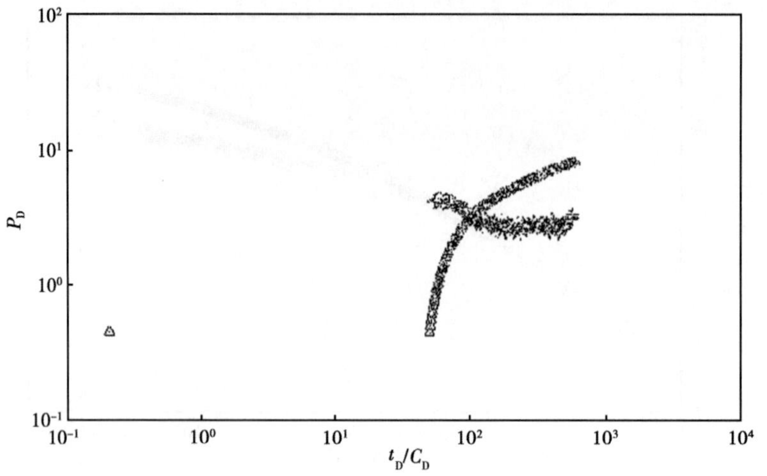

图 2-1-5　A 井删去早期数据起泵测压法初始时间点的修正图

2）*初始压力点的修正*

初始压力点不准可使早期的压力数据段与压力导数数据段相互偏离比较大，可以通过改变初始压力点（流动压力）加以修正。对于起泵测压井在测试前一定要测取该井动液面，然后用动液面折算出该井的流动压力，该流动压力不够准确，在录入试井曲线时，要通过曲线对比加以试算修正，数据预处理后见图 2-1-6、图 2-1-7。

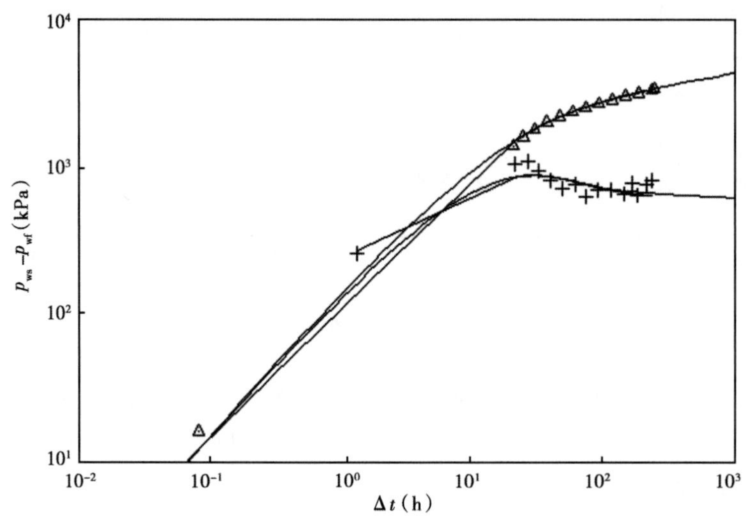

图 2-1-6　A 井删去早期数据起泵测压法初始压力点修正后及双对数拟合图

总之，在测试时无法应用井下关井测压法或环空测压法，那么在解释起泵测压井时，一定要进行恢复曲线初始时间点的修正和初始压力点的修正，确保压力恢复曲线不发生变化，否则会造成流动段的误诊。解释结果见表 2-1-1。环空测压法、起泵测压法、起泵测压法（修正后）相比较，环空测压法和起泵测压法试井解释模型不同，地层压力 p 相差 0.84MPa，有效渗透率 K 相差 6.76mD，无量纲井筒储集系数 C_D 相差 17384，裂缝半长为 $X_f=59$m，解释结果也不同，因此得出错误的解释结果。环空测压法和起泵测压法（修正后）

试井解释结果相近，在环空测压法无法应用时可以应用起泵测压法（修正后）来代替环空测压法，但要给出正确的流动压力和关井时刻。

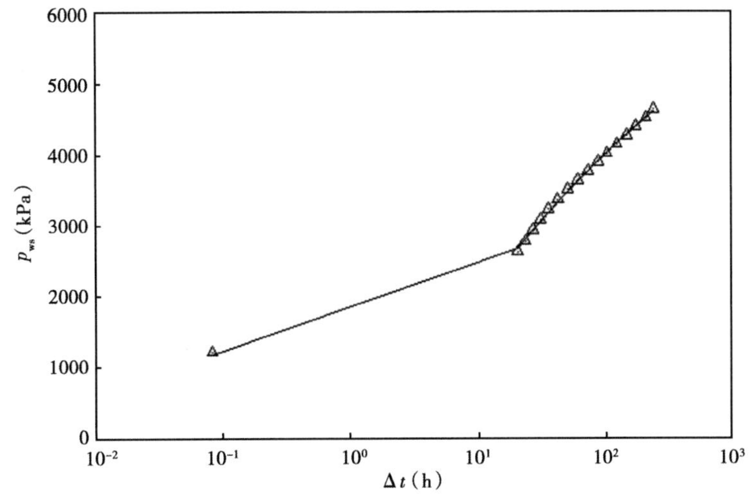

图 2-1-7　A 井环空测压法删去早期数据初始压力点修正及半对数拟合图

表 2-1-1　A 油田 A 井试井解释结果表

井号	测压法	数据预处理	测试日期	p（MPa）	K（mD）	S、X_f	C_D	备注
A 油田 A 井	环空	正常	2001. 11. 7	6. 55	20. 50	S=-3. 66	6617	均质
A 油田 A 井	拟起泵	正常	2001. 11. 7	7. 39	13. 74	X_f=59m	24001	裂缝
A 油田 A 井	拟起泵	修正后	2001. 11. 7	6. 48	21. 16	S=-3. 59	6627	均质

4. 小结

（1）对压力恢复曲线，第一点压力（流动压力）、时间数据录取至关重要。

（2）起泵测压法对试井解释的模型诊断易出现错误，得出错误解释结果。在测试时必须要准确记录关井时间（停井时刻）并且在测试前测取该井动液面，用来进行恢复曲线初始时间点的修正和初始压力点的修正。

（3）在模型诊断时要结合地质、压裂、开发生产动态实际情况作出正确判断。

（4）在测试时采用井下关井测压法或环空测压法。

二、利用液面资料求取地层参数的可行性研究

测试方法里面的环空液面恢复法是不可取的方法，但它是在压力计下不到井底情况下（套变、井下落物等），而又要获得油藏参数的主要测压方法。2004 年 10 月—2005 年 12 月吉林油田公司组织利用 ZJY-3 型液面自动监测仪进行测试，在 C 采油厂进行了现场试验，通过对试验资料的分析研究，提出实施方案及相应试验要求，确定压力梯度，进行压力计与液面试井解释对比研究，为以后压力计下不到井底情况时提供参数。

1. 试验准备

（1）C 采油厂准备环空液面恢复法试验井点，该井点要具备环空测压条件。

（2）试验井井口密封良好，试验井口是否漏气是试验成败的关键，加强管理，采取相

应的工艺措施，杜绝试验井口漏气现象，保证测井试验过程中套管压力（简称套压）稳定上升。

(3) 压力计下入深度、油井含水、气油比等基础资料必须记录准确。

2. 试验要求

1）压力计停梯度试验

为了解决液面折算压力与压力计实测压力的误差问题，即如何求准混合液压力梯度，在试验过程的最后阶段，上提压力计每 50m 停 1 个梯度点（每点停 20 分钟，压力计每分钟记录 1 点），并保证井口不漏气，液面自动监测仪保持监测。

2）声速评价试验

对不同套压井回声仪测试声速值进行统计，评价出不同套压情况下的声波速度值。

3. 试验总结报告

C 采油厂共进行 7 井口的压力计与液面恢复对比试验（表 2-1-2），其中 1 口井因井口漏气测试失败，1 口井因液面监测仪出现问题测试失败，5 口井测试成功，成功率 71.4%。

表 2-1-2　压力梯度、声波速度表

井号	实测压力梯度（MPa/m）	与压力计对比计算压力梯度（MPa/m）	速度（m/s）
A 井		0.009474	387.09
B 井		0.009932	380.95
C 井	0.010551		421.05
D 井	0.008936		393.44
E 井		0.009625	406.77
平均值		0.009704	397.86

1）压力计停梯度和声速评价

C 采油厂共进行 7 井口的压力计与液面恢复对比试验，两口井压力梯度为实测值，三口井压力梯度为计算值。由表 2-1-2 可以看出，C 采油厂平均压力梯度为 0.009704MPa/m，声速值在 380.95~421.05m/s 之间，平均为 397.86m/s。

2）确定折算压力公式

在一定条件下（溶解气很少情况下或高含水液面在 200m 以下），利用实测液面计算井底压力是可行的，该压力是套管压力+液柱高度与压力梯度之积，其折算公式：

$$p_{折} = p_{套} + G_{液}(H_{中} - H_{液})$$

式中 $p_{折}$——折算压力，MPa；

$p_{套}$——套管压力，MPa；

$G_{液}$——混合液压力梯度，MPa/m；

$H_{中}$——油层中部深度，m；

$H_{液}$——液面深度，m。

3）折算压力与实测压力对比

通过折算压力与实测压力对比，C 井流动压力（恢复数据的第一个点）相对误差为 2.88%，末点压力相对误差为 0.61%，其他井的对比见表 2-1-3。

如果C油田需要利用该种方法进行测试，计算折算压力时声速可根据该井的实际情况而定，压力梯度可选用0.009704MPa/m。

4. 利用液面资料进行试井解释

1）环空液面恢复法数据预处理

实际采集的液面时间数据会因仪器精度、环境噪声和人为因素等影响而有一些异常的甚至是错误的数据，这时就要对这些数据做预处理或修正。首先要删掉折算后压力数据Ⅰ区的流动压力数据点，再删掉Ⅱ区的所有非点，还要对不符合地质特点Ⅲ区的数据点筛选过滤，保证压力恢复曲线不发生变化（图2-1-8）。反之试井解释的模型诊断易出现错误，得出错误解释结果。所以需要油藏解释工程师非常了解地质情况，对试井解释中的图形进行识别。

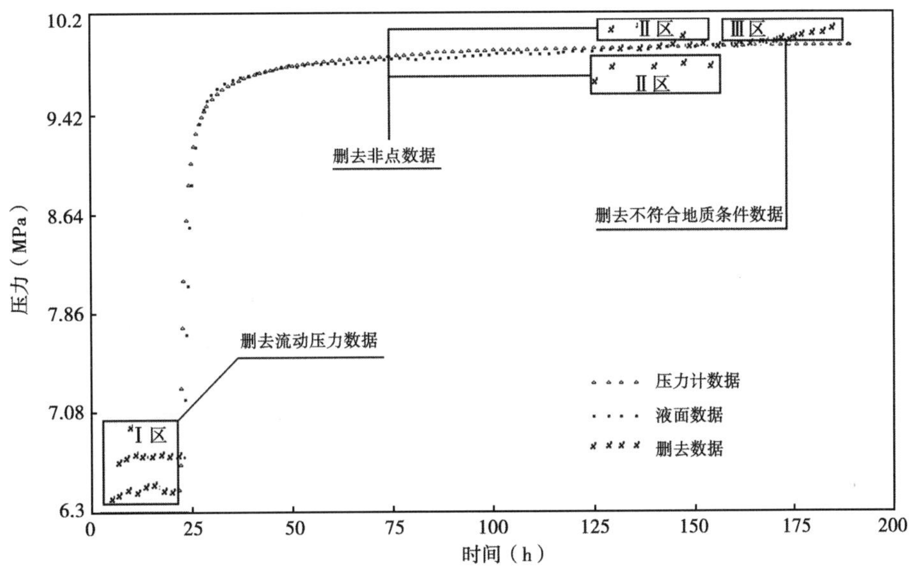

图2-1-8　压力计与环空液面恢复法数据对比及预处理图

2）图形识别及解释结果

A井在2004年11月25日—2004年12月4日液面恢复和电子压力计同时进行测试，测试油层为X油层，测试油层中部深度为1399.6m，有效厚度为13.2m，日产液13.8t，日产油0.2t，含水为98.5%，稳定生产时间为2472h。

通过图形识别和模型诊断，无论是环空液面恢复法还是小直径电子压力计环空测压法所选择的试井解释模型是一样的。如：A井选的试井模型为内边界条件变井筒储集、表皮效应+均质模型+外边界条件无限大；环空液面恢复法解释地层压力为12.03MPa，有效渗透率K为0.071mD，表皮系数S为-2.93，井筒储集系数C为1.83m^3/MPa；电子压力计环空测压法解释地层压力p_R为12.58MPa，有效渗透率为0.06mD，表皮系数为-3.19，井筒储集系数为1.53m^3/MPa，平均地层压力相对误差为4.40%。其他四口井压力计和液面试井解释结果对比见表2-1-3、图2-1-9、图2-1-10。

总之，在利用环空液面恢复法资料进行试井解释时，需要油藏工程师既要懂得试井解释中的图形识别和模型诊断，又要对地质情况十分了解，二者缺一不可。

表 2-1-3　液面折算压力与压力计流动压力及解释结果对比表

井号	测压项目	液面折算压力与压力计流动压力对比				液面折算压力与压力计试井解释结果对比						
		流动压力（MPa）	流动压力误差（%）	末点压力（MPa）	末点压力误差（%）	C（m^3/MPa）	K（mD）	S	L（m）	p_R（MPa）	p_R误差（%）	模型
C	液面	6.86	2.88	9.90	0.61	0.65	1.94	5.23	67.42	9.97	0.19	定压一条边界
	压力计	6.67		9.96		0.61	1.47	3.11	60.69	9.99		
B	液面	5.87	5.71	7.06	18.55	62.37	0.47			12.88	3.65	变井筒储集无限导流
	压力计	5.53		8.37		19.89	0.30			12.43		
E	液面	4.96	17.5	10.3	2.77	0.65	9.01	11.66		10.83	1.65	径向流
	压力计	4.09		10.6		0.53	8.99	15.34		11.01		
A	液面	2.41	15.4	8.74	0.21	1.83	0.07	-2.93		12.03	4.40	变井筒储集径向流
	压力计	2.04		8.76		1.53	0.06	-3.19		12.58		
D	液面	2.98	4.29	4.24	1.70	1.98	0.71			8.17	1.20	无限导流
	压力计	2.86		4.31		2.85	0.85			8.27		

注：在压力恢复时液面折算压力与压力计压力是一组成百上千个数据，这里只作流动压力（恢复数据的第一个点）与末点压力对比。

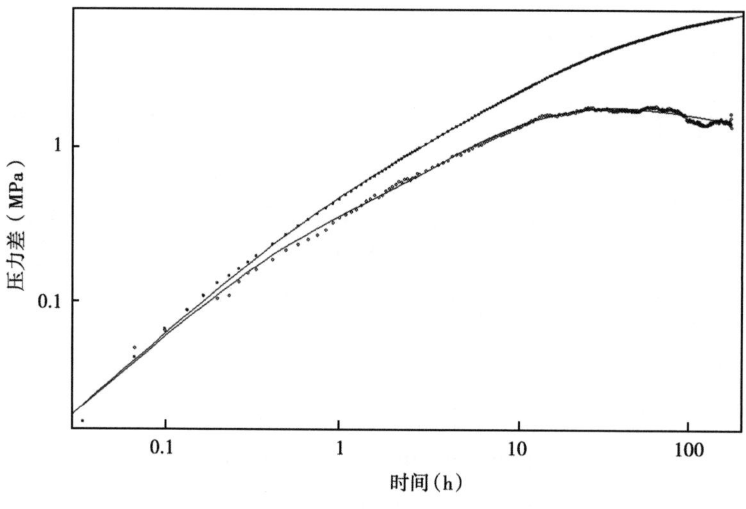

图 2-1-9　A 井压力计双对数拟合图

5. 小结及存在的问题

（1）环空液面恢复法是不可取的方法，但它是在压力计下不到井底情况下（套变、井下落物等），而又要获得油藏参数的主要测压方法。

（2）确定 C 采油厂 5 口井的平均压力梯度为 0.009704MPa/m，给出了折算压力经验公式，流动压力相对误差为 9.15%，末点压力相对误差为 4.78%，为以后环空液面恢复法提供了依据。

（3）实际采集的液面时间数据会由于各种因素的影响，导致错误的数据，因此需要对这些数据做预处理或修正，要删掉折算后压力数据所有的非点，还要根据该井的地质特点筛

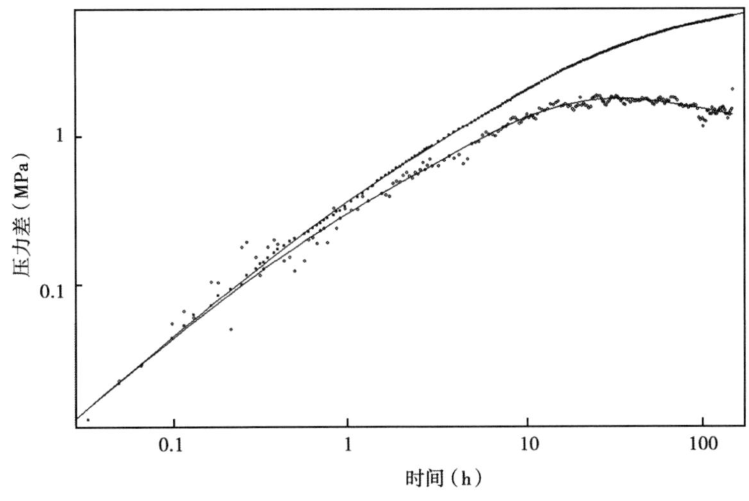

图 2-1-10　A 井环空液面恢复双对数拟合图

选过滤不正常数据点，确保压力恢复曲线不发生变化。

（4）通过图形识别及模型诊断，无论是环空液面恢复法还是小直径电子压力计环空测压法所选择的试井解释模型是一样的，解释 5 口井平均地层压力相对误差为 2. 26%。

（5）在利用环空液面恢复法资料进行试井解释时，需要油藏工程师既要懂得试井解释中的图形识别和模型诊断，又要对地质情况十分了解，二者缺一不可。

三、A 油田试井测试与试井解释存在的问题及解决方法

A 油田位于吉林省 X 市 X 区 X 乡境内，距 X 区约 20km。区域构造位于松辽盆地南部中央坳陷。南面与 Y 油田相接。A 油田的目的层为 X 油层和 Y 油层顶部，属白垩系。根据已完钻井的统计，A 油田断层比较发育。岩心平均孔隙度为 15. 2%，平均渗透率为 5. 4mD。该油田属于低孔、低渗、非均质较强的砂岩油田。

A 油田自 1990 年开发以来，每年约测试 90 多井次。其中小直径电子压力计环空测试占总测试井数的 75%；起泵测试占总测试井数的 23%；还有少部分井测静止压力。共收集 A 油田 96 井次的测压数据及相关参数，出现径向流 27 井次，占统计井次的 30%左右。

1. 存在问题

影响 A 油田地层压力的因素除测试关井时间不足外，试井解释基础参数选用是否合理、模型诊断是否合理，也是造成地层压力偏低的主要因素。概括有以下几个方面的问题：

（1）部分井在试井解释中基础参数选用不合理，其中稳定产量、有效厚度、折算半径、综合压缩系数四参数的录入存在着一定问题。

（2）单井控制半径不好确定。

（3）现场试井解释中部分井的模型诊断不合理。

（4）压力恢复曲线不能出现径向流，造成试井解释的多解性。

2. 解决方法

A 油田试井测试及试井解释存在以上 4 个问题，其解决方法为：选用合理的基础参数，确定合理的综合压缩系数等参数。正确合理进行模型诊断是试井解释的根本。在现场测试时

采取井下关井。

1）部分井基础参数选用不合理

（1）现场使用射开有效厚度不合理。

现场使用射开有效厚度有两种：①射开有效厚度；②射开砂岩厚度。压力与有效厚度成反比。如果有效厚度输入不正确，现场部分井输入射开砂岩厚度，造成计算过程中地层压力、储层有效渗透率的误差。应该正确录入射开有效厚度。

（2）现场使用稳定产量不合理。

现场使用稳定产量有两种：①稳定产油量；②稳定产液量。压力与产量成正比。如果只输入产油量，必然造成计算的地层压力偏低。应该正确使用关井前 10 天稳定的产油量和产水量。

（3）部分井选用的折算半径不合理。

在折算半径的选用上现场应用的是套管内半径为 0.06213m。确定该值时，既要考虑钻井打开地层的直径，又要考虑射孔折算值及作业时的损害，是一个较为复杂的折算过程。所应用的折算半径经验值为 0.1m。

（4）综合压缩系数不合理。

A 油田气油比很低，且没有覆压资料，确定不了岩石压系数，致使计算综合压缩系数有误差。利用前述方法确定岩石压缩系数，再利用公式得出 A 油田合理综合压缩系数（表 2-1-4）。

$$C_t = S_o C_o + S_w C_w + C_f$$

式中 S_o、S_w——分别为含油饱和度、含水饱和度；

C_t、C_o、C_w、C_f——分别为综合、地层油、水、岩石的压缩系数，1/MPa。

表 2-1-4 A 油田压缩系数对比表

项目	C_o（1/MPa）	C_w（1/MPa）	C_f（1/MPa）	C_t（1/MPa）
现场应用	0.000748	0.000748	0.000591	0.0022
本次应用	0.00072707	0.0004663	0.005076	0.005681

2）单井控制半径不合理

通过井网密度，把单井控制面积求出，再利用面积求出假比圆的半径或假比正方形的边长。把不规则井网看成似规则井网，从而求出油藏假比圆的半径或假比正方形的边长。求出的单井控制半径，在初拟合时输入计算机，用于 MDH 方法计算地层压力，在终拟合时，不再输入此参数。

3）现场试井解释中部分井模型诊断不合理

在模型诊断中均质模型较其他模型好诊断，现场人员在进行模型诊断时都能正确使用该模型。但现场人员对于均质无限导流垂直裂缝模型、复合油藏模型的诊断存在着误解，把这两个模型统统认为是均质模型，甚至错误认为无论哪一种模型都能解释地层压力。如果模型为复合油藏模型，但现场人员错误诊断为均质模型（图 2-1-11），结果导致：（1）曲线拟合不好；（2）解释地层压力偏低；（3）得出错误的解释结果。

本次采用加拿大 FEKETE 公司研制的 Fast 试井解释软件，对 A 油田出现径向流的 27 井次进行了重新解释。从解释结果看均质模型 9 井次，均质无限导流垂直裂缝模型 6 井次，复合油藏模型 12 井次（图 2-1-12）。解释平均地层压力为 8.49MPa，比现场人员解释的平均地层压力（5.53MPa）高了2.96MPa。

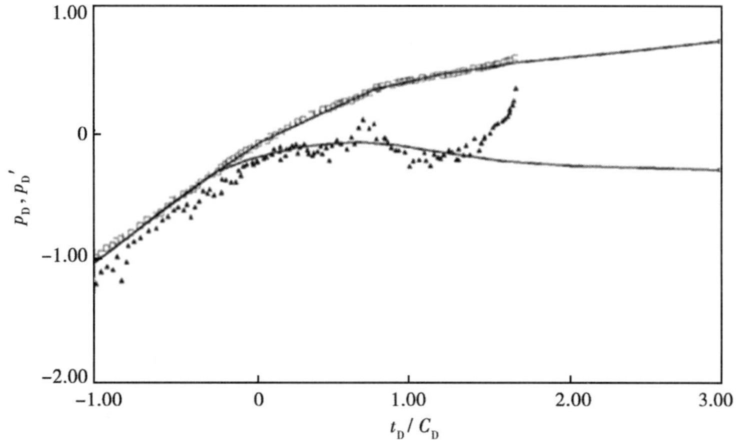

图2-1-11　现场人员解释JK-H井双对数拟合图

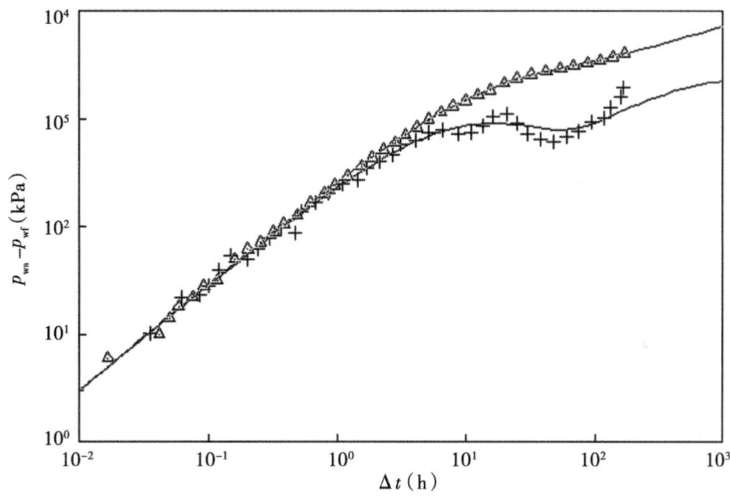

图2-1-12　本次解释JK-H井双对数拟合图

4）压力恢复曲线不能出现径向流造成多解

把出现径向流的压力恢复曲线进行拟合解释，得出正确的结果，再把同一压力恢复曲线的径向流去掉，进行重新拟合解释得出结果，从曲线拟合上看两者压力曲线拟合得非常好，从解释结果上看两者相差5~15MPa，误差较大，其根本原因是压力恢复曲线未出现径向流。

径向流未出现的原因在于渗透率低与井筒储集系数太大。渗透率低是储层所固有的，只有通过压裂方法来解决；井筒储集系数大，主要是因为：（1）井筒中有自由气，由于气体的压缩系数比油的压缩系数大得多，所以C（井筒储集系数）值增大。（2）如果井口不密封或密封不严，井筒容积大大增加，因而C值增大。（3）在双重介质油气藏中，有效井筒容积将由于与井筒相连通的裂缝的影响而增大。对于液面不到井口（井筒不充满），C值将会更大。这些都是在测试过程中所发生的，可以改变。A油田井筒储集系数大的主要原因是液面不到井口（井筒不充满）。如：jDI-00井1999年1月19—25日第一次测压，测压前液面为705m，无量纲井筒储集系数（C_D）为14875，未出现径向流；1999年6月22—26日第二次测压，测压前液面为0，无量纲井筒储集系数为1892，出现径向流。鉴于上述原因，提出井下关井，才能使井筒储集系数减小，在有效的时间内提前出现径向流。

3. 综合分析

地层压力偏高的油井其沉积微相类型为河道，注水井也在河道部位，连通性好、注水见效；地层压力偏低的油井其沉积微相类型是河道或废弃河道，但注水井沉积微相类型为河道边部、废弃河道，两井间有间湾泥相隔或层位没有射开，造成连通性不好、注水不见效。利用沉积微相，根据生产动态，结合地质资料，对地层压力综合分析如下。

1）油井地层压力偏高原因

（1）油井距注水井排近。（2）油井周围注水井数多。（3）新井或新补孔的井。（4）采油井与周围水井连通状况好。

采油井 JK-H 井测试状况及与注水井 K-J 井、B-H 井、K-H 井连通状况如下：采油井 JK-H 井于 1999 年 8 月 12 日射孔压裂投产，射开 5、6、12^1 号小层，2000 年 1 月 13 日补孔压裂 13 号小层；注水井 K-J 井射开 5、12^1、13 号小层，注水井 B-H 井射开 12^1、13 号小层，注水井 K-H 井射开 5、12^1、13 号小层。

采油井 JK-H 井测试状况及与注水井 K-H 井、B-H 井、K-H 井沉积微相类型为：油井 JK-H 井、注水井 K-H 井、注水井 K-J 井在 12^1 号小层为河道；注水井 B-H 井在 12^1 号小层为废弃河道；采油井 JK-H 井、注水井 B-H 井、注水井 K-H 井在 13 号小层为河道，注水井 K-J 井在 13 号小层为废弃河道。综上所述总体上连通性好、注水见效。

2）油井地层压力偏低原因

（1）油井远离注水井排。（2）油井周围注水井数少。（3）油井与周围水井连通状况不好。注水不见效是导致地层压力偏低的主要原因。

采油井 JQ-0J 井与注水井 Q-J 井射开小层：

（1）JQ-0J 井与 Q-J 井两口井在 8 号小层沉积微相类型为河道，但由于其岩性、物性、含油性差，属干层。

（2）JQ-0J 与 Q-J 井两口井在 10^1、10^2 号小层沉积微相类型为河道边部，连通性差。

（3）JQ-0J 与 Q-J 井两口井在 11 和 12^1 号小层沉积微相类型为之间有泥相隔，根本不连通。

（4）JQ-0J 与 Q-J 井两口井在 12^2 号小层沉积微相类型为注水井 Q-J 井处于废弃河道，采油井 JQ-0J 井在河道，连通性差，导致注水不见效，又因没有补孔压裂，油井周围注水井数少，故地层压力偏低。

4. 小结与认识

（1）正确合理进行模型诊断是试井解释的根本。

（2）在现场试井测试时最好采用井下关井。

（3）A 油田在注水井排的油井地层压力偏高；远离注水井排的油井地层压力偏低，证明 A 油田东西向裂缝发育，为低渗储层。

（4）新井或新补孔的井、与周围水井连通状况好的采油井地层压力偏高；连通状况不好的井、周围水井数少的采油井地层压力偏低。

（5）A 油田虽然注采比高于 1，但为了保持地层压力，在部分地区可以加强注水工作。

四、B 油田试井资料解释分析

1. 概况

B 油田目的层为 B 油层，属白垩系 X 组。根据已完钻井的统计，B 油田岩心平均孔隙度低，平均渗透率低。储层裂缝发育，为砂岩透镜体，油藏类型为岩性油藏。该油田 1999 年投入开发，2001 年开始注水工作。2001—2002 年共有油井试井资料 55 井次。

2. 压力恢复曲线分析

通过对 B 油田 2001—2002 年油井测压数据进行分析，总结出 B 油田测试资料分为：试井曲线未出现径向流和试井曲线出现径向流。试井曲线未出现径向流，说明在目前关井时间内，大部分为早期测试资料。这部分压力恢复曲线占测试井次的 80%～90%。

通过对出现径向流直线段的试井资料进行解释分析，认为在 B 油田主要应用三种模型：均质无限大模型、无限导流垂直裂缝模型和双重孔隙介质模型。

3. 关井末期压力及压力恢复速度分析

从油井关井末期压力及压力恢复速度分析可看出，关井末期压力平均为 6.8MPa。从关井末期压力恢复速度可明显看出，油井压力恢复速度大于0.2MPa/d，高于同等低渗透油田。如 A、C 等油田，A 油田压力恢复速度为 0.14MPa/d，C 油田压力恢复速度为 0.15MPa/d，对于低渗透油田出现径向流所需的关井末期压力恢复速度为 0.3MPa/d，说明目前的关井时间比较短，未达到径向流出现的时间。

4. 存在的主要问题

（1）试井解释所需的基础参数准确程度比较低，导致解释结果可信度低。

①流体参数的确定。

通过对 1999 年的 23 井萨尔图油层高压物性的分析，地层压力为 14.24MPa。确定了试井解释中的流体参数：地层油体积系数、原油压缩系数、黏度、溶解气油比等基础参数。

②综合压缩系数的确定。

计算综合压缩系数首先要已知原油压缩系数、水压缩系数、岩石压缩系数、油水饱和度。其中最难确定的是岩石压缩系数，因为该参数需要岩石覆压资料，B 油田没有岩石覆压资料，可采用前述实测岩石覆压资料，计算出 B 油田岩石压缩系数，从而求出综合压缩系数。

③地层水压缩系数的确定。

地层水压缩系数与地层压力、地层温度、地层水的矿化度和天然气的溶解度有关，可采用前述公式计算。

④含油饱和度、地层孔隙度以储量报告为准。

（2）模型诊断有误。

现场所选的模型基本上是复合模型，但从试井测试资料的形态分析，大部分是早期资料，没有发现边界反映，应用该模型主要是因为曲线拟合比较容易，但曲线拟合好并不能说明解释结果可靠。经分析认为，B 油田试井解释主要选用均质模型、均质无限导流垂直裂缝模型、双重孔隙介质模型。

（3）关井时间不足，压力恢复曲线未出现径向流直线段。

①试井解释曲线未出现径向流直线段的原因从试井设计上看，与有效渗透率大小、井筒储集系数大小有直接关系。有效渗透率低、井筒储集系数大是导致关井时间增长的原因。B 油田井筒储集系数大的主要原因是：液面不到井口（井筒不充满），还有双重孔隙介质模型

导致 C 值增大。

②试井设计。

2001—2002 年均质模型 6 井次的平均解释结果：$p=7.28\text{MPa}$、$K=20.73\text{mD}$、$S=-1.38$、$C_D=3520.4$、$h=9.13\text{m}$、$q_o=4.77\text{m}^3/\text{d}$、$q_w=0.98\text{m}^3/\text{d}$、关井时间为 15d（图 2-1-13）。

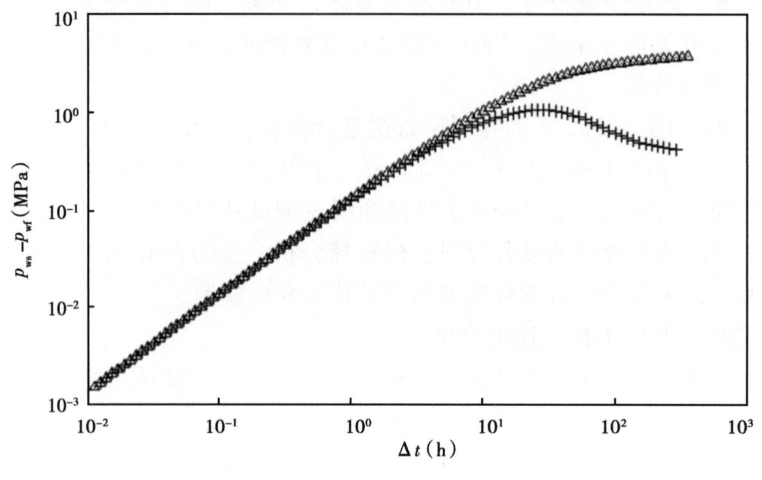

图 2-1-13　第一次试井设计双对数图

③采取井下关井试井设计。

采取井下关井措施，改变 $C_D=500$（考虑到井下关井 C_D 值降为正常值），关井时间为 5d（图 2-1-14）。

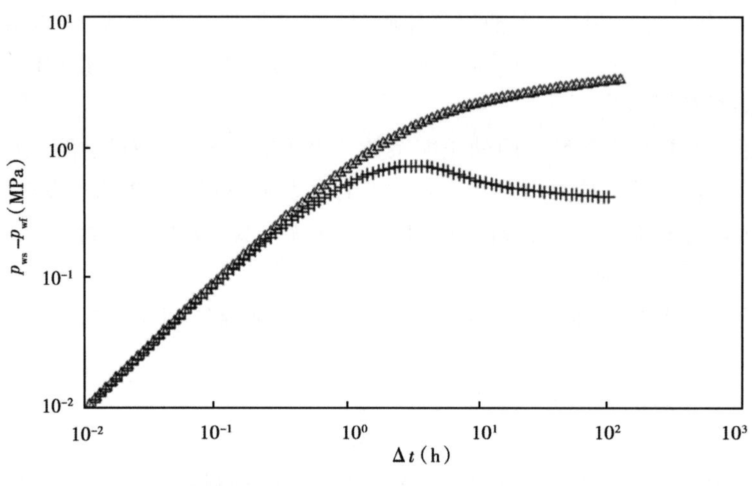

图 2-1-14　第二次试井设计双对数图

从两次试井设计的双对数图看，井筒储集系数第一次试井设计大于第二次试井设计，第一次的关井时间为 15d 出现径向流，第二次的关井时间为 5d 出现径向流，两次关井时间相差 10d，显而易见井下关井的必要性。

5. 试井解释结果分析

1）均质无限大模型

2001—2002 年均质模型 6 井次的平均解释结果：$p=7.28\text{MPa}$、$K=20.73\text{mD}$、$S=-1.38$、

$C_D = 3520.4$。解释结果见表 2-1-5。

表 2-1-5　均质模型试井解释结果表

井号	测试日期	p（MPa）	K（mD）	S	C_D	备注
hsH-N	2001.11.7	6.55	20.50	-3.66	6617.93	均质
HY	2001.5.14	7.12	32.34	-1.45	2427.30	均质
HY	2001.10.1	6.02	20.00	0.29	1842.34	均质
hsJD-D	2002.6.27	11.39	5.83	-2.74	1465.38	均质
hsH-N	2002.9.2	5.91	20.21	-2.80	6360.51	均质
HY	2002.3.2	6.70	25.48	2.06	2408.96	均质

2）均质无限导流垂直裂缝模型

2001—2002 年无限导流垂直裂缝模型 2 井次的平均解释结果：$p = 7.14\text{MPa}$、$K = 10.24\text{mD}$、$X_f = 5\text{m}$、$C_D = 2146.23$。解释结果见表 2-1-6。

表 2-1-6　无限导流垂直裂缝模型试井解释结果表

井号	测试日期	p（MPa）	K（mD）	X_f（m）	C_D	备注
A-C	2002.9.3	7.32	9.13	5.00	1879.13	裂缝
JG-F	2002.4.29	6.96	11.35	5.00	2413.33	裂缝

3）双重孔隙介质模型

2001—2002 年双重孔隙介质模型 1 井次，双重孔隙介质模型裂缝渗透率远远大于基岩渗透率（$K_f \gg K_m$）。流动阶段：（1）开井初期，流体从裂缝流向井筒；（2）流体由基岩向裂缝流动；（3）流体由裂缝向井筒流入多少，基岩就向裂缝补充多少。

流体由基岩向裂缝的流动分为稳定窜流和不稳定窜流。

稳定窜流：流体流动时基岩处处压力都相等的流动。

不稳定窜流：流体流动时基岩处处压力都不相等的流动。

注意：对于双重介质来说，井的伤害情况，S 值的分界线是-3。

弹性储能比 ω：

$$\omega = \frac{\text{裂缝系统弹性容量}}{\text{总弹性容量}} = \frac{(V\phi C_t)_f}{(V\phi C_t)_f + (V\phi C_t)_m} = \frac{(V\phi C_t)_f}{(V\phi C_t)_{f+m}}$$

窜流系数 λ：

$$\lambda \alpha r_w^2 = \frac{K_m}{K_f}$$

式中　$(V\phi C_t)_f$——裂缝系统体积、孔隙度、压缩系数；

$(V\phi C_t)_m$——基质岩块体积、孔隙度、压缩系数；

$(V\phi C_t)_{f+m}$——裂缝系统+基质岩块体积、孔隙度、综合压缩系数；

α——基质岩块的形状因子；

K_m——基质岩块渗透率；

K_f——裂缝系统渗透率；

r_w——井的半径。

由定义可知，ω 反映了裂缝系统中的储油量占总储油量的百分比，ω 越小，表明越多的油储存在基质岩块系统之中。λ 是两种介质的渗透率之比和基质岩块的几何结构的函数，其大小反映了原油从岩块系统流到裂缝系统的难易程度。下面主要谈一下流体由基岩向裂缝不稳定流动的特征。

不稳定过渡流在双对数图上表现为：（1）导数曲线与均质流动极为相似，续流段是斜率为 1 的直线段，然后形成向上凸起的峰，再后下降到水平直线；（2）晚期曲线趋向于纵坐标值 0. 25 的水平线，而不是均质情况 0. 5 的水平线；（3）曲线从 0. 25 水平线上升到 0. 5 水平线，标志总系统径向流的出现（图 2-1-15）。

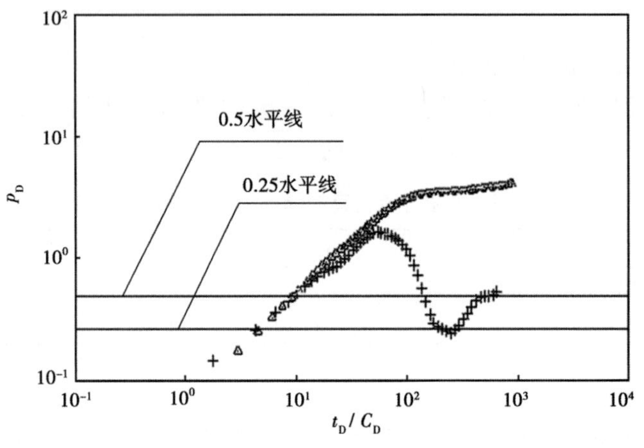

图 2-1-15　C-C 井双对数分析图

不稳定过渡流在半对数图上表现为：（1）曲线首先进入续流段和过渡段；（2）曲线在达到过渡段之后进入曲线斜率为 $m/2$ 的窜流过渡段；（3）曲线斜率为 m 的总系统径向流（图 2-1-16）。双重孔隙介质模型与均质模型+断层相混淆，只有结合地质条件进行分析判断，并仔细进行压力历史拟合检验，才能正确区分。

C-C 井解释结果：$p = 10.30$MPa、$K = 8.12$mD、$S = -2.37$、$C_D = 1115.5$、λ 为 2.47×10^{-5}，ω 为 6.3×10^{-3}。拟合结果见图 2-1-17、图 2-1-18、图 2-1-19。

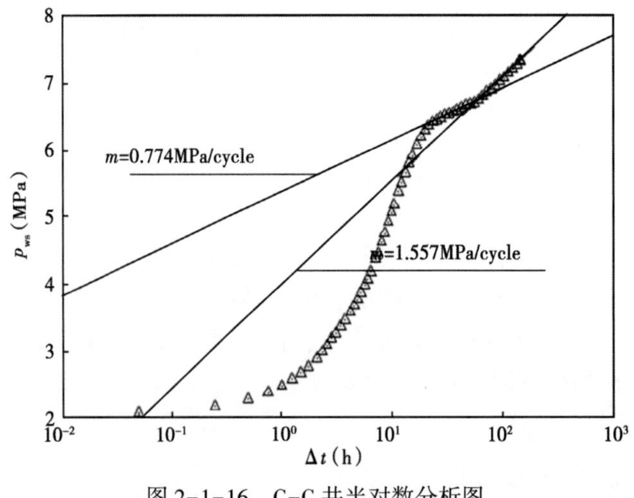

图 2-1-16　C-C 井半对数分析图

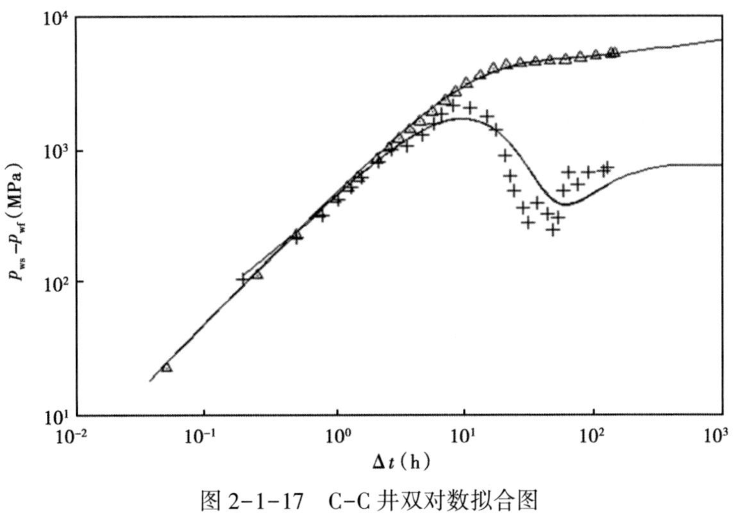

图 2-1-17　C-C 井双对数拟合图

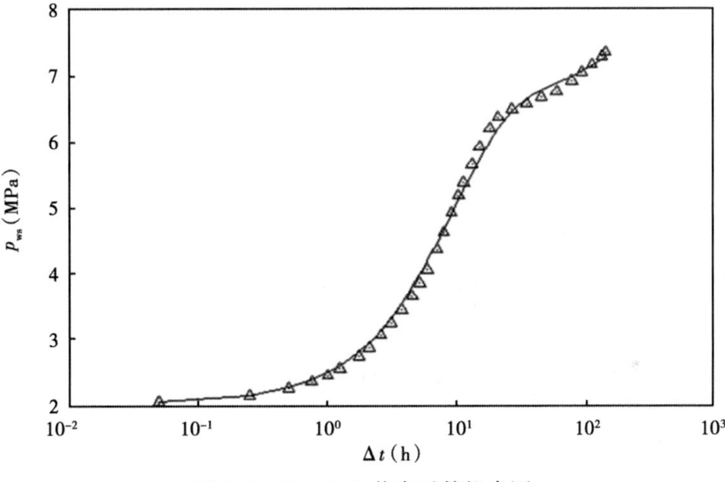

图 2-1-18　C-C 井半对数拟合图

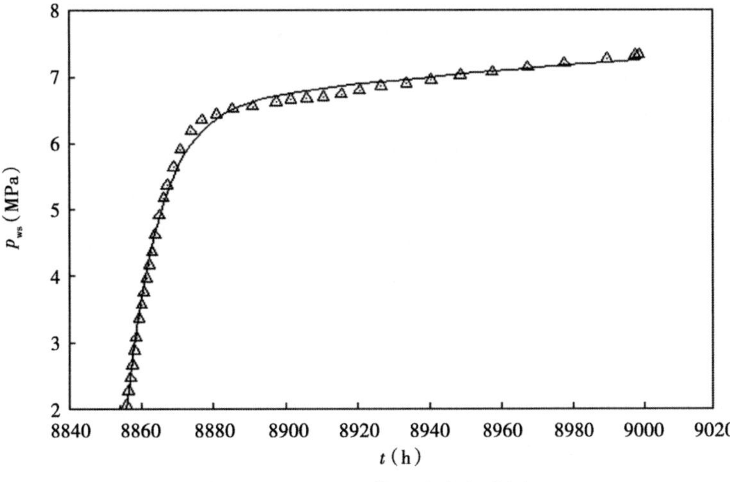

图 2-1-19　C-C 井压力史拟合图

6. 小结

(1) 通过对B油田实测资料进行解释分析，B油田试井测试资料大部分为早期资料，出现径向流的井仅占总测试井数的10%~20%；

(2) B油田现场测试时间比较短，关井测压时间不足，首次在B油田应用了试井设计技术，确定了可靠的关井时间；

(3) 在试井解释中B油田基础参数不准，模型诊断不合理；

(4) 从试井解释结果看，B油田储层渗流特征可分为均质无限大储层6井次、无限导流垂直裂缝储层2井次、双重孔隙介质储层1井次；

(5) B油田与A油田、C油田比较，在试井解释中增加了双重孔隙介质模型，说明在B油田裂缝比较发育；

(6) 目前B油田压力水平在8~9MPa范围内，与静止压力资料相差5.73MPa，说明地层能量未完全得到补充，应该加强注水工作。

第二节　油井未出现径向流分析方法实例

为了使未出现径向流压力恢复曲线大部分井的试井资料得到很好应用，研究出未出现径向流多井综合分析试井解释新方法、神经网络在低渗透油田试井解释中的应用以及利用多次环空测试资料进行油井试井解释新方法。首次提出了在采用试井解释软件的基础上，巧妙利用图形识别和图形分析、神经网络BP算法、多元回归方法、多次环空测试稳定试井不稳定试井互相验证等方法进行试井解释联合技术，这项新技术、新方法、新思路的提出，打开了吉林油区低渗透储层的试井解释新局面。为最终能够获得正确的、合理的试井解释结果打下坚实基础。

一、未出现径向流多井综合分析试井解释新方法

1. 引言及问题的提出

A油田位于吉林省境内，区域构造位于松辽盆地南部中央坳陷区扶余隆起带向三肇凹陷倾没的斜坡上。A油田的目的层为X油层和Y油层顶部，属白垩系Z组第四段和第三段的上部地层。根据已完钻井的统计，A油田断层比较发育，岩心平均孔隙度低，平均渗透率低。该油田属于低孔、低渗、非均质较强的岩性断块油藏。从试井解释曲线看，出现径向流占统计井次的20%~30%。

若把出现径向流的压力恢复曲线进行拟合解释，得出正确的结果，再把同一压力恢复曲线的径向流删去，进行重新拟合解释得出结果，从曲线拟合上看两者曲线拟合得非常好，从解释结果上看两者相差5~15MPa。而且两者输入参数完全相同，其根本原因是压力恢复曲线未出现径向流，存在着多解性。从试井设计上看，压力恢复曲线未出现径向流与有效渗透率大小、井筒储集系数大小、关井时间长短有着直接关系。关于有效渗透率低的问题，是储层所固有的，只有通过压裂方法来解决，但A油田大部分井已是二次压裂和三次压裂。关于井筒储集系数问题，提出井下关井，但由于工艺上不配套、套管结垢、封隔器密封不严等一系列问题，一直没有得到实施。关于关井时间问题，试井测试又与产量发生矛盾。

由于存在以上原因，从试井解释入手，为了使未出现径向流大部分井的试井资料得到很好应用，首次提出了利用多元回归方法，确定计算压力恢复曲线斜率回归公式，并且首次提

出了低渗油藏试井解释一整套新方法。该方法的提出，打开了吉林油区低渗透储层的试井解释新局面。

2. 综合分析方法

均质地层是目前最常见的一种地层类型，对于 A 油田的砂岩地层，均呈现出均质地层的特征。采用常见的 Gringarten 双对数+导数图（以下称为双对数图）和 MDH 半对数曲线图（以下称为半对数图）来表示均质地层的特征。

1）图形分析

（1）双对数图图形分析。

双对数图版是识别均质地层的典型特征图。它的形状像一把两齿叉子，可以分成三段来分析。

①第Ⅰ段是“叉把”部分。这一段双对数和导数曲线合二为一，呈 45°的直线，表明续流段的影响（即井筒储集效应的影响）。

②第Ⅱ段为过渡段，导数出现峰值后向下倾斜。

③第Ⅲ段出现导数水平段，这是地层中产生径向流的典型特征，用它来确认半对数图中的径向流直线段。

（2）半对数图图形分析。

半对数图的形状像一把勺子，作为续流段和过渡段的第Ⅰ段和第Ⅱ段，在半对数图中形状像勺头；作为径向流的第Ⅲ段，在半对数图中形成直线，可以比喻成勺把。

①具有续流段和过渡段；

②具有斜率 m 的径向流直线段。

续流段和过渡段的进一步划分：

①续流段；

②续流段+过渡段的拐点处，以下称为拐点处；

③过渡段。

通过图形识别和图形分析发现续流段伪斜率 m_1、拐点处伪斜率 m_2、过渡段伪斜率 m_3 与径向流拟合直线段斜率 m 有一定关系。以续流段伪斜率 m_1、拐点处伪斜率 m_2、过渡段伪斜率 m_3 为自变量，以径向流直线段斜率 m 为因变量，利用多元回归方法回归得出计算压力恢复曲线径向流直线段斜率公式，该公式命名为“吉林实用公式 3”。

2）多元回归方法

多元回归方法是研究一个因变量与多个自变量的相关关系，从而得出公式：

$$\hat{y} = b_0 + b_1x_1 + b_2x_2 + \cdots + b_px_p$$

然后进行回归方程显著性检验的计算方法，它的目的是确定出合理的相关关系。

（1）回归系数的确定。

确定回归系数的原则是：首先应用最小二乘法确定正规方程组，再利用高斯消元法把正规方程组系数 b_0、b_1、b_2、⋯、b_p 解出来。

（2）回归方程的显著性检验。

在研究问题中，往往不能事先断定自变量 x_1、x_2、⋯、x_p 与因变量 y_k 是否有线性关系，所求的回归方程是否有代表性。因此，对所求的回归方程，还必须作显著性检验。

①观测值 y_k 与其平均值 $\bar{y}$ 之差的平方和，可用总离差平方和 $S_{总}$ 来描述：

$$S_{总} = \sum_{k=1}^{n} (y_k - \bar{y})^2$$
$$= S_{剩} + S_{回}$$

总离差平方和可分为两部分，一部分称为剩余平方和，记作 $S_{剩}$；另一部分称为回归平方和，记作 $S_{回}$。

②$S_{回}$ 可表示为数据 y 的回归计算值与平均值之差的平方和：

$$S_{回} = \sum_{k=1}^{n} (\hat{y}_k - \bar{y})^2$$
$$= \sum_{k=1}^{n} [b_1(x_{1k} - \bar{x}_1) + b_2(x_{2k} - \bar{x}_2) + \cdots + b_p(x_{pk} - \bar{x}_p)]^2$$

它表示 x_1、x_2、…、x_p 变化时，对 y 波动大小的影响，即 x_1、x_2、…、x_p 对 y 的线性控制大小，也就是方差贡献的大小。

③ $S_{剩} = \sum_{k=1}^{n} (y_k - \hat{y})^2$，它是实测值与回归计算值之差的平方和。

④分解说明。

当 $S_{值}$ 小时，则 $S_{回}$ 大，即 y 受 x_1、x_2、…、x_p 线性控制大，此时回归方程就显著；反之，效果就不好。这样可以用 $S_{回}$ 与 $S_{总}$ 的比值来判断，称为复相关系数，用 R 来表示。当 R 越接近 1 时，表示 x_1、x_2、…、x_p 的线性越密切，当 R 越接近 0 时，表示线性关系越差，$R=\sqrt{S_{回}/S_{剩}}$。

3）“吉林实用公式 3”的分析

利用 A 油田 16 井次出现径向流的压力恢复曲线得出“吉林实用公式 3”［式（2-2-1)］，并留 2 口井（把径向流部分删去）用来检验，共计 18 井次（表 2-2-1）。从“吉林实用公式 3”的形式看，m 与 m_1、m_2 成正比，与 m_3 成反比。从“吉林实用公式 3”系数看，m_1 的系数为 0. 2004071、m_2 的系数为 0. 9434278、m_3 的系数为 0. 3023367，m_2 值的确定是非常重要的，它起着主导作用，而 m_1、m_3 值也必不可少，它们在公式中起着辅助作用。复相关系数为 $R=0.9584193$，用回归公式计算出的直线段斜率为 m'，总相对误差为 18. 14%。

$$m = \frac{4.51449 m_1^{0.2004071} m_2^{0.9434278}}{m_3^{0.3023367}} \tag{2-2-1}$$

表 2-2-1　利用“吉林实用公式 3”确定 MDH 曲线径向流斜率表

井号	测压日期	m_1 (kPa/cycle)	m_2 (kPa/cycle)	m_3 (kPa/cycle)	m (kPa/cycle)	“吉林公式 3”计算 m' (kPa/cycle)	相对误差 (%)	备注
A 油田 a 井	1999. 1. 22—28	504. 10	1332. 20	2432. 70	1399. 00	1582. 08	11. 57	学习样本
A 油田 a 井	1999. 6. 24—30	534. 70	1140. 00	1718. 20	1574. 30	1535. 25	2. 54	
A 油田 b 井	1999. 4. 12—19	53. 20	182. 40	551. 10	248. 50	241. 98	2. 69	
A 油田 c 井	2000. 8. 1—8. 8	25. 70	89. 00	160. 80	211. 50	154. 24	37. 13	

续表

井号	测压日期	m_1 (kPa/cycle)	m_2 (kPa/cycle)	m_3 (kPa/cycle)	m (kPa/cycle)	"吉林公式 3" 计算 m' (kPa/cycle)	相对误差 (%)	备注
A 油田 d 井	1999. 4. 14—4. 21	65. 10	537. 10	1498. 80	467. 00	515. 80	9. 46	学习样本
A 油田 d 井	1998. 4. 12	46. 20	224. 00	392. 80	246. 90	316. 33	21. 95	
A 油田 e 井	2000. 8. 8—8. 16	60. 80	462. 90	1321. 80	611. 00	459. 32	33. 02	
A 油田 f 井	2000. 8. 1—8. 8	58. 60	1451. 80	6060. 10	654. 30	845. 87	22. 65	
A 油田 g 井	2001. 2. 8—3. 21	60. 10	396. 40	1486. 80	396. 90	382. 05	3. 89	
A 油田 g 井	2001. 9. 18—25	100. 60	1045. 50	2180. 60	1389. 90	941. 96	47. 55	
A 油田 h 井	2000. 10. 17—24	57. 30	821. 40	1802. 70	680. 80	709. 89	4. 10	
A 油田 i 井	1999. 6. 24—30	127. 80	413. 30	836. 40	483. 80	550. 08	12. 05	
A 油田 j 井	2001. 6. 17—30	165. 20	3654. 10	8707. 00	2966. 30	2229. 06	33. 07	
A 油田 k 井	2001. 11. 26—12. 4	51. 20	487. 40	749. 60	390. 40	553. 05	29. 41	
A 油田 l 井	1999. 6. 22—29	48. 70	386. 80	1094. 20	313. 40	392. 67	20. 19	
A 油田 m 井	1999. 7. 14—20	26. 40	130. 50	278. 00	209. 50	188. 56	11. 10	
A 油田 n 井	1999. 7. 14—20	45. 20	472. 50	1174. 10	418. 90	457. 38	8. 41	预测样本
A 油田 o 井	2000. 10. 17—24	140. 20	1167. 60	4815. 10	1018. 30	879. 36	15. 80	
B 油田 a 井	2002. 3. 1—8	125. 20	2838. 30	11078. 80	1619. 30	1544. 70	4. 83	

3. 试井解释拟合方法

试井解释基础参数包括：

（1）单井控制半径。

（2）生产历史数据。时间、压力、测试前的稳定产量。

（3）流体参数。天然气相对密度、原油相对密度、饱和压力、原油体积系数、黏度、油水压缩系数、溶解气油比。

（4）油藏参数。原始压力、有效厚度、孔隙度、油气水饱和度、井筒半径、地层温度、岩石压缩系数。

将参数录入试井解释软件。在半对数图中，把续流段、拐点处、过渡段的斜率一一求出，再利用"吉林实用公式 3"把径向流直线段斜率算出。

1）*初拟合*

在试井解释软件的半对数图中，按多元回归求得的径向流斜率 m'画出直线段，这样就求出该井的有效渗透率。有效渗透率求出后，在试井解释软件的双对数图中，上下左右平移曲线，找出与有效渗透率相符的那一条曲线，从而就求得该井的井筒储集系数和表皮系数。再回到半对数图中，上下移动径向流直线段，找出与表皮系数相符的那一条直线，就求出平均地层压力。用以上拟合的参数进入终拟合。

2）*终拟合*

把以上参数代入进行终拟合试算，如果双对数图、半对数图、历史拟合图这三个曲线都拟合得很好，这口井的解释就完成了。否则，就调整参数——井筒储集系数、表皮系数、地层压力及有效渗透率，直至拟合较好为止。

与前人的解释方法相比，对于试井曲线未出现径向流的情况，其解释都是为了求出压力恢复曲线的斜率，从而求出有效渗透率、地层压力、表皮系数、井筒储集系数等参数。前人的方法是对一个压力恢复曲线进行分析，通过压力恢复曲线的早期资料，利用某种关系得出压力恢复曲线径向流直线段的斜率，从而求出各项参数；而“吉林实用公式3”计算压力恢复曲线径向流直线段斜率法是用多个恢复曲线进行综合分析，求出压力恢复曲线的斜率，从而求出各项参数。

4. 解释实例

A油田n井于1999年7月14—20日进行测试。把试井解释基础参数录入试井解释软件，包括：(1) 单井控制半径；(2) 生产历史数据；(3) 流体参数；(4) 油藏参数，把该井径向流删去。

1) 图形识别及图形分析技术

在半对数图中求出（图2-2-1）：m_1 = 45.2kPa/cycle、m_2 = 472.5kPa/cycle、m_3 = 1174.1kPa/cycle。

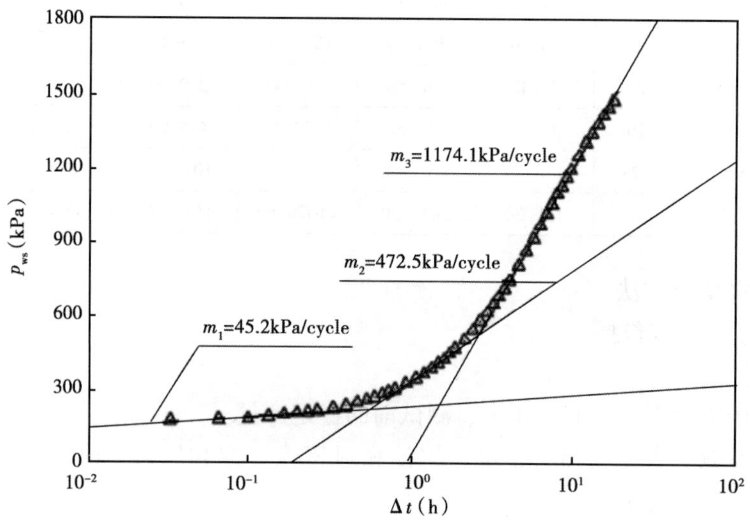

图2-2-1 n井删去径向流图形识别确定 m_1、m_2、m_3 图

2) 多元回归公式方法

再利用公式（2-2-1），把径向流直线段斜率 m' 算出，m'=457.38kPa/cycle。

3) 试井解释软件技术

(1) 初拟合。

在试井解释软件的半对数图中，根据求出的径向流斜率 m'=457.38kPa/cycle 画出直线段，求出该井的有效渗透率 K=15.93mD（图2-2-2）。

在试井解释软件的双对数图中，上下左右平移曲线，找出与有效渗透率相符的那一条曲线，K'=15.81mD，从而求出n井的井筒储集系数 C_D=1715 和表皮系数 S=−0.3（图2-2-3）。

再回到半对数图中，上下移动径向流直线段，找出与表皮系数相符的那一条直线，就可以求出平均地层压力 p_R=2470.5kPa（图2-2-4）。用以上拟合的参数进入终拟合。

(2) 终拟合。

把以上参数代入进行终拟合试算，n井的双对数图、半对数图、压力史拟合图这三个曲

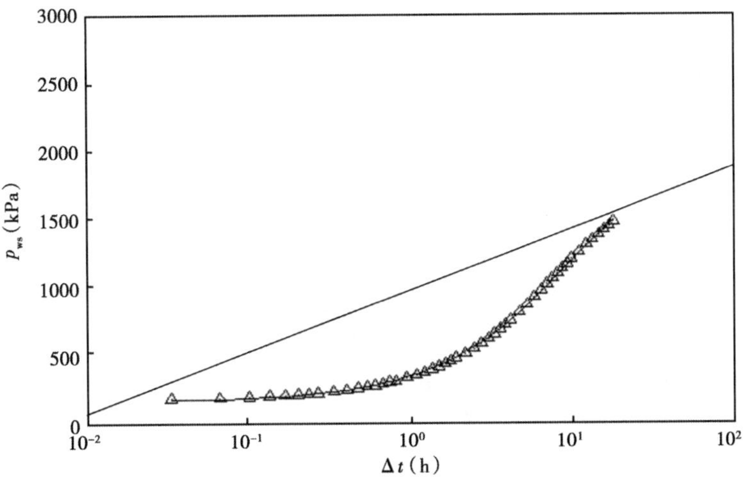

图 2-2-2 n 井删去径向流初拟合确定 K 图

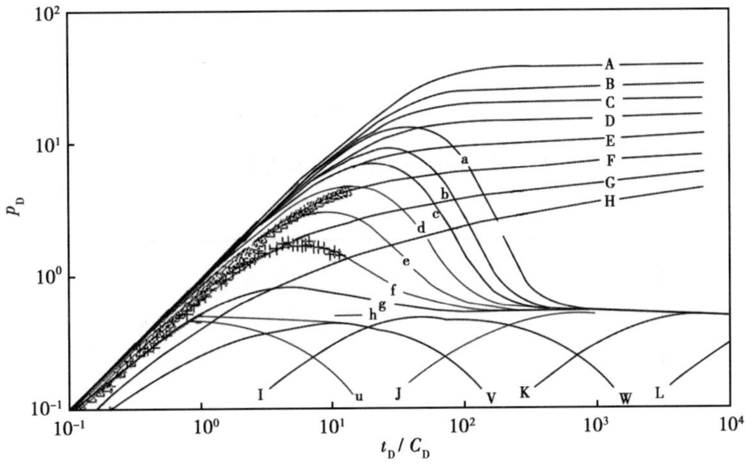

图 2-2-3 n 井删去径向流初拟合确定 C_D、S 图

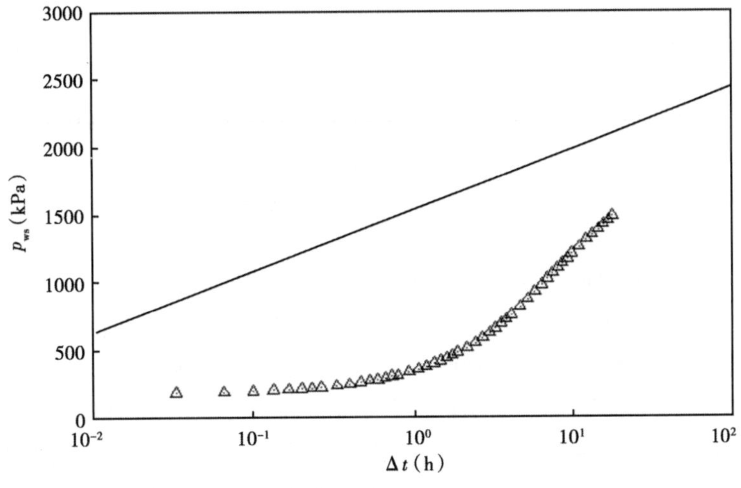

图 2-2-4 n 井删去径向流初拟合确定 p_R 图

线都拟合得不太好，需调整参数。

在进行参数调整时，可根据曲线形态调整如下参数：①调整井筒储集系数；②调整表皮系数；③调整地层压力；④最后调整有效渗透率。调整到双对数图、半对数图、压力史拟合图三个曲线拟合好为止（图 2-2-5、图 2-2-6、图 2-2-7）。

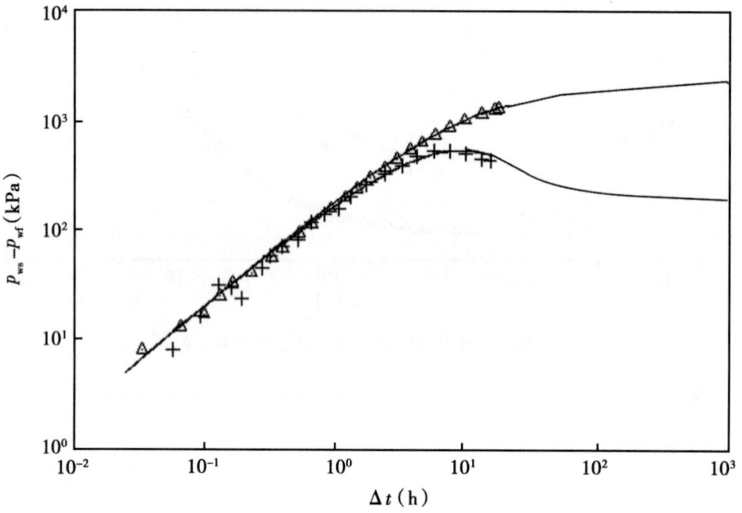

图 2-2-5　n 井删去径向流双对数拟合图

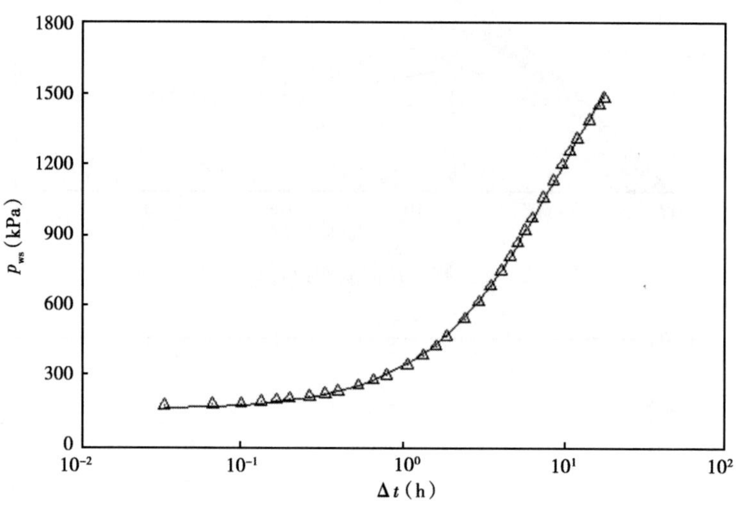

图 2-2-6　n 井删去径向流半对数拟合图

与未删去径向流直线段的图 2-2-8、图 2-2-9、图 2-2-10 相比，拟合状况良好。从两口井的拟合参数对比中看出，平均地层压力相对误差为 2.4%。另外，还进行了低渗透均质油藏 B 油田 a 井试井解释，该井于 2002 年 3 月 1—8 日进行测试，压力恢复曲线出现径向流。利用“吉林实用公式 3”确定 MDH 曲线径向流斜率 $m'=1544.7$kPa/cycle（表 2-2-1）。平均地层压力相对误差为 1.48%，相对误差很小，该方法不仅适用于 A 油田也适用于其他低渗透油田。因此，该方法可以推广应用。

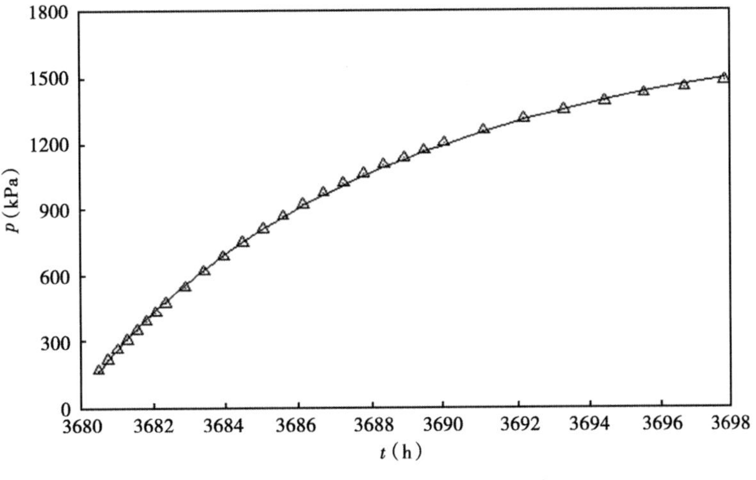

图 2-2-7　n 井删去径向流压力史拟合图

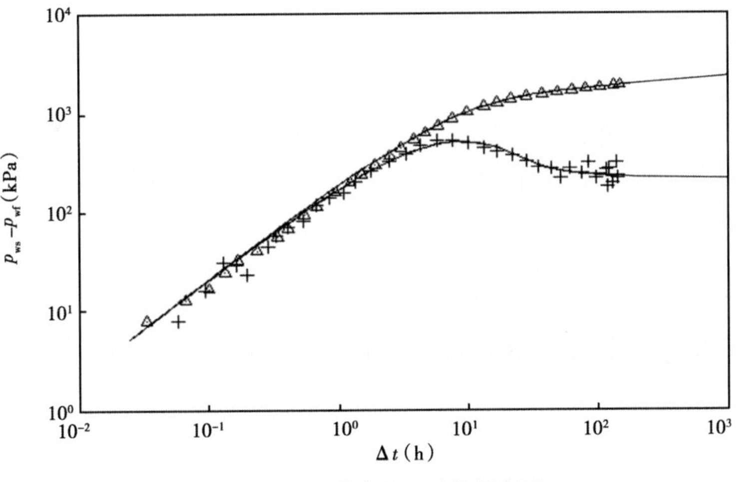

图 2-2-8　n 井完整双对数拟合图

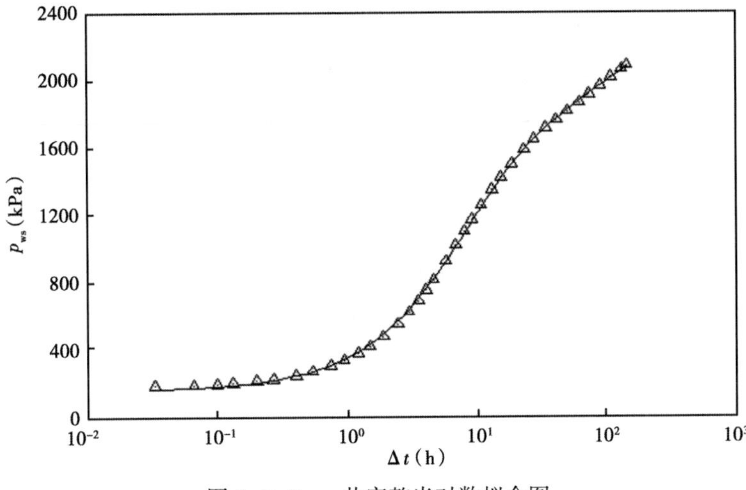

图 2-2-9　n 井完整半对数拟合图

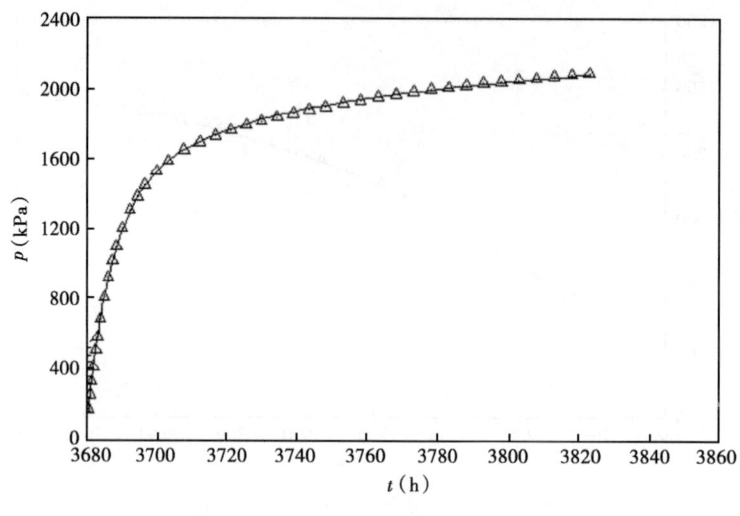

图 2-2-10　n 井完整压力史拟合图

5. 存在的问题与小结

（1）只适用于均质油藏；一个油田要有多井次出现径向流直线段的试井资料；随着出现径向流直线段试井资料的增多，回归公式可以改变。

（2）它使大多数未出现径向流的试井测试资料得到有效应用，提高了测试资料的利用率。

（3）准确地计算了低渗透油藏 A 油田的地层压力，相对误差为 2.4%。也可应用到其他低渗透油藏，如 B 油田等。

（4）解决了 A 油田乃至吉林油区低渗透储层试井解释难题，打开了低渗透油藏试井解释新局面。

二、神经网络在低渗透油田试井解释中的研究及应用

通过图形识别和图形分析，发现续流段伪斜率 m_1、拐点处伪斜率 m_2、过渡段伪斜率 m_3 与径向流拟合直线段斜率 m 有一定关系。以续流段伪斜率 m_1、拐点处伪斜率 m_2、过渡段伪斜率 m_3 为学习样本，以径向流直线段斜率 m 为预测样本，利用神经网络 BP 算法求取径向流直线段斜率。

1. 人工神经网络

1）应用范围及条件

（1）应用范围。

常用的方法是在一定的勘探开发条件下利用人工神经网络进行地下参数的时空推算。假设已知某一组勘探开发参数的值，则通过 ANN 推算与该组勘探开发参数有关的未知参数值。

（2）应用条件。

需要足够多的学习样本，以确保 ANN 预测的精确度，样本的已知指标个数大于 1，即输入层的节点个数大于 1，欲求的预测指标位于邻近的时间域或空间域。

2）BP 算法

目前 ANN 中应用最广、最直观、最易理解的算法是 BP 算法。该算法的确切含义是误

差反向传播（Error Back—Propagation），简称 BP 算法。

3）BP 算法确定压力恢复曲线直线段斜率

在 A 油田 17 井次出现径向流的压力恢复曲线上，把每井次 m_1、m_2、m_3、m 求出来，并留 2 口井（把径向流部分删去）用来检验（表 2-2-2）。以 15 个测试点为学习样本，以 2 井次为预测样本，已知指标个数 3 个，隐层节点个数为 30 个，学习次数为 158214 次。学习样本相对误差为 3. 52%。预测样本相对误差为 10. 17%。学习样本、预测样本相对总误差为 4. 30%。显然，BP 算法的精度相当高。这样，就可以利用该方法计算低渗透压力恢复曲线直线段斜率。

表 2-2-2　利用 BP 算法确定 MDH 曲线径向流斜率学习样本与预测样本表

井号	测压日期	m_1 (MPa/cycle)	m_2 (MPa/cycle)	m_3 (MPa/cycle)	m (MPa/cycle)	BP 算法计算 m' (MPa/cycle)	相对误差 (%)	备注
a1	1999. 1. 22—28	0. 5041	1. 3322	2. 4327	1. 3990	1. 4822	5. 61	学习样本
a1	1999. 6. 24—30	0. 5347	1. 1400	1. 7182	1. 5743	1. 6416	4. 10	
a2	1999. 4. 12—19	0. 0532	0. 1824	0. 5511	0. 2485	0. 2442	1. 76	
a3	2000. 8. 1—8. 8	0. 0257	0. 0890	0. 1608	0. 2115	0. 2191	3. 47	
a4	1999. 4. 14—4. 21	0. 0651	0. 5371	1. 4988	0. 4670	0. 4646	0. 52	
a4	1998. 4. 12	0. 0462	0. 2240	0. 3928	0. 2469	0. 2423	1. 90	
a5	2000. 8. 1—8. 8	0. 0586	1. 4518	6. 0601	0. 6543	0. 6869	4. 75	
a6	2001. 2. 8—3. 21	0. 0601	0. 3964	1. 4868	0. 3969	0. 3608	10. 01	
a7	2001. 9. 18—25	0. 1006	1. 0455	2. 1806	1. 3899	1. 3904	0. 04	
a8	2000. 10. 17—24	0. 0573	0. 8214	1. 8027	0. 6808	0. 6810	0. 03	
a9	1999. 6. 24—30	0. 1278	0. 4133	0. 8364	0. 4838	0. 4703	2. 87	
a10	2001. 6. 17—30	0. 1652	3. 6541	8. 7070	2. 9663	2. 9663	0. 00	
a11	2001. 11. 26—12. 4	0. 0512	0. 4874	0. 7496	0. 3904	0. 3623	7. 76	
a12	1999. 6. 22—29	0. 0487	0. 3868	1. 0942	0. 3134	0. 3260	3. 87	
a13	1999. 7. 14—20	0. 0264	0. 1305	0. 2780	0. 2095	0. 2233	6. 18	
a14	1999. 7. 14—20	0. 0452	0. 4725	1. 1741	0. 4189	0. 3647	14. 86	预测样本
a15	2000. 10. 17—24	0. 1402	1. 1676	4. 8151	1. 0183	0. 9655	5. 47	
神经网络 BP 算法总相对误差（%）							4. 30	

2. 试井解释拟合方法

1）初拟合

在试井解释软件的半对数图中，按 BP 算法求得的径向流斜率 m' 画出直线段，这样就求出该井的有效渗透率。有效渗透率求出后，在试井解释软件的双对数图中，上下左右平移曲线，找出与有效渗透率相符的那一条曲线，从而就求得该井的井筒储集系数和表皮系数。再回到半对数图中，上下移动径向流直线段，找出与表皮系数相符的那一条直线，就求出平均地层压力。用以上拟合的参数进入终拟合。

2）终拟合

把以上参数代入进行终拟合试算，如果双对数图、半对数图、历史拟合图这三个曲线都拟合得很好，这口井的解释就完成了。否则，就调整参数。

在进行参数调整时，可根据曲线形态调整如下参数：

（1）调整井筒储集系数；

（2）调整表皮系数；

（3）调整地层压力；

（4）最后调整有效渗透率。

调整到双对数图、半对数图、压力史拟合图三个曲线拟合好为止。

3. 解释实例

A 油田 a15 井于 2000 年 10 月 17—24 日测试。把试井解释基础参数录入试井解释软件。

1）图形识别及图形分析

在半对数图中求出：$m_1=0.1402$MPa/cycle、$m_2=1.1676$MPa/cycle、$m_3=4.8151$MPa/cycle（图 2-2-11）。

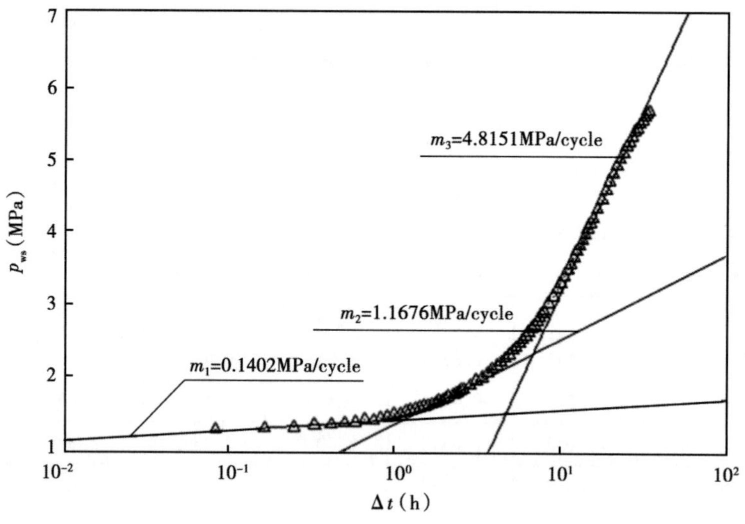

图 2-2-11　a15 井图形识别确定 m_1、m_2、m_3 图

2）BP 算法

利用神经网络 BP 算法，把径向流直线段斜率 m'算出，$m'=0.9655$MPa/cycle。

3）试井解释软件

（1）初拟合。

在试井解释软件的半对数图中，按求出来的径向流斜率 $m'=0.9655$MPa/cycle 画出直线段，求取渗透率的公式：

$$K=\frac{2.121\times10^{-3}q_o\mu_oB_o}{m'h} \tag{2-2-2}$$

式中　K——有效渗透率，mD；

m'——径向流斜率，MPa/cycle；

q_o——原油产量，m^3/d；

μ_o——原油黏度，mPa·s；

B_o——原油体积系数；

h——地层有效厚度，m。

根据公式（2-2-2）求出该井的有效渗透率 $K=6.65$mD（图 2-2-12）。

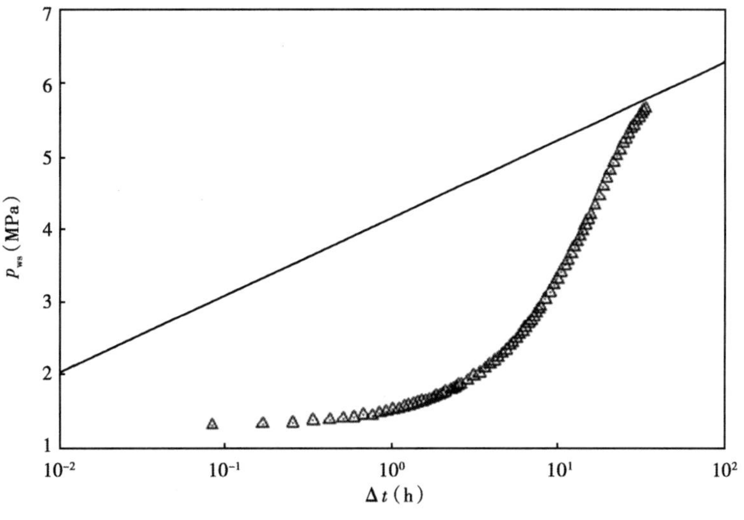

图 2-2-12　a15 井初拟合确定 K 图

有效渗透率求出来后，在试井解释软件的双对数图中，上下左右平移曲线，找出与有效渗透率相符的那一条 $K=6.65$mD 曲线（图 2-2-13）。

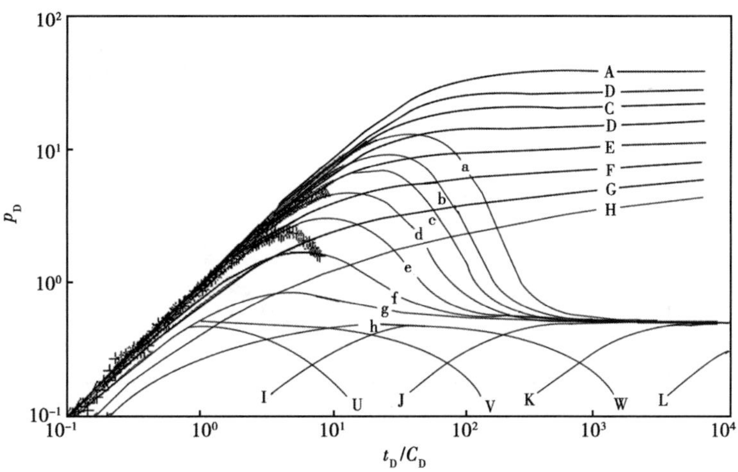

图 2-2-13　a15 井初拟合确定 C_D、S 图

从而就求出来了该井的井筒储集系数 $C_D=1042$，计算公式：

$$C=7.2\times10^{-3}\pi\cdot\frac{Kh}{\mu_o}\cdot\frac{1}{\left(\frac{t_D/C_D}{t}\right)_M}\tag{2-2-3}$$

式中　C——井筒储集系数，m^3/MPa；

C_D——无量纲井筒储集系数；

t_D——无量纲时间；

t——时间，h；

$\left(\dfrac{t_D/C_D}{t}\right)_M$——时间拟合值。

$$C_D = \frac{C}{2\pi\phi C_t h r_w^2} \tag{2-2-4}$$

式中 ϕ——地层孔隙度；

C_t——综合压缩系数，1/MPa；

r_w——井筒半径，m。

求出表皮系数 $S=-0.0206$（图 2-2-13）。

$$S = \frac{1}{2}\ln\frac{(C_D e^{2S})_M}{C_D} \tag{2-2-5}$$

式中 S——表皮系数；

$(C_D e^{2S})_M$——样板曲线拟合值。

再回到半对数图中，上下移动径向流直线段，找出与表皮系数相符的那一条直线，就求出平均地层压力 $p_R=9.041$MPa（图 2-2-14）。

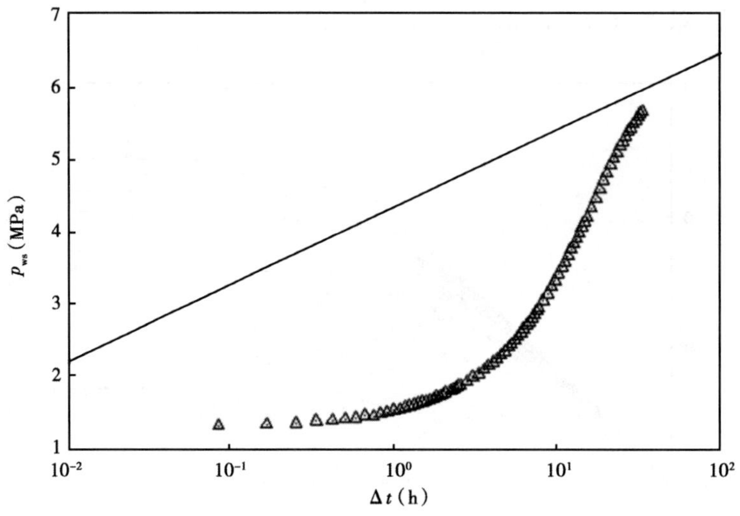

图 2-2-14 a15 井初拟合确定 p_R 图

计算公式：

$$\bar{p}_R = p^* - \frac{m' p_{DMBH}}{2.303} \tag{2-2-6}$$

式中 $\bar{p}_R$——平均地层压力，MPa；

p^*——霍纳外推压力，MPa；

p_{DMBH}——无量纲压力。

用以上拟合的参数进入终拟合。

（2）终拟合。

把以上参数代入进行终拟合试算，由于双对数图、半对数图、压力史拟合图中曲线未完全拟合，需重新调整参数。经反复调整，直到双对数图、半对数图、压力史拟合图曲线完全拟合为止（图 2-2-15、图 2-2-16、图 2-2-17）。

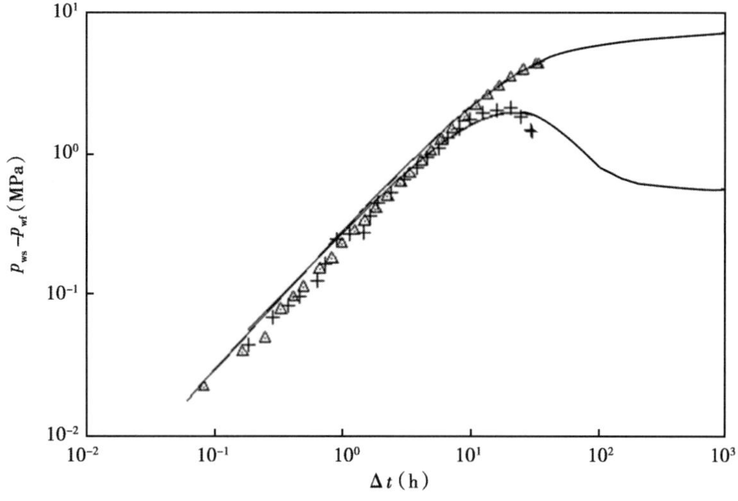

图 2-2-15　a15 井删去径向流双对数拟合图

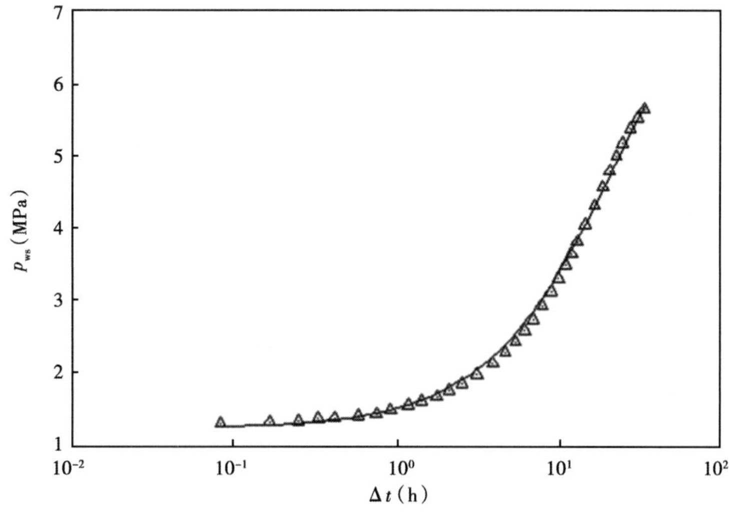

图 2-2-16　a15 井删去径向流半对数拟合图

与未删去（完整）径向流直线段的图 2-2-18、图 2-2-19、图 2-2-20 相比，拟合状况良好。从两口井的拟合参数对比中看出，平均地层压力相对误差为 2.4%。删去径向流直线段与有径向流直线段的各项拟合参数见表 2-2-3。

4. 小结

应用图形识别、神经网络 BP 算法、试井解释软件三位一体的联合技术，进行低渗透储层试井解释的研究是一项新的技术方法。通过吉林油区 A 油田的实践，该项技术方法初步

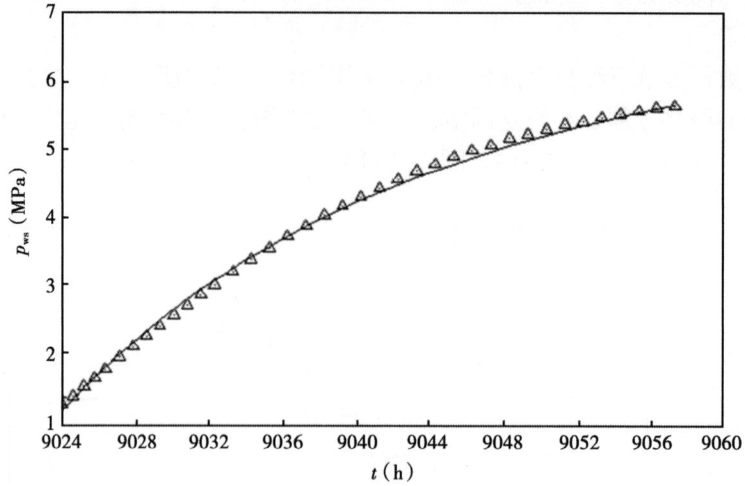

图 2-2-17　a15 井删去径向流压力史拟合图

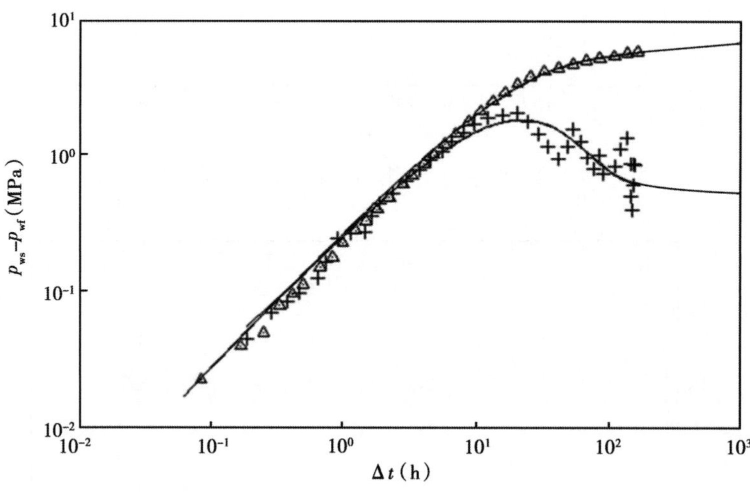

图 2-2-18　a15 井完整曲线双对数拟合图

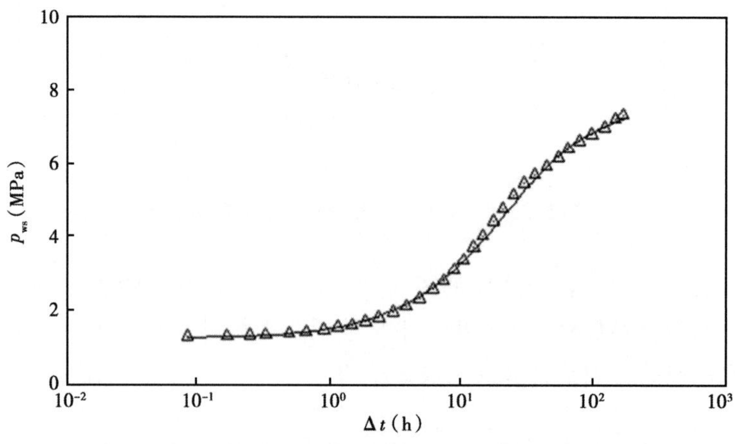

图 2-2-19　a15 井完整曲线半对数拟合图

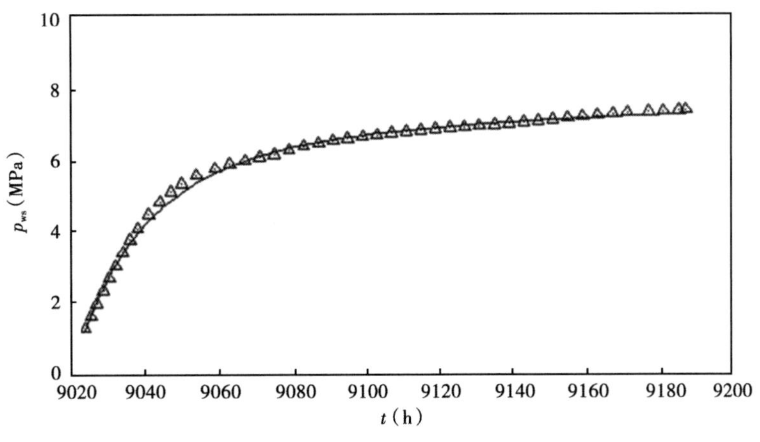

图 2-2-20 a15 井完整曲线压力史拟合图

获得成功，解决了 A 油田低渗透储层试井解释难题。该方法可以较为准确地计算低渗透油藏的地层压力，相对误差较小，从而使大多数未出现径向流的试井测试资料得到有效的应用，提高测试资料的利用率。但是，由于该项技术方法数学模型所限，目前，该项技术方法的应用尚存有局限性：（1）方法只适于均质油藏；（2）适宜一个油田有多井次出现径向流直线的试井资料；（3）随着出现径向流直线的试井资料增多，回归公式可以更加趋于完善。

表 2-2-3 删去和存在径向流直线段拟合参数对比表

井号	测压日期	完整曲线形态试井解释结果				删去径向流直线段试井解释结果				平均压力相对误差（%）	模型
		p_R（MPa）	K（mD）	S	C_D	p_R（MPa）	K（mD）	S	C_D		
A 油田 n 井	1999. 7. 14—20	2. 81	14. 61	-1. 73	1506	2. 77	15. 81	-1. 372	1609	1. 44	均质
a15	2000. 10. 17—24	9. 48	5. 23	-0. 026	919	9. 81	5. 02	-0. 001	908	3. 36	均质

总之，尽管该项技术方法还存有一定的局限性，但是，该项技术方法的提出为低渗透储层试井解释的深入研究提出了一个新的思路。

三、利用多次环空测试资料进行油井试井解释的新方法

吉林油田的油井大多采用环空法进行测试，作一口井的试井解释，按试井解释步骤：首先是试井数据预处理；再次是模型诊断；最后是压力史拟合。如果试井曲线出现径向流是很好解释的，如果试井曲线没有出现径向流就存在着多解，就要提出新的解释方法。

对于油井稳定试井测试是很困难的，需要通过多次调取井的工作制度（冲程、冲数）、泵挂深度取得资料。在进行稳定试井解释时，通过数据预处理、指示曲线法确定产能方程，由产能方程求出井的采油指数、潜产量、目前有效渗透率及目前地层压力。笔者试图利用一口井多次环空测压法的流动压力段来解决这个问题，虽然，每次测流动压力只有 24h 就关井了（部分流动压力不稳定），且测压周期为半年以上，不符合稳定试井要求，但考虑到它必定是该井测到的真实资料，经过数据预处理后数据资料还是可以用的。

1. 出现径向流试井解释

1） 不稳定试井解释

在吉林油区 A 油田选出出现径向流的 6 口井试井资料，每口井均为测试日期 2008—2010 年 3 年 6 井次的连续测试资料，且在 2010 年下半年试井曲线出现径向流解释结果（表 2-2-4），主要参数有目前地层压力、有效渗透率、表皮系数等。

表 2-2-4　A 油田稳定试井和不稳定试井解释结果表

井号	测试日期	稳定试井解释结果				不稳定试井解释结果				备注
		p_R（MPa）	K（mD）	J_o [m³/(d·MPa)]	q_{AOF}（m³/d）	p_R（MPa）	K（mD）	S	C（m³/MPa）	
A	2010.8.6—2010.8.14	6.26	6.93	0.45	2.79	6.25	4.83	0.53	14.89	出现径向流
B	2010.7.21—2010.7.29	15.13	1.11	0.07	1.04	15.15	1.10	-1.67	0.54	出现径向流
C	2010.7.18—2010.7.27	12.73	0.45	0.24	3.04	12.72	0.87	-4.78	5.96	出现径向流
D	2010.7.5—2010.7.13	3.24	1.53	0.29	0.94	3.25	1.51	-2.38	16.30	出现径向流
E	2010.9.8—2010.9.16	4.47	0.18	0.22	0.97	4.46	0.19	-3.58	8.47	出现径向流
I	2010.8.24—2010.9.1	12.86	0.67	0.20	2.61	12.84	0.75	-4.06	12.27	出现径向流
F	2010.6.25—2010.7.2	2.76	1.60	0.44	1.19	2.71	1.31	-5.22	24.42	未出现径向流
G	2010.9.25—2010.10.3	13.53	1.47	0.14	1.96	13.55	1.65	10.48	2.80	未出现径向流
H	2010.10.21—2010.10.29	6.15	0.54	0.16	0.96	6.16	0.69	-3.84	19.27	未出现径向流
J	2010.8.22—2010.8.30	5.55	1.98	0.09	0.50	5.56	2.63	-1.13	15.46	未出现径向流

如：B 井有效厚度为 3.6m，2008 年测试两次，第一次测试日期为 3 月 17—25 日，第六次测试日期为 2010 年 7 月 21—29 日。

2010 年下半年不稳定试井解释结果为：$p_R=15.13$MPa、$K=1.11$mD、$S=-1.67$、$C=0.54$m³/MPa（图 2-2-21、图 2-2-22、图 2-2-23）。

2） 稳定试井解释

平面径向流井的产量大小主要决定于油藏岩石和流体性质，以及生产压差。测出产量和相应压力，就可判断井和油藏的流动特性，这就是产能试井所依据的原理。

读出 B 井的 6 井次连续测试资料的关井前稳定产量 $q(i)$、流动压力 $p_{wf}(i)$，利用不稳定试井解释的目前地层压力 $p_R=15.15$MPa，计算生产压差 $\Delta p(i)$，绘制生产压差—产量指示

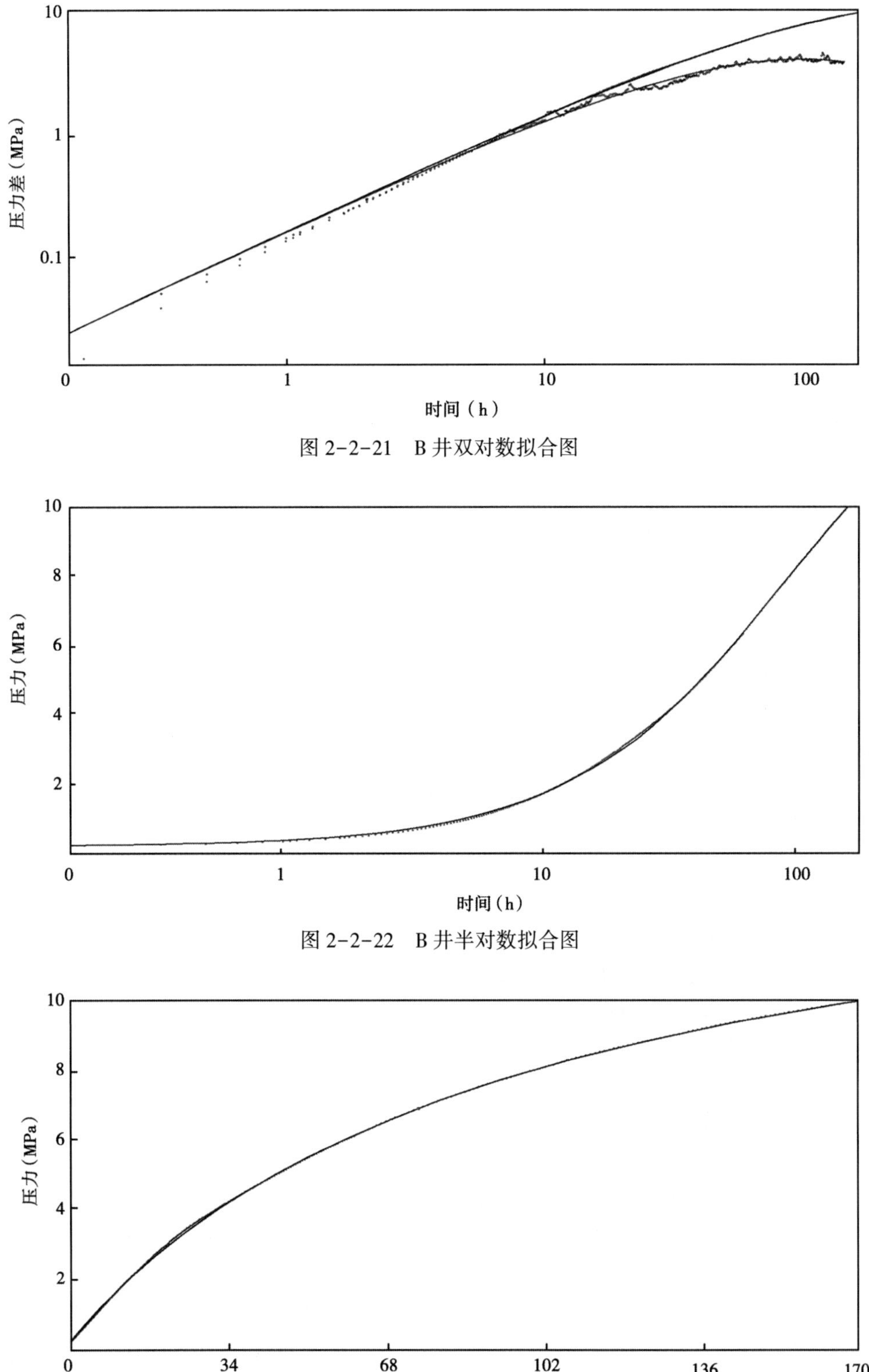

图 2-2-21　B 井双对数拟合图

图 2-2-22　B 井半对数拟合图

图 2-2-23　B 井压力史拟合图

曲线。

（1）油井产能方程式。

$$q = J_o \Delta p \tag{2-2-7}$$

式中 q——关井前稳定产量，m^3/d；

J_o——采油指数，$m^3/(d \cdot MPa)$；

Δp——生产压差，MPa。

（2）采油指数。

$$J_o = \frac{\sum q}{\sum \Delta p} \tag{2-2-8}$$

式中 $\sum q$——关井前稳定产量累加和，m^3/d；

$\sum \Delta p$——生产压差累加和，MPa。

（3）潜产能。

当流动压力为0时，井的最大产油量称为潜产能。

$$q_{AOF} = J_o(p_R - 0) \tag{2-2-9}$$

式中 q_{AOF}——最大产油量，m^3/d；

p_R——目前地层压力，MPa。

（4）有效渗透率。

$$K = \frac{1.842 J_o \mu B \left[\ln\left(\frac{r_e}{r_w}\right) - \frac{3}{4} + S\right]}{h} \tag{2-2-10}$$

式中 K——有效渗透率，mD；

μ——地层原油黏度，$mPa \cdot s$；

B——地层原油体积系数，m^3/m^3；

h——油层有效厚度，m；

r_e——测试半径，m；

r_w——井筒半径，m；

S——表皮系数。

（5）目前地层压力。

对生产压差—产量指示曲线预处理并进行线性回归，得出直线方程（图2-2-24）。通过直线方程任意点的产量和流动压力可求出目前地层压力，目前地层压力为15.13MPa，与不稳定试井解释相对误差为0.13%（表2-2-5）。

利用公式（2-2-8）、公式（2-2-9）、公式（2-2-10）算出B井采油指数 $J_o = 0.0684m^3/(d \cdot MPa)$、潜产能 $q_{AOF} = 1.0365m^3/d$、有效渗透率 $K = 1.1054mD$，与不稳定试井解释相对误差为9.77%。

共解释6口出现径向流的井，地层压力相对误差0.14%、有效渗透率相对误差10.13%。这种方法可行，所以提出未出现径向流试井解释新方法。

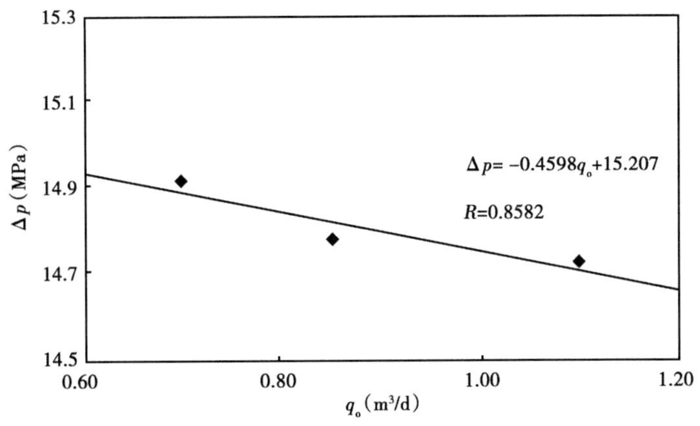

图 2-2-24　B 井压差—产量指示曲线图

表 2-2-5　B 井和 J 井稳定试井解释结果表

井号	测试日期	油层中部地层压力（MPa）	油层中部流动压力（MPa）	产油（m^3/d）	Δp（MPa）	J_o［m^3/（d·MPa）］	q_{AOF}（m^3/d）	稳定试井解释 K（mD）	稳定试井解释 p_R（MPa）	与不稳定试井解释 p_R 相对误差（%）
B	2008. 3. 17—2008. 3. 25	15. 15	0. 0537	1. 81	15. 10	0. 0684	1. 0365	1. 1054	15. 13	0. 13
	2008. 8. 22—2008. 8. 30		0. 4321	1. 10	14. 72					
	2009. 2. 16—2009. 2. 24		0. 0185	1. 30	15. 13					
	2009. 8. 20—2009. 8. 28		0. 4926	0. 50	14. 66					
	2010. 2. 15—2010. 2. 23		0. 3765	0. 70	14. 77					
	2010. 7. 21—2010. 7. 29		0. 2374	0. 70	14. 91					
J	2008. 2. 9—2008. 2. 17	5. 56	0. 1917	0. 60	5. 26	0. 0903	0. 5022	1. 9383	5. 55	0. 18
	2008. 9. 5—2008. 9. 10		0. 0712	0. 20	5. 38					
	2009. 3. 5—2009. 3. 13		0. 06965	0. 36	5. 38					
	2009. 10. 26—2009. 11. 3		0. 1105	0. 80	5. 34					
	2010. 3. 25—2010. 4. 2		0. 07552	0. 40	5. 37					
	2010. 8. 22—2010. 8. 30		0. 01979	0. 60	5. 43					

2. 未出现径向流试井解释

在吉林油区 A 油田选出 4 口井未出现径向流的试井资料，每口井均为测试日期 2008—2010 年 3 年 6 井次的连续测试资料。

如：J 井有效厚度为 5. 0m，2008 年测试两次，第一次测试日期为 2 月 9—17 日，第二次测试日期为 9 月 5—10 日，2009 年、2010 年各测试两次（表 2-2-5）。

（1）稳定试井解释。

读出 J 井的 6 井次连续测试资料的关井前稳定产量 $q(i)$、流动压力 $p_{wf}(i)$，利用 2010 年下半年测试的最高压力 p=3. 3729MPa，计算 J 井生产压差 $\Delta p(i)$。

利用公式（2-2-10）计算有效渗透率，先赋公式（2-2-10）初始值，测试半径 r_e 为

1/2 井距、表皮系数 S 为 0，计算 J 井有效渗透率 K=3.36mD。

（2）不稳定试井解释。

利用 2010 年下半年测试的不稳定试井曲线，将有效渗透率 K=3.36mD 赋给软件进行拟合计算，计算出地层压力 p_R=4.44MPa、表皮系数 S=−1.13、测试半径 r=138m。

（3）回到稳定试井解释，将拟合计算出的地层压力、测试半径、表皮系数赋给公式（2-2-10），重新计算有效渗透率 K=2.44mD。再回到不稳定试井解释重新解释，这样循环往复解释，直到试井曲线都拟合得很好为止。

J 井不稳定试井解释结果：p_R = 5.56MPa、K = 2.63mD、S = −1.13、C = 15.46m^3/MPa（图 2-2-25、图 2-2-26、图 2-2-27）。

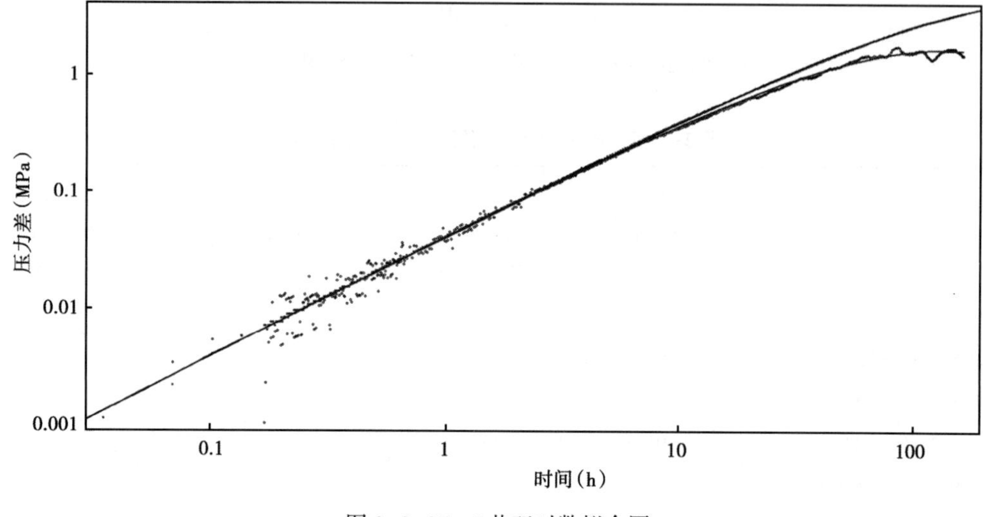

图 2-2-25　J 井双对数拟合图

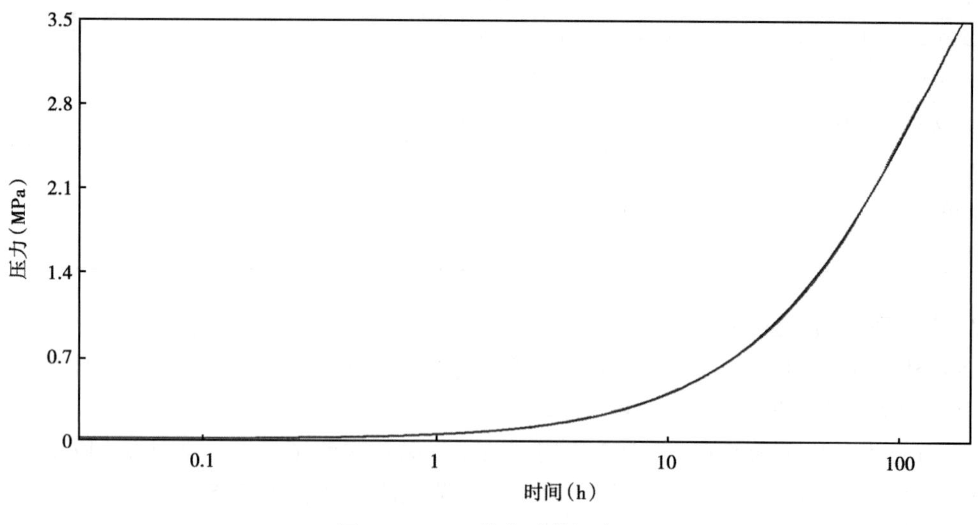

图 2-2-26　J 井半对数拟合图

J 井稳定试井解释结果：利用公式（2-2-8）、公式（2-2-9）、公式（2-2-10），J_o = 0.09218m^3/(d・MPa)、q_{AOF}=0.5024m^3/d、K=1.9781mD。

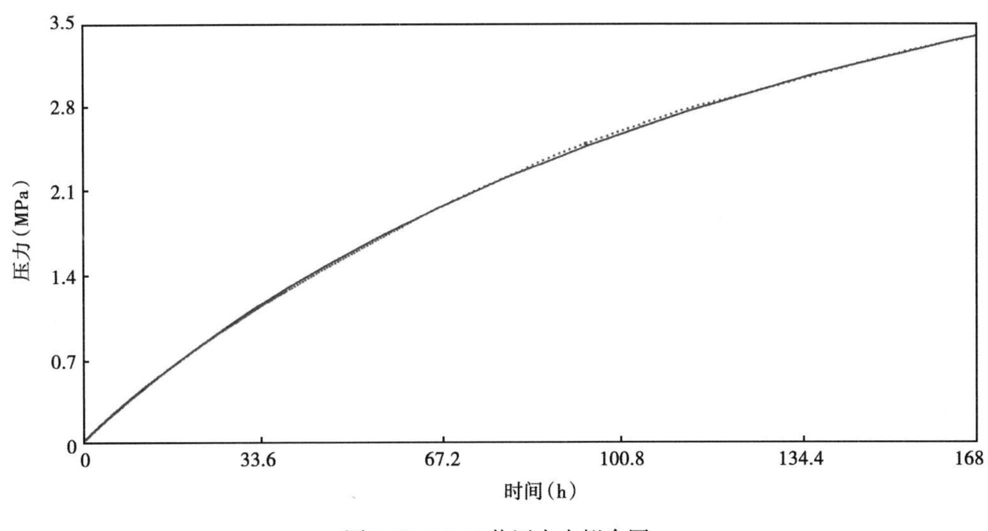

图 2-2-27　J 井压力史拟合图

（4）绘制生产压差—产量指示曲线。

对生产压差—产量指示曲线预处理并进行线性回归，得出直线方程。通过直线方程任意点的产量和流动压力可求出目前地层压力。目前地层压力为 5. 55MPa，与不稳定试井解释相对误差为 0. 18%（图 2-2-28）。4 口井地层压力平均相对误差为 0. 95%。

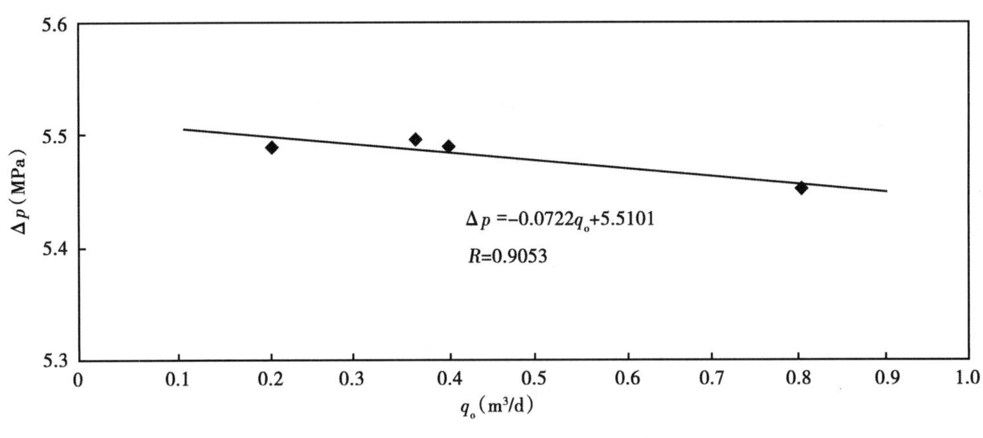

图 2-2-28　J 井生产压差—产量指示曲线图

3. 小结

（1）利用多次环空测试资料进行油井试井解释，并对吉林油田 10 口井进行试井解释，其中出现径向流 6 口井，未出现径向流 4 口井。

（2）首次提出了利用环空测试资料的流动压力段来计算采油指数、潜产量、目前有效渗透率及目前地层压力，与压力恢复对比相对误差较小。

（3）首次提出了未出现径向流井稳定试井和不稳定试井联合解释新方法。

第三章　油井稳定试井实例分析

吉林油田的油井多为抽油机生产，由于井较深、井况复杂、产量低、井下泵况很不稳定，对于这类井要做稳定试井很困难，面对着这样的巨大困难，吉林油田没有退缩，首次通过多次调取井的工作制度、泵挂深度取得了宝贵资料，也是对抽油机生产井稳定试井的一种尝试。首次提出了在进行稳定试井解释时，首先通过数据预处理技术，判断和筛选各个测试点的合理性，然后利用指示曲线法确定指数式产能方程，计算该井潜产量和油藏各项参数。此次稳定试井不足之处是压力计没有下入油层中部，只是随泵深度增加而增加，在统计流动压力时还需要折算，给试井解释带来很大困难。

第一节　油藏地质简介

A 井位于松辽盆地南部中央坳陷区 D 油田向斜构造的东翼斜坡上，C 段顶面构造特征为受反向正断层遮挡的断鼻构造。油层的分布也受控于储层的物性，物性好，含油饱满。储层相渗曲线均表现为低渗透储层渗流特点。通过对该区块岩心观察和测井成像测井资料分析，C 段天然裂缝不发育。

第二节　测试井及测试简介

A 井于 2001 年 9 月 17 日完井，完钻井深 2524m，油层中部深度 2405m，射开有效厚度 17.8m，饱和压力 7.16MPa。

A 井于 2002 年元月投产，2008 年 6 月 8 日压力计随泵下入深度 1450m 进行测试，2008 年 6 月 22—25 日测得流动压力为 0.56MPa，2008 年 6 月 27 日至 7 月 11 日进行压力恢复测试。2008 年 7 月 27 日加深泵挂深度至 1550m，2008 年 8 月 11—28 日测得流动压力为 0.78 MPa；2008 年 9 月 16 日加深泵挂深度至 1650m，2008 年 10 月 18—22 日测得流动压力为 0.72 MPa；2008 年 11 月 4 日加深泵挂深度至 1750m，2008 年 12 月 5—12 日测得流动压力为 0.71 MPa；2008 年 12 月 24 日加深泵挂深度至 2050m，2009 年 1 月 19—20 日测得流动压力为 0.11 MPa。

第三节　压力恢复试井解释

2008 年 6 月 27 日—7 月 11 日进行压力恢复测试，采用数据预处理技术、模型诊断技术和试井拟合技术，解释模型选用内边界条件为井筒储集、表皮效应+均质模型+外边界条件无限大油藏。解释结果：p_R = 9.92MPa、折算（2450m）地层压力 p_R = 17.12MPa、K = 0.82mD、S=-4.43（图 3-3-1、图 3-3-2、图 3-3-3）。

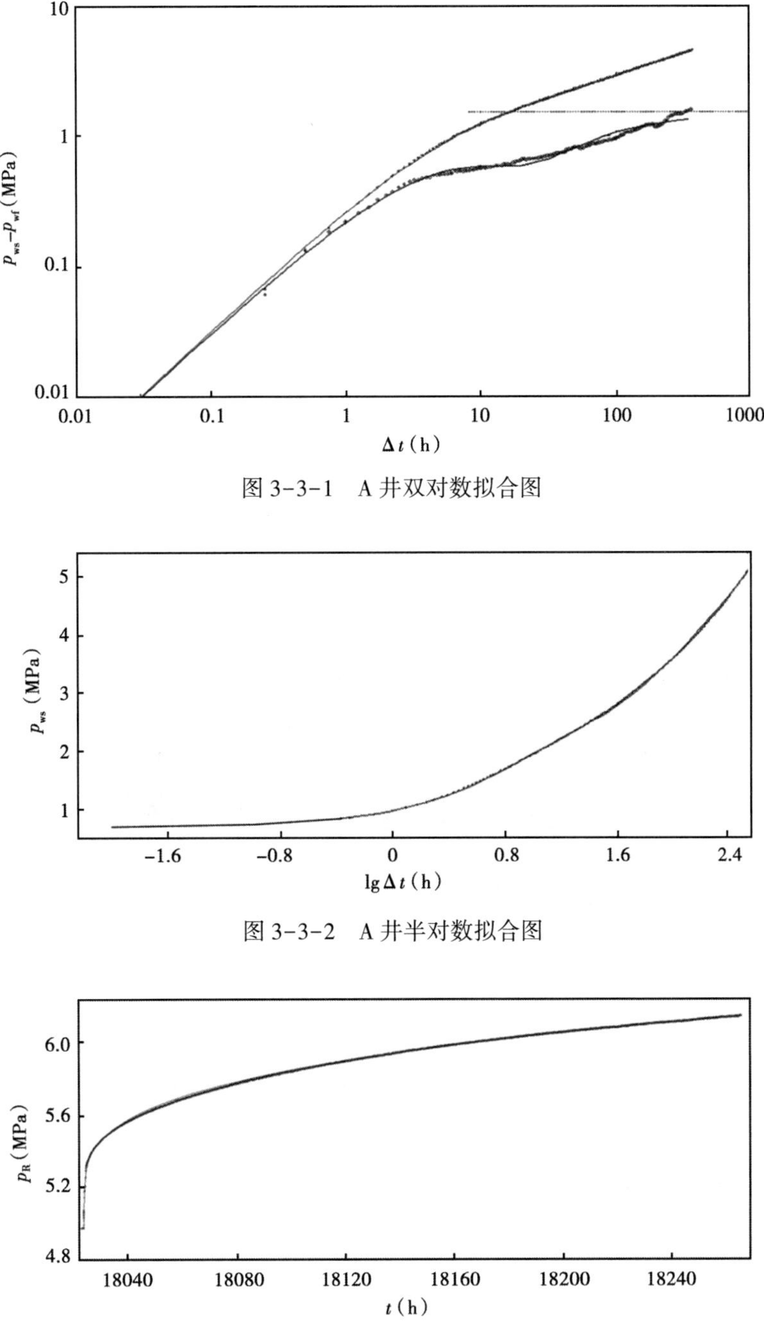

图 3-3-1　A 井双对数拟合图

图 3-3-2　A 井半对数拟合图

图 3-3-3　A 井压力史拟合图

第四节　油井稳定试井

平面径向流的井产量大小主要决定于油藏岩石和流体性质，以及生产压差。测出产量和相应流动压力，就可判断井和油藏的流动特性，这就是稳定试井所依据的原理。测试方法：依次改变油井的工作制度（3~4 次），待每个工作生产处于稳定时，测量其产量 q（i）和流

动压力 p_{wf}（i）及其他有关的资料（套管压力、油管压力、气油比、出砂量和含水率等），自喷井通过调节不同油嘴实现，抽油机井改变抽油机的冲程、冲数和泵挂深度来实现，最后关井压力恢复（也可在做稳定试井之前）。根据这些资料绘制指示曲线，得出产能方程，确定井的生产能力、合理工作制度和油藏参数。

一、测试选点（数据预处理）

从压力计上看：有效测试时间为2008年6月8日至2009年2月10日，历时8个月。从A井稳定试井测试图3-4-1可以看出，有15个测试点可供选择，经过数据预处理技术筛选出流动压力比较稳定的5个点，从而确定了数据的合理性。除了第一点为压力恢复之前以外，其他均为压力恢复之后。由于压力计是随泵深度增加而增加，所以测试的流动压力需要折算到油层中部（表3-4-1）。

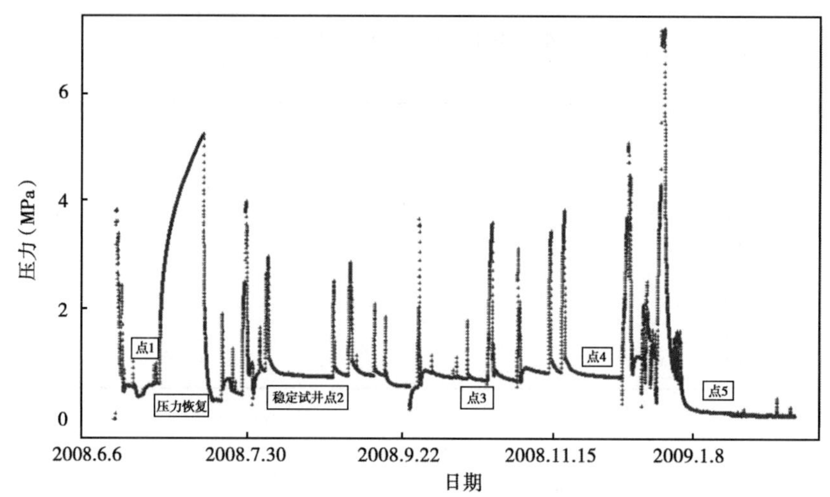

图3-4-1　A井稳定试井测试选点图

表3-4-1　A井稳定试井数据表

日期	日产油（m^3）	流动压力（MPa）	折算油层中部流动压力（MPa）	$\lg q$（m^3）	Δp（MPa）
2008.6.22—25	3.49	0.65	7.76	0.5436	9.36
2008.8.11—28	3.82	0.78	7.23	0.5820	9.89
2008.9.19—22	4.12	0.72	6.41	0.6154	10.71
2008.12.5—12	4.31	0.71	5.65	0.6345	11.47
2009.2.5—19	4.14	0.11	2.79	0.6168	14.33

注：地层压力为9.92MPa，折算油层中部地层压力为17.1207MPa。

二、流动压力—产量指示曲线

以稳定产量 q（i）为横坐标，稳定流动压力 p_{wf}（i）为纵坐标，由指示曲线方程可以计算流动压力为0时的最大产油量（潜产量）。经计算油井潜产量为6.62m^3/d，（图3-4-2）。

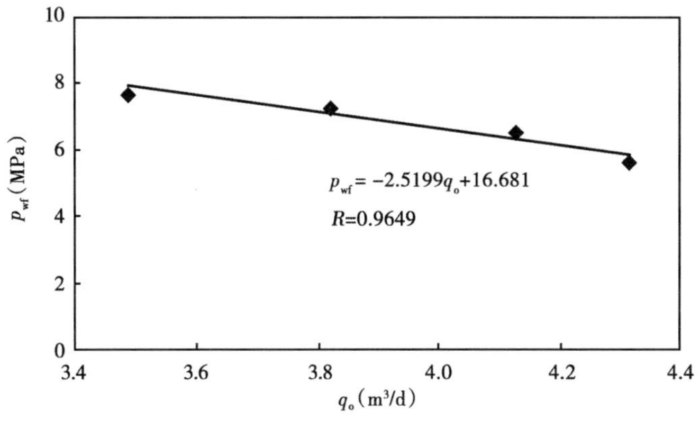

图 3-4-2　A 井流动压力—产量指示曲线图

三、目前地层压力与流动压力—产量指示曲线

以稳定流动压力 Δp（i）为横坐标，稳定产量 q（i）为纵坐标，由指示曲线方程可获得指示曲线采油指数 J_o 为 0.3805m³/(d·MPa)（图 3-4-3）。

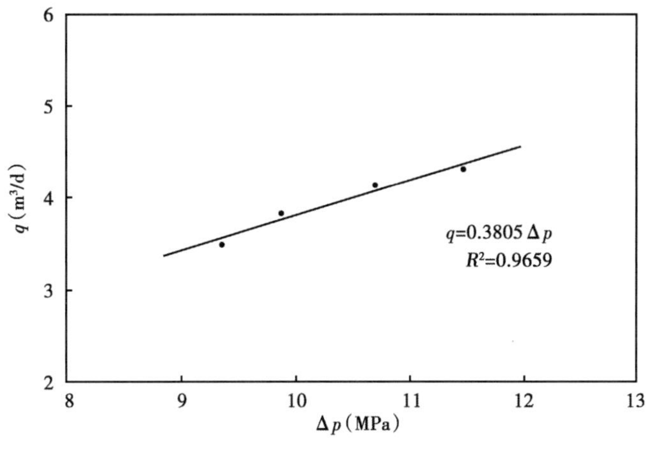

图 3-4-3　A 井产量—压差指示曲线图

四、有效渗透率

利用求得的采油指数 J_o=0.3805m³/(d·MPa)，由公式（2-2-10）拟稳态流动方程求有效渗透率。

$$K = \frac{1.842 J_o \mu B \left[\ln\left(\frac{r_e}{r_w}\right) - \frac{3}{4} + S \right]}{h}$$

由公式（2-2-10）计算油井有效渗透率 K=0.76mD。不稳定试井和稳定试井有效渗透率相对误差为 7.3%。

第五节 小　　结

（1）稳定试井各个测试点符合稳定的要求，由指示曲线产能方程求出潜产量。

（2）不稳定试井和稳定试井有效渗透率相对误差为7.3%。

（3）此次稳定试井不足之处是压力计没有下入油层中部，只是随泵深度增加而增加，在统计流动压力时还需要折算，给解释带来很大困难。

第四章　气井产能试井

产能试井称为稳定试井也可称为系统试井。产能试井所依据的原理也是达西定律，一口井的产量大小主要取决于该井在达到平面径向流动时，油藏特性和流体的性质，即流动系数以及生产压差。因此，测出井的产量和相应压力，就可以推断出井和油藏的流动特性。其具体做法是：依次改变井的工作制度，待每个工作制度下的生产处于稳定时，测量其产量和压力以及其他有关的资料；然后根据这些资料绘制指示曲线、系统试井曲线；得出井的产能方程，确定井的生产能力、合理工作制度和油藏参数。气井的产能试井有回压试井、等时试井、修正等时试井和一点法试井。

第一节　回压试井

气井以某一稳定产量生产，直到井底流动压力达到稳定，然后改变工作制度，以另一稳定产量生产，待井底流动压力达到稳定后再改变工作制度继续生产，这样重复 3~4 次，计量每个工作制度下的产量和稳定流动压力，这就是回压试井（又称系统试井）（图 4-1-1）。

改变工作制度的顺序一般是由低产量开始逐步加大。在测得 4 个产量及相应流动压力数据之后，常常关井测压力恢复，以取得地层压力 p_R。通过这种试井可以确定测试层的产能方程并求出无阻流量（q_{AOF}）和向井流入动态曲线 IPR 曲线。

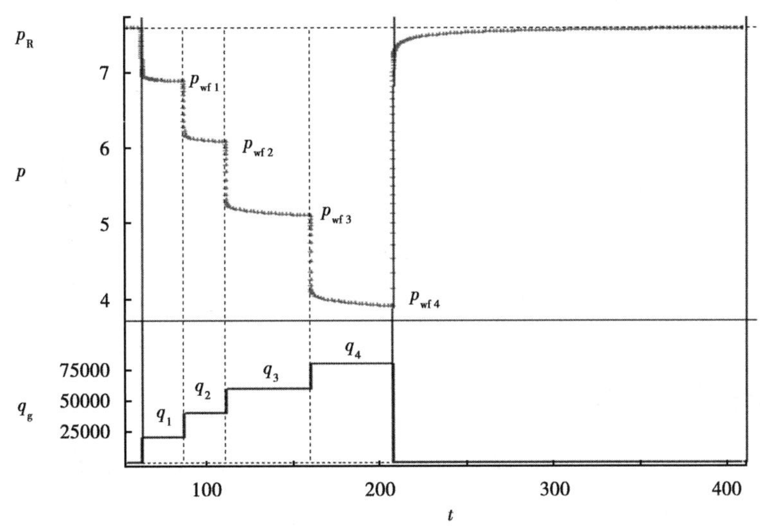

图 4-1-1　气井的回压试井示意图

一、指数式产能方程

大量的实践经验证明，产量和井底流动压力满足如下关系式：

$$q_g = c(p_R{}^2 - p_{wf}{}^2)^n \tag{4-1-1}$$

式中 q_g——气井产量；$10^4 m^3/d$；

p_R——气层静止压力，MPa；

p_{wf}——气井井底流动压力，MPa；

c——渗流系数，$10^4 m^3/(MPa \cdot d)$；

n——渗流指数，无量纲，$0.5<n<1$；

当流动为层流时，$n=1$，当流动为紊流时，$n=0.5$。

确定指数式产能方程是用稳定试井测得的数据 p_{wfi}（$i=1, 2, 3, 4$）和 q_{gi}（$i=1, 2, 3, 4$），在双对数坐标上画出 $p_R{}^2-p_{wf}{}^2$ 与 q_g 关系曲线（称为“指数式产能曲线”）（图 4-1-2）。公式（4-1-1）两边取对数得 $\lg(p_R{}^2-p_{wf}{}^2) = \frac{1}{n}\lg q_g - \frac{\lg c}{n}$，其关系是一条直线。所以利用 $\lg(p_R{}^2-p_{wf}{}^2)$ 与 $\lg q_g$ 作线性回归得出直线斜率 m，它的倒数就是渗流指数值 $n=\frac{1}{m}$。渗流系数 c 值的确定：在直线上任取一点，读出该点 $p_R{}^2-p_{wf}{}^2$ 与 q_g 的 c 值，代入公式（4-1-1）求出c 值。

$$c = \frac{q_g}{p_R{}^2 - p_{wf}{}^2}$$

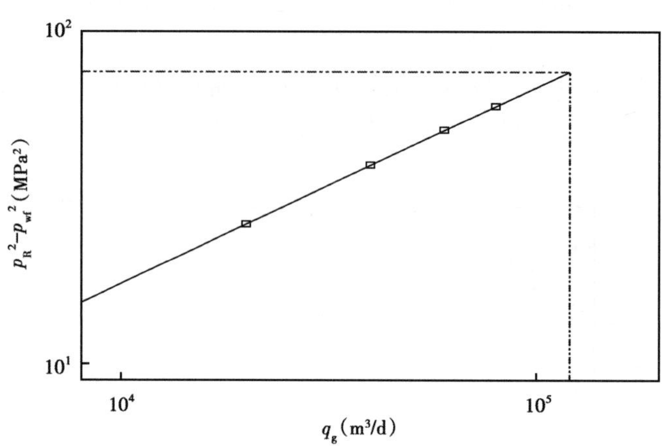

图 4-1-2 指数式产能曲线示意图

二、二项式产能方程

理论上已经证明：气井产量 q_g 和稳定井底流动压力 p_{wf}之间存在如下关系：

$$p_R{}^2 - p_{wf}{}^2 = Aq_g + Bq_g{}^2 \tag{4-1-2}$$

式（4-1-2）称为二项式产能方程。式中 A、B 为两个与气层特性参数和天然气物性参数等有关的常数，它们是描述达西流动（或层流）及非达西流动（或紊流）的系数。

将式（4-1-2）两端同除以 q_g：

$$\frac{p_R^2 - p_{wf}^2}{q_g} = A + Bq_g$$

在直角坐标上，画出$\frac{p_R^2 - p_{wf}^2}{q_g}$与 q_g 关系曲线（称为“二项式产能曲线”）（图 4-1-3），为确定二项式产能方程，可用稳定试井测得的数据 p_{wfi}（$i=1$，2，3，4）和 q_{gi}（$i=1$，2，3，4）。

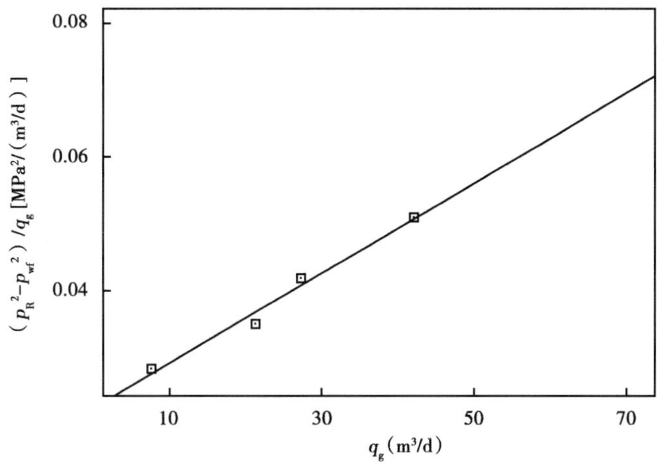

图 4-1-3　二项式产能曲线示意图

由于$\frac{p_R^2 - p_{wf}^2}{q_g}=A+Bq_g$ 的关系是一条直线，所以利用$\frac{p_R^2 - p_{wf}^2}{q_g}$与 q_g 进行线性回归，所得的斜率 m 是 B；直线的截距为 A，从而得到二项式产能方程。

三、无阻流量

假设井底流动压力为 0（绝对压力为 0.101MPa）时的最大极限产量称为“无阻流量”，用符号 q_{AOF}表示，很显然，气井不可能以其无阻流量生产，但无阻流量却是评价气井产能最重要的参数。

在指数式产能方程令 $p_{wf}=0.101$MPa，得无阻流量：

$$q_{AOF} = c(p_R^2 - 0.101^2)^n \tag{4-1-3}$$

在二项式产能方程令 $p_{wf}=0.101$MPa，得无阻流量：

$$q_{AOF} = \frac{\sqrt{A^2 + 4B(p_R^2 - 0.101^2)} - A}{2B} \tag{4-1-4}$$

有时，由指数式产能方程和二项式产能方程计算得到的无阻流量不一致，一般由指数式产能方程计算得到的结果偏大。

四、向井流入动态曲线（IPR 曲线）

井底流动压力 p_{wf}与产量 q_g 的关系曲线称为向井流入动态曲线，见图 4-1-4。当井底流

动压力取某一数值 p_{wfi}（$0<p_{wfi}<p_R$）时，气井的产量有多大？或气井以某一产量 q_{gi}（$0<q_{gi}<q_{AOF}$）生产，应该使井底流动压力取何数值？只需查动态曲线便可以知道答案。实际上，在 $0\sim p_R$ 之间取若干流动压力数值，代入产能方程算出对应的产量值，就是向井流入动态曲线。

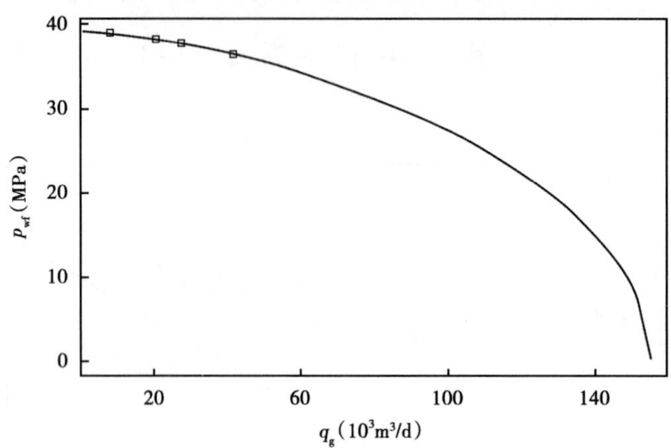

图 4-1-4　向井流入动态曲线示意图（IPR 曲线）

第二节　等时试井

对于低渗透气层，进行产能试井时要使每次开井生产的井底流动压力达到稳定，要花费很长时间。为避免这种情况，可选用等时试井。

等时试井是试图用 3~4 次比较省时的等时流动确定不稳定产能曲线，然后再用一个稳定测点，由不稳定产能曲线推出稳定产能曲线（图 4-2-1）。

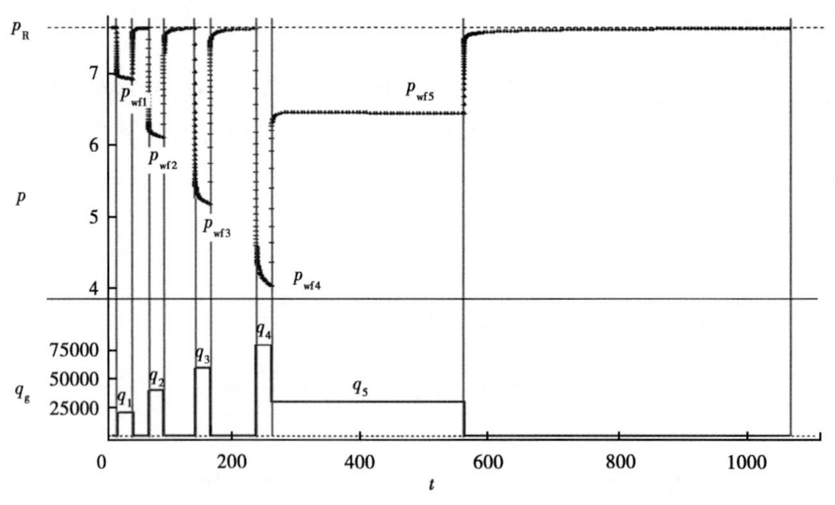

图 4-2-1　气井等时试井示意图

以一个产量 q_1 生产 t_1（如 12h），然后关井恢复压力，待压力恢复到气层静止压力 p_R 之后，再以第二个产量 q_2 开井生产相同时间（12h），接着又关井使压力恢复到气层静止压力

p_R，如此进行 3~4 次开关井，每次开井生产时间均相同，关井则直至压力恢复至气层静止压力（各次关井时间一般不相等），最后再开井以产量 q_5 生产较长时间，直到井底流动压力达到稳定。测试常取产量逐级增大的程序（最后一个产量除外）。

一、确定指数式产能方程

在双对数坐标上画出 $p_R{}^2-p_{wfi}{}^2$ 与 q_{gi}［p_{wfi}（i=1，2，3，4）和 q_{gi}（i=1，2，3，4）］的关系曲线，AB 曲线称为不稳定产能曲线。过 C 点（q_5，$p_R{}^2-p_{wf5}{}^2$）作不稳定产能曲线 AB 的平行线 CD（图 4-2-2），这就是稳定产能曲线，通过稳定产能曲线可以求出产能方程、无阻流量和预测产量。

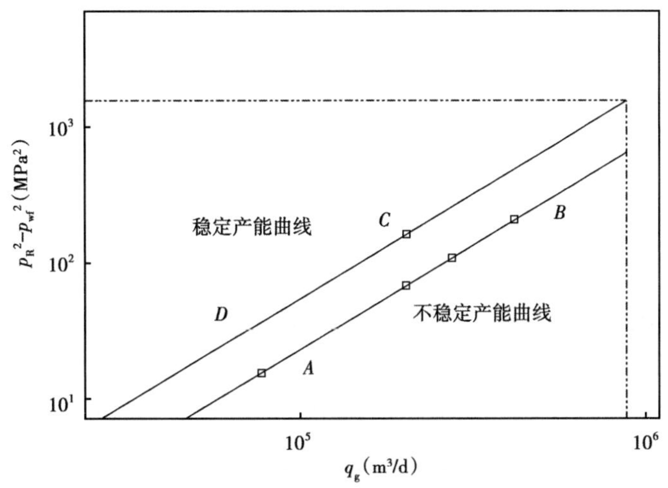

图 4-2-2　等时试井指数式产能曲线示意图

二、确定二项式产能方程

在直角坐标上，画出$\dfrac{p_R{}^2-p_{wfi}{}^2}{q_g}$与 q_{gi}［p_{wfi}（i=1，2，3，4）和 q_{gi}（i=1，2，3，4）］的关系曲线，AB 曲线称为不稳定产能曲线。过 C 点（q_5，$\dfrac{p_R{}^2-p_{wf5}{}^2}{q_5}$）作不稳定产能曲线 AB 的平行线 CD（图 4-2-3），这就是稳定产能曲线，通过稳定产能曲线可以求出产能方程、无阻流量和预测产量。

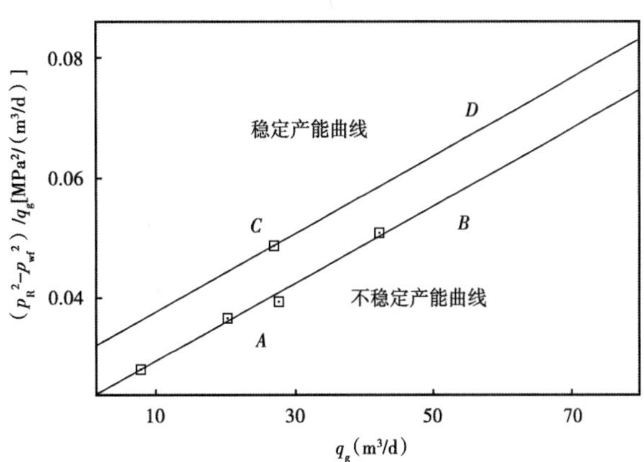

图 4-2-3　等时试井二项式产能曲线示意图

第三节　修正等时试井

修正等时试井可以进一步缩短测试时间。它和等时试井一样，以不同的产量开井生产相等的时间 3~4 次；而不同的是每次开井生产之间的关井时间也相等，且常常取关井时间等于开井时间，这样一来，每次开井和关井的时间都相等，在测得 4 个产量及相应流动压力数据之后，常常关井测压力恢复，以取得地层压力 p_R（图 4-3-1）。

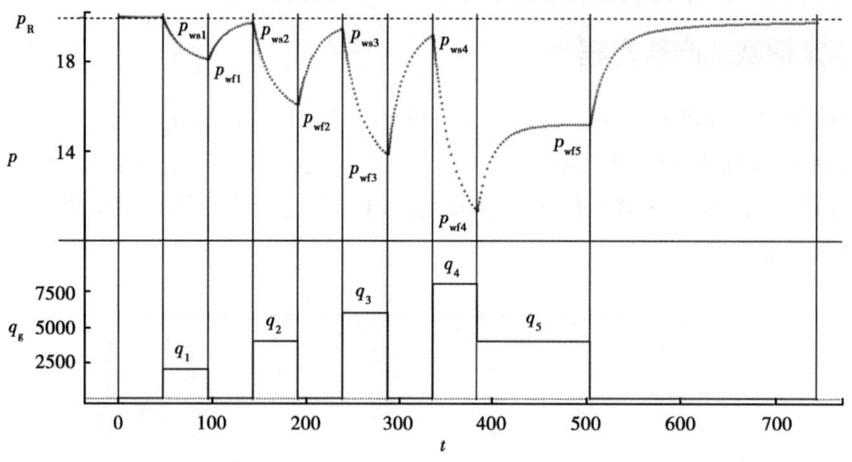

图 4-3-1 气井修正等时试井示意图

一、确定指数式产能方程

在双对数坐标上画出 $p_{wsi}^2-p_{wfi}^2$ 与 q_{gi}［p_{wfi}（$i=1,2,3,4$）和 q_{gi}（$i=1,2,3,4$）］的关系曲线 a，a 曲线称为不稳定产能曲线。过 D 点（q_5，$p_R^2-p_{wf5}^2$）作不稳定产能曲线 a 的平行线 b（图 4-3-2），通过稳定产能曲线可以求出产能方程、无阻流量和预测产量。

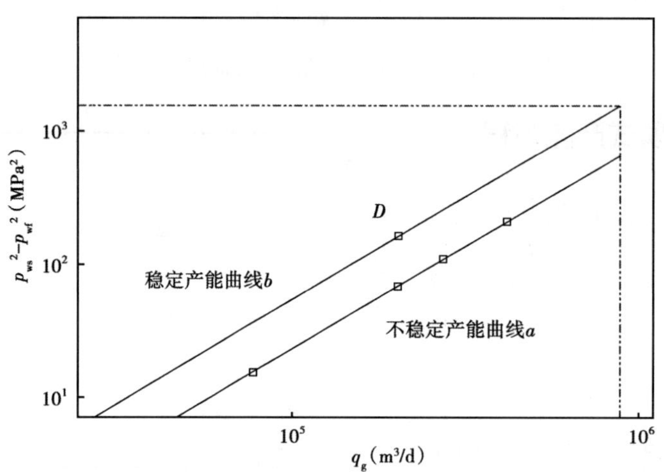

图 4-3-2 气井修正等时指数式产能曲线示意图

二、确定二项式产能方程

在直角坐标上，画出$\dfrac{p_{wsi}^2-p_{wfi}^2}{q_g}$与 q_{gi}［p_{wfi}（$i=1,2,3,4$）和 q_{gi}（$i=1,2,3,4$）］的关系曲线 a，a 曲线称为不稳定产能曲线。过 D 点（q_5，$\dfrac{p_R^2-p_{wf5}^2}{q_5}$）作不稳定产能曲线 a 的平行

线 b（图 4-3-3），通过稳定产能曲线可以求出产能方程、无阻流量和预测产量。

总之，无论采用回压试井还是等时试井或者是修正等时试井，在求取产能方程时，都可以采用拟压力代替压力平方进行计算。其确定方法和前述完全相同。

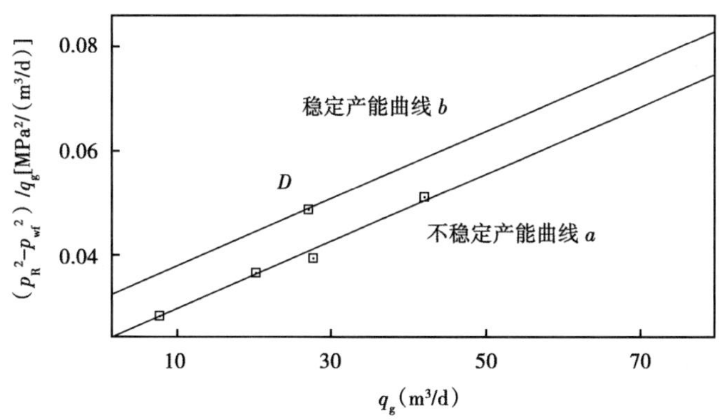

图 4-3-3　气井修正等时二项式产能曲线示意图

第四节　一点法试井

绝对无阻流量是气井产能的重要指标。无论是新气田的开发井，还是已开发气田的新井与老井，都需定期测其绝对无阻流量，来确定气井的合理产量。一口已经获得产能方程的井，经过一段时间的开采之后，其产能可能有所变化。为了进行检验，可进行一点法试井。一点法试井只要求测取一个稳定产量 q 和生产时的稳定井底流动压力 p_{wf}，以及当时的气层静止压力 p_R。

对于原来做过产能试井的井，可在原来的产能曲线图上，画出一点法试井测得的数据点 A（q，$p_R^2-p_{wf}^2$），再过这一点画出原产能曲线的平行线（图 4-4-1），便是该井当前的产能曲线。由此可以估算当前的无阻流量，也可以预测一定生产条件下的产量，方法与修正等时试井所述相同。

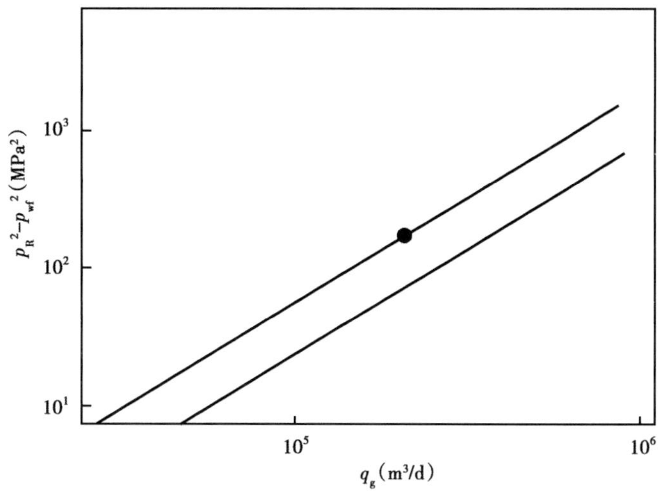

图 4-4-1　一点法产能试井曲线示意图

第五节　稳定点法试井

稳定点法产能试井在产能试井中利用指数式方法确定产能方程，渗流指数 n 反映气体流动状态，其值应满足 $0.5 \leqslant n \leqslant 1$。当气体流动为纯层流流动时，$n=1$；当气体流动为纯湍流流动时，$n=0.5$；而当气体流动既有层流又有湍流流动时 $0.5<n<1$。但如果出现 $n>1$ 的情况，说明测试资料出现了异常。指数式方法计算无阻流量不合理；同样的问题表现在二项式产能方程中，则会出现 B 小于 0 的情况，在产能曲线中，表现为回归的直线向下倾，二项式方法无法计算无阻流量。为了解决这个问题，通过产能试井的稳定点法，利用修正等时试井资料的稳定流动压力和稳定产量数据，探索出了利用稳定点计算气井无阻流量的新方法，并给出产能方程，提高了现有资料利用率。

一、稳定点法公式推导

对于具有边界限制的气区，当压力变化波及边界以后，或者地层压力变化进入拟稳态以后，压力与产量关系表达式：

$$p_{\mathrm{R}}^{2}-p_{\mathrm{wf}}^{2}=\frac{36.846\times10^{3}\bar{\mu}_{\mathrm{g}}\bar{Z}\bar{T}p_{\mathrm{sc}}q_{\mathrm{g}}}{KhT_{\mathrm{sc}}}\left(\ln\frac{0.472r_{\mathrm{e}}}{r_{\mathrm{w}}}+S_{\mathrm{a}}\right) \tag{4-5-1}$$

式中

$$S_{\mathrm{a}}=S+Dq_{\mathrm{g}} \tag{4-5-2}$$

式中 S_{a}——视表皮系数；

S——真表皮系数；

D——非达西流系数，$(\mathrm{m}^{3}/\mathrm{d})^{-1}$；

q_{g}——气井井口产量，$10^{4}\mathrm{m}^{3}/\mathrm{d}$；

p_{R}—地层原始压力，MPa；

p_{wf}——井底流动压力，MPa；

$\bar{\mu}_{\mathrm{g}}$——平均黏度，mPa·s；

$\bar{Z}$，$\bar{T}$——地层条件下气体偏差系数和平均温度；

p_{sc}、T_{sc}——气体在标准状态下的压力和温度；

K——地层有效渗透率，mD；

h——地层有效厚度，m；

r_{e}——井的半径，m；

r_{w}——供液半径，m。

二项式方程（4-5-2）左右同时乘以 Kh：

$$Kh(p_{\mathrm{R}}^{2}-p_{\mathrm{wf}}^{2})=A(Kh)q_{\mathrm{g}}+B(Kh)q_{\mathrm{g}}^{2} \tag{4-5-3}$$

则

$$A(Kh)=29.22\bar{\mu}_{\mathrm{g}}\bar{Z}\bar{T}\left(\lg\frac{0.472r_{\mathrm{e}}}{r_{\mathrm{w}}}+\frac{S}{2.302}\right) \tag{4-5-4}$$

$$B(Kh)=12.69\bar{\mu}_{\mathrm{g}}\overline{ZT}D \tag{4-5-5}$$

$$Kh=\frac{A(Kh)q_{\mathrm{g}}+B(Kh)q_{\mathrm{g}}^{2}}{p_{\mathrm{R}}^{2}-p_{\mathrm{wf}}^{2}} \tag{4-5-6}$$

$$\frac{A(Kh)}{Kh}=\frac{29.22\,\bar{\mu}_g\bar{Z}\,\bar{T}(\lg\dfrac{0.472r_e}{r_w}+\dfrac{S}{2.303})}{Kh}=A \tag{4-5-7}$$

$$\frac{B(Kh)}{Kh}=\frac{12.69\,\bar{\mu}_g\,\bar{Z}\,\bar{T}D}{Kh}=B \tag{4-5-8}$$

从公式（4-5-5）可以看出，非达西流系数 D 值是未知参数，其他参数都是已知参数。所以 D 值的确定尤为重要。在气田开发方案设计中，D 值是形成于井底附近的湍流，是组成拟表皮的主要部分。产生湍流的原因复杂，用理论方法很难估算，只有通过测试得到。通过对吉林油田反复测试与推算，确定非达西流系数 D 值为 $0.01\times10^4 \sim 0.2\times10^4$ $(m^3/d)^{-1}$。

利用目前地层压力 p_R、地层温度 $\bar{T}$ 和气体组分求出 $\bar{\mu}_g$、$\bar{Z}$，再将压力恢复试井解释成果中的表皮系数 S、探测半径 r_e 和非达西流系数 D 代入公式（4-5-4）、公式（4-5-5），求出 $A(Kh)$、$B(Kh)$，把 $A(Kh)$、$B(Kh)$、p_R、p_{wf}、q_g 代入公式（4-5-6）求出 Kh，将 Kh 代入公式（4-5-7）、公式（4-5-8）求出 A、B，从而确定产能方程，利用公式（4-1-4）可求出无阻流量。

对于无压力恢复的试井资料，表皮系数可以输入 0，探测半径为 500m，利用公式（4-1-4）可求出无阻流量。

总之，稳定点法产能试井与一点法产能试井有本质的不同。稳定点法产能试井需具备的条件为：（1）有压力恢复试井解释成果中的地层压力 p_i、表皮系数 S、探测半径 r_e 和非达西流系数 D；（2）至少有一点稳定的流动压力、稳定产量，由理论公式推导得出产能方程。而一点法产能试井需具备的条件为：（1）有地层压力 p_i 或静止压力；（2）至少有一点稳定的流动压力、稳定产量，通过数学中的数理统计得出产能方程。从具备条件来看，稳定点法产能试井比一点法产能试井多了压力恢复试井测试条件；从公式来源看，一个是理论公式推导，另一个是数学中的数理统计得出。所以，稳定点法产能试井比一点法产能试井更加准确，但是稳定点法产能试井比一点法产能试井在测试时更加严格一些。

二、JDSPWT 吉林油田气井产能试井稳定点法解释软件功能简介

吉林油田气井产能稳定点法试井软件 JDSPWT 基于 VB6.0 编程实现，软件不仅外观美观，操作便捷，而且处理结果精确、高效（图 4-5-1）。

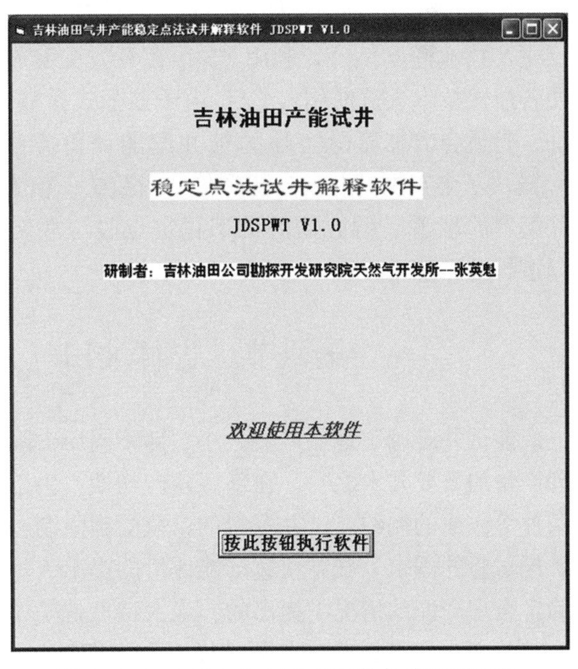

图 4-5-1　JDSPWT 试井解释软件欢迎界面图

编程人员利用 VB6.0 强大的界面编辑功能和高速的运算性能，提高了现有资料利用率。并通过 JDSPWT 设计软

件得以直观、快捷地实现运算。设计软件通过输入表皮系数 S、探测半径 r_e 和非达西流系数 D、气体偏差系数 Z、气体黏度 $\overline{\mu}$ 以及气井地层压力、井底稳定流动压力、稳定产量等各项参数，由软件计算无阻流量，确定单井产能方程，同时该软件有作流入动态曲线 IPR 图功能，为气井合理配产提供依据。该软件基本适用于吉林油田各个区块气井产能测试需求，能够更简单、更高效、更经济地计算每口井的无阻流量，并进行合理配产，从而为广大技术人员高效简洁地应用和分析测试井产能提供了保障（图 4-5-2）。

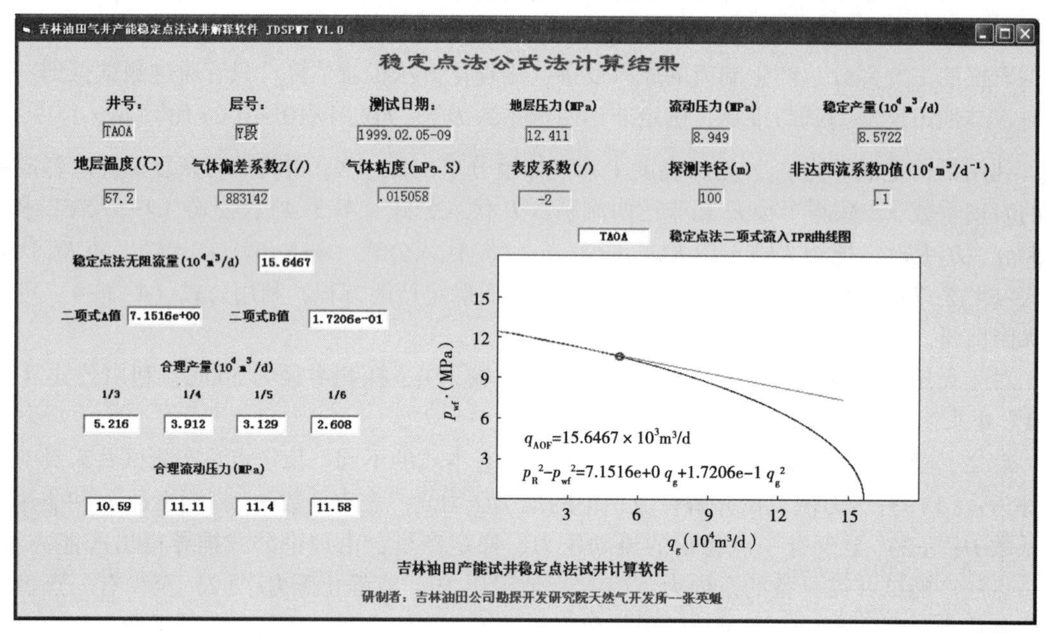

图 4-5-2　JDSPWT 试井解释结果图

主要技术特点：(1) 利用 VB 语言开发配套软件，窗口简洁明了，软件使用简便快捷，方便各层次技术人员使用；(2) 由于该公式参数来源于吉林油田的实际数值，并经过矿场验证，是适合吉林油田实际的气井产能评价方程，满足该气田矿场生产与科研的要求；(3) 解决了多点测试井的产能评价中指数式 n 值大于 1、二项式斜率为负值时无法进行产能试井解释的难题；(4) 吉林油田稳定点法与常规二项式相对误差为 3.13%，均小于 10%，可以进行推广使用。

第六节　吉林油田气井快速产能评价

产能试井是确定地层产能大小，即不同压力降落条件下的油气供给能力，也是制订气井合理产量的重要技术之一。在新区建产初期，由于受到产能建设节奏、经费预算、工程与地质条件等方面的制约，试井资料的录取受到限制，因此急需寻找出快速产能评价方法，来满足矿场试验的需求。气井快速产能评价的提出，是在目前新区建产初期，缺少试井资料又急需确定合理产能的情况下提出的，最大特点就是体现出一个“快”字，“快”意味着计算误差比其他方法相对要大，它是寻找一个物理量与另一个物理量的相关关系相对比较强的方法，如无阻流量与测井地层系数之间的相关关系。首次建立了无阻流量与测井地层系数幂指数相关关系曲线，首次建立了二项式系数 B 值、A 值与测井 Kh 值的相关关系式，并确定了产能方程，为未进行产能试井的气井提供参数，相对误差控制在 30% 以内，为气井初期产量评价提供依据。

吉林油田有 A、B、C、D、E 等气田，通过对这些气田的井进行分析，总结出无阻流量与测井地层系数的相关关系；产能方程 A 值、B 值与测井地层系数的相关关系，并且首次利用测井地层系数确定了气井的产能方程和无阻流量。

一、测井地层系数确定产能方程

1. 试井地层系数 *Kh* 与无阻流量的定性分析研究

压力恢复试井解释出来的地层系数 Kh 值与稳定试井求出的无阻流量具有较好的相关性（表 4-6-1），试井地层系数 Kh 值越大相应的无阻流量也大。由于试井地层系数与测井地层系数也成正比，直接用测井地层系数与无阻流量建立相关关系，即二项式系数 B 值与测井 Kh 值的相关关系、二项式系数 A 值与测井 Kh 值的相关关系，从而建立二项式产能方程，为气井产能前期评价做准备。

表 4-6-1 产能试井基础参数表

序号	井号	测试日期	气层中部静止压力（MPa）	二项式 A 值	二项式 B 值	二项式无阻流量（$10^3m^3/d$）	$(Kh)_{试井}$（mD·m）	$(Kh)_{测井}$（mD·m）
1	A	1998. 4. 13—21	19. 35	2. 94641	0. 0144396	89. 03	16. 15	22
2	A	2003. 11. 6—18	16. 23	1. 04182	0. 0117219	83. 56	15. 84	22
3	B	1998. 6. 2—9	12. 17	0. 265528	0. 00089205	283. 86	328. 95	90
4	C	2004. 12. 5—16	16. 03	1. 71466	0. 00106008	138. 13	791. 85	120
5	C	2008. 5. 7—11	6. 78	1. 14732	0. 00877644	26. 02	676. 35	120
6	D	1999. 1. 30—2. 2	12. 34	0. 550996	0. 00310379	151. 04	85. 16	280. 8
7	E	2009. 5. 23—27	10. 69	0. 278358	0. 00155082	158. 11	23. 37	87. 04
8	F	2009. 7. 18—21	10. 34	0. 208674	0. 0007697	261. 01	166. 6	9. 93
9	G	1996. 6. 15—21	12. 35	21. 3197	0. 203159	6. 72	5	6. 9
10	H	2010. 8. 13—28	3. 948	0. 024046	0. 00019142	229. 29	5910. 3	764. 16
11	I	2013. 7. 22—25	14. 08	30. 2226	0. 15456	6. 35	1. 22	170. 24
12	J	2014. 5. 2—5	14. 8	0. 380234	0. 00011976	497. 94	496. 46	538. 07
13	K	2010. 5. 4—7	21. 42	5. 60386	0. 00095311	80. 76	6. 6	195. 92
14	L	2010. 6. 15—28	21. 78	79. 9275	0. 00664724	5. 93	3. 72	59. 45
15	M	2013. 7. 8—7. 12	16. 299	1. 20079	0. 00004614	219. 38	23. 97	128. 35
16	N	2012. 8. 15—19	13. 536	6. 74462	0. 0531235	23	2. 1	79. 23
17	O	2013. 4. 21—25	17. 6544	9. 4133	0. 00045141	33. 06	35. 04	23. 52

2. 无阻流量 q_{AOF} 与测井 *Kh* 值的相关关系

根据吉林油田气田试井资料（表 4-6-1），作测井 Kh 与无阻流量 q_{AOF} 的关系曲线，该曲线为幂指数曲线（图 4-6-1），有 8 井次试井资料符合。

$$q_{\text{AOF}}=1.5823\ (Kh)_{\text{测井}}^{0.9254} \tag{4-6-1}$$

相关系数为 0.9192。

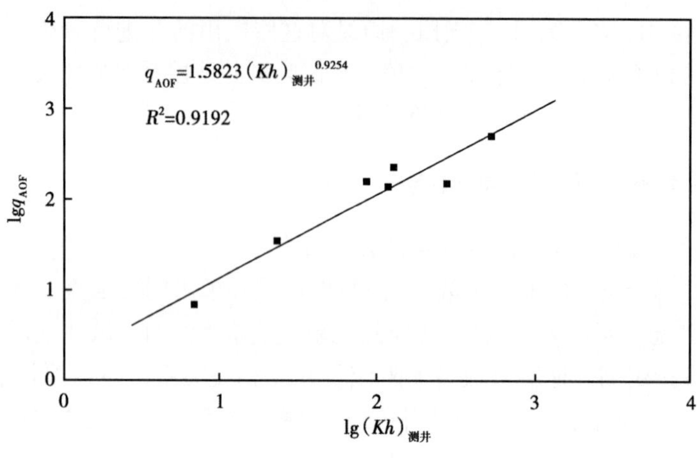

图 4-6-1　q_{AOF}与（Kh）$_{\text{测井}}$值的相关关系图

二、产能方程确定

1. 二项式系数 *B* 值与测井 *Kh* 值的相关关系式

通过统计，二项式系数 B 值与测井 Kh 值的相关关系为幂指数关系，有 12 井次试井资料符合（图 4-6-2），其相关关系式：

$$B=1.6738\ (Kh)_{\text{测井}}^{-1.4723} \tag{4-6-2}$$

相关系数为 0.9396。由图 4-6-2 可以看出，Kh 值越大，则 B 值越小，反之，Kh 值越小，则 B 值越大。

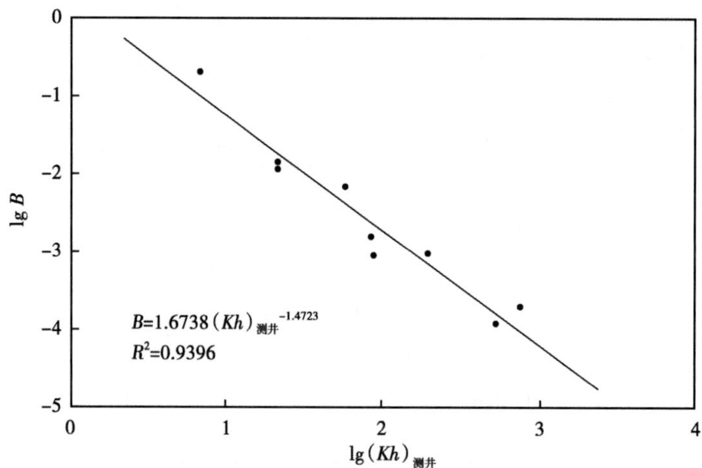

图 4-6-2　二项式 B 值与（Kh）$_{\text{测井}}$值的关系曲线图

2. 二项式系数 *A* 值与测井 *Kh* 值的相关关系式

通过统计，二项式系数 *A* 值与测井 *Kh* 值的相关关系也为幂指数关系，有 11 井次试井资料符合（图 4-6-3），其相关关系式：

$$A = 101.6249\ (Kh)_{测井}^{-0.9061} \tag{4-6-3}$$

相关系数为 0.9295，由图 4-6-3 可以看出，*Kh* 值越大，则 *A* 值越小，反之，*Kh* 值越小，则 *A* 值越大。

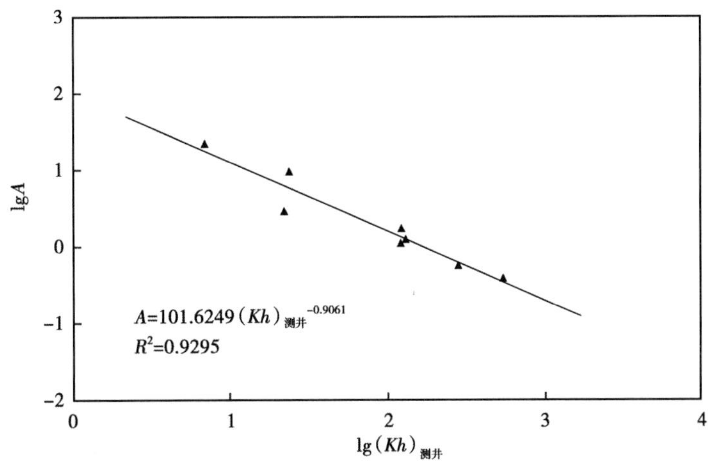

图 4-6-3　二项式 *A* 值与 $(Kh)_{测井}$ 值的关系曲线图

三、无阻流量的确定

（1）如果有静止压力资料，可用二项式方程求取无阻流量，计算平均相对误差为 30.40%。

（2）如果无静止压力资料，可用 q_{AOF}—$(Kh)_{测井}$ 幂指数回归公式直接求取无阻流量，计算相对误差为 32.68%（表 4-6-2）。

表 4-6-2　测井地层系数 *Kh* 值计算无阻流量数据表

序号	井号	$(Kh)_{测井}$公式计算 *B* 值	$(Kh)_{测井}$公式计算 *A* 值	二项式计算 q_{AOF} ($10^3m^3/d$)	相对误差 (%)	幂指数计算 q_{AOF} ($10^3m^3/d$)	相对误差 (%)
1	C	0.00145386	1.327559	164.07	18.78	132.85	3.82
2	D	0.00041584	0.614479	216.17	43.13	291.77	93.18
3	E	0.00233270	1.775928	59.67	62.26	98.70	37.58
4	G	0.09742322	17.657078	8.26	22.88	9.45	40.61
5	J	0.00015962	0.340867	517.27	3.88	532.62	6.96
6	M	0.00131677	1.249058	178.93	18.44	141.39	35.55
7	O	0.01601522	5.812201	47.40	43.40	29.41	11.05
…	…	…	…	…	30.40	…	32.68

四、测井地层系数 *Kh* 值计算无阻流量的验证

取P、Q、R、S、T井共计五口井，它们是既有压力恢复试井又有产能试井资料的井，它们是不参加上述回归分析的井（表4-6-3）。

表4-6-3　五口井产能试井基础参数表

序号	井号	测试日期	气层中部静止压力（MPa）	二项式 *A* 值	二项式 *B* 值	二项式无阻流量（$10^3m^3/d$）	$(Kh)_{试井}$（mD·m）	$(Kh)_{测井}$（mD·m）
1	P	2013.4.16—20	19.70	16.7838	0.00424038	23.00	1.35	10.23
2	Q	2012.9.7—11	15.23	1.36616	0.00505685	118.10	13.60	87.00
3	R	2012.9.21—25	14.16	1.4824	0.00047	129.904	2.37	50.40
4	S	2010.10.9—14	21.05	4.60137	0.00254212	91.61	17.9	35.00
5	T	2015.3.20—24	12.68	1.60382	0.00113239	93.0861	6.34	66.77

（1）将P井的 $Kh_{测井}=10.23mD·m$ 代入 $q_{AOF}=1.5823\ (Kh)_{测井}^{0.9254}$，可直接求出无阻流量为 $13.61\times10^3m^3/d$，相对误差为40.83%，其他井见表4-6-3。

（2）将P井的 $Kh_{测井}=10.23mD·m$ 代入公式 $B=1.6738\ (Kh_{测井})^{-1.4723}$、$A=101.6249\ (Kh)_{测井}^{-0.9061}$，求出二项式 *A*、*B*，再利用公式 $q_{AOF}=\frac{\sqrt{A^2+4B\ (p_R^2-0.101^2)}-A}{2B}$ 计算无阻流量为 $27.95\times10^3m^3/d$，相对误差为21.53%。

（3）通过五口井的测井地层系数 *Kh* 值计算无阻流量验证分析，幂指数回归公式计算无阻流量误差较大，为36.43%，因为它是由 $(Kh)_{测井}$ 计算得到无阻流量，在计算过程中缺少一个地层压力参数，计算得出的无阻流量都偏低，所以计算的无阻流量都除以校正系数0.83，计算相对误差为23.66%。如果将两种方法平均，计算无阻流量会更小，平均相对误差为11.83%（表4-6-4）。

表4-6-4　测井地层系数 *Kh* 值计算无阻流量数据表

序号	井号	$(Kh)_{测井}$ 公式计算 *B* 值	$(Kh)_{测井}$ 公式计算 *A* 值	二项式计算 q_{AOF}（$10^3m^3/d$）	相对误差（%）	幂指数计算 q_{AOF}（$10^3m^3/d$）	相对误差（%）	幂指数除以校正系数 q_{AOF}（$10^3m^3/d$）	相对误差（%）	两种方法平均计算 q_{AOF}（$10^3m^3/d$）	相对误差（%）
1	P	0.05455821	12.358100	27.95	21.53	13.61	40.83	16.39	28.71	19.69	14.35
2	Q	0.00233424	1.776649	113.60	3.81	98.66	16.46	118.86	0.65	118.48	0.32
3	R	0.00521449	2.913585	61.95	52.31	59.53	54.17	71.72	44.79	100.81	22.39
4	S	0.00892008	4.054338	91.05	0.61	42.48	53.63	51.18	44.13	71.39	22.07
5	T	0.00344643	2.258119	64.79	30.40	77.23	17.04	93.04	0.04	93.06	0.02
平均误差（%）					21.73		36.43		23.66		11.83

总之，由于所使用的各种关系都是统计关系式，因而用这种方法计算的结果存在一定的误差。虽然这种方法误差比其他方法大，但它却给下一步工作提供了技术思路，为气井快速产能评价提供了依据。

通过对吉林油田气井的压力恢复试井和产能试井总结分析：

（1）首次建立了无阻流量与测井地层系数的幂指数相关关系，相关系数为 0.9192，无阻流量通过校正系数，计算相对误差为 23.66%。

（2）首次建立了二项式系数 *B* 值与测井 *Kh* 值的相关关系式、二项式系数 *A* 值与测井 *Kh* 值的相关关系式，利用二项式方程计算无阻流量，相对误差为 21.73%。为预测出未进行测试井的参数提供依据，并建立了产能方程。

（3）两种方法平均，计算无阻流量会更接近，平均相对误差为 11.83%，误差控制在 30%以内。

五、FDEWTIS 吉林油田气井快速产能评价软件功能简介

吉林油田气井快速产能评价利用测井地层系数进行产能评价，软件 FDEWTIS 基于 VB6.0 编程实现，软件不仅外观美观，操作便捷，处理结果精确、高效（图 4-6-4）。

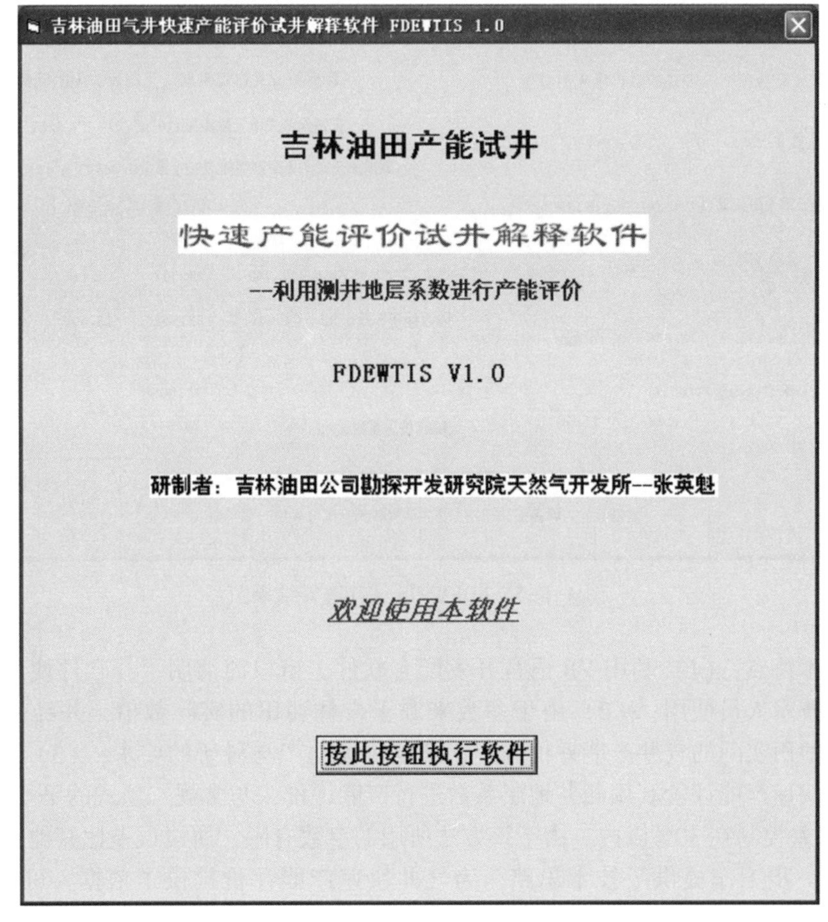

图 4-6-4　FDEWTIS 试井解释软件欢迎界面图

编程人员利用 VB6.0 强大的界面编辑功能和高速的运算性能，通过产能试井建立了无阻流量与测井地层系数幂指数相关关系曲线；建立了二项式系数 *B* 值与测井 *Kh* 值的相关关系式、二项式系数 *A* 值与测井 *Kh* 值的相关关系式；探索出了利用测井地层系数和地层静止压力计算气井无阻流量的新方法，并给出产能方程，为预测出未进行测试井的参数提供依据。通过 FDEWTIS 设计软件得以直观、快捷地实现运算。设计软件通过输入测井地层系数 *Kh* 值、地层静止压力各项参数，由软件计算无阻流量，确定单井产能方程（图 4-6-5），同时该软件有作流入动态曲线 IPR 图功能（图 4-6-6），为气井合理配产提供依据。该软件基本适用于吉林油田各个区块气井产能测试需求，能够更简单、更高效、更经济地计算每口井的无阻流量，并进行合理配产，从而为广大技术人员高效简洁地应用和分析测试井产能提供了保障。

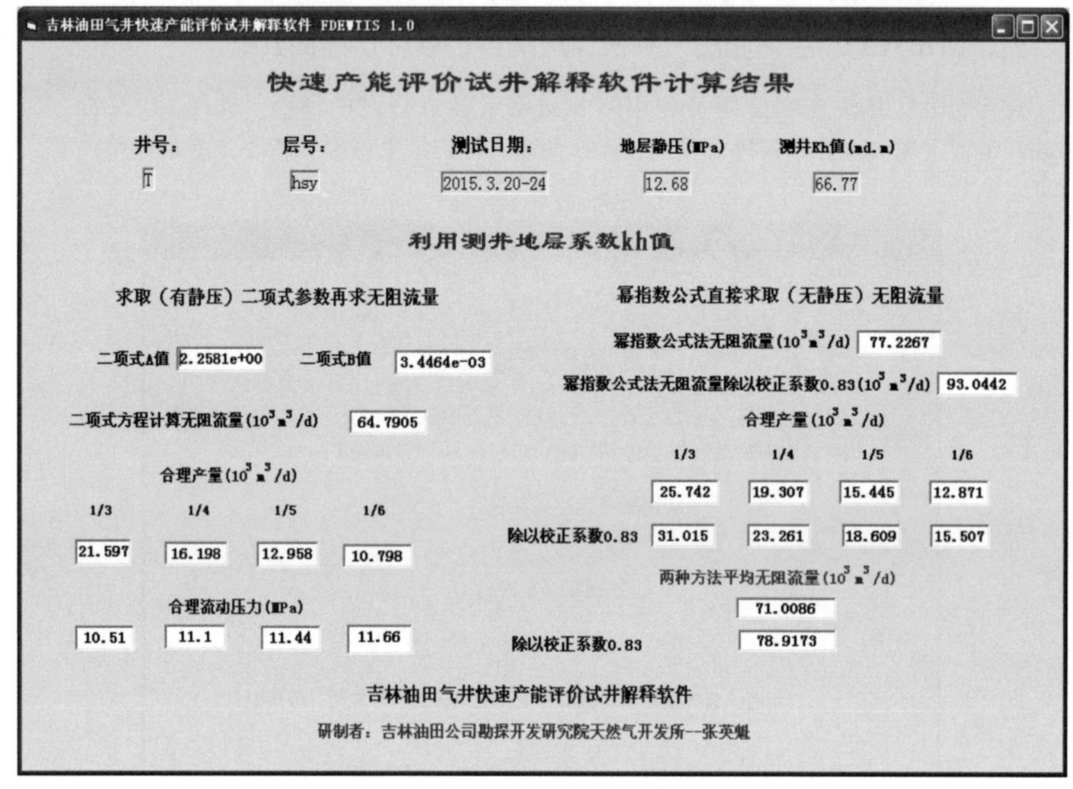

图 4-6-5　FDEWTIS 试井解释结果图

主要技术特点：(1) 利用 VB 语言开发配套软件，窗口简洁明了，软件使用简便快捷，方便各层次技术人员使用；(2) 由于参数来源于吉林油田的实际数值，并经过矿场验证，是适合吉林油田实际的气井产能评价方程，满足矿场生产与科研的要求；(3) FDEWTIS 吉林油田气井快速产能评价利用测井地层系数进行产能评价，与常规二项式的平均相对误差为 11.83%，误差控制在 30%以内。由于该方法所用的参数有限，所以误差比其他方法大一些，但它却给下一步工作提供了技术思路，为气井快速产能评价提供了依据，可以进行推广使用。

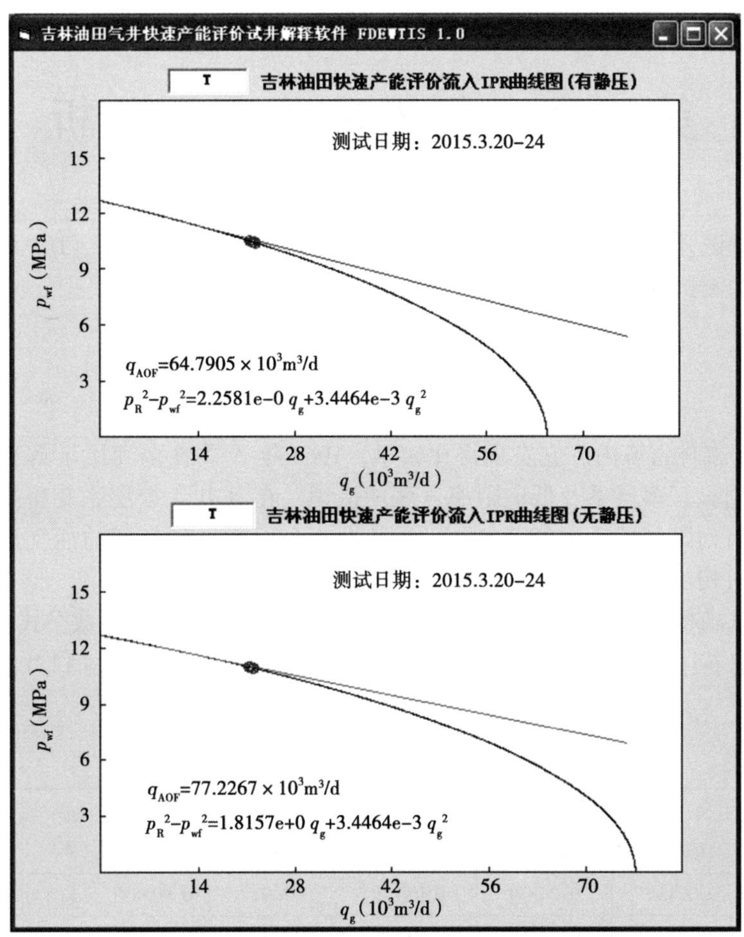

图 4-6-6　FDEWTIS 试井解释软件流入 IPR 曲线图

第五章　气田试井实例分析

目前吉林油区开发有 10 个气田，测试资料主要集中在 A、B、C、D、E 气田中，下面对这几个气田的测试资料作试井解释与分析。

第一节　A 气田试井实例分析

A 气田位于吉林省境内。它发现得比较早，1963 年 A 井在多套层系具有良好的油气显示。1994 年针对该区多层系及低电阻率气藏的认识，在 B 井 4 个层系获得高产气流。1995 年、1996 年又针对下部层系进行了钻探，C 井在 6 个层系见到良好的油气显示，从而揭开了吉林气区 A 气田的开发历程。

气井试井基础参数的确定：采用前述方法确定 A 气田岩石压缩系数公式，准确计算了 A 气田 8 口井的岩石压缩系数。再利用该气田天然气组分，合理确定了 8 口井的试井基础参数（表 5-1-1）。

表 5-1-1　A 气田试井基础参数表

井号	h (m)	C_f (1/MPa)	C_g (1/MPa)	C_t (1/MPa)	μ_g (μPa·s)	Z	ϕ (%)	T (℃)	p_i (MPa)
C 井	4.4	0.004847	0.04879	0.03381	17.91	0.9058	12	85.8	19.41
D 井	11.2	0.004959	0.04669	0.03268	18.32	0.9020	12	87.6	20.13
E 井	3.0	0.003199	0.08741	0.05495	14.96	0.8890	20	57.1	12.14
F 井	15.0	0.002589	0.05595	0.03577	18.09	0.8906	13.3	87.7	17.01
G 井	5.4	0.003154	0.08558	0.05383	14.97	0.8860	20	57.2	12.41
H 井	5.7	0.005927	0.08596	0.05682	15.78	0.8978	13.3	85.9	12.15
I 井	2.0	0.003328	0.08228	0.05205	15.15	0.8920	19	63.0	12.81
J 井	6.8	0.00320168	0.08803	0.055313	15.58	0.8642	20	64.1	12.12

注：含气饱和度为 59%。

一、A 气田 C 井

C 井天然气为以甲烷为主的烃类气，1998 年 4 月 20—21 日取气体样品分析，天然气甲烷含量为 87.87%，重烃含量为 6.68%，氮气含量为 5.13%，二氧化碳含量为 0.32%。该井到目前共进行了 4 次测试：其中 2 次不稳定试井，1 次回压试井，1 次修正等时试井。

1. 完井试油测试简况

（1）C 井于 1997 年 11 月 27 日在 2060.0~2066.6m 井段射孔、测静止压力，射后自喷，射开砂岩厚度为 6.6m，射开有效厚度为 4.4m。同年 12 月 20—26 日测静止压力，折算油层中部静止压力为 19.411MPa、温度为 85.8℃。

（2）C 井于 1998 年 4 月 13—21 日进行稳定试井。

1998 年 4 月 13—18 日以 10mm 油嘴进行生产，套管压力（简称“套压”）为 6.8MPa，油管压力（简称“油压”）为 5.8MPa，流动压力为 6.986MPa，折算油层中部压力为 6.996MPa，产量为 $7.9979\times10^4m^3/d$。

1998 年 4 月 18—19 日以 11mm 油嘴进行生产，套压为 5.5MPa，油压为 4.5MPa，流动压力为 5.595MPa，折算油层中部压力为 5.605MPa，产量为 $8.3274\times10^4m^3/d$。

1998 年 4 月 19—20 日以 12mm 油嘴进行生产，套压为 5.0MPa，油压为 4.0MPa，流动压力为 5.087MPa，折算油层中部压力为 5.088MPa、产量为 $8.4098\times10^4m^3/d$。

1998 年 4 月 20—21 日以 13mm 油嘴进行生产，套压为 4.5MPa，油压为 3.6MPa，流动压力为 4.563MPa，折算油层中部压力为 4.573MPa，产量为 $8.5333\times10^4m^3/d$，测试数据见表 5-1-2。

表 5-1-2　A 气田 C 井回压试井测试数据表

测试日期	油嘴（mm）	套压（MPa）	油压（MPa）	流动压力（MPa）	中部压力（MPa）	产量（$10^4m^3/d$）
1998.4.13—18	10	6.8	5.8	6.986	6.996	7.9979
1998.4.18—19	11	5.5	4.5	5.595	5.605	8.3274
1998.4.19—20	12	5	4	5.078	5.088	8.4098
1998.4.20—21	13	4.5	3.6	4.563	4.573	8.5333

注：气层中部静止压力为 19.411 MPa，气层中部温度为 85.8℃，测试深度为 2050m。

（3）C 井于 1998 年 5 月 16—20 日进行压力恢复测试。

2. 稳定及不稳定试井解释

C 井在 1998 年 4 月 13 日—5 月 20 日进行稳定及不稳定试井，整个测试过程进行了 12d。

1）稳定试井解释

经计算 C 井的指数式产能方程：

$$q_g = 0.000019(p_R^2 - p_{wf}^2)^{0.778}$$

式中　q_g——产量，10^3m^3；

p_R——地层静止压力，kPa；

p_{wf}——流动压力，kPa。

无阻流量 $q_{AOF}=8.90473\times10^4m^3/d$，解释结果见图 5-1-1。

经计算 C 井的二项式产能方程：

$$\psi(p_R) - \psi(p_{wf}) = 164.738q_g + 1.46q_g^2$$

式中　$\psi(p_R)$——p_R 拟压力；

$\psi(p_{wf})$——p_{wf} 拟压力。

无阻流量 $q_{AOF}=8.90346\times10^4m^3/d$，解释结果见图 5-1-2。

2）不稳定试井解释

C 井于 1998 年 5 月 16—20 日进行压力恢复测试，测试层位为 X 组，测试井段为 2060.0~

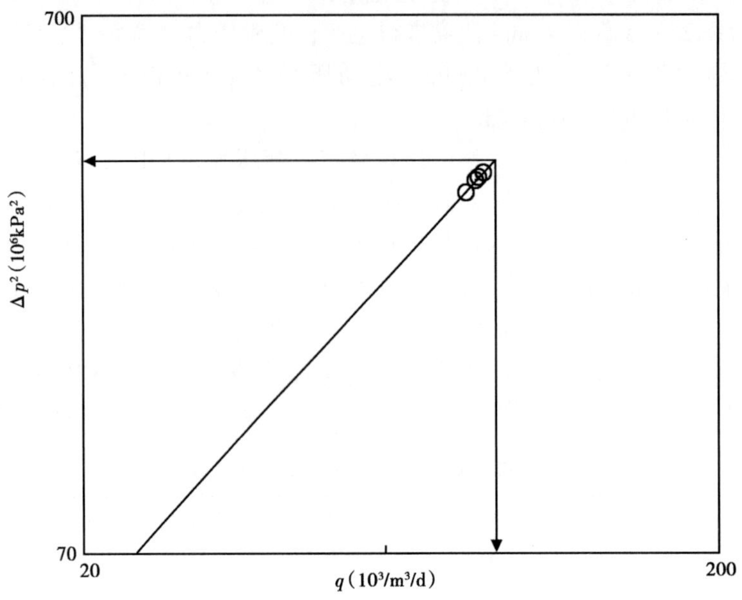

图 5-1-1 A 气田 C 井回压试井指数式图

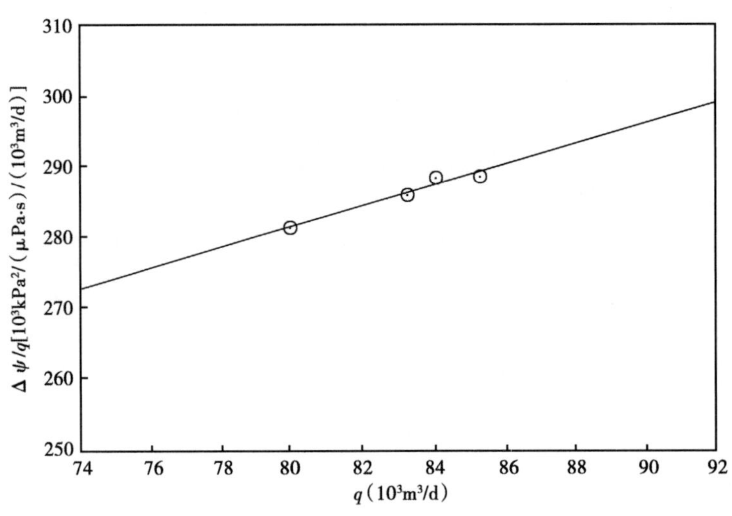

图 5-1-2 A 气田 C 井回压试井二项式图

2066.6m，压力计下入深度为 2050.0m，将压力按压力梯度折算到油层中部深度。利用加拿大 FEKETE 公司 Fast 试井解释软件进行分析，解释模型选用复合模型，内边界条件为井筒储集、表皮效应。p_R = 19.353MPa、$K_{内区}$ = 3.67mD、S = 1.95、C_D = 3832.32、r = 128.32m、$K_{外区}$ = 7.82mD。该井存在两个流动区域，边界在距井 128m 处。解释结果见图 5-1-3、图 5-1-4、图 5-1-5。

3. 试采测试简况

C 井 1999 年 3 月—2000 年 9 月用 4mm 油嘴进行间断生产，平均产气量为 2.14×10^4m^3/d，2000 年 10 月开始正常生产，平均产气量为 2.79×10^4m^3/d，平均油压为 9.72MPa，平均套压为 11.98MPa，2002 年 11 月换 5mm 油嘴生产，平均产气量为 3.87×10^4m^3/d，平均油压为

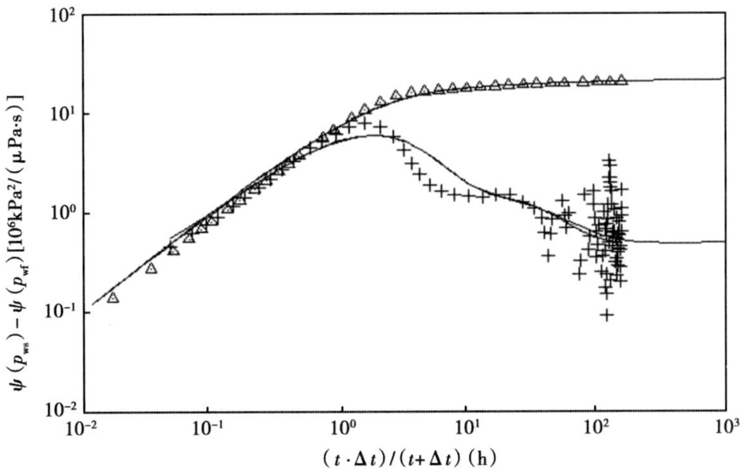

图 5-1-3　A 气田 C 井完井试油双对数拟合图

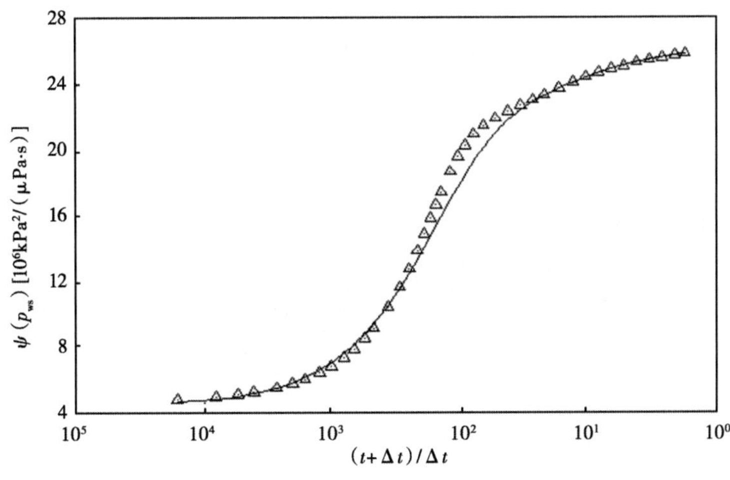

图 5-1-4　A 气田 C 井完井试油半对数拟合图

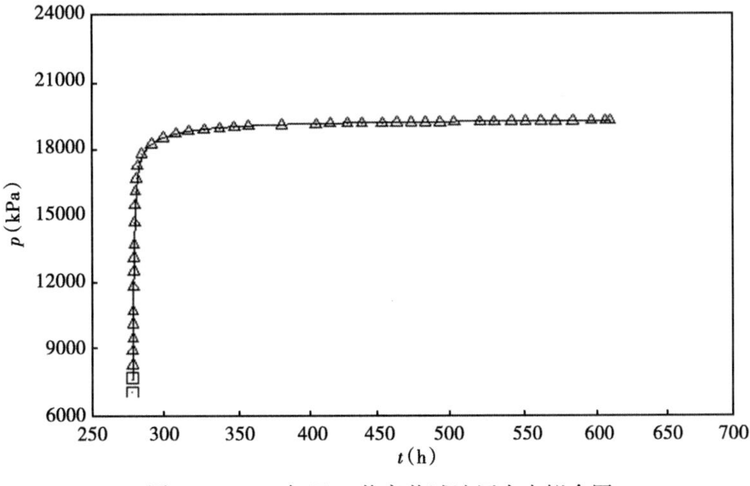

图 5-1-5　A 气田 C 井完井试油压力史拟合图

9.5MPa，平均套压为 12.45MPa。2003 年 10 月 18—29 日该井又一次进行压力恢复测试。

2003 年 11 月 6—18 日进行五开四关的修正等时试井测试，工作制度采用 6mm、5mm、4mm、3mm 油嘴，等时测试周期为 12h。

2003 年 11 月 6 日 21:00 把压力计下到底部 2063m，换 6mm 油嘴生产，油压为 10.23MPa，套压为 10.7MPa，产量为 $6.22841\times10^4m^3/d$，流动压力为 12.007MPa，7 日 9:00 开始关井 12h，关井最高压力为 15.1389MPa。

7 日 21:00 换 5mm 油嘴生产，油压为 11.05MPa，套压为 11.7MPa，产量为 $4.1345\times10^4m^3/d$，流动压力为 13.2381MPa，8 日 9:00 开始关井 12h，关井最高压力为 15.2177MPa。

8 日 21:00 换 4mm 油嘴生产，油压为 11.6MPa，套压为 12.3MPa，产量为 $2.633\times10^4m^3/d$，流动压力为 14.056MPa，9 日 9:00 开始关井 12h，关井最高压力为 15.3061MPa。

9 日 21:00 换 3mm 油嘴生产，油压为 11.75MPa，套压为 12.8MPa，产量为 $1.2756\times10^4m^3/d$，流动压力为 14.742MPa，10 日 9:00 开始关井 12h，关井最高压力为 15.4038MPa。

10 日 9:00 用 5mm 油嘴延续生产 7d，产量为 $3.1544\times10^4m^3/d$，流动压力为 13.538MPa，18 日 14:30 起出，结束修正等时试井测试（表 5-1-3）。

表 5-1-3 A 气田 C 井修正等时试井测试数据

开井	测试日期（年．月．日-小时）	油嘴（mm）	油压（MPa）	套压（MPa）	产气量（$10^4m^3/d$）	流动压力（MPa）	关井	测试日期（年．月．日-小时）	关井最高压力（MPa）
									16.2330
一开	2003.11.6-21:00	6	10.23	10.7	6.2284	12.0070	一关	2003.11.7-09:00	15.1389
二开	2003.11.7-21:00	5	11.05	11.7	4.1345	13.2381	二关	2003.11.8-09:00	15.2177
三开	2003.11.8-21:00	4	11.60	12.3	2.6330	14.0560	三关	2003.11.9-09:00	15.3061
四开	2003.11.9-21:00	3	11.75	12.8	1.2756	14.7424	四关	2003.11.10-09:00	15.4038
延续	2003.11.10-21:00	5	7d		3.1544	13.5380	7d		

注：测试深度为 2063.3m，温度为 87.7℃。

4. 不稳定及修正等时试井解释

C 井在 2003 年 10 月 18 日—11 月 18 日进行不稳定及修正等时试井，整个测试过程进行了 22d。

1）修正等时试井解释

经计算 C 井的指数式产能方程：

$$q_g = 0.00000703(p_R^2 - p_{wf}^2)^{0.842}$$

式中 p_R——目前地层压力，kPa。

无阻流量 $q_{AOF}=8.32576\times10^4m^3/d$，解释结果见图 5-1-6。

经计算 C 井的二项式产能方程：

$$\psi(p_R) - \psi(p_{wf}) = 146.501q_g + 0.835q_g^2$$

无阻流量 $q_{AOF}=8.70627\times10^4m^3/d$，解释结果见图 5-1-7。

2）不稳定试井解释

C 井于 2003 年 10 月 18—29 日进行压力恢复测试，测试层位为 X 组，测试井段为 2060.0~2066.6m，压力计下入深度为 2063.3m，利用加拿大 FEKETE 公司 Fast 试井解释软

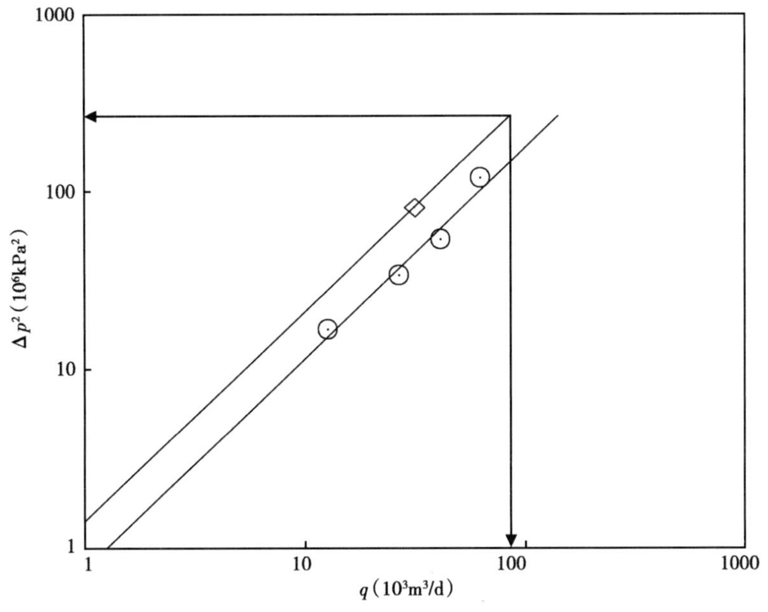

图 5-1-6　A 气田 C 井修正等时试井指数式图

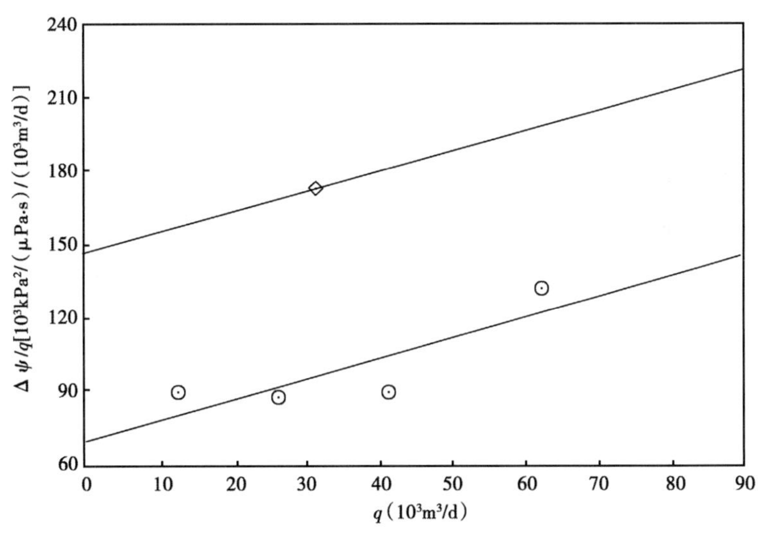

图 5-1-7　A 气田 C 井修正等时试井二项式图

件进行分析，解释模型选用复合模型，内边界条件为井筒储集、表皮效应。p_R = 16.233MPa、$K_{内区}$ = 3.6mD、S = −1.924、C_D = 2016.92、r = 128.21m、$K_{外区}$ = 5.65mD。该井存在两个流动区域，边界在距井 128m 处。解释结果见图 5-1-8、图 5-1-9、图 5-1-10。

二、A 气田 E 井

E 井位于 A 地区，测试层位为 Y 组，测试井段为 1224.0～1230.0 m，射开砂岩厚度为 6.0 m。1998 年 6 月 10—15 日取气体样品分析，天然气甲烷含量为 90.39%，重烃含量为 0.96%，氮气含量为 8.11%，二氧化碳含量为 0.54%。该井到目前共进行了 6 次测试：其中

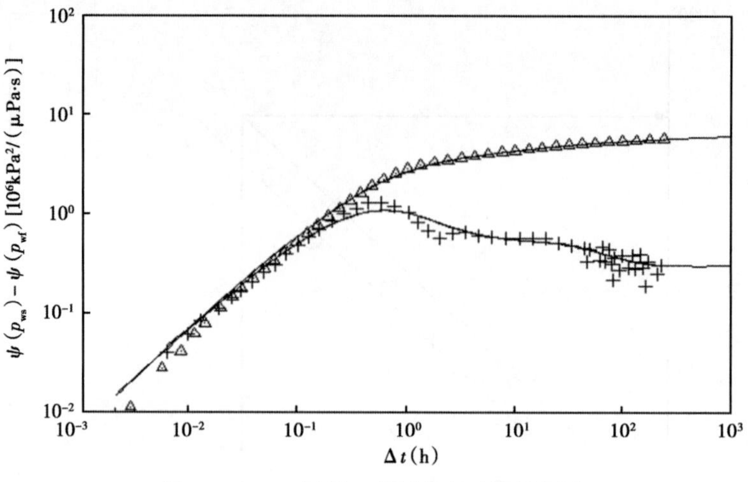

图 5-1-8 A 气田 C 井试采双对数拟合图

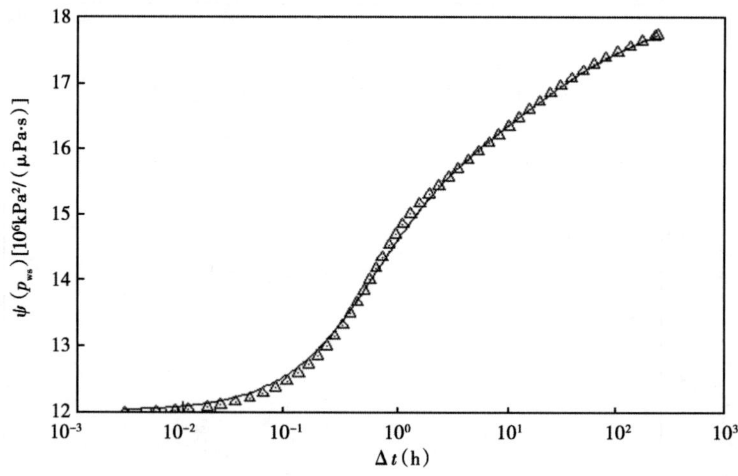

图 5-1-9 A 气田 C 井试采半对数拟合图

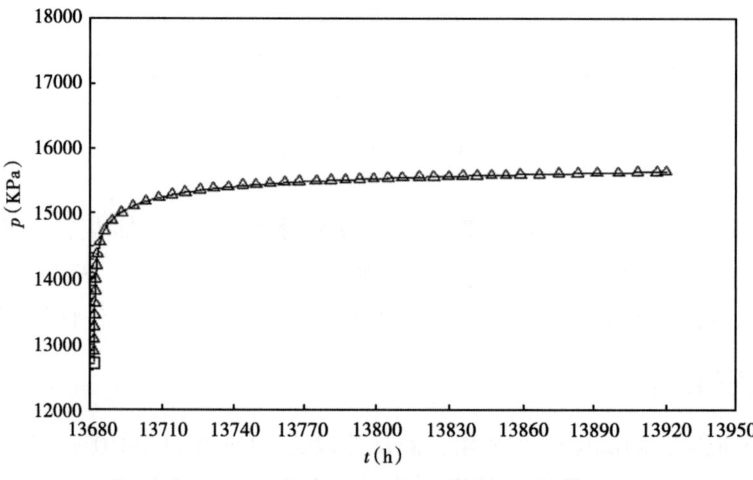

图 5-1-10 A 气田 C 井试采压力史拟合图

1 次静止压力测试、1 次回压试井、3 次不稳定试井和 2 次修正等时试井。

1. 地层测试简况

（1）E 井于 1998 年 5 月 29 日—6 月 2 日测静止压力，静止压力为 12.107MPa/1200m，折算油层中部静止压力为 12.135MPa，温度为 57.3℃。

（2）E 井于 1998 年 6 月 2—9 日进行稳定试井。

1998 年 6 月 2—5 日以 9mm 油嘴进行生产，套压为 9.7MPa，油压为 9.3MPa，流动压力为 10.229MPa，折算油层中部压力为 10.231MPa，产量为 $10.881\times10^4m^3/d$。

1998 年 6 月 5—9 日以 7mm、11mm 、5mm 油嘴进行生产。

7mm 油嘴套压为 10.5MPa，油压为 10.15MPa，流动压力为 11.039MPa，折算油层中部压力为 11.041MPa，产量为 $7.504\times10^4m^3/d$。

11mm 油嘴套压为 9.1MPa，油压为 8.4MPa，流动压力为 9.518MPa，折算油层中部压力为 9.520MPa，产量为 $14.999\times10^4m^3/d$。

5mm 油嘴套压为 11.2MPa，油压为 10.9MPa，流动压力为 11.859MPa，折算油层中部压力为 11.861MPa，产量为 $2.397\times10^4m^3/d$，测试数据见表 5-1-4。

表 5-1-4　A 气田 E 井回压试井测试数据

测试日期	油嘴（mm）	套压（MPa）	油压（MPa）	流动压力（MPa）	中部压力（MPa）	产量（$10^4m^3/d$）
1998.6.5—9	11	9.1	8.4	9.518	9.520	14.999
1998.6.2—5	9	9.7	9.3	10.229	10.231	10.881
1998.6.5—9	7	10.5	10.15	11.039	11.041	7.504
1998.6.5—9	5	11.2	10.9	11.859	11.861	2.397

注：气层中部静止压力为 12.135MPa，气层中部温度为 57.3℃，测试深度为 1200m。

1998 年 6 月 10—18 日以 9mm 油嘴进行延续生产，套压为 10MPa，油压为 9.6MPa，产量为 $11.2099\times10^4m^3/d$。

（3）E 井于 1998 年 6 月 18—25 日进行压力恢复测试。

2. 地层测试资料解释

E 井在 1998 年 6 月 2—9 日进行稳定试井，整个测试过程进行了 8d。

经计算，E 井的指数式产能方程：

$$q_g = 0.0000464(p_R^2 - p_{wf})^{0.838}$$

无阻流量 $q_{AOF} = 32.3365\times10^4m^3/d$（图 5-1-11）。

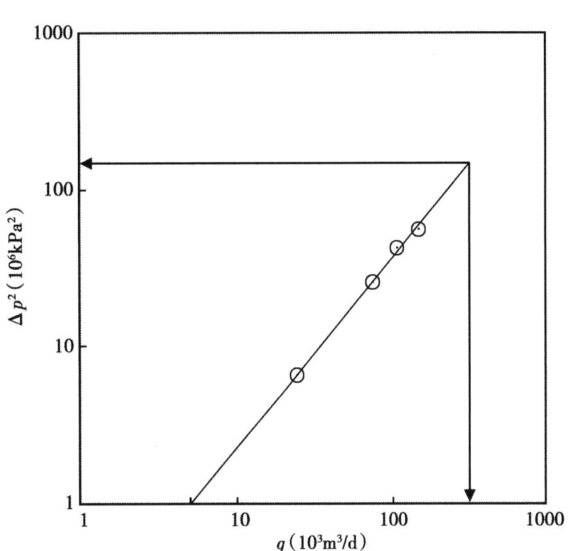

图 5-1-11　A 气田 E 井回压试井指数式图

经计算，E 井的二项式产能方程：$\psi(p_R)-\psi(p_{wf})=19.865q_g+0.071q_g^2$

无阻流量 $q_{AOF}=28.7993\times10^4m^3/d$，稳定试井解释结果见图 5-1-12。

E 井于 1998 年 6 月 18—25 日进行

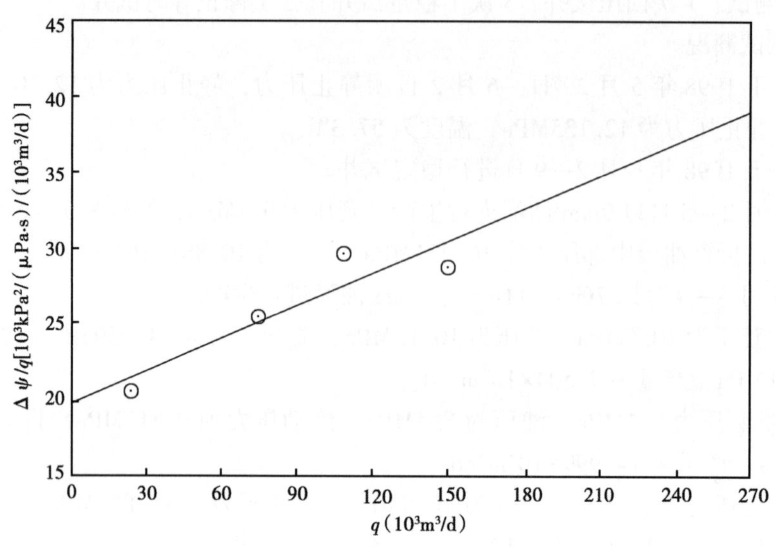

图 5-1-12　A 气田 E 井回压试井二项式图

压力恢复测试。测试井段为 1224.0～1230.0m，射开砂岩厚度为 6.0m、有效厚度为 3.0m，产气量为 11.2099×10^4m^3/d。压力计下入深度为 1200.0m，将压力按压力梯度折算到油层中部深度。

试井解释模型选用内边界条件为井筒储集、表皮效应+均质模型+外边界条件为无限大气藏，解释地层压力为 12.17MPa，解释结果见图 5-1-13、图 5-1-14、图 5-1-15。

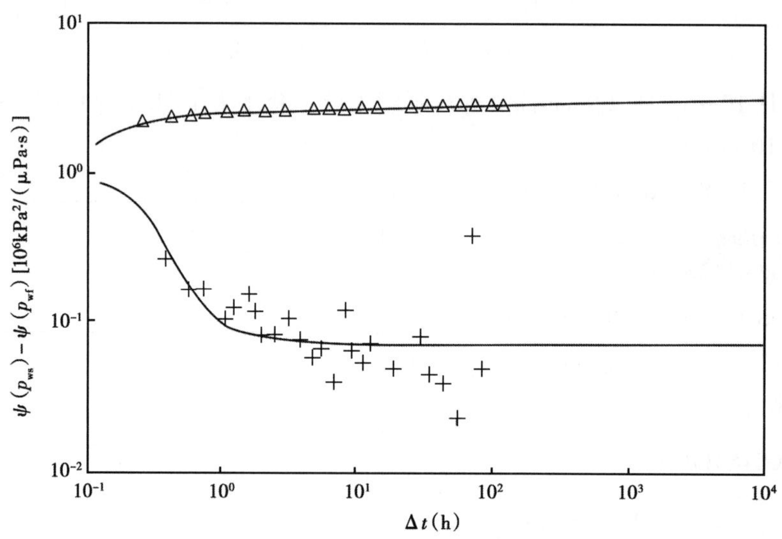

图 5-1-13　A 气田 E 井地层测试双对数拟合图

3. 试采测试简况

E 井 1999 年 4 月—2001 年 11 月用 4mm 油嘴进行生产，平均产气量为 2.3097×10^4m^3/d；2001 年 11 月—2004 年 11 月以 5mm 油嘴进行生产，平均产气量为 2.3104×10^4m^3/d，平均油压为 7.38MPa，平均套压为 8.76MPa；2004 年 11 月—2005 年 5 月以 6mm 油嘴进行生产，平均产

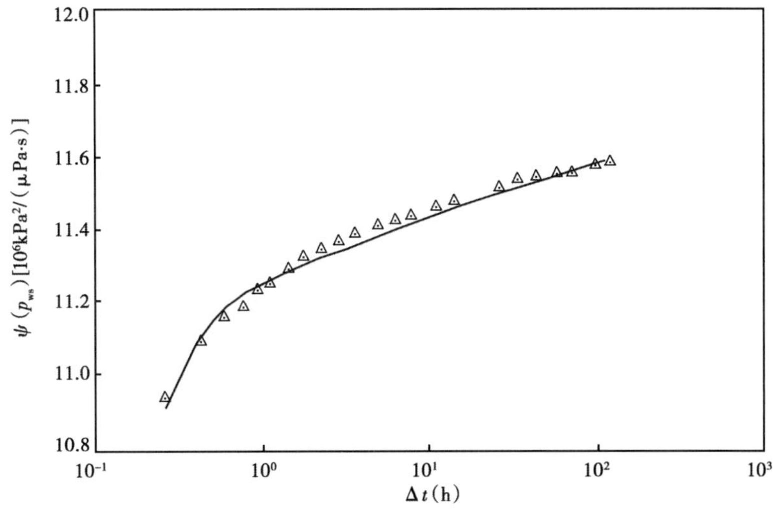

图 5-1-14　A 气田 E 井地层测试半对数拟合图

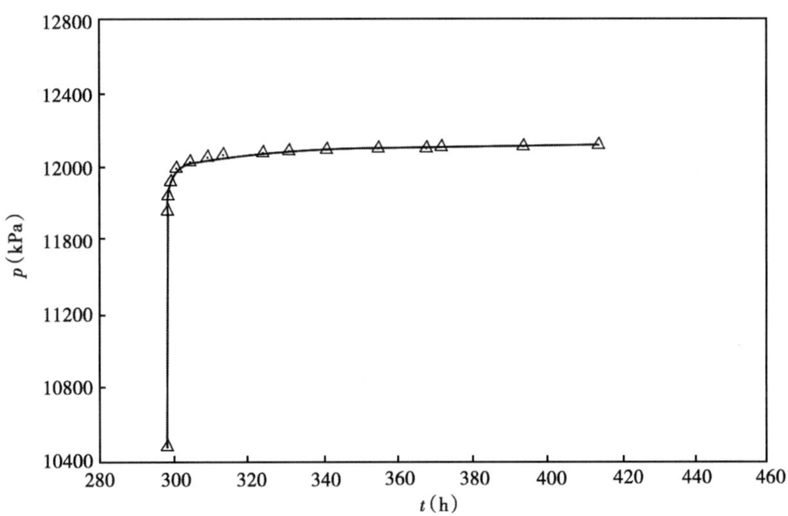

图 5-1-15　A 气田 E 井地层测试压力历史拟合图

气量为 $3.4285\times10^4m^3/d$，平均油压为 7.55MPa，平均套压为 8.25MPa。

4. 试采测试试井解释

2005 年 6 月 17 日—7 月 13 日 E 井又一次进行压力恢复试井和五开四关的修正等时试井，测试周期为 12h，整个测试过程进行了 26d。

1）压力恢复试井解释

2005 年 6 月 17—26 日进行压力恢复试井，利用加拿大 FEKETE 公司 Fast 试井解释软件进行分析，解释模型选用复合模型，内边界条件为井筒储集、表皮效应。$p_R=9.38$MPa、$K_{内区}$65.76mD、$S=5.93$、$C_D=473.04$、$r=180$m、$K_{外区}=150$mD。E 井存在两个流动区域，边界在距井 180m 处，外区好于内区，解释结果见图 5-1-16、图 5-1-17、图 5-1-18。

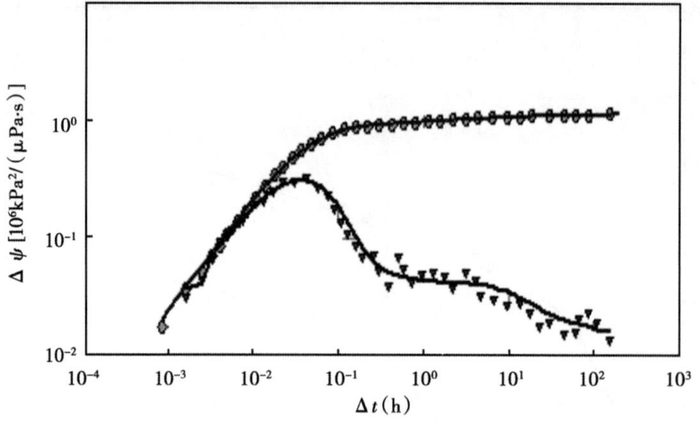

图 5-1-16　A 气田 E 井试采测试双对数拟合图

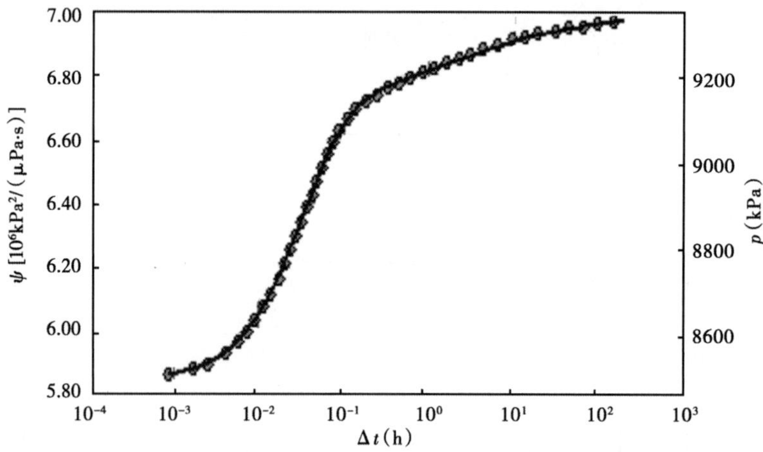

图 5-1-17　A 气田 E 井试采测试半对数拟合图

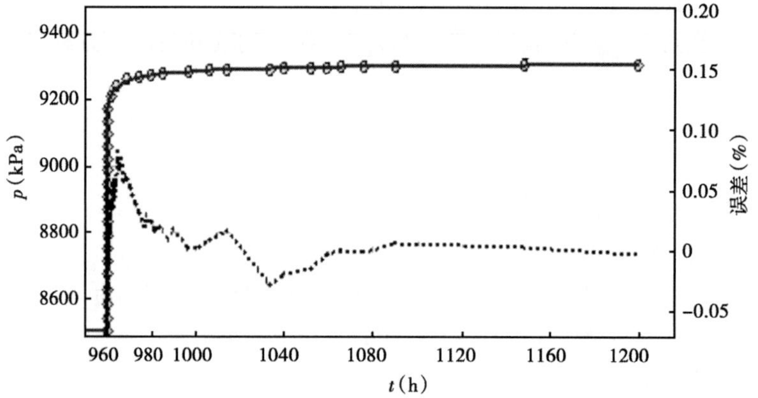

图 5-1-18　A 气田 E 井试采测试压力史拟合图

2）修正等时试井解释

2005 年 6 月 26 日—7 月 13 日进行修正等时试井（表 5-1-5）。

表 5-1-5　A 气田 E 井试采修正等时试井测试数据

开井	时间（h）	油嘴（mm）	产气量（$10^4m^3/d$）	流动压力（MPa）	关井	时间（h）	关井最高压力（MPa）
关井恢复							9.380
一开	12	4	1.2240	8.881	一关	12	9.342
二开	12	5	1.8480	8.778	二关	12	9.357
三开	12	6	2.9298	8.498	三关	12	9.362
四开	12	7	3.7272	8.212	四关	12	9.359
延续	13d	5	2.0184	8.732			

通过指数式、二项式产能方程发现此次修正等时试井测试失败（图 5-1-19）。

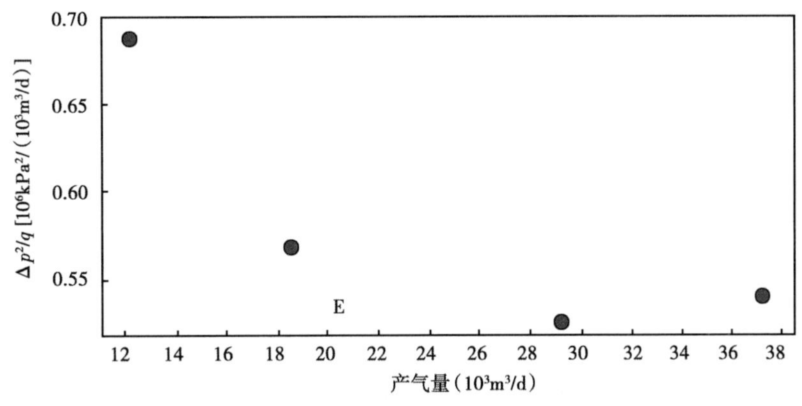

图 5-1-19　A 气田 E 井试采修正等时试井二项式图

图 5-1-19 中的 E 点是稳定产能曲线点，测试失败的原因是不稳定曲线不符合产能方程的原则要求。但利用压力恢复曲线得出 E 井的目前地层压力 p_R=9.38MPa、产能试井的稳定流动压力 p_{wf}=8.73MPa，还有地层测试回压试井稳定产能曲线。为了使 E 井的产能试井资料不作废，通过两次测试结果联合应用，便可以求取出目前气井的产能方程，从而求取目前情况下气井的无阻流量，为开发气井提供依据。

具体做法：利用地层测试回压试井稳定产能曲线的斜率把产能曲线平移到目前地层压力和目前稳定流动压力处，这也是修正等时试井（不稳定产能曲线和稳定产能曲线）的做法。

找一口井做实验，例如 C 井，该井既有回压试井又有修正等时试井资料，其修正等时试井解释结果：指数式无阻流量 $q_{AOF}=8.5823\times10^4m^3/d$，二项式无阻流量 $q_{AOF}=8.6747\times10^4m^3/d$。已知该井的目前地层压力 p_R = 16.233MPa、产能试井的稳定流动压力 p_{wf} = 13.538MPa，还有地层测试回压试井稳定产能曲线。用上述方法作指数式图（图 5-1-20）。用这种方法得出的指数式无阻流量 $q_{AOF}=7.9389\times10^4m^3/d$，二项式无阻流量 $q_{AOF}=7.8555\times10^4m^3/d$，误差为 8.47%，由此可见该方法可以应用。

经计算，E 井的指数式产能方程为 $q_g=0.0000258\ (p_R^2-p_{wf}^2)^{0.838}$，无阻流量 q_{AOF} = $11.5957\times10^4m^3/d$，解释结果见图 5-1-21。经计算，该井的二项式产能方程为 $\psi(p_R)-\psi(p_{wf})=40.333q_g+0.071q_g^2$，无阻流量 $q_{AOF}=13.891\times10^4m^3/d$。

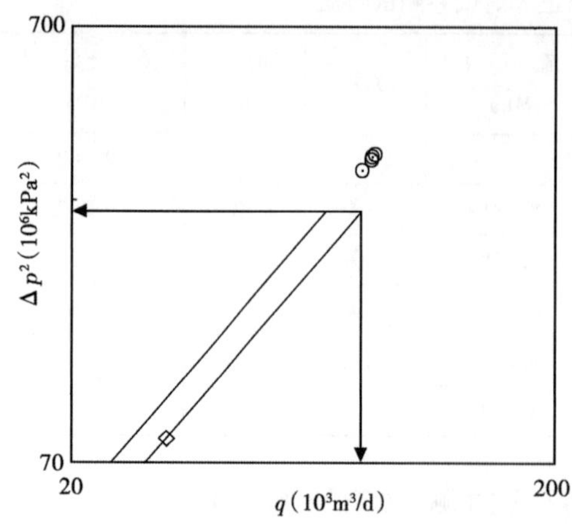

图 5-1-20　A 气田 C 井回压—修正联合指数式图

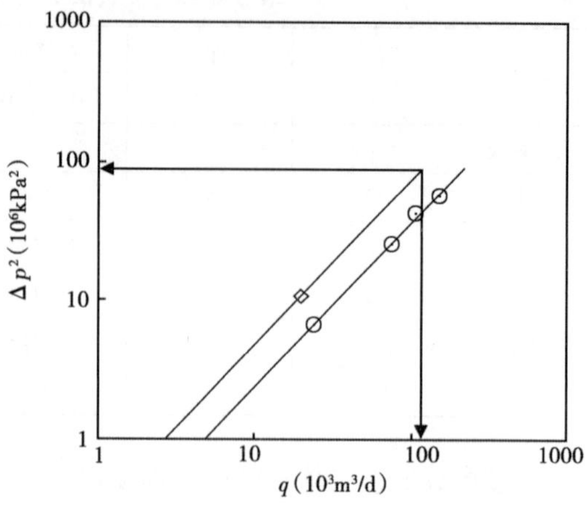

图 5-1-21　A 气田 E 井回压—修正联合指数式图

5. 开发及测试简况

E 井于 2005 年 7 月 14 日—2006 年 12 月进行生产，平均产气量为 $5.096\times10^4m^3/d$，平均油压为 5.9MPa，平均套压为 6.2MPa。2007 年 1 月—2007 年 12 月进行生产，平均产气量为 $5.293\times10^4m^3/d$，平均油压为 4.2MPa，平均套压为 6.2MPa。2008 年 1 月—2008 年 12 月进行生产，平均产气量为 $4.381\times10^4m^3/d$，平均油压为 2.9MPa，平均套压为 3.1MPa。2009 年 1 月—2009 年 5 月 20 日进行生产，平均产气量为 $3.667\times10^4m^3/d$，平均油压为 2.3MPa，平均套压为 2.6MPa。

2009 年 5 月 23 日—6 月 6 日 E 井又一次进行压力恢复试井和五开四关的修正等时试井，测试周期为 12h，整个测试过程进行了 15d。2009 年 6 月—2009 年 11 月进行生产，平均产气量为 $2.78\times10^4m^3/d$，平均油压为 2.55MPa，平均套压为 2.6MPa。

6. 开发试井解释

1）不稳定试井解释

2009 年 5 月 23 日—6 月 1 日进行压力恢复测试，测试时间 $t=240h$。解释模型选用复合模型，内边界条件为井筒储集、表皮效应。$p_R=4.37MPa$、$K=110mD$、$S=0.038$、$C=9.41m^3/MPa$、$r_1=248m$、$r_2=342m$。E 井在 245m 探测到一条断层与 248m 地质情况吻合。在距井 342m 处出现两个流动区域，内区好于外区，解释结果见图 5-1-22、图 5-1-23、图 5-1-24。

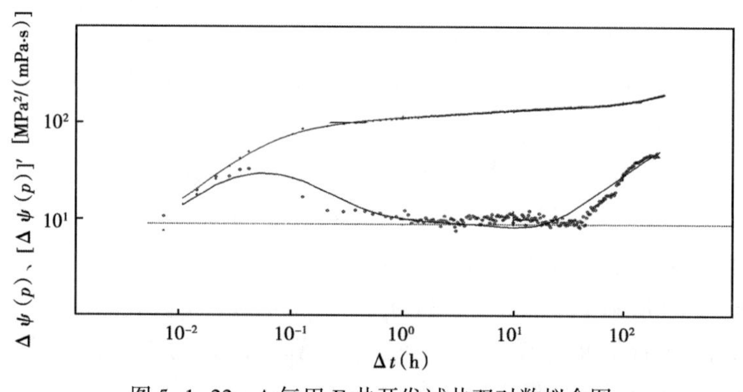

图 5-1-22　A 气田 E 井开发试井双对数拟合图

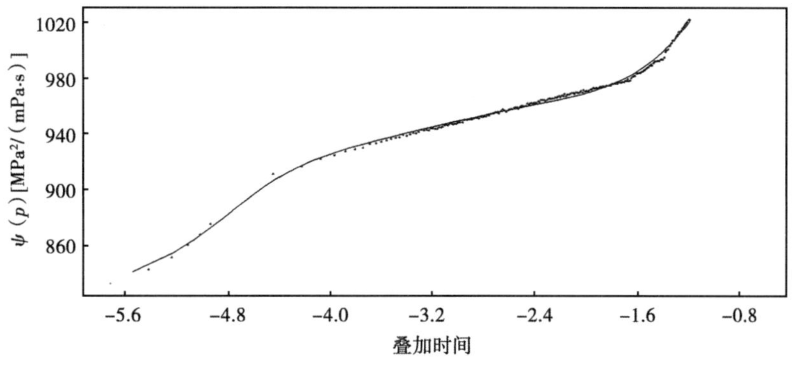

图 5-1-23　A 气田 E 井开发试井半对数拟合图

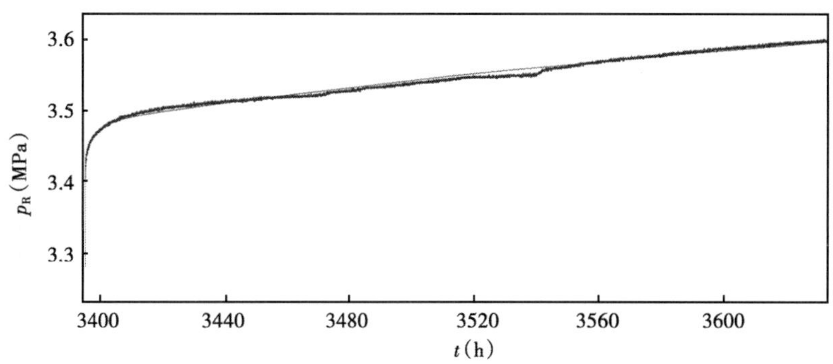

图 5-1-24　A 气田 E 井开发试井压力史拟合图

2）稳定试井解释

2009 年 6 月 1—6 日 E 井又一次进行五开四关的修正等时试井，测试周期为 12h（表 5-1-6）。

表 5-1-6　A 气田 E 井开发修正等时试井测试数据

开井	时间（h）	油嘴（mm）	油压（MPa）	套压（MPa）	产气量（$10^4m^3/d$）	流动压力（MPa）	关井	时间（h）	关井最高压力（MPa）
关井恢复									4.370
一开	12	5	2.6	3.1	1.2636	3.030	一关	12	3.604
二开	12	7	2.4	2.9	1.8170	2.890	二关	12	3.530
三开	12	9	2.1	2.7	2.4390	2.606	三关	12	3.526
四开	12	11	1.9	2.3	3.3992	2.161	四关	12	3.514
延续	8d				2.1700	3.200			

经计算，E 井的指数式产能方程（选后 3 点）为 $q_g=4558.63\ (p_R^2-p_{wf}^2)^{0.9807}$，无阻流量 $q_{AOF}=4.60747\times10^4m^3/d$。

经计算，E 井的二项式产能方程(选后 3 点)为 $\psi(p_R)-\psi(p_{wf})=0.0320729q_g+1.09632\times10^{-8}q_g^2$，无阻流量 $q_{AOF}=4.62614\times10^4m^3/d$，稳定试井解释结果见图 5-1-25、图 5-1-26。

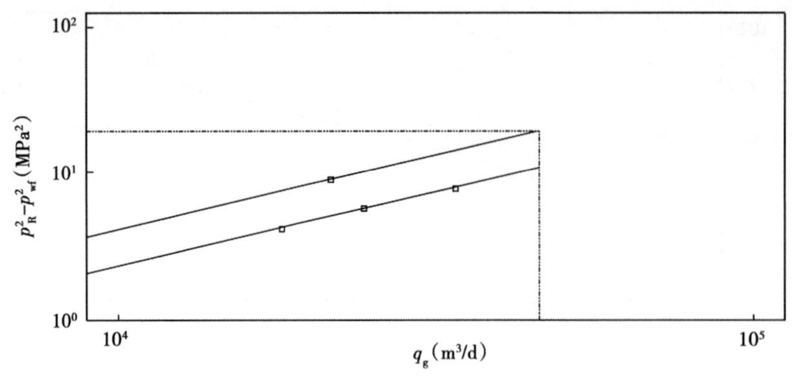

图 5-1-25　A 气田 E 井开发试井指数式图

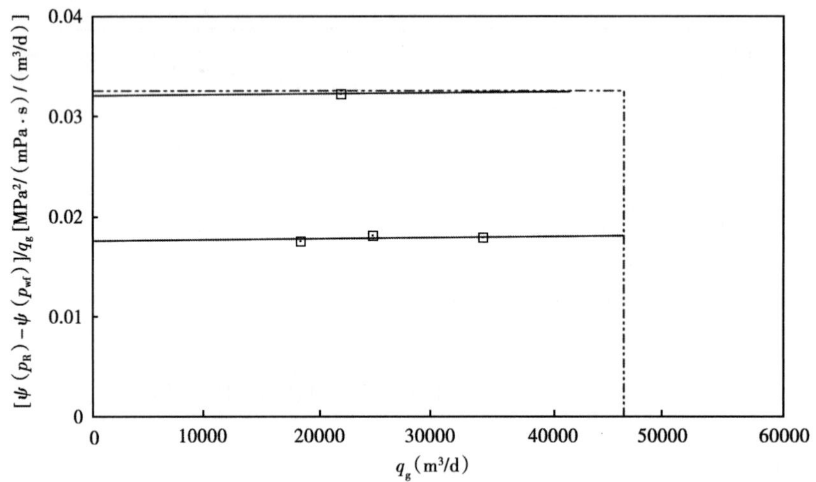

图 5-1-26　A 气田 E 井开发试井二项式图

7. Topaze 生产动态分析

Topaze 软件提供多种分析方法互相验证，在考虑地层实际模型的基础上进行产能分析。利用该项技术可快速准确地确定地质储量、剩余储量、历史地层压力的分布变化。另外，以往获得试井解释参数必须通过关井来实现，这样不可避免地要耽误生产。而 Topaze 软件则可以缓解这个矛盾，通过分析生产数据，可以得出类似试井解释的参数结果，可以在一定程度上替代压力恢复测试。

通过该项技术，可以充分利用现有信息。Topaze 软件可以充分利用生产数据（历史压力和流量数据）进行解释，不需测试，或不关井测试，大大节约成本或减少产量损失，解决测试工艺不能得到数据的难题:针对井况条件不具备测试条件的井，可用该方法代替常规试井，来更好地服务于生产。

1）E 井生产动态分析

把 E 井 2005 年 1 月至 2009 年 11 月的生产动态数据（包括日产气量、井口套压、气体组分、射开厚度及气层中部等）录入软件中。在 Topaze 气井生产数据分析软件中主要有三幅图。

（1）井底流动压力双对数图。利用 Topaze 软件将井口套压通过气体组分及气层中部折算出井底流动压力，并作井底流动压力双对数图，从图中可以看出，无论是压力对数还是压力导数出现斜率为 1 的拟稳定流动。再通过双对数拟合可以求出有效渗透率和表皮系数（图 5-1-27）。

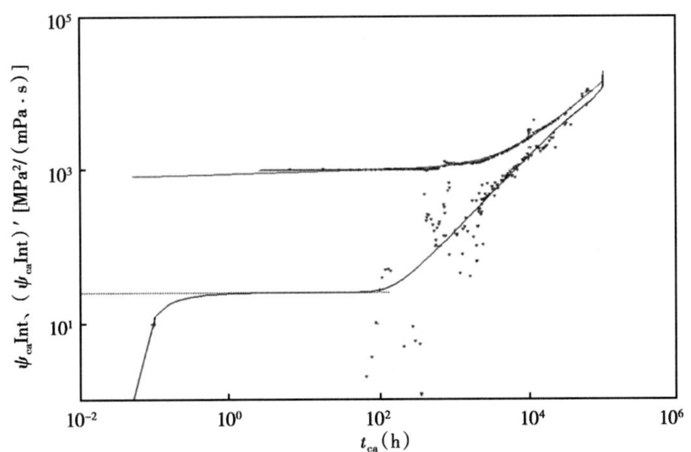

图 5-1-27　A 气田 E 井流量重整压力双对数拟合图

（2）采气指数、采气指数积分及采气指数积分导数图。通过该图拟合可以求出井控地质储量和有效渗透率（图 5-1-28）。

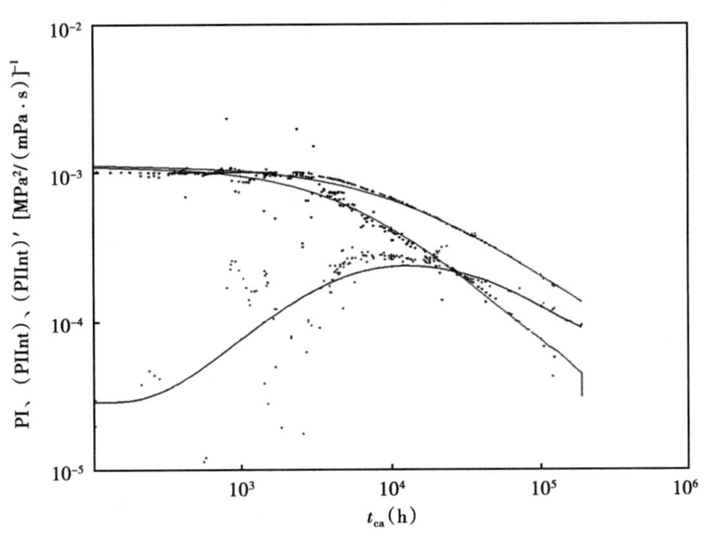

图 5-1-28　A 气田 E 井 Blasingame 曲线拟合图

（3）日产量、累计产量、井底流动压力及地层压力剖面图。通过该图拟合可以求出历年地层压力剖面（图 5-1-29）。

Topaze 软件气井动态解释结果如下。

以 2005 年 6 月 17—25 日压力恢复测试 p_R = 9.33MPa 和 2009 年 5 月 23 日—6 月 4 日压力恢复测试 p_R = 4.37MPa 为解释标准，解释压力剖面为：$p_{(2005年1月1日)}$ = 9.84MPa；$p_{(2005年6月25日)}$ = 9.40MPa；$p_{(2008年5月23日)}$ = 4.61MPa；$p_{(2009年11月30日)}$ = 4.35MPa 等一系列压力值。

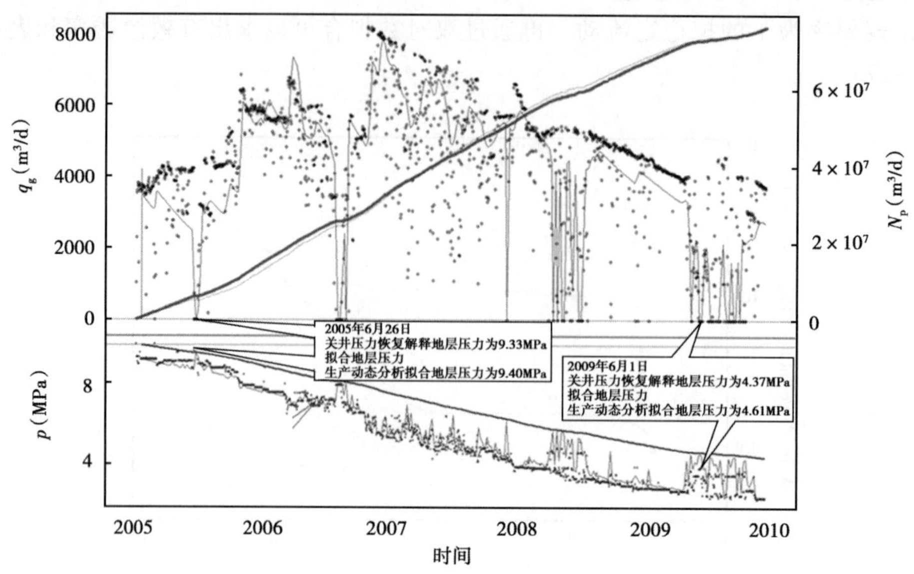

图 5-1-29　A 气田 E 井生产历史拟合图

有效渗透率 $K=121\text{mD}$。

解释 2005 年 1 月 1 日地层压力为 9.84MPa 时井控地质储量 $G_{(p=9.84\text{MPa})}=1.19\times10^8\text{m}^3$；剩余地质储量 $G_{剩余}=0.42\times10^8\text{m}^3$。

因为 Topaze 软件计算累计产量的初值为 0，原始地层压力为 12.17MPa 至地层压力为 9.84MPa 的累计产量为 $3100\times10^4\text{m}^3$，所以 E 井控制地质储量 $G=G_{p=9.84\text{MPa}}+G_{p=15.2\text{MPa}时累计产量}=1.5\times10^8\text{m}^3$。

2）井控储量的验证

为了提高计算井控储量的合理性、正确性，又提出物质平衡地层压力降落计算气井控制地质储量、弹性二相流动压力计算气井控制地质储量、压力恢复法计算气井控制地质储量三种方法，也是对 Topaze 软件气井动态解释结果的互相验证。

（1）物质平衡地层压力降落计算气井控制地质储量。

①对于定容封闭性气藏，没有水驱作用，得到定容气藏的物质平衡方程式：

$$\frac{p}{Z}=\frac{p_i}{Z_i}\left(1-\frac{N_p}{G}\right)$$

式中　G——气藏在地面标准条件下（0.101MPa 和 20℃）的原始地质储量，m^3；

N_p——气藏在地面标准条件下的累计产气量，m^3；

p_i——地层原始压力，MPa；

Z_i——原始压力下的压缩因子；

p——生产时的地层压力，MPa；

Z——生产时地层压力下的压缩因子。

在 Topaze 软件的地层压力剖面图中把历年的地层压力读出来（表 5-1-7）。

②作 E 井纵坐标为$\frac{p}{Z}\Big/\frac{p_i}{Z_i}$、横坐标为 N_p 图，线性回归，当$\frac{p}{Z}\Big/\frac{p_i}{Z_i}=0$ 时，$G=N_p$（图 5-

1-30）。

表 5-1-7　A 气田 E 井历年地层压力表

日期	p（MPa）	Z	(p/Z) / (p_i/Z_i)	累计产量（10^4m^3）	日期	p（MPa）	Z	(p/Z) / (p_i/Z_i)	累计产量（10^4m^3）
1998 年 6 月 25 日	12.17	0.8857	1.0000	45	2007 年 6 月 30 日	6.77	0.9233	0.5336	7335
2004 年 12 月 31 日	9.84	0.8985	0.7971	3033	2007 年 9 月 30 日	6.43	0.9266	0.5050	7810
2005 年 3 月 31 日	9.58	0.9008	0.7740	3350	2007 年 12 月 31 日	6.09	0.9300	0.4766	8285
2005 年 6 月 30 日	9.38	0.9008	0.7578	3640	2008 年 3 月 31 日	5.77	0.9335	0.4499	8744
2005 年 9 月 30 日	9.14	0.9032	0.7365	4004	2008 年 6 月 30 日	5.57	0.9370	0.4326	8991
2005 年 12 月 31 日	8.77	0.9058	0.7047	4514	2008 年 9 月 30 日	5.26	0.9370	0.4086	9403
2006 年 3 月 31 日	8.42	0.9084	0.6746	5023	2008 年 12 月 31 日	4.99	0.9406	0.3861	9796
2006 年 6 月 30 日	8.09	0.9112	0.6462	5480	2009 年 3 月 31 日	4.71	0.9444	0.3630	10164
2006 年 9 月 30 日	7.89	0.9141	0.6282	5765	2009 年 6 月 30 日	4.57	0.9444	0.3522	10339
2006 年 12 月 31 日	7.48	0.9171	0.5936	6364	2009 年 9 月 30 日	4.47	0.9444	0.3445	10481
2007 年 3 月 31 日	7.11	0.9202	0.5624	6858	2009 年 11 月 30 日	4.35	0.9481	0.3339	10662
2007 年 6 月 30 日	6.77	0.9233	0.5336	7335	2007 年 6 月 30 日	6.77	0.9233	0.5336	7335

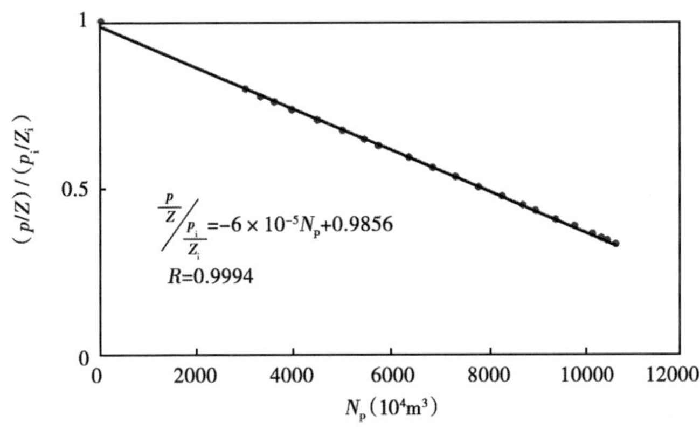

图 5-1-30　A 气田 E 井物质平衡地层压力降落计算气井控制地质储量图

计算 E 井单井控制储量 $G=1.64\times10^8m^3$。

（2）弹性二相流动压力计算气井控制地质储量。

①有界封闭地层开井生产，井底压降曲线一般可分为三段。

第一段称为不稳定早期，是指压降漏斗没有传到边界之前的弹性第一阶段；第二段称为拟不稳定晚期，即压降漏斗传到边界之后；第三段称为拟稳定期，该阶段地层压力降落相对稳定。地层中任一点压力降落速度相同。第三段又称为弹性第二相过程，井底压力随时间变化关系：

$$p_{wf}^2 = p_e^2 - \frac{2Qp_e t}{GC_t} - \frac{8.48\times10^{-3}Q\mu}{Kh}\frac{p_{sc}ZT}{T_{sc}}\left(\lg\frac{R_e}{r_w} - 0.326 - 0.435S\right)$$

式中　p_{wf}——井底流动压力，MPa；

p_e——目前地层压力，MPa；

G——气井控制的原始地质储量（地面标准条件），m^3/d；

Q——气井的稳定气产量（地面标准条件），m^3/d；

t——开井生产时间，d；

K——气层有效渗透率，D；

h——气层有效厚度，m；

μ——天然气黏度，mPa·s；

T——气层温度，K；

T_{sc}——地面标准温度，K；

p_{sc}——地面标准压力，MPa；

C_t——气层总压缩系数，1/MPa；

R_e——气层控制的外缘半径，m；

r_w——井底半径，m；

S——表皮系数；

Z——天然气偏差系数。

若令 $\beta=\dfrac{2Qp_e}{GC_t}$

$$E = p_e^2 - \frac{8.48 \times 10^{-3} Q\mu}{Kh}\frac{p_{sc}ZT}{T_{sc}}(\lg\frac{R_e}{r_w} - 0.326 - 0.435S)$$

则

$$p_{wf}^2 = E - \beta t$$

可以看出，在直角坐标系中是斜率为 β 的直线方程式，即在渗流达到拟稳态以后，井底压力的平方下降速度为常数。利用直线的斜率可求得气井原始控制地质储量：

$$G = \frac{2Qp_e}{\beta C_t}$$

②作 E 井 p_{wf}^2—t 图，$G=1.60\times10^8 m^3$（图 5-1-31）。

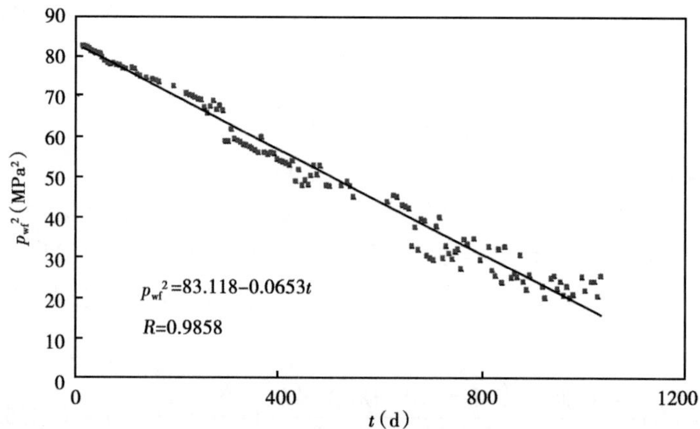

图 5-1-31 A 气田 E 井弹性二相流动压力计算气井控制地质储量图

（3）压力恢复法计算气井控制地质储量。

这是一种近似算法，需要气井在关井前有较长的稳定生产时间。对于不稳定早期的气井，压力恢复曲线方程式：

$$p_{ws}^2 = p_T^2 - \frac{4.24\times10^{-3}Q\mu}{Kh}\frac{p_{sc}ZT}{T_{sc}}\left(\lg\frac{8.085Kt}{\phi\mu C_t r_w^2} + 0.87S\right)$$

式中 p_{ws}——关井后井底恢复压力，MPa；

p_T——关井前稳定生产的井底流动压力，MPa；

t——关井时间，h。

若令

$$m = \frac{4.24\times10^{-3}Q\mu}{Kh}\frac{p_{sc}ZT}{T_{sc}}$$

$$A = p_T^2 - m\frac{p_{sc}ZT}{T_{sc}}\left(\lg\frac{8.085Kt}{\phi\mu C_t r_w^2} + 0.87S\right)$$

$$p_{ws}^2 = m\lg t + A$$

可以看出，在半对数图上，该式为斜率等于 m 和截距为 A 的直线方程式，从而可求得气井控制储量：

$$G = V\frac{p_e}{ZT}\frac{T_{sc}}{p_{sc}} = 0.1077\frac{Qt_e}{mC_t}p_e$$

应用该方法计算储量，必须先求得地层平衡压力 p_e 和压力恢复达到边界的时间 t_e 以及半对数直线斜率 m，这些均可利用压力恢复测试数据求得。利用 E 井压力恢复曲线求得：1998 年 6 月 18—25 日压力恢复计算气井控制地质储量为 $0.22\times10^8m^3$；2005 年 6 月 17—26 日进行压力恢复计算气井控制地质储量为 $0.16\times10^8m^3$；2009 年 5 月 23 日—6 月 1 日进行压力恢复计算气井控制地质储量为 $0.12\times10^8m^3$。平均三次压力恢复计算气井控制地质储量为 $0.17\times10^8m^3$。由此可见压力恢复法计算地质储量误差较大，原因是它受测试时间和探测半径控制。

三、A 气田 F 井

A 气田 F 井于 1998 年 7 月 10 日完井，到目前为止共进行了两次试井测试，一次为试采试井测试，另一次为开发试井测试。利用产能试井、压力恢复试井资料的解释获得了大量信息，采用双对数和半对数曲线对该井外边界进行分析，为两条平行断层，与地质条件相吻合，提出了在进行试井解释时，解释模型的选用十分重要，一定要结合地质条件和试井曲线形态作出正确判断。利用该井修正等时试井确定真表皮系数为 0 左右，而压力恢复试井解释的表皮系数为 34，说明该井配产太高，紊流损失严重。

利用 Topaze 生产分析软件，进行了 F 井的生产动态分析解释工作。利用该项技术可快速准确地解释出地质储量、剩余储量、历史地层压力分布变化以及相应的试井解释参数。为了提高计算井控储量的合理性、正确性，又增加物质平衡地层压力降落计算气井控制地质储量法、弹性二相流动压力法计算气井控制地质储量、压力恢复法计算气井控制地质储量三种方法，也是对 Topaze 软件气井动态解释结果的一个验证。

1. 钻井及地质简介

F井位于A地区，于1998年4月15日18时开钻，1998年6月23日5时完钻，完钻井深2524m，历时69d11h。在钻井时录取各项地质录井及地球物理测井等资料，1998年7月10日完井。在层位X组、井段2046.0~2061.0m喜获$7.2\times10^4m^3/d$工业气流。

X组顶面构造为断层切割的背斜构造，两翼较为对称，发育10余条断层，主要断层走向多为近南北向，F井附近有两条平行断层，东侧断层距井210m，西侧断层距井630m（断点距井位置不垂直，见图5-1-32）。该井天然气是以甲烷为主的烃类气，1998年4月20—21日取气体样品进行分析，天然气甲烷含量为89.86%、重烃含量为6.59%、氮气含量为3.29%、二氧化碳含量为0.26%。该井在射开地层没有测静止压力资料，到目前共进行了两次不稳定试井和两次产能测试。

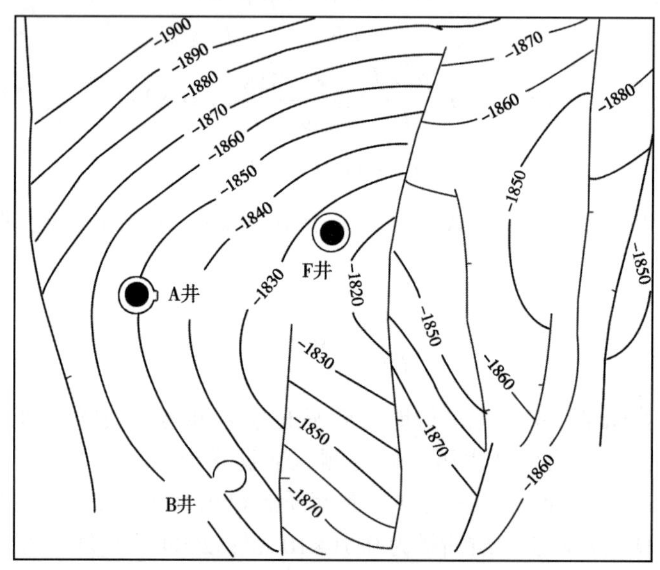

图5-1-32　A气田X组顶面构造（m）图

2. 试油试采简介

F井于1999年10月28日—2000年7月15日进行94号层、88号层、83—82号层、77—76号层四次试油。1999年10月28日—2000年6月6日对前三个层采用YD-89、YD-102枪射孔，经过压裂、排液、诱导，只见少量油和气，打水泥塞封堵这三个层。

2000年6月9日—2000年7月15日对77—76号层试油，在2000年6月11日16时开井自喷，18时关井。2000年6月12—13日关井，井口压力为9.2MPa，2000年6月14日17:00~18:30用油嘴11mm、28mm孔板放喷，2000年6月15—17日测气，日产油0.2t，日产气$7.175\times10^4m^3$，并取样品化验，试油结果为气层。

2000年6月17日—2003年11月F井关井，2003年11月投产，以平均产气$4.87\times10^4m^3/d$进行生产。

3. 试采测试简况

2004年11月25日把压力计下到油层中部2010m，2004年11月25日—12月5日关井进行不稳定试井。2004年12月5—16日进行五开四关的修正等时试井测试，工作制度采用4mm、5mm、6mm、7mm油嘴，等时测试周期为12h（表5-1-8）。

表 5-1-8　A 气田 F 井试采修正等时试井测试数据

开井	测试日期（年．月．日-小时）	油嘴（mm）	产气量（$10^4m^3/d$）	流动压力（MPa）	关井	测试日期（年．月．日-小时）	关井最高压力（MPa）
关井恢复	2004.11.25-12.5						16.0337
一开	2004.12.5-11:30	4	3.6216	14.2253	一关	2004.12.5-23:30	15.5539
二开	2004.12.6-11:30	5	3.9135	13.7649	二关	2004.12.6-23:30	15.5183
三开	2004.12.7-11:30	6	5.8860	12.4797	三关	2004.12.7-23:30	15.4150
四开	2004.12.8-11:30	7	7.0148	11.5842	四关	2004.12.8-23:30	15.4024
延续	2004.12.9—11:30	5	3.9000	13.7330	7d		

注：测试深度 2010m，温度 87.7℃。

2004 年 12 月 5 日 11:30，换 4mm 油嘴生产，产量为 $3.6216\times10^4m^3/d$，流动压力为 14.2253MPa，23:30 开始关井 12h，关井最高压力为 15.5539MPa。

2004 年 12 月 6 日 11:30 换 5mm 油嘴生产，产量为 $3.9135\times10^4m^3/d$，流动压力为 13.7649MPa，23:30 开始关井 12h，关井最高压力为 15.5183MPa。

2004 年 12 月 7 日 11:30 换 6mm 油嘴生产，产量为 $5.886\times10^4m^3/d$，流动压力为 12.4797MPa，23:30 开始关井 12h，关井最高压力为 15.415MPa。

2004 年 12 月 8 日 11:30 换 7mm 油嘴生产，产量为 $7.0148\times10^4m^3/d$，流动压力为 11.5842MPa，23:30 开始关井 12h，关井最高压力为 15.4024MPa。

2004 年 12 月 9 日 11:30 用 5mm 油嘴延续生产 7d，产量为 $3.9\times10^4m^3/d$，流动压力为 13.733MPa，16 日起出压力计结束修正等时试井测试。

4. 试采测试资料试井解释

F 井在 2004 年 11 月 25 日—12 月 16 日进行不稳定及修正等时试井，整个测试过程用了 21d，测试层位为 X 组，压力计下入深度 2010m，利用加拿大 FEKETE 公司 Fast 试井解释软件进行分析。

1）试采不稳定试井解释

解释模型选用均质无限大模型，内边界条件为井筒储集、表皮效应。外边界为两条平行断层。从双对数分析看出曲线首先进入的是续流段（a—b—c），然后是过渡段（c—d）和线性流段（d—e），导数段（d—e）向上升，为倾角 26°、斜率 0.5 由于一个断层断点距井位置不是垂直的，所以过渡段（c—d）较长（图 5-1-33）。从半对数分析看出曲线续流段（a'—b'—c'），然后是不断挠曲上升的弧线（c'—d'—e'），早期（c'—d'）斜率最接近径向流直线段的斜率（图 5-1-34）。因此用该斜率代替径向流直线段的斜率。如果测试时间再长些，两条平行断层特征更明显。

试井解释结果：$p_R = 16.0337$MPa、$K = 52.79$mD、$S = 34.381$、$C_D = 2016.92$、$r_1 = 217.0$m、$r_2 = 650.0$m。边界在距井 217m 和 650m 处，解释拟合图见图 5-1-35、图 5-1-36。

2）试采产能试井解释

经计算，F 井的指数式产能方程：

$$q_g = 0.00004305(p_R^2 - p_{wf}^2)^{0.76}$$

式中　q_g——产气量，$10^3m^3/d$；

p_R——平均地层压力，kPa；

p_{wf}——流动压力，kPa。

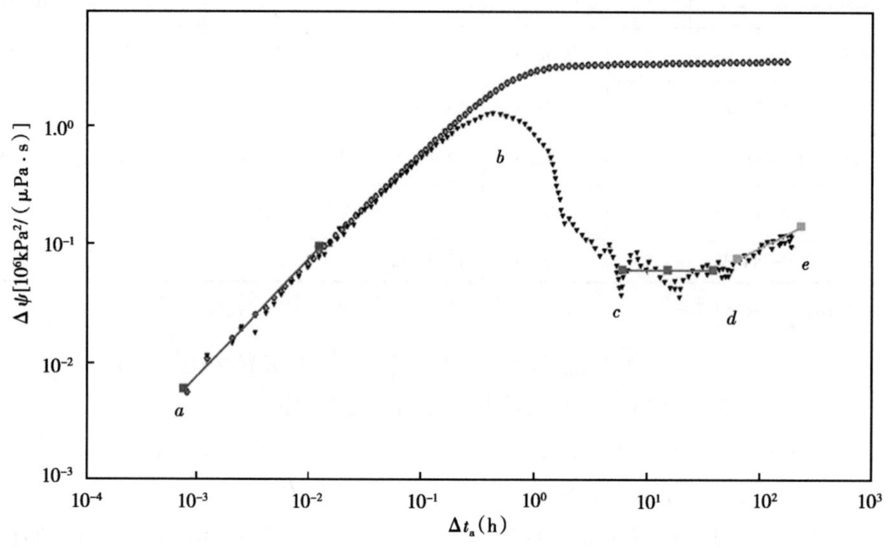

图 5-1-33　A 气田 F 井试采测试双对数分析图

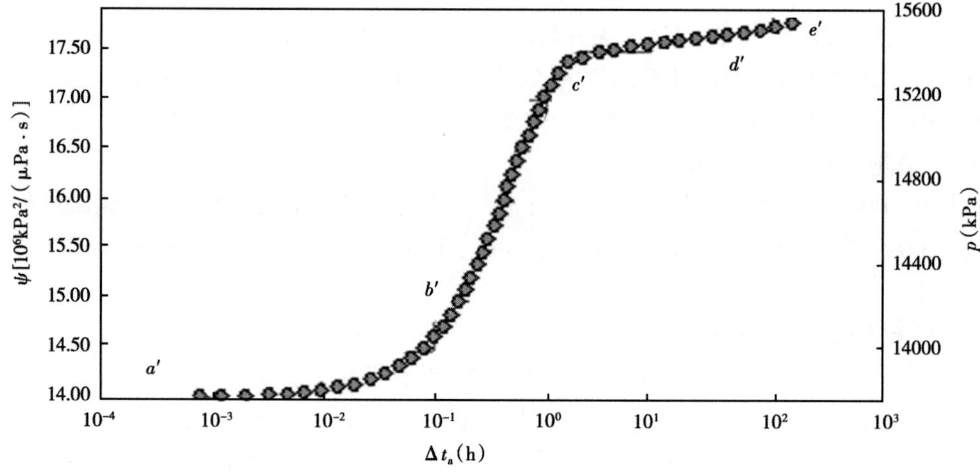

图 5-1-34　A 气田 F 井试采测试半对数分析图

无阻流量：$q_{AOF}=10.6615\times10^4m^3/d$（图 5-1-37）。

经计算，F 井的二项式产能方程：

$$p_R^2-p_{wf}^2=1.49q_g+8.392\times10^5q_g^2$$

二项式无阻流量 $q_{AOF}=11.1036\times10^4m^3/d$（图 5-1-38）。

3）试采修正等时试井资料确定真表皮系数

由于气体在井底的流速高，紊流损失比较严重，在井底附近造成附加压力降落，产量越高紊流损失越严重，造成的附加压力降落越大，压力恢复解释出的表皮系数是钻井伤害和紊流效

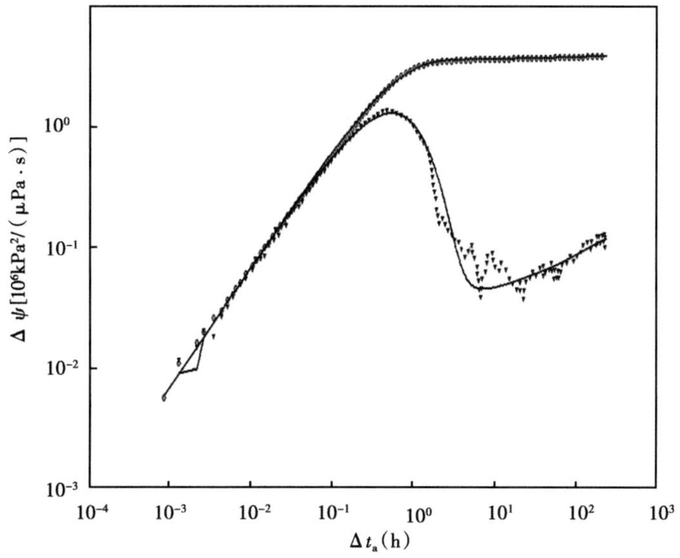

图 5-1-35　A 气田 F 井试采测试双对数拟合图

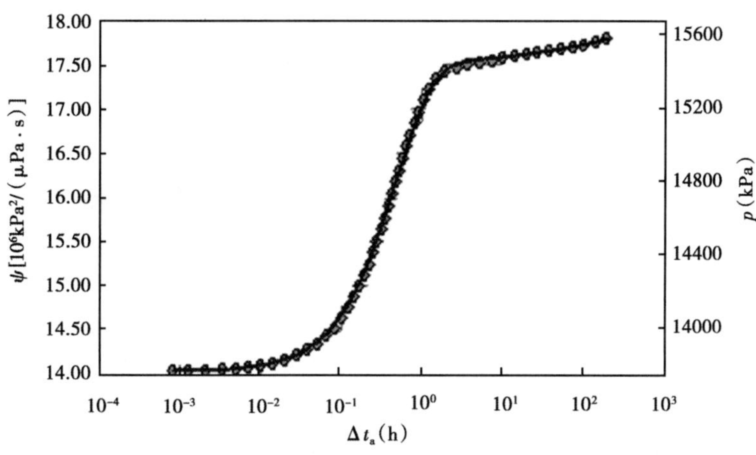

图 5-1-36　A 气田 F 井试采测试半对数拟合图

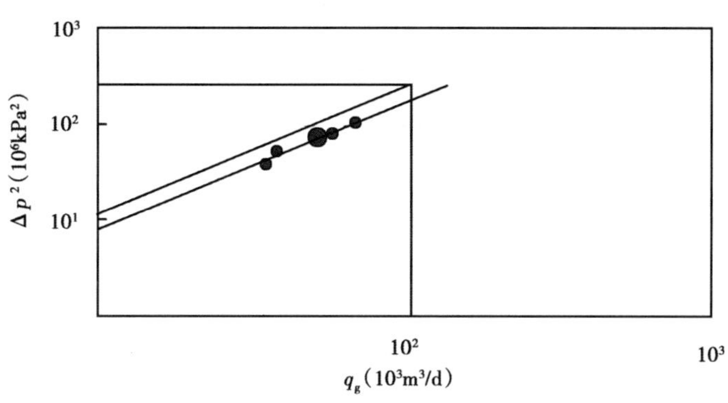

图 5-1-37　A 气田 F 井试采测试指数式图

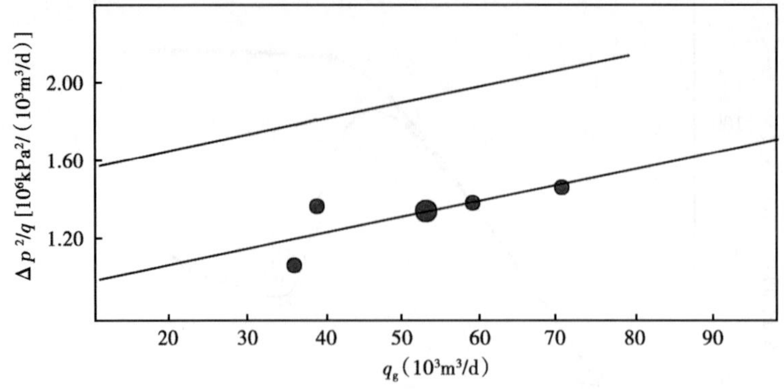

图 5-1-38　A 气田 F 井试采测试二项式图

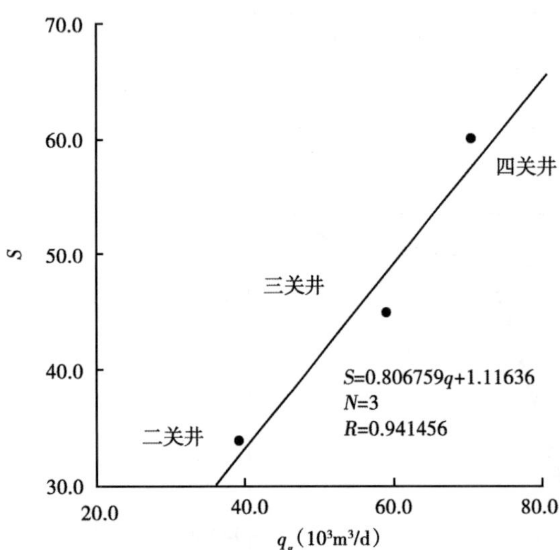

图 5-1-39　A 气田 F 井修正等时试井求真表皮系数图

应的综合反映，为求真表皮系数，用各个关井阶段不同的表皮系数和关井前产气量的线性关系曲线，将直线外推至产气量为零处，便可确定真表皮系数（图 5-1-39）。

F 井修正等时试井三个关井资料确定真表皮系数为 1.1，说明该井伤害轻微或无伤害，而不稳定试井解释的综合表皮系数为 34.381，说明该井配产太高，紊流损失严重。

5. 开发测试简况

2008 年 4 月 27 日关井压力恢复 10d，关井前以 9mm 油嘴生产，产量为 $1.8855\times10^4m^3/d$，关井最高压力为 6.018MPa。2008 年 5 月 7 日 15:00—11 日 15:00 进行修正等时试井，工作制度采用 6mm、7mm、8mm、9mm 油嘴生产，开关井时间为 12h，2008 年 5 月 11 日 15:00 以 7mm 油嘴生产 6d，延时产量为 $1.6160\times10^4m^3/d$，流动压力为 3.87MPa（表 5-1-9）。

表 5-1-9　A 气田 F 井开发修正等时试井测试数据

开井	测试日期（年．月．日-小时）	油嘴（mm）	产气量（$10^4m^3/d$）	流动压力（MPa）	关井	测试日期（年．月．日-小时）	关井最高压力（MPa）
关井恢复	2008.4.27-5.7						5.9841
一开	2008.5.7-15:00	6	1.6290	3.8615	一关	2008.4.8-03:00	5.8406
二开	2008.5.8-15:00	7	1.7294	3.6929	二关	2008.4.9-03:00	5.7730
三开	2008.5.9-15:00	8	2.0136	2.9521	三关	2008.4.10-03:00	5.8795
四开	2008.5.10-15:00	9	2.3470	2.3437	四关	2008.5.11-03:00	5.9020
延续	7d	7	1.6160	3.8700			

6. 开发测试试井解释

1）开发不稳定试井解释

解释模型选用均质无限大模型，内边界条件为井筒储集、表皮效应。外边界为两条平行断层。试井解释结果：p_R=6.78MPa、K=45.089mD、S=30.19、r_1=225.0m、r_2=645m。边界在距井225m和645m处，解释拟合图见图5-1-40、图5-1-41、图5-1-42。

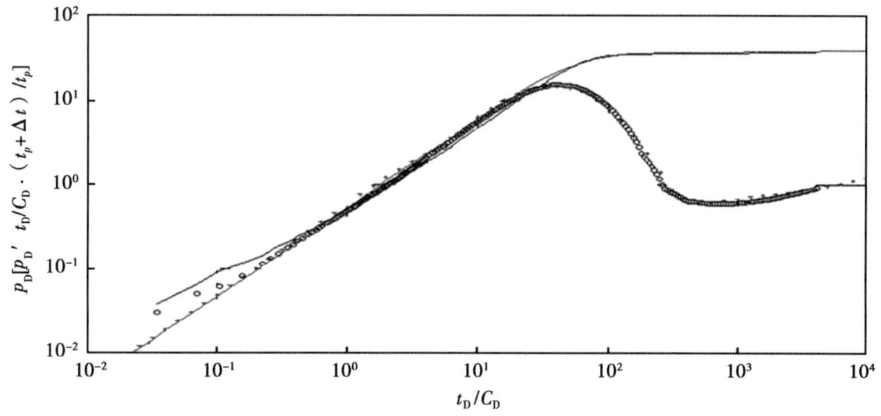

图5-1-40　A气田F井开发测试双对数拟合图

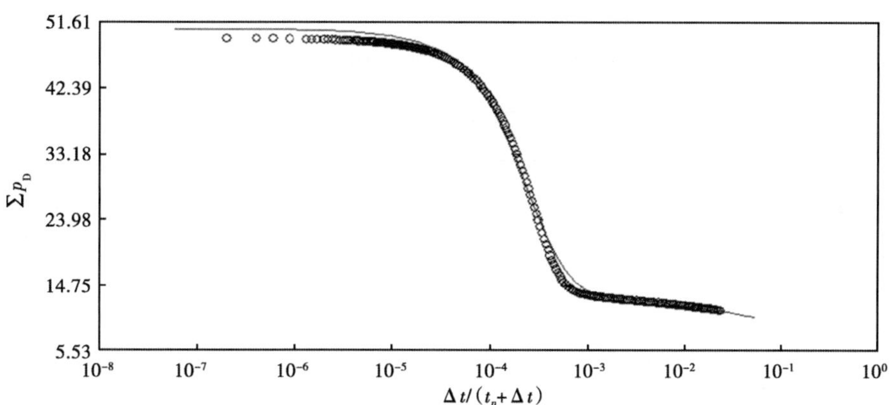

图5-1-41　A气田F井开发测试半对数拟合图

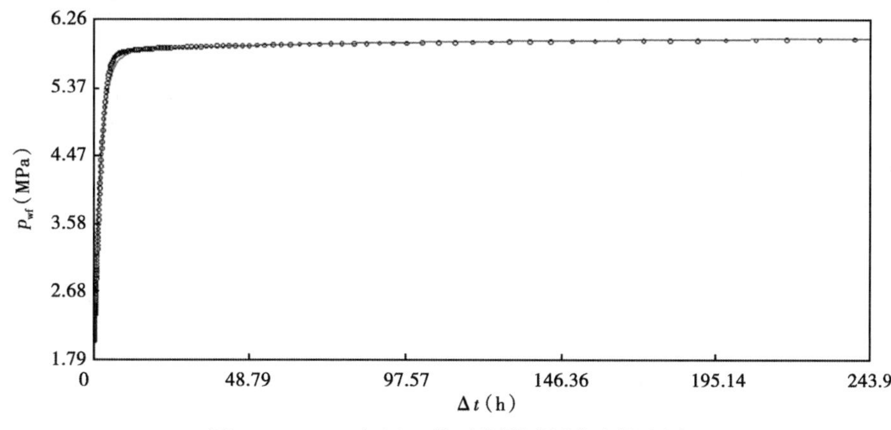

图5-1-42　A气田F井开发测试压力史拟合图

2）开发产能试井解释

经计算，F 井的指数式产能方程：

$$q_g = 1151.21(p_R^2 - p_{wf}^2)^{0.87}$$

无阻流量 $q_{AOF}=2.588\times10^4m^3/d$（图 5-1-43）。

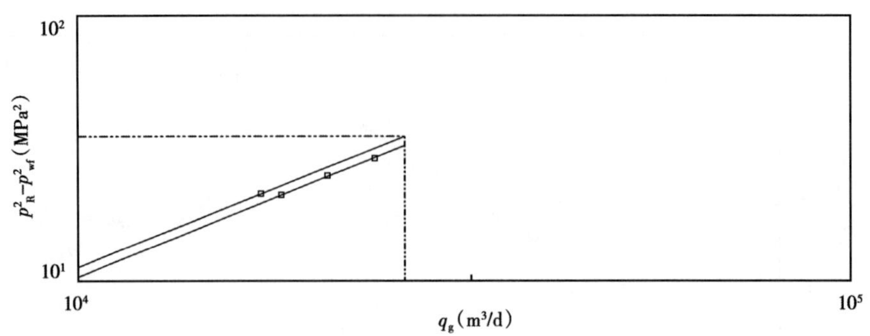

图 5-1-43　A 气田 F 井开发测试指数式图

经计算，F 井的二项式产能方程：

$$\psi(p_R) - \psi(p_{wf}) = 0.07917q_g + 6.5705\times10^{-7}q_g^2$$

二项式无阻流量 $q_{AOF}=2.6454\times10^4m^3/d$（图 5-1-44）。

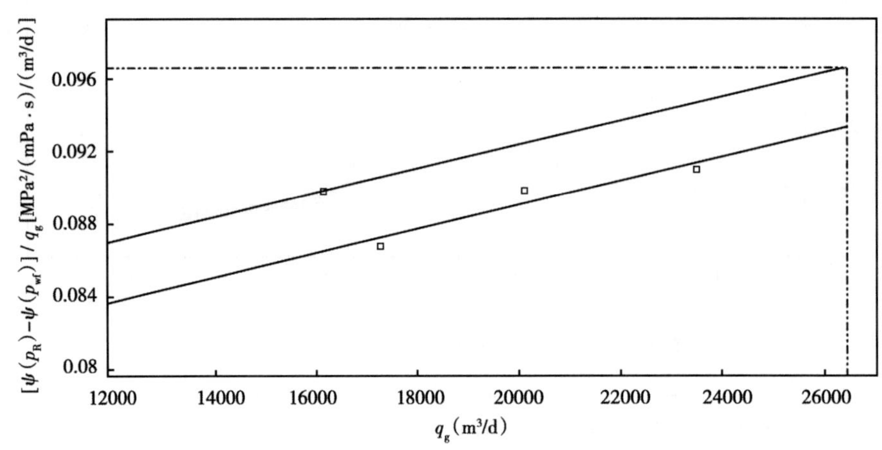

图 5-1-44　A 气田 F 井开发测试二项式图

7. Topaze 生产动态分析

1）F 井生产动态分析

将 F 井 2005 年 1 月至 2009 年 3 月的生产动态数据（包括日产气量、井口套压、气体组分、射开厚度及气层中部等）录入软件中。在 Topaze 气井生产数据分析软件中主要有三幅图。

（1）井底流动压力双对数图。利用 Topaze 软件将井口套压通过气体组分及气层中部折算出井底流动压力，并作井底流动压力双对数图，从图中可以看出无论是压力对数还是压力导数后期出现斜率为 1 的拟稳定流动。再通过双对数拟合可以求出有效渗透率和表皮系数

（图 5-1-45）。

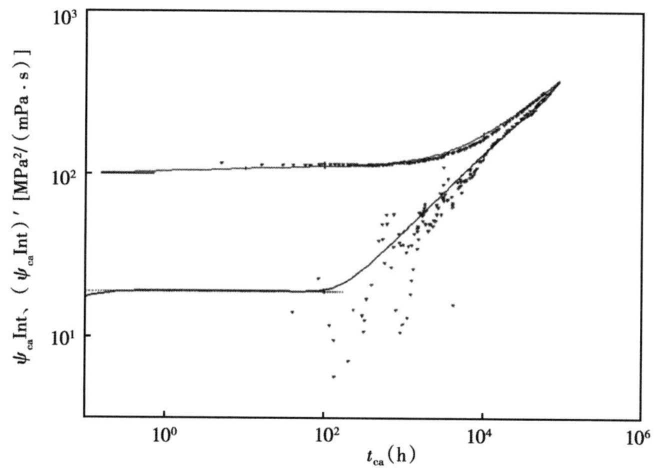

图 5-1-45　A 气田 F 井流量重整压力双对数拟合图

（2）采气指数、采气指数积分及采气指数积分导数图。通过该图拟合可以求出井控地质储量和有效渗透率（图 5-1-46）。

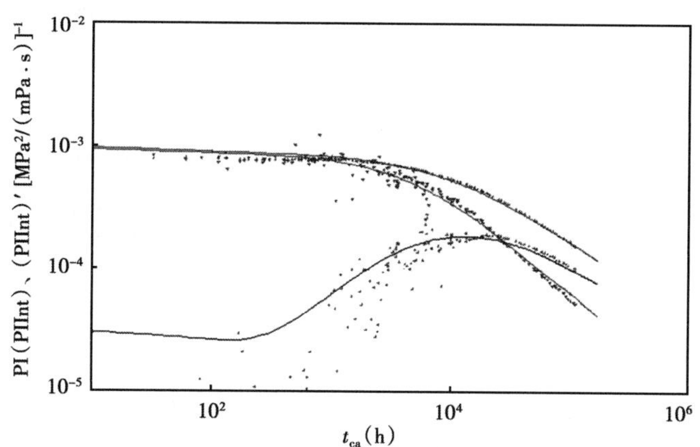

图 5-1-46　A 气田 F 井 Blasingame 曲线拟合图

（3）日产量、累计产量、井底流动压力及地层压力剖面图。通过该图拟合可以求出历年地层压力剖面（图 5-1-47）。

Topaze 软件气井动态解释结果如下。

以 2008 年 5 月 6 日压力恢复试井解释结果 p_R=6.78MPa 为解释标准，解释地层压力剖面为：$p_{(2005年1月1日)}$ = 15.2MPa；$p_{(2006年6月30日)}$ = 10.21MPa；$p_{(2008年5月6日)}$ = 6.86MPa；$p_{(2009年3月19日)}$ = 6.02MPa 等一系列压力值（表 5-1-10）。

有效渗透率 K=49.8mD。

解释 2005 年 1 月 1 日地层压力为 15.2MPa 时的井控地质储量 $G_{(p=15.2\text{MPa})}=0.933\times10^8\text{m}^3$；剩余地质储量 $G_{剩余}=0.33\times10^8\text{m}^3$；解释原始地层压力下（未测）的井控地质储量 $G=G_{(p=15.2\text{MPa})}+G_{(p=15.2\text{MPa}时累计产量)}=1.1291\times10^8\text{m}^3$。

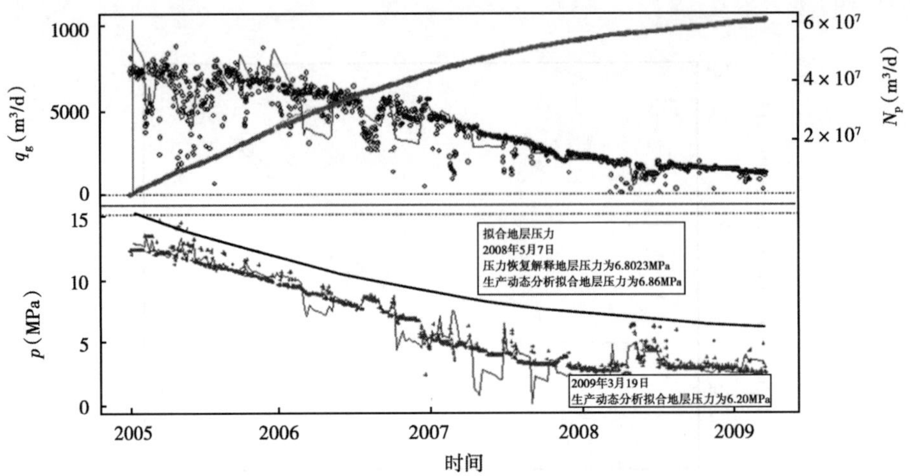

图 5-1-47　A 气田 F 井生产历史拟合图

表 5-1-10　A 气田 F 井历年地层压力表

日期	累计产量 (m³)	p (MPa)	Z	$(p/Z)/(p_i/Z_i)$
2004 年 11 月 25 日	18220992	16.03	0.889465	1
2004 年 12 月 31 日	19610000	15.19	0.889371	0.947699
2005 年 3 月 31 日	25762036	14.37	0.889885	0.896022
2005 年 6 月 30 日	28234575	13.5454	0.891539	0.843037
2005 年 9 月 30 日	34255769	12.6632	0.894266	0.785728
2005 年 12 月 31 日	40269278	11.7811	0.89668	0.729028
2006 年 3 月 31 日	45645328	10.9824	0.898064	0.678555
2006 年 6 月 30 日	50799814	10.2148	0.902921	0.627734
2006 年 9 月 30 日	55043036	9.5887	0.908807	0.585442
2006 年 12 月 31 日	59358186	8.9552	0.910991	0.545452
2007 年 3 月 31 日	62681539	8.4495	0.91568	0.512015
2007 年 6 月 30 日	65808687	7.9744	0.918182	0.481908
2007 年 9 月 30 日	68511027	7.573	0.920786	0.456357
2007 年 12 月 31 日	70655007	7.2372	0.923489	0.434845
2008 年 3 月 31 日	72526697	6.9526	0.92629	0.416482
2008 年 6 月 30 日	73615624	6.7835	0.929185	0.405086
2008 年 9 月 30 日	75077292	6.562	0.932173	0.390603
2008 年 12 月 31 日	76486709	6.3463	0.93525	0.37652
2009 年 2 月 28 日	77230000	6.23	0.938414	0.368374

2）井控储量的验证

为了提高计算井控储量的合理性、正确性，又增加物质平衡地层压力降落计算气井控制地质储量、弹性二相流动压力法计算气井控制地质储量、压力恢复法计算气井控制地质储量三种方法，也是对 Topaze 软件气井动态解释结果的一个验证。

（1）物质平衡地层压力降落计算气井控制地质储量。作 F 井的纵坐标为$\frac{p}{Z}\Big/\frac{p_i}{Z_i}$，横坐标为$N_p$，作线性回归，当$\frac{p}{Z}\Big/\frac{p_i}{Z_i}=0$时，$G=N_p$，F 井单井控制储量 $G=1.1229\times10^8\text{m}^3$（图 5-1-48）。

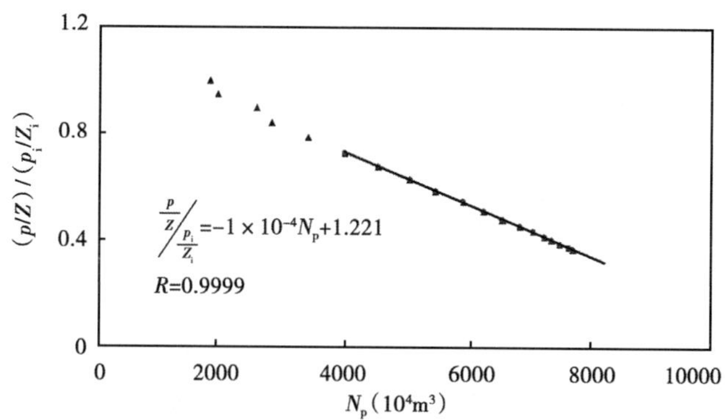

图 5-1-48　A 气田 F 井物质平衡地层压力降落计算气井控制地质储量图

（2）弹性二相流动压力计算气井控制地质储量。在直角坐标中选择有效点进行p_{wf}^2—t 直线回归，直线方程的斜率是渗流达到拟稳态下降速度的常数。利用直线的斜率可求得气井控制地质储量。计算 F 井单井控制储量 $G=1.1078\times10^8\text{m}^3$（图 5-1-49）。

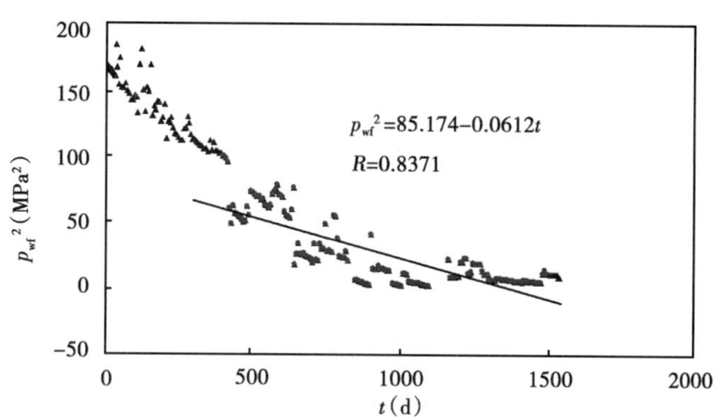

图 5-1-49　A 气田 F 井弹性二相流动压力计算气井控制地质储量图

（3）压力恢复法计算气井控制地质储量。利用 F 井压力恢复曲线求得 $G=0.82\times10^8\text{m}^3$。由此可见压力恢复法计算地质储量误差较大，原因是它受测试时间和探测半径控制。

四、A 气田 G 井

1. 完井试油测试简况

（1）G 井于 1999 年 1 月 27 日射开层位 Y 组，射开井段 1249.0～1256.0m，射开砂岩厚度 7.0m，有效厚度 5.4m。压力计下入深度 1200.0m，静止压力（折中部压力）12.411MPa，气层中部温度 57.2℃。

（2）G 井于 1999 年 1 月 30 日—2 月 2 日进行回压试井测试。1999 年 1 月 30—31 日以 6mm 油嘴生产，油压 10.2MPa，套压 10.2MPa，产量 $4.7871\times10^4m^3/d$，流动压力 11.033MPa，折算气层中部流动压力 11.061MPa。1999 年 1 月 31 日—2 月 1 日换 9mm 油嘴生产，产量 $8.5722\times10^4m^3/d$，油压 8.3MPa，套压 8.3MPa，流动压力 8.9MPa，折算气层中部流动压力 8.949MPa。1999 年 2 月 2 日换 11mm 油嘴生产，产量 $11.1328\times10^4m^3/d$，油压 7.1MPa，套压 7.2MPa，流动压力 7.64MPa，折算气层中部流动压力 7.694MPa。1999 年 2 月 3 日换 8mm 油嘴生产，油压 8.8MPa，套压 8.8MPa，产量 $7.8074\times10^4m^3/d$，流动压力 9.41MPa，折算气层中部流动压力 9.446MPa（表 5-1-11）。

（3）G 井于 1999 年 2 月 5—9 日进行压力恢复测试。

表 5-1-11　A 气田 G 井回压试井测试数据

测试日期	油嘴（mm）	套压（MPa）	油压（MPa）	流动压力（MPa）	中部压力（MPa）	产量（$10^4m^3/d$）
1999.1.30—31	6	10.2	10.2	11.003	11.061	4.7871
1999.2.3	8	8.8	8.8	9.41	9.446	7.8074
1999.1.31—2.1	9	8.3	8.3	8.9	8.949	8.5722
1999.2.2	11	7.2	7.1	7.64	7.694	11.1328

注：地层压力 12.411MPa，气层中部温度 57.2℃。

2. 测试资料试井解释

G 井于 1999 年 1 月 30 日—2 月 9 日进行稳定及不稳定试井，整个测试过程进行了 11d。

1）稳定试井解释

经计算，G 井的指数式产能方程：

$$q_g = 3569.18(p_R^2 - p_{wf}^2)^{0.746523}$$

无阻流量：$q_{AOF}=15.3338\times10^4m^3/d$，解释结果见图 5-1-50。

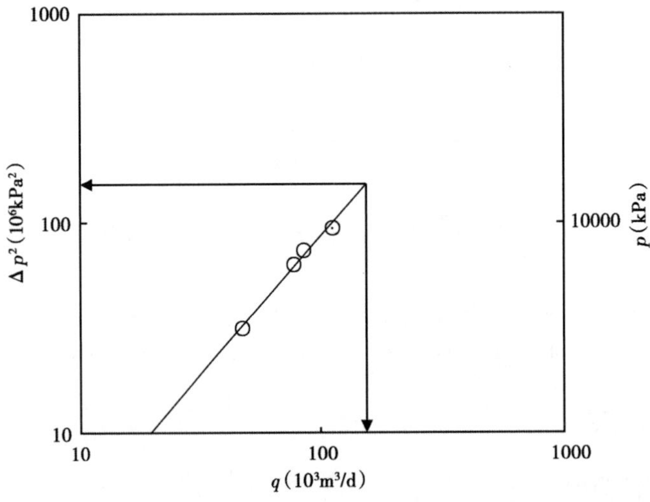

图 5-1-50　A 气田 G 井回压试井指数式图

经计算，G 井的二项式产能方程：

$$\psi(p_R) - \psi(p_{wf}) = 0.036135q_g + 2.278771 \times 10^{-7}q_g^2$$

无阻流量：$q_{AOF}=15.2013\times10^4 m^3/d$，解释结果见图 5-1-51。

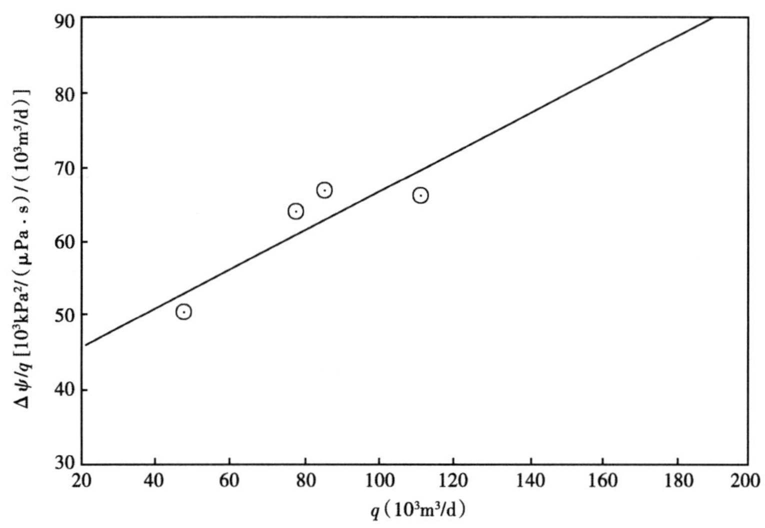

图 5-1-51　A 气田 G 井回压试井二项式图

2）不稳定试井解释

试井解释模型选用内边界条件为井筒储集、表皮效应+复合模型。从解释结果看，内区半径为 32.0 m。$p_R=12.34$MPa、$K_{内区}=15.77$mD、$K_{外区}=4.563$mD、$S=3.7$、$C_D=290.0$。解释结果见图 5-1-52、图 5-1-53、图 5-1-54。

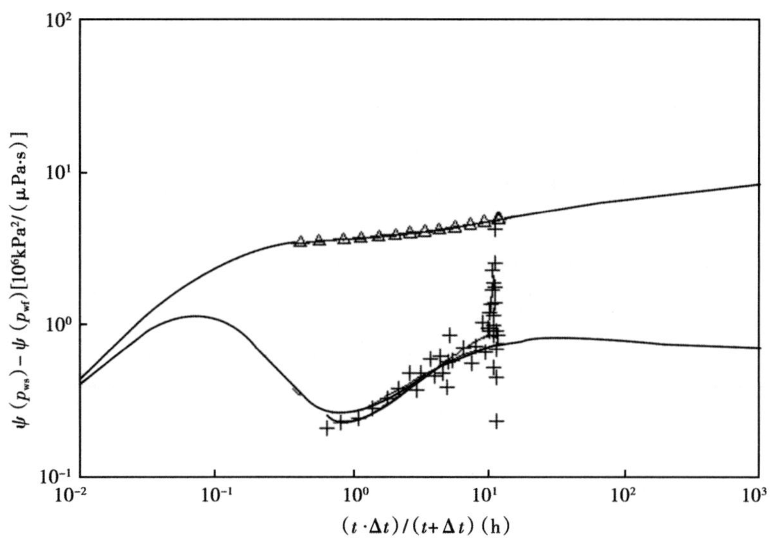

图 5-1-52　A 气田 G 井试油试井双对数拟合图

3. 试采测试简况

于 2005 年 4 月 15 日下钢丝至 1230m，测井底流动压力，4 月 17 日关井测压力恢复，4

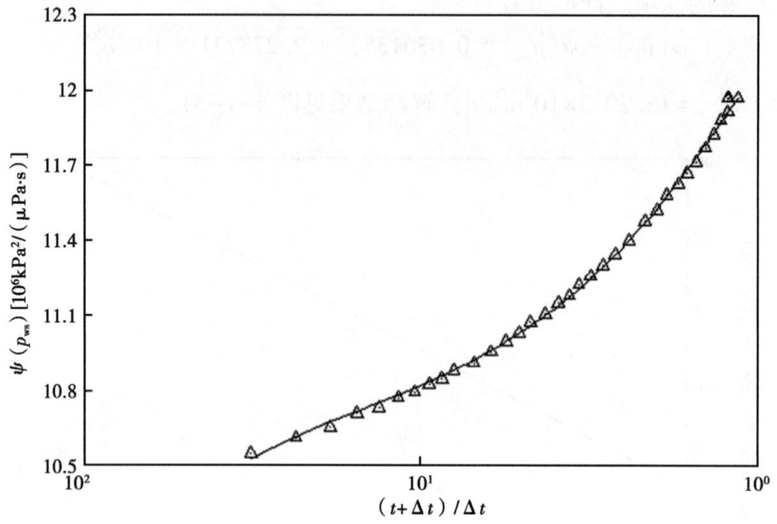

图 5-1-53　A 气田 G 井试油试井半对数拟合图

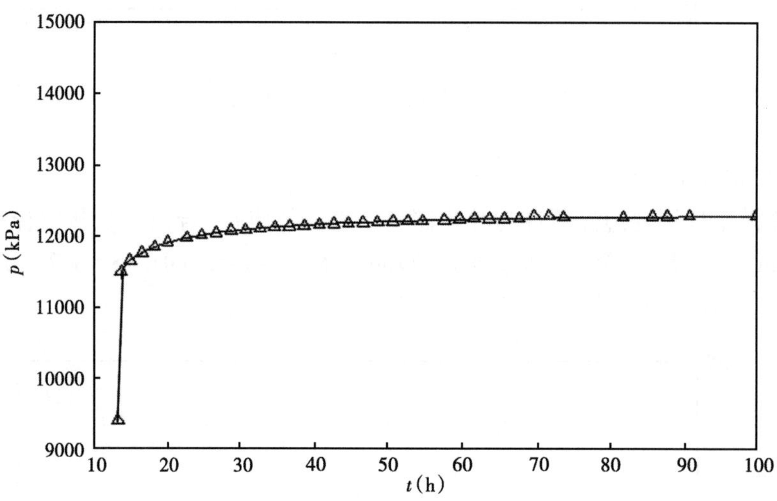

图 5-1-54　A 气田 G 井试油试井压力历史拟合图

月 26 日—4 月 29 日，采用 4mm、5mm、6mm、7mm 四个油嘴进行修正等时试井，4 月 30 日采用 5mm 油嘴延时生产（表 5-1-12）。

表 5-1-12　A 气田 G 井修正等时试井测试数据表

开井	测试日期（年．月．日-小时）	油嘴（mm）	产气量（$10^4m^3/d$）	流动压力（MPa）	关井	测试日期（年．月．日-小时）	关井最高压力（MPa）
关井恢复	2005. 4. 17—26						7. 86
一开	2005. 4. 26-8:00	4	1. 3092	6. 25	一关	2005. 4. 26-20:00	7. 74
二开	2005. 4. 27-8:00	5	2. 1016	6. 04	二关	2005. 4. 27-20:00	7. 70
三开	2005. 4. 28-8:00	6	2. 7966	5. 71	三关	2005. 4. 28-20:00	7. 68
四开	2005. 4. 29-8:00	7	3. 3892	5. 40	四关	2005. 4. 29-20:00	7. 67
延续	2005. 4. 30-8:00	5	2. 4391	6. 39	10d		

注：测试深度 1230m，温度 57. 64℃。

1）不稳定试井解释

试井解释模型选用内边界条件为井筒储集、表皮效应+复合模型。从解释结果看，内区半径为 104m。$p_R=8.07$MPa、$K_{内区}=33.10$mD、$K_{外区}=18.88$mD、$S=16.7$、$C_D=1.91$。解释结果见图 5-1-55、图 5-1-56、图 5-1-57。

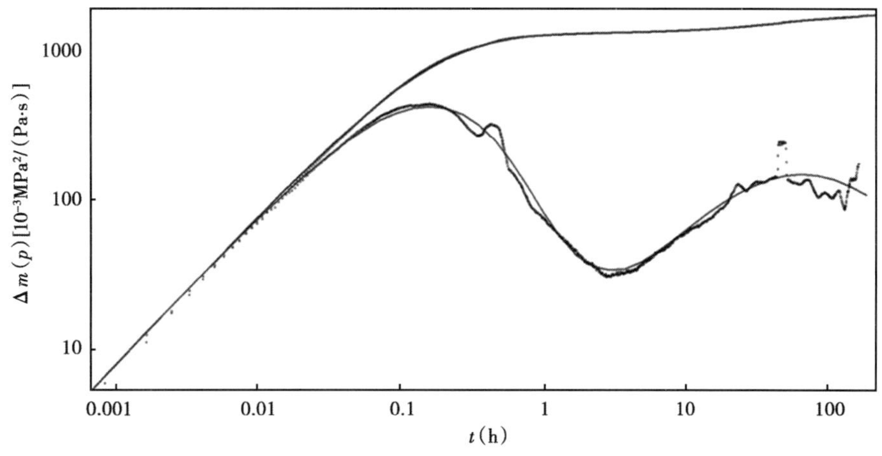

图 5-1-55　A 气田 G 井试采测试双对数拟合图

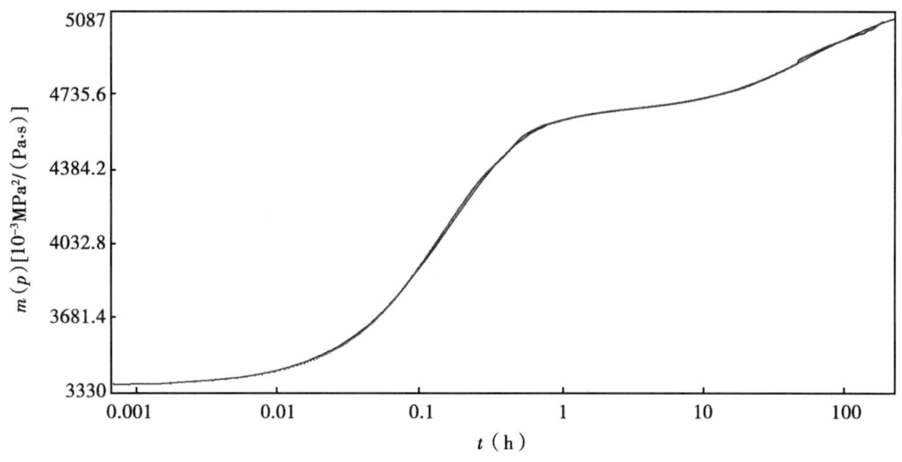

图 5-1-56　A 气田 G 井试采测试半对数拟合图

2）稳定试井解释

通过指数式、二项式产能方程发现此次修正等时试井测试失败（图 5-1-58）。但利用压力恢复曲线得出 G 井目前的地层压力 $p_R=8.07$MPa 和产能试井的稳定流动压力 $p_{wf}=6.39$MPa，还有地层测试回压试井稳定产能曲线。为了使 G 井的产能试井资料不作废，通过两次测试结果的联合应用，可以求出目前气井的产能方程，从而求出目前情况下气井的无阻流量，为开发气井提供依据。

经 G 井的指数式产能方程计算无阻流量 $q_{AOF}=5.0920\times10^4m^3/d$，解释结果见图 5-1-59。

经 G 井的二项式产能方程计算无阻流量 $q_{AOF}=5.933\times10^4m^3/d$，解释结果见图 5-1-60。

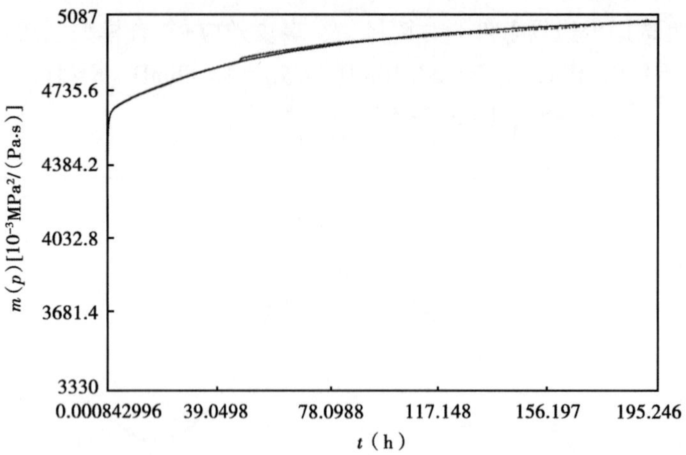

图 5-1-57　A 气田 G 井试采测试压力史拟合图

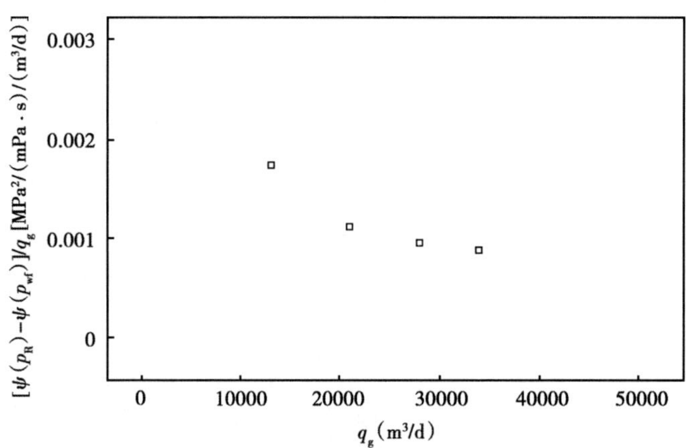

图 5-1-58　A 气田 G 井修正等时试井二项式图

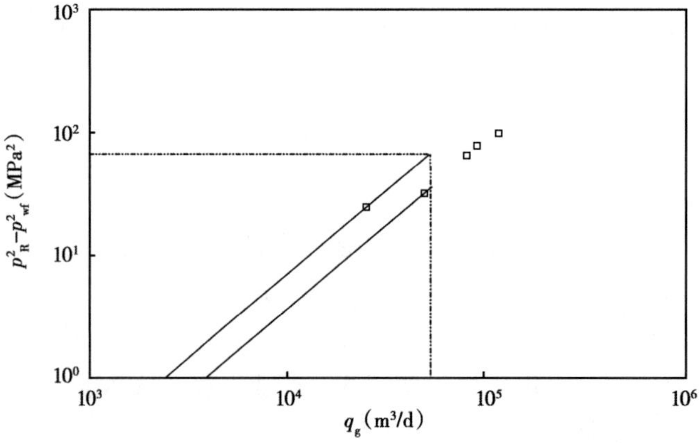

图 5-1-59　A 气田 G 井回压—修正联合指数式图

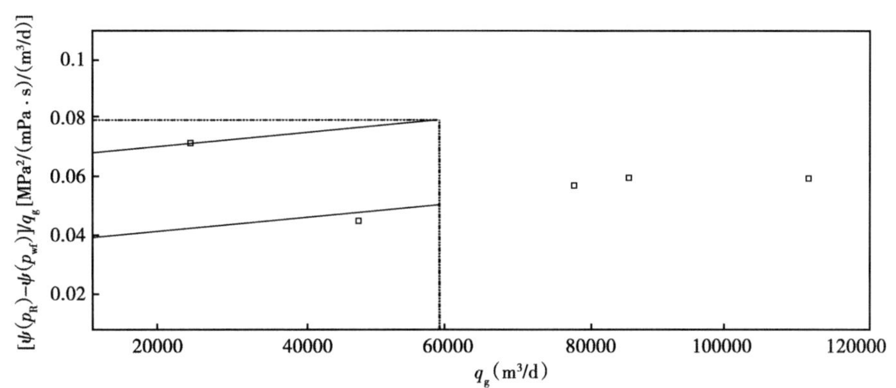

图 5-1-60　A 气田 G 井回压—修正联合二项式图

4. Topaze 生产动态分析

将 G 井 2005 年 1 月—2010 年 12 月的生产动态数据（包括日产气量、井口套压、气体组分、射开厚度及气层中部等）录入软件中。在 Topaze 气井生产数据分析软件中主要有三幅图。

（1）井底流动压力双对数图。通过双对数拟合可以求出有效渗透率和表皮系数（图 5-1-61）。

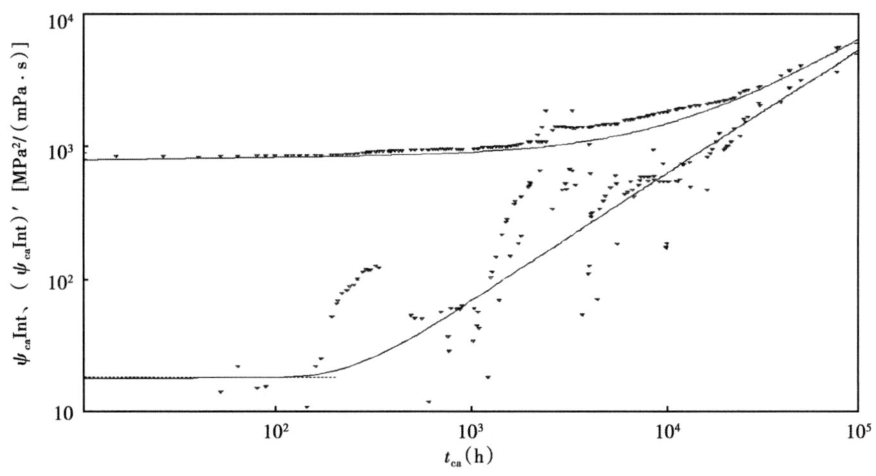

图 5-1-61　A 气田 G 井流量重整压力双对数拟合图

（2）采气指数、采气指数积分及采气指数积分导数图。通过该图拟合可以求出井控地质储量和有效渗透率（图 5-1-62）。

（3）生产历史图（日产量、累计产量、井底流动压力及地层压力剖面图）。通过该图拟合可以求出历年地层压力剖面（图 5-1-63）。

本次解释模型为均质模型，在解释拟合时，以 2005 年 4 月 26 日压力恢复解释结果 8.07MPa 为解释标准，上述三幅图必须拟合得非常好，解释各项参数时才能够准确。

Topaze 软件气井动态解释结果如下。

$p_{(2005年1月1日)}$ = 8.25MPa；$p_{(2005年4月26日)}$ = 8.11MPa；$p_{(2006年12月31日)}$ = 6.77MPa；$p_{(2007年12月31日)}$ =

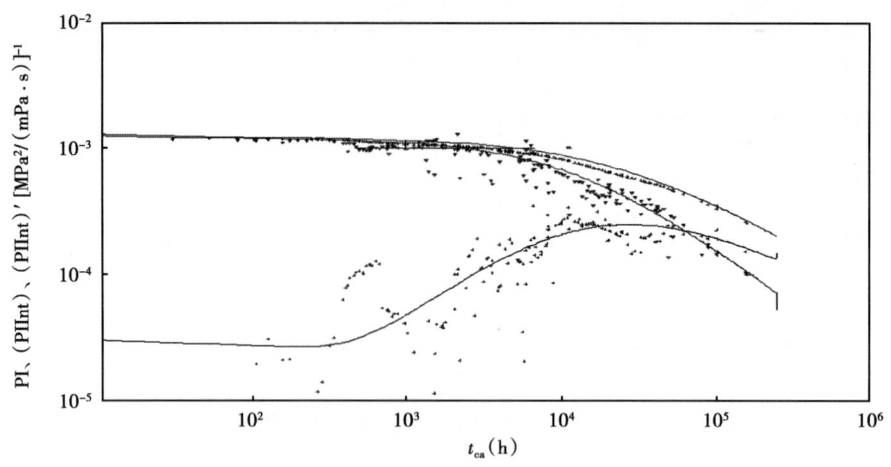

图 5-1-62　A 气田 G 井 Blasingame 曲线拟合图

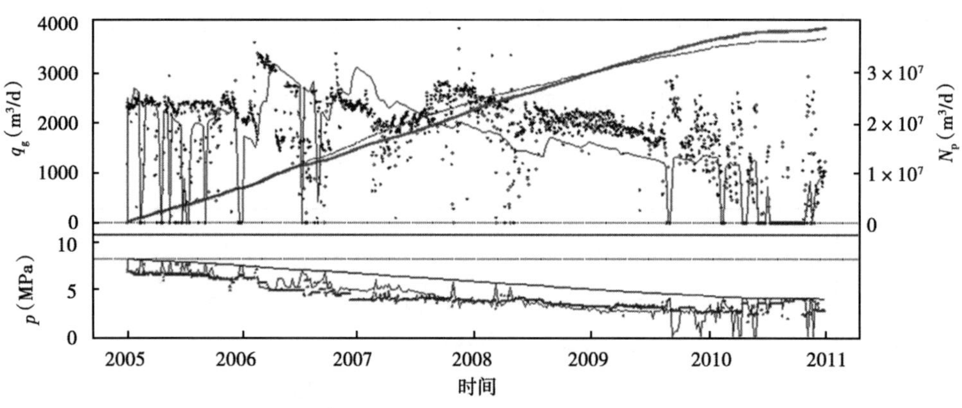

图 5-1-63　A 气田 G 井生产历史图

5.92MPa；$p_{(2008年12月31日)}$ = 5.13MPa；$p_{(2009年12月31日)}$ = 4.40MPa；$p_{(2010年12月31日)}$ = 4.16MPa 等一系列压力值。

有效渗透率 K=26.7mD，2005 年 1 月 1 日井控地质储量 $G_{(2005年1月1日)}=0.71\times10^8\mathrm{m}^3$，$G$ 井于 1999 年开始生产，至 2005 年 1 月 1 日累计产气量 N_p 为 $0.2804\times10^8\mathrm{m}^3$，所以其地质储量 $G=G_{(2005年1月1日)}+N_p=0.99\times10^8\mathrm{m}^3$；剩余地质储量 $G_{剩余}=0.321\times10^8\mathrm{m}^3$。

五、A 气田 H 井

H 井于 2008 年 9 月 24 日射开层位 X 组，射开井段 2025.3～2031.0m，2008 年 9 月 24 日压裂，2008 年 10 月开始投产，2009 年 1 月 1 日，油压 10.8MPa，套压 1.0MPa，产气 $7.73\times10^4\mathrm{m}^3/\mathrm{d}$。

1. 试采测试简况

2009 年 5 月 23—27 日，采用 4mm、6mm、8mm、10mm 四个油嘴进行修正等时试井测试，2009 年 5 月 28 日—6 月 3 日以 6mm 油嘴进行延时生产，油压 7.6MPa，套压 1.1MPa，产气 $4.8321\times10^4\mathrm{m}^3/\mathrm{d}$，2009 年 6 月 3—18 日进行压力恢复测试（表 5-1-13）。

表 5-1-13　A 气田 H 井试采修正等时试井测试数据表

开井	测试日期（年．月．日-小时）	油嘴（mm）	产气量（$10^4m^3/d$）	流动压力（MPa）	关井	测试日期（年．月．日-小时）	关井最高压力（MPa）
一开	2009. 5. 23-10:00	4	1. 7504	8. 6025	一关	2009. 5. 23-22:00	9. 0999
二开	2009. 5. 24-10:00	6	3. 5720	8. 4832	二关	2009. 5. 24-12:00	9. 2315
三开	2009. 5. 25-10:00	8	6. 6362	7. 8019	三关	2009. 5. 25-22:00	9. 2295
四开	2009. 5. 26-10:00	10	8. 1688	7. 4085	四关	2009. 5. 26-22:00	9. 2025
延续	7d	6	4. 8321	8. 1068			
关井恢复	15d						9. 8895

2. 试采测试试井解释

1）稳定试井解释

经计算，H 井的指数式产能方程（选后 3 点）：

$$q_g = 1859.6247(p_R^2 - p_{wf}^2)^{0.7943}$$

无阻流量 $q_{AOF}=8.67199\times10^4m^3/d$，解释结果见图 5-1-64。

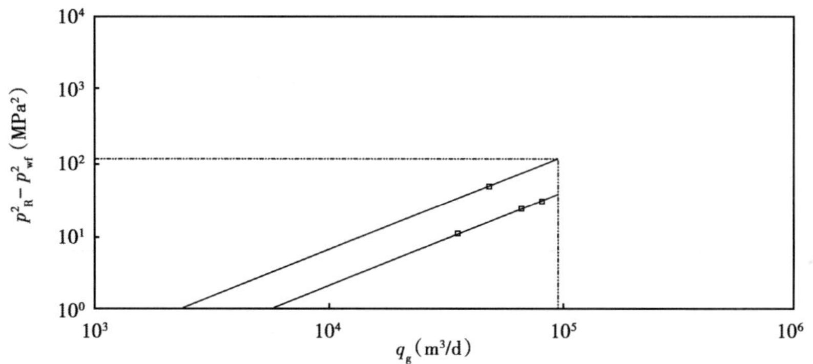

图 5-1-64　A 气田 H 井试采测试指数式图

经计算，H 井的二项式产能方程（选后 3 点）：

$$\psi(p_R) - \psi(p_{wf}) = 0.0813412q_g + 1.19602\times10^{-7}q_g^2$$

无阻流量 $q_{AOF}=10.1388\times10^4m^3/d$，解释结果见图 5-1-65。

2）不稳定试井解释

通过模型诊断和图形分析，H 井在双对数坐标系中，早期的流动阶段出现双线性流动，压力对数和导数曲线都是斜率为 1/4 的直线，即互相平行，而且在纵向上相距（两平行直线的距离与纵坐标一个对数周期之比称为标差）lg4＝0.602 对数周期（图 5-1-66）。所以解释模型选用内边界条件为井筒储集、表皮效应+有限导流性垂直裂缝模型+外边界条件为一条断层（与地质情况相符，图 5-1-67）。

$p_R=10.69$MPa、$K=4.1$mD、$X_f=153.0$m、$F_C=624$mD·m、$C=9.22m^3/$MPa、$r=215$m。解释结果见图 5-1-68、图 5-1-69、图 5-1-70。

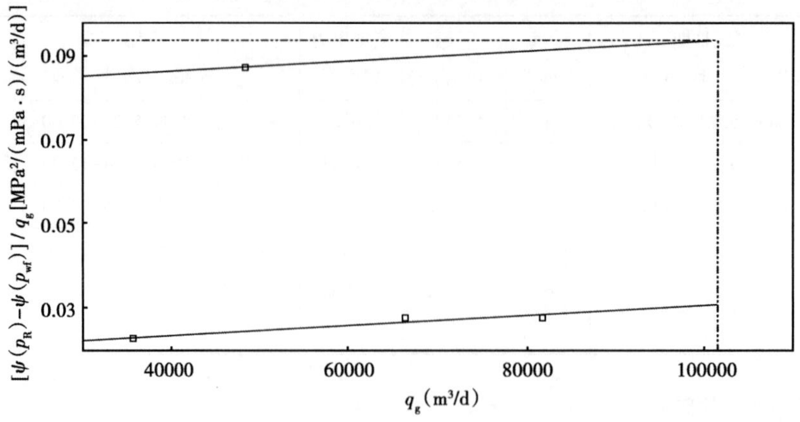

图 5-1-65　A 气田 H 井试采测试二项式图

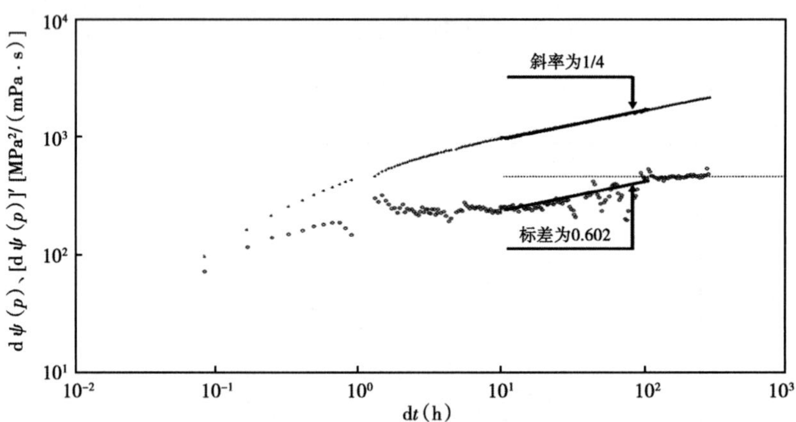

图 5-1-66　A 气田 H 井试采测试双对数分析图

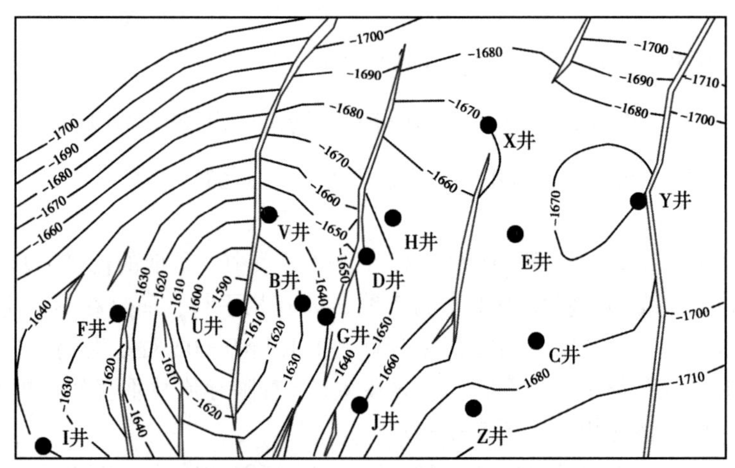

图 5-1-67　A 气田 H 井 X 段顶面构造（m）图

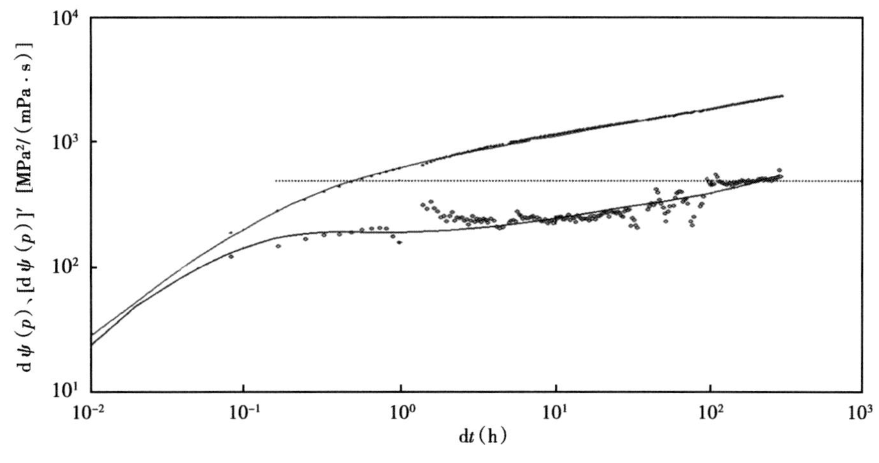

图 5-1-68 A 气田 H 井试采测试双对数拟合图

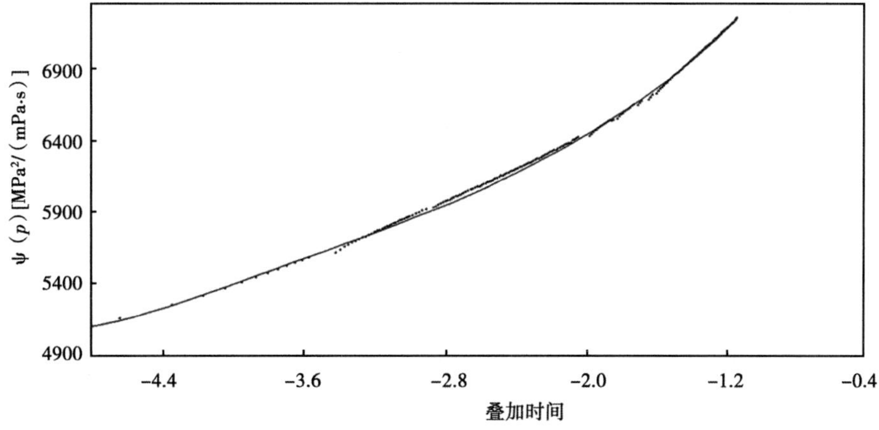

图 5-1-69 A 气田 H 井试采测试半对数拟合图

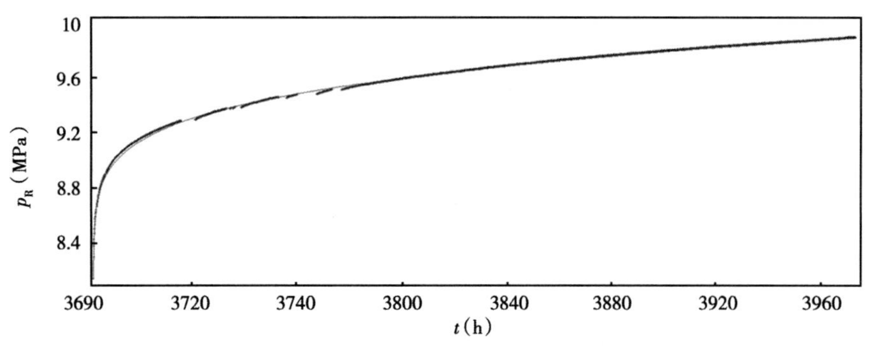

图 5-1-70 A 气田 H 井试采测试压力史拟合图

3. 开发测试简况

2010 年 5 月 14—23 日进行压力恢复测试，关井前稳定产气量为 1.8102×10^4m^3/d，2010 年 5 月 24—28 日采用 4mm、6mm、8mm、10mm 四个油嘴进行修正等时试井，开关井时间为 12h，2010 年 5 月 29 日—6 月 4 日以 6mm 油嘴进行延时生产，油压 4.5MPa，套压 0.4MPa，产气 1.8547×10⁴m³/d（表 5-1-14）。

表 5-1-14　A 气田 H 井开发修正等时试井测试数据表

开井	测试日期（年.月.日-小时）	油嘴（mm）	产气量（$10^4m^3/d$）	流动压力（MPa）	关井	测试日期（年.月.日-小时）	关井最高压力（MPa）
关井恢复	2010.5.14						6.1407
一开	2010.5.24-17:00	4	0.7401	5.8946	一关	2010.5.25-05:00	6.1354
二开	2010.5.25-17:00	6	1.7548	5.6468	二关	2010.5.26-05:00	6.1160
三开	2010.5.26-17:00	8	3.7810	4.0511	三关	2010.5.27-05:00	5.9273
四开	2010.5.27-17:00	10	6.2966	4.6834	四关	2010.5.28-05:00	5.8885
延续	8d	6	1.8547	5.6505			

4. 开发测试试井解释

1）稳定试井解释

经计算，H 井的指数式产能方程：

$$q_g = 1552.93(p_R^2 - p_{wf}^2)^{0.98214}$$

无阻流量 q_{AOF}=6.60573×10⁴m³/d，解释结果见图 5-1-71。

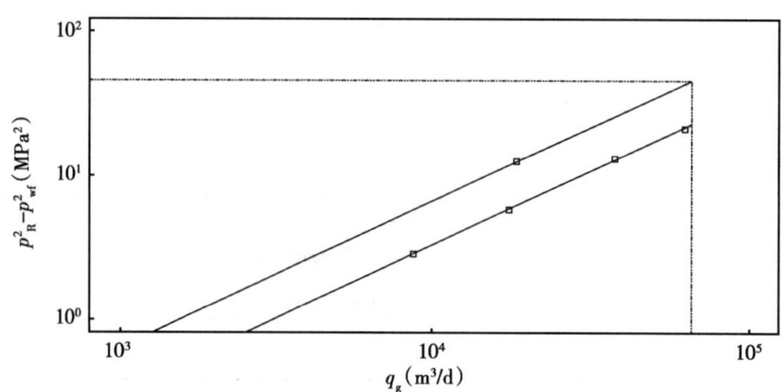

图 5-1-71　A 气田 H 井开发测试指数式图

经计算，H 井的二项式产能方程：

$$\psi(p_R) - \psi(p_{wf}) = 0.0502013q_g + 119895 \times 10^{-8}q_g^2$$

无阻流量 q_{AOF}=6.73023×10⁴m³/d，解释结果见图 5-1-72。

2）不稳定试井解释

通过模型诊断和图形分析，试井解释模型选用内边界条件为变井筒储集、表皮效应+有限导流性垂直裂缝模型+外边界条件为一条断层（与地质情况相符，见图 5-1-67）。p_R=7.93MPa、K=2.9mD、X_f=103.0m、F_C=2103mD·m、C=0.519m³/MPa、r=200m。解释结果见图 5-1-73、图 5-1-74、图 5-1-75。

5. Topaze 生产动态分析

将 H 井 2008 年 10 月—2010 年 12 月生产动态数据（包括日产气量、井口套压、气体组分、射开厚度及气层中部等）录入软件中。在 Topaze 气井生产数据分析软件中主要有三幅图。

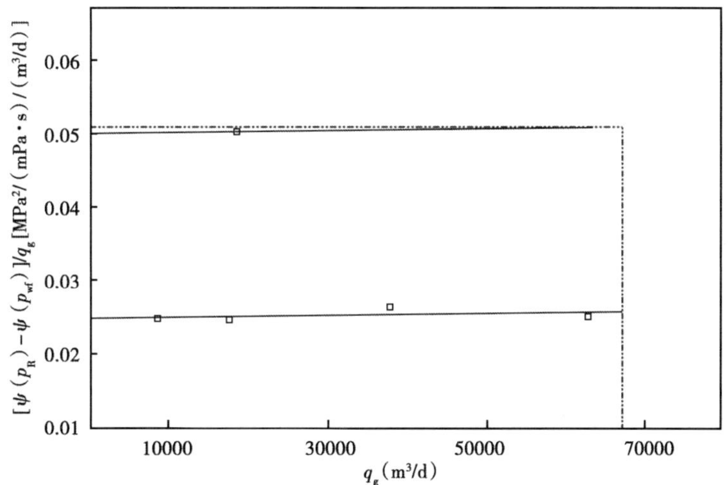

图 5-1-72　A 气田 H 井开发测试二项式图

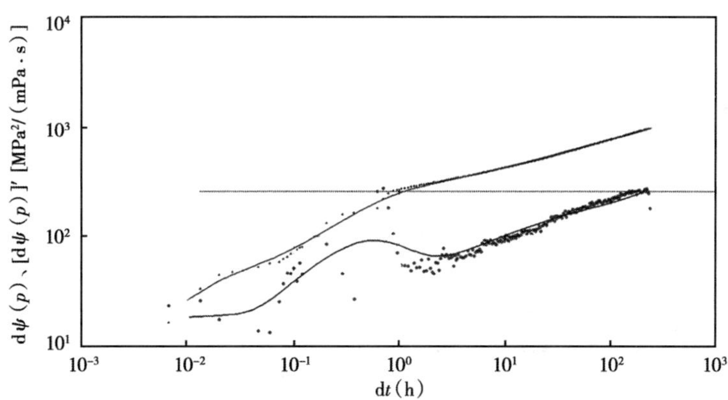

图 5-1-73　A 气田 H 井开发测试双对数拟合图

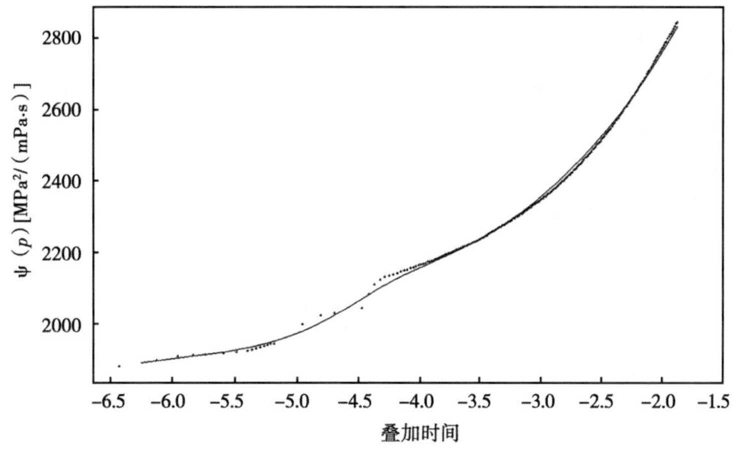

图 5-1-74　A 气田 H 井开发测试半对数拟合图

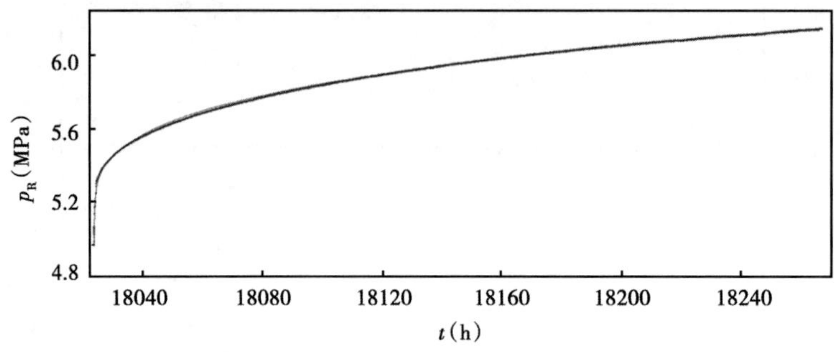

图 5-1-75　A 气田 H 井开发测试压力史拟合图

(1) 井底流动压力双对数图。通过双对数拟合可以求出有效渗透率和表皮系数（图 5-1-76）。

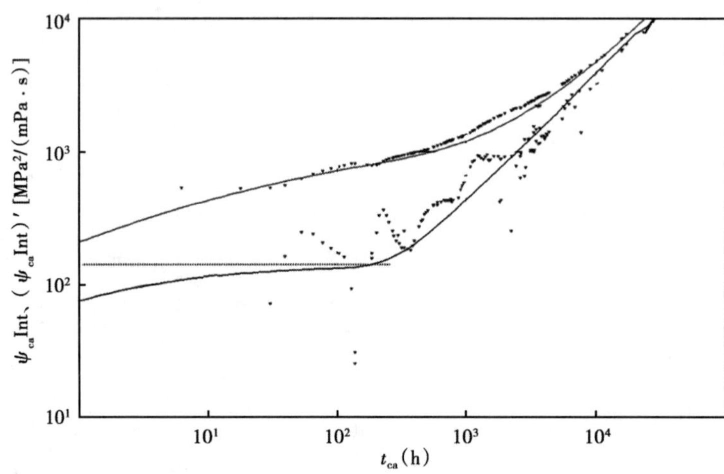

图 5-1-76　A 气田 H 井流量重整压力双对数拟合图

(2) 采气指数、采气指数积分及采气指数积分导数图。通过该图拟合可以求出井控地质储量和有效渗透率（图 5-1-77）。

(3) 生产历史图（日产量、累计产量、井底流动压力及地层压力剖面图）。通过该图拟合可以求出历年地层压力剖面（图 5-1-78）。

解释模型为有限导流性垂直裂缝模型，在解释拟合时，以 2009 年 6 月 18 日和 2010 年 5 月 23 日压力恢复解释结果 10.69MPa、6.78MPa 为解释标准，上述三幅图必须拟合得非常好，解释各项参数时才能够准确。

Topaze 软件气井动态解释结果如下。

$p_{(2008年12月31日)}$ = 13.543MPa；$p_{(2009年6月18日)}$ = 10.89MPa；$p_{(2009年12月31日)}$ = 9.08MPa；$p_{(2010年6月23日)}$ = 7.59MPa；$p_{(2010年12月31日)}$6.85MPa 等一系列压力值。

有效渗透率 K=5.27mD，X_f=149.0m，F_C=625mD·m；井控地质储量 G=0.57×10^8m^3；剩余地质储量 $G_{剩余}$=0.286×10^8m^3。

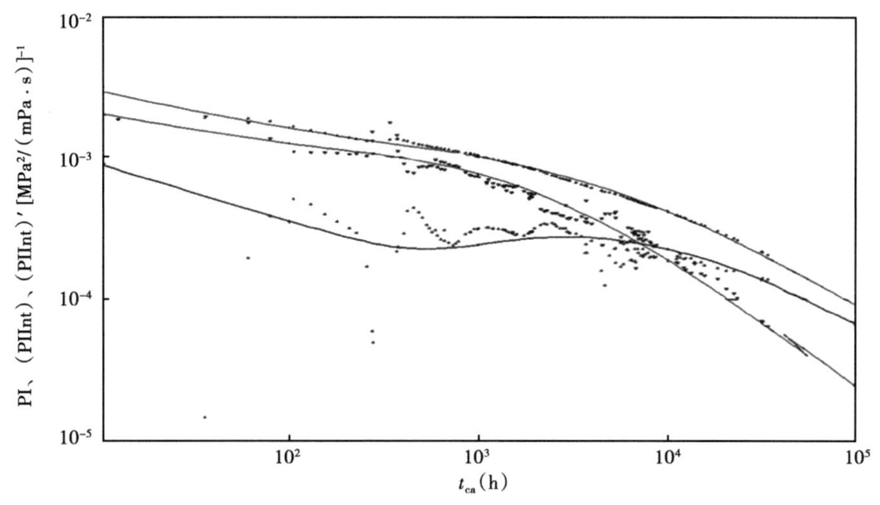

图 5-1-77　A 气田 H 井 Blasingame 曲线拟合图

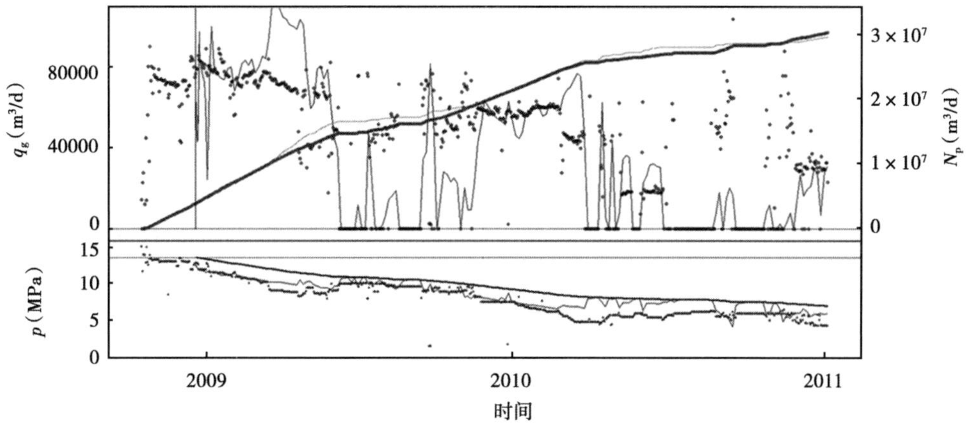

图 5-1-78　A 气田 H 井生产历史图

六、A 气田 J 井

1. 生产简况

J 井于 2003 年 11 月 7 日射开层位 X 组，射开井段 2187.8 ~2192.8m、2112.2~2114.6m、2115.2~2121.2m，射开厚度 13.4m。2004 年 4 月开始投产，生产情况见表 5-1-15。从表 5-1-15 中可以看出 J 井生产 4 年产气下降为 0，累计产气 2669.5149×10^4m^3，在此期间该井没做任何测试。

2008 年 4 月 29 日补射层位 Y 组，射开井段 1413.2~1420.0m，射开厚度 6.8m，2008 年 5 月 18 日压裂。2008 年 5 月 23 日—8 月 28 日以 5mm 油嘴进行生产，油压 10.5MPa，套压 11.9MPa，平均产气 4.2246×10^4m^3/d。2008 年 8 月 24 日—2009 年 4 月 10 日以 7mm 油嘴进行生产，油压 10.1MPa，套压 10.6MPa，平均产气 6.9413×10^4m^3/d。

表 5-1-15　A 气田 J 井 X 组生产情况表

日期	油嘴（mm）	油压（MPa）	套压（MPa）	产气（$10^4m^3/d$）
2005 年 1 月 1 日	5	2.2	9.8	3.3802
2006 年 1 月 1 日	5	1.5	7.5	2.7591
2007 年 1 月 1 日	5	1.2	6.0	2.1809
2007 年 8 月 1 日	5	0.8	0.8	0.7809
2007 年 8 月 3 日	5	0	0	0

2. 修正等时试井测试简况

测试前以 5mm 油嘴稳定生产，产量 $3.9743\times10^4m^3/d$，油压 9.8MPa，套压 10.2MPa，2009 年 7 月 18—21 日，采用 5mm、6mm、7mm、9mm 四个油嘴进行修正等时试井测试，开关井时间为 12h，2009 年 7 月 22—26 日以 5mm 油嘴进行延时生产，产气 $3.8971\times10^4m^3/d$，油压 9.8MPa，套压 10.2MPa（表 5-1-16）。

表 5-1-16　A 气田 J 井修正等时试井测试数据表

开井	时间（h）	油嘴（mm）	产气量（$10^4m^3/d$）	流动压力（MPa）	关井	时间（h）	关井最高压力（MPa）
							10.34
一开	12	5	3.2693	10.13	一关	12	10.29
二开	12	6	3.9886	9.90	二关	12	10.28
三开	12	7	5.7824	9.67	三关	12	10.27
四开	12	9	9.5862	9.27	四关	12	10.23
延续	4d	5	3.8971	9.88			

3. 修正等时试井解释

J 井未做压力恢复试井测试，只做修正等时试井测试，利用修正等时试井第三个关井资料进行试井解释，通过模型诊断和图形分析该井在 12h 出现径向流。试井解释模型选用内边界条件为井筒储集、表皮效应+均质模型+外边界条件为无限大地层。$p_R=10.34$MPa、$K=24.5$mD、$C=4.46m^3/MPa$、$S=0.579$。解释结果见图 5-1-79、图 5-1-80、图 5-1-81。

经计算，J 井的指数式产能方程：

$$q_g = 7929.23(p_R^2 - p_{wf}^2)^{0.710729}$$

无阻流量 $q_{AOF}=21.9571\times10^4m^3/d$，解释结果见图 5-1-82。

经计算，J 井的二项式产能方程：

$$\psi(p_R) - \psi(p_{wf}) = 0.0159653q_g + 5.98704 \times 10^{-8}q_g^2$$

无阻流量 $q_{AOF}=26.4624\times10^4m^3/d$，解释结果见图 5-1-83。

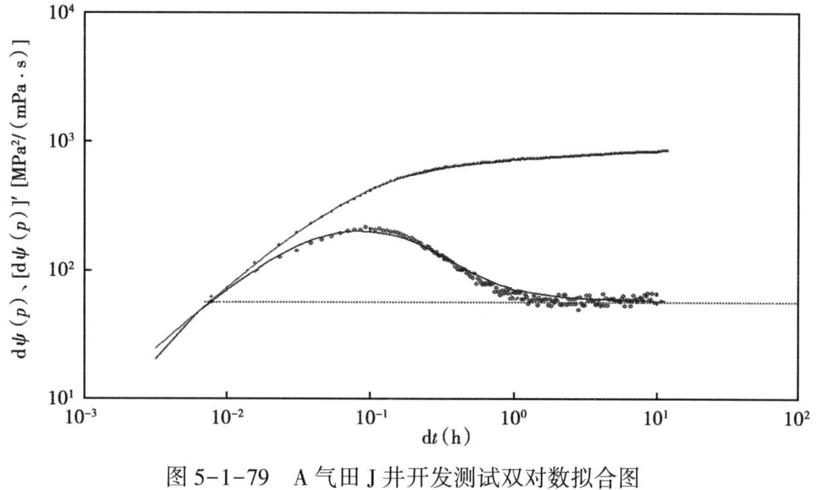

图 5-1-79　A 气田 J 井开发测试双对数拟合图

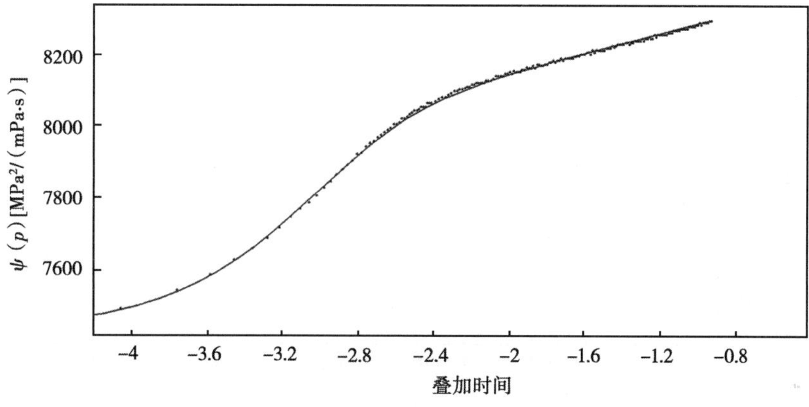

图 5-1-80　A 气田 J 井开发测试半对数拟合图

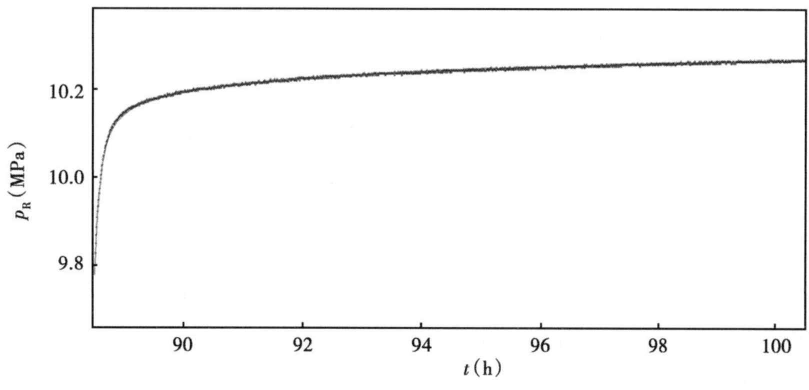

图 5-1-81　A 气田 J 井开发测试压力史拟合图

4. Topaze 生产动态分析

将 J 井 2008 年 5 月 23 日—2010 年 12 月的生产动态数据（包括日产气量、井口套压、气体组分、射开厚度及气层中部等）录入软件中。在 Topaze 气井生产数据分析软件中主要有三幅图。

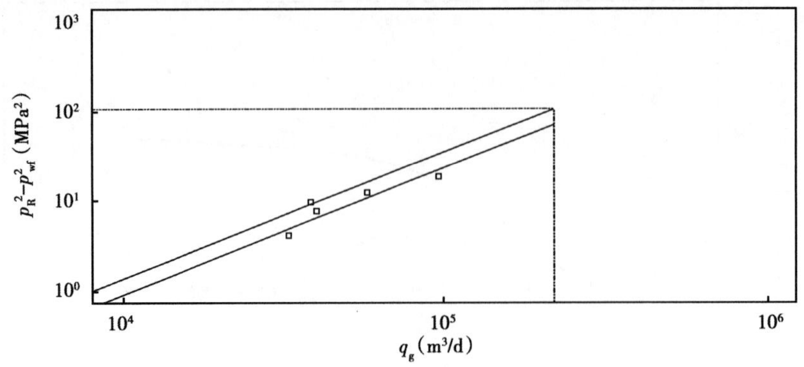

图 5-1-82　A 气田 J 井开发测试指数式图

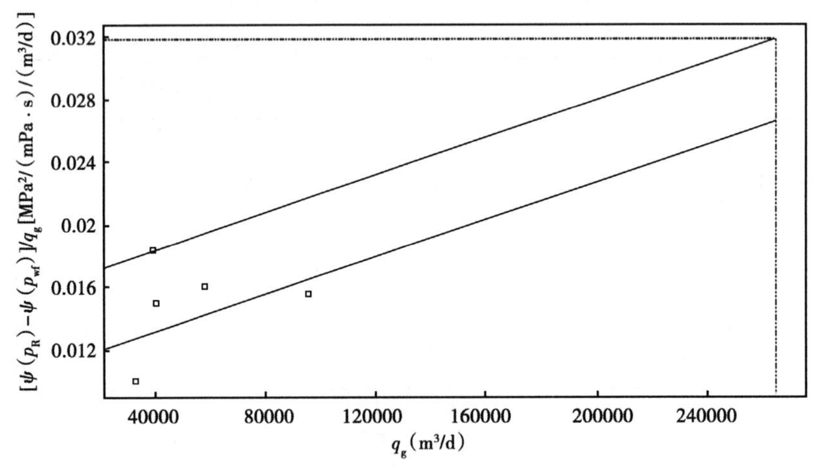

图 5-1-83　A 气田 J 井开发测试二项式图

（1）井底流动压力双对数图。通过双对数拟合可以求出有效渗透率和表皮系数（图 5-1-84）。

（2）采气指数、采气指数积分及采气指数积分导数图。通过该图拟合可以求出井控地质储量和有效渗透率（图 5-1-85）。

（3）生产历史图（日产量、累计产量、井底流动压力及地层压力剖面图）。通过该图拟合可以求出历年地层压力剖面（图 5-1-86）。

解释模型为均质模型，在解释拟合时，以 2009 年 7 月 20 日修正等时试井第三个关井资料进行试井压力恢复的解释结果 10.34MPa 为解释标准，上述三幅图必须拟合得非常好，解释各项参数时才能够准确。

Topaze 软件气井动态解释结果如下。

$p_{(2008年5月23日)}$ = 12.50MPa；$p_{(2008年12月31日)}$ = 11.75MPa；$p_{(2009年7月20日)}$ = 11.04MPa；$p_{(2009年12月31日)}$ = 10.01MPa；$p_{(2010年6月30日)}$ = 9.51MPa；$p_{(2010年12月31日)}$ = 9.03MPa 等一系列压力值。

有效渗透率 K = 18.3mD，井控地质储量 $G = 1.3\times10^8 m^3$；剩余地质储量 $G_{剩余} = 0.927\times10^8 m^3$。

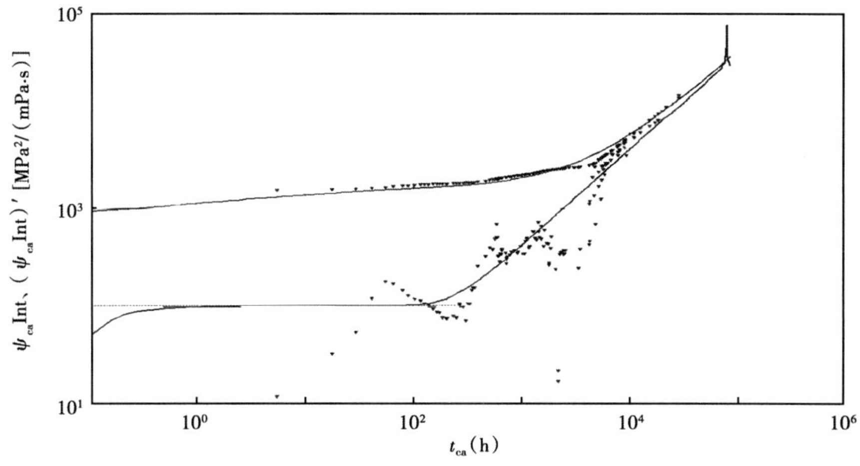

图 5-1-84　A 气田 J 井流量重整压力双对数拟合图

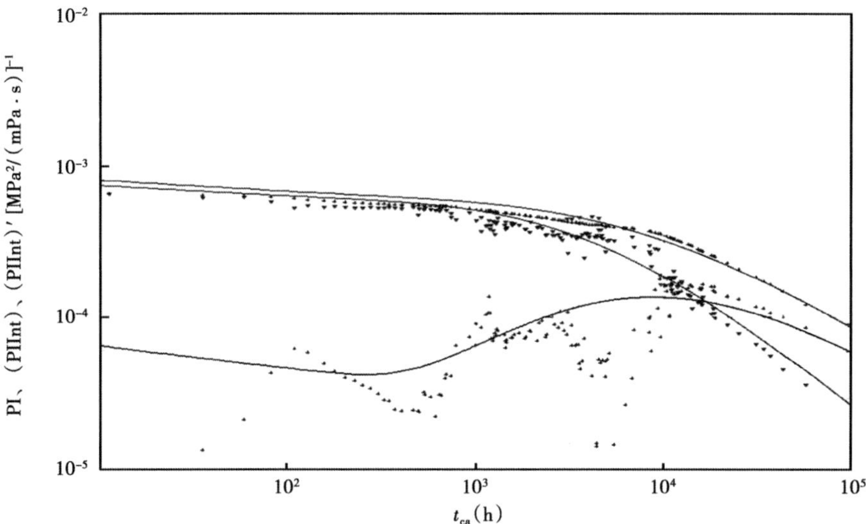

图 5-1-85　A 气田 J 井 Blasingame 曲线拟合图

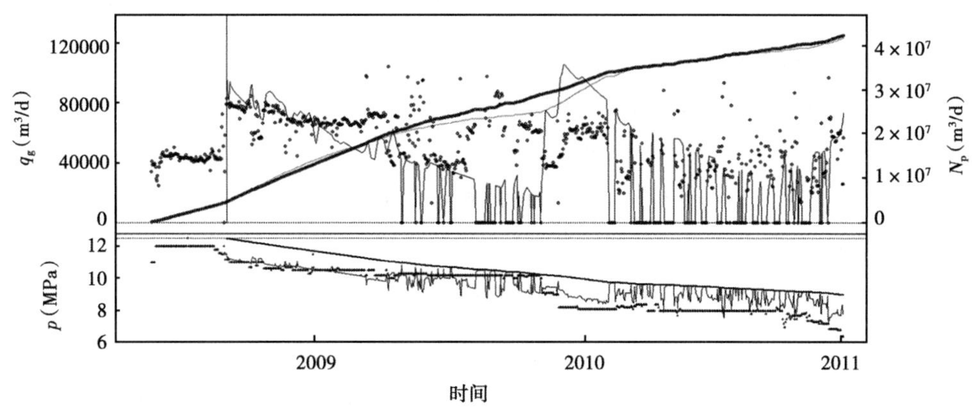

图 5-1-86　A 气田 J 井生产历史图

七、A 气田 B 井、D 井和 I 井

B 井、D 井和 I 井三口井只有试气阶段的测试资料，没有其他阶段的测试资料。B 井有产能试井资料，没有不稳定试井资料。D 井和 I 井有不稳定试井资料。

1. A 气田 B 井

1）A 气田 B 井试井测试情况

1994 年针对该区多层系及低电阻率气藏的认识，在 B 井的 4 个层系获得高产气流。1995 年 2 月 23 日—3 月 11 日对 B 井 Y 段进行产能测试。井段 1213.0~1218.2m，射开厚度 5.2m，中部深度 1215.6m。1995 年 6 月 8 日—7 月 9 日对 B 井 Z 段进行产能测试。井段 678.0~683.0m，射开厚度 5.0m，中部深度 680.5m。1995 年 7 月 23 日—8 月 13 日对 B 井 W 段进行产能测试。井段 611.0~618.6m，射开厚度 7.6m，中部深度 614.8m（表 5-1-17）。

表 5-1-17　A 气田 B 井回压试井测试数据表

测试日期	层位	测试井段（m）	气层中部静止压力（MPa）	气层中部温度（℃）	油嘴（mm）	流动压力（MPa）	产量（$10^4m^3/d$）
1995.2.23—3.11	Y	1213.0~1218.2	12.096	69	6	11.565	4.350
					7	11.320	5.891
					8	11.020	7.308
					10	10.266	11.990
1995.6.8—7.9	Z	678.0~683.0	6.899	34	10	1.580	1.656
					8	2.504	1.550
					7	3.133	1.452
					6	3.962	1.132
1995.7.23—8.13	W	611.0~618.6	5.885	34	10	4.040	6.069
					8	4.610	4.316
					7	4.960	3.485
					6	5.520	1.918

2）A 气田 B 井回压试井解释

（1）经计算，B 井 Y 段的指数式产能方程：

$$q_g = 4645.01(p_R^2 - p_{wf}^2)^{0.865336}$$

无阻流量 q_{AOF}=34.7263×$10^4m^3/d$，解释结果见图 5-1-87。

经计算，B 井 Y 段的二项式产能方程：

$$\psi(p_R) - \psi(p_{wf}) = 0.0232991q_g + 4.53608 \times 10^{-8}q_g^2$$

无阻流量 q_{AOF}=33.0557×$10^4m^3/d$，解释结果见图 5-1-88。

（2）经计算，B 井 Z 段的指数式产能方程（选后 3 点）：

$$q_g = 979.396(p_R^2 - p_{wf}^2)^{0.742312}$$

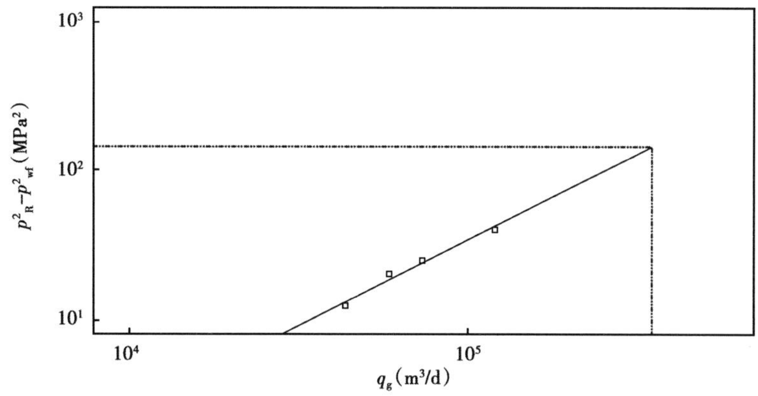

图 5-1-87　A 气田 B 井 Y 段试气指数式图

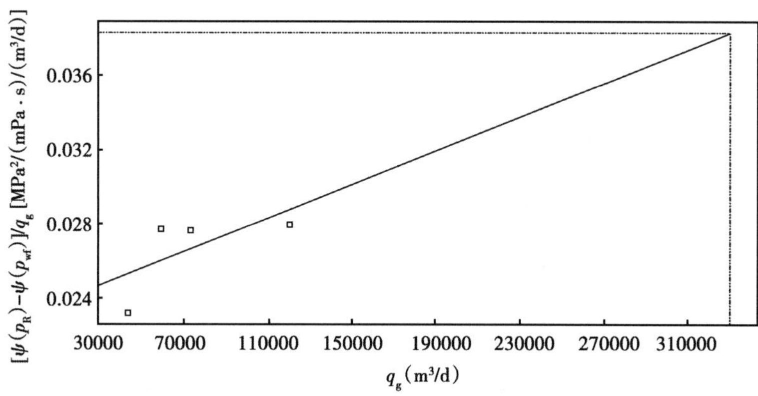

图 5-1-88　A 气田 B 井 Y 段试气二项式图

无阻流量 $q_{AOF}=1.72255\times10^4 m^3/d$，解释结果见图 5-1-89。

经计算，B 井 Z 段的二项式产能方程（选后 3 点）：

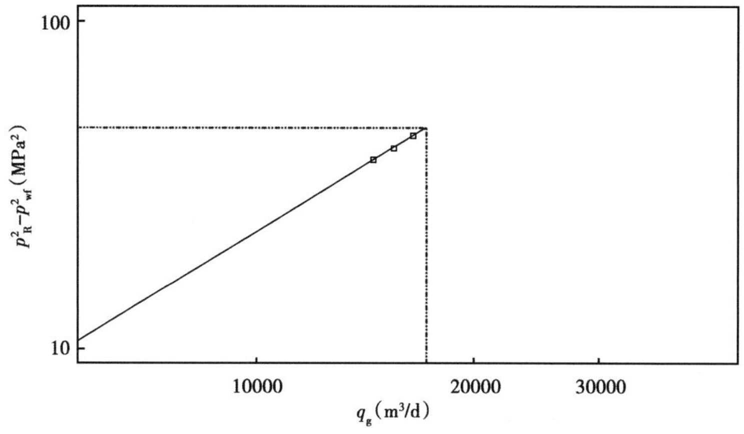

图 5-1-89　A 气田 B 井 Z 段试气指数式图

$$\psi(p_R) - \psi(p_{wf}) = 0.138672q_g + 4.75827 \times 10^{-6}q_g^2$$

无阻流量 q_{AOF} = 1.72154×10⁴m³/d，解释结果见图 5-1-90。

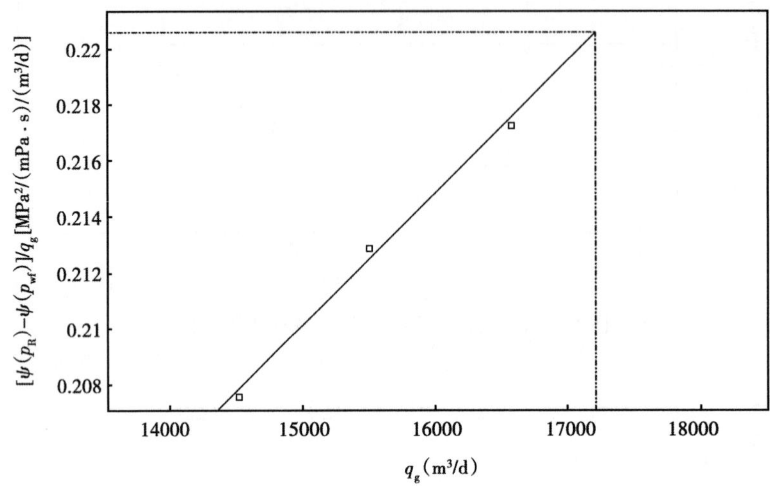

图 5-1-90　A 气田 B 井 Z 段试气二项式图

（3）经计算，B 井 W 段的指数式产能方程：

$$q_g = 6365.62(p_R^2 - p_{wf}^2)^{0.755088}$$

无阻流量 q_{AOF} =9.25116×10⁴m³/d，解释结果见图 5-1-91。

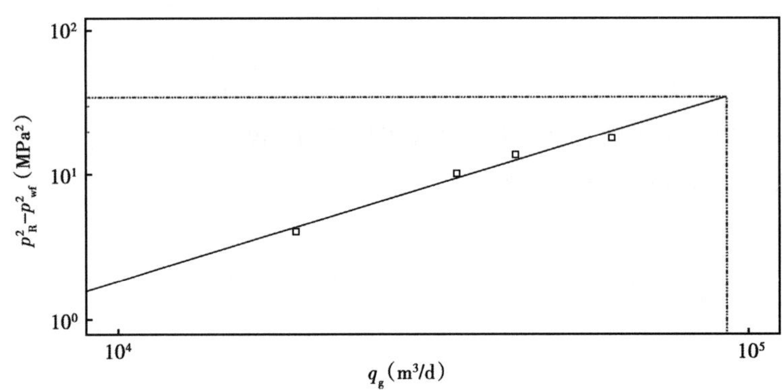

图 5-1-91　A 气田 B 井 W 段试气指数式图

经计算，B 井 W 段的二项式产能方程：

$$\psi(p_R) - \psi(p_{wf}) = 0.0174046q_g + 1.7768 \times 10^{-7}q_g^2$$

无阻流量 q_{AOF} = 9.03541×10⁴m³/d，解释结果见图 5-1-92。

2. A 气田 D 井

D 井于 2002 年 1 月 22—28 日进行压力恢复测试，测试层位为 X 组，测试井段为 2056.8~2073.0m，射开砂岩厚度为 13.8m，有效厚度为 5.4m，产气量为 5.2416×10⁴m³/d。压力计下入深度为 2000.0m，将压力按压力梯度折到气层中部深度。

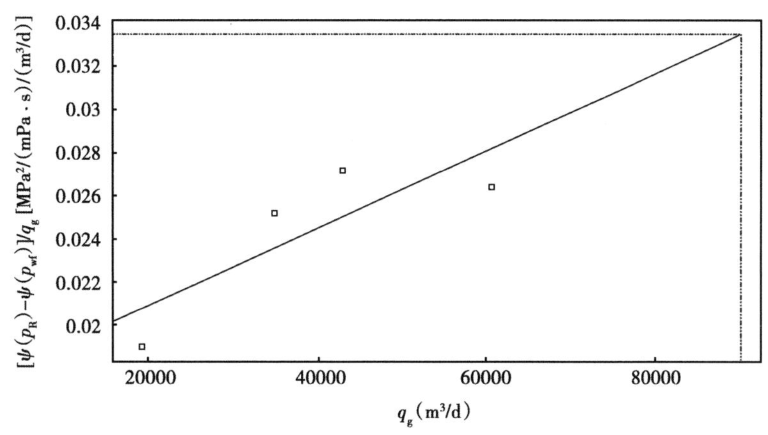

图 5-1-92　A 气田 B 井 W 段试气二项式图

D 井的试井分析图（图 5-1-93）曲线上翘，这一特征与顶面构造图（图 5-1-94）D 井附近有一条断层相吻合，所以解释模型选用内边界条件为变井筒储集、表皮效应+均质模型+外边界条件为一条断层边界气藏，解释结果得出断层边界距 D 井 150.3m，这一结论与顶面构造图断层距 D 井 150m 相吻合，p_R = 19.07MPa、K = 4.66mD、S = 31.77、C_D = 404、r = 150.3m。解释结果见图 5-1-95、图 5-1-96、图 5-1-97。

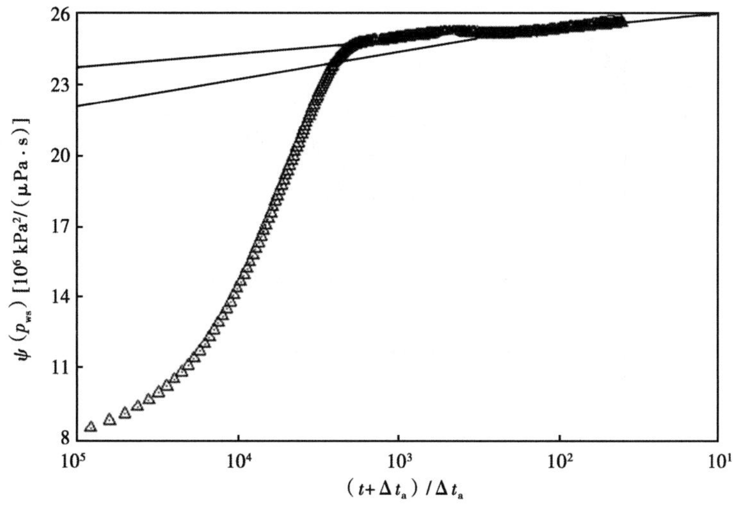

图 5-1-93　A 气田 D 井半对数分析图

3. A 气田 I 井

I 井于 1998 年 5 月 21 日—6 月 1 日进行压力恢复测试，测试层位为 Y 组，测试井段为 1374.6~1377.2m，射开砂岩厚度为 2.6m，有效厚度为 2.0m，产气量为 $5.056\times10^4 m^3/d$。

解释模型选用内边界条件为井筒储集、表皮效应+均质模型+外边界条件为无限大气藏。p_R = 12.96MPa、K = 29.93mD、S = 2.11、C_D = 309429。解释结果见图 5-1-98、图 5-1-99、图 5-1-100。

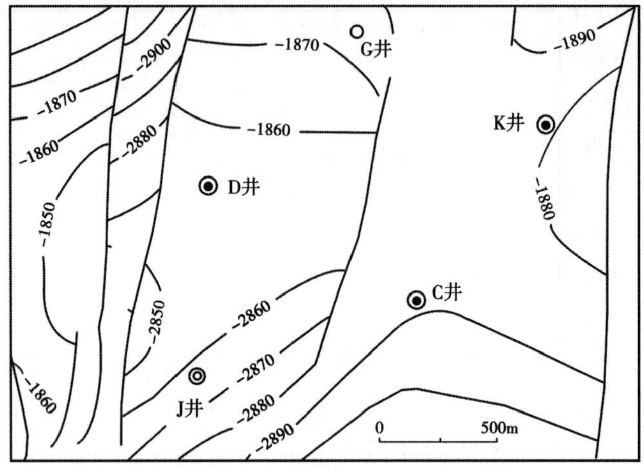

图 5-1-94　A 气田 D 井 X 组顶面构造（m）图

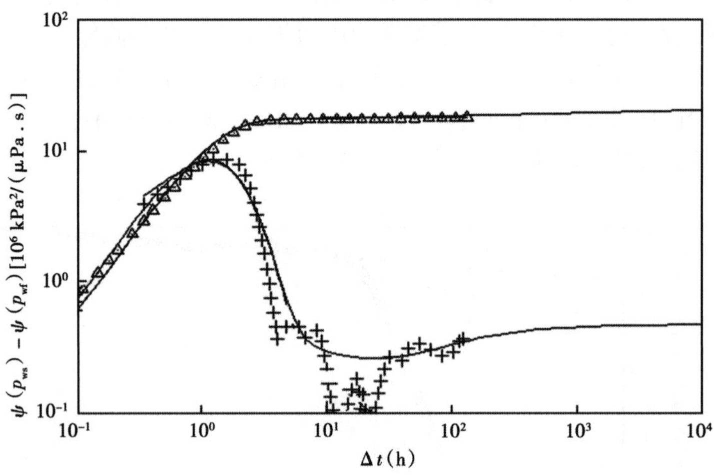

图 5-1-95　A 气田 D 井双对数拟合图

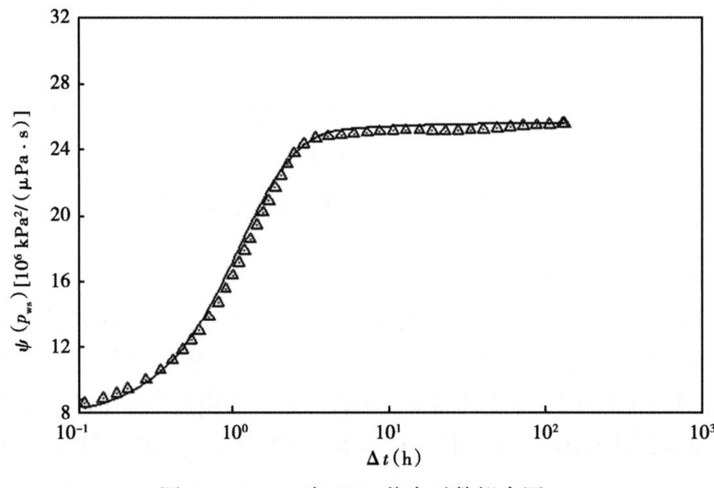

图 5-1-96　A 气田 D 井半对数拟合图

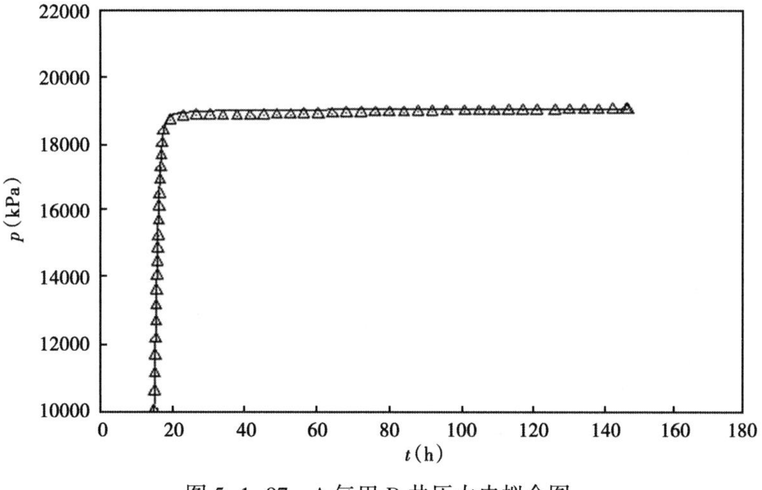

图 5-1-97　A 气田 D 井压力史拟合图

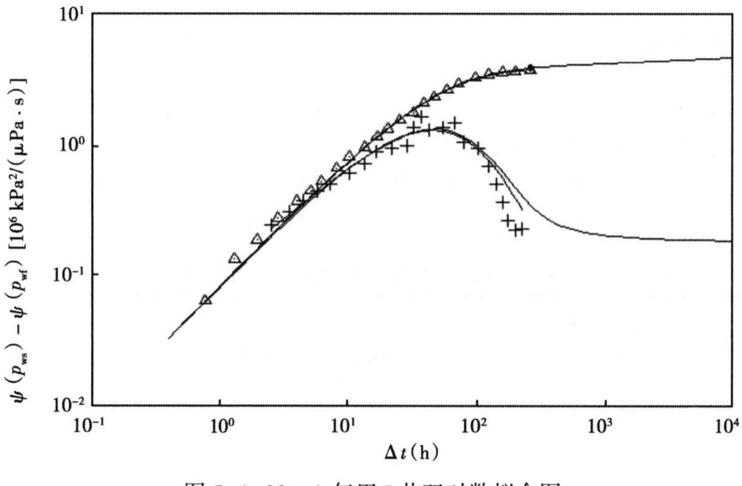

图 5-1-98　A 气田 I 井双对数拟合图

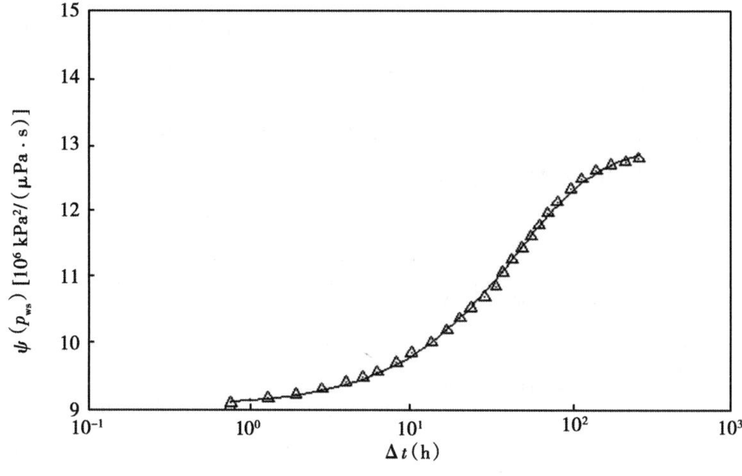

图 5-1-99　A 气田 I 井半对数拟合图

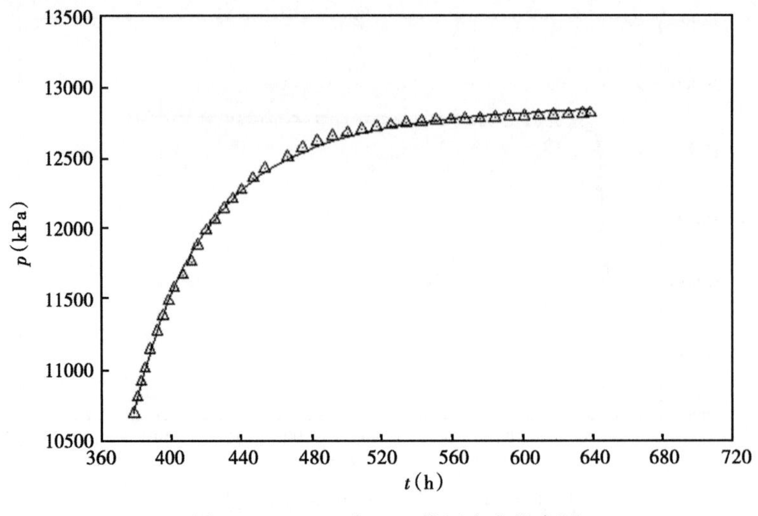

图 5-1-100　A 气田 I 井压力史拟合图

八、A 气田小结

A 气田的开发到目前为止共有 41 口井，不稳定试井测试有 8 口井（14 井次），不稳定试井解释结果见表 5-1-18。稳定试井测试有 7 口井（15 井次），稳定试井解释结果见表 5-1-19。Topaze 生产动态分析解释 5 口井，其中 E 井和 F 井利用物质平衡地层压力降落法、弹性二相流动压力法对生产动态分析计算地质储量的正确性进行评价（表 5-1-20）。

表 5-1-18　A 气田不稳定试井成果表

井号	测试日期	测试井段（m）	层位	p_i（MPa）	内区 K（mD）	S	r（m）	外区 K（mD）	模型
C 井	1998. 5. 16—5. 20	2060. 0～2066. 6	X	19. 35	3. 67	1. 95	128	7. 82	复合
	2003. 10. 18—10. 29			16. 23	3. 6	-1. 92	128	5. 65	
D 井	2002. 1. 22—1. 28	2056. 8～2073. 0	X	19. 07	4. 66	31. 77	150		均质+一条断层
E 井	1998. 6. 18—6. 25	1224. 0～1230. 0	Y	12. 17	109. 65	10. 6			均质
	2005. 6. 17—6. 26			9. 33	65. 76	5. 93	180	150	复合
	2009. 5. 23—6. 1			4. 37	110	0. 038	245		复合+一条断层
F 井	2004. 11. 25—12. 5	2046. 0～2061. 0	X	16. 03	52. 79	34. 381	217		均质+两条平行断层
							650		
	2008. 4. 25—5. 7			6. 78	45. 09	30. 19	225		
							645		
G 井	1999. 2. 5—2. 9	1249. 0～1256. 0	Y	12. 34	15. 77	3. 7	32	4. 56	复合
	2005. 4. 17—4. 26			8. 07	33. 1	16. 7	104	18. 88	
H 井	2009. 6. 3—6. 18	2025. 3～2031. 0	X	10. 69	4. 1	$X_f=153$	215		有限+一条断层
	2010. 5. 14—5. 23			7. 93	2. 9	$X_f=103$	200		
I 井	1998. 5. 21—6. 1	1374. 6～1377. 2	Y	12. 96	29. 93	2. 11			均质
J 井	2009. 7. 18—7. 21	1413. 2～1420. 0	Y	10. 34	24. 5	0. 579			均质

表 5-1-19　A 气田稳定试井成果表

井号	测试日期	测试井段（m）	层位	二项式 q_{AOF}（$10^4m^3/d$）	指数式 q_{AOF}（$10^4m^3/d$）	平均 q_{AOF}（$10^4m^3/d$）	选测试点	试井类型
B 井	1995. 2. 23—3. 11	1213. 0～1218. 2	Y	33. 06	34. 73	33. 89	4	回压试井
	1995. 6. 8—7. 9	678. 0～683. 0	Z	1. 72	1. 72	1. 72	3	回压试井
	1995. 7. 23—8. 13	611. 0～615. 2	W	9. 04	9. 25	9. 14	4	回压试井
C 井	1998. 4. 13—4. 21	2060. 0～2066. 6	X	8. 90	8. 90	8. 90	4	回压试井
	2003. 11. 6—11. 18			8. 71	8. 33	8. 52	4	修正等时试井
E 井	1998. 6. 5—5. 9	1224. 0～1230. 0	Y	28. 80	32. 34	30. 57	4	回压试井
	2005. 6. 26—7. 13			13. 89	11. 60	12. 74	4	回压+修正等时联合试井
	2009. 6. 1—6. 6			4. 63	4. 61	4. 62	3	修正等时试井
F 井	2004. 12. 5—12. 8	2046. 0～2061. 0	X	11. 10	10. 66	10. 88	4	修正等时试井
	2008. 5. 7—5. 11			2. 65	2. 59	2. 62	3	修正等时试井
G 井	1999. 1. 30—2. 2	1249. 0～1256. 0	Y	15. 20	15. 33	15. 27	4	回压试井
	2005. 4. 26—4. 29			5. 93	5. 09	5. 51	4	回压+修正等时联合试井
H 井	2009. 5. 23—5. 27	2025. 3～2031. 0	X	10. 14	8. 67	9. 41	3	修正等时试井
	2010. 5. 24—5. 28			6. 73	6. 61	6. 67	4	修正等时试井
J 井	2009. 7. 18—7. 21	1413. 2～1420. 0	Y	26. 46	21. 96	24. 21	4	修正等时试井

表 5-1-20　A 气田 Topaze 动态分析成果表

井号	测试日期	测试井段（m）	层位	K（mD）	距离（m）	计算气井地质储量（10^8m^3）				Topaze 动态分析剩余地质储量（10^8m^3）
						Topaze 动态分析	物质平衡	弹性二相	压力恢复	
E 井	2005. 1. 1—2009. 3. 19	1224. 0～1230. 0	Y	121	814	1. 50	1. 64	1. 60	0. 17	0. 42
F 井	2005. 1. 1—2009. 3. 19	2046. 0～2061. 0	X	49. 8	638	1. 13	1. 12	1. 11	0. 82	0. 33
G 井	2005. 1. 1—2010. 12. 31	1249. 0～1256. 0	Y	26. 7	640	0. 99				0. 32
H 井	2008. 10. 1—2010. 12. 31	2025. 3～2031. 0	X	5. 27	426	0. 58				0. 29
J 井	2008. 5. 23—2010. 12. 31	1413. 2～1420. 0	Y	18. 3	490	1. 30				0. 92

（1）通过对 A 气田 8 口井（14 井次）的不稳定试井解释可以看出：在进行试井解释时，解释模型的选用十分重要，一定要结合地质条件和试井曲线形态作出正确判断。有 6 井次解释模型选用复合模型；2 井次为有限导流性垂直裂缝模型；6 井次为均质模型。完井试油试井解释地层压力，X 组为 19. 21MPa；Y 组为 12. 49MPa。试采井试井解释地层压力随着生产时间增长逐步下降。平均有效渗透率 Y 段储层为 55. 53mD；X 组储层为 3. 79mD，Y 组储层渗透性好于 X 组储层。有 9 井次表皮系数大于 0，均存在不同程度伤害。

（2）在进行产能测试解释时，一共解释 7 口井（15 井次），其中 6 井次回压试井；7 井次修正等时试井；2 井次回压+修正等时联合试井。计算各气井的产能方程，求出目前情况下气井的无阻流量，为开发气井提供依据。

(3) 首次提出了回压+修正等时试井联合解释的新方法，解决了产能资料不合格的解释难题，提高了现有资料应用率。

(4) Topaze 生产动态分析技术共解释 5 口井，其中有 2 口井采用物质平衡法、弹性二相法进行检验，说明生产动态分析计算地质储量的正确性。Topaze 生产动态分析需要最少 1 次压力恢复资料验证（在有生产动态数据区间内要有合格的压力恢复资料），只有这样才能保证生产动态分析的可靠性。

第二节 B 气田试井实例分析

B 气田位于吉林省 E 县与 F 县交界处。1995 年 4 月对 A 井的 Z 油层和 M 油层试油，获得工业气流而发现该气田。在 2011 年对深层进行钻探，发现 B 气田白垩系 HS 组和 DLK 组。首先，对 B 气田含气范围内的 A 井、B 井、C 井、D 井进行不稳定试井测试，以及 2 井次的修正等时试井测试。通过测试资料的解释结果，利用表皮系数法、条件比法、产能比法、流动效率法、伤害系数法和钻井过程中钻井液与完井液的浸泡时间进行了气层伤害综合评价。其次，对 B 气田 4 口井的下白垩统 HS 组和 DLK 组及 X 组一段进行试井解释，求取无阻流量，建立产能方程，求取稳定工作制度下天然气产能以及地层压力等储层渗流参数。

一、利用修正等时试井技术对气田气井进行伤害评价研究

进行修正等时试井的目的是确定气井的产能方程和无阻流量，以及确定真表皮系数，从而为研究气井稳产能力，进行动态预测提供必不可少的理论依据。

1. 修正等时试井

修正等时试井是对等时试井作进一步简化而得到的。在低渗气藏，即使生产很短时间也需要关井几天甚至更长的时间来达到地层压力的稳定，为了缩短测试周期，可采用修正等时试井。

实例一：于 1996 年 6 月 15 日在 B 气田 C 井 X 组 40 号层进行了五开四关的修正等时试井测试，井段为 1488.0～1483.0m，厚度为 5m，工作制度采用 4mm、6mm、7mm、8mm 油嘴，等时测试周期为 24h，延续生产进行了 14d，之后关井测压力恢复，整个测试过程进行了 28d。测试过程见表 5-2-1、图 5-2-1。

表 5-2-1 B 气田 C 井修正等时试井测试结果表

开井	时间 (h)	油嘴 (mm)	油压 (MPa)	套压 (MPa)	产气量 ($10^4m^3/d$)	流动压力 (MPa)	关井	时间 (h)	油压 (MPa)	套压 (MPa)	关井最高压力 (MPa)
									7.8	9.0	12.35
一开	24	4	5.00	7.00	1.10	9.88	一关	24	7.00	8.00	11.84
二开	24	6	2.50	4.70	1.35	7.65	二关	24	6.50	7.50	11.37
三开	24	7	0.80	2.50	1.63	5.48	三关	24	5.75	7.00	10.97
四开	24	8	0.25	2.25	1.41	5.09	四关	24	5.50	6.75	10.59
五开	24	10	0.20	1.75	1.06	4.78					
延续	14d				0.54	5.61					

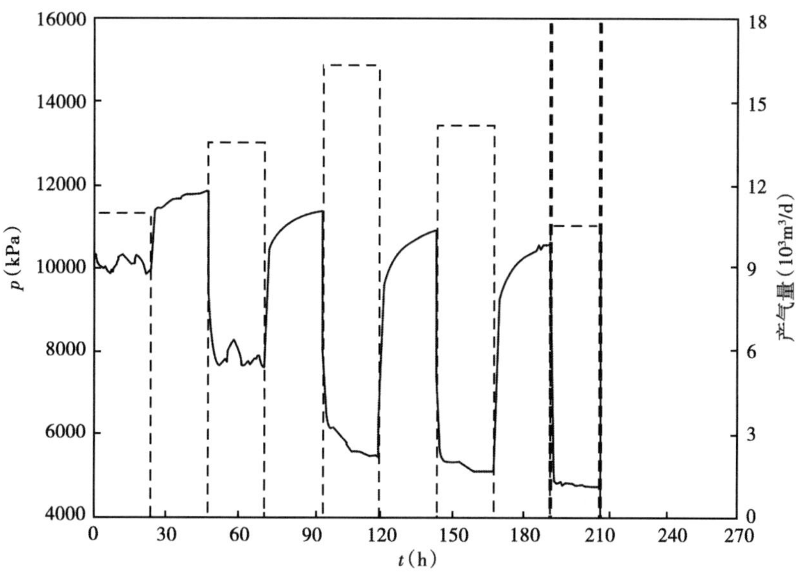

图 5-2-1　B 气田 C 井修正等时试井测试过程图

经计算，C 井的指数式产能方程：

$$q_g = 0.023(p_R^2 - p_{wf}^2)^{0.66}$$

可得无阻流量 $q_{AOF}=0.63\times10^4 m^3/d$（图 5-2-2）。

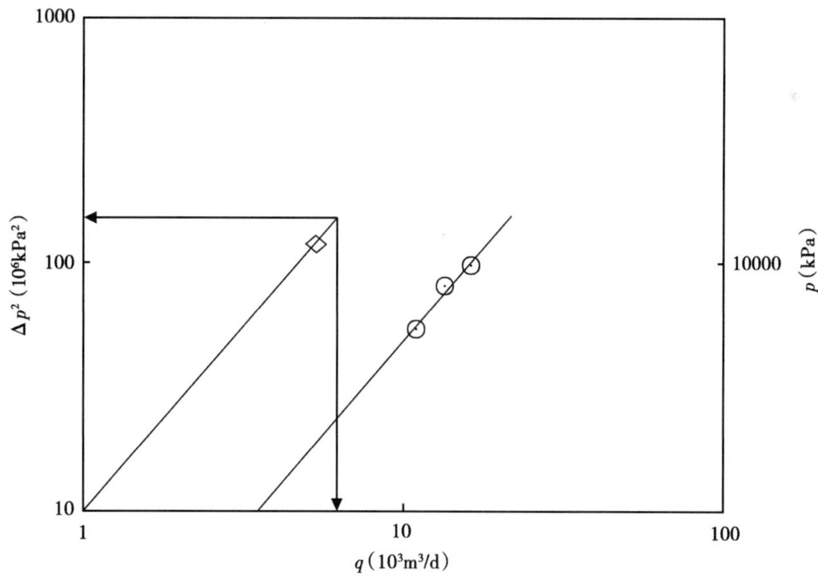

图 5-2-2　B 气田 C 井修正等时试井指数式图

实例二：B 气田 D 井于 2008 年 11 月 6 日射开层位 Y 组，射开井段为 411.0～418.0m、470.4～476.6m、508.0～513.5m、514.8～516.0m，射开厚度为 19.9m，2008 年 11 月 15 日开始投产。2010 年 8 月 13—28 日进行修正等时试井测试，测试周期为 12h，延续生产进行了 12d（表 5-2-2）。

表 5-2-2　B 气田 D 井修正等时试井测试数据

开井	测试日期（年．月．日-小时）	产气量（$10^4m^3/d$）	流动压力（MPa）	关井	测试日期（年．月．日-小时）	关井最高压力（MPa）
关井恢复	7d					3.948
一开	2010.8.13-18:00	1.9242	3.92	一关	2010.8.14-06:00	3.943
二开	2010.8.14-18:00	3.0000	3.89	二关	2010.8.15-06:00	3.942
三开	2010.8.15-18:00	3.9798	3.86	三关	2010.8.16-06:00	3.940
四开	2010.8.16-18:00	4.9790	3.83	四关	2010.8.17-06:00	3.936
延续	12d	3.6868	3.80			

经计算，D 井的指数式产能方程：

$$q_g = 30382.1(p_R^2 - p_{wf}^2)^{0.695227}$$

无阻流量 $q_{AOF}=20.6544\times10^4 m^3/d$。

经计算，D 井的二项式产能方程：

$$\psi(p_R) - \psi(p_{wf}) = 0.00259091 q_g + 1.53998\times10^{-8} q_g^2$$

无阻流量 $q_{AOF}=22.7374\times10^4 m^3/d$，稳定试井解释结果见图 5-2-3、图 5-2-4。

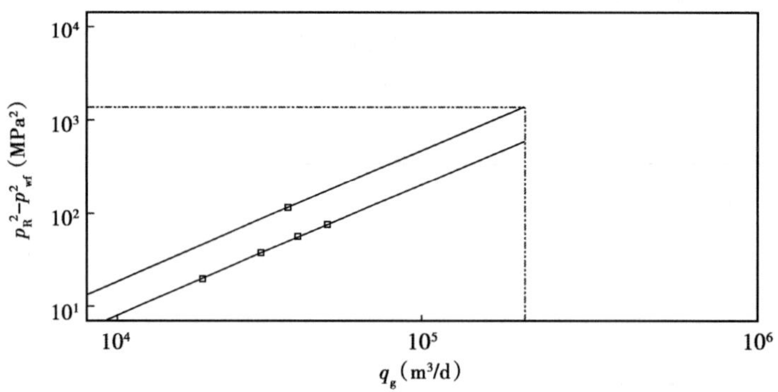

图 5-2-3　B 气田 D 井修正等时试井指数式图

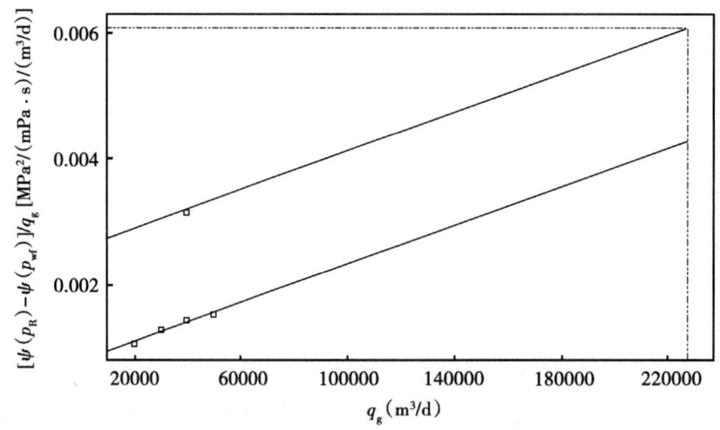

图 5-2-4　B 气田 D 井修正等时试井二项式图

2. 修正等时试井资料确定真表皮系数

由于气体在井底的流速高，紊流损失比较严重，在井底附近造成附加压力降落，产量越高紊流损失越严重，造成的附加压力降落越大，压力恢复解释出的表皮系数是钻井伤害和紊流效应的综合反映。为求由于钻井伤害引起的表皮系数，作各不同关井阶段的表皮系数和关井前产气量的关系曲线，呈线性关系，将直线外推至产气量为零处，便可确定真表皮系数。

实例：B 气田 C 井 X 组 40 号层关井解释结果为一关井表皮系数-0.443，关井前产量 $11\times10^3m^3$；二关井表皮系数-0.023，关井前产量 $13.5\times10^3m^3$；三关井表皮系数 0.4，关井前产量 $16.3\times10^3m^3$；四关井表皮系数 0.13，关井前产量 $14.1\times10^3m^3$。图 5-2-5、图 5-2-6 为 C 井一关井半对数和压力史拟合图。利用修正等时试井四个关井资料确定真表皮系数（图 5-2-7），曲线的截距就是真表皮系数。在四关井时由于关井前产量低于三关井时关井前产量，表皮系数在四关井时小于三关井时的表皮系数。这也证明了，产量越高紊流损失越严重，造成的附加压力降落越大，则表皮系数越大。C 井的真表皮系数是-2.19。

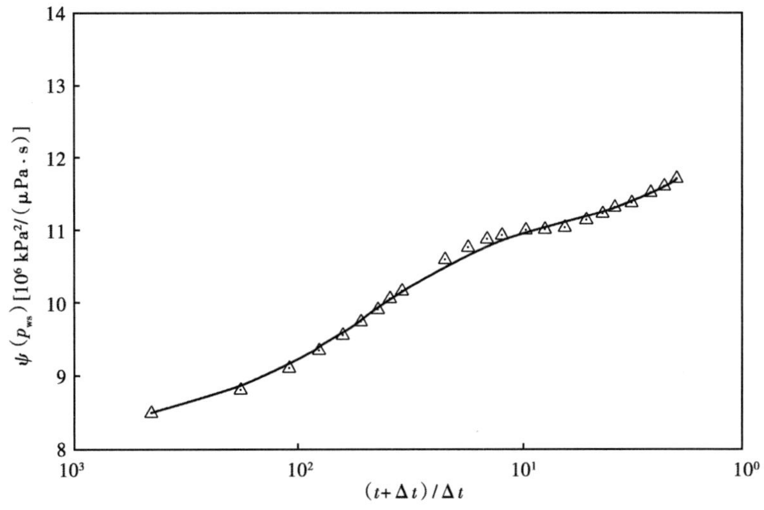

图 5-2-5　B 气田 C 井修正等时试井一关半对数拟合图

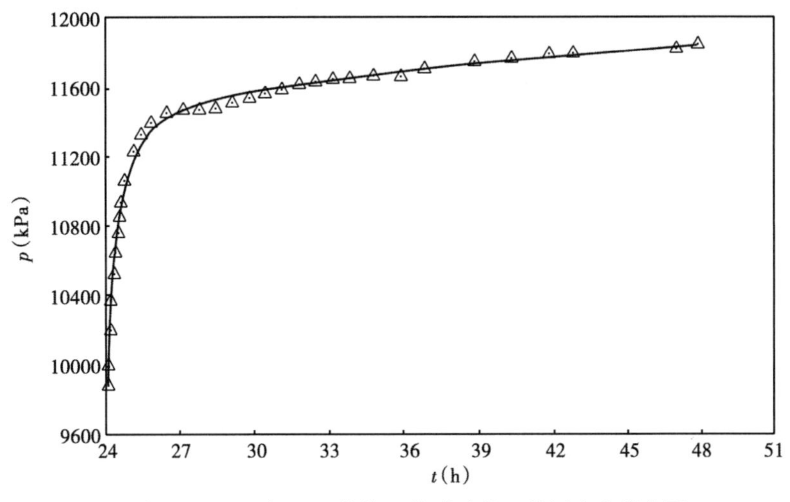

图 5-2-6　B 气田 C 井修正等时试井一关压力史拟合图

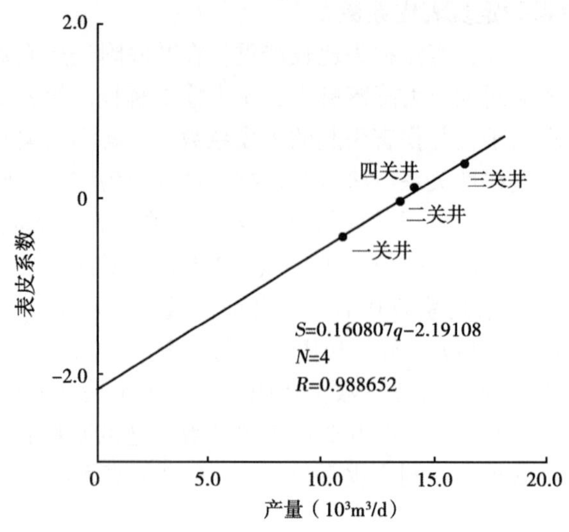

图 5-2-7　B 气田 C 井修正等时试井求真表皮系数图

二、利用不稳定试井技术对气井伤害评价研究

不稳定试井是指压力降落试井和压力恢复试井，也是在我国应用最广的方法，吉林油田主要采用压力恢复试井。

1. 不稳定试井

在本次研究中，解释方法采用常规分析和现代试井分析方法，并对解释结果进行了双对数拟合、霍纳拟合以及历史拟合。在模型诊断中采用了庄惠农的标准图形模式进行模型诊断。对 B 气田的 A 井、B 井、C 井和 D 井压力恢复资料进行了详细解释，以 D 井为例。

D 井于 2008 年 11 月 6 日射开层位 Y 组，射开厚度 19.9m 。2008 年 11 月 15 日开始投产。2010 年 8 月 6—12 日进行压力恢复试井。

通过模型诊断和图形分析，试井解释模型内边界条件为井筒储集、表皮效应+复合模型。解释结果：$p_R=3.97$MPa、$K=297.0$mD、$S=17.3$、$C=14.4\text{m}^3/\text{MPa}$、$r=262.0$m。D 井存在两个流动区域，边界距井 262m 处，解释结果见表 5-2-3，解释成果图见图 5-2-8、图

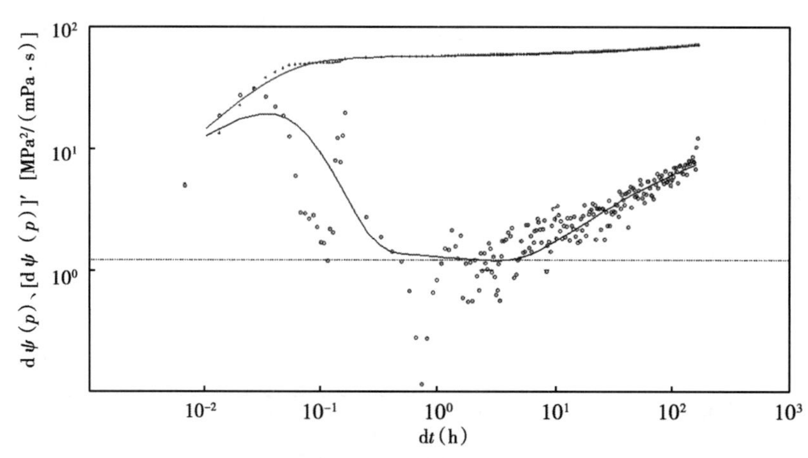

图 5-2-8　B 气田 D 井双对数拟合图

5-2-9、图 5-2-10。

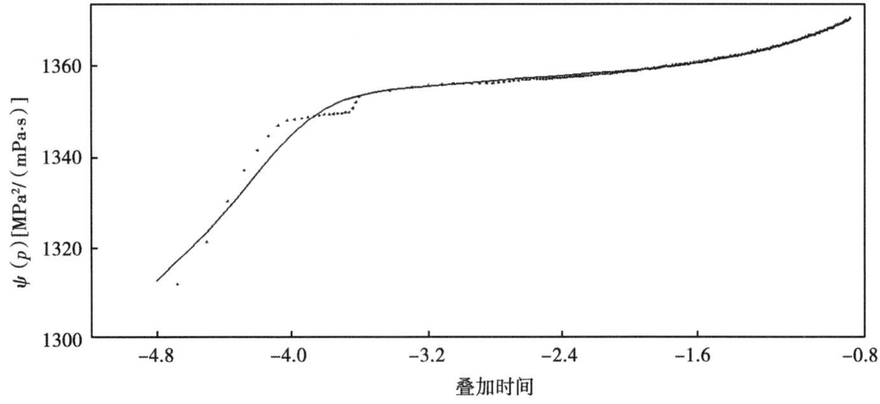

图 5-2-9　B 气田 D 井半对数拟合图

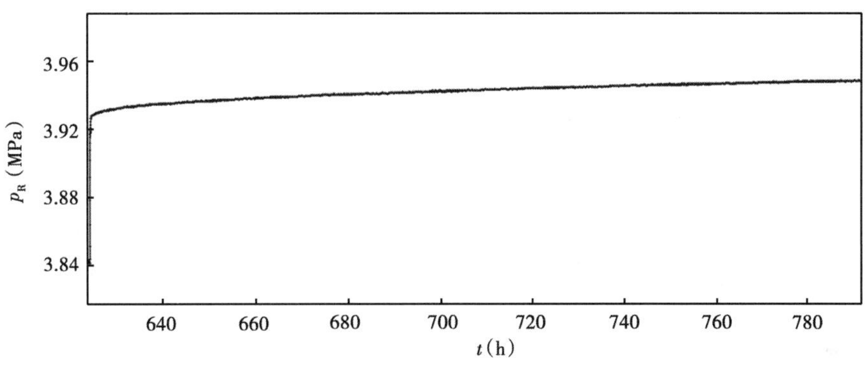

图 5-2-10　B 气田 D 井压力史拟合图

表 5-2-3　B 气田压力恢复曲线解释成果表

井号	层位	井段（m）	有效厚度（m）	储层类型	有效渗透率（mD）	地层系数（mD·m）	井筒储集系数（m^3/MPa）	表皮系数	d_1（m）	d_2（m）	θ（°）	内区半径（m）	外推压力（MPa）	原始静止压力（MPa）
A 井	X	830.0~819.0	11.0	均质	58.0	638.0	10.0	13.5	70			—	7.07	7.17
B 井	Y	512.0~502.0	10.0	均质	184.1	1841.3	16.0	11	204			—	4.67	4.82
B 井	X	1307.4~1309.6	2.2	均质	37.0	81.4	80.0	-5	74			—	12.65	13.16
C 井	X	1488.0~1483.0	5.0	复合	1.0	4.3	2.63	4.92	146	147	89	10	11.82	12.35
D 井	Y	411.0~516.0	19.9	复合	297.0	14.4	17.3					262	3.97	

2. 气层伤害评价

在气井的钻井、固井、完井或修井过程中，钻井液对气层的伤害与堵塞是一种常见的情况，有时也是难以避免的现象。这是因为，要保证钻井、固井、完井或修井工作的正常进行，往往要求钻井液柱的压力要大于气层的地层压力，这样，就必然会造成钻井液对气层的伤害。因此，对气层所受伤害与堵塞的程度进行分析，以便及时采取必要的解除措施，恢复和提高气井的产能。那么，怎样确定气井是否受到伤害以及伤害的程度呢？下面介绍几种分析方法。在气井完钻之后，通过压力降落曲线或压力恢复曲线取得不稳定试井数据，对气层受到伤害与堵塞的程度作出有效的分析与判断。

1）表皮系数法

表皮系数（S）是描述在井底附近地带的气层受到伤害与堵塞的条件下引起流体渗流阻力增加的常数，以符号 S 表示：

$$S = 1.1515\left[\frac{\psi_{ws}(1h) - \psi_{wf}}{m_o} - \left(\lg \frac{K}{\phi\mu_g C_t r_w^2} + 0.9077\right)\right] \tag{5-2-1}$$

2）条件比法

条件比（CR）是指在气层受到伤害与堵塞时，气井供给半径的平均有效渗透率与远离井底附近地带未受污染与堵塞气层的有效渗透率之比。该值越接近 1，则表示气层受伤害与堵塞的程度越小。该值越小于 1 时，则表示气层受伤害与堵塞的程度越大。由式（5-2-2）计算 CR 值。

$$\mathrm{CR} = \frac{\overline{K}}{K} = \frac{\lg \dfrac{r_e}{r_w}}{\lg \dfrac{r_e}{r_w} + 0.4342S} \tag{5-2-2}$$

3）产能比法

产能比（PR）是指在相同生产压差的条件下，气层受到伤害与堵塞的产量与其假定未受伤害与堵塞时的产量比。当气层未受到伤害与堵塞时，PR 等于 1。而受到伤害与堵塞时，PR 小于 1。由式（5-2-3）确定 PR 值：

$$\mathrm{PR} = \frac{Q_{ga}}{Q_{gi}} = \frac{2m_o \lg \dfrac{r_e}{r_w}}{\psi_e - \psi_{wf}} \tag{5-2-3}$$

4）流动效率法

流动效率（FE）是指在相同的产量条件下，气层受到伤害与堵塞的采气指数与其未受到伤害与堵塞的理想采气指数的比值。当气层严重受到伤害与堵塞时，FE 值越小，S 值越大；当 $S=0$ 时，FE=1。由式（5-2-4）计算 FE 值。

$$\mathrm{FE} = \frac{\mathrm{PI}_a}{\mathrm{PI}_i} = \frac{\psi_e - \psi_{wf} - 0.8684 m_o S}{\psi_e - \psi_{wf}} \tag{5-2-4}$$

5）伤害系数法

伤害系数（DF）又称堵塞比，它表示井底附近地带的气层受伤害与堵塞程度。该系数等于 1 时，表明气层未到伤害与堵塞；该系数大于 1 时，表明气层受到伤害与堵塞严重。由式（5-2-5）计算 DF 值。

$$\mathrm{DF} = \frac{\psi_{ws}(1\mathrm{h}) - \psi_{wf}}{m_o\left(\lg \dfrac{K}{\phi\mu_g C_t r_w^2 + 0.9077}\right)} \tag{5-2-5}$$

式中 r_e——气井的供给半径，m；

r_w——井筒半径，m；

ψ_e——地层拟压力，$MPa^2/(mPa \cdot s)$；

ψ_{wf}——井底流动拟压力，$MPa^2/(mPa \cdot s)$；

m_o——拟压力恢复曲线直线段斜率，$MPa^2/(mPa \cdot s \cdot cycle)$；

$\psi_{ws}(1h)$——压力恢复曲线直线段上或直线段延长线上关井 1h 的拟压力，$MPa^2/(mPa \cdot s)$；

K——地层有效渗透率，D；

μ_g——地层气体黏度，$mPa \cdot s$；

ϕ——气层有效孔隙度；

C_t——气藏的综合压缩系数，1/MPa。

综上所述，地层伤害判断指标见表 5-2-4，B 气田地层伤害判断指标见表 5-2-5。

表 5-2-4 地层伤害判断指标表

方法	表皮系数	条件比	产能比	流动效率	堵塞比
不完善	>0	<1	<1	<1	>1
完善	0	1	1	1	1
超完善	<0	>1	>1	>1	<1

表 5-2-5 B 气田地层伤害判断指标表

井号	层位	表皮系数	条件比	产能比	流动效率	堵塞比
A 井	X	13. 5	0. 41	0. 45	0. 5	2
B 井	Y	9. 05	0. 52	0. 46	0. 47	2. 14
	X	-5. 92	2. 71	3. 7	3. 48	0. 29
C 井	X	5. 31	0. 6	0. 27	0. 3	3. 35
D 井	Y	17. 3	0. 35	0. 41	0. 4	3. 51

三、钻井过程中的地层伤害评价

钻井过程中对气层的伤害主要是由钻井液及完井液性能差、失水量大；密度高、压差大；固相含量高、滤饼作用小；浸泡地层时间长以及滤液化学成分与地层水不配伍等原因造成的。下面对压差和浸泡时间这两个因素作讨论。

1. 压差的影响

压差是造成气层伤害的主要因素之一。压差越大，总滤失量越大。在滤饼还没有形成的瞬间，滤液和固相颗粒进入气层的量和深度也越大。因而对渗透性的伤害也越严重。

2. 钻井液及完井液浸泡时间的影响

钻井液及完井液浸泡时间的长短是影响气层的因素之一。伤害最少的井通常是气层浸泡时间最短的井。随着浸泡时间的延长，滤液侵入深度增加，渗透率恢复值降低。

渗透率高的地层动滤失速率较低，渗透率恢复值较高，这是因为渗透率高，孔隙直径大，初始滤失量大，形成的滤饼相对较厚，不易受到冲蚀，滤失阻力较大，故动滤失较小，滤液侵入的量和深度都较小，渗透率恢复值较高。而低渗透率的地层则相反，因为孔隙直径小，滤饼与井壁连接不牢，钻井液及完井液循环时，易受到冲蚀，滤失阻力减小，故动滤失速率较高，滤液侵入深度也大（滤液侵入深度达1m），超出射孔范围，而且返排困难。由于地层特别致密，滤液侵入地层的深度小于30cm，通过射孔可以解除其伤害。因此，对低渗透率气层，更要严格执行各项防止伤害气层的措施。

针对上述问题主要采取以下防护措施。

1）采用平衡钻井技术

要求钻井过程中，井筒钻井液柱的压力与地层孔隙压力接近平衡，二者压差比较小。实行平衡压力钻井，不仅可以减少钻井液滤失量和气层的伤害，而且还可以降低井下摩擦阻力，提高钻井速度，减少钻井液浸泡地层的时间。

合理的钻井液密度应使钻井液柱压力比地层压力大，比地层破裂压力小。一般是在地层压力上增加一个附加值，对于气井通常为3~5MPa。

2）降低钻井液及完井液浸泡时间

提高钻井速度，缩短钻井周期，标准钻井周期为7.45d。

A井于1995年4月7日开钻，历时18d 14h 30min，于1995年4月25日14:30完钻，完钻井深1628m。全井浸泡时间为20d，37号层的浸泡时间为15d。钻井液及完井液平均相对密度为1.15。

B井于1996年3月9日8:00开钻，历时13d 8h，于1996年3月22日16:30完钻，完钻井深1400m。全井浸泡时间为13d，7号层的浸泡时间为12d，41号层的浸泡时间为4d。钻井液及完井液平均相对密度为1.15。

C井于1996年3月11日20:00开钻，历时12d 3h 30min，于1996年3月23日23:30完钻，完钻井深1570m。全井浸泡时间为13d，40号层的浸泡时间为5d。钻井液及完井液平均相对密度为1.15。

从钻井液及完井液浸泡时间看，B气田平均钻井周期为14.75d，是标准钻井周期的两倍。

四、利用综合资料对气层伤害进行评价

在试井方面，B气田共有四井次压力恢复资料，一井次修正等时试井资料。从B气田地层伤害判断指标上看，除B井41号层表皮系数为-5，堵塞比小于1，条件比、产能比、流动效率大于1，属于非伤害层外；其余井表皮系数均为4.92~13.5，堵塞比大于1，条件比、产能比、流动效率小于1，均属于伤害层。在钻井方面，B气田均符合平衡钻井技术标准，但钻井周期过长是影响地层的主要因素。

（1）C井40号层（井段为1483~1488m）。同一层位压力恢复资料解释出的表皮系数和利用修正等时试井资料解释的真表皮系数分别为4.92和-2.19。导致表皮系数不同的原因是压力恢复解释出的表皮系数是钻井伤害和紊流效应的综合反映，而修正等时试井资料解释的真表皮系数由于气体在井底的流速高，紊流损失比较严重，在井底附近造成附加压力降落，产量越高紊流损失越严重，造成的附加压力降落越大。40号层受钻井液浸泡时间短，为5d，低于标准钻井周期。因此，40号层为非伤害层。

（2）由于A井、B井没有修正等时试井资料，求不出真表皮系数，这两口井均不考虑紊流损失的影响。

A 井有一次压力恢复资料，为 37 号层（井段为 819~830m），受钻井液浸泡时间长，为 15d，超过标准钻井周期，解释结果为 $S=13.5$，属于伤害层。

B 井有两次压力恢复资料，第一次为上部的 7 号层（井段为 502~512m），解释结果为 $S=11$。第二次为下部的 41 号层（井段为 1307.4~1309.6m），解释结果为 $S=-5$。同一井两次 S 值不同，是因为它们受钻井液浸泡时间不同。7 号层在上部先打开，受钻井液浸泡时间长，为 12d，超过标准钻井周期，属于伤害层。而 41 号层在下部后打开，受钻井液浸泡时间短，为 4d，低于标准钻井周期，属于非伤害层。

综上所述，(1) 在钻井过程中，应严格执行平衡钻井技术标准。缩短钻井周期，降低钻井液的浸泡时间。减少钻井液侵入地层的机会。(2) 为了消除紊流效应的影响，确定气井的合理工作制度。必须加强测试工作，特别是产能测试。

五、B 气田 BCA 井

对 B 气田下白垩统 HS 组和 DLK 组及 X 组一段 3 口井进行试井解释。

1. 测试简况

BCA 井测试层位为 HS 组 108~109 号、103 号、102 号、101 号、100 号、90~94 号层，测试井段为 2034.0~2178.4m，射开厚度为 32.6m，孔隙度为 0.11。2013 年 5 月 30 日—6 月 26 日测静止压力、静止温度及梯度，系统试井，流动压力、流动温度及梯度，对该井进行了不稳定试井及产能分析，并确定合理配产，测试时间安排见表 5-2-6。

表 5-2-6 B 气田 BCA 井不同工作制度测试时间安排表

测试地面记录			测试管柱
测试阶段	时间	地面显示描述	下入深度（m）
静止压力	5 月 30 日—6 月 3 日	静止压力、静止温度	1990.00
梯度测试	6 月 1 日	静止压力、静止温度梯度	
修正等时试井	6 月 3—6 日	5mm、7mm、9mm、11mm 油嘴	1990.00
梯度测试	6 月 7 日	流动压力、流动温度梯度	
试采	6 月 8—14 日	5mm 油嘴（延长开井）试采	1990.00
压力恢复	6 月 14—26 日	压力恢复	1990.00
梯度测试	6 月 26 日	压力恢复梯度	1990.00

2. 地面天然气性质

BCA 井地面天然气组分见表 5-2-7。

表 5-2-7 B 气田 BCA 井地面天然气组分表

组分	二氧化碳（%）	氮气（%）	氧气（%）	甲烷（%）	乙烷（%）	丙烷（%）	异丁烷（%）	正丁烷（%）	异戊烷（%）	正戊烷（%）	己烷（%）
值	0	4.97	0.63	88.48	3.49	1.39	0.32	0.41	0.12	0.12	0.06
相对密度：0.6251	取样日期：2013 年 6 月 14 日 7:00					分析日期：2013 年 6 月 26 日					

3. 试井解释

1）压力梯度分析

根据 2013 年 6 月 1 日静止压力梯度及 2013 年 6 月 26 日压力恢复梯度数据分析，静止压力梯度为 0.14MPa/100m，压力恢复梯度为 0.15MPa/100m。

2）压力恢复试井解释

（1）模型诊断。

2013 年 6 月 14—26 日关井压力恢复试井，从双对数—导数曲线图形特征诊断分析，第一段是井筒储集阶段早期，导数曲线沿斜率近 1 上升，称为井筒储集段；第二段是过渡段，导数曲线出现峰值后下倾；第三段是半对数图中的直线段，称为 0.5 水平段，它是地层中产生径向流的典型特征。

（2）解释结果。

依据曲线诊断分析结果，选用具有变井筒储集和表皮效应+均质气藏+无限大模型，通过现代试井理论拟合（图 5-2-11）分析和常规半对数分析（图 5-2-12）及压力历史拟合（图 5-2-13），取得了储层参数分析成果。解释地层压力为 14.08MPa，折算储层中部（储层中部深度为 1548.0m）地层压力为 14.20MPa，地层产能系数为 4.84mD · m，地层有效渗透率为 0.148mD，井筒储集系数为 1.17m^3/MPa，储层表皮系数为 9.25。

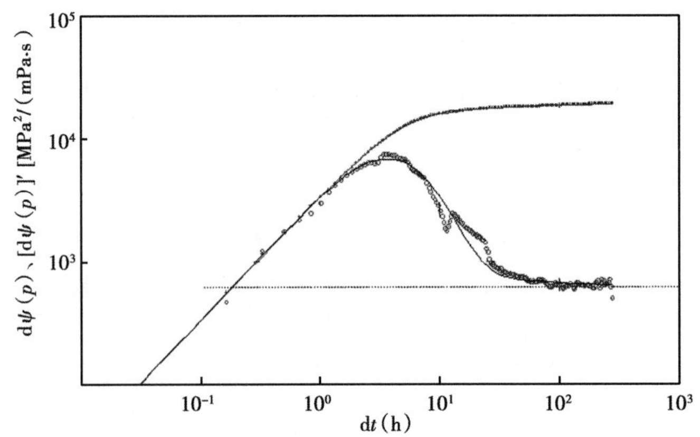

图 5-2-11　B 气田 BCA 井压力恢复双对数拟合曲线图

（3）地层压力分析。

BCA 井于 2013 年 5 月 30 日—6 月 3 日测静止压力，测点深度为 1990.0m，测点静止压力为 18.55MPa；2013 年 6 月 14—26 日测压力恢复，经过试井解释地层压力为 18.54MPa，与测点压力基本一致，折算储层中部（储层中部深度为 2109.5m）地层压力为 18.85MPa，压力系数为 0.8938，属于正常压力系统。

3）产能试井

BCA 井在修正等时试井测试期间分别采用 5.0mm 油嘴、31.75mm 孔板，7.0mm 油嘴、31.75mm 孔板，9.0mm 油嘴、38.1mm 孔板，11.0mm 油嘴、38.1mm 孔板放喷，延长开井 5.0mm 油嘴、31.75mm、25.4、mm 孔板放喷，在 5.0mm 油嘴工作制度下的短期试采产气量较稳定，油压、流动压力均显示逐渐降低。

6 月 13 日 19:00 试采结束，油嘴 5.0mm、孔板 25.49mm 生产，油压 3.72 MPa、套压 6.15MPa，井底流动压力 7.038MPa，生产压差 11.41MPa，日产气 12738m^3。不同工作制度

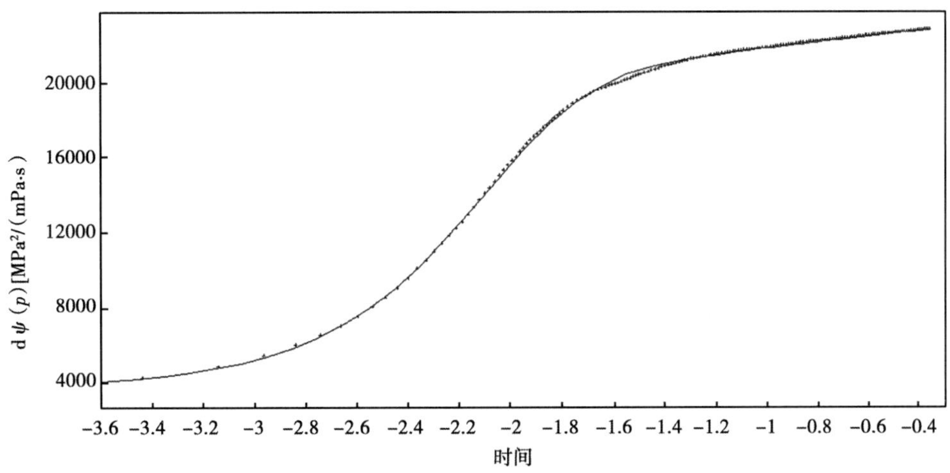

图 5-2-12　B 气田 BCA 井压力恢复半对数拟合曲线图

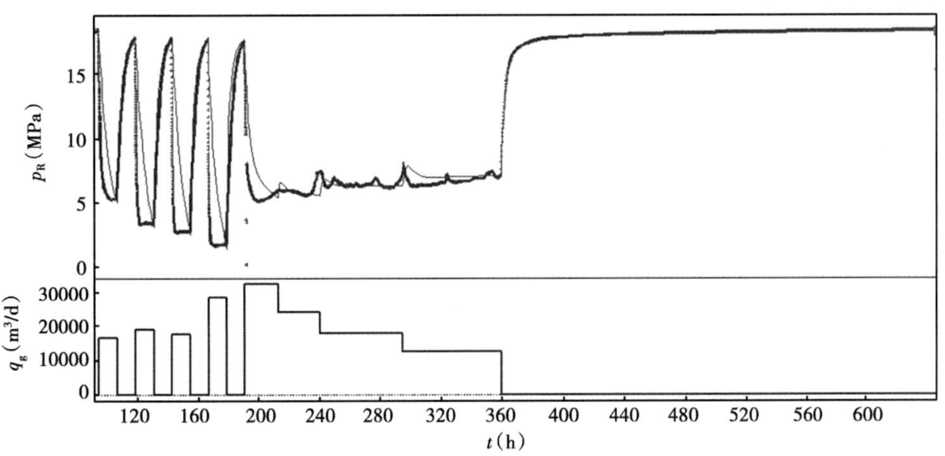

图 5-2-13　B 气田 BCA 井压力恢复压力历史拟合曲线图

下油压、套压、流动压力与产气量关系见表 5-2-8。

表 5-2-8　B 气田 BCA 井不同工作制度油压、套压、流动压力与产气量数据表

开井	油嘴（mm）	油压（MPa）	套压（MPa）	流动压力（MPa）	折算流动压力（MPa）	产气量（$10^4m^3/d$）	关井	油压（MPa）	套压（MPa）	关井最高压力（MPa）	折算关井最高压力（MPa）
								15.31	15.54	18.31	18.418
一开	5	3.64	4.68	5.326	5.505	1.6665	一关	14.64	15.11	17.814	17.922
二开	7	1.76	2.88	3.248	3.427	1.7446	二关	14.88	14.97	17.764	17.872
三开	9	1.29	2.41	2.71	2.889	1.7675	三关	14.78	14.87	17.657	17.765
四开	11	0.81	1.61	1.77	1.949	2.7987	四关	14.66	14.75	17.535	17.643
延续	5	3.72	6.15	7.038	7.217	1.2738					

注：测试日期 2013 年 6 月 3 日 07:00，修正等时试井测试开始，开关井时间间隔 12h，延续生产 168h，折算储层中部（储层中部深度 2109.5m）地层压力为 18.85MPa。

（1）修正等时试井。

修正等时试井过程中进行了 5.0mm、7.0mm、9.0mm、11mm 油嘴 4 个工作制度的放喷及 5.0mm 油嘴延长开采。由于试采设计中油嘴过大，造成 5.0mm、7.0mm、9.0mm、11mm 油嘴产量极其不稳定，如用 5.0mm 油嘴生产，产量从 45629m^3/d 下降到 11986m^3/d，生产 12h 产量下降太快。由于修正等时试井的原理是用不稳定产能曲线的斜率，推出稳定产能曲线，利用稳定产能方程求出无阻流量。要求：①不稳定产能曲线的斜率一定要正确；②延长生产流动压力、产量一定要稳定。这样求出来的参数才能正确，BCA 井不具备第一条条件，无阻流量计算是不正确的。所以采用稳定点法计算无阻流量。

（2）稳定点法确定产能方程。

利用稳定点法计算产能方程，须具备以下三点条件：①要有较长的时间试采，流动压力、产量稳定；②要有压力恢复试井解释资料以及地层压力和地层系数；③稳定点计算 Kh 与压力恢复试井解释 Kh 进行对比，基本一致才能应用。$p_R^2-p_{wf}^2=237.07465q_g+0.771444q_g^2$，无阻流量为 $1.49\times10^4m^3/d$ 。

（3）合理产能选取。

采用稳定点无阻流量（$1.49\times10^4m^3/d$），取无阻流量的 1/3 为合理产量，合理产量为 $0.5\times10^4m^3/d$，从 IPR 曲线可以看出，合理产量也为 $0.5\times10^4m^3/d$（图 5-2-14）。

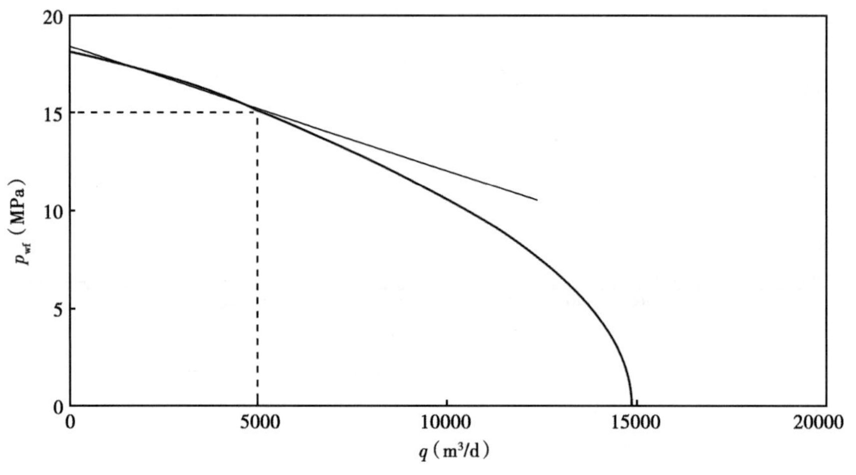

图 5-2-14　B 气田 BCA 井稳定点二项式 IPR 曲线图

4. BCA 井小结

（1）本次测试解释有效渗透率为 0.148mD，分析储层有一定的渗透能力，地层产能系数为 4.84mD・m。

（2）通过试井分析，储层中部（深度为 2109.5m）地层压力为 18.85MPa，压力系数为 0.8938，属于正常压力系统。

（3）从试采结果来看，12h 产量下降太快，储层表皮系数为 9.25，伤害较严重，需要压裂等措施。

（4）采用稳定点无阻流量（$1.5\times10^4m^3/d$），取无阻流量的 1/3 为合理产量，合理产量为 $0.5\times10^4m^3/d$。从 IPR 曲线可以看出，合理产量也为 $0.5\times10^4m^3/d$。

六、B 气田 BBO 井

1. 测试简况

BBO 井测试层位为 DLK 组 57 号、53 号、49 号、48 号层，测试井段为 1496.2～1626.8m，射开厚度为 11.2m，孔隙度为 0.1495。

2013 年 7 月 20 日—8 月 10 日放喷测气，进行了静止温度、静止压力梯度测试，修正等时试井，延长生产，2013 年 8 月 10—26 日测压力恢复、静止压力梯度。测试时间安排见表 5-2-9。

表 5-2-9　B 气田 BBO 井不同工作制度测试时间安排表

测试地面记录			测试管柱
测试阶段	时间	地面显示描述	下入深度（m）
静止压力梯度	7 月 20 日	静止压力、静止温度梯度实测	
修正等时试井	7 月 22—25 日	3mm、5mm、7mm、9mm 油嘴	1450.00
延长生产	7 月 25 日—8 月 10 日	6mm、3mm 油嘴（延续开井）试采	1450.00
压力恢复	8 月 11—26 日	压力恢复	1450.00
静止压力梯度	8 月 26 日	静止压力、静止温度梯度实测	

2. 地面天然气性质

BBO 井地面天然气组分见表 5-2-10。

表 5-2-10　B 气田 BBO 井地面天然气组分表

组分	二氧化碳（%）	氮气（%）	氧气（%）	甲烷（%）	乙烷（%）	丙烷（%）	异丁烷（%）	正丁烷（%）	异戊烷（%）	正戊烷（%）	己烷（%）
值	0	3.46	0.18	91.36	2.64	1.27	0.3	0.47	0.12	0.14	0.05
相对密度：0.6113			取样日期：2013 年 8 月 10 日 10:00				分析日期：2013 年 8 月 21 日				

3. 试井解释

1）压力梯度分析

根据 2013 年 7 月 20 日静止压力梯度及 2013 年 8 月 26 日压力恢复梯度数据分析，静止压力梯度为 0.12MPa/100m，压力恢复梯度为 0.12MPa/100m。

2）压力恢复试井解释

（1）模型诊断。

2013 年 8 月 11—26 日关井压力恢复试井，从双对数—导数曲线图形特征诊断分析，第一段是井筒储集阶段早期，导数曲线沿斜率近 1 上升；第二段是过渡流动段，反映导数曲线上升，然后又下倾到 0.5 水平线进入第三段径向流段，说明拟径向流出现；第四段为外边界反映段。在半对数分析图可见两条 2 倍关系的直线段（图 5-2-15）。

（2）解释结果。

依据模型诊断分析结果，选用具有井筒储集和表皮效应+均质+一条不渗透边界模型，通过现代试井理论拟合（图 5-2-16）分析和常规半对数拟合（图 5-2-17）及压力历史拟合（图 5-2-18），取得了储层参数分析成果。分析求得地层产能系数为 1.23mD · m，地层

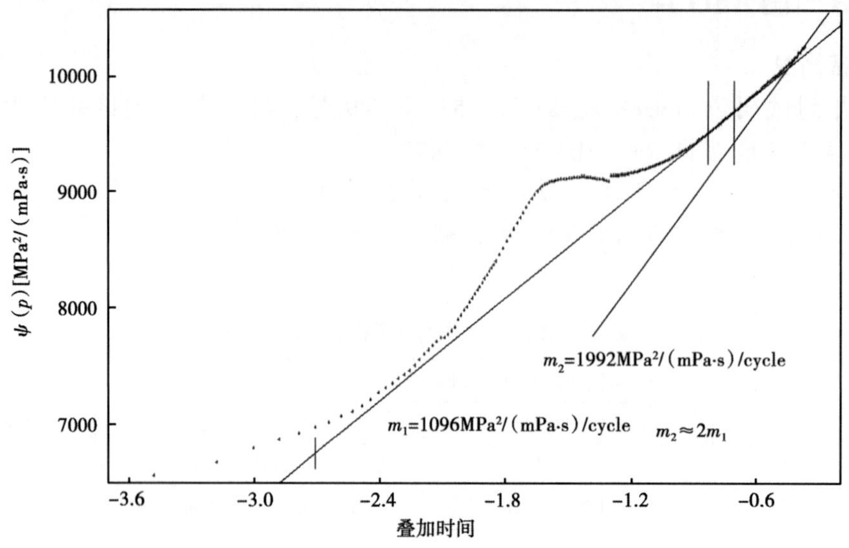

图 5-2-15　B 气田 BBO 井压力恢复半对数分析图

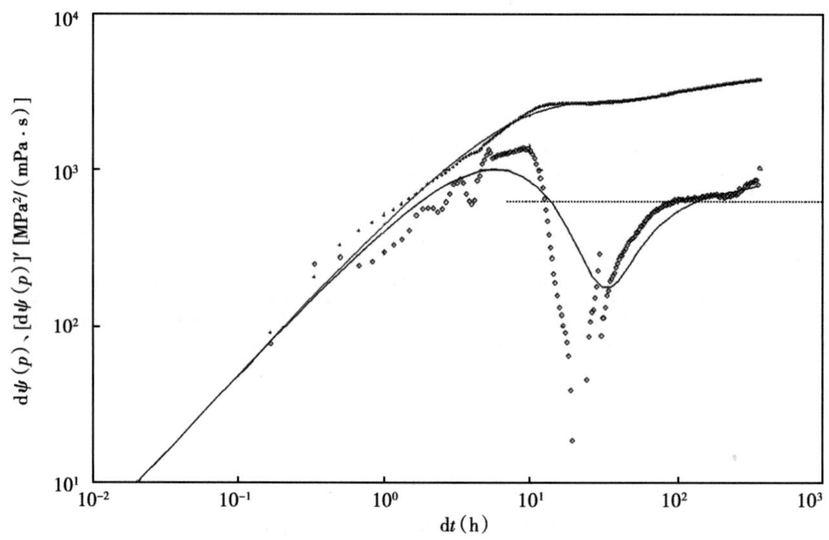

图 5-2-16　B 气田 BBO 井压力恢复双对数拟合图

有效渗透率为 0.109mD，井筒储集系数为 13.0m^3/MPa；储层表皮系数为-2.25；断层距离 20m，与地质情况相符；解释地层压力为 14.08MPa，折算储层中部（储层中部深度为 1548.00m）地层压力为 14.21MPa。

3）产能试井

BBO 井在修正等时试井测试期间分别采用 3.0mm 油嘴、31.75mm 孔板，5.0mm 油嘴、31.75mm 孔板，7.0mm 油嘴、31.75mm 孔板，9.0mm 油嘴、31.75mm 孔板放喷，延长开井 6.0mm 油嘴、3.0mm 油嘴、25.4mm 孔板放喷，3.0mm 油嘴工作制度下的短期试采产气量较稳定。

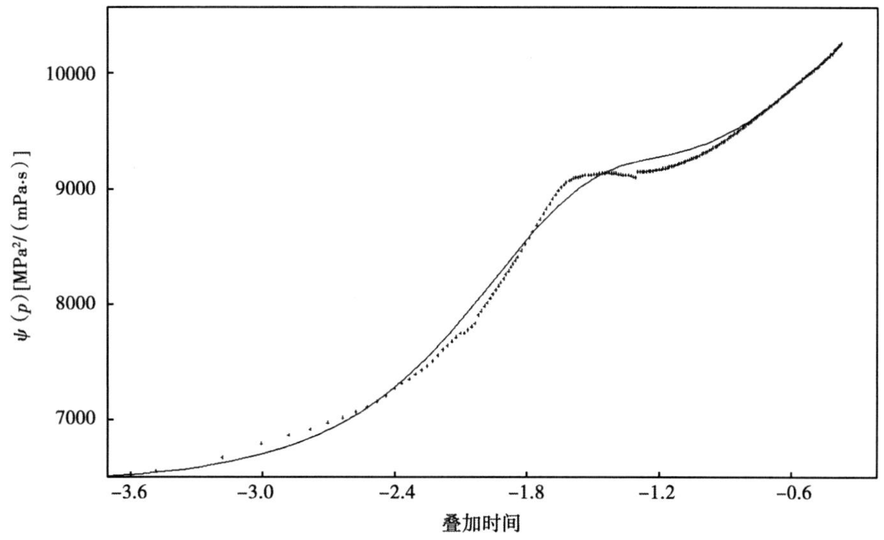

图 5-2-17　B 气田 BBO 井压力恢复半对数拟合图

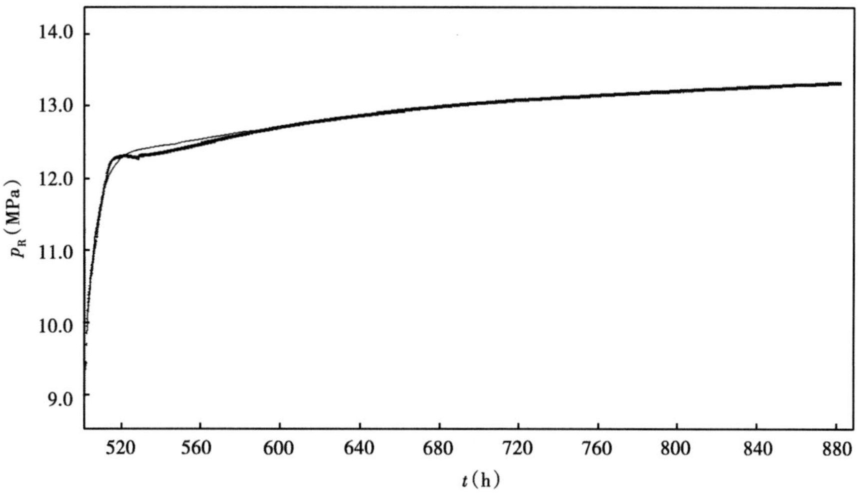

图 5-2-18　B 气田 BBO 井压力恢复压力历史拟合图

7 月 26 日试采结束，油嘴 3.0mm、孔板 25.49mm 生产，油压 2.87MPa、套压 8.47MPa，井底流动压力 9.45MPa，生产压差 4.63MPa，日产气 3540m^3。不同工作制度下油压、套压、流动压力与产气量关系见表 5-2-11。

（1）修正等时试井。

修正等时试井过程中进行了 3mm、5.0mm、7.0mm、9.0mm 油嘴 4 个工作制度的放喷及 6.0mm、3mm 油嘴延长开采，根据所取得的产能和流动压力资料，利用修正等时试井指数式压力平方法和二项式拟压力法进行无阻流量的计算分析。

采用修正等时试井指数式压力平方法的产能方程：

$$q_g = 0.037197(p_R^2 - p_{wf}^2)^{0.968519}$$

表 5-2-11　B 气田 BBO 井不同工作制度油压、套压、流动压力与产气量数据表

开井	油嘴（mm）	油压（MPa）	套压（MPa）	流动压力（MPa）	折算流动压力（MPa）	产气量（$10^4m^3/d$）	关井	油压（MPa）	套压（MPa）	关井最高压力（MPa）	折算关井最高压力（MPa）
								12. 05	12. 15	13. 692	13. 810
一开	3	6. 19	8. 65	9. 639	9. 757	0. 7251	一关	11. 59	11. 67	13. 195	13. 313
二开	5	3. 19	6. 66	7. 101	7. 219	0. 9345	二关	11. 05	11. 12	12. 604	12. 722
三开	7	2. 28	5. 08	4. 780	4. 898	0. 9710	三关	10. 74	10. 77	12. 230	12. 348
四开	9	1. 98	4. 41	4. 180	4. 298	1. 0952	四关	10. 53	10. 57	11. 988	12. 106
延续	6、3	2. 88	8. 64	9. 451	9. 569	0. 3540					

注：测试日期 2013 年 7 月 22 日 10:00 修正等时试井测试开始，开关井时间间隔 12h，延长生产 360h，地层压力为 14. 21MPa。

无阻流量为 0. 64×$10^4m^3/d$（图 5-2-19）。

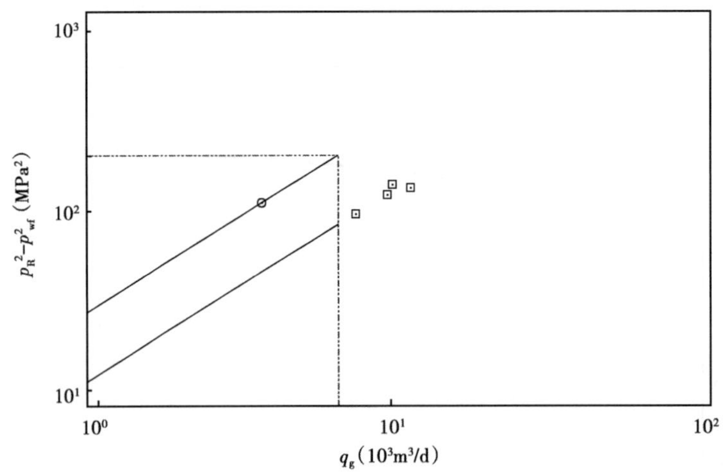

图 5-2-19　B 气田 BBO 井修正等时试井压力平方法指数式图

采用修正等时试井二项式拟压力法的产能方程：

$$\psi(p_R) - \psi(p_{wf}) = 1328.4q_g + 31.5426q_g^2$$

无阻流量为 0. 72×$10^4m^3/d$（图 5-2-20）。

BBO 井修正等时试井二项式拟压力法计算无阻流量为 0. 72×$10^4m^3/d$，无阻流量小于修正等时试井不稳定产能曲线的产量。因为试井设计中的油嘴过大，为 3mm、5mm、7mm、9mm，但该井没有那么大的生产能力。3mm 油嘴的产量为 7251m^3/d，5mm 油嘴的产量为 9345m^3/d，7mm 油嘴的产量为 9710m^3/d，9mm 的油嘴产量为 10952m^3/d，但产量均不稳定，呈下降趋势，所以无阻流量比不稳定产能曲线的产量低是正确的。另外，修正等时试井的原理是用不稳定产能曲线的斜率，推出稳定产能曲线，利用稳定产能方程求出无阻流量。要求：①不稳定产能曲线的斜率一定要正确；②延长生产流动压力、产量一定要稳定。这样求出来的参数才能正确。该井具备上述两条要求，解释的无阻流量是正确的。

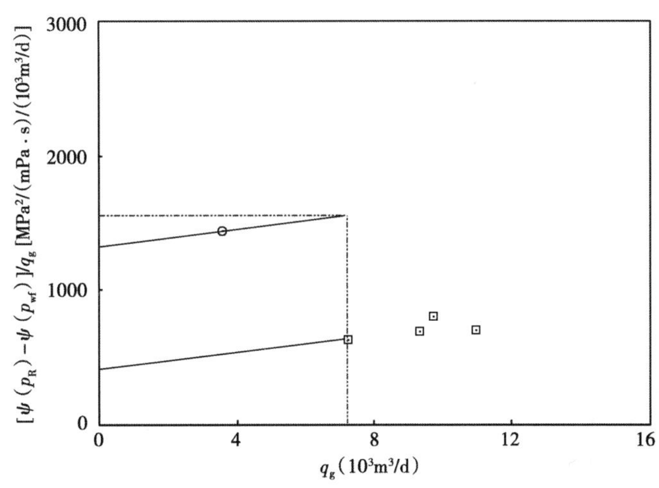

图 5-2-20　B 气田 BBO 井修正等时试井拟压力法二项式图

（2）合理产能选取。

采用修正等时试井二项式拟压力法计算无阻流量为 0.72×10^4m^3/d。取无阻流量的 1/3 为合理产量，合理产量为 0.24×10^4m^3/d。

4. BBO 井小结

（1）本次测试解释有效渗透率为 0.109mD，分析储层有一定的渗透能力，地层流动系数为 42.0（mD·m）/（mPa·s），表明气体有一定的流动能力。

（2）通过试井分析，储层中部（深度为 1548.0m）地层压力为 14.21MPa。

（3）采用修正等时试井二项式拟压力法计算无阻流量为 0.72×10^4m^3/d。取无阻流量的 1/3 为合理产量，合理产量为 0.24×10^4m^3/d。

七、B 气田 FBF 井

1. 测试简况

FBF 井测试层位为 DLK 组 147 号、135 号、100 号、99 号、86^{上}~87 号、83^{上}~84 号层，测试井段为 1575.8~1952.0m，射开厚度为 20.6m，孔隙度为 0.159。

2014 年 4 月 29 日—6 月 4 日测静止压力、静止温度及梯度，系统试井，流动压力、流动温度梯度（表 5-2-12）。

表 5-2-12　B 气田 FBF 井不同工作制度测试时间安排表

测试地面记录			测试管柱
测试阶段	时间	地面显示描述	下入深度（m）
静止压力梯度	4 月 29 日	静止压力、静止温度梯度测试	
静止压力	4 月 29 日—5 月 2 日	静止压力、静止温度测试	1585.00
修正等时试井	5 月 2—5 日	5mm、7mm、9mm、11mm 油嘴	1585.00
试采	5 月 5—15 日	7mm 油嘴（延长开井）试采	1585.00
流动压力梯度	5 月 15 日	测流动压力、流动温度梯度	
压力恢复	5 月 17 日—6 月 4 日	测压力恢复	
压力恢复梯度	6 月 4 日	测压力恢复、温度梯度	

2. 地面天然气性质

FBF 井地面天然气组分见表 5-2-13。

表 5-2-13　B 气田 FBF 井地面天然气组分

组分	二氧化碳（%）	氮气（%）	氧气（%）	甲烷（%）	乙烷（%）	丙烷（%）	异丁烷（%）	正丁烷（%）	异戊烷（%）	正戊烷（%）	己烷（%）
值	0	3.78	0.24	88.56	4.6	1.56	0.35	0.54	0.14	0.16	0.06

3. 试井解释

1）压力梯度分析

根据 2014 年 4 月 29 日静止压力梯度、5 月 15 日流动压力梯度、6 月 4 日压力恢复梯度数据，静止压力梯度为 0.12MPa/100m，流动压力梯度为 0.16MPa/100m 和压力恢复梯度为 0.12MPa/100m。

2）压力恢复试井解释

（1）模型诊断。

2014 年 5 月 17 日—6 月 4 日关井压力恢复试井，从双对数—导数曲线图形特征诊断分析，第一段是井筒储集阶段早期，导数曲线沿斜率近 1 上升；第二段是过渡流动段，反映导数曲线上升，然后又下倾到 0.5 水平线进入第三段径向流段，说明径向流出现；第四段为外边界反映段。

（2）解释结果。

依据模型诊断分析结果，选用具有井筒储集和表皮效应+均质+两条平行不渗透边界模型，通过现代试井理论拟合（图 5-2-21）分析和常规半对数拟合（图 5-2-22）及压力历史拟合（图 5-2-23），取得了储层参数分析成果。分析求得地层产能系数为 612.0mD · m，地层有效渗透率为 29.7mD，井筒储集系数为 1.67m^3/MPa，储层表皮系数为 8.02；断层距离 r_1 为 181.0m，r_2 为 277m，与地质情况相符；解释地层压力为 14.80MPa，折算储层中部（储层中部深度为 1763.0m）地层压力为 15.01MPa。

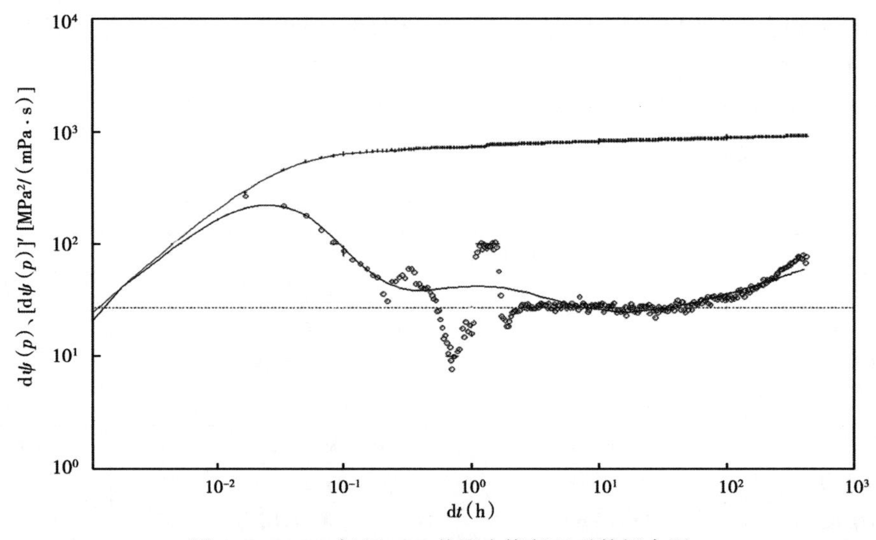

图 5-2-21　B 气田 FBF 井压力恢复双对数拟合图

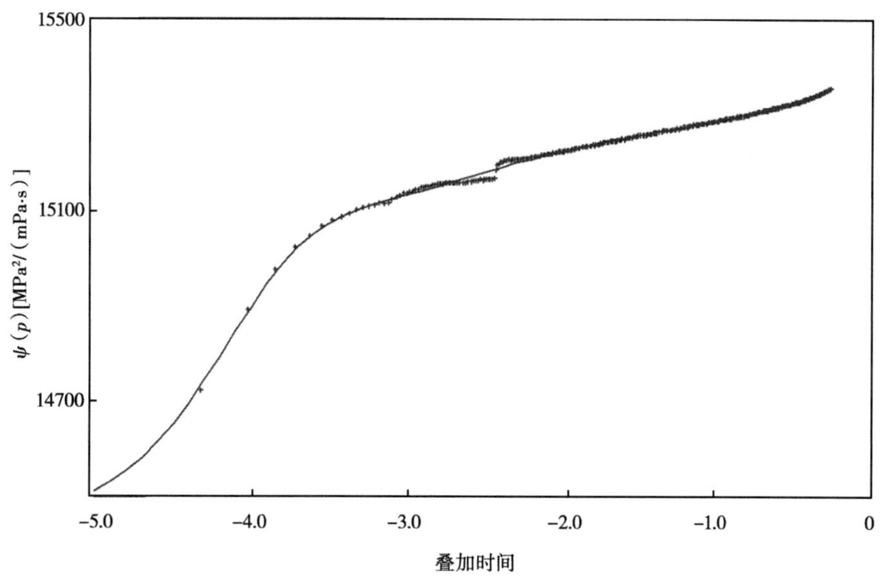

图 5-2-22　B 气田 FBF 井压力恢复半对数拟合图

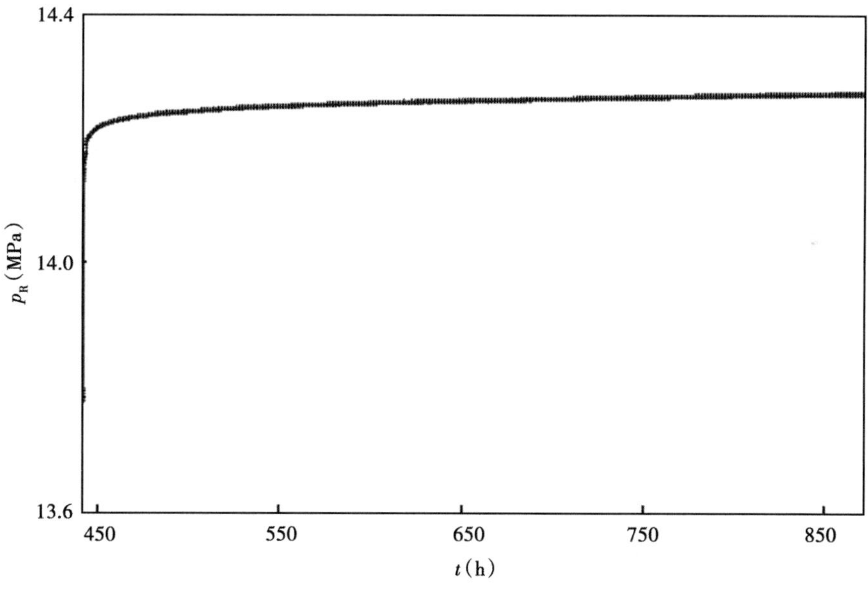

图 5-2-23　B 气田 FBF 井压力恢复压力历史拟合图

3）产能试井

FBF 井在修正等时试井测试期间分别采用 5mm 油嘴、25.40mm 孔板，7mm 油嘴、38.10mm 孔板，9mm 油嘴、57.15mm 孔板，11mm 油嘴、69.85mm 孔板生产，延长开井 7mm 油嘴、38.10mm 孔板生产，7mm 油嘴工作制度下的短期试采产气量较稳定。

试采结束以油嘴 7.0mm、孔板 38.10mm 生产，油压 11.35MPa，井底流动压力 14.3522MPa，日产气 73695m^3。不同工作制度下油压、套压、流动压力与产气量关系见表 5-2-14。

表 5-2-14　B 气田 FBF 井不同工作制度油压、套压、流动压力与产气量数据表

开井	油嘴(mm)	油压(MPa)	流动压力(MPa)	折算流动压力(MPa)	产气量($10^4m^3/d$)	关井	油压(MPa)	关井最高压力(MPa)	折算关井最高压力(MPa)
							12.75	14.4917	14.7053
一开	5	12.52	14.1597	14.4445	3.6185	一关	12.73	14.4538	14.6674
二开	7	11.24	13.8470	14.1318	6.5990	二关	12.74	14.4380	14.6516
三开	9	10.88	13.5079	13.7927	9.4982	三关	12.76	14.4190	14.6326
四开	11	10.64	13.7976	14.0824	13.0847				
延续	7	11.35	14.0674	14.3522	7.3695				

注：测试日期：2014 年 5 月 17 日—6 月 4 日关井压力恢复测试，解释地层压力 15.01MPa。

（1）修正等时试井。

修正等时试井过程中进行了 5.0mm、7.0mm、9.0mm、11.0mm 油嘴 4 个工作制度的放喷及 7.0mm 油嘴延长开采，根据所取得的产能和流动压力资料，利用修正等时试井指数式压力平方法和二项式拟压力法进行无阻流量的计算分析。

取前 3 个工作制度，采用修正等时试井指数式压力平方法的产能方程：

$$q_g = 6.30762(p_R^2 - p_{wf}^2)^{0.828567}$$

无阻流量为 $56.1396 \times 10^4 m^3/d$（图 5-2-24）。

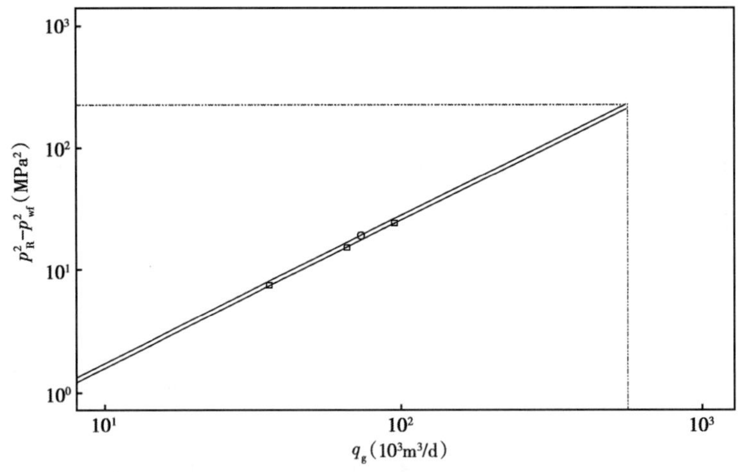

图 5-2-24　B 气田 FBF 井修正等时试井压力平方法指数式图

采用修正等时试井二项式拟压力法的产能方程：

$$\psi(p_R) - \psi(p_{wf}) = 13.8018q_g + 0.0578311q_g^2$$

无阻流量为 $43.3556 \times 10^4 m^3/d$（图 5-2-25）。

（2）合理产能选取。

采用修正等时试井二项式拟压力法计算无阻流量为 $43.36 \times 10^4 m^3/d$。取无阻流量的 1/6 为合理产量，合理产量为 $7.0 \times 10^4 m^3/d$。

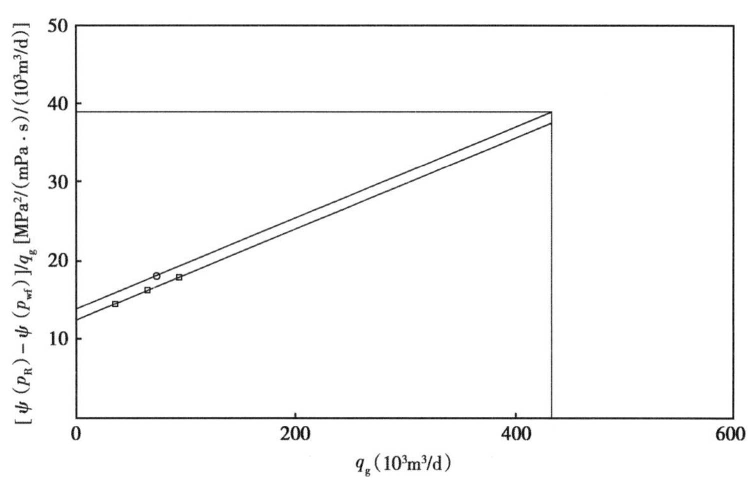

图 5-2-25　B 气田 FBF 井修正等时试井拟压力法二项式图

4. FBF 井小结

（1）本次测试解释有效渗透率为 29.7mD，分析储层渗透能力很好，地层流动系数为 37240.32（mD·m）/(mPa·s)，表明气体流动能力很好。

（2）通过试井分析，储层中部（深度为 1763.0m）地层压力为 15.01MPa。

（3）采用修正等时试井二项式拟压力法计算无阻流量为 $43.36\times10^4m^3/d$。取无阻流量的 1/6 为合理产量，合理产量为 $7.0\times10^4m^3/d$。

第三节　C 气田试井实例分析

C 气田位于某省某县境内，邻近 G 油田和 H 油田。区域构造位于 G 断陷 H 构造带上，邻近生烃凹陷，是油气长期运移的指向区。C 气田深层火山岩 HS 组和碎屑岩 DLK 组—X 组生、储、盖组合好，天然气生成时间与构造形成期具备良好的匹配条件，在 HS 组形成火山岩构造气藏，在碎屑岩 DLK 组—X 组形成受砂体控制的构造背景下的岩性气藏，勘探开发潜力大。2007—2008 年在 HS 组火山岩储层试气获高产工业气流。2010 年在 X 组碎屑岩储层部署评价井，试气获高产气流，从而发现 H 气田碎屑岩气藏。

一、C 气田 A 井

1. 测试简况

测试层位为 HS 组，井段为 2733.6~2850.0m，厚度为 116.39m，岩性为流纹岩，测井解释为气层，该层于 2008 年 11 月 14—16 日进行中途测试，测试井段为 2733.61~2908.86m，压力计下入深度为 2672.89m，实测地层最高压力为 30.631MPa，外推地层压力为 31.051 MPa，实测地层温度为 90.99℃。2009 年 4 月 19 日、5 月 26 日进行静止压力、静止温度梯度测试；2009 年 5 月 26 日—7 月 1 日进行修正等时试井、延续开井及关井压力恢复测试，修正等时试井先后采用 2mm、4mm、6mm、8mm 油嘴，延续开井阶段以 4mm 油嘴生产，2009 年 8 月开始投产。对 A 井进行了不稳定试井及产能分析，并确定合理配产，测试时间安排见表 5-3-1。

表 5-3-1　C 气田 A 井不同工作制度测试时间安排表

测试阶段	时 间	地面显示描述	下入深度（m）
梯度测试	2009 年 4 月 19 日	测静止压力、静止温度梯度	2760.00
梯度测试	2009 年 5 月 26 日	测静止压力、静止温度梯度	2760.00
系统试井	2009 年 5 月 29 日—6 月 11 日	油嘴 2mm、4mm、6mm、8mm	2768.00
压力恢复	2009 年 6 月 11 日—7 月 1 日	压力恢复	2768.00

2. 地面天然气性质

A 井地面天然气组分见表 5-3-2。

表 5-3-2　C 气田 A 井地面天然气组分表

取样/分析日期	相对密度	天然气组分（%）									
		甲烷	乙烷	丙烷	异丁烷	正丁烷	异戊烷	正戊烷	己烷	氮气	二氧化碳
2009 年 5 月 31 日 2009 年 6 月 2 日	0.6139	91.18	3.61	0.92	0.18	0.26	0.12	0.10	0.13	2.52	0.91
2009 年 6 月 1 日 2009 年 6 月 2 日	0.6166	90.50	3.61	0.92	0.18	0.25	0.12	0.09	0.13	3.12	0.92

3. 试井解释

1）压力恢复试井解释

（1）模型诊断。

A 井不稳定试井双对数曲线压力和压力导数后期上翘，上翘的趋势可能是两条断层，或者是径向复合，存在明显的多解性，为了验证该信息是否是真正的地层信息，采用附加导数中的压力降落导数和压力恢复导数进行对比（图 5-3-1），从曲线可以看出，后期压力降落导数和压力恢复导数分离严重，证明该井还是受到了开井时间短的影响，因此解释的后期上

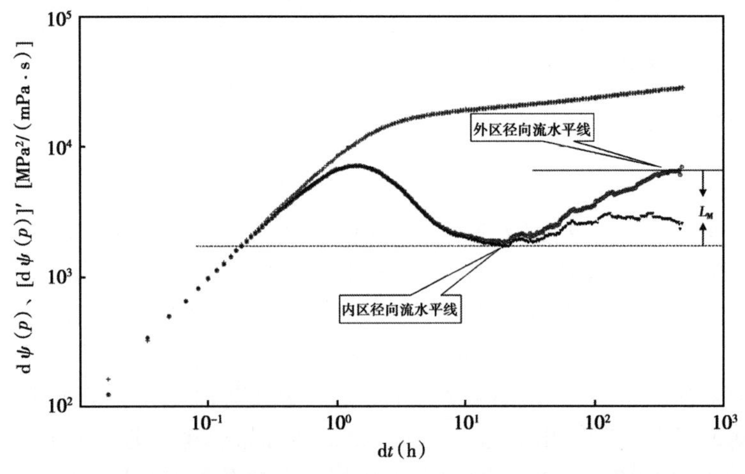

图 5-3-1　C 气田 A 井双对数分析图

翘有点异常，但该井径向流和复合边界信息都是可靠的，因此该井采用该解释资料得到的渗透率、井筒储集系数、表皮系数都是可靠的。

（2）解释结果。

通过模型诊断和图形分析，试井解释模型采用内边界条件为变井筒储集、表皮效应+复合模型。解释结果：$p_R=29.09$MPa、$K=0.0462$mD、$S=1.97$、$C=0.0225\mathrm{m^3/MPa}$（图 5-3-2、图 5-3-3、图 5-3-4），属于低渗气藏。

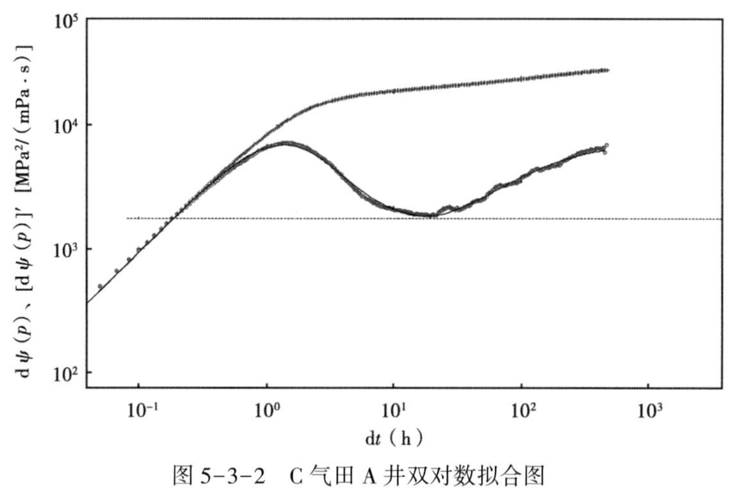

图 5-3-2　C 气田 A 井双对数拟合图

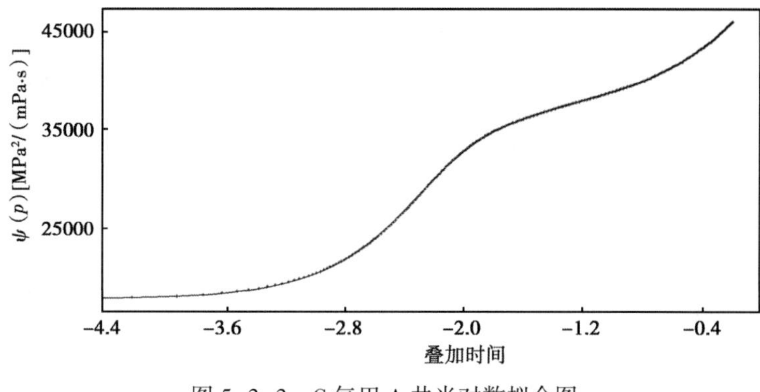

图 5-3-3　C 气田 A 井半对数拟合图

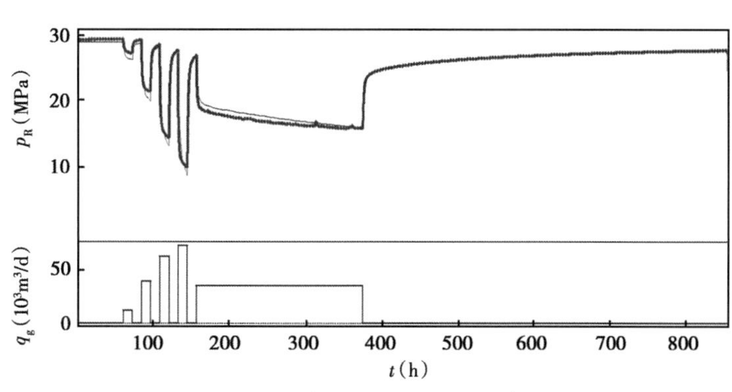

图 5-3-4　C 气田 A 井压力史拟合图

2）产能试井

A 井在修正等时试井测试期间分别采用 2.00mm 油嘴、25.40mm 孔板，4.00mm 油嘴、31.75mm 孔板，6.00mm 油嘴、38.10mm 孔板，8.00mm 油嘴、44.45mm 孔板放喷；延续开井阶段采用 4.00mm 油嘴、31.75mm 及 28.575mm 孔板放喷。在试井测试开井放喷期间，除 2.00mm 油嘴工作制度外，其他油嘴工作制度下的油压、套压、井底流动压力不稳定，产能也随时间的增长而降低，说明储层物性差、远距离供气能力不足。2009 年 6 月 11 日 6:00，以 4.00mm 油嘴、28.575mm 孔板求产，油压 12.43MPa，套压 12.83MPa，井底流动压力 15.898MPa，生产压差 13.83MPa，日产气 35552.76m^3、折日产油 1.5m^3。不同工作制度下油压、套压、流动压力与产气量关系见表 5-3-3。

表 5-3-3　C 气田 A 井修正等时试井测试数据表

开井	测试日期（年．月．日-小时）	油嘴（mm）	油压（MPa）	套压（MPa）	产气量（$10^4m^3/d$）	折算产油量（m^3/d）	流动压力（MPa）	关井	测试日期（年．月．日-小时）	关井最高压力（MPa）
										29.576
一开	2009.5.29-6:00	2	22.00	22.21	1.2200	0.20	27.421	一关	2009.5.29-18:00	29.37
二开	2009.5.30-6:00	4	16.35	17.45	3.9000	0.42	21.602	二关	2009.5.30-18:00	28.764
三开	2009.5.31-6:00	6	11.09	11.68	6.2300	2.20	14.473	三关	2009.5.31-18:00	27.373
四开	2009.6.1-6:00	8	7.22	8.08	7.1900	1.40	10.065	四关	2009.6.1-18:00	27.051
延续	9d	4	12.43	12.83	3.4700	1.50	15.898			

注：测试深度 2768.0m，测试温度 90.99℃，解释地层压力 29.97MPa。

采用 4mm 油嘴延续生产，产量为 3.47×$10^4m^3/d$，流动压力为 15.898MPa，经计算，A 井的指数式产能方程：

$$q_g = 0.00264915(p_R^2 - p_{wf}^2)^{0.912476}$$

无阻流量 q_{AOF}= 5.15719×$10^4m^3/d$（图 5-3-5）。

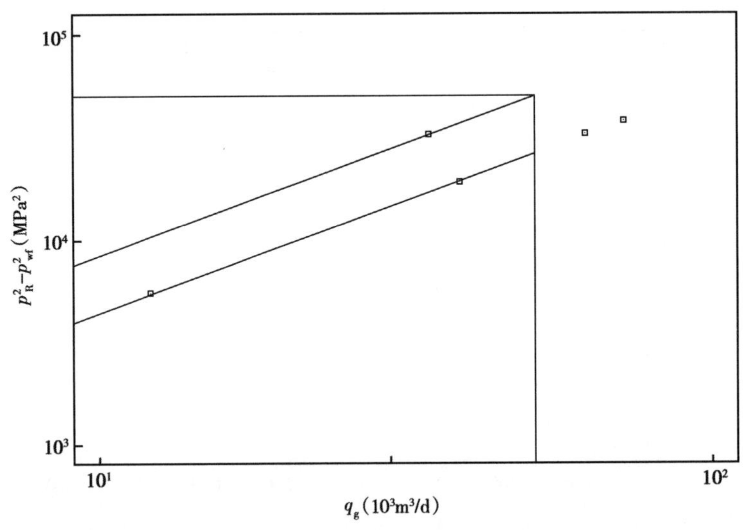

图 5-3-5　C 气田 A 井修正等时试井指数式图

经计算，A 井的二项式产能方程：

$$\psi(p_R) - \psi(p_{wf}) = 888.4629q_g + 1.40351 \times 10^{-6}q_g^2$$

无阻流量 $q_{AOF}=5.22015\times10^4 m^3/d$（图 5-3-6）。

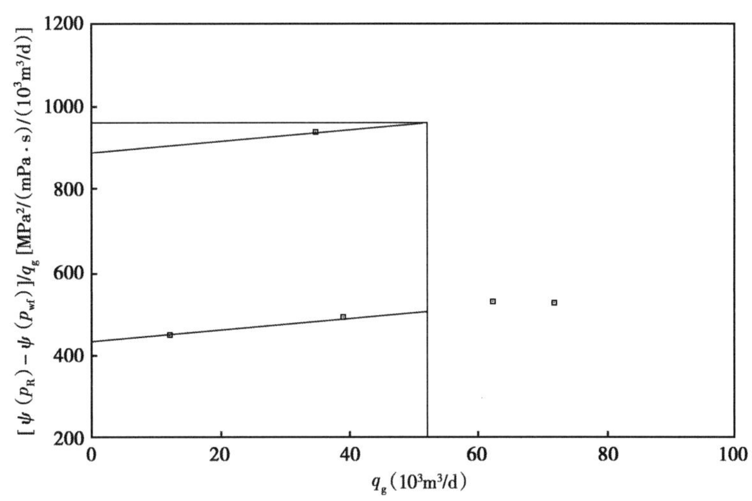

图 5-3-6　C 气田 A 井修正等时试井二项式图

由于 4 个工作制度的数据作出的是不稳定产能曲线，用延续生产的产量和流动压力作出稳定产能曲线。所求的无阻流量比 4 个工作制度的产量要小，所以 A 井的无阻流量也是合理的，这也是低渗储层的一个特点。

4. Topaze 生产动态分析

将 A 井 2009 年 8 月 29 日—2011 年 5 月 10 日的生产动态数据（包括日产气量、井口套压、气体组分、射开厚度及气层中部等）录入软件中。在 Topaze 气井生产数据分析软件中主要有三幅图。

（1）井底流动压力双对数图。利用 Topaze 软件将井口套压通过气体组分及气层中部折算出井底流动压力，并作井底流动压力双对数图，从图中可以看出无论是压力对数还是压力导数后期出现斜率为 1 的拟稳定流动。再通过双对数拟合可以求出有效渗透率和表皮系数（图 5-3-7）。

（2）采气指数、采气指数积分及采气指数积分导数图。通过该图拟合可以求出井控地质储量和有效渗透率（图 5-3-8）。

（3）日产量、累计产量、井底流动压力及地层压力剖面图。通过该图可以拟合出历年地层压力剖面（图 5-3-9）。

Topaze 软件气井动态解释结果如下。

2009 年 6 月 11 日—7 月 1 日关井进行压力恢复试井测试，以 $p_R=29.09$MPa 为解释标准，解释压力剖面。

$p_{(2009年8月29日)}=29.09$MPa；$p_{(2009年12月31日)}=23.29$MPa；$p_{(2010年6月31日)}=15.91$MPa；$p_{(2010年12月31日)}=13.07$MPa；$p_{(2010年12月31日)}=11.08$MPa 等一系列压力值；地层系数 $Kh=2.74$mD·m；有效渗透率 $K=0.0409$mD；井控地质储量 $G=1.04\times10^8 m^3$；剩余地质储量 $G_{剩余}4.53\times10^6 m^3$。

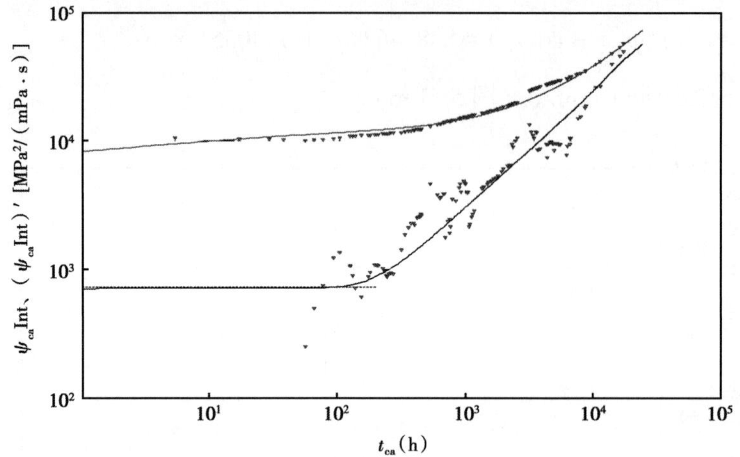

图 5-3-7　C 气田 A 井流量重整压力双对数拟合图

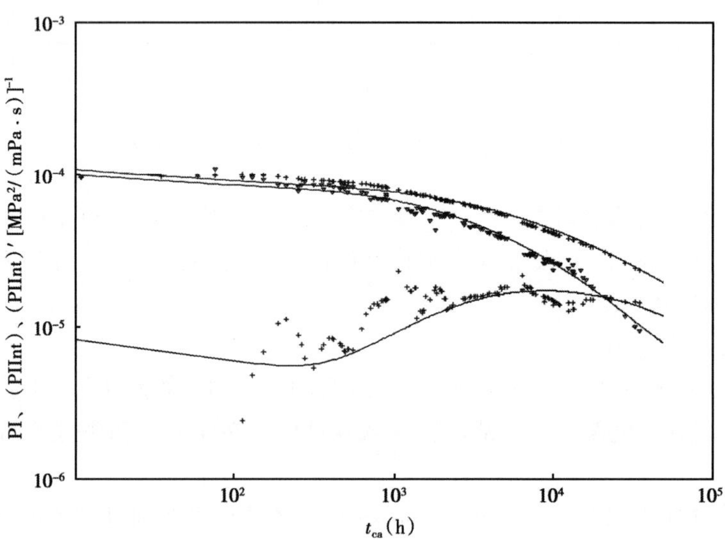

图 5-3-8　C 气田 A 井 Blasingame 曲线拟合图

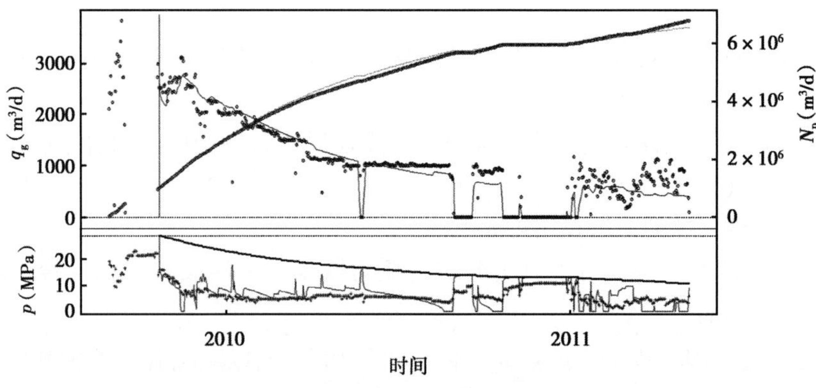

图 5-3-9　C 气田 A 井生产历史拟合图

二、C 气田 B 井

1. 测试简况

测试层位为 HS 组 187 号层，井段为 4064.0~4070.0m，厚度为 6.00m，岩性为流纹岩，测井解释为气层（表 5-3-4）。

表 5-3-4　C 气田 B 井测试层位及电测解释基础数据表

解释层号	层位	解释井段（m）	射孔井段（m）	厚度（m）	电阻率（Ω·m）	孔隙度（%）	密度（g/cm^3）	声波时差（μs/m）	含气饱和度（%）	电测解释	解释结论
187	HS	4053.20~4079.60	4064.00~4070.00	6.00	115.0	11.0	2.43	220.0	60	气层	气层

B 井于 2008 年 11 月 25 日压裂，加陶粒及树脂陶粒 $32m^3$，平均砂比为 23.5%，压后进行了放喷求产。2008 年 12 月 10 日进行流动压力、流动温度梯度测试；B 井压后放喷关井前（2008 年 12 月 11 日 16:00—18:00），采用 7mm 油嘴、50.8mm 孔板求产，油压 11.82MPa，套压 12.0MPa，井底流动压力 16.90MPa，生产压差 19.10MPa，日产气 $68123m^3$。2009 年 3 月 14—15 日进行静止压力、静止温度测试；2009 年 3 月 16—24 日进行系统试井产能测试；2009 年 3 月 24 日以后采用 6.35mm 油嘴试采。上述测试获得了合格的压力、温度、产能资料。系统试井后试采选用 6.35mm 油嘴、44.45mm 孔板（初期 38.10mm 孔板）放喷生产，在压力计起出之前以 2009 年 3 月 26 日 24:00 试采取值，产气量 $44445m^3/d$，油压 8.87MPa，套压 10.46MPa，井底流动压力 14.99MPa，生产压差 17.70MPa。据 2009 年 3 月 24 日—4 月 2 日资料分析，期间平均产气量 $43494m^3/d$（其中平均产油 0.57 m^3/d，平均产水 $4.65m^3/d$），油压由 16.27MPa 下降至 7.89MPa，套压由 16.78MPa 下降至 8.39MPa，从试采后油压、套压情况分析，在产能基本稳定的情况下油压、套压下降较快，2009 年 3 月 27 日—4 月 2 日油压、套压下降速度分别为 0.138MPa/d、0.295MPa/d，测试时间安排见表 5-3-5。

表 5-3-5　C 气田 B 井不同工作制度测试时间安排表

测试阶段	时间	地面显示描述	下入深度（m）
梯度测试	2008 年 12 月 10 日	测流动压力、流动温度梯度	3550.00
梯度测试	2009 年 3 月 14—15 日	测静止压力、静止温度梯度	4050.00
系统试井	3 月 16—24 日	4 个工作制度	4050.00
试采	3 月 24—27 日	6.35mm 油嘴试采	4050.00

2. 地面天然气性质

B 井地面天然气组分见表 5-3-6。

表 5-3-6　C 气田 B 井地面天然气组分表

相对密度	天然气组分（%）									
	甲烷	乙烷	丙烷	异丁烷	正丁烷	异戊烷	正戊烷	己烷	氮气	二氧化碳
0.6950	80.63	8.11	2.70	0.72	0.74	0.15	0.16	0.19	3.62	2.95
0.6992	80.03	8.07	2.69	0.70	0.72	0.17	0.15	0.30	4.15	2.96
0.7069	79.29	7.84	2.81	0.78	0.83	0.28	0.20	0.32	4.71	2.79

3. 试井解释

1）压力恢复试井解释

（1）模型诊断。

B 井 187 号层至今共进行三次测试：一是射孔阶段的地层测试，二关井测点（压力计深度为 4018.81m）最高恢复压力为 40.62MPa，储层中部地层压力为 41.28MPa，压力系数为 1.037；二是压裂后放喷测试，放喷后关井 538h，测点（压力计深度为 3556.91m）关井最高恢复压力为 30.77MPa，模拟测点地层压力为 36.00MPa，储层中部地层压力为 37.12MPa，压力系数为 0.931；三是系统试井阶段，由于关井时间短，二关 52h 关井测点（压力计深度为 4050.00m）最高恢复压力为 31.65MPa，模拟测点地层压力为 32.69MPa，目前储层中部地层压力为 32.73MPa（由于关井时间短，该值仅供参考），压力系数为 0.823。2008 年 11 月 26 日—12 月 10 日试采。2008 年 12 月 11 日—2009 年 1 月 3 日进行历时 540h 的关井压力恢复试井测试，在 2009 年 3 月 16 日以后系统试井中先后有 4~53h 的关井压力恢复试井测试，但由于关井时间短，不能代表地层的真实况状，以 2008 年 12 月 11 日—2009 年 1 月 3 日的关井压力恢复试井测试为准。从图形分析得到不稳定试井双对数曲线压力和压力导数类似平行攀升，表现为斜率为 1/4 的双线性流特征，但后期略有上翘的异常信息，为了验证该信息是否正常，采用附加导数中的压力降落导数和压力恢复导数进行对比（图 5-3-10），从曲线可以看出，后期压力降落导数和压力恢复导数分离严重，证明该井还是受到了开井时间短的影响，因此解释时不能完全信任曲线所表现出来的形态。

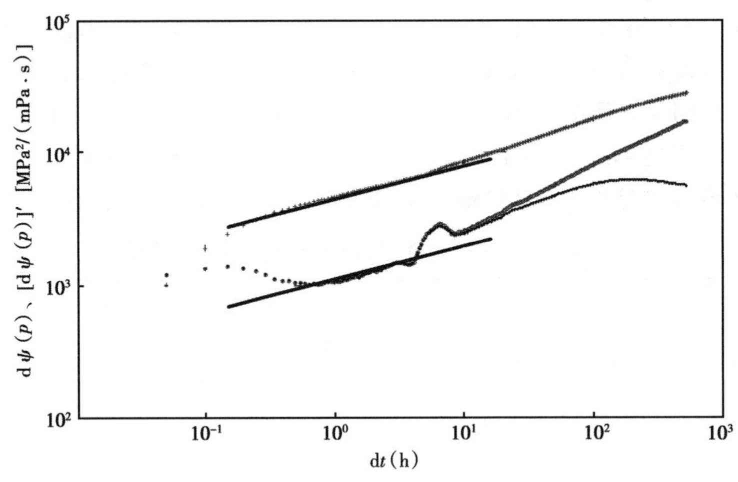

图 5-3-10　C 气田 B 井双对数分析图

（2）解释结果。

通过模型诊断和图形分析，试井解释模型采用内边界条件为井筒储集、表皮效应+有限导流性垂直裂缝模型+无限大边界。解释结果：p_R = 36.37MPa、K = 0.62mD、x_f = 119m、C=1.46m^3/MPa、F_C=7660mD · m（图 5-3-11、图 5-3-12、图 5-3-13），属于低渗气藏。

2）产能试井

B 井压裂后放喷关井前（2008 年 12 月 11 日 16:00—18:00），7mm 油嘴、50.8mm 孔板求产，油压 11.82MPa，套压 12.0MPa，井底流动压力 16.90MPa，生产压差 19.10MPa，日产气 68123m^3。

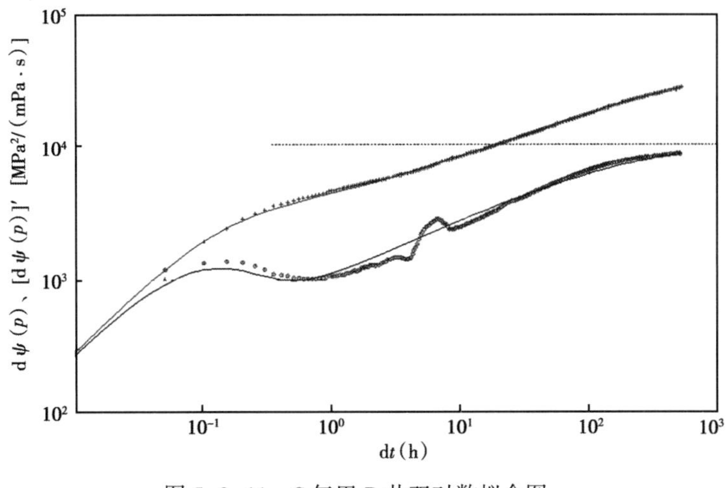

图 5-3-11　C 气田 B 井双对数拟合图

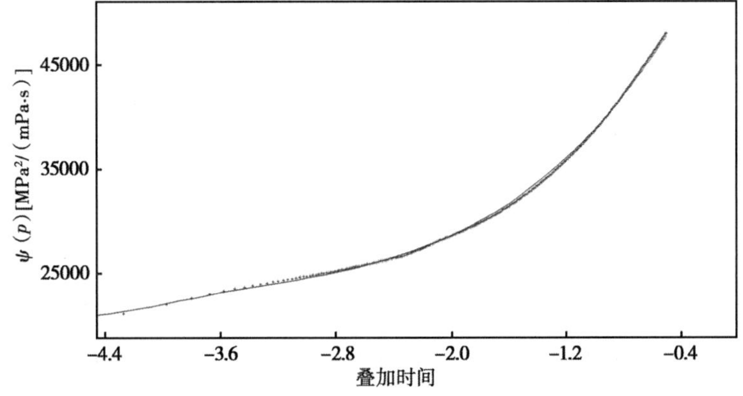

图 5-3-12　C 气田 B 井半对数拟合图

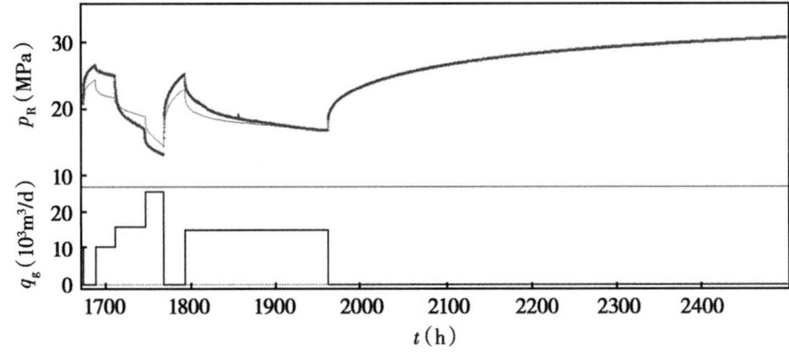

图 5-3-13　C 气田 B 井压力史拟合图

从 2009 年 3. 175mm、4. 763mm、6. 350mm、7. 938mm 油嘴 4 个工作制度的放喷阶段系统试井流动压力曲线可看出（表 5-3-7），每个工作制度下产能相对不稳定，其流动压力也不稳定，呈下降趋势。由于频繁更换孔板、整改管线等，造成系统试井工作制度不稳定，给产能评价造成困难，总的来说此次修正等时试井不成功。

表 5-3-7　C 气田 B 井不同工作制度油压、套压、流动压力与产气量数据表

油嘴（mm）	油压（MPa）	套压（MPa）	流动压力（MPa）	产气量（m^3/d）	阶段
3. 175	19. 79	21. 35	28. 77	21284	系统试井
4. 763	16. 52	18. 81	25. 45	56635	系统试井
6. 350	10. 80	12. 13	17. 53	50492	系统试井
7. 938	10. 31	11. 28	16. 05	76889	系统试井

三、C 气田 C 井

1. 测试简况

C 井测试层位为 HS 组，148 号层测井解释井段为 3386. 0~3388. 0m，厚度为 2. 0m；151~153 号层测井解释井段为 3447. 0~3455. 0m，厚度为 8. 0m，岩性为火山岩，测井解释为气水同层；射孔井段为 3386. 0~3388. 0m 、3447. 0~3455. 0m，射孔厚度为 10. 00m/2 层。该井于 2009 年 8 月 9—10 日采用 102 枪 127 王弹对 148 号、151~153 号层射孔（表 5-3-8），2009 年 8 月 17 日双封分层压裂（粒径 0. 3~0. 6mm 陶粒+树脂陶 60m^3），2009 年 10 月 16—22 日测气，最高日产气 5. 16×10^4m^3，试气结论为工业气层。

表 5-3-8　C 气田 C 井测试层位及电测解释基础数据表

解释层号	层位	测井井段（m）	射孔井段（m）	厚度（m）	电阻率（Ω · m）	孔隙度（%）	密度（g/cm^3）	声波时差（μs/m）	电测解释
148	HS	3386. 00~3388. 00	3386. 00~3388. 00	2. 00	180. 0	8. 0	2. 40	213. 20	气水同层
151~153	HS	3447. 00~3455. 00	3447. 00~3455. 00	8. 00	30~100	5. 0~9. 0	2. 5	213. 20	气水同层

2010 年 4 月 21 日—6 月 15 日又进行了系统试井、压力恢复试井及梯度测试。在修正等时试井测试期间分别采用 3. 175mm 油嘴、38. 1mm 孔板，4. 763mm 油嘴、44. 45mm 孔板，6. 350mm 油嘴、53. 975mm 孔板，7. 938mm 油嘴、60. 325mm 孔板放喷，延续开井采用 4. 763mm 油嘴、44. 45mm 孔板放喷（其间由于井口冻堵产能不稳），试采期间工作制度与延续开井相同（表 5-3-9）。

表 5-3-9　C 气田 C 井不同工作制度测试时间安排表

测试阶段	时间	地面显示描述	下入深度（m）
测静止压力梯度	2010 年 4 月 21 日	静止压力、静止温度梯度	3360. 00
测静止压力梯度	2010 年 4 月 23 日	静止压力、静止温度梯度	3370. 00
修正等时试井	2010 年 4 月 23 日—5 月 4 日	3. 175mm、4. 763mm、6. 350mm、7. 938mm 油嘴，延续开井 4. 763mm 油嘴	3370. 00
关井压力恢复	2010 年 5 月 4—18 日	关井压力恢复	3370. 00
试采	2010 年 5 月 18—23 日	4. 763mm 油嘴试采	3370. 00
关井	2010 年 5 月 23 日—6 月 7 日	冻堵后关井压力恢复	3370. 00
试采	2010 年 6 月 7—15 日	4. 763mm 油嘴试采	3370. 00
梯度测试	2010 年 6 月 15 日	测流动压力、流动温度梯度	3370. 00

2. 地面天然气性质

C 井地面天然气组分见表 5-3-10。

表 5-3-10　C 气田 C 井地面天然气组分表

取样/分析日期	相对密度	天然气组分（%）									
		甲烷	乙烷	丙烷	异丁烷	正丁烷	异戊烷	正戊烷	己烷	氮气	二氧化碳
2010 年 2 月 3 日 2010 年 5 月 11 日	0.728	75.72	12.6	4.68	0.7	0.96	0.29	0.22	0.38	3.13	1.05

3. 试井解释

1）压力恢复试井解释

（1）模型诊断。

2010 年 5 月 4—18 日进行关井压力恢复试井测试，从图形分析得到不稳定试井双对数曲线压力和压力导数类似平行攀升，表现为斜率为 1/2 的线性流特征，但后期略有上翘的异常信息，为了验证该信息是否正常，采用附加导数中的压力降落导数和压力恢复导数进行对比（图 5-3-14），从曲线可以看出，后期压力降落导数和压力恢复导数分离严重，证明 C 井还是受到了开井时间短的影响，因此解释的时候不能完全信任曲线所表现出来的形态。

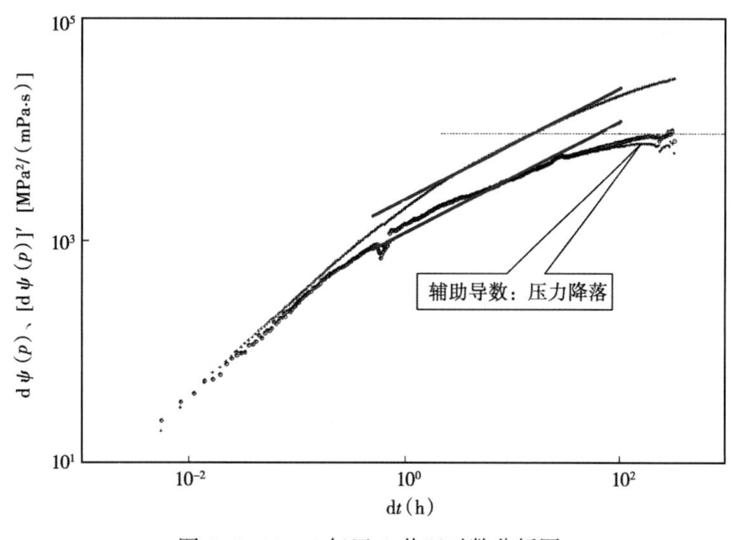

图 5-3-14　C 气田 C 井双对数分析图

（2）解释结果。

通过模型诊断和图形分析，试井解释模型采用内边界条件为变井筒储集、表皮效应+无限导流性垂直裂缝模型+无限大边界。解释结果：p_R=34.25MPa、K=0.119mD、x_f=33.0m、C=4.1m³/MPa（图 5-3-15、图 5-3-16、图 5-3-17），属于低渗气藏。

2）产能试井

2010 年 4 月 25 日—5 月 4 日采用 3.175mm、4.763mm、6.350mm、7.938mm 油嘴进行修正等时试井测试，延续开井采用 4.763mm 油嘴，2010 年 5 月 8 日 8:04 用 5mm 油嘴延续生产 3d，产量为 5.7107×10^4m³/d，流动压力为 15.404MPa，2010 年 5 月 8 日 12:14:57 换

3mm 油嘴延续生产 20d，产量为 $2.1432\times10^4m^3/d$，流动压力为 16.81MPa，测试数据见表 5-3-11。

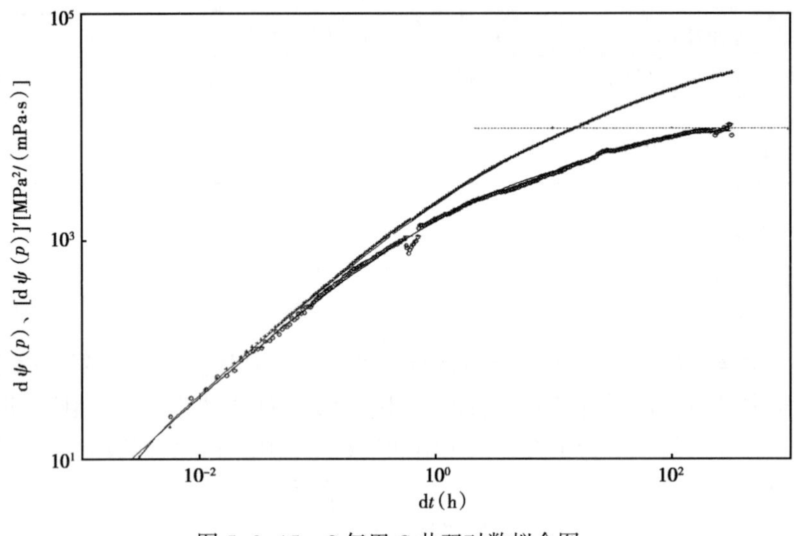

图 5-3-15　C 气田 C 井双对数拟合图

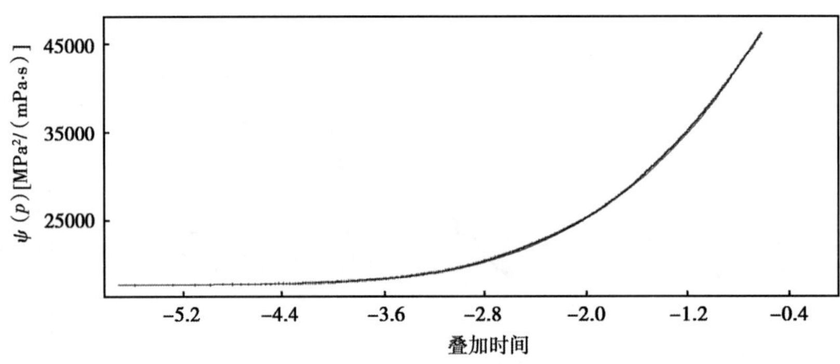

图 5-3-16　C 气田 C 井半对数拟合图

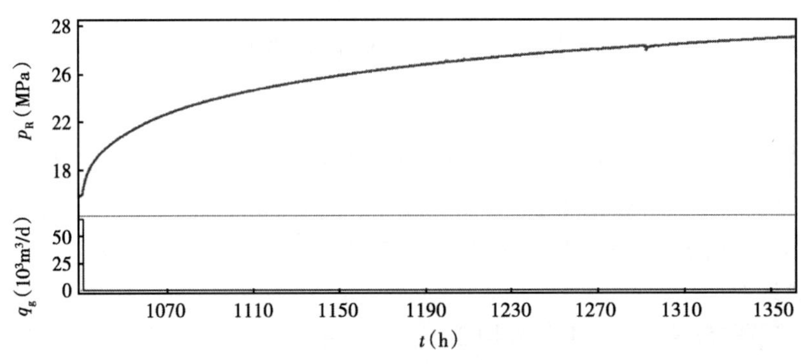

图 5-3-17　C 气田 C 井压力史拟合图

表 5-3-11　C 气田 C 井修正等时试井测试数据表

开井	测试日期（年．月．日-小时）	油嘴（mm）	油压（MPa）	套压（MPa）	产气量（$10^4m^3/d$）	折算产油量（m^3/d）	流动压力（MPa）	关井	测试日期（年．月．日-小时）	关井最高压力（MPa）
										29.6068
一开	2010.4.25-6:00	3.175	18.3	19.1	2.7761	0.48	27.0200	一关	2010.4.25-18:00	29.7390
二开	2010.4.26-6:00	4.763	15.6	16.2	5.0115	2.40	23.0011	二关	2010.4.26-18:00	27.4598
三开	2010.4.24-3:00	6.350	12.1	12.6	6.5269	3.60	17.6715	三关	2010.4.27-18:00	24.2304
四开	2010.4.28-6:00	7.938	7.7	8.8	6.7067	3.60	11.8469	四关	2010.4.28-18:00	20.9610
延续	22d	4.763	7.06	9.85	2.1432	2.40	16.81			

注：测试深度 3370.0m，测试温度 114.71℃，解释地层压力 35.53MPa。

延续生产采用 4.763mm 油嘴，产量为 $2.1432\times10^4m^3/d$，流动压力为 16.81MPa。经计算，C 井的指数式产能方程：

$$q_g = 0.10704(p_R^2 - p_{wf}^2)^{0.769358}$$

无阻流量 $q_{AOF}=2.60452\times10^4m^3/d$（图 5-3-18）。

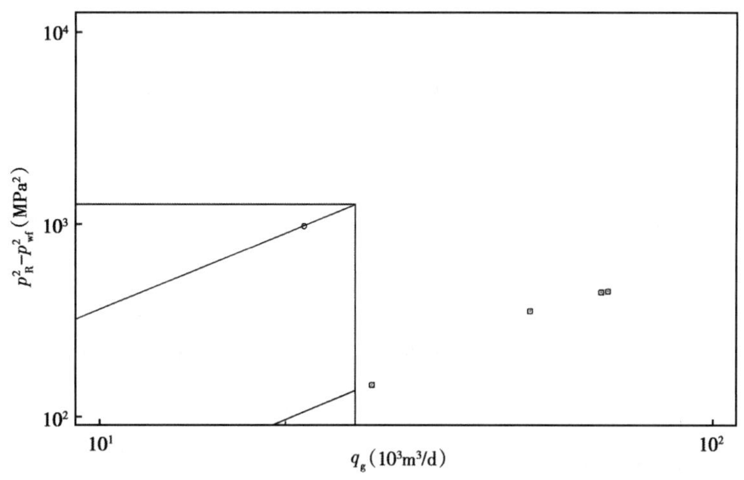

图 5-3-18　C 气田 C 井修正等时试井指数式图

经计算，C 井的二项式产能方程：

$$\psi(p_R) - \psi(p_{wf}) = 1932.95q_g + 3.51409q_g^2$$

无阻流量 $q_{AOF}=3.04036\times10^4m^3/d$（图 5-3-19）。

四、C 气田 D 井

1. 测试简况

D 井完钻井深 2824.0m，人工井底 2806.0m，测试层位及解释基础数据见表 5-3-12。

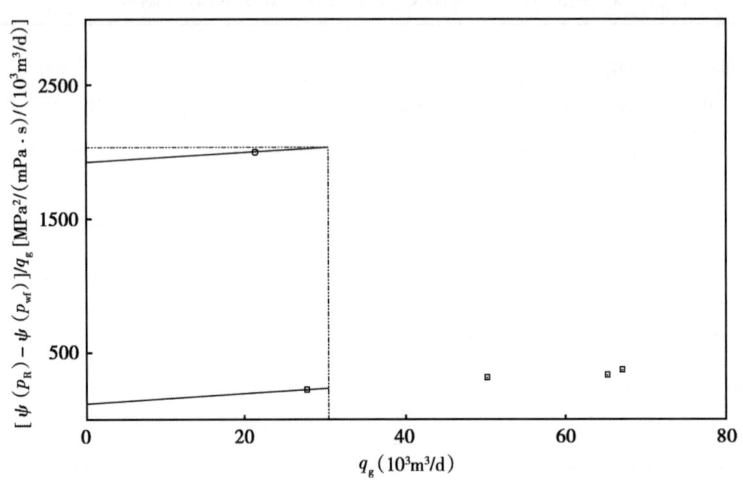

图 5-3-19　C 气田 C 井修正等时试井二项式图

表 5-3-12　C 气田 D 井测试层位及电测解释基础数据表

解释层号	层位	测井井段（m）	射孔井段（m）	厚度（m）	电阻率（Ω·m）	孔隙度（%）	密度（g/cm³）	声波时差（μs/m）	电测解释
48	X	2139.80~2147.00	2141.00~2147.00	6.00	40.52	15.38	2.35	247.9	气层
54	X	2210.60~2216.40	2210.60~2216.40	5.80	21.84	15.41	2.38	253.68	气层
59~60	X	2287.40~2291.40	2287.40~2291.40	4.00	42.97	9.78	2.44	250.73	干层 气层

D 井测试层位为 X 组，48 号、54 号、59~60 号层测井解释井段为 2139.8~2147.0m、2210.6~2216.4m、2287.4~2291.4m，厚度为 17.0m/3 层，测井解释为气层、干层；48 号、54 号、59~60 号层射孔井段为 2141.0~2147.0m、2210.6~2216.4m、2287.4~2291.4m，射孔厚度为 15.8m/3 层。2010 年 5 月 1 日—6 月 19 日进行系统试井、压力恢复试井及梯度测试。压力计下入深度为 2130.0m。测点地层压力为 21.42MPa，测点实测静止温度为 85.62℃，压力系数为 0.9911，测试时间安排见表 5-3-13。

表 5-3-13　C 气田 D 井不同工作制度测试时间安排表

测试阶段	时间	地面显示描述	下入深度（m）
测静止压力	5 月 2—4 日	静止压力、静止温度	2130.00
修正等时试井	5 月 4—8 日	3mm、5mm、7mm、9mm 油嘴	2130.00
试采	5 月 8—29 日	3mm 油嘴（延续开井）试采	2130.00
梯度测试	5 月 28—29 日	测流动压力、流动温度梯度	2130.00
试采后关井	5 月 29 日—6 月 19 日	关井压力恢复	2130.00
梯度测试	6 月 19 日	静止压力、静止温度梯度	2130.00

2. 地面天然气性质

D 井地面天然气组分见表 5-3-14。

表 5-3-14　C 气田 D 井地面天然气组分表

取样/分析日期	相对密度	天然气组分（%）									
		甲烷	乙烷	丙烷	异丁烷	正丁烷	异戊烷	正戊烷	己烷	氮气	二氧化碳
2010 年 5 月 4 日 2010 年 5 月 11 日	0.5965	92.43	3.03	0.68	0.12	0.14	0.04	0.01	0.06	3.13	0.03
2010 年 5 月 5 日 2010 年 5 月 11 日	0.5958	92.76	2.62	0.70	0.13	0.16	0.08	0.04	0.02	3.22	0.03
2010 年 5 月 6 日 2010 年 5 月 11 日	0.6127	89.28	2.53	0.66	0.03	0.18	0.1	0.66	0.1	5.94	0.03

3. 试井解释

1）压力恢复试井解释

2010 年 5 月 29 日—6 月 19 日进行关井压力恢复试井测试，通过模型诊断和图形分析，试井解释模型采用内边界条件为变井筒储集、表皮效应+复合模型。解释结果：p_R = 21.42MPa、K = 0.418mD、S = −4.46、C = 49.1m^3/MPa、r = 75m（图 5-3-20、图 5-3-21、图 5-3-22），

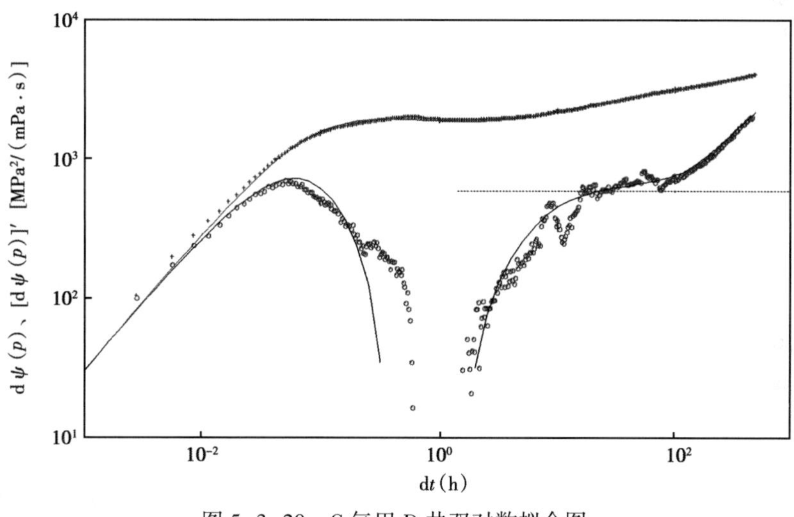

图 5-3-20　C 气田 D 井双对数拟合图

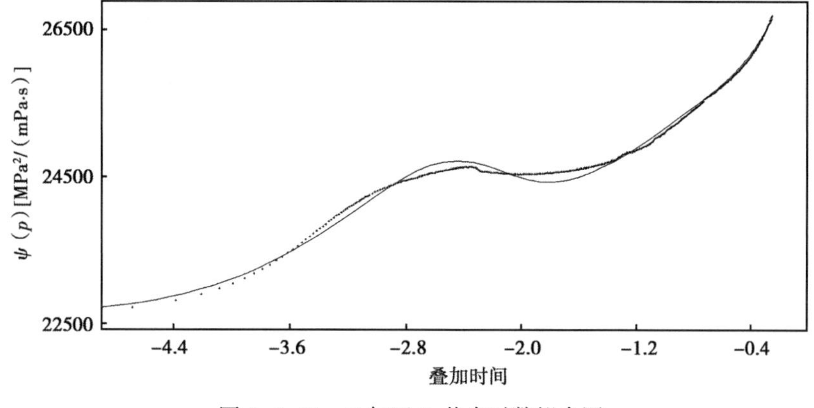

图 5-3-21　C 气田 D 井半对数拟合图

属于低渗气藏，表皮系数为负值，无伤害。因此试采近 500h，关井压力恢复 500h，最高实测压力 19.85MPa，比试井前的静止压力 21.42MPa 低了 1.57MPa，说明储层范围较小，供给边界内地层压力降低较快。

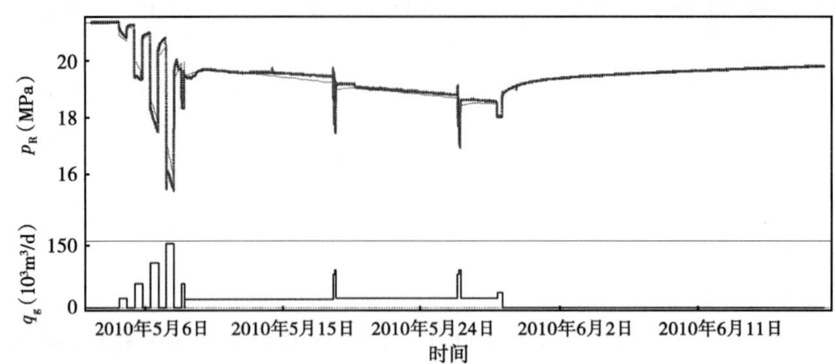

图 5-3-22　C 气田 D 井压力史拟合图

2）产能试井

2010 年 5 月 4—8 日采用 3mm、5mm、7mm、9mm 油嘴进行修正等时试井测试，2010 年 5 月 8 日 8:04 用 5mm 油嘴延续生产 3d，产量为 $5.7107\times10^4m^3/d$，流动压力为 15.404MPa，2010 年 5 月 8 日 12:14:57 换 3mm 油嘴延续生产 20d，产量为 $2.038\times10^4m^3/d$，流动压力为 18.5530MPa，测试数据见表 5-3-15。

表 5-3-15　C 气田 D 井修正等时试井测试数据表

开井	测试日期（年．月．日-小时）	油嘴（mm）	油压（MPa）	套压（MPa）	产气量（$10^4m^3/d$）	流动压力（MPa）	关井	测试日期（年．月．日-小时）	关井最高压力（MPa）
									21.3850
一开	2010.5.4-20:00	3	17.5	17.62	2.1808	20.8260	一关	2010.5.5-08:00	21.3010
二开	2010.5.5-20:00	5	16.15	16.48	5.7334	19.3470	二关	2010.5.6-08:00	21.0230
三开	2010.5.6-20:00	7	14.38	14.94	10.7294	17.4760	三关	2010.5.7-08:00	20.8330
四开	2010.5.7-20:00	9	12.52	13.2	15.3597	15.4040	四关	2010.5.8-08:00	20.043
延续	20d	3	15.32	15.76	2.0380	18.5530			

注：测试深度 2130.0m，测试温度 85.62℃，关井压力恢复 22d，解释地层压力 21.42MPa。

延续生产采用 5mm 油嘴。经计算，D 井的指数式产能方程：

$$q_g = 0.26032(p_R^2 - p_{wf}^2)^{0.91963}$$

无阻流量 $q_{AOF}=7.29829\times10^4m^3/d$（图 5-3-23）。

经计算，D 井的二项式产能方程：

$$\psi(p_R) - \psi(p_{wf}) = 321.503q_g + 0.0985065q_g$$

无阻流量 $q_{AOF}=9.14168\times10^4m^3/d$，稳定试井解释结果见图 5-3-24。

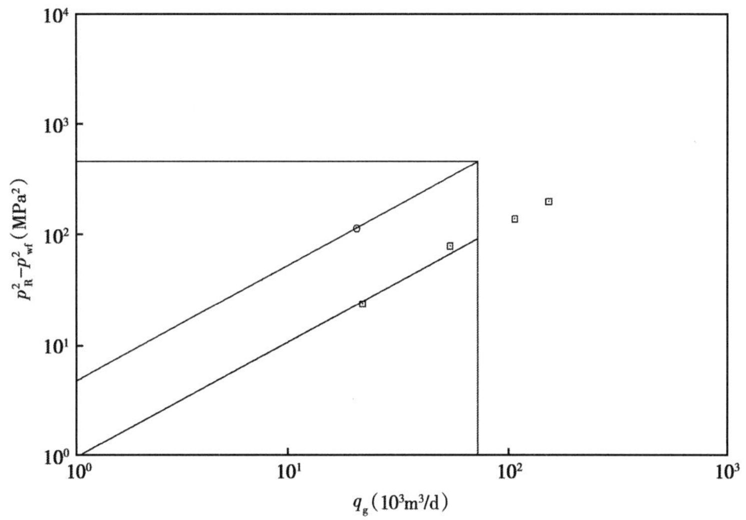

图 5-3-23　C 气田 D 井修正等时试井指数式图

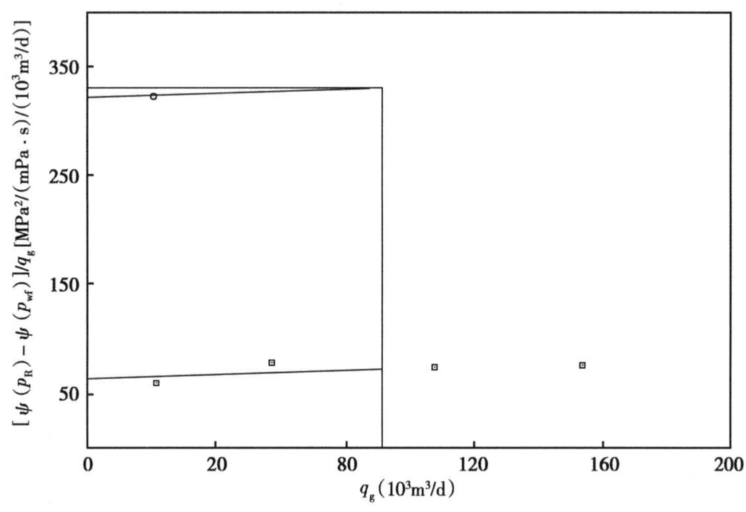

图 5-3-24　C 气田 D 井修正等时试井二项式图

4. Topaze 生产动态分析

Topaze 软件提供多种分析方法互相验证，在考虑地层实际模型的基础上进行产能分析。利用该项技术可快速准确地确定地质储量、剩余地质储量、历史地层压力分布变化。另外，以往获得试井解释参数必须通过关井来实现，这样不可避免地要耽误生产。而 Topaze 软件则可以缓解该矛盾，通过分析生产数据，可以得出类似于试井解释的参数结果，可以在一定程度上替代压力恢复测试。

通过该项技术，可以充分利用生产数据（历史压力和流量数据）进行解释，不需测试，或不关井测试，大大节约成本或减少产量损失，解决测试工艺不能得到数据的难题。针对井况条件不具备测试条件的井，可用该方法代替常规试井，来更好地服务生产。

将 D 井 2010 年 10 月 25 日—2011 年 10 月 25 日的生产动态数据（包括日产气量、井口套压、气体组分、射开厚度及气层中部等）录入软件中。在 Topaze 气井生产数据分析软件中主要有三幅图。

（1）井底流动压力双对数图。利用 Topaze 软件将井口套压通过气体组分及气层中部折算出井底流动压力，并作井底流动压力双对数图，从图中可以看出无论是压力对数还是压力导数后期出现斜率为 1 的拟稳定流动。再通过双对数拟合可以求出有效渗透率和表皮系数（图 5-3-25）。

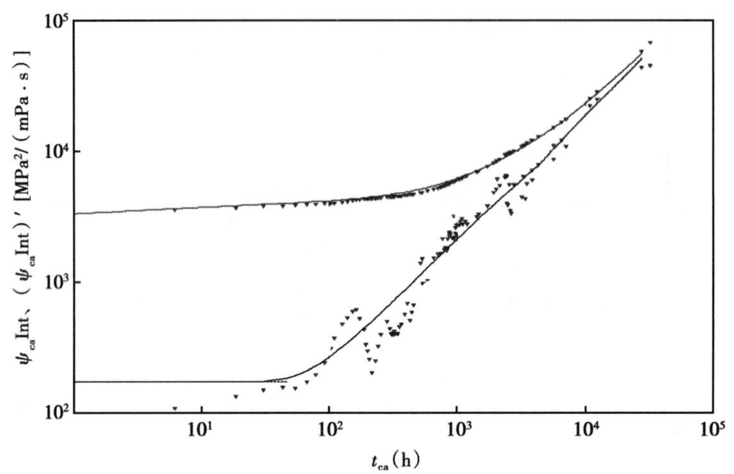

图 5-3-25　C 气田 D 井流量重整压力双对数拟合图

（2）采气指数、采气指数积分及采气指数积分导数图。通过该图拟合可以求出井控地质储量和有效渗透率（图 5-3-26）。

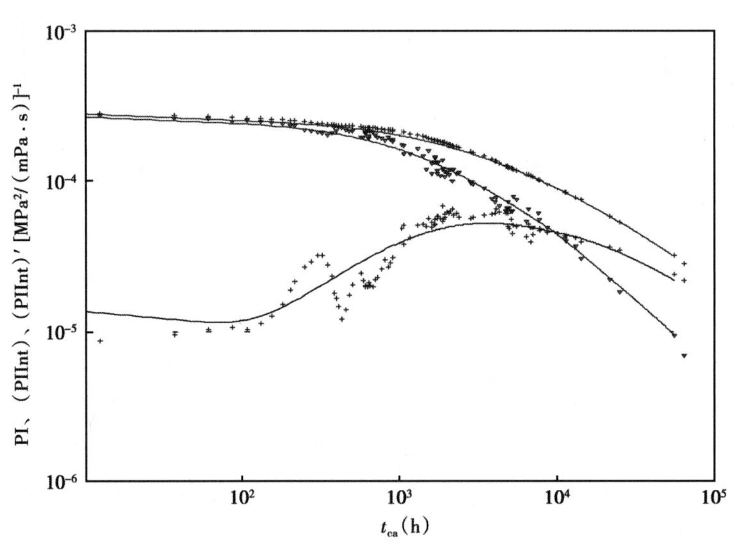

图 5-3-26　C 气田 D 井 Blasingame 曲线拟合图

（3）日产量、累计产量、井底流动压力及地层压力剖面图。通过该图可以拟合出历年地层压力剖面（图 5-3-27）。

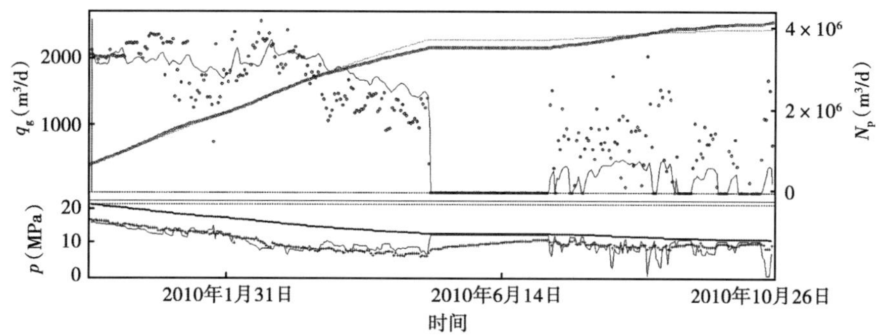

图 5-3-27　C 气田 D 井生产历史拟合图

Topaze 软件气井动态解释结果如下。

2010 年 5 月 29 日—6 月 19 日进行关井压力恢复试井测试，以 $p_R=21.42\text{MPa}$ 为解释标准，解释压力剖面。

$p_{(2010年10月25日)}=21.42\text{MPa}$；$p_{(2010年12月31日)}=18.92\text{MPa}$；$p_{(2010年3月31日)}=14.15\text{MPa}$；$p_{(2010年6月30日)}=12.38\text{MPa}$；$p_{(2010年6月30日)}=11.02\text{MPa}$ 等一系列压力值；地层系数 $Kh=9.51\text{mD}\cdot\text{m}$；有效渗透率 $K=0.602\text{mD}$；井控地质储量 $G=7.83\times10^6\text{m}^3$；剩余地质储量 $G_{剩余}=4.31\times10^6\text{m}^3$。

五、C 气田 E 井

1. 测试简况

测试层位为 X 组 42 号、43 号、44 号、46 号、52 号、53 号、61 号、62 号层，测井解释井段为 2412.6~2562.0m，厚度为 15.8m/8 层（表 5-3-16），测井解释为气层、干层，射孔井段为 2412.6~2562.0m，厚度为 17.8m/4 层。于 2010 年 6 月 8 日—7 月 28 日进行静止压力测试、修正等时试井、关井压力恢复、短期试采。试井目的是求取 E 井 X 组天然气产能，建立产能方程，求取气层无阻流量以及储层渗流参数，为下步增产措施和区块评价提供理论依据，测试时间安排见表 5-3-17。

表 5-3-16　C 气田 E 井测试层位及电测解释基础数据表

解释层号	层位	射孔井段（m）	射孔厚度（m）	解释井段（m）	解释厚度（m）	深侧向电阻率（Ω·m）	声波时差（μs/m）	孔隙度（%）	补偿密度（g/cm³）	解释结果
42	X	2412.60~2415.30	5.10	2412.60~2415.30	2.70	22.82	242.57	13.00	2.42	气层
43		2422.60~2423.40		2422.60~2423.40	0.80	20.57	229.25	6.57	2.54	干层
44		2423.40~2425.00		2423.40~2425.00	1.60	21.88	243.34	11.93	2.45	气层
46		2454.60~2457.30	2.70	2454.60~2457.30	2.70	24.09	256.82	11.94	2.42	气层
52		2509.40~2510.80	5.00	2509.40~2510.80	1.40	29.17	240.15	14.48	2.39	气层
53		2511.80~2514.40		2511.80~2514.40	2.60	15.96	251.81	12.59	2.42	气层
61		2557.00~2559.60		2557.00~2559.60	2.60	32.52	227.81	8.52	2.49	气层
62		2560.60~2562.00		2560.60~2562.00	1.40	25.21	235.01	10.44	2.47	气层

表 5-3-17　C 气田 E 井不同工作制度测试时间安排表

测试阶段	时间	地面显示描述	下入深度（m）
测静止压力	2010 年 6 月 8—10 日	测井筒静止压力	2400.00
修正等时试井	2010 年 6 月 10—15 日	3mm、5mm、7mm、9mm 油嘴开井测试	2400.00
试采	2010 年 6 月 15—28 日	3mm 油嘴试采	2400.00
关井恢复	2010 年 6 月 28 日—7 月 26 日	测压力恢复	2400.00
测静止压力	2010 年 6 月 8—10 日	测井筒静止压力	2400.00

2. 地面天然气性质

E 井地面天然气组分见表 5-3-18。

表 5-3-18　C 气田 E 井地面天然气组分表

取样/分析日期	相对密度	天然气组分（%）									
		甲烷	乙烷	丙烷	异丁烷	正丁烷	异戊烷	正戊烷	己烷	氮气	二氧化碳
2010 年 6 月 28 日 2010 年 6 月 30 日	0.6117	90.8	3.17	0.96	0.17	0.31	0.11	0.08	0.12	3.59	0.3

3. 试井解释

D 井在进行修正等时试井之前进行静止压力测试，取得测点（测点深度 2400.00m）地层静止压力为 22.29MPa，试采后关井压力恢复 671h，最高恢复压力 10.58MPa。

1）压力恢复试井解释

（1）模型诊断。

通过对关井压力恢复双对数—导数曲线图形特征的诊断分析，井筒储集阶段双对数—导数曲线沿近 45°线上升，双对数曲线压力和压力导数后期上翘，上翘的趋势应该是径向复合。半对数特征分析与导数曲线反映一致，后期压力曲线同样出现上翘，出现两个直线段，分析认为属径向复合地层特征。

（2）解释结果。

通过模型诊断和图形分析，试井解释模型采用内边界条件为变井筒储集、表皮效应+复合模型。解释结果：$p_R = 21.78$MPa、$K = 0.209$mD、$S = -5.78$、$C = 3.96$m^3/MPa、$r = 20$m（图 5-3-28、图 5-3-29、图 5-3-30）。属于低渗气藏。

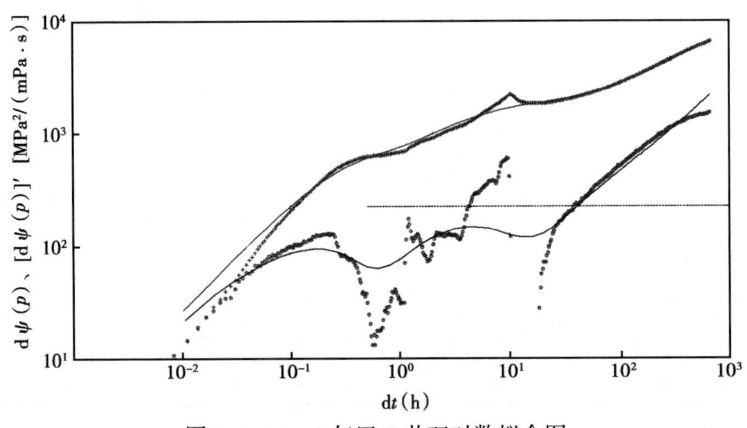

图 5-3-28　C 气田 E 井双对数拟合图

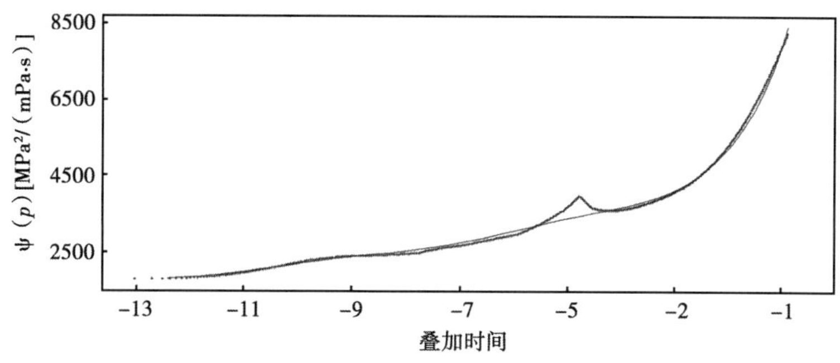

图 5-3-29　C 气田 E 井半对数拟合图

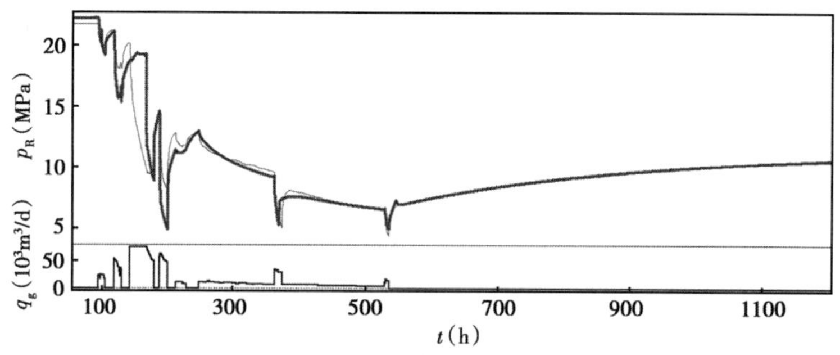

图 5-3-30　C 气田 E 井压力史拟合图

2）产能试井

在 2010 年 6 月 15—28 日进行修正等时试井测试，测试期间以 3mm、5mm、7mm、9mm 油嘴 4 个工作制度测试，延长开井和短期试采以 3mm 油嘴放喷，在各工作制度放喷时油压、流动压力、产能均呈递减趋势，表明储层物性较差、远距离供气能力较低。2010 年 6 月 27 日 0:00—24:00 试采，采用 3mm 油嘴放喷求产，平均日产气量为 5062. 37m^3，油压为 4. 21～4. 20MPa，套压为 6. 00MPa，平均流动压力为 6. 65MPa。修正等时试井及试采放喷求产阶段油压、套压、流动压力与产气量关系见表 5-3-19。

表 5-3-19　C 气田 E 井修正等时试井测试数据表

开井	油嘴（mm）	油压（MPa）	套压（MPa）	产气量（$10^4m^3/d$）	流动压力（MPa）	关井	关井最高压力（MPa）
							22. 281
一开	3	15. 85	16. 04	2. 52681	19. 438	一关	21. 164
二开	5	9. 54	13. 39	4. 194143	15. 913	二关	19. 315
三开	7	7. 42	6. 49	6. 1716203	8. 842	三关	14. 63
四开	9	3. 84	4. 18	5. 5958853	4. 808	四关	11. 438
延续	3	4. 00	6. 0	0. 5402	6. 512		

注：测试深度 2400. 0m，测试温度 93. 82℃，解释地层压力 21. 78MPa。

经计算，E 井的指数式产能方程：

$$q_g = 0.0137575(p_R^2 - p_{wf}^2)^{0.98428}$$

无阻流量 $q_{AOF}=0.5923\times10^4m^3/d$（图 5-3-31）。

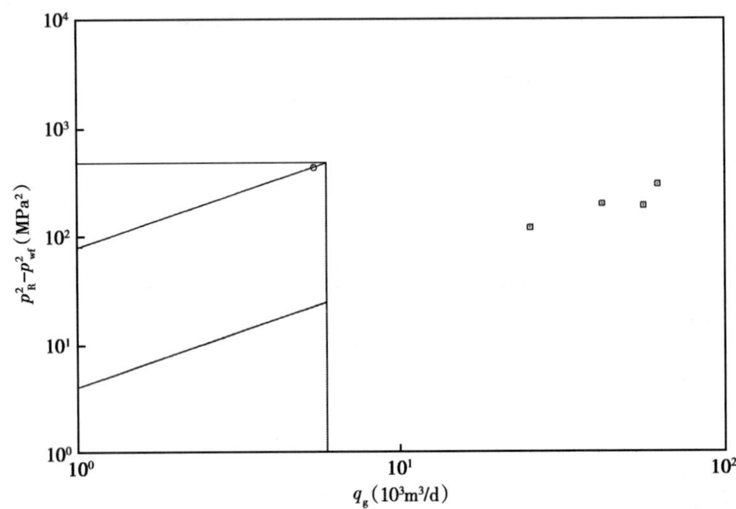

图 5-3-31　C 气田 E 井修正等时试井指数式图

经计算，E 井的二项式产能方程：

$$\psi(p_R) - \psi(p_{wf}) = 5107.08q_g + 6.71841q_g^2$$

无阻流量 $q_{AOF}=0.6287\times10^4m^3/d$。

六、C 气田 F 井

1. 测试简况

测试层位为 X 组二段，101 号层测试井段为 2339.2～2342m，厚 2.8m，测井解释为气层；118 号层测试井段为 2487.6～2489.6m，厚 2.0m，测井解释为气层；120 号层测试井段为 2497.8～2500.2m，厚 2.4m，测井解释为气层。测试总井段为 2339.2～2500.2m，总厚度为 7.2m（表 5-3-20）。

表 5-3-20　C 气田 F 井测试层位及电测解释基础数据表

解释层号	层位	射孔井段（m）	射孔厚度（m）	解释井段（m）	解释厚度（m）	深侧向电阻率（Ω·m）	声波时差（μs/m）	补偿密度（g/cm³）	解释结果
101	X 组二段	2339.2～2342.0	7.20	2339.2～2342.0	2.8	47.70	231.00	2.38	气层
118		2487.6～2489.6		2487.6～2489.6	2.0	41.20	222.00	2.45	气层
120		2497.8～2500.2		2497.8～2500.2	2.4	57.90	225.00	2.39	气层

F 井于 2010 年 9 月 12—25 日进行静止压力测试、修正等时试井、短期试采关井、压力恢复。试井目的是求取该井 X 组天然气产能，建立产能方程，求取气层无阻流量以及储层渗流参数，为下步增产措施和区块评价提供理论依据，测试时间安排见表 5-3-21。

表 5-3-21　C 气田 F 井不同工作制度测试时间安排表

测试阶段	时间	地面显示描述	下入深度（m）
静止压力测试	2010 年 9 月 12 日	测静止压力	2280.0
梯度测试	2010 年 9 月 14 日	静止压力、静止温度梯度	2280.0
系统试井测试	2010 年 9 月 14—25 日	油嘴 3.175mm、4.76mm、6.35mm、7.94mm，试采用 4.76mm 油嘴	2280.0
压力恢复测试	2010 年 9 月 25 日—10 月 9 日	压力恢复	2280.0

2. 地面天然气性质

F 井地面天然气组分见表 5-3-22。

表 5-3-22　C 气田 F 井地面天然气组分表

取样/分析日期	相对密度	天然气组分（%）									
		甲烷	乙烷	丙烷	异丁烷	正丁烷	异戊烷	正戊烷	己烷	氮气	二氧化碳
2010 年 9 月 16 日 2010 年 9 月 26 日	0.6024	91.42	2.70	0.61	0.12	0.16	0.06	0.04	0.08	4.18	0.24
2010 年 9 月 17 日 2010 年 9 月 26 日	0.6034	91.84	2.72	0.77	0.17	0.19	0.05	0.08	0.08	3.59	0.25
2010 年 9 月 18 日 2010 年 9 月 26 日	0.5979	92.10	2.73	0.62	0.11	0.14	0.05	0.03	0.05	3.65	0.23
2010 年 9 月 19 日 2010 年 9 月 26 日	0.6065	91.29	2.73	0.72	0.15	0.16	0.10	0.17	0.08	3.98	0.23

3. 试井解释

1）压力恢复试井解释

（1）模型诊断。

从图形分析得到不稳定试井双对数曲线压力和压力导数类似平行攀升，表现为斜率为 1/4 的双线性流特征，为了验证该信息是否是真正的地层信息，采用附加导数中的压力降落导数和压力恢复导数进行对比（图 5-3-32），从曲线可以看出，后期压力降落导数和压力恢复导数分离严重，证明 F 井还是受到了开井时间短的影响，因此解释时后期的上翘有点异常，但该井径向流和边界开始初期的信息都是可靠的，因此该井采用该解释资料得到的渗透率、井筒储集系数、表皮系数都是可靠的。

（2）解释结果。

通过模型诊断和图形分析，试井解释模型采用内边界条件为变井筒储集、表皮效应+有限导流性垂直裂缝模型。解释结果：p_R=17.4MPa、K=0.0672mD、x_f=36.5m、F_C=19.6mD·m、C=21.8m^3/MPa（图 5-3-33、图 5-3-34、图 5-3-35），属于低渗气藏。

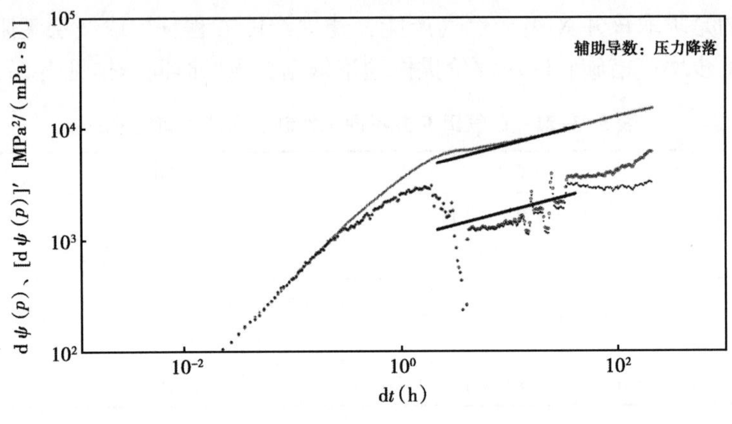

图 5-3-32　C 气田 F 井双对数分析图

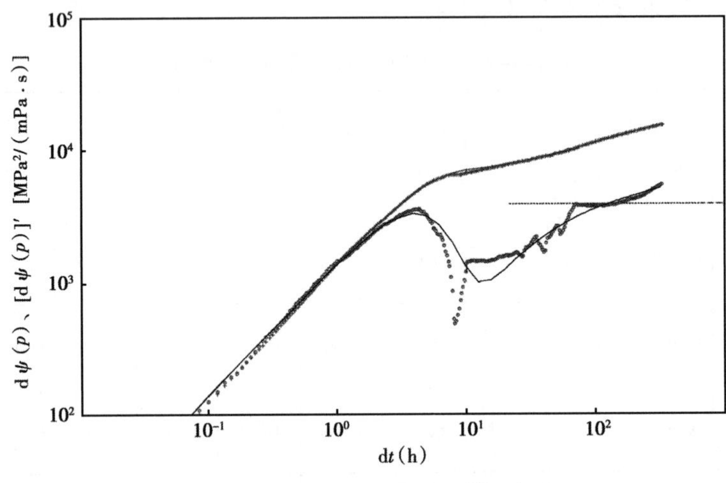

图 5-3-33　C 气田 F 井双对数拟合图

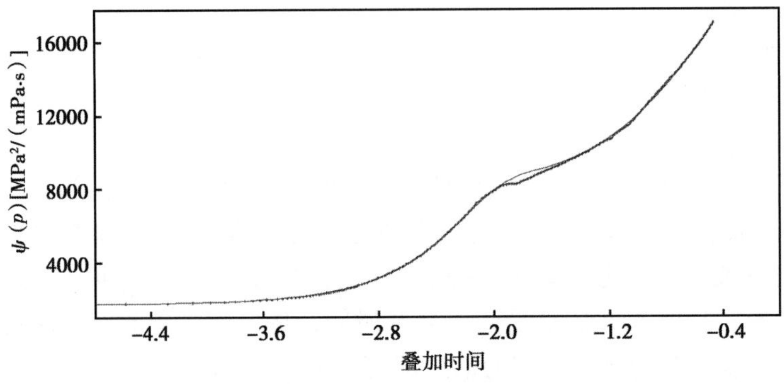

图 5-3-34　C 气田 F 井半对数拟合图

2）产能试井

F 井在修正等时试井测试期间分别以 3.175mm、4.76mm、6.35mm、7.94mm 油嘴进行 12h 测试。延时生产用 4.76mm 油嘴试采（表 5-3-23）。在试井测试开井放喷期间的油压、

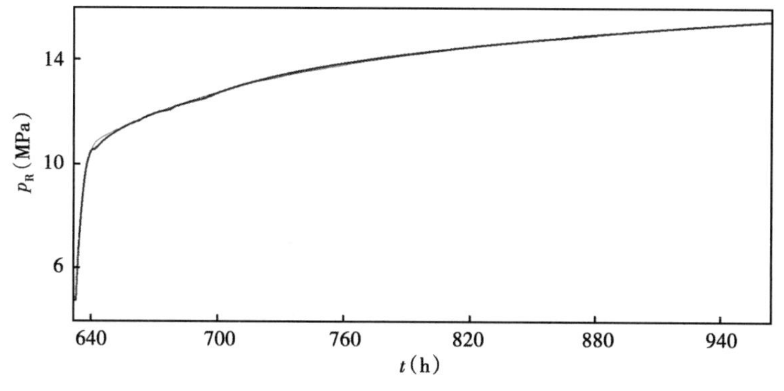

图 5-3-35　C 气田 F 井压力史拟合图

套压、井底流动压力都不稳定，产能也随时间的增长而降低，说明储层物性差、远距离供气能力不足。

表 5-3-23　C 气田 F 井修正等时试井测试数据表

开井	测试日期（年．月．日-小时）	油嘴（mm）	油压（MPa）	套压（MPa）	产气量（$10^4m^3/d$）	流动压力（MPa）	关井	测试日期（年．月．日-小时）	关井最高压力（MPa）
									22. 7395
一开	2010. 9. 16-9∶00	3. 175	8. 14	9. 66	1. 1728	11. 6767	一关	2010. 9. 16-21∶00	19. 6355
二开	2010. 9. 17-9∶00	4. 76	4. 79	5. 76	1. 4212	7. 08970	二关	2010. 9. 17-21∶00	18. 2414
三开	2010. 9. 18-9∶00	6. 35	3. 25	3. 92	1. 5312	4. 93767	三关	2010. 9. 18-21∶00	16. 8499
四开	2010. 9. 19-9∶00	7. 94	1. 82	2. 74	1. 5493	3. 52707	四关	2010. 9. 19-21∶00	15. 5701
延续	5d	4. 76	2. 63	3. 75	0. 7815	4. 71477			

注：测试深度 2280. 0m，测试温度 91. 51℃，解释地层压力 17. 4MPa。

从 F 井修正等时试井测试数据看：不符合指数式和二项式条件，该井无阻流量只能用稳定点进行分析计算。该井无阻流量为 $0.843\times10^4m^3/d$。

七、C 气田 C 平 A 井

1. 测试简况

C 平 A 井完钻井深 4635m，水平井段 3635～4635m，水平段长 1000m，地层厚度为 7. 2m，完井方式为裸眼完井，根据实钻情况选取 3635～4635m 水平井段，分 13 段进行压裂求取产能、流体性质及 HS 组地层压力。气层中部深度 3440m，该井 2012 年 11 月 1 日投产，日产气 $4.96\times10^4m^3$，目前该井油压 6. 6MPa，套压 8. 55MPa，日产气 $5.23\times10^4m^3$，日产液 $9.7m^3$，截至测试前，累计产气 $758.65\times10^4m^3$，累计产水 $3987.35m^3$。

（1）2013 年 4 月 12 日对 C 平 A 井进行流动压力、流动温度梯度测试，操作时间 7. 6h，得到流动压力梯度为 0. 15MPa/100m。

（2）2013 年 5 月 23 日，对 C 平 A 井进行静止压力、静止温度梯度测试，操作时间 6. 87h，得到流动压力梯度为 0. 20MPa/100m。

（3）2013 年 9 月 7 日，对 C 平 A 井进行静止压力、静止温度梯度测试，操作时间

6.67h，得到流动压力梯度为0.26MPa/100m（表5-3-24）。

表5-3-24 C气田C平A井不同工作制度测试时间安排表

测试阶段	时间	地面显示描述	下入深度（m）
流动压力梯度测试	2013年4月12日	流动压力、流动温度梯度	
系统试井测试	2013年4月12—19日	油嘴8mm、10mm、12mm	3060.0
压力恢复测试	2013年4月22日—5月23日	压力恢复	3060.0
静止压力梯度测试	2013年5月23日	静止压力、静止温度梯度	
静止压力梯度测试	2013年9月7日	静止压力、静止温度梯度	

2. 地面天然气性质

C平A井地面天然气组分见表5-3-25。

表5-3-25 C气田C平A井天然气组分表

相对密度	甲烷（%）	乙烷（%）	丙烷（%）	异丁烷（%）	正丁烷（%）	异戊烷（%）	正戊烷（%）	己烷（%）	二氧化碳（%）	氧气（%）	氮气（%）
0.7242	74.73	12.81	4.37	0.66	1.02	0.29	0.24	0.08	0.88	0.62	4.29
0.7163	75.79	12.96	4.36	0.64	0.97	0.25	0.21	0.06	0.68	0.43	3.64

3. 试井解释

1）压力恢复试井解释

2013年4月22日—5月23日对C平A井开展压力恢复测试，关井时间717h。

（1）模型诊断。

压力双对数—导数曲线早期斜率为1，很快进入垂向径向流阶段，之后导数曲线进入垂直于水平井筒的拟线性流阶段，最后进入水平井拟径向流阶段。

（2）试井解释结果。

通过模型诊断和图形分析，采用变井筒储集、表皮效应+水平井+均质模型，通过现代试井理论拟合分析和霍纳分析，取得了基本一致的分析成果。解释结果：经过关井压力恢复解释，测点地层压力为25.60MPa（测点深度为3060.0m）；根据压力梯度折算到油层中部地层压力为26.36MPa（油层中部垂深为3440.0m）；$K=0.241$mD、$S=0.0648$、$K_z/K_r=5.33\times10^{-4}$、水平段长度为1000m、$C=2.1\text{m}^3/\text{MPa}$（图5-3-36、图5-3-37、图5-3-38）。

2）产能试井解释

2013年4月12—19日对C平A井开展回压试井测试，测试过程中采用8mm、10mm、12mm油嘴3个有效的工作制度，回压产能测试期间流动压力、产能相对稳定（表5-3-26）。

表5-3-26 C气田C平A井回压试井测试数据表

油嘴（mm）	流动压力（MPa）	折中部流动压力（MPa）	产量（10^4m^3/d）
8	11.602	12.176	5.6496
10	10.313	10.849	5.9491
12	9.722	9.78	6.0582

注：折地层压力26.36MPa。

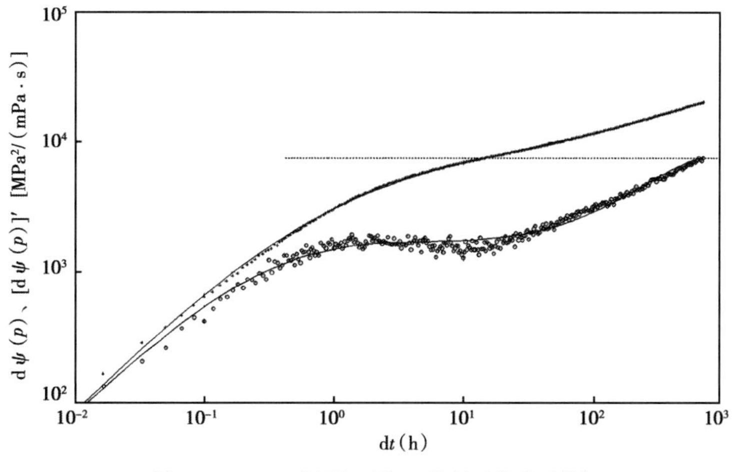

图 5-3-36　C 气田 C 平 A 井双对数拟合图

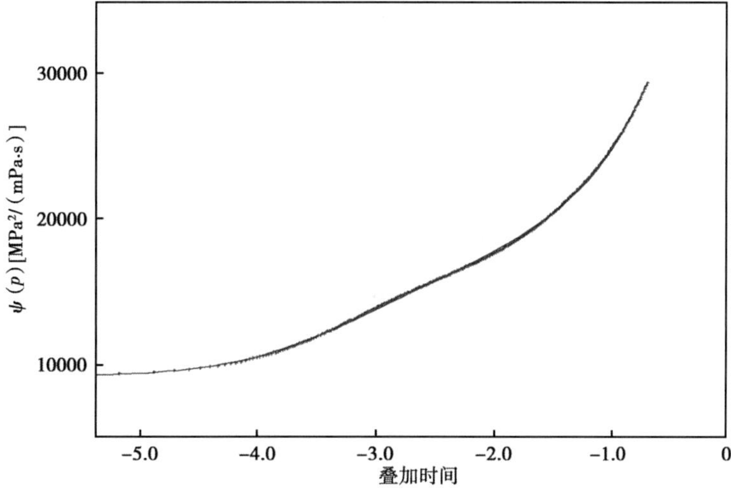

图 5-3-37　C 气田 C 平 A 井半对数拟合图

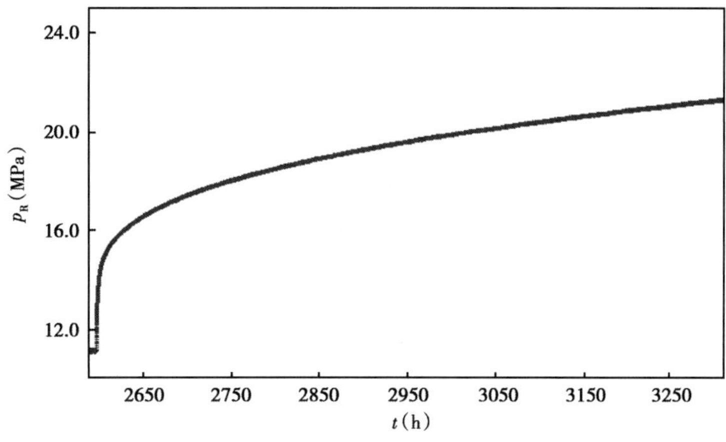

图 5-3-38　C 气田 C 平 A 井压力史拟合图

经计算，C 平 A 井的指数式产能方程：

$$q_g = 0.43209(p_R^2 - p_{wf}^2)^{0.773524}$$

无阻流量 $q_{AOF}=6.82087\times10^4 m^3/d$（图 5-3-39）。

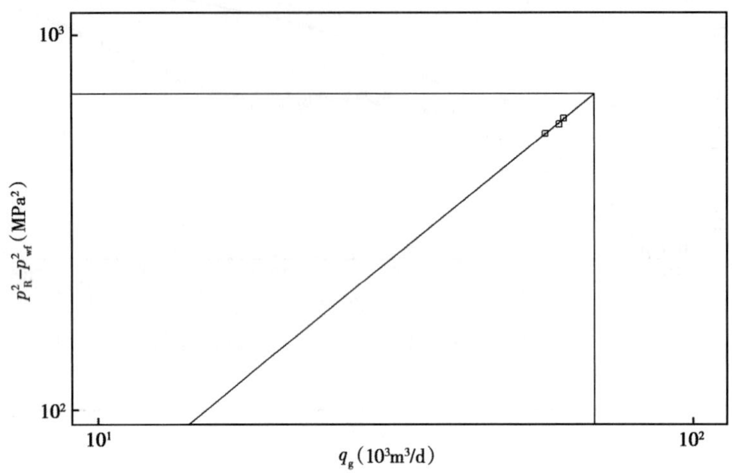

图 5-3-39　C 气田 C 平 A 井回压试井指数式图

经计算，C 平 A 井的二项式产能方程：

$$\psi(p_R) - \psi(p_{wf}) = 212.33q_g + 5.6315q_g^2$$

无阻流量 $q_{AOF}=6.85051\times10^4 m^3/d$（图 5-3-40）。

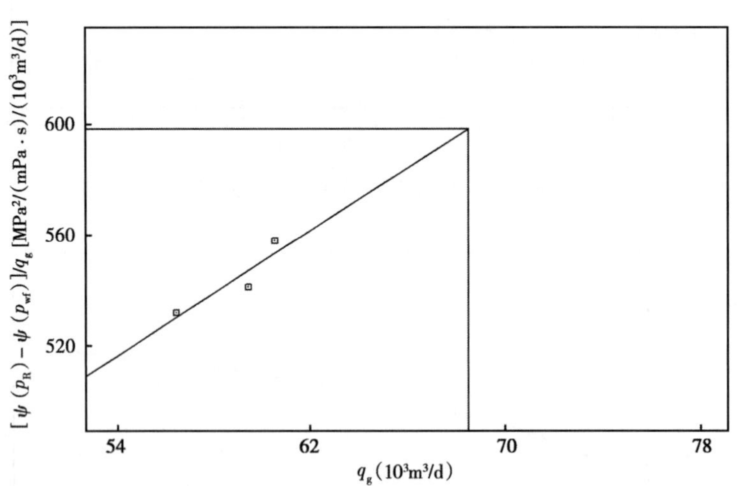

图 5-3-40　C 气田 C 平 A 井回压试井二项式图

八、C 气田小结

目前 C 气田有测试资料的井有 7 口（A 井、B 井、C 井、D 井、E 井、F 井、C 平 A 井），其中 A 井、B 井、C 井、C 平 A 井为火山岩储层；D 井、E 井、F 井为碎屑岩储层。

由于单纯的静态地质研究方法在有效储层识别、单井控制连通范围及形态描述方面精度不够，目前国内外广泛利用试井、试采动态资料（Topaze 生产动态分析）在储层动态特征描述方面的优势，通过大量高精度试井压力资料的录取及精细分析研究，深入刻画描述单井控制有效储层的参数及展布形态、单井控制动态储量大小等开发关键参数，以此对气井开发生产动态进行分析，并作为指导气田开发规划与开发主体技术选择的依据（表 5-3-27、表 5-3-28）。

表 5-3-27　C 气田不稳定试井解释结果表

井号	测试日期	p_R (MPa)	K (mD)	S	C (m^3/MPa)	r (m)	F_C (mD·m)	模型
A 井	2009 年 6 月 11 日—7 月 1 日	29.09	0.0462	1.97	0.0225	18		复合
B 井	2008 年 12 月 11 日—2009 年 1 月 3 日	36.37	0.62	X_f=119m	1.46		7660	有限导流
C 井	2010 年 5 月 4—18 日	34.25	0.119	X_f=33m	4.1			无限导流
D 井	2010 年 5 月 29 日—6 月 19 日	21.42	0.418	−4.46	49.1	75		复合
E 井	2010 年 6 月 8—10 日	21.78	0.209	−5.78	3.96	20		复合
F 井	2010 年 9 月 25 日—10 月 9 日	17.40	0.0672	X_f=36.5m	21.8		19.6	有限导流
C 平 A 井	2013 年 4 月 22 日—5 月 23 日	26.36	0.241	0.0648	2.1	水平段长度 1000m	K_z/K_r = 5.33×10^{-4}	水平井

表 5-3-28　C 气田产能试井及生产动态分析解释结果

井号	测试日期	产能试井解释结果		生产动态分析解释			
		指数式 q_{AOF} (10^4m^3)	二项式 q_{AOF} (10^4m^3)	合理配产 (10^4m^3)	试采日期	K (mD)	G (10^6m^3)
A 井	2009 年 5 月 29 日—6 月 11 日	5.16	5.22	0.87~1.70	2009 年 8 月 29 日—2011 年 5 月 10 日	0.0409	10.4
C 井	2010 年 4 月 23 日—5 月 4 日	2.60	3.04	0.50~1.0			
D 井	2010 年 5 月 4—8 日	7.30	9.14	1.22~2.43	2010 年 10 月 25 日—2011 年 10 月 25 日	0.602	7.83
E 井	2010 年 6 月 15—28 日	0.59	0.63	0.11~0.21			
F 井	2010 年 9 月 14—25 日		0.84	0.14~0.48			
C 平 A 井	2013 年 4 月 12—19 日	6.82	6.85	1.14~2.28			

从试井解释结果可以看出：试井解释的基本模型为复合模型、无限导流性垂直裂缝模型、有限导流性垂直裂缝模型；火山岩储层地层压力在 29.09~36.37MPa 之间，碎屑岩储层地层压力在 17.40~21.78MPa 之间。从动态分析上看，地层压力下降较快。两种储层压力恢

复解释有效渗透率为 0.0462~0.62mD；生产动态分析有效渗透率为 0.0409~0.602mD，属于低渗气藏。单井控制地质储量较低，仅在 7.83×10^{6}~$10.4\times10^{6}m^{3}$ 之间。从产能测试解释结果看，无阻流量在 0.59×10^{4}~$7.30\times10^{4}m^{3}/d$ 之间。合理产量定为无阻流量的 1/3~1/6。合理配产在 0.14×10^{4}~$2.28\times10^{4}m^{3}/d$ 之间。

在 C 气田的测试中，主要存在的问题：(1) 压力恢复测试前生产时间不足，不满足不稳定试井测试所需的测试前要稳定生产一段时间这一条件，因此测得的试井双对数曲线后期异常上翘，提供了不真实的信息，容易得到错误的结论；(2) 产能测试中不稳定产能曲线的产量极其不稳定，其值很大，延续生产的产量又很小，计算出的无阻流量小于不稳定产能曲线的产量值，这样容易使无阻流量计算错误；(3) 试采时间短（A 井、D 井除外），很难计算出合理井控储量。

第四节　D 气田 HS 组直井试井实例分析

D 断陷为某盆地面积最大、资源最丰富的断陷，天然气资源量丰富。断陷近南北向展布，据地震资料及钻井揭示，D 断陷自下而上发育前震旦系，石炭系—二叠系，上侏罗统、下白垩统 HS 组和 DLK 组及 X 组一段、二段。具有火山活动与构造运动双重成因机制，气藏邻近南北两个次洼，处于油气运聚的有利区带。开发目的层为下白垩统 HS 组和 DLK 组。

下白垩统 HS 组火山岩岩石类型有火山熔岩和火山碎屑岩两大类。火山熔岩主要为流纹岩，火山碎屑岩主要为流纹质晶屑凝灰岩、含砾晶屑凝灰岩、原地溶蚀角砾岩、火山角砾岩和集块岩。HS 组火山岩经物性分析，孔隙度最大为 23%，一般为 5%~9%，平均为 7.3%，渗透率最大为 17.31mD，一般小于 0.05mD，平均为 0.58mD，测井解释孔隙度为 3%~24%，平均孔隙度为 7.5%。

目前 D 气田 HS 组垂直井有 5 口井正常生产，测试井有 5 口井，截至目前共计测试 19 井次。

一、D 气田 A 井

1. 测试简况

A 井于 2005 年 5 月 10 日开钻，钻至井深 3577.44m 二次完井。三开至 3900m 欠平衡钻井，气测录井见良好的异常显示，欠平衡点火成功。为了尽快搞清地层产能情况，决定对该井段进行中途测试。

1）中途测试

2005 年 9 月 24—26 日对 A 井进行中途测试，测试目的层为 HS 组，测试井段为 3544.9~3900.66m（裸眼），裸眼厚度为 355.76m，测井资料分析产层厚度为 260m。取得了气体性质、产能和反映储层渗流特性的全套压力资料。

2）地层测试

2005 年 12 月 29 日—2006 年 6 月 14 日进行地层测试，确定各层产出流体，从而确定 A 井 65~66 号层、井段 3566.0~3615.0m、产层厚度 49m 为主要产气层。

3）系统试井测试

2006 年 6 月 29 日—8 月 19 日进行系统试井测试，采用油管悬挂式 DPT 试井工艺对 A 井进行了压力恢复试井，试井方案为一开一关试井制度。

4）试采测试

2007 年 4 月 7 日—5 月 5 日进行产能试井+压力恢复试井，2007 年 5 月 22 日—8 月 4 日试采+压力恢复，A 井于 2008 年 12 月 20 日投产。

2. 试井解释

1）中途测试

2005 年 9 月 24—26 日对 A 井进行中途测试，压力计下入深度 3451. 63m，由于是裸眼测试，气层完全打开，所以通过模型诊断和图形分析，选用变井筒储集+均质无限大模型（图 5-4-1、图 5-4-2、图 5-4-3）。解释结果：测点地层压力 p_R（3451. 63m）为 41. 6MPa，根据压力梯度折算到油层中部地层压力为 42. 23MPa（气层中部为 3590. 5m），K=34. 5mD、S=241、C=1. 29m³/MPa。

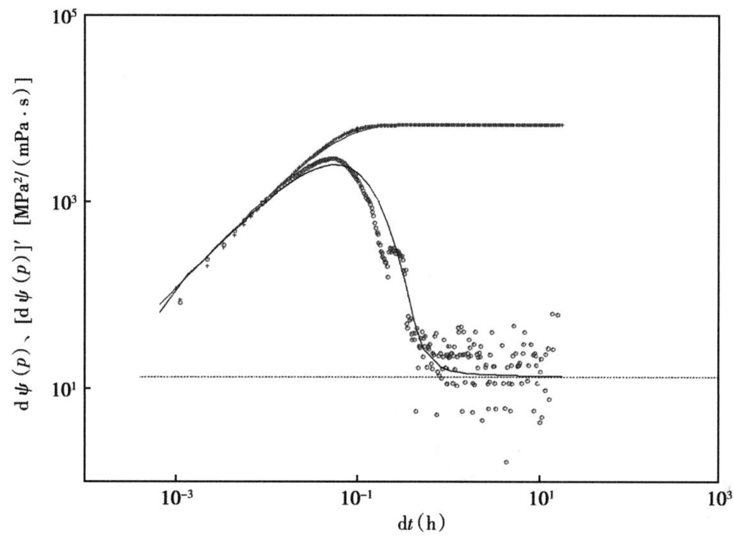

图 5-4-1　D 气田 A 井双对数拟合图

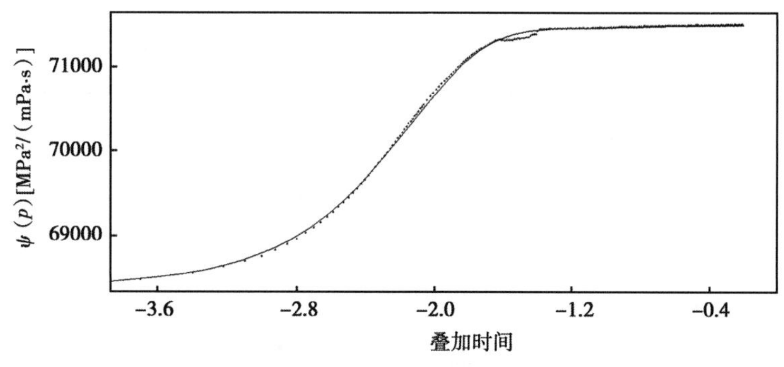

图 5-4-2　D 气田 A 井半对数拟合图

2）地层测试

2006 年 5 月 29 日—6 月 14 日进行地层测试，共测试三个层。第一层为 3840. 0～3850. 0m（厚 10m，电测解释水层），日产水 8. 31m³，测试层定性为水层。第二层为 3716. 4～3727. 0m（电测解释为差气层），根据测试情况综合分析，总体反映出低渗储层特征。第三

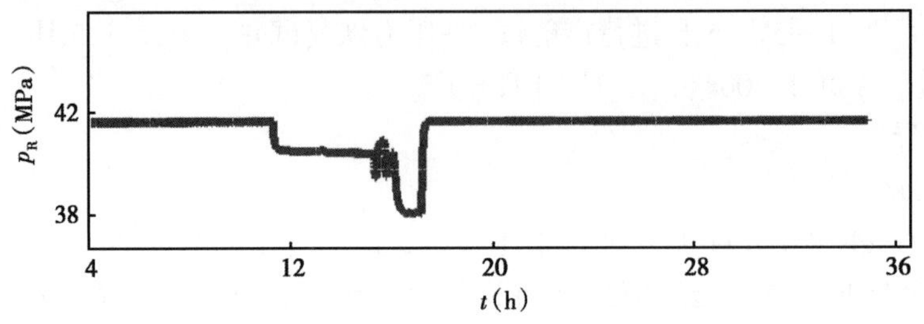

图 5-4-3　D 气田 A 井压力史拟合图

层为 65~66 号层，井段为 3566.0~3615.0m，产层厚度为 49m，采用八开七关工作制度。

通过对二、四、五次关井压力数据进行定量分析比较（图 5-4-4），双对数导数曲线形态大致相同，均具有峰值高、开口大的特点，表现出高伤害曲线特征。定量分析数据仅反映了近井筒或伤害带内的储层物性情况，渗透率不能代表井筒以远横向地层的渗流能力。导致测试地层产能、渗流能力降低的主要原因是后期钻井以及完井施工过程中，储层受到了严重的伤害，其次是射孔不完善。第四次关井末点压力最高，因此选用四次关井霍纳曲线外推压力 41.88MPa（对应测点深度为 3501.59m），折气层中部压力为 42.22MPa（3590.5m），折目前地层压力系数为 1.17，属于正常压力系统。

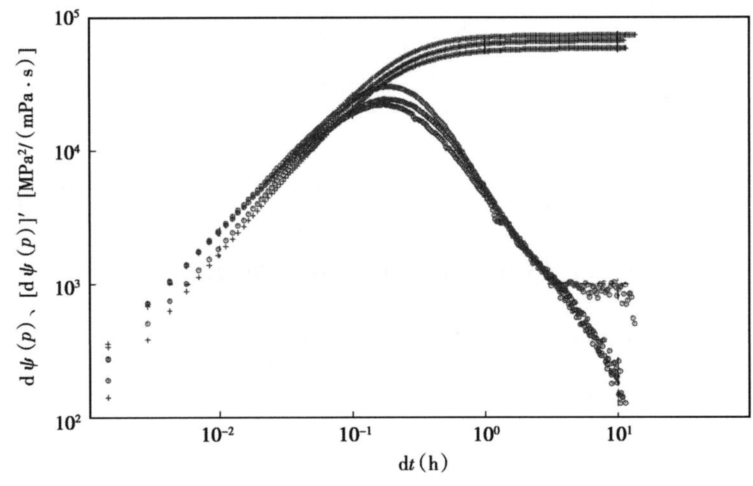

图 5-4-4　D 气田 A 井二、四、五次关井双对数—导数曲线图

3）系统试井测试

（1）系统试井分析。

2006 年 6 月 29 日—8 月 19 日采用油管悬挂式 DPT 试井工艺，对 A 井进行了压力恢复试井，开井放喷阶段先后选用五个级别（12.7mm、14.3mm、15.9mm、17.5mm、19.5mm）油嘴进行求产（表 5-4-1）。

由于 A 井表皮系数随开井生产时间持续逐步减小，导致试井过程产能逐渐增大，直接影响了各放喷工作制度下求产结果的稳定性，故开井放喷期间的系统试井资料不具备系统分析解释条件。

（2）压力恢复试井。

在进行试井解释时应该结合地质情况，保证试井解释模型的正确。在 A 井模型诊断中应该注意区分部分射开模型和复合模型特征。

表 5-4-1　D 气田 A 井工作制度下气井日产气量统计表

序号	油嘴直径（mm）	日产气量平均值（10^4m^3）	平均流动压力（MPa）	地层压力（MPa）	生产压差（MPa）	产能稳定状况评价
1	12.7	28.2703	19.25	42.241	22.991	未稳定
2	14.3	28.8476	18.64	42.241	23.601	相对平稳
3	15.9	29.8138	16.881	42.241	25.360	未稳定
4	17.5	32.6101	18.075	42.241	24.166	相对平稳
5	19.5	33.5360	17.51	42.241	24.731	时间短未稳定
6	14.3	31.6286	20.19	42.241	22.051	相对平稳

①模型诊断。

气层射孔厚度只有 49m，与测井解释的气层厚度（84m）相差 35m，与测井解释的气层+差气层厚度（199m）则相差了 150m（图 5-4-5）。

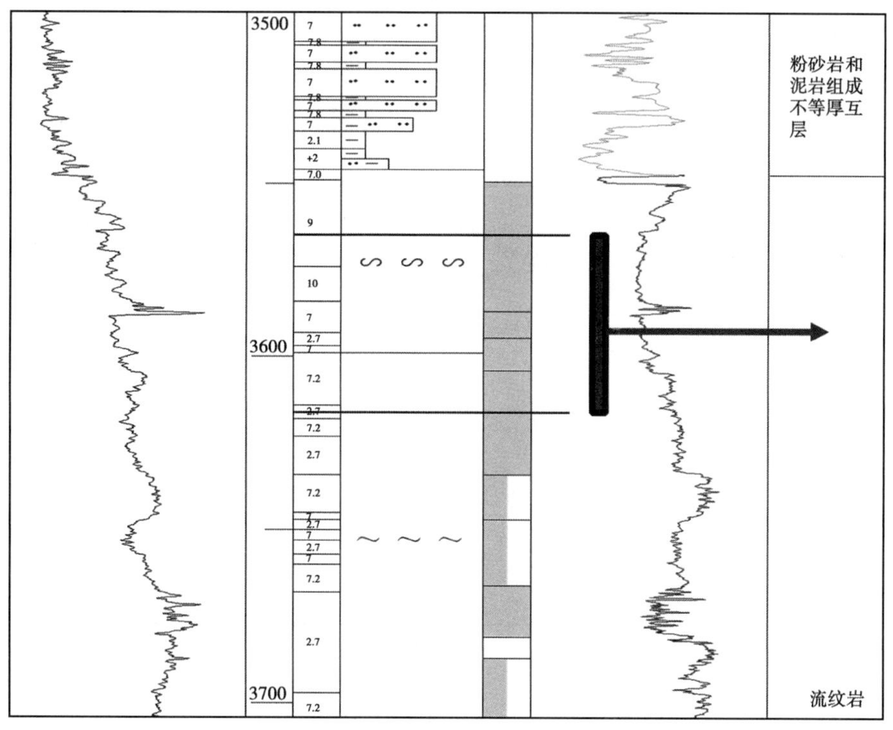

图 5-4-5　D 气田 A 井射开层位图

通过压力恢复双对数—导数曲线图形特征（图 5-4-6）诊断分析，a—b 段为斜率为 1 的续流段，b—c 段为过渡段，c—d 段为局部径向流段，d—e 段为球形流段，e—f 段为地层径向流段。双对数—导数曲线形态表征开口很大，直观反映该产层伤害较为严重；双对数—导数曲线整体形态为均质储层表征。

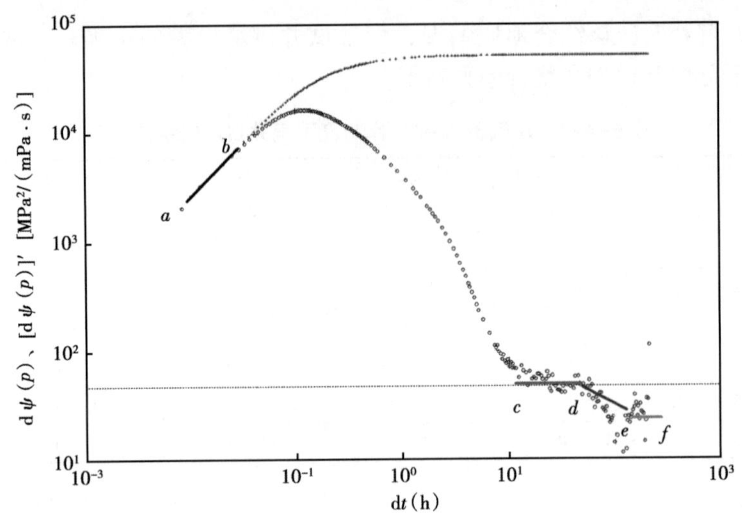

图 5-4-6 D 气田 A 井双对数分析图

②试井解释结果。

从以上分析可知，解释模型选用变井筒储集+部分射开+无限大模型符合地质情况，解释中采用的产气层有效厚度为 100m，气层射孔厚度为 49m。解释结果：测点（3579.9m）地层压力为 42.18MPa，折气层中部压力为 42.21m（3590.5m），$K=17.1$mD、$S=505$、$C=0.91m^3/MPa$，垂向与径向有效渗透率之比为 0.348（图 5-4-7、图 5-4-8、图 5-4-9）。

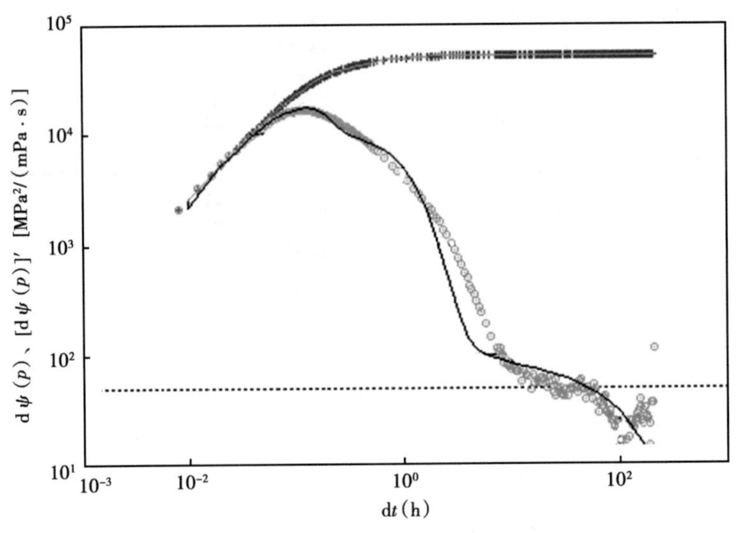

图 5-4-7 D 气田 A 井双对数拟合图

4）试采测试

（1）产能试井分析。

2007 年 4 月 2 日—5 月 5 日进行系统试井测试，试井方案为四开试井工作制度。开井放喷阶段先后选用四个级别（4.76mm、6.35mm、7.94mm、9.53mm）油嘴进行求产，求产结果见表 5-4-2。2007 年 6 月 27 日—8 月 4 日 A 井进行压力恢复试井，压力计下入深度为 3571.65m。

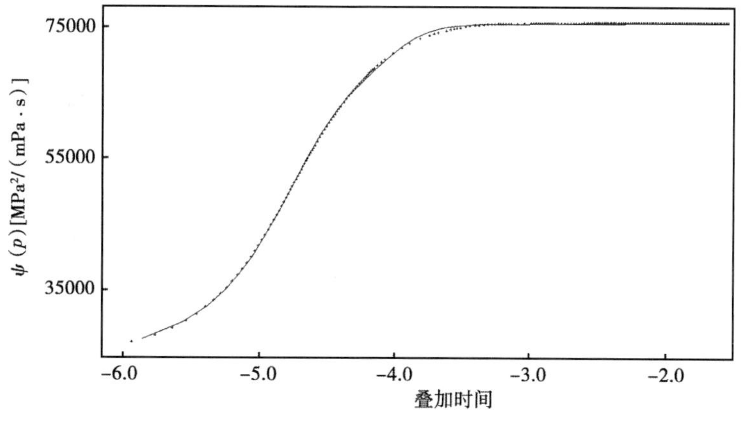

图 5-4-8　D 气田 A 井半对数拟合图

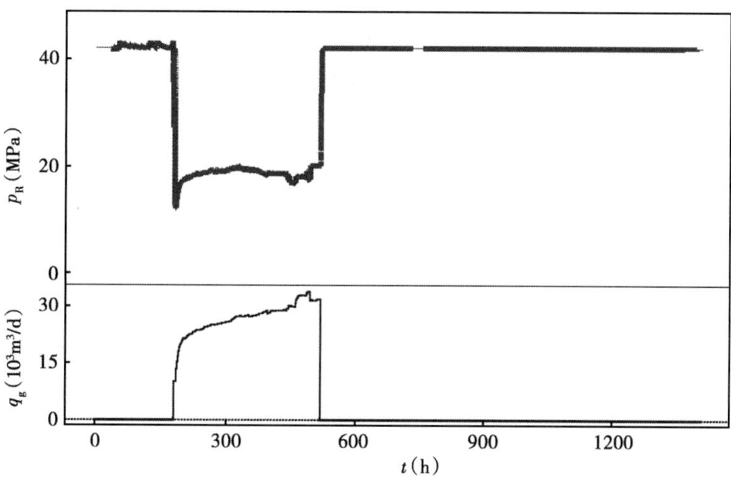

图 5-4-9　D 气田 A 井压力史拟合图

表 5-4-2　D 气田 A 井工作制度下气井日产气量统计表

序号	油嘴直径 (mm)	日产气量平均值 (10^4m^3)	流动压力 (MPa)	折算流动压力 (MPa)	产能稳定 状况评价
1	4.76	10.7836	38.86	38.91	相对平稳
2	6.35	16.0641	35.89	35.94	相对平稳
3	7.94	22.2447	31.88	31.93	相对平稳
4	9.53	26.4341	28.13	28.18	相对平稳

注：地层压力 42.04MPa。

经计算，A 井的指数式产能方程：

$$q_g = 2.62624(p_R^2 - p_{wf}^2)^{0.66989}$$

无阻流量 $q_{AOF}=39.3262\times10^4m^3/d$（图 5-4-10）。

经计算，A 井的二项式产能方程：

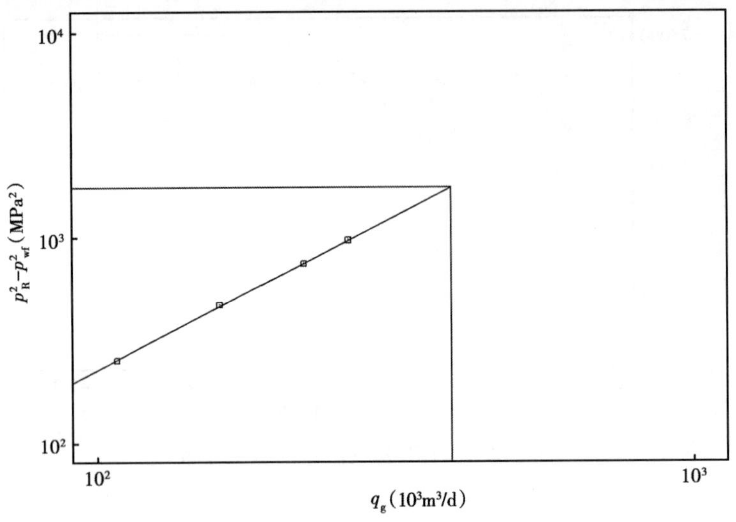

图 5-4-10　D 气田 A 井产能试井指数式图

$$\psi(p_R) - \psi(p_{wf}) = 35.8034q_g + 0.336354q_g^2$$

无阻流量 $q_{AOF}=41.3165\times10^4\text{m}^3/\text{d}$（图 5-4-11）。

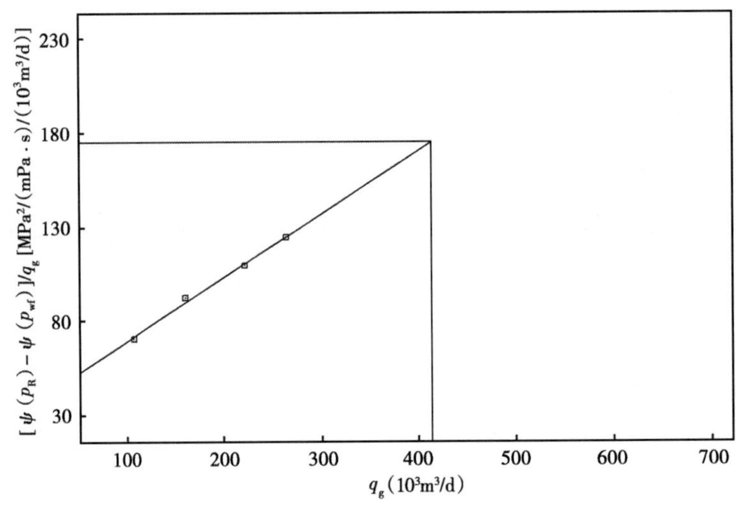

图 5-4-11　D 气田 A 井产能试井二项式图

（2）压力恢复试井。

解释模型选用变井筒储集+部分射开+无限大模型符合地质情况，解释中采用的产气层有效厚度为 100m，气层射孔厚度为 49m。解释结果：测点（3571.65m）地层压力为 41.99MPa，折气层中部压力为 42.04MPa（3590.5m），$K=12.71$mD、$S=220$、$C=2.99$ m³/MPa。

从系统试井阶段中的压力恢复试井得到表皮系数为 505，随着生产时间的增加，在试采测试阶段得到表皮系数为 220，有明显的解堵现象。这进一步说明该地层伤害堵塞十分严重。

3. 小结

通过对 D 气田 A 井试气、短期试采测试数据的分析，可知：

（1）A 井火山岩储层物性好、渗透率高、厚度大，具备高产的物质基础。通过产能方程计算平均无阻流量为 $41.32 \times 10^4 m^3/d$。

（2）在模型诊断中应该结合地质情况，保证试井解释模型的正确。A 井选择试井模型为部分射开模型，证明火山岩储层纵向上是连通的。

（3）在试井解释时发现表皮系数非常大，是由于 A 井在钻井、完井过程中，钻井液和压井液侵入地层，对地层伤害堵塞十分严重，严重制约了气井自然产能的发挥。

二、D 气田 A-A 井

1. 测试简况

D 气田 A-A 井位于松辽盆地南部，测试层位为 HS 组 152 号层，解释井段为 3701.0~3753.0m，厚度为 52.0m，岩性为流纹岩，电测解释为气层。该井于 2008 年 12 月 11 日进行静止压力、静止温度梯度测试；2008 年 12 月 9 日—2009 年 1 月 11 日进行回压试井测试、关井压力恢复测试和试采测试（表 5-4-3）。

表 5-4-3　D 气田 A-A 井工作制度测试时间安排表

测试阶段	时间	地面显示描述	下入深度（m）
梯度测试	2008 年 12 月 11 日	测静止压力、静止温度梯度	3470.0
开井放喷	2008 年 12 月 12—16 日	7.94mm、9.53mm 油嘴	3476.0
回压试井	2008 年 12 月 16—19 日	5.56mm、7.94mm、9.53mm、11.1mm 油嘴	3476.0
关井	2008 年 12 月 19—31 日	测压力恢复	3476.0
试采	2009 年 1 月 1—11 日	7.94mm 油嘴	3476.0
梯度测试	2009 年 1 月 11 日	测流动压力、流动温度梯度	3470.0

2. 试井解释

1）梯度分析

（1）静止压力梯度分析。

2008 年 12 月 11 日进行静止压力梯度测试，通过静止压力梯度分析得出静止压力梯度为 0.28MPa/100m。

（2）流动压力梯度分析。

2009 年 1 月 11 日进行流动压力梯度测试，通过流动压力梯度分析得出流动压力梯度为 0.23MPa/100m。

2）压力恢复试井解释

（1）模型诊断。

A-A 井不稳定试井双对数曲线压力和压力导数后期上翘，斜率为 0.5（图 5-4-12），结合地质构造情况，分析距该井 100m 左右有不相等的两条平行断层（图 5-4-13）。

（2）解释结果。

通过模型诊断和图形分析，试井解释模型采用内边界条件为变井筒储集、表皮效应+均

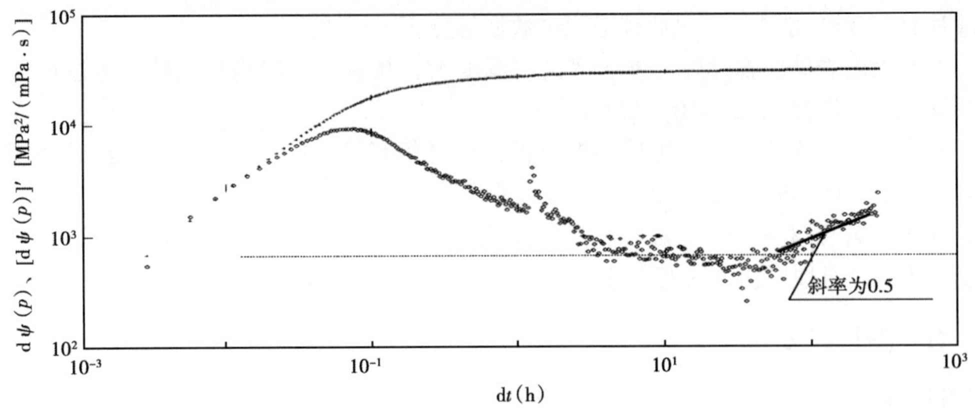

图 5-4-12　D 气田 A-A 井双对数分析图

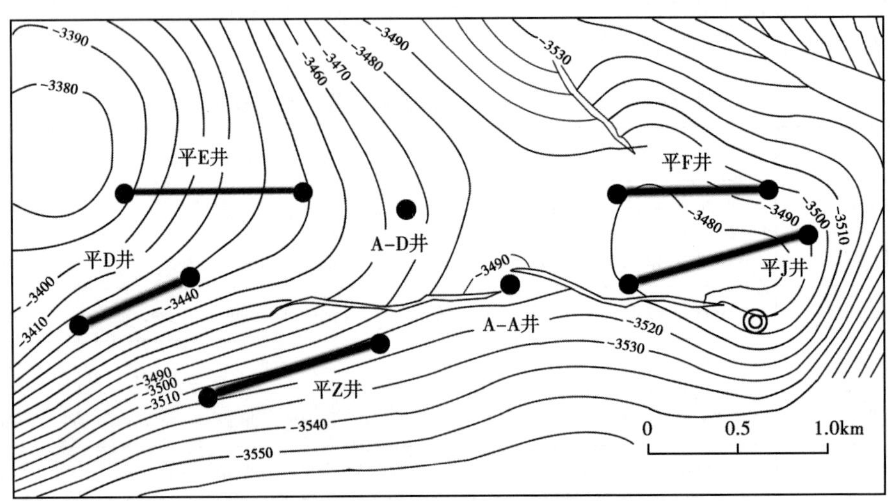

图 5-4-13　D 气田 A-A 井地质构造（m）图

质模型+外边界为两条平行断层。解释结果:测点（3476.0m）地层压力为 41.97MPa，折气层中部压力为 42.67MPa（3727.0m），$K=2.26$mD、$S=15.6$、$C=2.19\text{m}^3/\text{MPa}$、$r_1=110$m、$r_2=105$m（图 5-4-14、图 5-4-15、图 5-4-16）。

3）产能试井

A-A 井于 2008 年 12 月 12 日 8:00—15 日 9:00 采用 7.94mm 油嘴、57.15mm 孔板试采，平均产气量 192630.2m³/d，油压 18.85～23.85MPa、平均 21.59MPa，套压 13.16～23.29MPa、平均 14.77MPa，井底流动压力 30.68～33.01MPa、平均 32.45MPa；12 月 15 日 9:00—16 日 8:00 采用 9.53mm 油嘴、69.85mm 孔板试采，平均产气量 205791.6m³/d，油压 19.23～23.27MPa、平均 19.95MPa，套压 14.13～15.61MPa、平均 15.03MPa，井底流动压力 30.19～30.42MPa、平均 30.31MPa。产能试井选用 5.56mm 油嘴、50.80mm 孔板，7.94mm 油嘴、57.15mm 孔板，9.53mm 油嘴、69.85mm 孔板，11.10mm 油嘴、76.20mm 孔板放喷求产，产能试井结果见表 5-4-4。

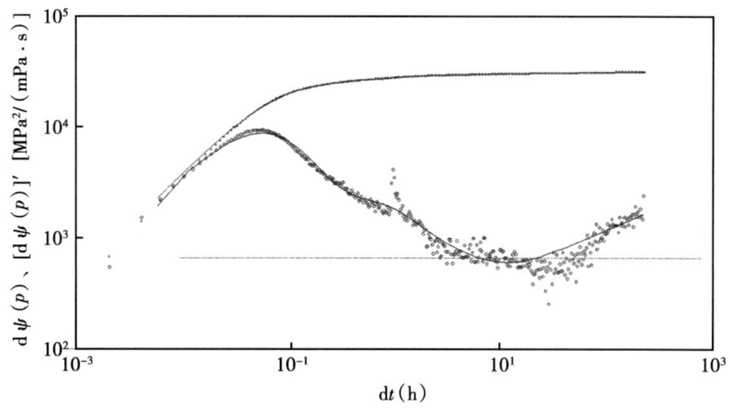

图 5-4-14　D 气田 A-A 井双对数拟合图

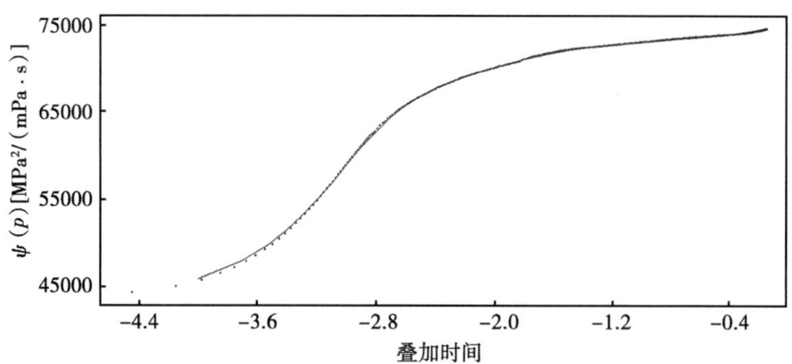

图 5-4-15　D 气田 A-A 井半对数拟合图

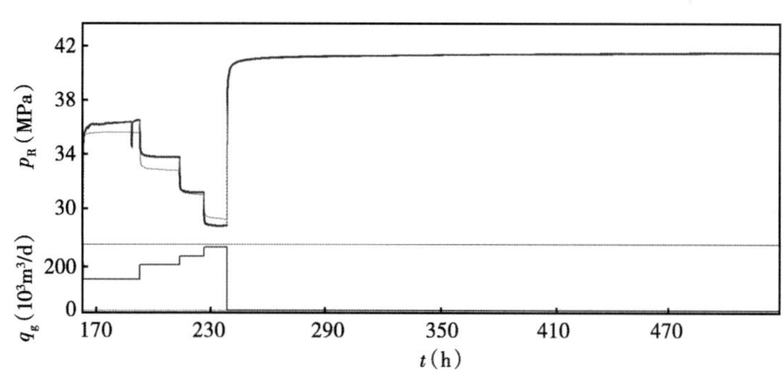

图 5-4-16　D 气田 A-A 井压力史拟合图

表 5-4-4　D 气田 A-A 井产能试井结果表

油嘴（mm）	油压（MPa）	套压（MPa）	流动压力（MPa）	折算流动压力（MPa）	产气量（10^4m^3/d）
5. 56	17. 89	16. 39	36. 466	37. 043	14. 0410
7. 94	20. 66	15. 13	33. 748	34. 325	20. 6490
9. 53	17. 69	16. 69	31. 135	31. 712	24. 7049
11. 10	17. 87	16. 39	29. 186	29. 763	28. 7183

注：气层中部地层压力 42. 67MPa。

经计算，A-A 井的指数式产能方程：

$$q_g = 0.410466(p_R^2 - p_{wf}^2)^{0.957543}$$

无阻流量 $q_{AOF}=54.3378\times10^4 m^3/d$（图 5-4-17）。

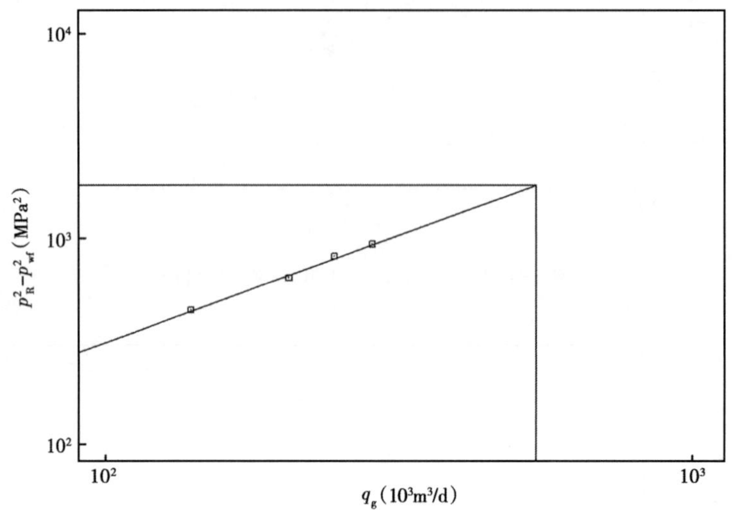

图 5-4-17　D 气田 A-A 井修正等时试井指数式图

经计算，A-A 井的二项式产能方程：

$$\psi(p_R) - \psi(p_{wf}) = 90.5582q_g + 0.0811785q_g^2$$

无阻流量 $q_{AOF}=56.8282\times10^4 m^3/d$（图 5-4-18）。

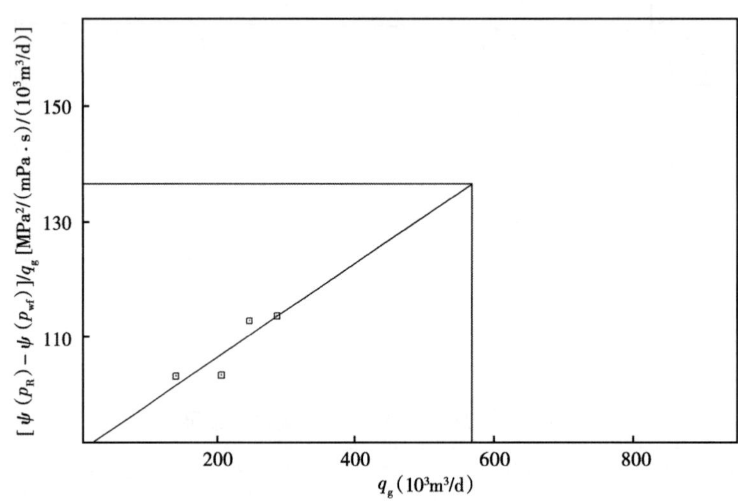

图 5-4-18　D 气田 A-A 井修正等时试井二项式图

3. 小结

通过对 D 气田 A-A 井回压试井测试、关井压力恢复测试和试采测试数据的分析，可知：

（1）通过产能方程计算平均无阻流量为 55.58×10^4m^3/d。

（2）在模型诊断中应该结合地质情况，保证试井解释模型的正确。通过解释分析，距 A-A 井 100m 左右有不相等的两条平行断层。

（3）在试井解释时发现表皮系数非常大，是由于 A-A 井在钻井、完井过程中，钻井液和压井液侵入地层，对地层伤害堵塞十分严重，严重制约了气井自然产能的发挥。

三、D 气田 A-B 井

1. 测试简况

D 气田 A-B 井位于松辽盆地南部，全井测井解释 130 层 981.9m，其中 HS 组火山岩储层 14 层 325m。解释气层 6 层 119m，差气层 3 层 62m。

1）地层测试

2006 年 10 月 4—29 日采用 APR 测试工具对 A-B 井火山岩储层 121 号层进行射孔联作测试。121 号层岩性为灰紫色角砾岩，井段为 3697.0~3704.0m，厚度为 7.0m，气层中部深度为 3700.5m，从成像测井来看，裂缝和气孔发育，具有较好的物性条件。

2）修正等时试井测试

2007 年 3 月 30 日—6 月 7 日采用存储式压力计对 A-B 井进行多次开关井的变流量测试、静止压力梯度和静止温度梯度测试。

3）回压试井测试

2009 年 10 月补射 $120_{下}$ 号、$118_{上}$ 号、$117_{下}$ 号层，2009 年 10 月 30 日—2010 年 6 月 22 日与 121 号层进行合采。进行了关井压力恢复和回压试井测试。

4）第一次开发测试

2011 年 7 月 3 日—8 月 8 日进行了压力恢复和单点测试。

5）第二次开发测试

2013 年 6 月 6 日—7 月 24 日进行了压力恢复和单点测试。2013 年 6 月 6—7 日进行短暂流动压力、流动温度测试，2013 年 6 月 7 日—7 月 5 日进行压力恢复测试，2013 年 6 月 7 日测静止压力、静止温度梯度，2013 年 7 月 5—24 日进行单一工作制度测试，2013 年 7 月 24 日测流动压力、流动温度梯度。

2. 试井解释

1）地层测试

2006 年 10 月采用 APR 测试工具对 A-B 井火山岩储层 121 号层 3697.0~3704.0m、厚度 7.0m 的紫灰色凝灰岩（电测解释为气层）进行了射孔联作测试。第一次测试采用三开三关工作制度，其中二次开井阶段先后选用 4 个级别（6.35mm、7.94mm、9.53mm、11.11mm）油嘴进行放喷求产，压力计下入深度 3669.6m，求产结果见表 5-4-5。2006 年 12 月 4 日对 A-B 井进行了关井状态下测静止压力、静止温度梯度。2006 年 11 月 6—14 日分别用 4.76mm、6.35mm、9.53mm、11.11mm、14.29mm 油嘴放喷，2006 年 11 月 14 日—12 月 5 日关井压力恢复 525.35h，压力计下入深度 3670.6m。

（1）静止压力梯度分析。

2006 年 12 月 4 日进行静止压力梯度测试，通过静止压力梯度分析得出静止压力梯度为 0.29MPa/100m。

表 5-4-5　D 气田 A-B 井二次开井期间不同工作制度下产气量统计表

油嘴 (mm)	孔板 (mm)	放喷时间	平均产气量 ($10^4m^3/d$)	流动压力 (MPa)	折算流动压力 (MPa)
6. 35	38. 1	2010 年 10 月 11 日 22:00—12 日 5:00	11. 5411	29. 78	29. 87
7. 94	50. 8	2010 年 10 月 12 日 9:00—11:00	14. 8935	24. 75	24. 84
9. 53	50. 8	2010 年 10 月 12 日 14:00—21:00	17. 1605	20. 69	20. 78
11. 11	50. 8	2010 年 10 月 12 日 22:00—13 日 6:00	18. 0639	18. 03	18. 12

注：气层中部地层压力 42. 43MPa。

(2) 压力恢复试井。

①模型诊断。

2006 年 11 月 14 日—12 月 5 日关井压力恢复 525. 35h，通过压力恢复双对数—导数曲线图形特征诊断分析，双对数—导数曲线早期呈 45°线，4h 后导数曲线进入平直状态，证实径向流已出现，该阶段双对数—导数曲线整体形态为均质储层特征，20h 后导数曲线开始下掉，200h 后导数曲线下掉趋势变缓，其形态属有界储层，边界外储层渗透性趋好 (图 5-4-19)，从图形分析中判断储层为复合储层模型。

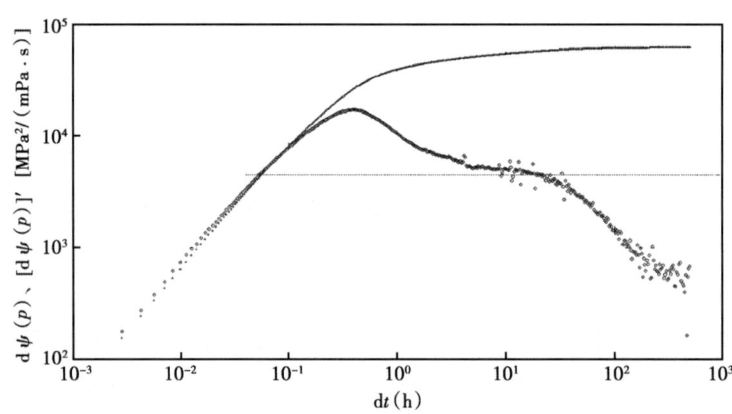

图 5-4-19　D 气田 A-B 井地层测试双对数分析图

②试井解释结果。

通过模型诊断和图形分析，资料解释中选用井筒储集、表皮效应+径向复合气藏理论模型，通过现代试井理论拟合分析和霍纳分析，取得了基本一致的分析成果。解释结果：测点地层压力为 42. 34MPa (3670. 6m)，根据压力梯度折算到气层中部地层压力为 42. 43MPa (气层中部为 3700. 5m)，$K=1.22$mD、$S=0.05$、$C=0.71m^3/MPa$、$r=70.60$m (图 5-4-20、图 5-4-21、图 5-4-22)。

(3) 产能试井。

根据表 5-4-5 二次开井的放喷产量和流动压力数据，由 CandN 法绘出指示曲线 (图 5-4-23)。经计算，A-B 井的指数式产能方程：

$$q_g = 0.210761(p_R^2 - p_{wf}^2)^{0.928309}$$

无阻流量 $q_{AOF}=22.0049\times10^4m^3/d$。

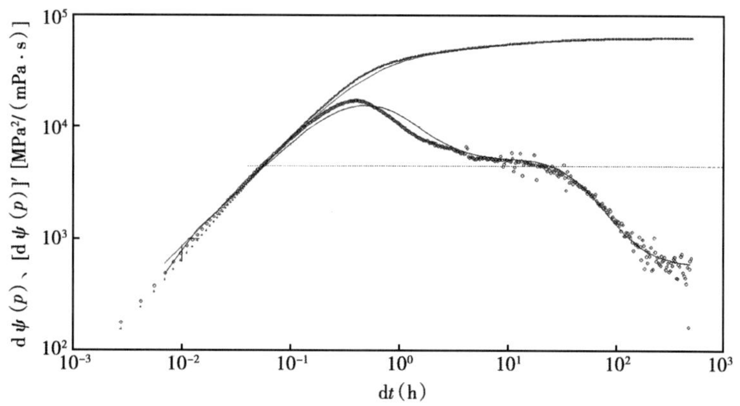

图 5-4-20　D 气田 A-B 井地层测试双对数拟合图

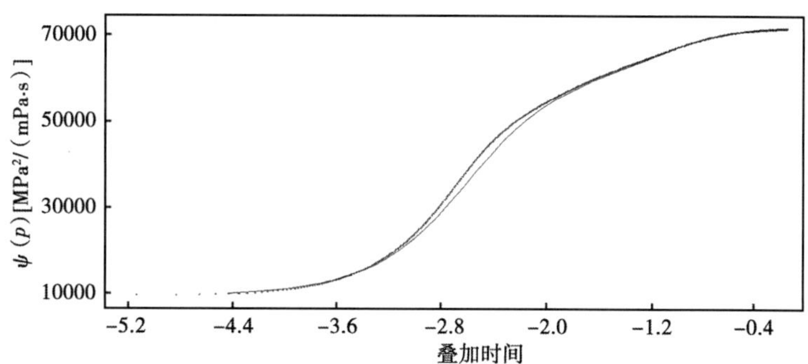

图 5-4-21　D 气田 A-B 井地层测试半对数拟合图

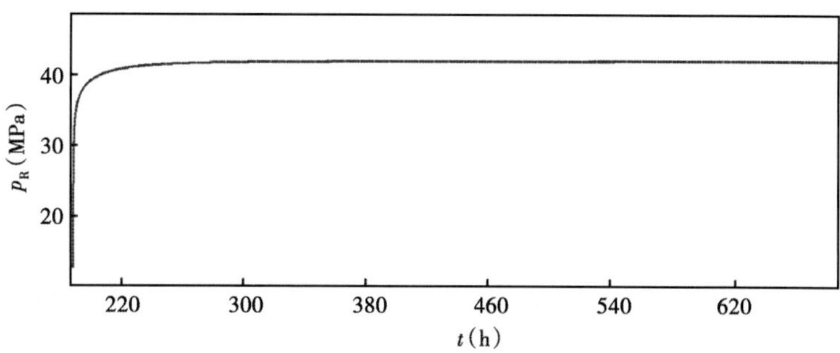

图 5-4-22　D 气田 A-B 井地层测试压力史拟合图

由 LIT 法绘出指示曲线（图 5-4-24）。经计算，A-B 井的二项式产能方程：

$$\psi(p_R) - \psi(p_{wf}) = 182.93q_g + 0.622955q_g^2$$

无阻流量 $q_{AOF}=22.3747\times10^4 m^3/d$。

2）修正等时试井测试

2007 年 3 月 30 日—4 月 3 日对 A-B 井进行了关井状态下测静止压力、静止温度；2007 年 4 月 3 日测静止压力、静止温度梯度；4 月 26 日—5 月 1 日分别用 3.0mm、5.0mm、7.0mm、9.0mm 油嘴进行修正等时试井；5 月 2 日—6 月 1 日 5.00mm 油嘴试采；6 月 1—4

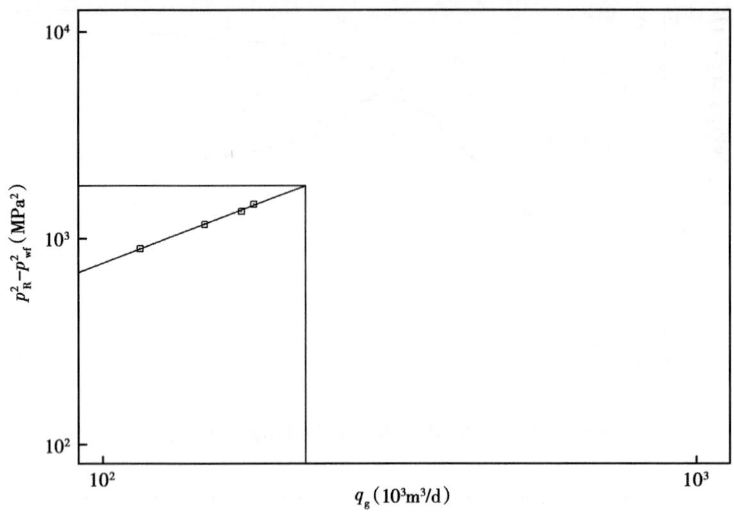

图 5-4-23 D 气田 A-B 井回压试井指数式图

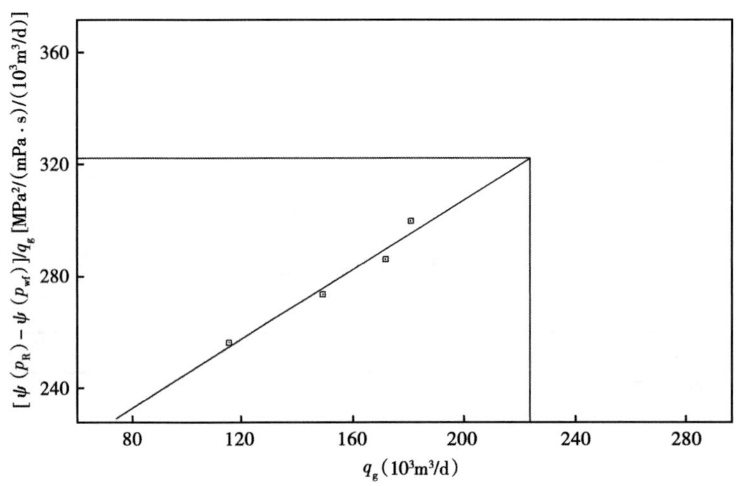

图 5-4-24 D 气田 A-B 井回压试井二项式图

日 8.00mm 油嘴终开井求产；6 月 4 日—7 月 6 日关井测压力恢复；7 月 6 日测静止压力、静止温度梯度（表 5-4-6）。

表 5-4-6 D 气田 A-B 井修正等时试井测试表

开井	时间 (h)	油嘴 (mm)	产气量 ($10^4m^3/d$)	流动压力 (MPa)	关井	时间 (h)	关井最高压力 (MPa)
							41.9763
一开	12	3	3.70	38.65	一关	12	41.8429
二开	12	5	9.27	30.15	二关	12	41.3804
三开	12	7	11.42	25.98	三关	12	40.8639
四开	12	9	13.40	20.28	四关	12	41.9763
延续	14d	5	8.20	29.75			

注：测点地层压力 42.26MPa，地层温度 136.09℃。

（1）静止压力梯度分析。

2007 年 4 月 3 日和 2007 年 7 月 6 日进行静止压力梯度测试，通过静止压力梯度分析得出静止压力梯度为 0.29MPa/100m。

（2）压力恢复试井。

①模型诊断。

通过对 2007 年 6 月 4 日—7 月 6 日关井测压力恢复试井解释模型的诊断分析，双对数—导数曲线早期呈 45°线，4h 后导数曲线进入平直阶段，证实径向流已出现，该阶段双对数—导数曲线整体形态为均质储层表征，虽然岩性分析为凝灰岩，但从曲线形态反映没有裂缝特征；20h 后导数曲线开始下掉，200h 后导数曲线下掉趋势变缓，其形态属有界储层，边界外储层渗透性趋好；单对数霍纳分析图在径向流后压力恢复曲线斜率变缓，从图形分析可判断，储层属于复合模型。

②试井解释结果。

通过模型诊断和图形分析，选用井筒储集、表皮效应+径向复合气藏理论模型，通过现代试井理论拟合分析和霍纳分析，取得了基本一致的分析成果。解释结果：测点地层压力为 42.26MPa（3700.0m），根据压力梯度折算到气层中部地层压力为 42.26MPa（气层中部 3700.5m），$K=1.12$mD、$S=-1.1$、$C=0.71\text{m}^3/\text{MPa}$、$r=65.75$m（图 5-4-25、图 5-4-26、图 5-4-27）。

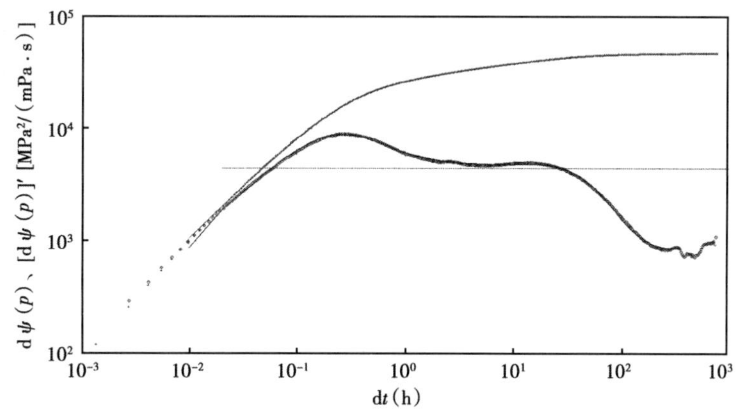

图 5-4-25　D 气田 A-B 井修正等时试井双对数拟合图

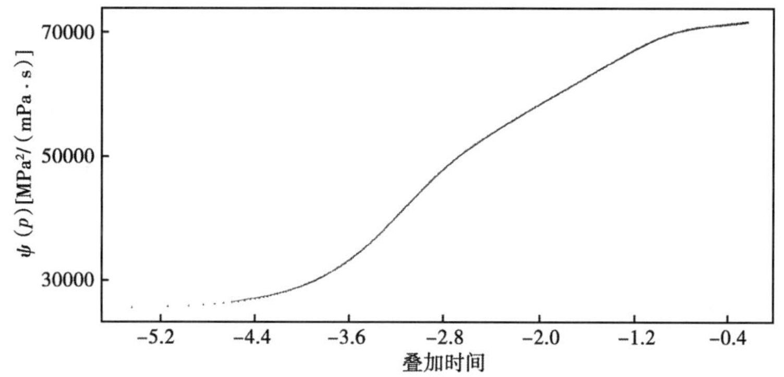

图 5-4-26　D 气田 A-B 井修正等时试井半对数拟合图

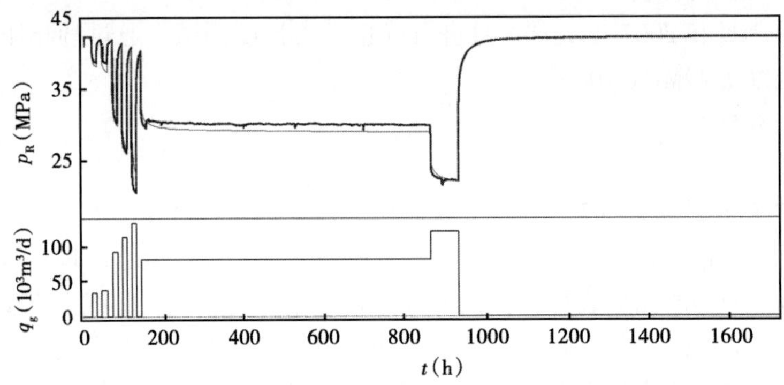

图 5-4-27　D 气田 A-B 井修正等时试井压力史拟合图

(3) 产能试井。

根据表 5-4-6 的放喷产量和流动压力数据，由 CandN 法绘出指示曲线（图 5-4-28）。经计算，A-B 井的指数式产能方程：

$$q_g = 0.270014(p_R^2 - p_{wf}^2)^{0.840206}$$

无阻流量 $q_{AOF} = 14.5753 \times 10^4 m^3/d$。

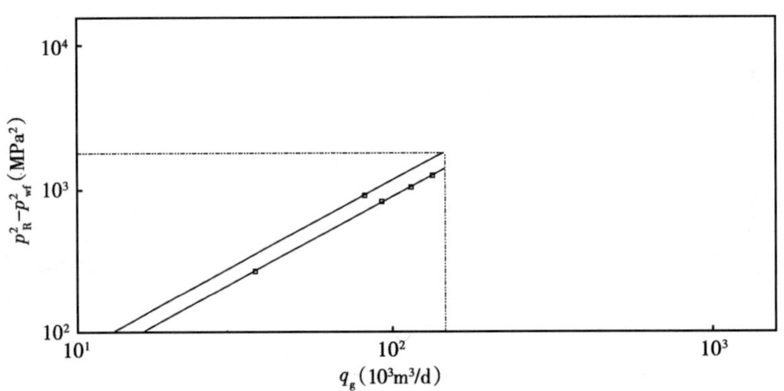

图 5-4-28　D 气田 A-B 井修正等时试井指数式图

由 LIT 法绘出指示曲线（图 5-4-29）。经计算，A-B 井的二项式产能方程：

$$\psi(p_R) - \psi(p_{wf}) = 252.91q_g + 1.28973q_g^2$$

无阻流量 $q_{AOF} = 15.7417 \times 10^4 m^3/d$。

通过回压试井和修正等时试井，计算 A-B 井无阻流量 $q_{AOF} = 19 \times 10^4 m^3/d$，以无阻流量的 1/3 计算，该井定产为 $7.0 \times 10^4 m^3/d$。2007 年 4 月 29 日该井以 $7.5 \times 10^4 m^3/d$、油压 21MPa、套压 16.1MPa 投产。

3) 回压试井测试

2010 年 6 月 20 日—7 月 25 日进行关井压力恢复和回压试井测试。2010 年 6 月 21 日—7 月 12 日进行压力恢复测试；2010 年 7 月 12—25 日进行回压试井，工作制度施行阀控 2.0 扣、2.1 扣、2.2 扣、2.3 扣。试井目的是获取地层压力、储层渗流参数，了解储层

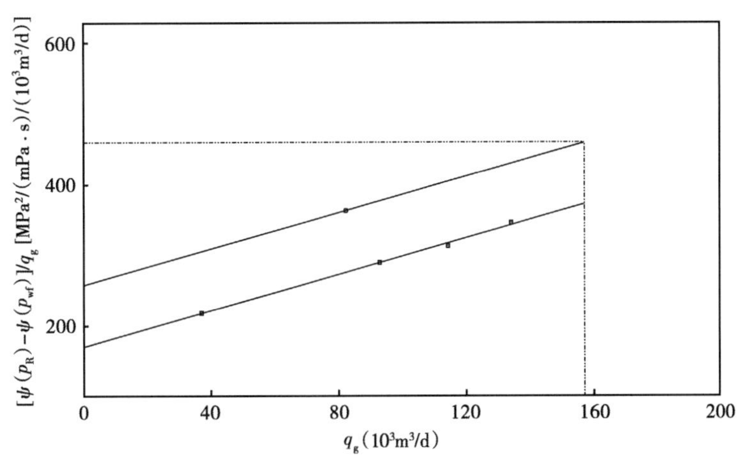

图 5-4-29　D 气田 A-B 井修正等时试井二项式图

的伤害程度，取得目前天然气产能，建立产能方程，求取气层无阻流量，进一步指导下步开发。

（1）压力恢复试井。

①模型诊断。

从关井压力恢复的半对数曲线、双对数（导数）曲线形态诊断分析，双对数—导数曲线早期呈 45°线，2h 后导数曲线进入平直阶段，证实径向流已出现，该阶段曲线形态为均质储层特征；20h 后导数曲线开始下掉至关井结束，呈现径向复合地层特征，外围储层渗透性趋好，半对数曲线特征与双对数（导数）曲线反映一致，因此，资料解释选用井筒储集+表皮效应+径向复合气藏理论模型。由于合采后产能提高幅度不明显，解释以 121 号层为主。

②试井解释结果。

通过模型诊断和图形分析，资料解释选用井筒储集、表皮效应+径向复合气藏理论模型，通过现代试井理论拟合分析和霍纳分析，取得了基本一致的分析成果。解释结果：根据关井压力恢复取得测点（测点深度为 3600.00m）地层压力为 40.24MPa，由静止压力梯度折算至 3700.50m 处地层压力为 40.52MPa，$K=0.9113$mD、$S=-1.42$、$C=0.3272\text{m}^3/\text{MPa}$、$r=57.5$m（图 5-4-30、图 5-4-31、图 5-4-32）。

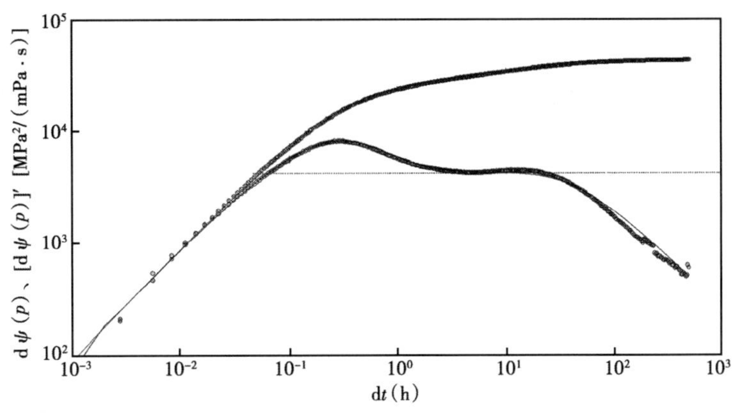

图 5-4-30　D 气田 A-B 井回压试井双对数拟合图

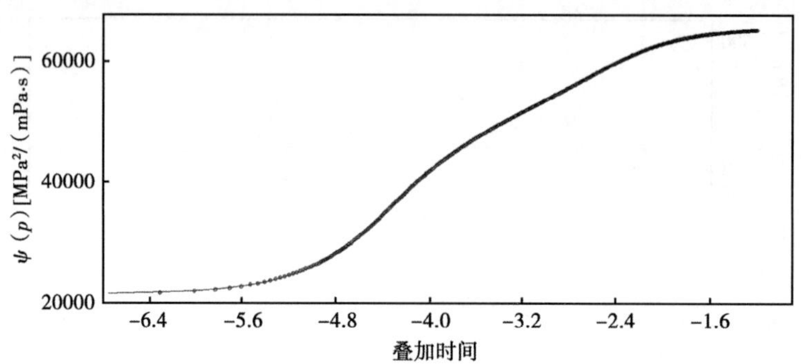

图 5-4-31　D 气田 A-B 井回压试井半对数拟合图

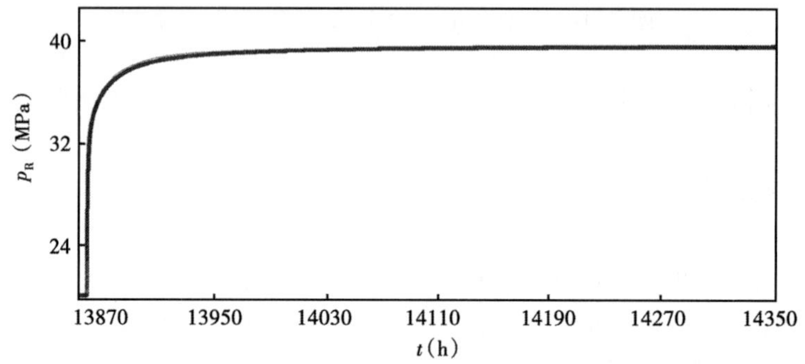

图 5-4-32　D 气田 A-B 井回压试井压力史拟合图

（2）产能试井。

2010 年 7 月 12—25 日进行回压试井，工作制度施行阀控 2.0 扣、2.1 扣、2.2 扣、2.3 扣。由于采用多流量二项式（LIT）计算无阻流量时斜率为负，多流量指数式 n 大于 1，因此，利用 A 气田 E 井的两次测试结果联合应用方法，便可以求出目前气井的产能方程，从而求目前情况下气井的无阻流量，为开发气井提供依据。

具体做法：利用修正等时试井稳定产能曲线的斜率把产能曲线平移到目前地层压力 40.52MPa 和目前稳定流动压力 25.85MPa、产量 $9.068\times10^4\mathrm{m}^3/\mathrm{d}$ 处，即可以求出目前气井的产能方程，从而求目前情况下气井的无阻流量。

由 LIT 法绘出指示曲线（图 5-4-33）。经计算，A-B 井的二项式产能方程：

$$\psi(p_{\mathrm{R}}) - \psi(p_{\mathrm{wf}}) = 256.133q_{\mathrm{g}} + 1.28973q_{\mathrm{g}}^2$$

无阻流量 $q_{\mathrm{AOF}} = 14.9271\times10^4\mathrm{m}^3/\mathrm{d}$。

由 CandN 法绘出指示曲线（图 5-4-34）。经计算，A-B 井的指数式产能方程：

$$q_{\mathrm{g}} = 0.281437(p_{\mathrm{R}}^2 - p_{\mathrm{wf}}^2)^{0.840206}$$

无阻流量 $q_{\mathrm{AOF}} = 13.9916\times10^4\mathrm{m}^3/\mathrm{d}$。

利用稳定点指数式压力平方法计算的无阻流量为 $13.9916\times10^4\mathrm{m}^3/\mathrm{d}$，按照流动压力与产量 IPR 曲线选取合理产能的原则一般为：取直线段内流动压力生产为合理产能，偏离直线

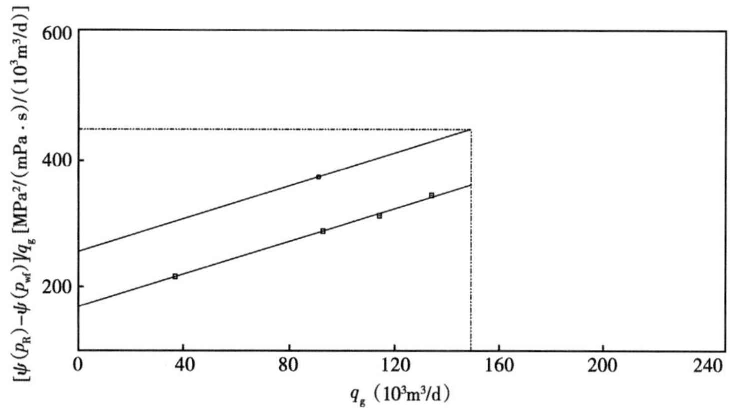

图 5-4-33　D 气田 A-B 井修正联合试井二项式图

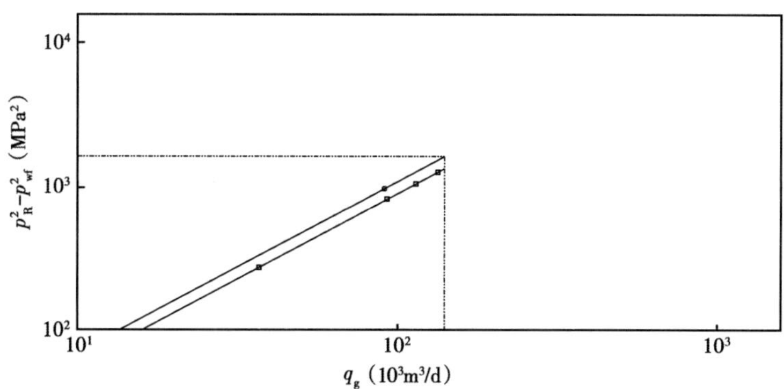

图 5-4-34　D 气田 A-B 井修正联合试井指数式图

段的流动压力为 33.80MPa（图 5-4-35），此时最高合理产能为 $5.0\times10^4m^3/d$。

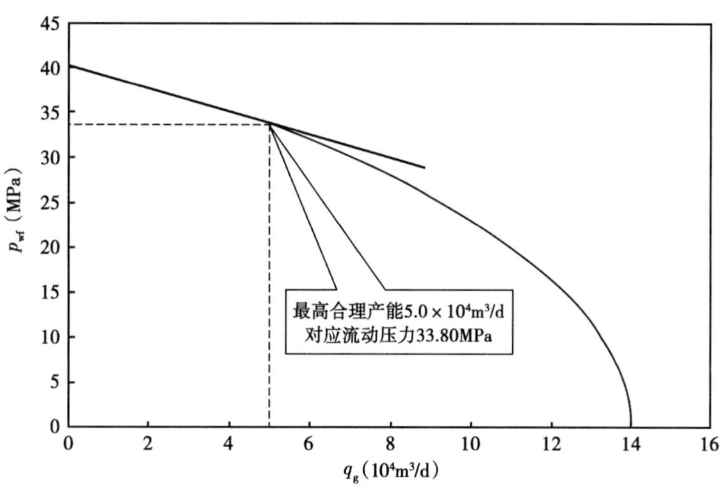

图 5-4-35　D 气田 A-B 井 IPR 曲线图

A-B 井无阻流量 $q_{AOF}=14.5\times10^4m^3/d$，以无阻流量的 1/3 计算，该井定产为 $4.80\times10^4m^3/d$，分析合理产能为 $5.0\times10^4m^3/d$。无阻流量采用指数法计算时 n 大于 1，产生这种情况的原因是当压差放大时，补孔的储层产出，导致 n 大于 1；另外合理产能在 $5.0\times10^4m^3/d$ 左右，生产时大于该产能，但流动压力相对稳定，这是由于井筒较远处储层物性趋好，导流能力提高，供气能力较强。

4）第一次开发测试

A-B 井在 2010 年 7 月 25 日—2011 年 7 月 4 日进行生产，工作制度为 1.3 扣、1.4 扣、1.5 扣，平均套压为 9.7MPa、油压为 17.1MPa、日产量为 $11.45\times10^4m^3$。

（1）压力恢复试井。

2011 年 7 月 4—27 日进行压力恢复测试，关井测试前产量为 $11.4\times10^4m^3/d$，套压为 7.0MPa，油压为 17.3MPa。

①模型诊断。

从关井压力恢复的半对数曲线、双对数（导数）曲线形态诊断分析，双对数—导数曲线早期呈 45°线，5h 后导数曲线进入平直阶段，证实径向流已出现，该阶段曲线形态为均质储层表征；20h 后导数曲线开始下掉至关井结束，呈现径向复合地层特征，外围储层渗透性趋好，半对数曲线特征与双对数（导数）曲线反映一致（图 5-4-36）。

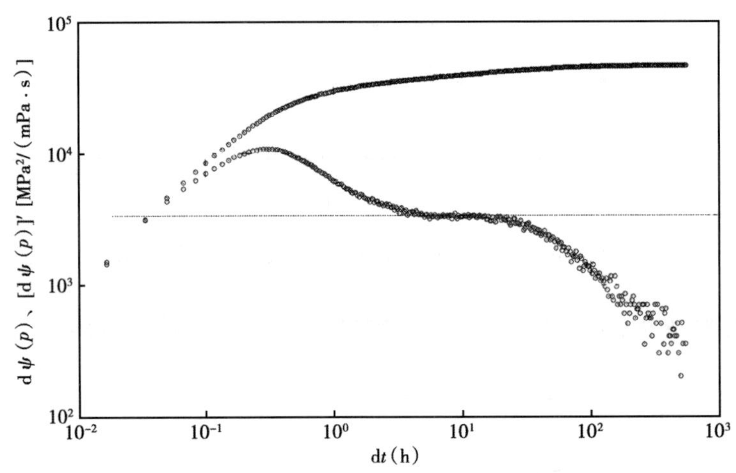

图 5-4-36　D 气田 A-B 井第一次开发测试双对数分析图

②试井解释结果。

通过模型诊断和图形分析，资料解释选用井筒储集、表皮效应+径向复合气藏理论模型，通过现代试井理论拟合分析和霍纳分析，取得了基本一致的分析成果。解释结果：根据关井压力恢复取得测点（测点深度为 3633.00m）地层压力为 $p_R=38.39MPa$，由静止压力梯度折算至储层中部深度（3700.50m）地层压力为 38.57MPa，$K=1.1597mD$、$S=-0.002$、$C=0.3145m^3/MPa$、$r=63.6m$（图 5-4-37、图 5-4-38、图 5-4-39）。

（2）产能试井。

2011 年 7 月 27 日—8 月 8 日进行单点测试，利用 A 气田 E 井的两次测试结果联合应用方法，便可以求出目前气井的产能方程，从而求目前情况下气井的无阻流量，为开发气井提供依据。

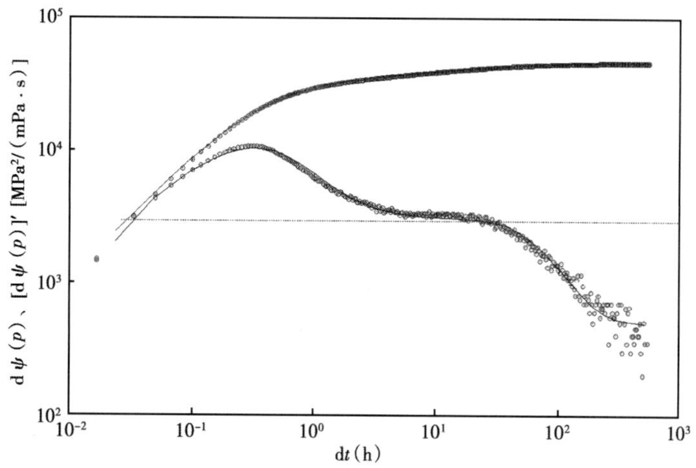

图 5-4-37　D 气田 A-B 井第一次开发测试双对数拟合图

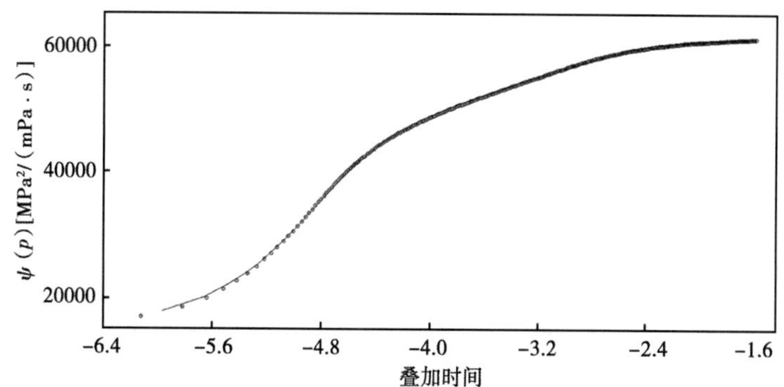

图 5-4-38　D 气田 A-B 井第一次开发测试半对数拟合图

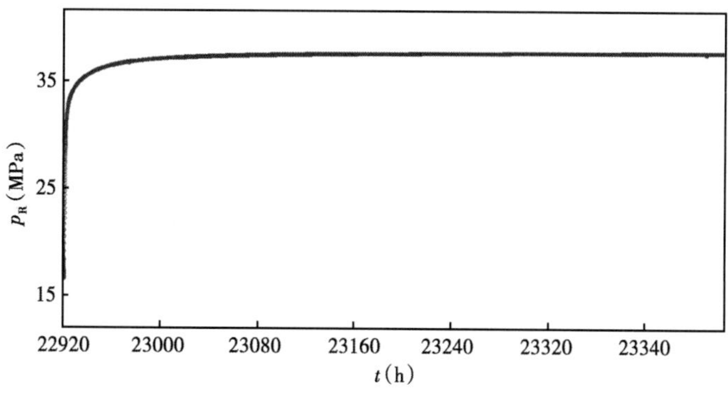

图 5-4-39　D 气田 A-B 井第一次开发测试压力史拟合图

具体做法：依据 2011 年 8 月 8 日 0:00—24:00 单点产能测试、阀控 1.3 扣定产，日产气 $11.4\times10^4m^3$，折日产液 $1.6m^3$，平均流动压力 21.94MPa，油压 17.3MPa，套压 7.0MPa。利用修正等时试井稳定产能曲线的斜率把产能曲线平移到目前地层压力 38.57MPa 和目前稳定流动压力 22.09MPa、产量 $11.4\times10^4m^3/d$ 处，即可以求出目前气井的产能方程和无阻流量。

由 LIT 法绘出指示曲线（图 5-4-40）。经计算，A-B 井的二项式产能方程：

$$\psi(p_R) - \psi(p_{wf}) = 178.453q_g + 1.28973q_g^2$$

无阻流量 $q_{AOF}=16.1611\times10^4m^3/d$。

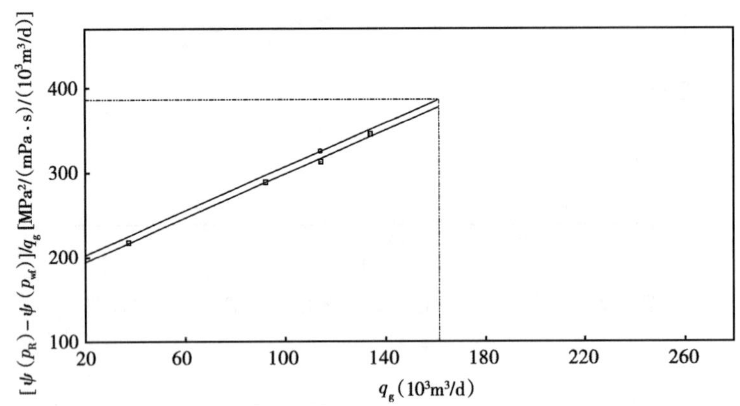

图 5-4-40　D 气田 A-B 井第一次开发测试修正联合试井二项式图

由 CandN 法绘出指示曲线（图 5-4-41）。经计算，A-B 井的指数式产能方程：

$$q_g = 0.345968(p_R^2 - p_{wf}^2)^{0.840206}$$

无阻流量 $q_{AOF}=15.8927\times10^4m^3/d$。

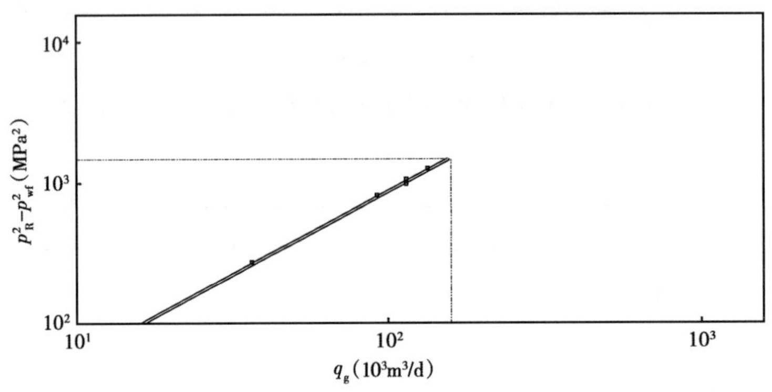

图 5-4-41　D 气田 A-B 井第一次开发测试修正联合试井指数式图

5）第二次开发测试

（1）压力梯度分析。

2013 年 6 月 7 日进行静止压力梯度测试，通过静止压力梯度分析得出静止压力梯度为 0.27MPa/100m。2013 年 7 月 24 日进行流动压力梯度测试，通过流动压力梯度分析得出流动压力梯度为 0.153MPa/100m。

（2）压力恢复试井。

2013 年 6 月 7 日—7 月 5 日进行压力恢复测试，关井测试前产量为 $9.28\times10^4m^3/d$，有效关井时间为 664h。

①模型诊断。

从关井压力恢复的半对数曲线、双对数（导数）曲线形态诊断分析，双对数—导数曲线早期呈45°线，2h后导数曲线进入平直阶段，证实径向流已出现，该阶段曲线形态为均质储层表征；35h后导数曲线开始下掉至关井结束，呈现径向复合地层特征，外围储层渗透性趋好，半对数曲线特征与双对数（导数）曲线反映一致。

②试井解释结果。

通过模型诊断和图形分析，资料解释选用井筒储集、表皮效应+径向复合气藏理论模型，通过现代试井理论拟合分析和霍纳分析，取得了基本一致的分析成果。解释结果：根据关井压力恢复取得测点（测点深度为3640.0m）地层压力 p_R = 33.58MPa，由静止压力梯度折算至储层中部深度（3700.50m）地层压力为33.74MPa，K = 1.21mD、S = −1.8、C = 0.466m^3/MPa、r=65.7m（图5-4-42、图5-4-43、图5-4-44）。

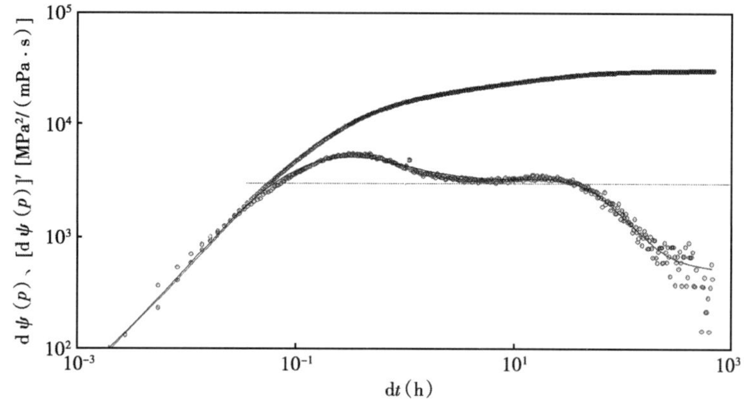

图5-4-42　D气田A-B井第二次开发测试双对数拟合图

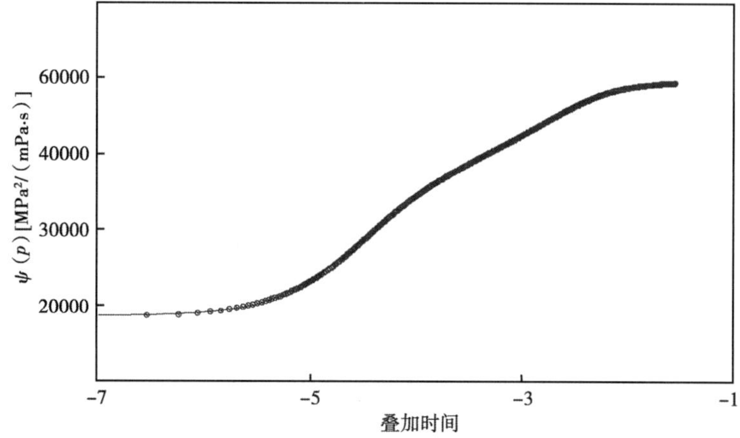

图5-4-43　D气田A-B井第二次开发测试半对数拟合图

（3）产能试井。

2013年7月5—24日进行单点测试，据2013年7月24日0:00—24:00回压测试、阀控2.0扣定产，日产气9.2800×10^{4}m^3，折日产液1.4m^3，油压为12.40MPa，套压为9.50MPa，平均流动压力为18.18MPa，折气层中部流动压力为18.27MPa，中部地层压力为33.74MPa。

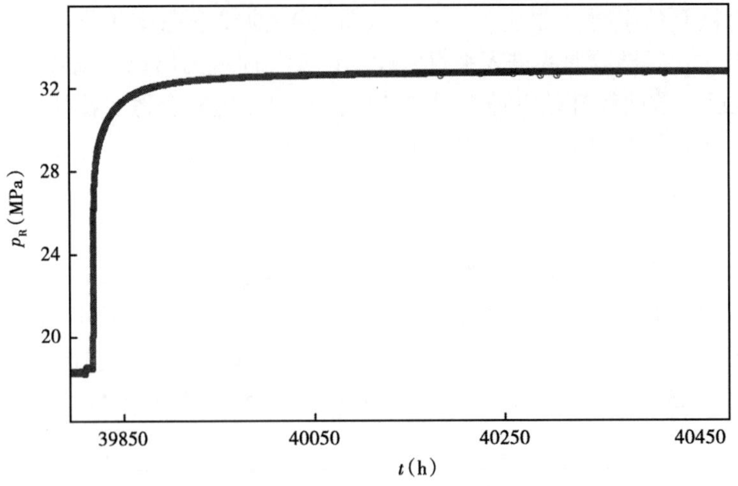

图 5-4-44　D 气田 A-B 井第二次开发测试压力史拟合图

采用稳定点二项式压力平方法计算无阻流量 $q_{AOF}=13.0318\times10^4m^3/d$（图 5-4-45）。产能方程：

$$p_R^2-p_{wf}^2=85.08907q_g+0.173809q_g^2$$

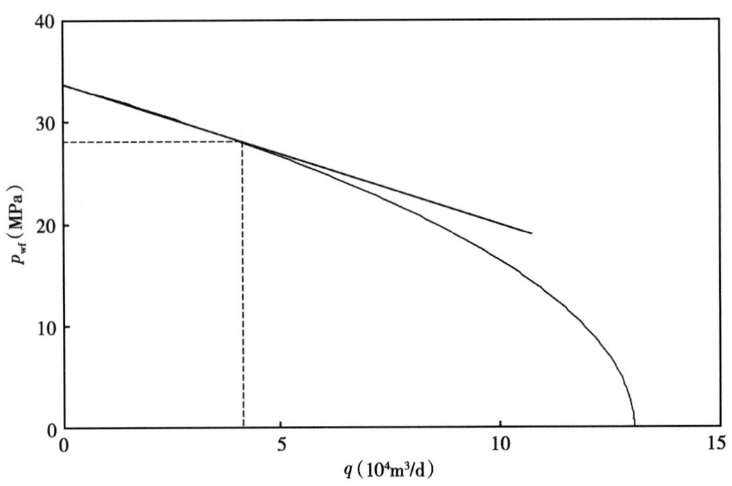

图 5-4-45　D 气田 A-B 井试采测试 IPR 曲线图

由稳定点二项式压力平方法取得无阻流量，按照流动压力与产量 IPR 曲线选取合理产能的原则一般为：取直线段内流动压力生产为合理产能，偏离直线段的流动压力为 28.1MPa（对应测点流动压力；图 5-4-45），此时最高合理产能为 $4.2\times10^4m^3/d$；按气井一般取无阻流量的 1/3 的原则，其合理产能应为 $4.3\times10^4m^3/d$。

3. 井控储量

利用物质平衡法确定单井控制地质储量。

对于定容封闭性气藏，没有水驱作用，得到定容气藏的物质平衡方程式：

$$\frac{p}{Z}=\frac{p_i}{Z_i}\left(1-\frac{N_p}{G}\right)$$

式中 G——气藏在地面标准条件下（0.101MPa 和 20℃）的原始地质储量，m^3；

N_p——气藏在地面标准条件下的累计产气量，m^3；

p_i——地层原始压力，MPa；

Z_i——原始压力下的压缩因子；

p——生产时的地层压力，MPa；

Z——生产时地层压力下的压缩因子。

把 A-B 井历年压力恢复解释的地层压力、气体压缩因子和累计产气量作统计（表 5-4-7）。

表 5-4-7 D 气田 A-B 井计算单井控制地质储量参数表

时间	p（MPa）	Z	p/Z	$(p/Z)/(p_i/Z_i)$	累计产量（10^8m^3）
2007 年 7 月 6 日	42.34	1.07084	39.53905345	1	0.053744
2010 年 7 月 12 日	40.52	1.05324	38.47176332	0.973007	0.486921
2011 年 7 月 27 日	38.57	1.03906	37.12008931	0.938821	0.853613
2013 年 6 月 6 日	33.74	0.995229	33.90174523	0.857424	1.492417

（1）作 A-B 井纵坐标为 $\frac{p}{Z}\Big/\frac{p_i}{Z_i}$、横坐标为 N_p 图，作线性回归，当 $\frac{p}{Z}\Big/\frac{p_i}{Z_i}=0$ 时，$G=N_p$（图 5-4-46）。计算 A-B 井单井控制地质储量 $G=10.1167\times10^8m^3$。

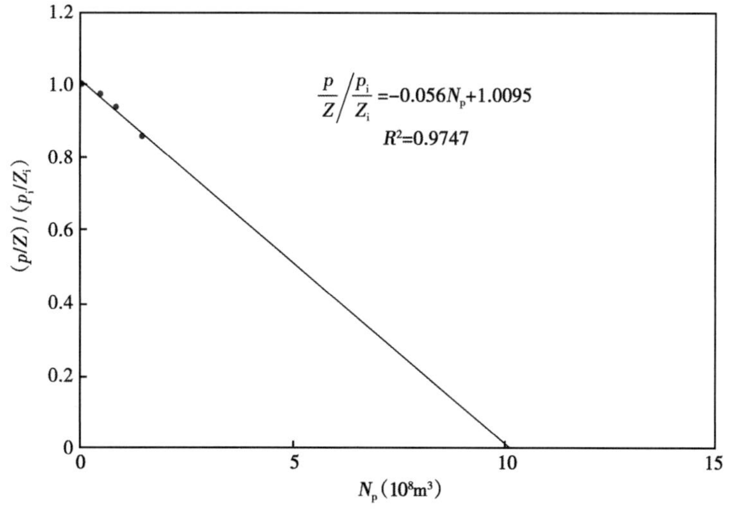

图 5-4-46 物质平衡法计算 D 气田 A-B 井控制地质储量 $(p/Z)/(p_i/Z_i)$—N_p 图

（2）作 A-B 井纵坐标为 p/Z、横坐标为 N_p 图，作线性回归，当 $p/Z=0$ 时，$G=N_p$（图 5-4-47）。计算 A-B 井单井控制地质储量 $G=10.1149\times10^8m^3$。

4. 小结

通过 D 气田 A-B 井四次试井测试解释分析，建立产能方程，求取无阻流量及地层参数，为气井配产提供了参数。

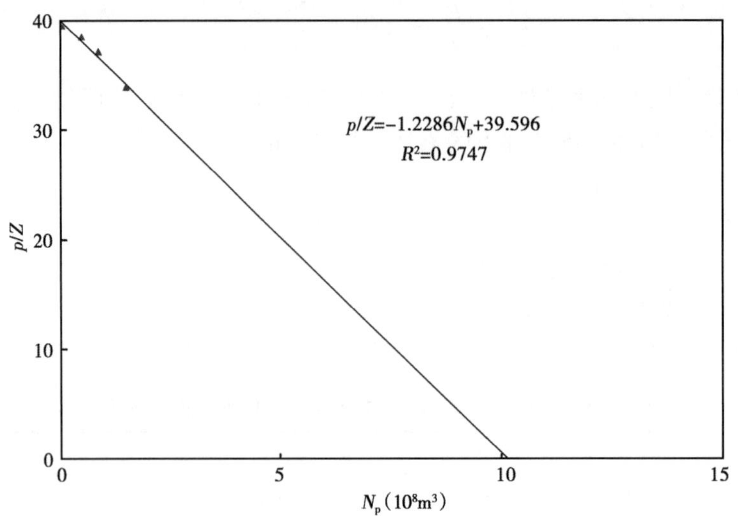

图 5-4-47　物质平衡法计算 D 气田 A-B 井控制地质储量 $p/Z—N_p$ 图

（1）A-B 井火山岩储层平均渗透率为 1. 31mD，在模型诊断中结合地质情况，选择径向复合地层特征，外区储层比内区渗透性好，内区边界为 65. 0m。

（2）通过产能方程计算平均无阻流量为 16. 8×$10^4m^3/d$，以无阻流量 1/3 的计算，A-B 井定产为 5. 60×$10^4m^3/d$，根据 IPR 曲线选取最高合理产能为 5. 0×$10^4m^3/d$。

（3）物质平衡法确定单井控制地质储量为 10. 11×10^8m^3。

四、D 气田 A-D 井

1. 测试简况

D 气田 A-D 井位于松辽盆地南部，测试层位为 HS 组火山岩储层 108～111 号层，测井解释井段为 3644. 0～3732. 0m，厚度为 50. 0m/2 层，射孔井段为 3644. 0～3732. 0m，该井于 2010 年 1 月 7 日投产，工作制度采用阀控 2. 0 扣、1. 5 扣进行生产，平均产气 8. 969×$10^4m^3/d$，平均油压为 13. 68MPa，平均套压为 9. 9MPa。

1）第一次系统试井

2010 年 10 月 1 日—11 月 8 日进行流动压力梯度、流动温度梯度、流动压力、流动温度、压力恢复及回压产能测试，目的是求取投产近 10 个月后的地层压力、天然气产能，建立产能方程，求取气层无阻流量以及储层渗流参数，为下一步生产和区块评价提供理论依据。

2）第二次系统试井

2011 年 7 月 28 日—8 月 23 日进行流动压力梯度、流动温度梯度、压力恢复及回压产能测试，目的是求取投产后的天然气产能，建立产能方程，求取气层无阻流量、地层压力、储层渗流参数，了解储层的伤害程度，为今后开发提供理论依据。

3）第三次开发试井

在 2012 年 5 月测试前期，A-D 井采用阀控 2. 0 扣生产，油压 15. 5MPa，套压 8. 9MPa，日产气 7. 44×10^4m^3，日产液 2. 4m^3。累计产气 0. 6278×10^8m^3，累计产水 2071. 8m^3。2012 年 6 月 21 日进行流动压力、流动温度梯度测试；2012 年 5 月 19 日—6 月 10 日关井测压力恢复；2012 年 6 月 10 日测静止压力梯度；2012 年 6 月 11 日 8:00 开井，6 月 11—21 日以 7. 5×

$10^4m^3/d$ 产量进行产能试井，压力计下入深度 3000m。

4）第四次开发试井

2013 年 9 月 9 日 12:18 关井测压力恢复，关井时间为 499.07h（20.79d）。2013 年 9 月 30 日 9:48—15:04 进行静止压力、静止温度梯度测试，2013 年 9 月 30 日—10 月 12 日进行产能试井测试。2013 年 10 月 12 日 7:46—15:21 进行流动压力、流动温度测试，压力计下至井深 3000m。

2. 试井解释

1）第一次系统试井

（1）压力梯度分析。

2010 年 10 月 1 日进行流动压力梯度测试，通过流动压力梯度分析得出流动压力梯度为 0.152MPa/100m。

2010 年 10 月 16 日进行静止压力梯度测试，通过静止压力梯度分析得出静止压力梯度为 0.265MPa/100m。

（2）压力恢复试井。

2010 年 10 月 2—16 日进行压力恢复测试，关井压力恢复 323h。

①模型诊断。

通过关井压力恢复的半对数曲线、双对数（导数）曲线形态诊断分析，双对数—导数曲线早期呈 45°线，2h 后导数曲线进入平直阶段，证实径向流已出现，该阶段曲线形态为均质储层表征；45h 后导数曲线开始下掉至关井结束，呈现径向复合地层特征，外围储层渗透性趋好。

②试井解释结果。

通过模型诊断和图形分析，选用井筒储集、表皮效应+径向复合气藏理论模型，通过现代试井理论拟合分析和霍纳分析，取得了基本一致的分析成果。解释结果：产能测试前关井压力恢复取得的测点模拟地层压力与外推地层压力一致（测点深度为 2997.00m），为 38.80MPa，由压力梯度折算至储层中部（储层中部深度为 3688.00m）地层压力为 40.63MPa，$K=0.1768mD$、$S=1.37$、$C=0.5611m^3/MPa$、$r=56.9m$（图 5-4-48、图 5-4-49、图 5-4-50）。

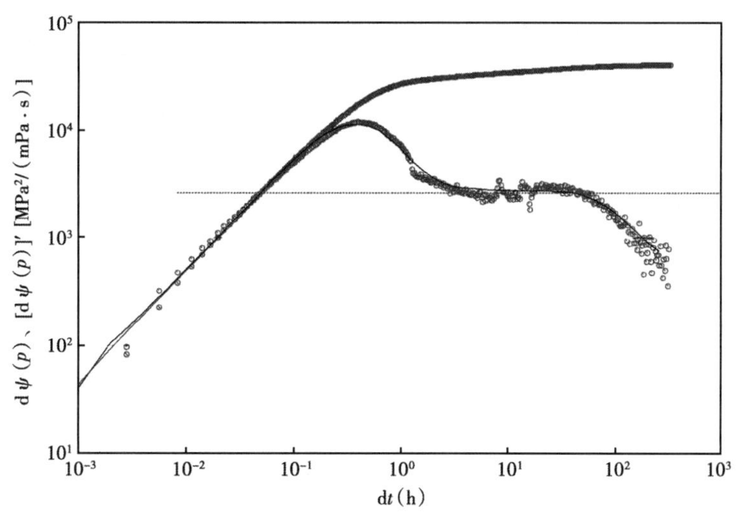

图 5-4-48　D 气田 A-D 井第一次系统试井双对数拟合图

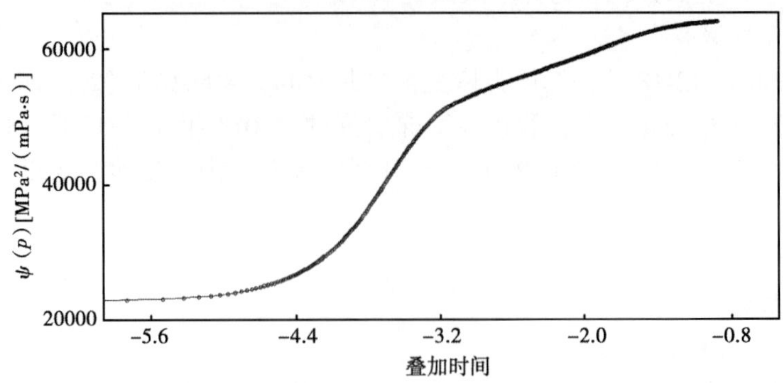

图 5-4-49　D 气田 A-D 井第一次系统试井半对数拟合图

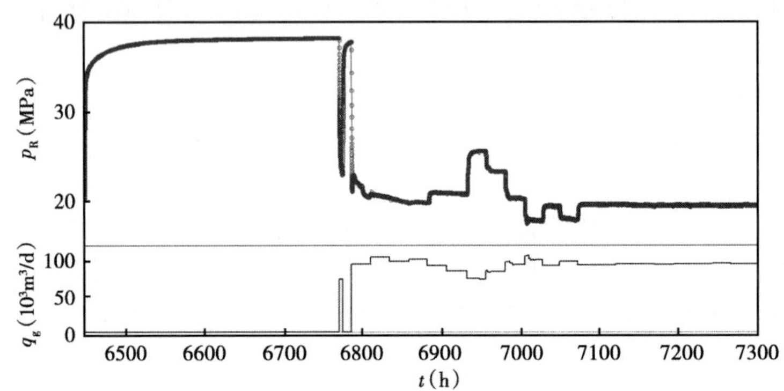

图 5-4-50　D 气田 A-D 井第一次系统试井压力史拟合图

（3）产能试井。

2010 年 10 月 16 日—11 月 8 日进行回压产能试井测试，产能测试过程中分别进行了 $3100m^3/h$、$3600m^3/h$、$4100m^3/h$、$4500m^3/h$ 4 个工作制度的回压产能测试，回压产能测试期间流动压力、产能相对稳定（表 5-4-8）。

表 5-4-8　D 气田 A-D 井回压试井测试表

时间	工作制度 (m^3/h)	油压 (MPa)	流动压力 (MPa)	折算流动压力 (MPa)	气产量 ($10^4m^3/d$)	备注
2010 年 10 月 22 日 10:30—23 日 12:30	3100	18.0	25.572	26.622	7.4760	开 14h
2010 年 10 月 23 日 12:30—24 日 12:50	3600	17.0	23.302	24.352	8.5392	开 12h
2010 年 10 月 24 日 12:50—25 日 13:30	4100	14.8	20.249	21.299	9.4872	开 13.5h
2010 年 10 月 25 日 13:30—26 日 12:00	4500	13.0	17.815	18.865	10.1592	开 11.5h

注：储层中部地层压力为 40.63MPa。

根据表 5-4-8 的回压试井测试数据，由 CandN 法绘出指示曲线（图 5-4-51）。经计算，A-D 井的指数式产能方程：

$$q_g = 0.109913(p_R^2 - p_{wf}^2)^{0.953731}$$

无阻流量 $q_{AOF} = 12.8785\times10^4m^3/d$。

由 LIT 法绘出指示曲线（图 5-4-52）。经计算，A-D 井的二项式产能方程：

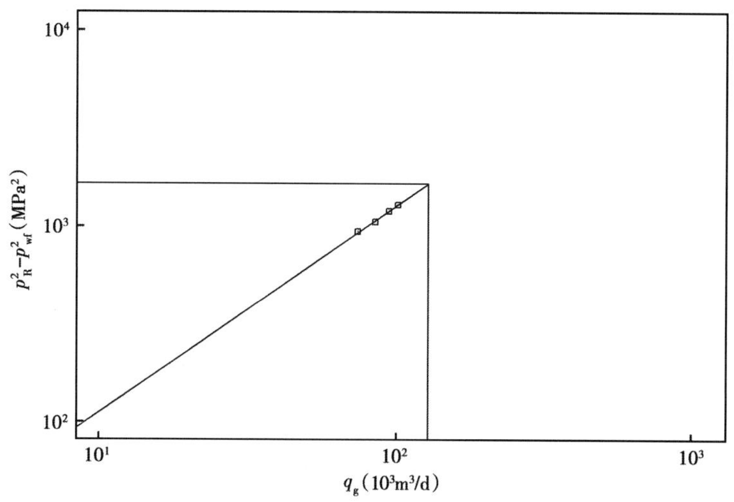

图 5-4-51　D 气田 A-D 井第一次回压试井指数式图

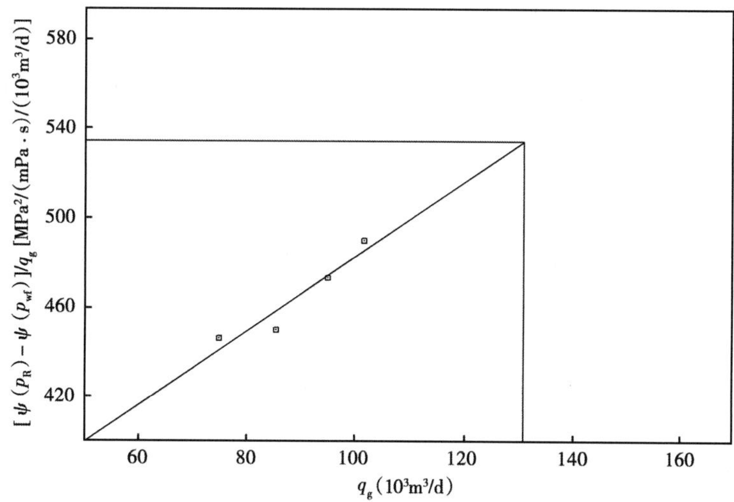

图 5-4-52　D 气田 A-D 井第一次回压试井二项式图

$$\psi(p_R)-\psi(p_{wf})=316.137q_g+1.67094q_g^2$$

无阻流量 $q_{AOF}=13.0812\times10^4m^3/d$。

利用多流量二项式拟压力法计算的无阻流量 $q_{AOF}=13.0812\times10^4m^3/d$，按照流动压力与产量 IPR 曲线选取合理产能的原则一般为：取直线段内流动压力生产为合理产能，偏离直线段的流动压力为 32.4MPa（图 5-4-53），此时最高合理产能为 $5.0\times10^4m^3/d$。A-D 井生产时产能在 $8.969\times10^4m^3/d$ 左右，已经超过合理产能，但流动压力曲线反映流动压力相对稳定，出现这种状况的原因主要是井筒较远处储层物性变好，导流能力提高，远距离供气能力较强。

2）第二次系统试井

2011 年 7 月 28 日 8:18—12:17 进行流动压力、流动温度梯度测试。2011 年 7 月 28 日—

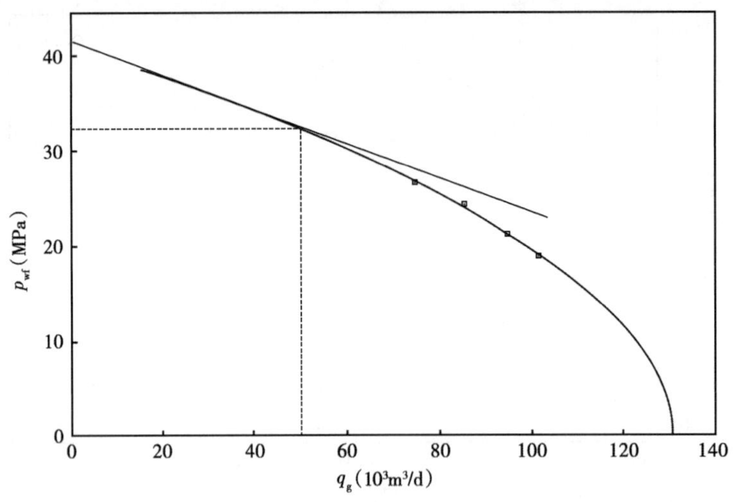

图 5-4-53 D 气田 A-D 井第一次回压试井 IPR 曲线图

8 月 18 日，关井测压力恢复，压力计下入深度 3000m 处，关井时间为 497. 2h（20. 72d）。2011 年 8 月 18 日 8:59—12:31 测静止压力梯度，2011 年 8 月 18 日 14:15—14:57 下压力计，下入深度 3000m 处进行回压试井测试，到 2011 年 8 月 23 日 9:19—10:03 起出压力计。

（1）压力梯度分析。

2011 年 7 月 28 日进行流动压力梯度测试，通过流动压力梯度分析得出流动压力梯度为 0. 17MPa/100m。

2011 年 8 月 18 日进行静止压力梯度测试，通过静止压力梯度分析得出静止压力梯度为 0. 24MPa/100m。

（2）压力恢复试井。

2011 年 7 月 28 日—8 月 18 日，将压力计停留在井深 3000m 处，关井测压力恢复，关井时间为 497. 2h（20. 72d）。

①模型诊断。

通过关井压力恢复的双对数曲线、半对数曲线形态诊断分析，双对数—导数曲线早期呈 45°线（0. 0047～0. 0875h），通过分析，得到井筒储集系数 $C=0.41m^3/MPa$；0. 0875～1. 4667h 时间段为井筒储集到内区径向流的过渡段，过渡段导数峰值的高低代表表皮系数（S）的大小，通过双对数曲线拟合得到 S 的值为 1. 07；1. 4667～76. 1375h 为内区径向流段，该段双对数导数曲线为一水平线，半对数图上出现明显的直线段。76. 1375h 后导数曲线下掉，考虑到气井不存在外缘供给，认为是一个复合气藏，且外围储层渗透性趋好。

②试井解释结果。

通过模型诊断和图形分析，资料解释中选用井筒储集、表皮效应+径向复合气藏理论模型，通过现代试井理论拟合分析和霍纳分析，取得了基本一致的分析成果。解释结果：产能测试前关井压力恢复取得的测点模拟地层压力与外推地层压力一致（测点深度为 3000. 0m），为 38. 17MPa，由静止压力梯度折算至储层中部（储层中部深度为 3688. 00m）地层压力为 39. 82MPa，$K=0.170mD$、$S=1.07$、$C=0.41m^3/MPa$、$r=70.2m$（图 5-4-54、图 5-4-55、图 5-4-56）。

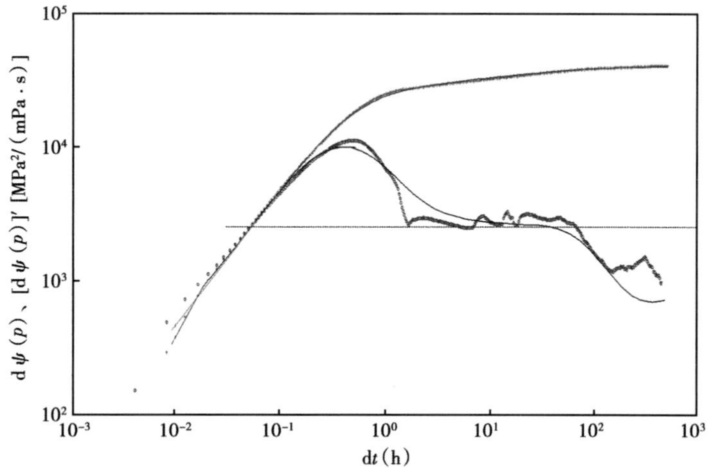

图 5-4-54　D 气田 A-D 井第二次系统试井双对数拟合图

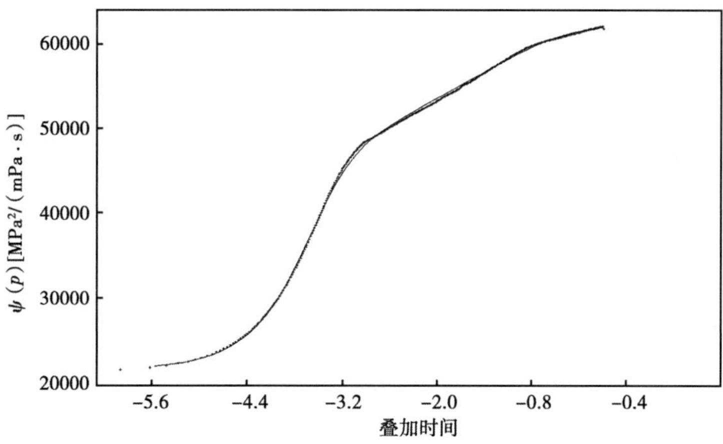

图 5-4-55　D 气田 A-D 井第二次系统试井半对数拟合图

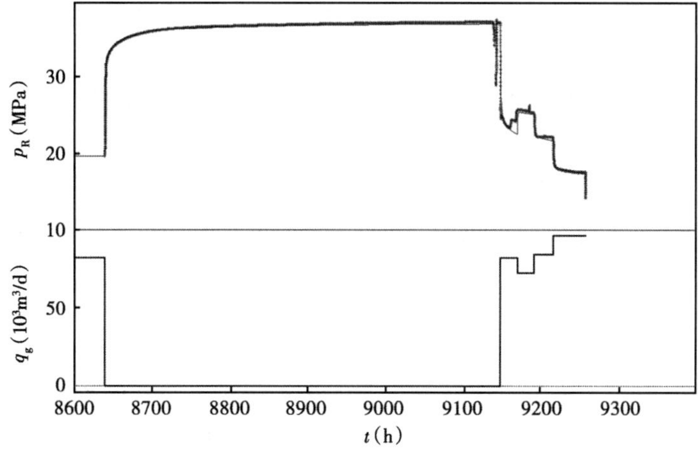

图 5-4-56　D 气田 A-D 井第二次系统试井压力史拟合图

（3）产能试井。

2010 年 10 月 8 日—2011 年 7 月 28 日 A-D 井生产，工作制度采用阀控 1.5 扣、1.3 扣、1.2 扣进行生产，平均产气 $9.03\times10^4m^3/d$，平均油压 14.1MPa，平均套压 13.05MPa。

2011 年 8 月 20—23 日开展回压试井测试，测试过程中分别进行了 3 个工作制度的产能测试，测试期间流动压力、产能相对稳定（表 5-4-9）。

表 5-4-9 D 气田 A-D 井第二次系统试井测试表

流动压力（MPa）	折算流动压力（MPa）	产气量（$10^4m^3/d$）
25.63	26.800	7.2
21.69	22.860	8.4
17.48	18.650	9.6

注：储层中部地层压力 39.82MPa。

根据表 5-4-9 的回压试井测试数据，由 CandN 法绘出指示曲线（图 5-4-57）。经计算，A-D 井的指数式产能方程：

$$q_g=0.307091\left(p_R{}^2-p_{wf}{}^2\right)^{0.806198}$$

无阻流量 $q_{AOF}=11.6752\times10^4m^3/d$。

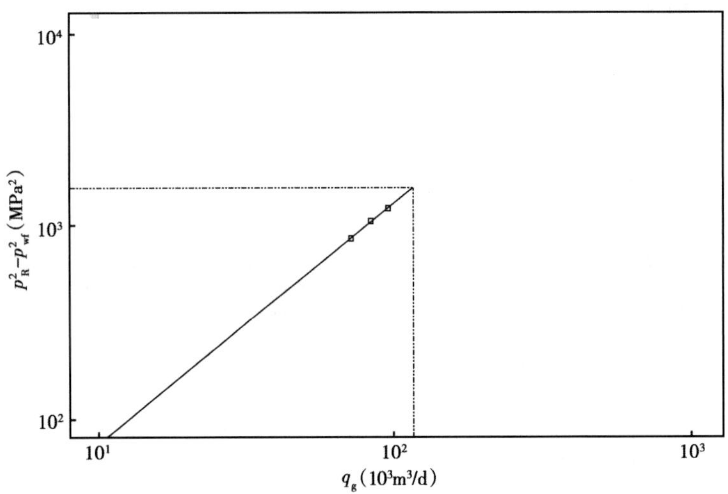

图 5-4-57 D 气田 A-D 井第二次回压试井指数式图

由 LIT 法绘出指示曲线（图 5-4-58）。经计算，A-D 井的二项式产能方程：

$$\psi\left(p_R\right)-\psi\left(p_{wf}\right)=217.115q_g+2.99114q_g{}^2$$

无阻流量 $q_{AOF}=11.8748\times10^4m^3/d$。

利用多流量二项式拟压力法计算的无阻流量 $q_{AOF}=11.8748\times10^4m^3/d$、指数式无阻流量 $q_{AOF}=11.6752\times10^4m^3/d$。按照流动压力与产量 IPR 曲线选取合理产能的原则一般为：取直线段内流动压力生产为合理产能，偏离直线段的流动压力为 34.02MPa（图 5-4-59），此时最高合理产能为 $4.0\times10^4m^3/d$。A-D 井生产时产能在 $9.03\times10^4m^3/d$ 左右，已经超过了合理产能，但流动压力曲线反映流动压力相对稳定，出现这种状况的原因主要是井筒较远处储层物性变好，导流能力提高，远距离供气能力较强。

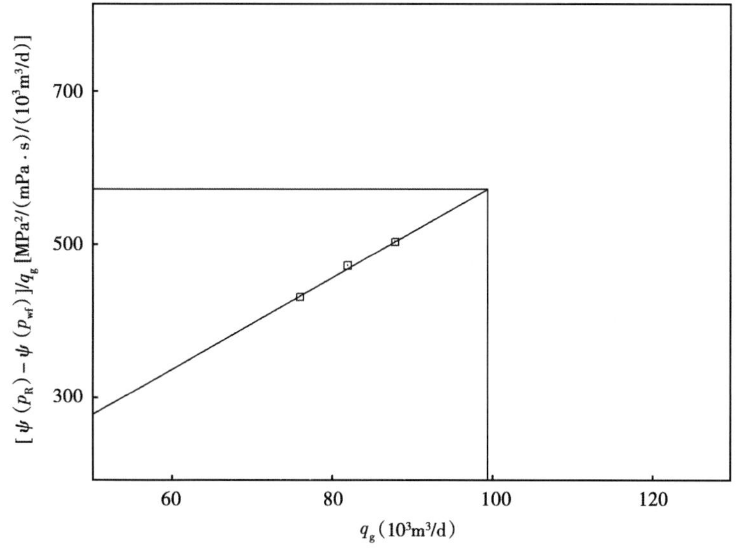

图 5-4-58　D 气田 A-D 井第二次回压试井二项式图

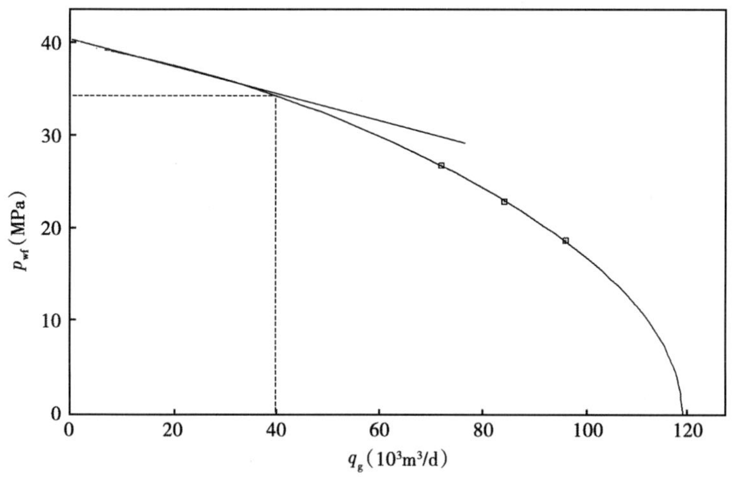

图 5-4-59　D 气田 A-D 井第二次回压试井 IPR 曲线图

3）第三次开发试井

2012 年 6 月 21 日 6:31—12:34，进行流动压力、流动温度梯度测试。2012 年 5 月 19 日—6 月 10 日关井测压力恢复，压力计下入深度 3000m 处，关井时间为 479.8h（20d）；2012 年 6 月 10 日测静止压力梯度；2012 年 6 月 11 日 8:00 开井，2012 年 6 月 11—21 日以产量 $7.5\times10^4m^3/d$ 进行产能试井。

（1）压力梯度分析。

2012 年 6 月 10 日进行静止压力梯度测试，通过静止压力梯度分析得出静止压力梯度为 0.255MPa/100m。2012 年 6 月 21 日进行流动压力梯度测试，通过流动压力梯度分析得出流动压力梯度为 0.145MPa/100m。

（2）压力恢复试井。

2012 年 5 月 19 日—6 月 10 日，将压力计停留在井深 3000m 处，关井测压力恢复，关井时间为 497.8h（20d）。

①模型诊断。

通过关井压力恢复的双对数曲线、半对数曲线形态诊断分析，双对数—导数曲线早期呈 45°线，导数曲线中期出现 0.5 水平线，半对数曲线出现明显的直线段。后期导数曲线下掉，考虑到气井不存在外缘供给，认为是一个复合气藏，且外围储层渗透性趋好。

②试井解释结果。

通过模型诊断和图形分析，选用井筒储集、表皮效应+径向复合气藏理论模型，通过现代试井理论拟合分析和霍纳分析，取得了基本一致的分析成果。解释结果：产能测试前关井压力恢复取得的测点模拟地层压力与外推地层压力一致（测点深度为 3000.0m），为 37.78MPa，由静止压力梯度折算至储层中部（储层中部深度为 3688.00m）地层压力为 39.53MPa，$K=0.136$mD、$S=0.232$、$C=0.0689\text{m}^3/\text{MPa}$、$r=68.3$m（图 5-4-60、图 5-4-61）。

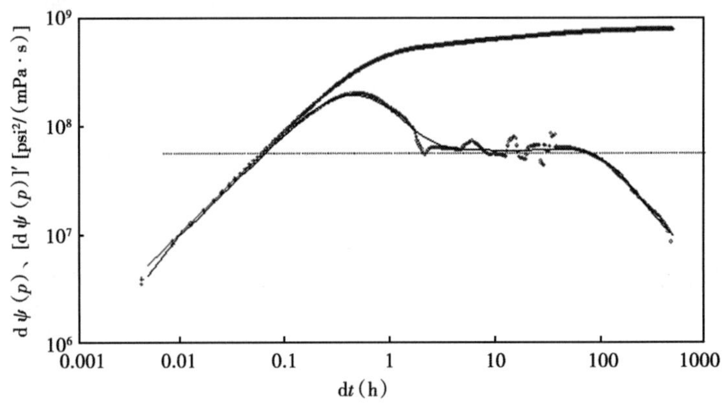

图 5-4-60　D 气田 A-D 井第三次开发试井双对数拟合图

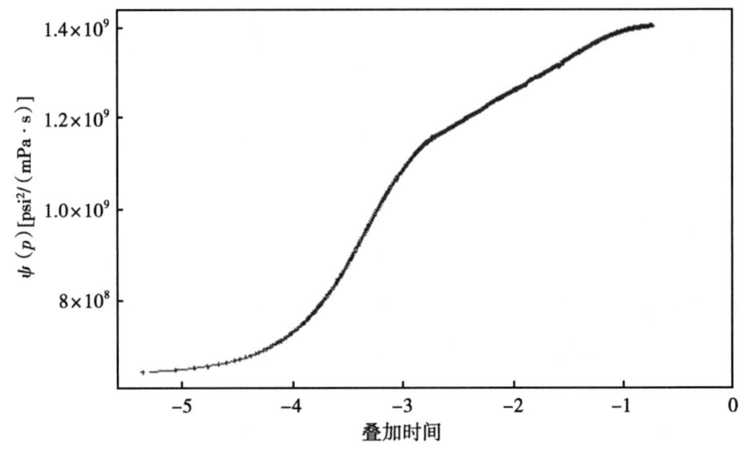

图 5-4-61　D 气田 A-D 井第三次开发试井半对数拟合图

（3）产能试井。

2012 年 6 月 11—21 日 A-D 井生产，工作制度采用阀控 0.5 扣，平均产量 $7.5\times10^4m^3/d$，油压 16.0MPa，套压 5.8MPa，流动压力 21.218MPa，折储层中部流动压力 22.22MPa，储层中部地层压力 39.53MPa。

采用稳定点二项式压力平方法计算无阻流量 $q_{AOF}=10.92\times10^4m^3/d$，产能方程：

$$p_R{}^2-p_{wf}{}^2=141.25107q_g+0.1690575q_g{}^2$$

由稳定点二项式压力平方法取得无阻流量，按照流动压力与产量 IPR 曲线选取合理产能的原则一般为：取直线段内流动压力生产为合理产能，偏离直线段的流动压力为 31.1MPa（对应测点流动压力见图 5-4-62），此时最高合理产能为 $3.6\times10^4m^3/d$；按气井一般取无阻流量的 1/3 的原则，其合理产能应为 $3.6\times10^4m^3/d$。

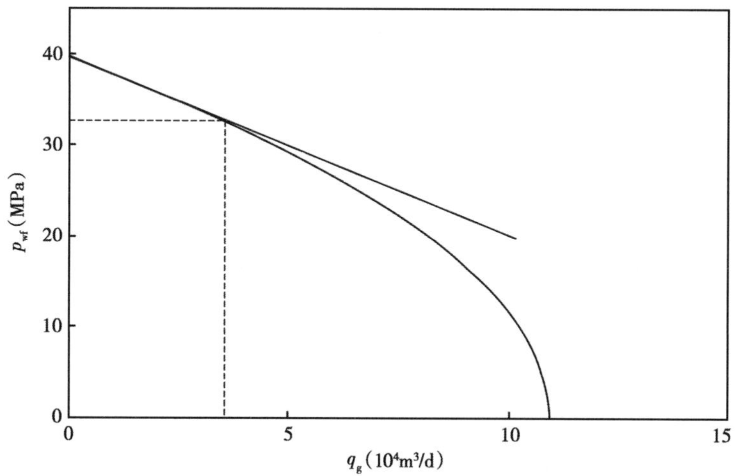

图 5-4-62　D 气田 A-D 井第三次开发试井 IPR 曲线图

4）第四次开发试井

测试前 A-D 井采用阀控 1.0 扣生产，油压 13.6MPa，套压 7.7MPa，日产气 $5.26\times10^4m^3$，日产液 $3.6m^3$。截至 2013 年 9 月 9 日，累计产气 $8023.62\times10^4m^3$，累计产液 $3387.8m^3$。

2013 年 9 月 9 日 12:18 关井压力恢复，关井时间为 499.07h（20.79d）。2013 年 9 月 30 日 9:48—15:04 进行静止压力、静止温度梯度测试，2013 年 9 月 30 日—10 月 12 日，进行产能试井测试。2013 年 10 月 12 日 7:46—15:21 进行流动压力、流动温度测试，压力计下至井深 3000m 处。

（1）压力梯度分析。

2013 年 9 月 30 日进行静止压力梯度测试，通过静止压力梯度分析得出静止压力梯度为 0.25MPa/100m。2013 年 10 月 12 日进行流动压力梯度测试，通过流动压力梯度分析得出流动压力梯度为 0.145MPa/100m。

（2）压力恢复试井。

2013 年 9 月 9—30 日，将压力计停留在井深 3000m 处，关井测压力恢复，关井时间为 499.07h（20.79d）。

①模型诊断。

通过关井压力恢复的双对数曲线、半对数曲线形态诊断分析，双对数—导数曲线早期呈45°线，导数曲线中期出现0.5水平线，半对数曲线出现明显的直线段。后期导数曲线下掉，考虑到气井不存在外缘供给，认为是一个复合气藏，且外围储层渗透性趋好。

②试井解释结果。

通过模型诊断和图形分析，选用井筒储集、表皮效应+径向复合气藏理论模型，通过现代试井理论拟合分析和霍纳分析，取得了基本一致的分析成果。解释结果：产能测试前关井压力恢复取得的测点模拟地层压力与外推地层压力一致（测点深度为3000.0m），为36.25MPa，由静止压力梯度折算至储层中部（储层中部深度为3688.0m）地层压力为37.97MPa，$K=0.0919$mD、$S=-0.219$、$C=0.984\text{m}^3/\text{MPa}$、$r=67.4$m（图5-4-63、图5-4-64）。

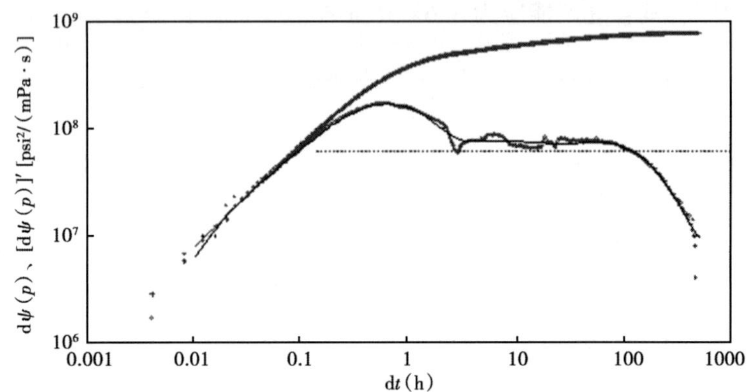

图5-4-63　D气田A-D井第四次开发试井双对数拟合图

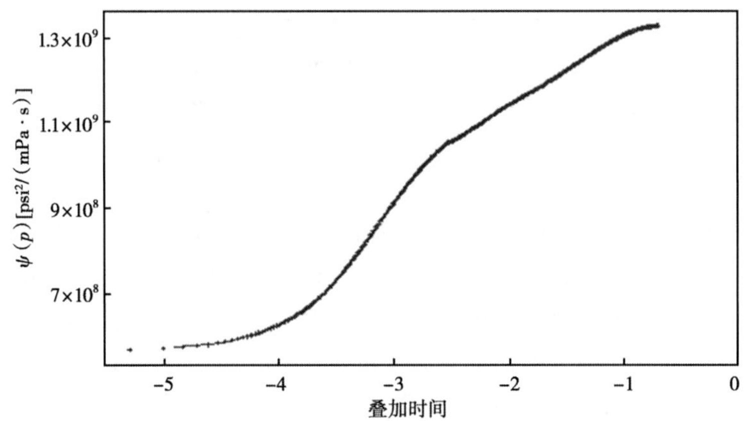

图5-4-64　D气田A-D井第四次开发试井半对数拟合图

（3）产能试井。

2013年10月2日A-D井生产，工作制度采用阀控2.0扣，平均产量$5.9\times10^4\text{m}^3/\text{d}$，油压12.1MPa，套压8.7MPa，流动压力17.83MPa，折储层中部流动压力18.83MPa，储层中部地层压力37.97MPa。

采用稳定点二项式压力平方法计算无阻流量$q_{AOF}=7.83\times10^4\text{m}^3/\text{d}$，产能方程：

$$p_R{}^2-p_{wf}{}^2=180.60361q_g+0.2284939q_g^2$$

由稳定点二项式压力平方法取得无阻流量，按照流动压力与产量 IPR 曲线选取合理产能的原则一般为：取直线段内流动压力生产为合理产能，偏离直线段的流动压力为 31.1MPa（对应测点流动压力，见图 5-4-65），此时最高合理产能为 $2.5\times10^4 m^3/d$；按气井一般取无阻流量的 1/3 的原则，其合理产能应为 $2.6\times10^4 m^3/d$。

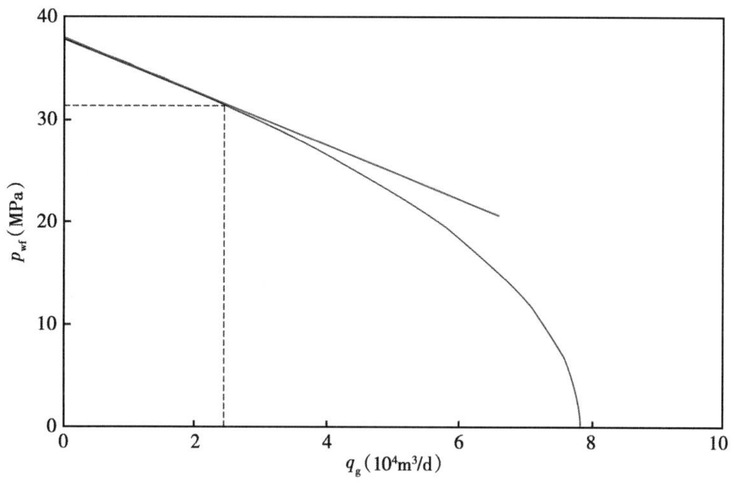

图 5-4-65　D 气田 A-D 井第四次开发试井 IPR 曲线图

3. 井控储量

利用物质平衡法确定单井控制地质储量。

对于定容封闭性气藏，没有水驱作用，得到定容气藏的物质平衡方程式：

$$\frac{p}{Z}=\frac{p_i}{Z_i}\left(1-\frac{N_p}{G}\right)$$

把 A-D 井两次压力恢复解释的地层压力、气体压缩因子和累计产气量作统计（表 5-4-10）。

表 5-4-10　D 气田 A-D 井单井计算控制地质储量表

时间	p（MPa）	Z	p/Z	$(p/Z)/(p_i/Z_i)$	累计产量（$10^8 m^3$）
2010 年 10 月 3 日	40.63	1.04014	39.0620	1.0000	0.169016
2011 年 7 月 12 日	39.82	1.03437	38.4969	0.9855	0.427197
2012 年 5 月 19 日	39.53	1.06370	37.1627	0.9514	0.616399
2013 年 9 月 9 日	37.97	1.05022	36.1543	0.9256	0.814418

（1）作 A-D 井纵坐标为 $\frac{p}{Z}\Big/\frac{p_i}{Z_i}$、横坐标为 N_p 图，作线性回归，当 $\frac{p}{Z}\Big/\frac{p_i}{Z_i}=0$ 时，$G=N_p$（图 5-4-66）。计算 A-D 井单井控制地质储量 $G=8.603\times10^8 m^3$。

（2）作 A-D 井纵坐标为 p/Z、横坐标为 N_p 图，作线性回归，当 $p/Z=0$ 时，$G=N_p$（图 5-4-67）。计算 A-D 井单井控制地质储量 $G=8.601\times10^8 m^3$。

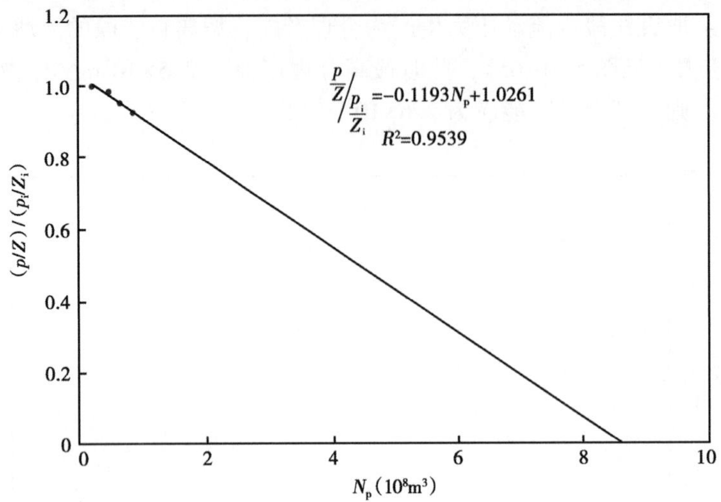

图 5-4-66　物质平衡法计算 D 气田 A-D 井控制地质储量 $(p/Z)/(p_i/Z_i)$ —N_p 图

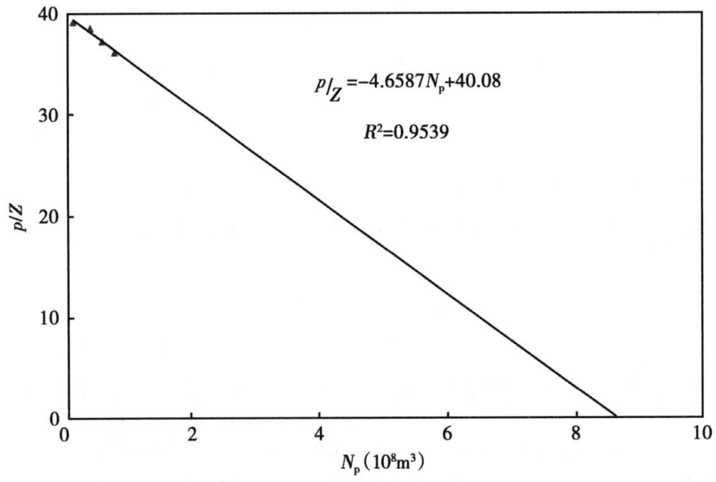

图 5-4-67　物质平衡法计算 D 气田 A-D 井控制地质储量 p/Z—N_p 图

4. 小结

通过对 D 气田 A-D 井四次试井解释、试气、短期试采测试、开发测试数据的分析，可知：

（1）A-D 井火山岩储层渗透率为下降趋势。2010 年 10 月火山岩储层渗透率为 1.174mD；2013 年 9 月下降到 0.0919mD，在模型诊断中结合地质情况，选择径向复合地层特征，外区储层比内区渗透性好，内区边界为 65.0m。

（2）2010 年 10 月产能方程计算无阻流量为 $13.0812\times10^4m^3/d$；2013 年 9 月下降到 $8.6\times10^4m^3/d$。

（3）物质平衡法确定单井控制地质储量为 $8.6\times10^8m^3$。

五、D 气田 AOC 井

1. 测试简况

D 气田 AOC 井位于松辽盆地南部，测试层位为 HS 组火山岩储层 179 号、182 号层，井段为 3632.0~3648.0m、3698.0~3732.0m，厚度为 50.0m/2 层。

1）地层测试

AOC 井于 2008 年 5 月 10—27 日进行静止压力、静止温度测试，回压试井测试，关井压力恢复测试，静止压力、静止温度梯度测试。试井的主要目的是落实气层产能，求取产能方程、无阻流量和储层渗流参数，为下步试采、进一步评价储层产能提供理论依据。

2）短期试采测试

2008 年 5 月 27 日—6 月 27 日以 7.94mm 油嘴、76.2mm 孔板试采，日产气 $21.0443\times10^4m^3$，平均流动压力 40.15MPa。2008 年 6 月 26 日—7 月 31 日进行流动压力、流动温度梯度，压力恢复，静止压力、静止温度梯度测试。

3）第一次开发测试

2008 年 11 月 16 日—2009 年 9 月 8 日，以平均产气 $27.48\times10^4m^3/d$、平均油压 29.4MPa、平均套压 14.5MPa 长期试采。2009 年 9 月 8—29 日进行压力恢复测试。

4）第二次开发测试

2009 年 9 月 28 日—2010 年 8 月 12 日，以平均产气 $25.61\times10^4m^3/d$、平均油压 27.7MPa、平均套压 15.0MPa 进行开采生产。2010 年 8 月 12 日—10 月 10 日进行第二次开发测试。

5）第三次开发测试

2010 年 10 月 10 日—2011 年 8 月 5 日，以平均产气 $20.5\times10^4m^3/d$、平均油压 27.24MPa、平均套压 14.7MPa 进行开采生产。2011 年 8 月 6—29 日进行第三次开发测试。

6）第四次开发测试

2011 年 8 月 5 日—2012 年 9 月 17 日，以平均产气 $20.93\times10^4m^3/d$、平均油压 24.49MPa、平均套压 15.11MPa 进行开采生产。2012 年 9 月 17 日— 10 月 21 日进行第四次开发测试。

2. 试井解释

1）地层测试

（1）产能试井。

2008 年 5 月 17—20 日进行回压试井，先后选用 5 个级别（5.56mm、9.525mm、12.70mm、15.9mm、19.00mm）油嘴在不同工作制度下进行求产（表 5-4-11）。

表 5-4-11　D 气田 AOC 井不同工作制度下气井产气量统计表

油嘴（mm）	孔板（mm）	日产气量（10^4m^3）	流动压力（MPa）	折算流动压力（MPa）
5.56	50.80	11.74017	40.316	40.5454
9.525	82.55	27.30873	36.786	37.0154
12.70	82.55	41.02490	33.981	34.2104
15.90	101.60	47.22279	32.090	32.3194
19.00	101.60	51.39609	30.959	31.1884

注：气层中部地层压力 42.79MPa。

根据表 5-4-11 回压试井测试数据，由 CandN 法绘出指示曲线（图 5-4-68）。经计算，AOC 井的指数式产能方程：

$$q_g = 0.706885(p_R^2 - p_{wf}^2)^{0.975899}$$

无阻流量 $q_{AOF}=107.993\times10^4m^3/d$。

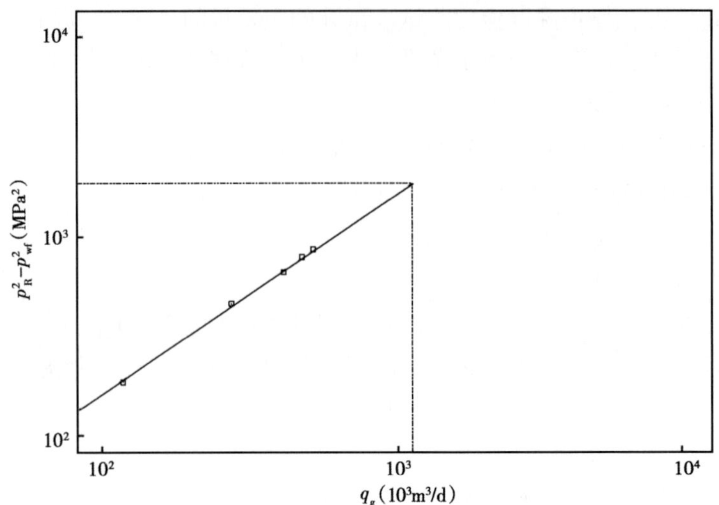

图 5-4-68 D 气田 AOC 井地层测试回压试井指数式图

由 LIT 法绘出指示曲线（图 5-4-69）。经计算，AOC 井的二项式产能方程：

$$\psi(p_R) - \psi(p_{wf}) = 42.8167q_g + 0.016609q_g^2$$

无阻流量 $q_{AOF}=115.515\times10^4m^3/d$。

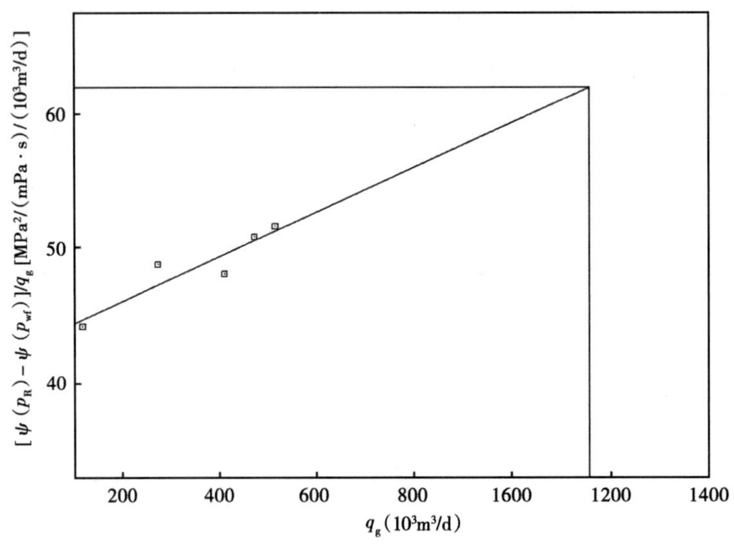

图 5-4-69 D 气田 AOC 井地层测试回压试井二项式图

（2）静止压力梯度分析。

2008 年 5 月 27 日进行静止压力梯度测试，通过静止压力梯度分析得出静止压力梯度为 0.31MPa/100m。

（3）压力恢复试井。

2008 年 5 月 21—27 日进行压力恢复试井，关井时间为 168h。

①模型诊断。

通过关井压力恢复的双对数—导数曲线形态诊断分析，证实径向流（导数 0.5 水平线）已出现，导数曲线早期形态斜率为 1，井筒储集时间较短，说明储层导流、导压能力强，很快进入中期径向流阶段。中期出现径向流，后期导数曲线基本保持水平，未发现边界反映，整体形态呈均质气藏特征；从半对数曲线特征分析，曲线径向流特征明显，中后期为一条直线，也表明储层为均质气藏特征。

②试井解释结果。

通过模型诊断和图形分析，选用井筒储集、表皮效应+均质模型，通过现代试井理论拟合分析和霍纳分析，取得了基本一致的分析成果。解释结果：通过关井压力恢复解释，测点地层压力为 42.56MPa（测点深度为 3608.0m）；根据压力梯度折算到油层中部地层压力为 42.79MPa（油层中部垂深为 3682.0m）。$K=6.479$mD、$S=21.53$、$C=0.35736\text{m}^3/\text{MPa}$（图 5-4-70、图 5-4-71、图 5-4-72）。

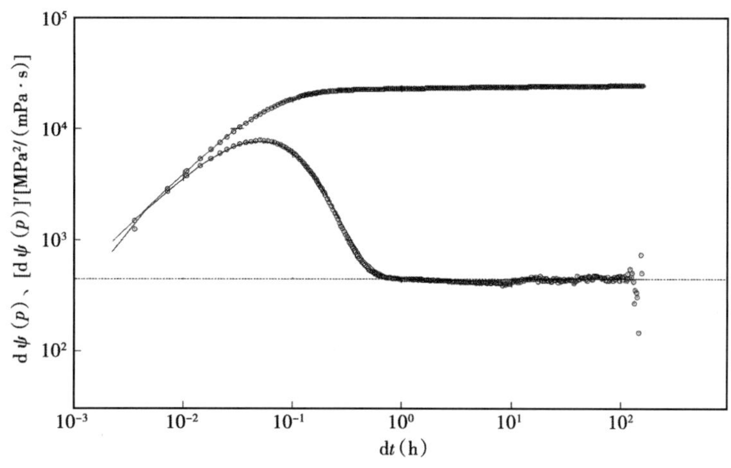

图 5-4-70　D 气田 AOC 井地层测试压力恢复试井双对数拟合图

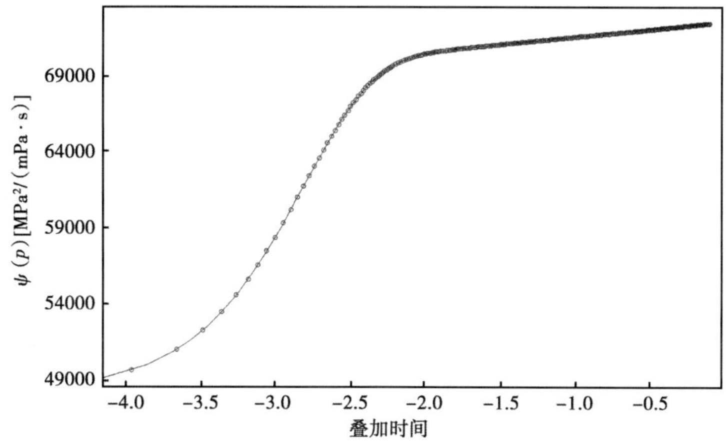

图 5-4-71　D 气田 AOC 井地层测试压力恢复试井半对数拟合图

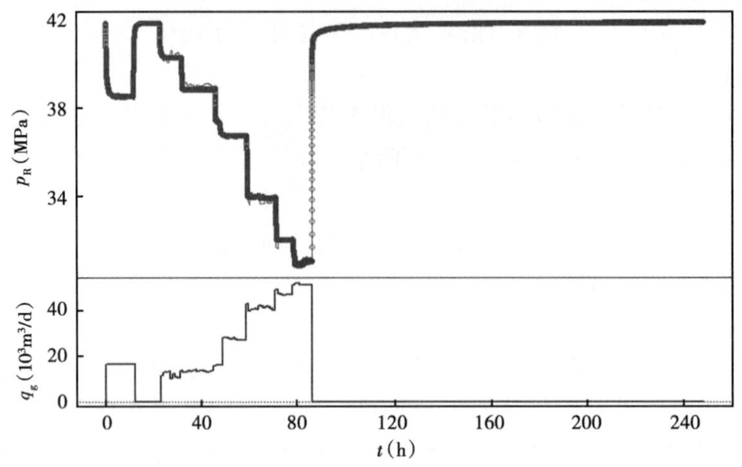

图 5-4-72　D 气田 AOC 井地层测试压力恢复试井压力史拟合图

2）短期试采测试

（1）压力梯度分析。

2008 年 6 月 26 日进行流动压力梯度测试，通过流动压力梯度分析得出流动压力梯度为 0.31MPa/100m。

2008 年 7 月 31 日进行静止压力梯度测试，通过静止压力梯度分析得出静止压力梯度为 0.32MPa/100m。

（2）压力恢复试井。

2008 年 6 月 26 日—7 月 31 日进行压力恢复测试，关井时间 800h。

①模型诊断。

通过试采后关井压力恢复的双对数—导数曲线形态诊断分析，证实径向流已出现，导数曲线早期形态表明井筒储集时间较短，说明储层导流、导压能力强，很快进入 0.5 水平线，标志着径向流出现，后期导数曲线上翘，出现边界反映。从半对数曲线特征分析，曲线出现两个直线段，它们的斜率之比为 1∶2。结合地质构造情况分析，距 AOC 井 305m 处有一条断层（图 5-4-73）。

②试井解释结果。

依据曲线诊断分析结果，选用变井筒储集和表皮效应+均质模型+一条不渗透边界，通过半对数分析结果和现代试井理论拟合取得了基本一致的分析成果。解释结果：测点地层压力为 42.03MPa（测点深度为 3620.0m）；根据压力梯度折算到油层中部地层压力为 42.23MPa（油层中部垂深为 3682.0m）。K=4.98mD、S=-1.55，表明井筒附近储层已经解除伤害（系统试井阶段 S=21.53）。双对数曲线早期上升形态也表现为储层超完善，C=0.207m^3/MPa、r=310m（图 5-4-74、图 5-4-75、图 5-4-76）。

（3）产能试井。

试采阶段产气量和流动压力相对稳定，单点流动压力 40.314MPa，折流动压力 40.543MPa，日产气 20.4182×10^4m^3。因此，利用 A 气田 E 井的两次测试结果联合应用方法，便可以求出目前气井的产能方程，从而求目前情况下气井的无阻流量，为开发气井提供依据。

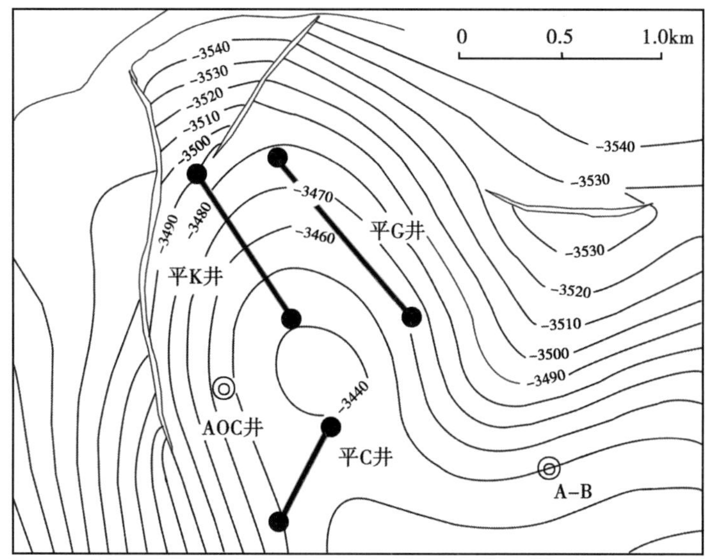

图 5-4-73　D 气田 AOC 井地质构造图

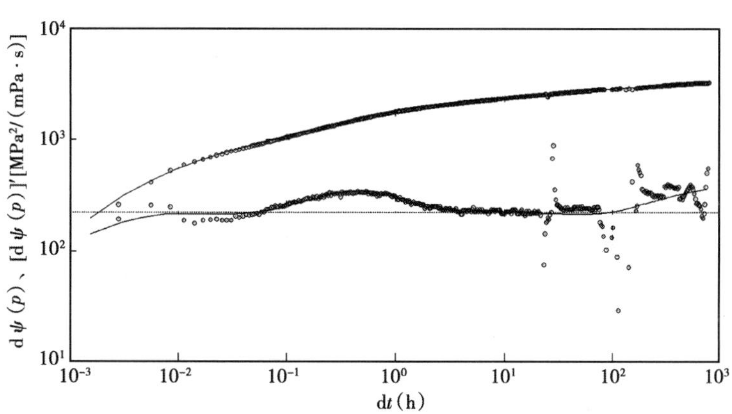

图 5-4-74　D 气田 AOC 井短期试采压力恢复试井双对数拟合图

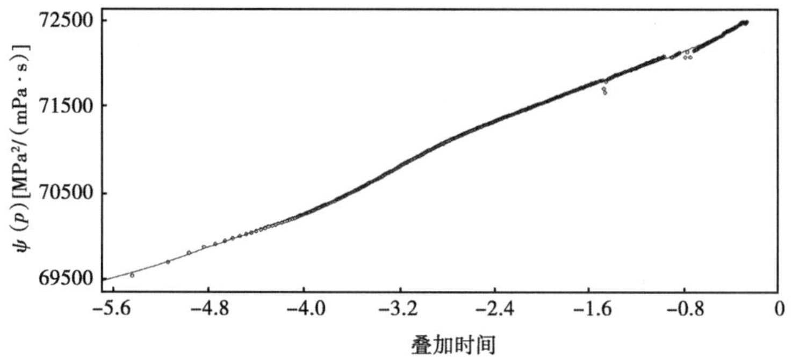

图 5-4-75　D 气田 AOC 井短期试采压力恢复试井半对数拟合图

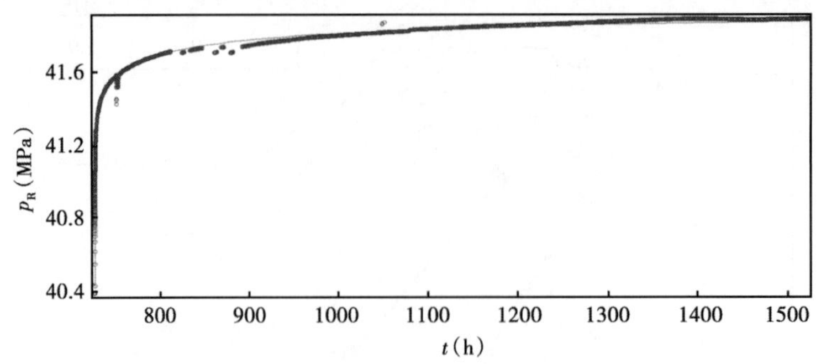

图 5-4-76　D 气田 AOC 井短期试采压力恢复试井压力史拟合图

具体做法：利用回压试井稳定产能曲线的斜率把产能曲线平移到目前稳定流动压力 40.543MPa、产气量 $20.4182\times10^4m^3/d$ 处，即可以求出目前气井的产能方程，从而求目前情况下气井的无阻流量。

经计算，AOC 井的二项式产能方程：

$$\psi(p_R)-\psi(p_{wf})=15.7264q_g+0.016609q_g^2$$

无阻流量 $q_{AOF}=163.804\times10^4m^3/d$。

3）第一次开发测试

（1）压力梯度分析。

2009 年 4 月 20 日进行压力梯度测试，通过压力梯度分析得出压力梯度为 0.33MPa/100m。

（2）压力恢复试井。

2009 年 9 月 8—29 日进行压力恢复测试，关井时间 490h。

①模型诊断。

通过试采后关井压力恢复的双对数—导数曲线形态诊断分析，证实径向流已出现，导数曲线早期形态表明井筒储集时间较短，说明储层导流、导压能力强，很快进入中期 0.5 水平线阶段，标志着径向流出现，未发现边界反映。从半对数曲线特征分析，曲线径向流特征明显，中后期为一条直线，表明储层为均质气藏特征。

②试井解释结果。

依据曲线诊断分析结果，选用变井筒储集和表皮效应+均质模型，通过半对数分析结果和现代试井理论拟合取得了基本一致的分析成果。解释结果：测点地层压力为 41.04MPa（测点深度为 3600.0m）；根据压力梯度折算到油层中部地层压力为 41.31MPa（气层中部垂深为 3682.0m）。$K=7.96mD$、$S=-2.20$、$C=2.72m^3/MPa$（图 5-4-77、图 5-4-78、图 5-4-79）。

（3）产能试井。

第一次开发阶段产气量和流动压力相对稳定，单点流动压力 39.98MPa（折算气层中部流动压力 40.25MPa），产气量 $22.20\times10^4m^3/d$。因此，利用 A 气田 E 井的两次测试结果联合应用方法，便可以求出目前气井的产能方程，从而求出目前情况下气井的无阻流量，为开发气井提供依据。

具体做法：利用回压试井稳定产能曲线的斜率把产能曲线平移到目前稳定流动压力

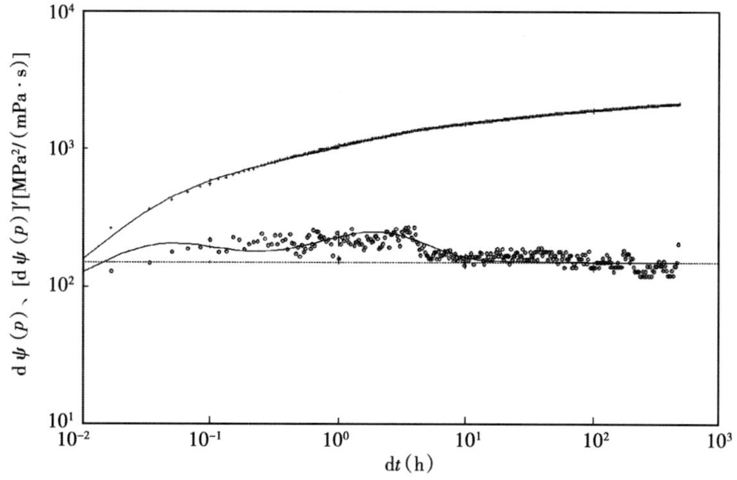

图 5-4-77　D 气田 AOC 井第一次开发测试压力恢复试井双对数拟合图

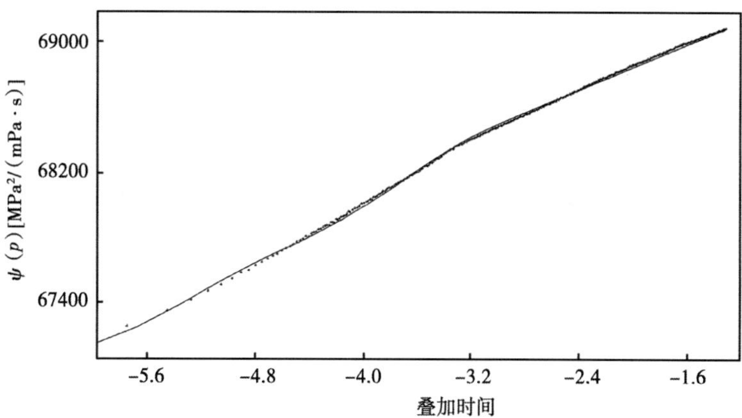

图 5-4-78　D 气田 AOC 井第一次开发测试压力恢复试井半对数拟合图

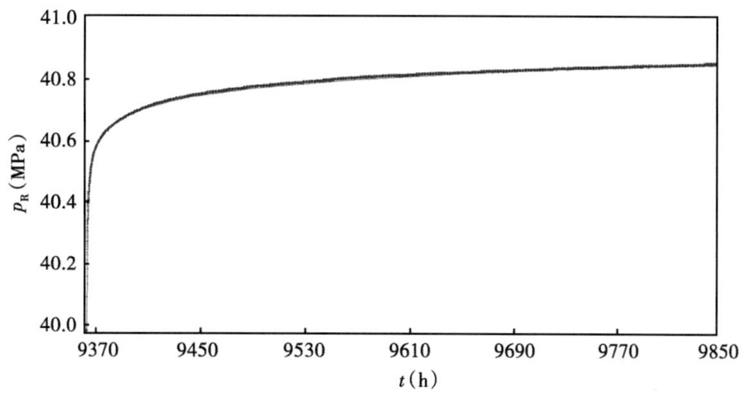

图 5-4-79　D 气田 AOC 井第一次开发测试压力恢复试井压力史拟合图

40.25MPa、产气量 $22.20\times10^4m^3/d$ 处，即可以求出目前气井的产能方程和无阻流量。

由 LIT 法绘出指示曲线。经计算，AOC 井的二项式产能方程：

$$\psi(p_R)-\psi(p_{wf})=7.35286q_g+0.016609q_g^2$$

无阻流量 $q_{AOF}=181.702\times10^4m^3/d$。

4）第二次开发测试

（1）压力梯度分析。

2010 年 9 月 29 日进行流动压力梯度测试，通过流动压力梯度分析得出流动压力梯度为 0.29MPa/100m。

（2）压力恢复试井。

2010 年 8 月 12 日—10 月 10 日进行压力恢复测试，关井时间 1170h。

①模型诊断。

通过试采后关井压力恢复的双对数—导数曲线形态诊断分析，证实径向流已出现，导数曲线早期形态表明井筒储集时间较短，说明储层导压、导流能力强，很快进入 0.5 水平线阶段，标志着径向流出现，后期导数上翘，出现边界反映。从半对数曲线特征分析，曲线出现两个直线段，它们的斜率之比为 1∶2。结合地质构造图分析，距 AOC 井 305m 处有一条断层（图 5-4-73）。

②试井解释结果。

依据曲线诊断分析结果，选用变井筒储集和表皮效应+均质模型+一条不渗透边界，通过半对数分析结果和现代试井理论拟合取得了基本一致的分析成果。解释结果：测点地层压力为 39.42MPa（测点深度为 3600.0m）；根据压力梯度折算到油层中部地层压力为 39.66MPa（油层中部垂深为 3682.00m）。$K=8.59mD$、$S=-1.81$、$C=1.39m^3/MPa$、$r=303m$（图 5-4-80、图 5-4-81、图 5-4-82）。

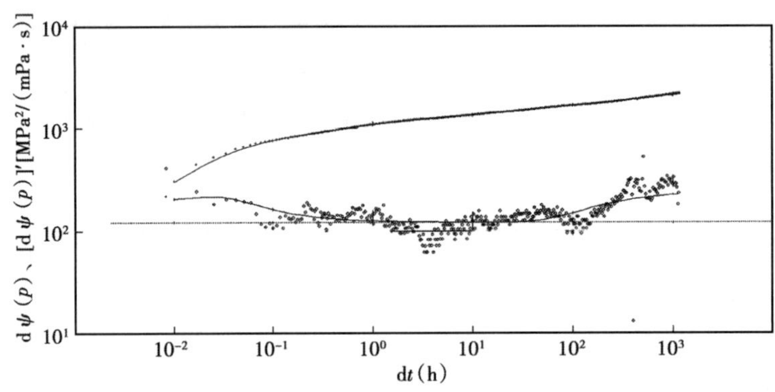

图 5-4-80　D 气田 AOC 井第二次开发测试压力恢复试井双对数拟合图

（3）产能试井。

第二次开发阶段产气量和流动压力相对稳定，单点流动压力为 37.64MPa（折算到油层中部流动压力为 37.88MPa），产气量 $22.01\times10^4m^3/d$。因此，利用 A 气田 E 井的两次测试结果联合应用，便可以求出目前气井的产能方程，从而求出目前情况下气井的无阻流量，为开发气井提供依据。

经计算，AOC 井的二项式产能方程：

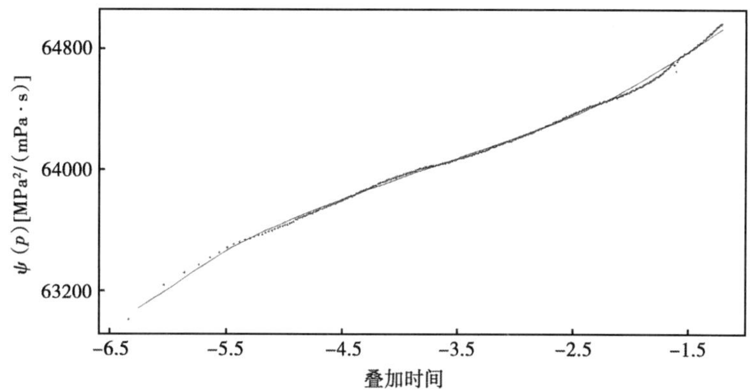

图 5-4-81　D 气田 AOC 井第二次开发测试压力恢复试井半对数拟合图

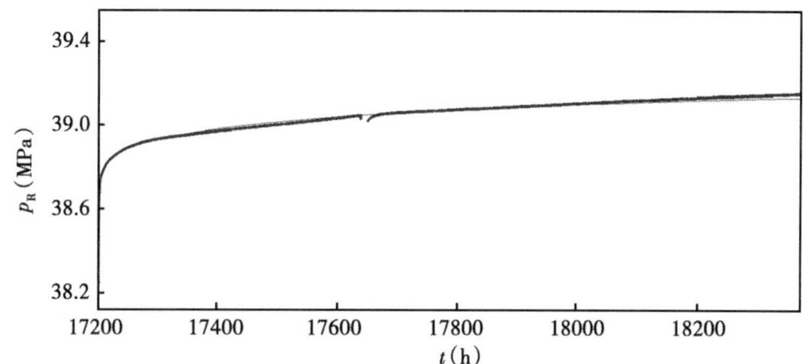

图 5-4-82　D 气田 AOC 井第二次开发测试压力恢复试井压力史拟合图

$$\psi(p_R)-\psi(p_{wf})=14.9824q_g+0.016609q_g^2$$

无阻流量 $q_{AOF}=156.881\times10^4m^3/d$。

5）第三次开发测试

（1）压力梯度分析。

2011 年 8 月 4 日进行流动压力梯度测试，通过流动压力梯度分析得出流动压力梯度为 0.27MPa/100m。

2011 年 8 月 26 日进行静止压力梯度测试，通过静止压力梯度分析得出静止压力梯度为 0.27MPa/100m。

（2）压力恢复试井。

2011 年 8 月 5—27 日进行压力恢复测试，关井时间 511h。

①模型诊断。

通过试采后关井压力恢复的双对数—导数曲线形态诊断分析，证实径向流已出现，导数曲线早期形态表明井筒储集时间较短，说明储层导压、导流能力强，很快进入 0.5 水平线阶段，标志着径向流出现。中后期导数曲线上翘，是由于断层影响。后期导数曲线出现下掉，反映外围存在定压边界。从半对数曲线特征分析，曲线出现两个直线段，它们的斜率之比为 1∶2，结合地质构造图分析，距 AOC 井 305m 处有一条断层（图 5-4-73）。

②试井解释结果。

依据曲线诊断分析结果，选用变井筒储集和表皮效应+均质模型+一条不渗透边界，通过半对数分析结果和现代试井理论拟合取得了基本一致的分析成果。解释结果：测点地层压力为37.30MPa（测点深度为3628.0m）；根据压力梯度折算到油层中部地层压力为37.45MPa（油层中部垂深为3682.0m）。$K=8.27$mD、$S=-1.28$、$C=1.54\mathrm{m}^3/\mathrm{MPa}$、$r=303$m（图5-4-83、图5-4-84、图5-4-85）。

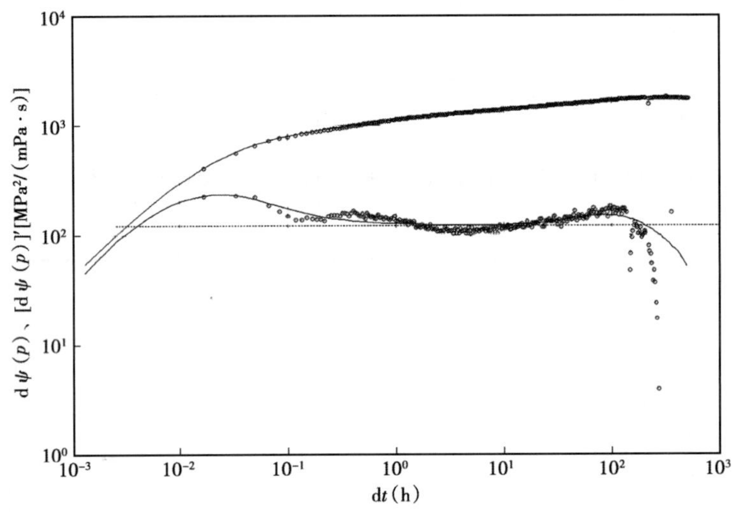

图5-4-83　D气田AOC井第三次开发测试压力恢复试井双对数拟合图

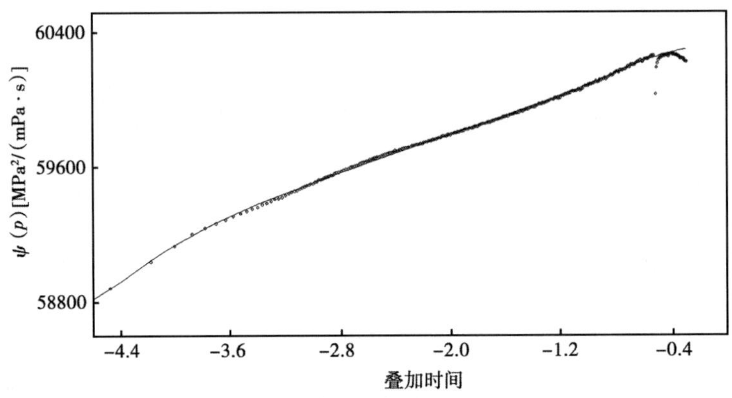

图5-4-84　D气田AOC井第三次开发测试压力恢复试井半对数拟合图

③数值试井解释。

解析解模型仅限于模拟一些简单的气藏形状，也就是说，其外边界是规则的，包括一条直线形不渗透边界、两条相交不渗透边界、两条平行不渗透边界（条带状气藏）、不密封断层、一条直线形或圆形恒压边界，以及圆形或长方形封闭气藏等。对于外边界呈不规则形状和井间干扰的情形，就无能为力了。运用数值试井，在进行常规解释，对外边界的压力响应进行初步、定性的分析后，就可以勾画出与之大致相匹配的边界形态，然后通过逐步调整和改善构造边界的相关参数达到与实测曲线的最佳拟合，最终实现对测试气藏外部边界形态的准确描述。

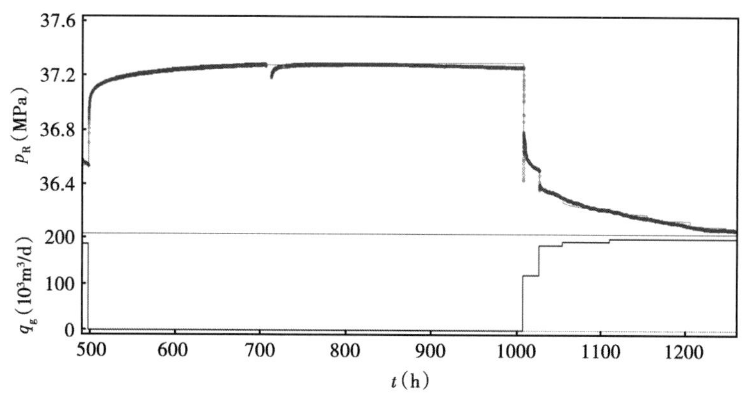

图 5-4-85　D 气田 AOC 井第三次开发测试压力恢复试井压力史拟合图

（a）数值试井气藏模型的建立。

第一步，根据地质研究成果，建立或假设一个气藏模型，包括气藏结构：结合 AOC 井地质构造图分析，在该井左边 305m 处有一条断层，在该井右边 540m 处有一口水平井——P3 井。P3 井筛管+裸眼井段为 3678.0~4302.0m，2009 年 8 月 6 日投产，平均产量为 $30\times10^4m^3/d$。

第二步，数值试井必须进行离散化，为此要选用合适的网格。Vorononoi 网格是一种把局部细分网格与基本粗化网格连接在一起的一种常用方法，即在井筒附近使用加密的细分网格，而在离井较远处，使用较稀疏的基本网格（图 5-4-86）。

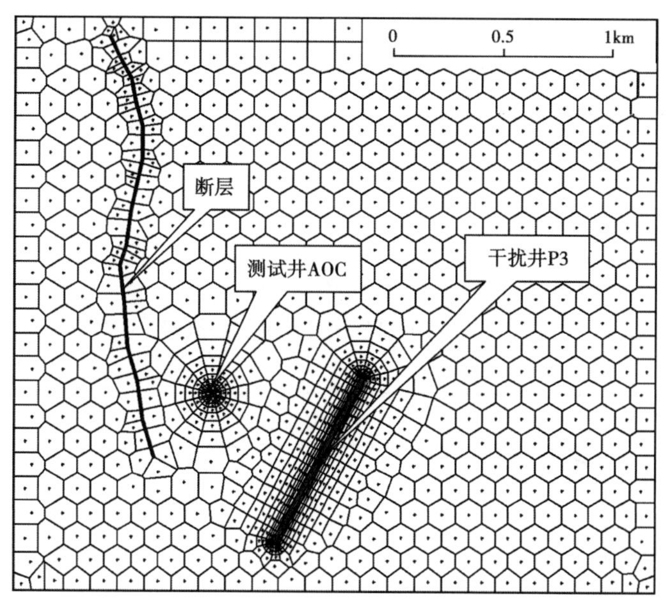

图 5-4-86　D 气田 AOC 井数值试井 Vorononoi 网格图

第三步，通过调整气藏结构（气藏的类型，外边界的类型和分布，即各边界的位置和距离等）、气藏参数（渗透率、孔隙度和厚度等）和流体参数（黏度和压缩系数等）及其分布，计算网格所有节点的压力变化，从而找出与实测压力变化相一致的气藏模型和参数分布，调整到的最佳结果就是所寻求的解。

（b）数值试井解释结果。

测点地层压力为 37.51MPa（测点深度为 3628.0m）；根据压力梯度折算到油层中部地层压力为 37.66MPa（油层中部垂深为 3682.0m）。$K=8.27\mathrm{mD}$、$S=-1.25$、$C=1.54\mathrm{m}^3/\mathrm{MPa}$、$r_1=300\mathrm{m}$、$r_2=535\mathrm{m}$（图 5-4-87、图 5-4-88、图 5-4-89）。

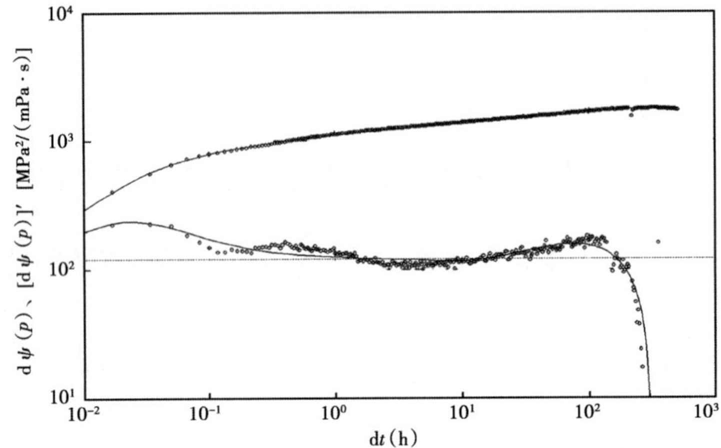

图 5-4-87　D 气田 AOC 井第三次开发测试数值试井双对数拟合图

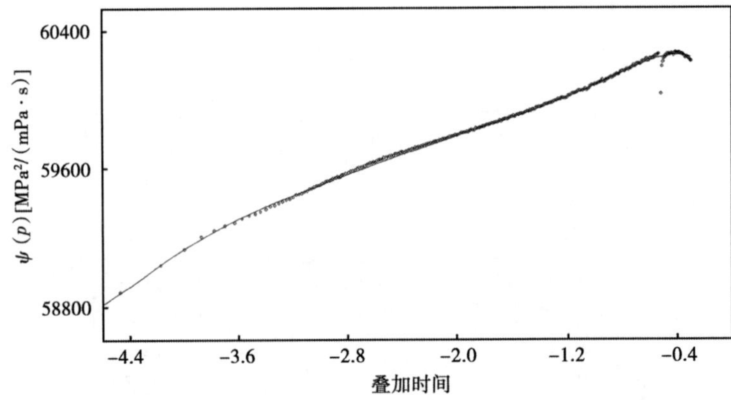

图 5-4-88　D 气田 AOC 井第三次开发测试数值试井半对数拟合图

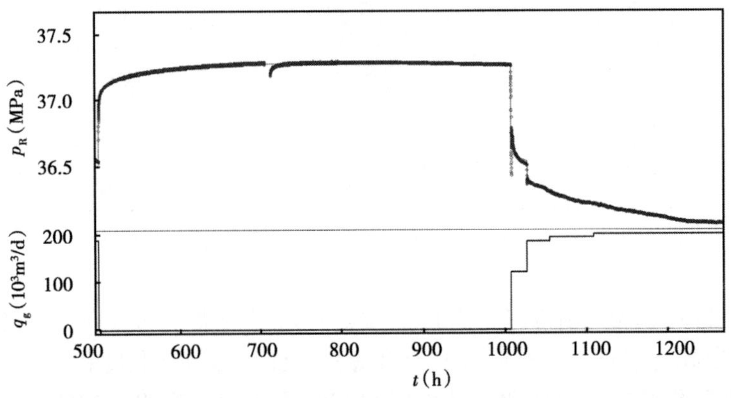

图 5-4-89　D 气田 AOC 井第三次开发测试数值试井压力史拟合图

（3）产能试井。

2011 年 8 月 28 日—9 月 3 日进行回压试井，在回压试井阶段分别进行了 18.39×$10^4m^3/d$、19.30×$10^4m^3/d$、20.23×$10^4m^3/d$ 产能测试（表 5-4-12），测试期间流动压力、产能相对稳定。

表 5-4-12　D 气田 AOC 井回压试井测试统计表

时　　间	流动压力（MPa）	折算流动压力（MPa）	日产气量（10^4m^3）
2011 年 8 月 28 日	36.33	36.48	18.39
2011 年 8 月 29 日	36.24	36.39	19.30
2011 年 9 月 3 日	36.13	36.28	20.23

注：气层中部地层压力 37.66MPa。

根据表 5-4-12 的回压试井测试数据，由 CandN 法绘出指示曲线（图 5-4-90）。经计算，AOC 井的指数式产能方程：

$$q_g = 11.6224(p_R^2 - p_{wf}^2)^{0.617854}$$

无阻流量 q_{AOF} = 102.949×$10^4m^3/d$。

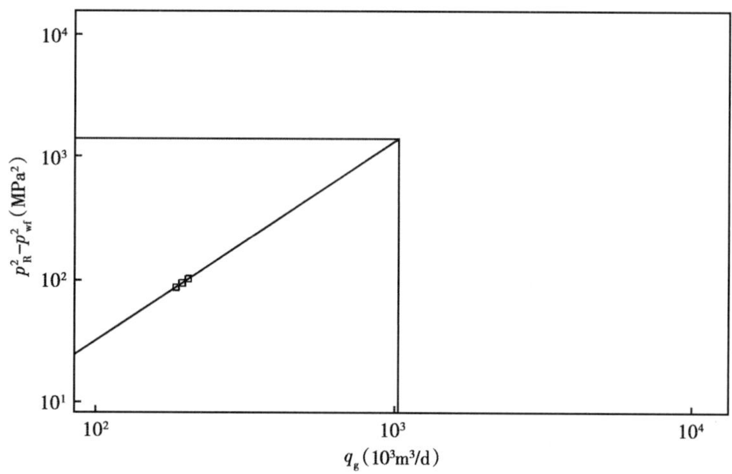

图 5-4-90　D 气田 AOC 井第三次开发测试回压试井指数式图

由 LIT 法绘出指示曲线（图 5-4-92）。经计算，AOC 井的二项式产能方程：

$$\psi(p_R) - \psi(p_{wf}) = 5.66012q_g + 0.052745q_g^2$$

无阻流量 q_{AOF} = 102.645×$10^4m^3/d$。

6）第四次开发测试

2012 年 9 月 17 日—10 月 21 日进行第四次开发测试，压力计下入深度为 3640.0m。

（1）压力梯度分析。

2012 年 10 月 11 日进行静止压力梯度测试，通过静止压力梯度分析得出静止压力梯度为 0.268MPa/100m。2012 年 10 月 21 日进行流动压力梯度测试，通过流动压力梯度分析得出流动压力梯度为 0.269MPa/100m。

（2）压力恢复试井。

2012 年 9 月 18 日—10 月 11 日进行压力恢复测试，关井时间 552.8h。

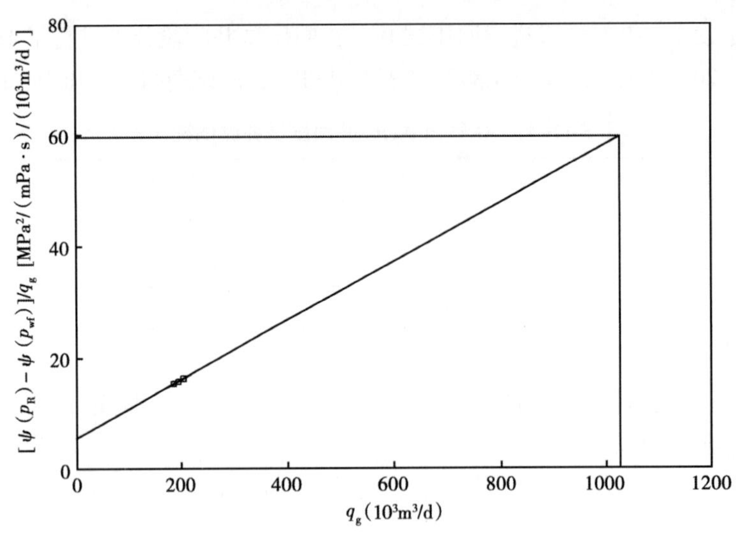

图 5-4-91　D 气田 AOC 井第三次开发测试回压试井二项式图

①模型诊断。

通过试采后关井压力恢复的双对数—导数曲线形态诊断分析，证实径向流已出现，导数曲线早期形态表明井筒储集时间较短，说明储层导压、导流能力强，很快进入 0.5 水平线，标志着径向流出现。后期导数曲线出现下掉，反映外围存在定压边界。实测曲线也反映了后期恢复压力趋于稳定，在产能测试及后面的生产中也见到了水量增加的现象。

②试井解释结果。

依据曲线诊断分析结果，选用变井筒储集和表皮效应+均质模型+一条不渗透边界，通过半对数分析结果和现代试井理论拟合取得了基本一致的分析成果。解释结果：测点地层压力为 36.30MPa（测点深度为 3640.0m）；根据压力梯度折算到气层中部地层压力为 36.41MPa（油层中部垂深为 3682.00m）。$K=6.16$mD、$S=-1.02$、$C=1.15\mathrm{m^3/MPa}$（图 5-4-92、图 5-4-93、图 5-4-94）。

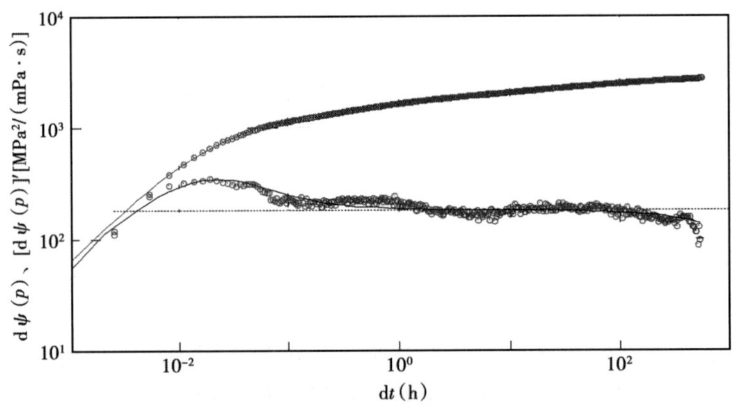

图 5-4-92　D 气田 AOC 井第四次开发测试压力恢复试井双对数拟合图

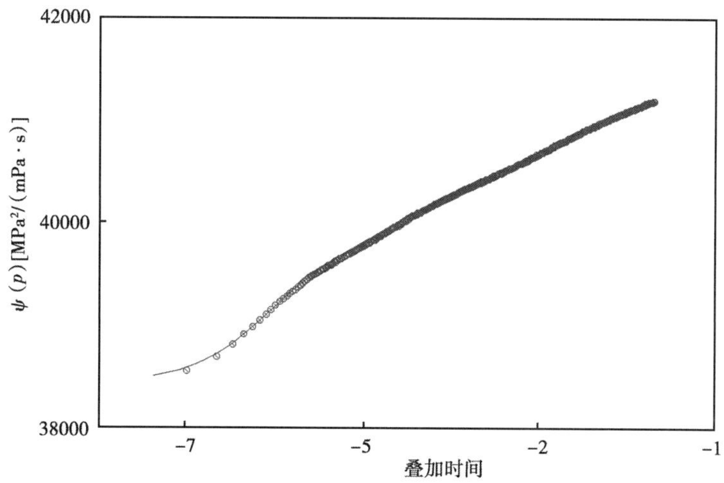

图 5-4-93　D 气田 AOC 井第四次开发测试压力恢复试井半对数拟合图

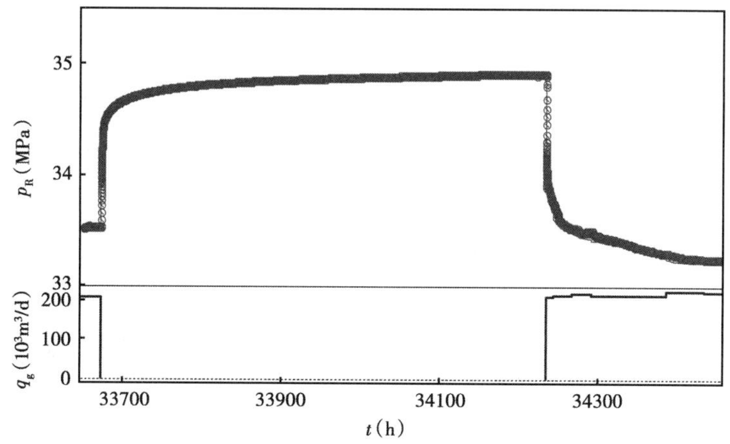

图 5-4-94　D 气田 AOC 井第四次开发测试压力恢复试井压力史拟合图

(3) 产能试井。

2012 年 10 月 11—21 日进行产能测试，依据 2012 年 10 月 21 日 0:00—24:00 单点产能试井，阀控 1.9 扣工作制度定产，产气量为 $22.08\times10^4\mathrm{m}^3/\mathrm{d}$、产水量为 $9.20\mathrm{m}^3/\mathrm{d}$，油压为 22.90MPa，单点流动压力为 33.24MPa（折算到油层中部流动压力为 33.35MPa），气层中部地层压力为 36.41MPa，AOC 井产能测试阶段流动压力、产能较高且相对稳定，表明储层物性较好，供气能力较强。

采用稳定点二项式压力平方法计算无阻流量 $q_{\mathrm{AOF}}=79.59\times10^4\mathrm{m}^3/\mathrm{d}$，产能方程：

$$p_{\mathrm{R}}^2-p_{\mathrm{wf}}^2=7.02767q_{\mathrm{g}}+0.1195722q_{\mathrm{g}}^2$$

由稳定点二项式压力平方法取得无阻流量，按照流动压力与产量 IPR 曲线选取合理产能的原则一般为：取直线段内流动压力生产为合理产能，偏离直线段的流动压力为 33.6MPa（对应测点流动压力，见图 5-4-95），此时最高合理产能为 $20.0\times10^4\mathrm{m}^3/\mathrm{d}$；按气井一般取无阻流量的 1/4 的原则，其合理产能应为 $20.0\times10^4m^3/d$。

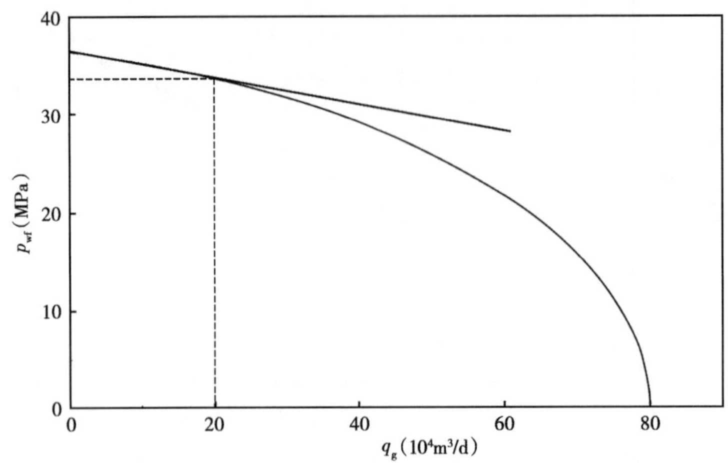

图 5-4-95　D 气田 AOC 井第四次开发测试 IPR 曲线图

3. 井控储量

利用物质平衡法确定单井控制地质储量。

对于定容封闭性气藏，没有水驱作用，得到定容气藏的物质平衡方程式：

$$\frac{p}{Z}=\frac{p_i}{Z_i}\left(1-\frac{N_p}{G}\right)$$

把 AOC 井数次压力恢复解释的地层压力、气体压缩因子和累计产气量作统计（表 5-4-13）。

表 5-4-13　D 气田 AOC 井物质平衡法计算控制地质储量参数表

时间	p（MPa）	Z	p/Z	$(p/Z)/(p_i/Z_i)$	累计产量（10^8m^3）
2008 年 5 月	42.79	1.07483	39.8109	1.0000	
2008 年 7 月	42.23	1.06881	39.5112	0.9925	0.068412
2009 年 9 月	41.31	1.06881	38.6505	0.9709	0.702022
2010 年 9 月	39.66	1.04830	37.8327	0.9503	1.627922
2011 年 8 月	37.45	1.03144	36.3085	0.9120	2.221563
2012 年 9 月	36.41	1.02884	35.38937	0.8889	3.029238

（1）作 AOC 井纵坐标为 $\frac{p}{Z}\Big/\frac{p_i}{Z_i}$、横坐标为 N_p 图，作线性回归，当 $\frac{p}{Z}\Big/\frac{p_i}{Z_i}=0$ 时，$G=N_p$（图 5-4-96）。计算 AOC 井单井控制地质储量 $G=28.09\times10^8m^3$。

（2）作 AOC 井纵坐标为 p/Z、横坐标为 N_p 图，作线性回归，当 $p/Z=0$ 时，$G=N_p$（图 5-4-97）。计算 AOC 井单井控制地质储量 $G=28.11\times10^8m^3$。

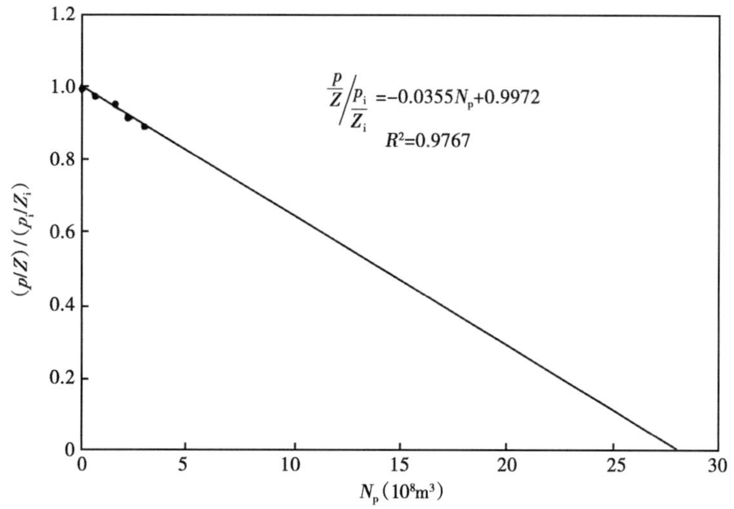

图 5-4-96　物质平衡法计算 D 气田 AOC 井控制地质储量$\frac{p}{Z}\Big/\frac{p_i}{Z_i}$—$N_p$ 图

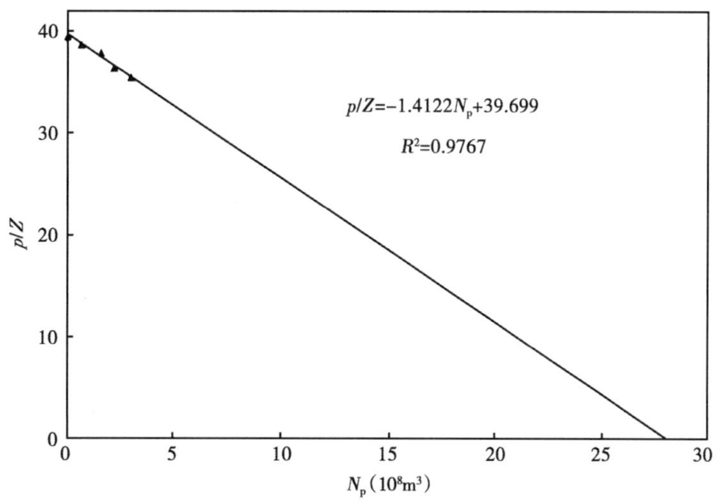

图 5-4-97　物质平衡法计算 D 气田 AOC 井控制地质储量 p/Z—N_p 图

4. 小结

从 D 气田 AOC 井五次试井解释、试气、短期试采、开发测试数据的解释结果看（表 5-4-14、表 5-4-15）：

（1）从 AOC 井六次压力恢复看，有效关井时间大于 500h，试井解释模型出现外边界反映，火山岩储层平均渗透率为 7.07mD。2008 年 5 月表皮系数为 21.53，说明井筒附近有较严重的伤害，另外从压力恢复曲线上升很快，半对数曲线呈“厂”字形也可判断井筒附近有较为严重的伤害。2008 年 7 月—2012 年 9 月表皮系数为负值，表明井筒附近储层已经解除伤害。

（2）利用数值试井对 AOC 井外边界和井间干扰进行了试井解释，取得了较好的拟合结果。

表 5-4-14　D 气田 AOC 井不同阶段压力恢复测试解释成果数据表

计算结果	2012 年 9 月	2011 年 8 月	2010 年 9 月	2009 年 9 月	2008 年 7 月	2008 年 5 月
解释模型	均质	数值试井 均质+断层+井间干扰	均质+ 一条断层	均质	均质+ 一条断层	均质
地层系数（mD·m）	308	413.5	429.5	398.0	244.5	324.0
渗透率（mD）	6.16	8.27	8.59	7.96	4.98	6.48
表皮系数	-1.02	-1.25	-1.81	-2.20	-1.55	21.53
测点地层压力（MPa）	36.30	37.51	39.40	41.04	42.03	42.12
中部地层压力（MPa）	36.41	37.45	39.66	41.31	42.23	42.79
外边界距离（m）		300 535	303		310	
有效关井时间（h）	552.8	511	1171	490	800	168

表 5-4-15　D 气田 AOC 井不同阶段产能试井解释成果数据表

计算结果		2012 年 9 月	2011 年 8 月	2010 年 9 月	2009 年 9 月	2008 年 7 月	2008 年 5 月
指数式	C 值		11.6224				0.706885
	n 值		0.617854				0.975899
	q_{AOF}（10^4m^3）		102.949				107.993
二项式	a 值	7.02767	5.66012	14.9824	7.35286	15.726	42.8179
	b 值	0.1195722	0.052745	0.016609	0.016609	0.016609	0.016609
	q_{AOF}（10^4m^3）	79.93	102.645	156.881	181.702	163.804	115.515
备注		稳定点法	回压试井	联合回压试井	联合回压试井	联合回压试井	回压试井

（3）通过产能方程计算的平均无阻流量也是变化的，在 80×10^4 ~ $182\times10^4m^3/d$ 之间变化，以 2012 年 9 月无阻流量的 1/4 计算，AOC 井定产为 $20.0\times10^4m^3/d$。

（4）物质平衡法确定单井控制地质储量为 $28.10\times10^8/m^3$。

第五节　D 气田 HS 组水平井试井实例分析

水平井是通过扩大气层泄气面积提高气井产量、气田开发经济效益的一项重要技术，水平井开采技术在油气田开发过程中得到了广泛的应用。目前 D 气田 HS 组有 12 口水平井正常生产，其中测试 11 口井，截至目前共计 26 井次。

一、平 A 井

1. 测试简况

试采井段为 HS 组，水平井段为 3623.71~4358.94m，共 4 层，厚度为 17.50m，测井解释为气层。试井的主要目的是落实该气层产能，求取产能方程、无阻流量和储层渗流参数，为下步试采、进一步评价储层产能提供理论依据。

1）地层测试

平A井于2008年2月19日—3月11日进行静止压力、静止温度测试，产能测试，关井压力恢复测试，压力计下入深度3376.0m。

2）短期试采测试

2008年5月14日—8月4日进行短期试采测试，2008年5月16—17日为回压试井，2008年5月19日—6月23日为短期试采，2008年6月23日—8月4日关井压力恢复，2008年8月4日静止压力梯度测试，压力计下入深度3376.0m。

3）开发测试

2008年11月17日，工作制度以阀控2扣投产，日产气34.4×10^4m^3，平均油压30.5MPa，平均套压29.5MPa。2009年7月20日—8月11日进行关井压力恢复测试，2009年8月11—16日进行产能测试。

2. 试井解释

1）地层测试

（1）压力梯度分析。

2008年2月23日进行流动压力梯度测试，通过流动压力梯度分析得出流动压力梯度为0.3MPa/100m。

2008年3月11日进行静止压力梯度测试，通过静止压力梯度分析得出静止压力梯度为0.31MPa/100m。

（2）产能试井。

2008年2月24—26日进行回压试井，先后选用7个级别（7.94mm、9.53mm、12.70mm、14.29mm、15.88mm、17.46mm、19.05mm）油嘴在不同工作制度下进行求产，求产结果见表5-5-1。

表5-5-1　D气田平A井地层测试阶段不同工作制度下平均产气量统计表

油嘴直径（mm）	孔板（mm）	产气量（$10^4m^3/d$）	流动压力（MPa）	折算流动压力（MPa）
7.94	88.90	27.4357	39.76	40.54
9.53	88.90	36.1919	38.85	39.63
12.70	98.40	50.3853	36.75	37.53
14.29	98.40	61.0667	35.08	35.86
15.88	98.40	68.7930	34.06	34.84
17.46	98.40	70.2334	33.67	34.45
19.05	98.40	75.2333	32.78	33.56

注：地层压力42.12MPa。

根据表5-5-1的回压试井测试数据，由CandN法绘出指示曲线（图5-5-1）。经计算，平A井的指数式产能方程：

$$q_g = 12.8941(p_R^2 - p_{wf}^2)^{0.626102}$$

无阻流量 $q_{AOF}=139.503\times10^4m^3/d$。

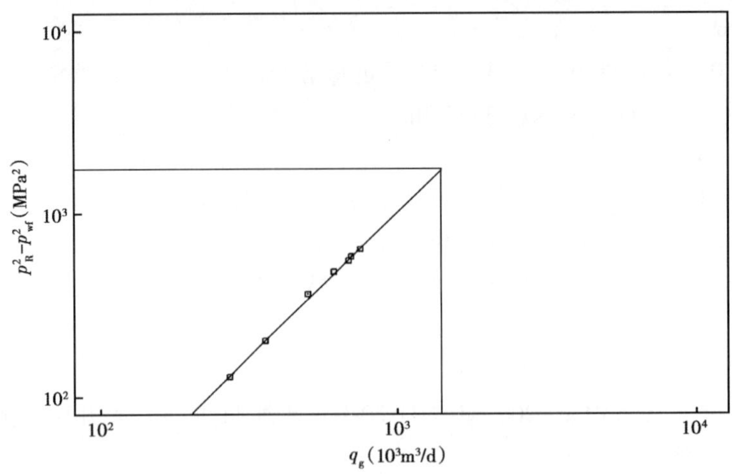

图 5-5-1　D 气田平 A 井地层测试回压试井指数式图

由 LIT 法绘出指示曲线（图 5-5-2）。经计算，平 A 井的二项式产能方程：

$$\psi(p_R) - \psi(p_{wf}) = 6.84159q_g + 0.0278486q_g^2$$

无阻流量 $q_{AOF} = 149.366 \times 10^4 m^3/d$。

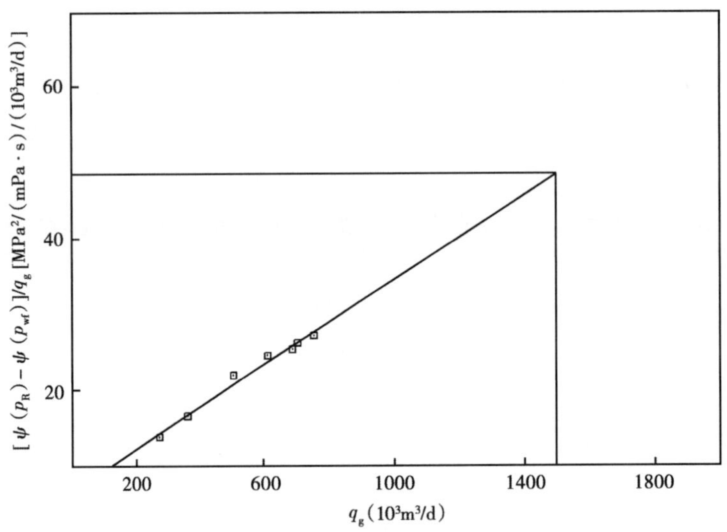

图 5-5-2　D 气田平 A 井地层测试回压试井二项式图

（3）压力恢复试井。

2008 年 2 月 26 日—3 月 11 日进行压力恢复试井，关井时间 327h。

①模型诊断。

通过对压力恢复双对数—导数曲线图形特征的诊断分析，证实径向流（导数 0.5 水平线）已出现，双对数—导数曲线早期形态斜率为 1（*a*—*b*），很快进入垂向径向流阶段（*c*—*d*），之后导数曲线进入垂直于水平井筒的拟线性流阶段（*d*—*e*），平 A 井 1/2 拟线性流阶段很短，最后进入水平井拟径向流阶段（e—f）。后期导数曲线基本保持水平，未发现边界反映，表明储层为均质气藏特征（图 5-5-3）。

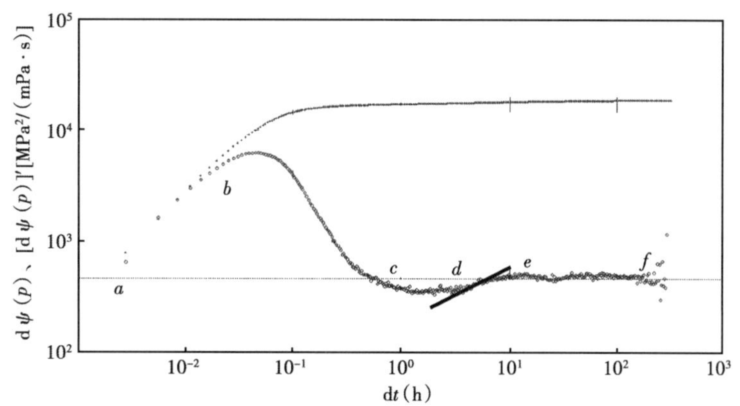

图 5-5-3　D 气田平 A 井地层测试压力恢复试井双对数分析图

②试井解释结果。

通过模型诊断和图形分析，资料解释中选用变井筒储集、表皮效应+水平井+均质模型，通过现代试井理论拟合分析和霍纳分析，取得了基本一致的分析成果。解释结果：经过关井压力恢复解释，测点地层压力为 41. 35MPa（测点深度为 3376. 0m）；根据压力梯度折算到油层中部地层压力为 42. 12MPa（油层中部垂深为 3626. 5m）。K = 24. 95mD、C = 0. 45m^3/MPa、S = 12. 2、K_z/K_r = 7. 42×10^{-4}、水平段长度为 730m（图 5-5-4、图 5-5-5、图 5-5-6）。

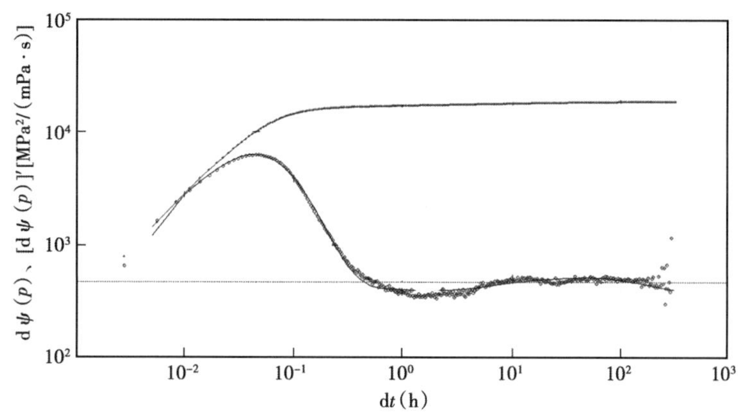

图 5-5-4　D 气田平 A 井地层测试压力恢复试井双对数拟合图

2）短期试采测试

试采初期进行了回压试井，先后选用 4 个级别（7. 0mm、10. 0mm、13. 0mm、16. 0mm）油嘴在不同工作制度下进行求产，井底流动压力、套压与产气量有很好的线性关系，在采用 13mm 油嘴后油压下降速度比流动压力、套压略快，呈弧线形态，出现这种现象的原因主要是产气量增大，产出的高压气流与油管产生一定的摩擦阻力，随着气量增加摩擦阻力增加，反映在地面油压上为压力降落幅度大，与套压、井底流动压力表现不一致。从流动压力与产气量呈线性关系分析，以 16. 0mm 油嘴开井放喷情况下压力降落符合达西流动规律，说明在

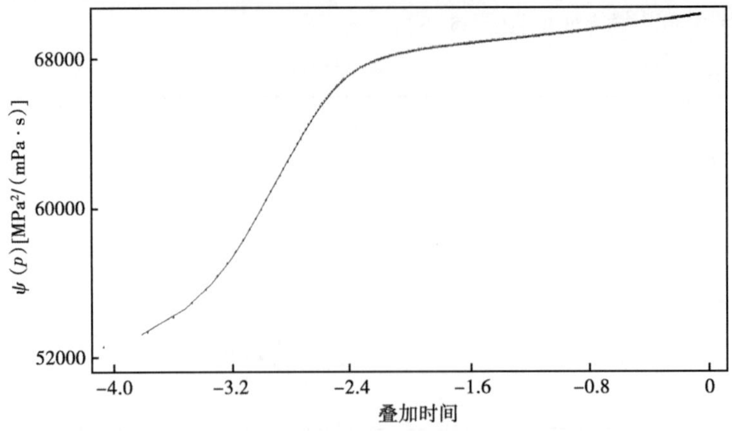

图 5-5-5　D 气田平 A 井地层测试压力恢复试井半对数拟合图

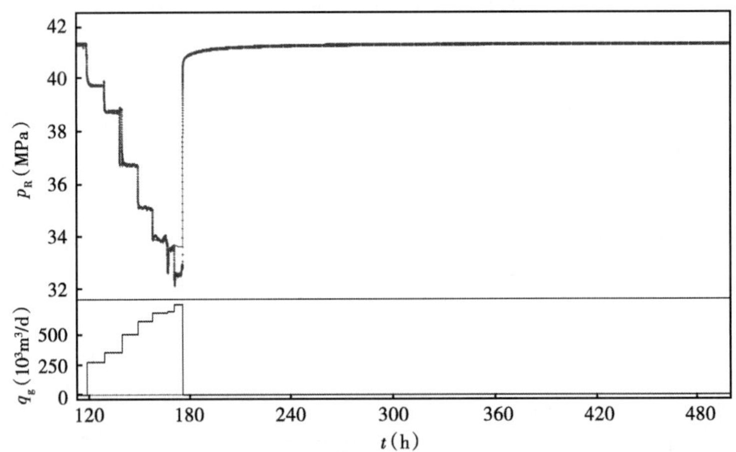

图 5-5-6　D 气田平 A 井地层测试压力恢复试井压力史拟合图

试采期间采用 10.0mm 油嘴生产是合理的。

（1）压力梯度分析。

2008 年 8 月 4 日进行静止压力梯度测试，通过静止压力梯度分析得出静止压力梯度为 0.3MPa/100m。

（2）产能试井。

2008 年 5 月 16—17 日进行回压试井，先后选用 4 个油嘴在不同工作制度下进行求产，求产结果见表 5-5-2。

表 5-5-2　D 气田平 A 井短期试采测试阶段不同工作制度下平均产气量统计表

油嘴直径（mm）	孔板（mm）	产气量（$10^4m^3/d$）	流动压力（MPa）	折算流动压力（MPa）
7.0	76.20	19.8158	40.5770	41.3285
10.0	76.20	37.7247	39.3150	40.0665
13.0	76.20	56.0907	36.6724	37.4239
16.0	88.90	67.4034	35.6830	36.4345

注：地层压力 42.09MPa。

根据表 5-5-2 的回压试井测试数据，由 CandN 法绘出指示曲线（图 5-5-7）。经计算，平 A 井的指数式产能方程：

$$q_g = 16.1169(p_R^2 - p_{wf}^2)^{0.608414}$$

无阻流量 $q_{AOF} = 152.626 \times 10^4 m^3/d$。

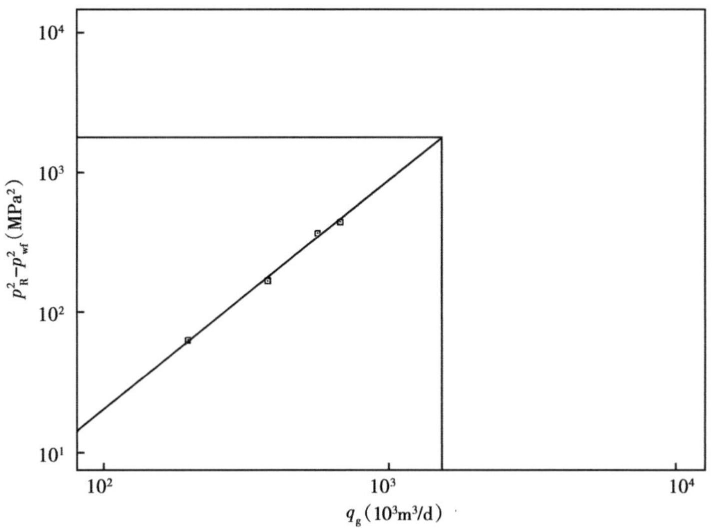

图 5-5-7　D 气田平 A 井短期试采测试回压试井指数式图

由 LIT 法绘出指示曲线（图 5-5-8）。经计算，平 A 井的二项式产能方程：

$$\psi(p_R) - \psi(p_{wf}) = 4.1394q_g + 0.0239059q_g^2$$

无阻流量 $q_{AOF} = 162.042 \times 10^4 m^3/d$。

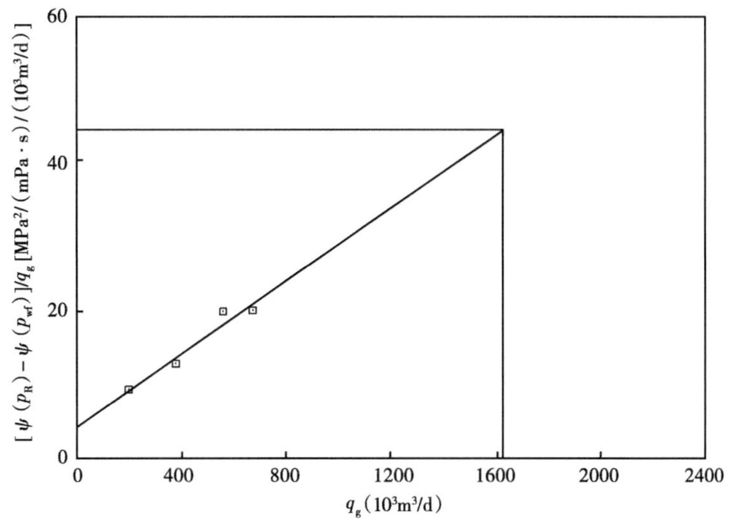

图 5-5-8　D 气田平 A 井短期试采测试回压试井二项式图

（3）压力恢复试井。

2008 年 6 月 23 日—8 月 4 日关井压力恢复，关井时间 915h。

①模型诊断。

通过对压力恢复双对数—导数曲线图形特征的诊断分析，证实径向流（导数 0.5 水平线）已出现，双对数—导数曲线早期形态斜率为 1（a—b），很快进入垂向径向流阶段（c—d），之后导数曲线进入垂直于水平井筒的拟线性流阶段（d—e），平 A 井 1/2 拟线性流阶段很短，最后进入水平井拟径向流阶段（e—f）。后期导数曲线基本保持水平，未发现边界反映，表明储层为均质气藏特征（图 5-5-9）。

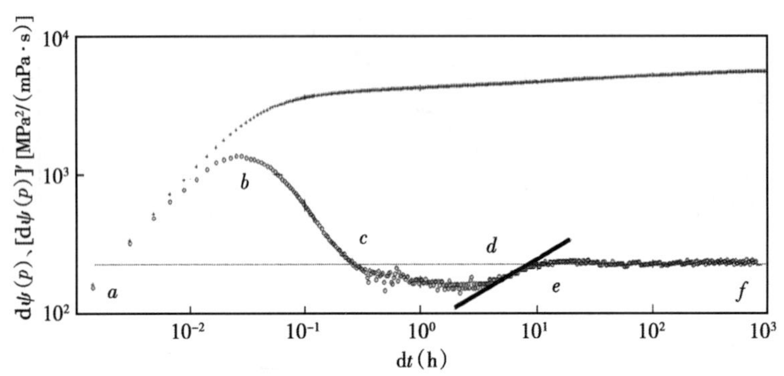

图 5-5-9　D 气田平 A 井短期试采测试压力恢复试井双对数分析图

②试井解释结果。

通过模型诊断和图形分析，资料解释中选用变井筒储集、表皮效应+水平井+均质模型，通过现代试井理论拟合分析和霍纳分析，取得了基本一致的分析成果。解释结果：经过关井压力恢复解释，测点地层压力为 41.34MPa（测点深度为 3376.0m）；根据压力梯度折算到油层中部地层压力为 42.09MPa（油层中部垂深为 3626.5m）。K=24.1mD、垂向渗透率与径向渗透率之比 $K_z/K_r=9.99\times10^{-4}$、$S$=5.56、$C$=0.984m³/MPa、水平段长度=730m（图 5-5-10、图 5-5-11、图 5-5-12）。

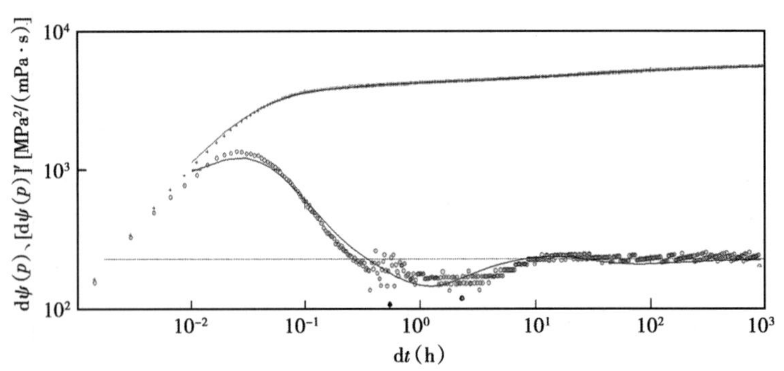

图 5-5-10　D 气田平 A 井短期试采测试压力恢复试井双对数拟合图

3）开发测试

2008 年 11 月 17 日，工作制度以阀控 2 扣投产，日产气 34.4×10^4m³，平均油压 30.5MPa，平均套压 29.5MPa。

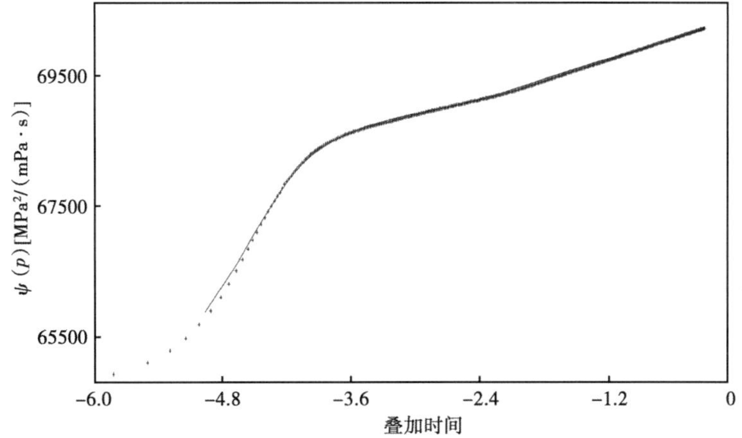

图 5-5-11　D 气田平 A 井短期试采测试压力恢复试井半对数拟合图

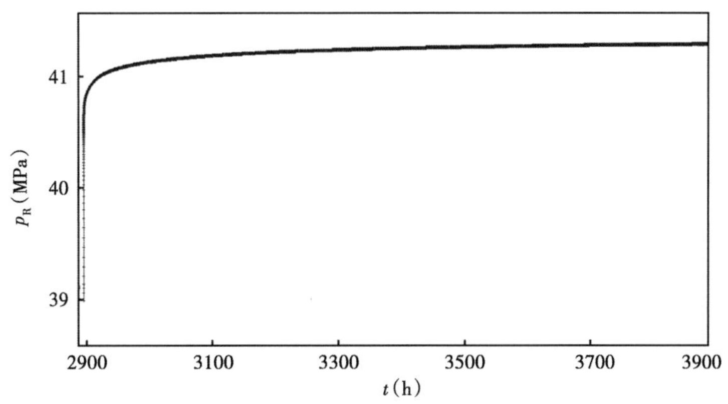

图 5-5-12　D 气田平 A 井短期试采测试压力恢复试井压力史拟合图

（1）压力梯度分析。

2009 年 8 月 16 日进行静止压力梯度测试，通过静止压力梯度分析得出静止压力梯度为 0.28MPa/100m。

2009 年 9 月 26 日进行流动压力梯度测试，通过流动压力梯度分析得出流动压力梯度为 0.29MPa/100m。

（2）压力恢复试井。

2009 年 7 月 20 日—8 月 11 日进行关井压力恢复测试，关井时间 423h。

①模型诊断。

通过对压力恢复双对数—导数曲线图形特征的诊断分析，证实径向流（导数 0.5 水平线）已出现，双对数—导数曲线早期形态斜率为 1，很快进入垂向径向流阶段，之后导数曲线进入垂直于水平井筒的拟线性流阶段，平 A 井 1/2 拟线性流阶段很短，最后进入水平井拟径向流阶段。后期导数曲线基本保持水平，未发现边界反映，表明储层为均质气藏特征。

②试井解释结果。

通过模型诊断和图形分析，资料解释中选用变井筒储集、表皮效应+水平井+均质模型，通过现代试井理论拟合分析和霍纳分析，取得了基本一致的分析成果。解释结果：经过关井压力恢复解释，测点地层压力为40.58MPa（测点深度为3376.0m）；根据压力梯度折算到油层中部地层压力为41.28MPa（油层中部垂深为3626.5m）。$K=22.9$mD、$K_z/K_r=1.91\times10^{-3}$、$S=5.78$、$C=0.93m^3/MPa$、水平段长度=730m（图5-5-13、图5-5-14、图5-5-15）。

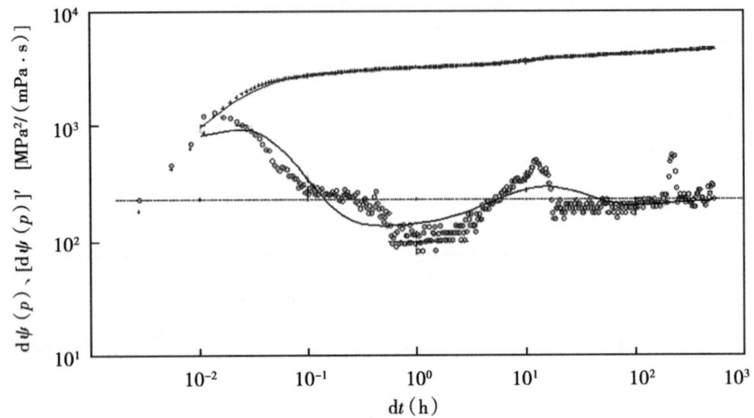

图5-5-13　D气田平A井开发测试压力恢复试井双对数拟合图

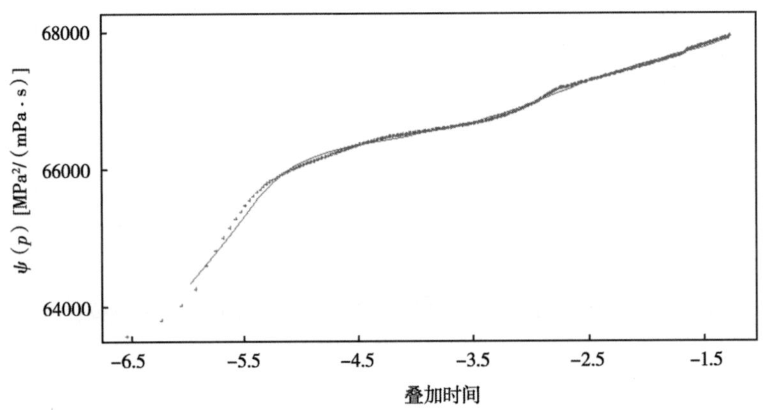

图5-5-14　D气田平A井开发测试压力恢复试井半对数拟合图

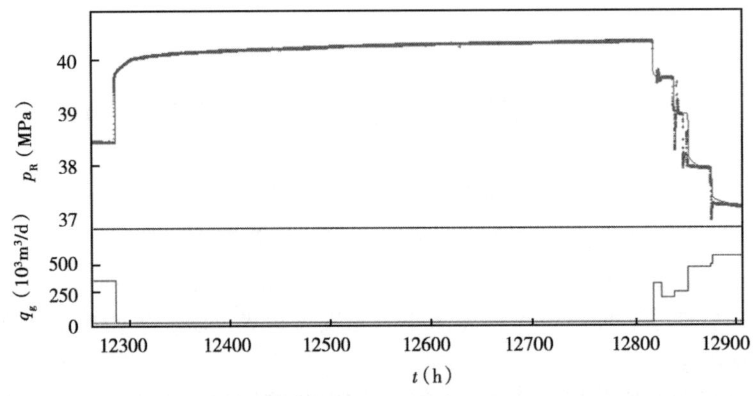

图5-5-15　D气田平A井开发测试压力恢复试井压力史拟合图

（3）产能试井。

2009 年 8 月 11—16 日进行回压试井，采用阀控 1.6 扣、2.4 扣、3.0 扣在 3 个不同工作制度下进行求产，求产结果见表 5-5-3。

表 5-5-3　D 气田平 A 井开发测试阶段不同工作制度下平均产气量统计表

阀门控制（扣）	产气量（$10^4m^3/d$）	流动压力（MPa）	折算流动压力（MPa）
1.6	22.5232	39.6160	40.342
2.4	39.7826	37.9020	38.628
3.0	51.8946	37.1970	37.923

注：地层压力 41.28MPa。

根据表 5-5-3 的回压试井测试数据，由 CandN 法绘出指示曲线（图 5-5-16）。经计算，平 A 井的指数式产能方程：

$$q_g = 14.0761(p_R^2 - p_{wf}^2)^{0.636336}$$

无阻流量 $q_{AOF}=160.245\times10^4m^3/d$。

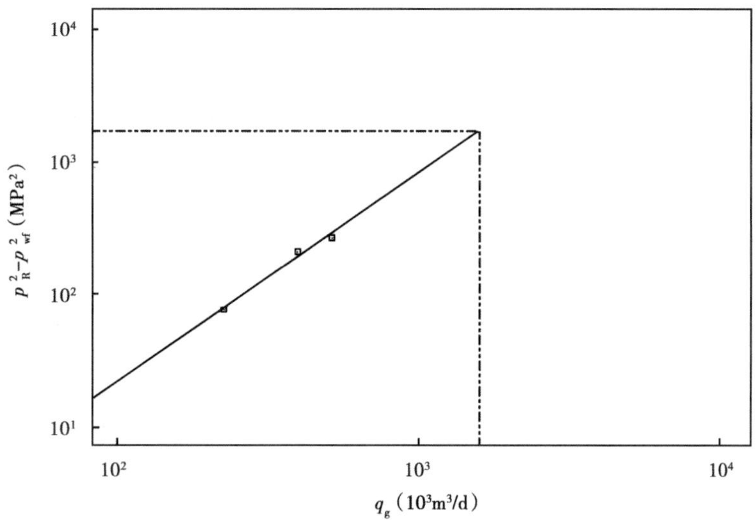

图 5-5-16　D 气田平 A 井开发测试回压试井指数式图

由 LIT 法绘出指示曲线（图 5-5-17）。经计算，平 A 井的二项式产能方程：

$$\psi(p_R)-\psi(p_{wf})=6.24227q_g+0.0196941q_g^2$$

无阻流量 $q_{AOF}=173.629\times10^4m^3/d$。

3. 小结

通过对 D 气田平 A 井两次试井解释、试气、短期试采测试数据的分析，可知：

（1）平 A 井火山岩储层平均渗透率为 23.5mD，垂向渗透率与径向渗透率之比 $K_z/K_r=1.91\times10^{-3}$。

（2）通过产能方程计算平均无阻流量为 $167.0\times10^4m^3/d$，以无阻流量的 1/6 计算，平 A 井定产为 $28\times10^4m^3/d$。

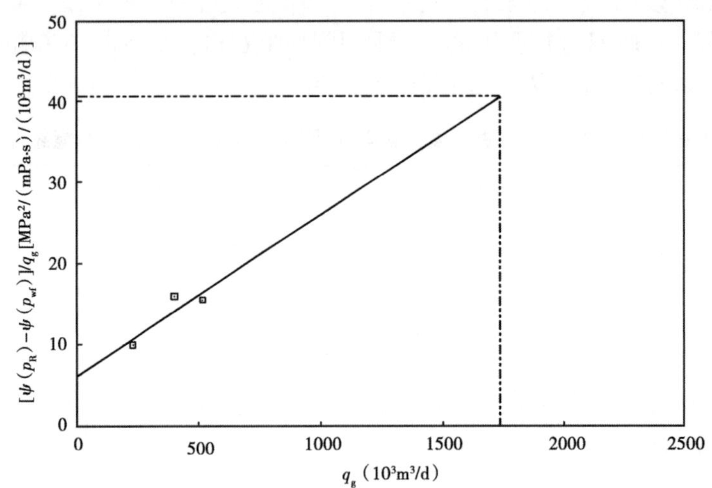

图 5-5-17 D 气田平 A 井开发测试回压试井二项式图

二、平 C 井

1. 测试简况

平 C 井试采井段为 HS 组，水平井段为 3678.0～4302.0m，水平段长度为 624.00m，储层厚度为 50.0m，岩性为紫灰色流纹岩和凝灰岩、灰色英安岩，测井解释为气层。试井的主要目的是落实该气层产能，求取产能方程、无阻流量和储层渗流参数，为下步试采、进一步评价储层产能提供理论依据。

1）投产前试井测试

平 C 井于 2009 年 8 月 4—18 日进行投产前试井测试，2009 年 8 月 4—6 日进行静止压力、静止温度测试；2009 年 8 月 6—12 日回压试井阶段分别进行了阀控 1.8 扣、2.0 扣、2.1 扣、2.3 扣工作制度的放喷。2009 年 8 月 12—18 日进行关井压力恢复测试，压力计下入深度 3012.0m。

2）短期试采测试

2010 年 6 月 27—28 日进行流动压力、流动温度测试；2010 年 6 月 28 日—7 月 20 日关井压力恢复；2010 年 7 月 20—30 日进行回压试井测试；2010 年 7 月 30 日进行静止压力、静止温度梯度测试，压力计下入深度 3012.0m。

3）开发测试

2010 年 7 月 30 日—2011 年 9 月 9 日以阀控 2 扣生产，日产气 $25.4\times10^4m^3$，平均油压 26.64MPa，平均套压 26.9MPa。2011 年 9 月 9 日—10 月 10 日进行开发测试。2011 年 9 月 9 日测流动压力、流动温度梯度；2011 年 9 月 9—11 日进行流动压力、流动温度测试；2011 年 9 月 11—30 日进行关井压力恢复测试；2011 年 9 月 29 日进行静止压力、静止温度梯度测试；2011 年 10 月 1—10 日进行流动压力、流动温度测试。压力计下入深度 2963.0m。

2. 试井解释

1）投产前试井测试

（1）压力梯度分析。

2009 年 8 月 18 日进行压力恢复梯度测试，通过压力恢复梯度分析得出压力恢复梯度为

0.425MPa/100m。

（2）产能试井。

2009 年 8 月 6—12 日为回压试井阶段，分别进行了阀控 1.8 扣、2.0 扣、2.1 扣、2.3 扣工作制度的放喷。在不同工作制度下进行求产，求产结果见表 5-5-4。

表 5-5-4　D 气田平 C 井投产前不同工作制度下平均产气量统计表

时间	油压（MPa）	套压（MPa）	流动压力（MPa）	折算流动压力（MPa）	产气量（$10^4m^3/d$）
2009 年 8 月 7 日 6:00	29.0	30.5	39.011	41.642	28.7160
2009 年 8 月 7 日 19:00	28.5	32.5	38.976	41.607	30.6504
2009 年 8 月 8 日 7:00	29.0	30.5	39.106	41.737	21.3816
2009 年 8 月 11 日 17:00	28.0	35.0	39.03	41.661	25.3008

注：地层压力 41.89MPa。

根据表5-5-4 的回压试井测试数据，由 CandN 法绘出指示曲线（图 5-5-18）。经计算，平 C 井的指数式产能方程：

$$q_g = 47.617(p_R^2 - p_{wf}^2)^{0.584156}$$

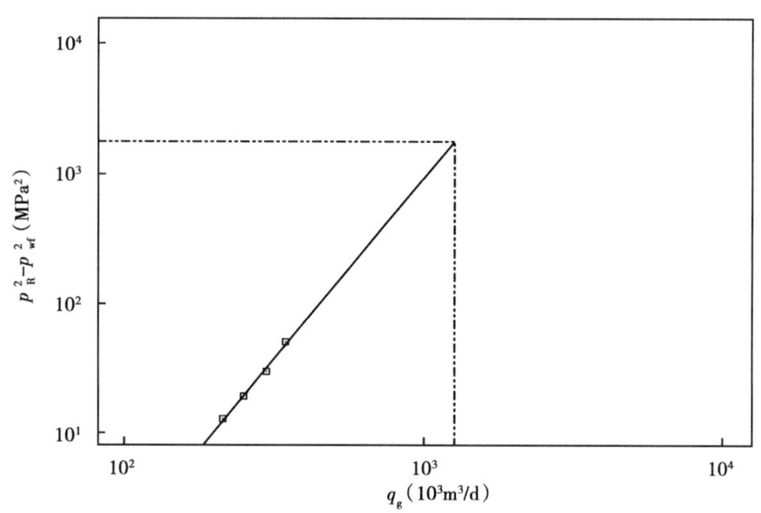

图 5-5-18　D 气田平 C 井投产前测试回压试井指数式图

无阻流量 $q_{AOF}=374.017\times10^4m^3/d$。

由 LIT 法绘出指示曲线（图 5-5-19）。经计算，平 C 井的二项式产能方程：

$$\psi(p_R) - \psi(p_{wf}) = 1.08189q_g + 0.00599583q_g^2$$

无阻流量 $q_{AOF}= 335.319\times10^4m^3/d$。

（3）压力恢复试井。

2009 年 8 月 12—18 日进行关井压力恢复测试，关井时间 160h。

①模型诊断。

通过对压力恢复双对数—导数曲线图形特征的诊断分析，证实径向流（导数 0.5 水平

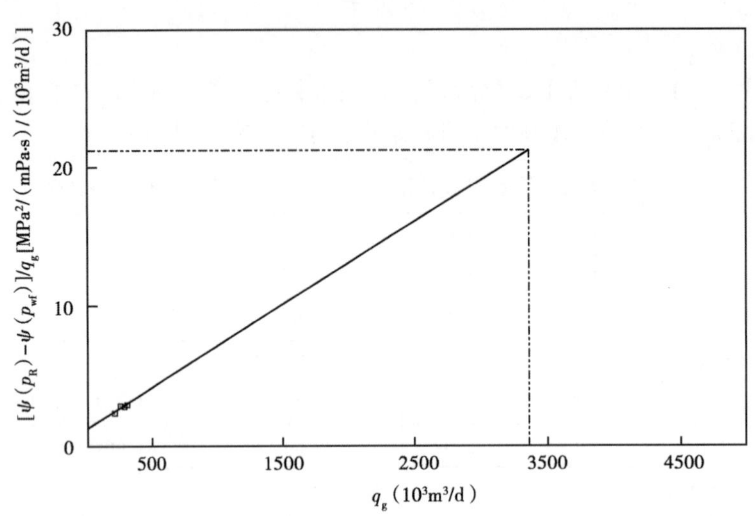

图 5-5-19 D 气田平 C 井投产前测试回压试井二项式图

线）已出现，双对数—导数曲线早期形态斜率为 1，进入垂向径向流阶段，之后导数曲线进入垂直于水平井筒的 1/2 拟线性流阶段，最后进入水平井拟径向流阶段。后期导数曲线基本保持水平，未发现边界反映（图 5-5-20）。

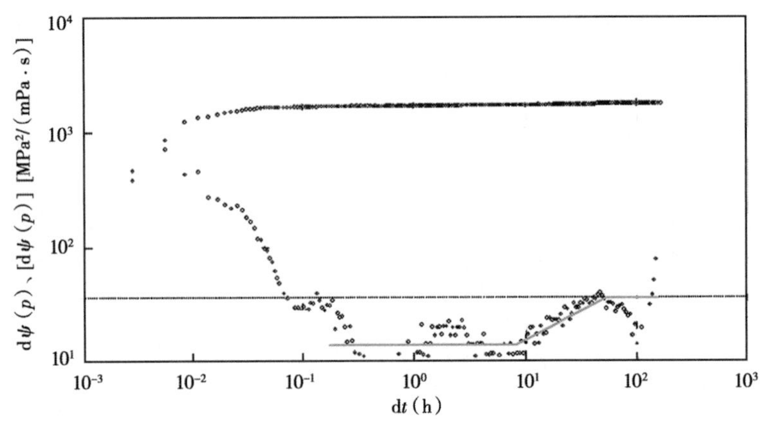

图 5-5-20 D 气田平 C 井投产前测试压力恢复试井双对数分析图

②试井解释结果。

通过模型诊断和图形分析，资料解释中选用变井筒储集、表皮效应+水平井+均质模型，通过现代试井理论拟合分析和霍纳分析，取得了基本一致的分析成果。解释结果：经过关井压力恢复解释，测点地层压力为 39.26MPa（测点深度为 3012.0m）；根据压力梯度折算到油层中部地层压力为 41.89MPa（储层中部深度为 3631.0m）。$K=50.6$mD、$S=16.5$、$K_z/K_r=0.0475$、水平段长度=630m、$C=0.681\mathrm{m^3/MPa}$（图 5-5-21、图 5-5-22、图 5-5-23）。

2）短期试采测试

2009 年 8 月 18 日—2010 年 6 月 27 日进行短期试采测试，日产气 $30.78\times10^4\mathrm{m^3}$，平均油压 26.8MPa，平均套压 25.0MPa。2010 年 6 月 27 日—7 月 30 日进行短期试采测试。2010 年

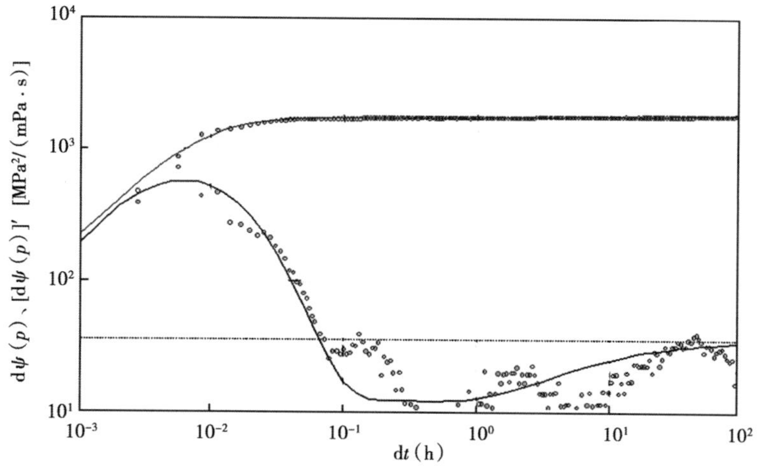

图 5-5-21　D 气田平 C 井投产前测试压力恢复试井双对数拟合图

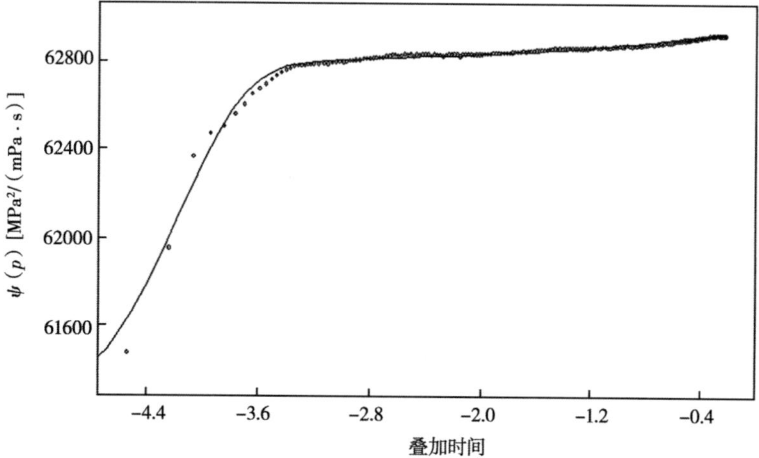

图 5-5-22　D 气田平 C 井投产前测试压力恢复试井半对数拟合图

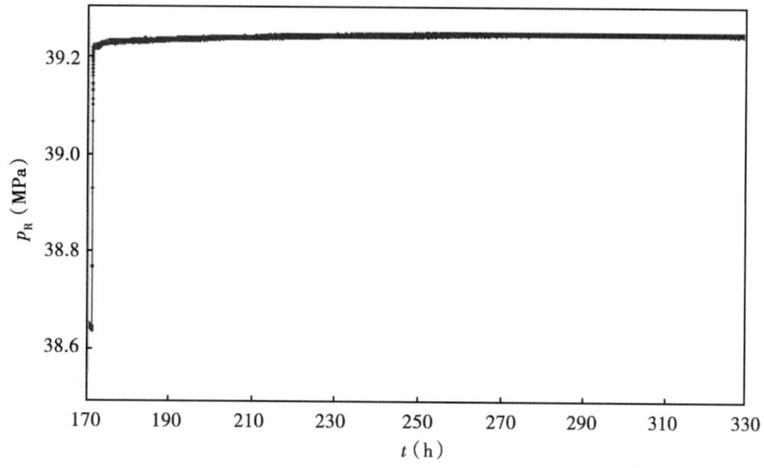

图 5-5-23　D 气田平 C 井投产前测试压力恢复试井压力史拟合图

6 月 27—28 日为流动压力、流动温度测试；2010 年 6 月 28 日—7 月 20 日关井压力恢复；2010 年 7 月 20—30 日进行回压试井测试；2010 年 7 月 30 日进行静止压力、静止温度梯度测试，压力计下入深度 3012.0m。

（1）压力梯度分析。

2010 年 7 月 17 日进行静止压力梯度测试，通过静止压力梯度分析得出静止压力梯度为 0.293MPa/100m。2010 年 7 月 30 日进行流动压力梯度测试，通过流动压力梯度分析得出流动压力梯度为 0.289MPa/100m。

（2）产能试井。

2010 年 7 月 20—30 日进行回压试井测试。在回压试井阶段分别进行了阀控 $20\times10^4m^3/d$、$25\times10^4m^3/d$、$30\times10^4m^3/d$ 工作制度产能试井测试（计量采用流量计瞬时计量的数据），从回压产能试井实测压力与产量关系曲线可以看出，在产能 $30\times10^4m^3/d$ 的情况下流动压力递减速度为 0.02705MPa/d，反映储层能量充足、物性好（表 5-5-5）。

表 5-5-5　D 气田平 C 井短期试采阶段不同工作制度下平均产气量统计表

时间	工作制度（$10^4m^3/d$）	油压（MPa）	流动压力（MPa）	折算流动压力（MPa）	产气量（$10^4m^3/d$）
2010 年 7 月 23 日	20	28.1	37.305	39.106	21.8900
2010 年 7 月 25 日	25	27.9	37.126	38.927	26.2899
2010 年 7 月 29 日	30	27.6	36.963	38.764	29.9562

注：地层压力 39.69MPa。

根据表 5-5-5 的回压试井测试数据，由 CandN 法绘出指示曲线（图 5-5-24）。经计算，平 C 井的指数式产能方程：

$$q_g = 15.7588(p_R^2 - p_{wf}^2)^{0.687256}$$

无阻流量 $q_{AOF}=248.27\times10^4m^3/d$。

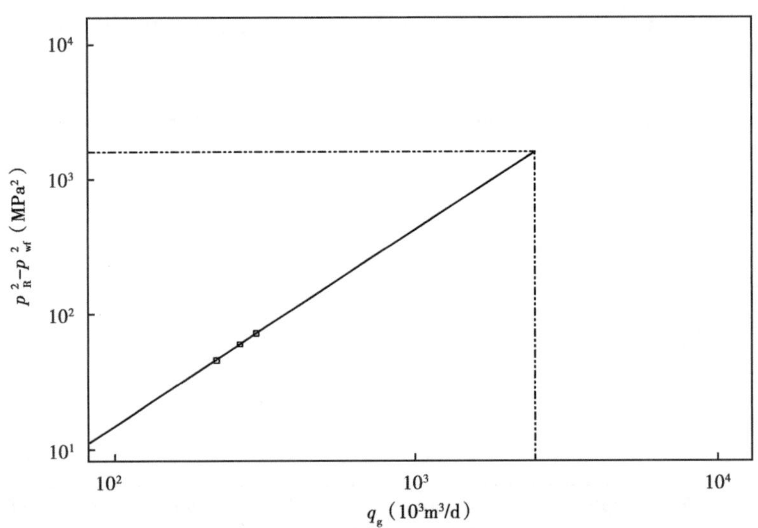

图 5-5-24　D 气田平 C 井短期试采测试回压试井指数式图

由 LIT 法绘出指示曲线（图 5-5-25）。经计算，平 C 井的二项式产能方程：

$$\psi(p_R)-\psi(p_{wf})=3.60646q_g+0.0123936q_g^2$$

无阻流量 $q_{AOF}=215.494\times10^4\text{m}^3/\text{d}$。

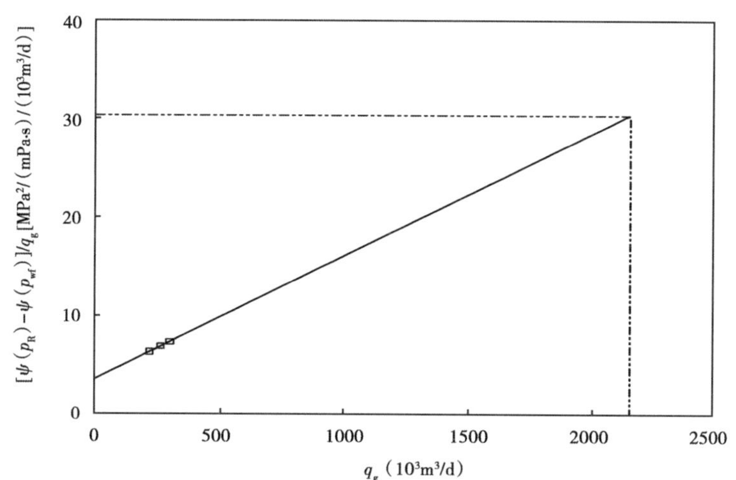

图 5-5-25　D 气田平 C 井短期试采测试回压试井二项式图

（3）压力恢复试井。

2010 年 6 月 28 日—7 月 20 日关井压力恢复，关井时间 506h。

①模型诊断。

通过对压力恢复双对数—导数曲线图形特征的诊断分析，证实径向流（导数 0.5 水平线）已出现，双对数—导数曲线早期形态斜率为 1，进入水平井拟径向流阶段。后期导数曲线以斜率为 1 攀升，出现边界反映，表明储层为复合气藏特征（图 5-5-26）。

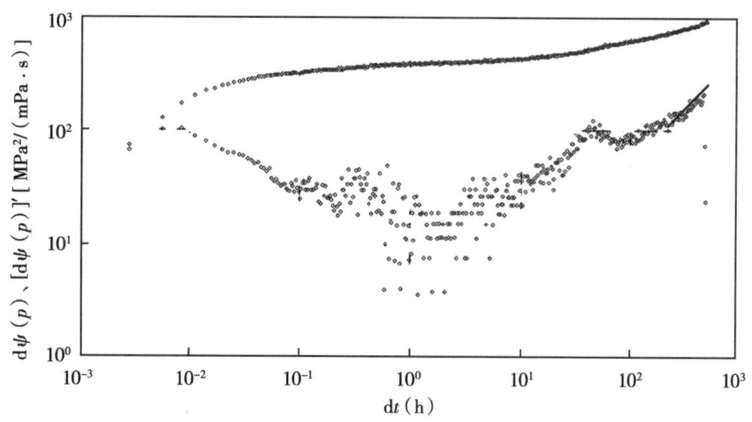

图 5-5-26　D 气田平 C 井短期试采测试压力恢复试井双对数分析图

②试井解释结果。

通过模型诊断和图形分析，资料解释中选用井筒储集、表皮效应+水平井+复合气藏模型，通过现代试井理论拟合分析和霍纳分析，取得了基本一致的分析成果。解释结果：测点地层压力为 37.89MPa（测点深度为 3012.0m）；根据压力梯度折算到油层中部地层压力为 39.69MPa（储层中部 A 点深度为 3631.0m）。

K=50.4mD、S=5.34、K_z/K_r=0.0024、水平段长度为 630m、复合半径 r=540m、C=1.9m^3/MPa（图 5-5-27、图 5-5-28、图 5-5-29）。

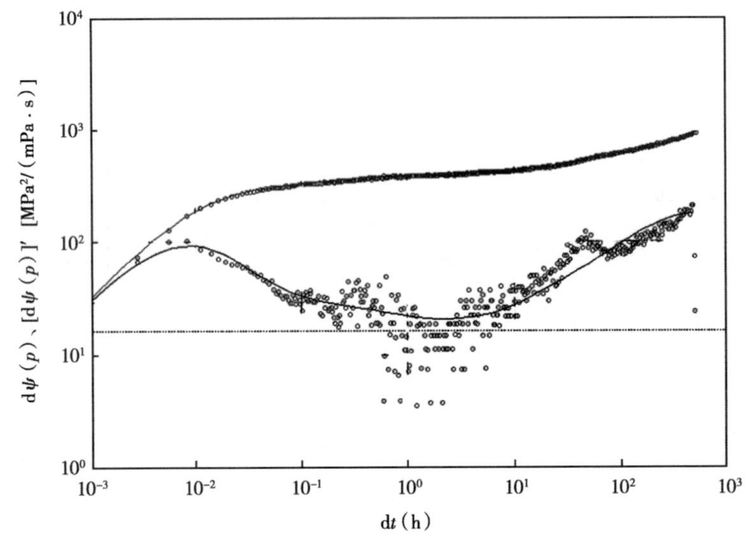

图 5-5-27　D 气田平 C 井短期试采测试压力恢复试井双对数拟合图

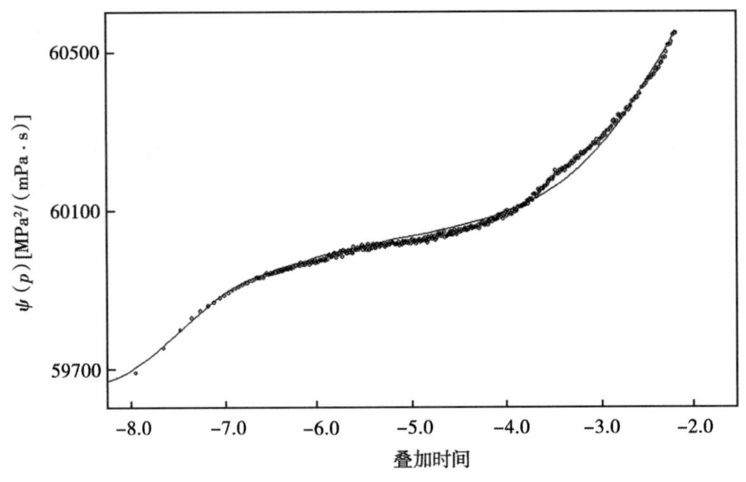

图 5-5-28　D 气田平 C 井短期试采测试压力恢复试井半对数拟合图

3）开发测试

2011 年 9 月 9 日—10 月 10 日进行开发测试。2011 年 9 月 9 日测流动压力、流动温度梯度；2011 年 9 月 9—11 日进行流动压力、流动温度测试；2011 年 9 月 11—30 日进行关井压力恢复测试；2011 年 9 月 29 日进行静止压力、静止温度梯度测试；压力计下入深度 2963.0m。

（1）压力梯度分析。

2011 年 9 月 9 日进行流动压力梯度测试，2011 年 9 月 29 日进行静止压力梯度测试，通

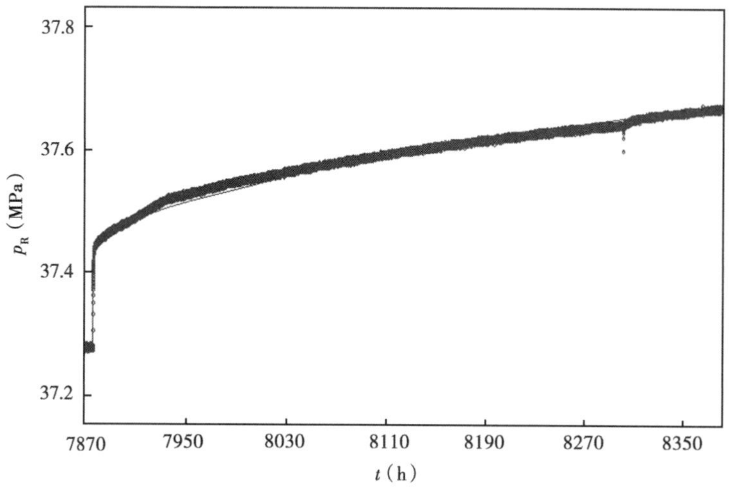

图 5-5-29　D 气田平 C 井短期试采测试压力恢复试井压力史拟合图

过流动压力梯度分析和静止压力梯度分析得出两个压力梯度相等，均为 0.27MPa/100m。

（2）产能试井。

依据关井后的放喷数据，取 2011 年 10 月 5 日 0:00—24:00 阀控 1.9 扣工作制度定产，日产气 $29.5759\times10^4m^3$，日产液 $2.1m^3$，油压 26.70MPa，套压 24.00MPa，平均流动压力 34.89MPa，折中部流动压力 36.67MPa。

利用短期试采测试回压试井稳定产能曲线的斜率把产能曲线平移到目前地层压力 38.67MPa 和目前稳定流动压力 36.67MPa 处，由 CandN 法绘出指示曲线（图 5-5-30）。经计算，平 C 井的指数式产能方程：

$$q_g = 9.42013(p_R^2 - p_{wf}^2)^{0.687256}$$

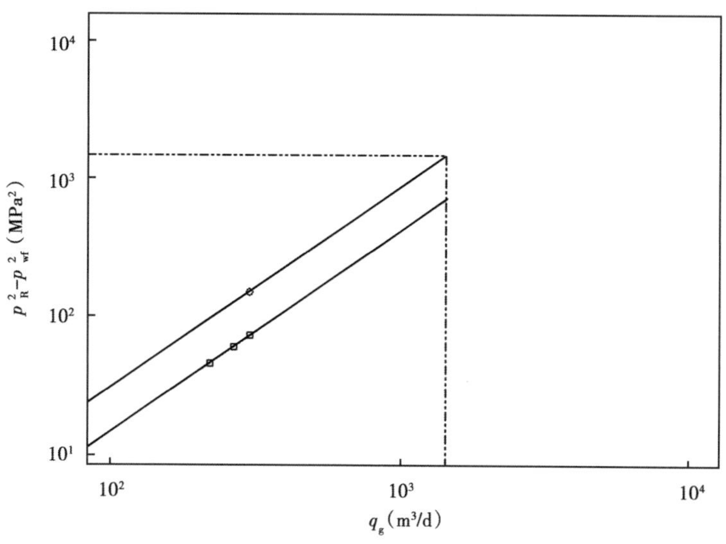

图 5-5-30　D 气田平 C 井开发测试回压—修正联合试井指数式图

无阻流量 $q_{AOF}=143.192\times10^4m^3/d$。

由 LIT 法绘出指示曲线（图 5-5-31）。经计算，平 C 井的二项式产能方程：

$$\psi(p_R)-\psi(p_{wf})=11.543q_g+0.0123936q_g^2$$

无阻流量 $q_{AOF}=183.496\times10^4m^3/d$。

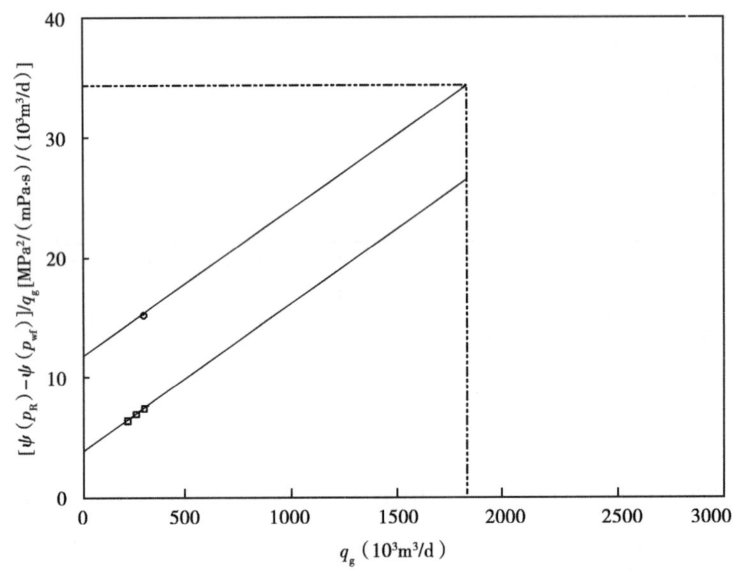

图 5-5-31　D 气田平 C 井开发测试回压—修正联合试井二项式图

从 IPR 曲线图分析，最高合理产量为 $44.0\times10^4m^3/d$，对应测点流动压力为 35.5MPa（图 5-5-32）。

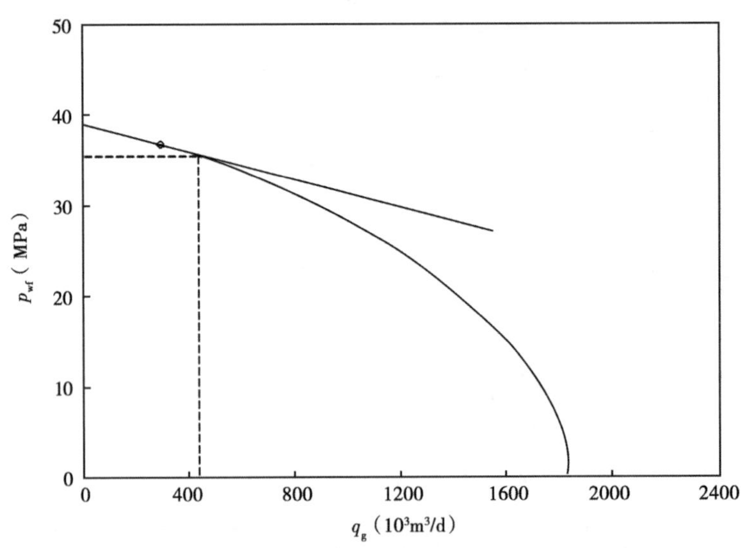

图 5-5-32　D 气田平 C 井开发测试 IPR 曲线图

（3）压力恢复试井。

2011 年 9 月 11—30 日关井压力恢复，关井时间 475h。

①模型诊断。

通过对压力恢复双对数—导数曲线图形特征的诊断分析，证实径向流（导数 0.5 水平线）已出现，双对数—导数曲线早期形态斜率为 1，进入水平井拟径向流阶段。后期导数曲线以斜率为 1 攀升，出现边界反映，表明储层为复合气藏特征。

②试井解释结果。

通过模型诊断和图形分析，资料解释中选用变井筒储集、表皮效应+水平井+复合气藏模型，通过现代试井理论拟合分析和霍纳分析，取得了基本一致的分析成果。解释结果：测点地层压力为 36.87MPa（测点深度为 2963.0m）；根据压力梯度折算到油层中部地层压力为 38.67MPa（储层中部 A 点深度为 3631.0m）。$K=50.2$mD、$S=3.45$、$K_z/K_r=0.00538$、水平段长度=643m、复合半径 $r=549$m、$C=1.22\text{m}^3/\text{MPa}$（图 5-5-33、图 5-5-34、图 5-5-35）。

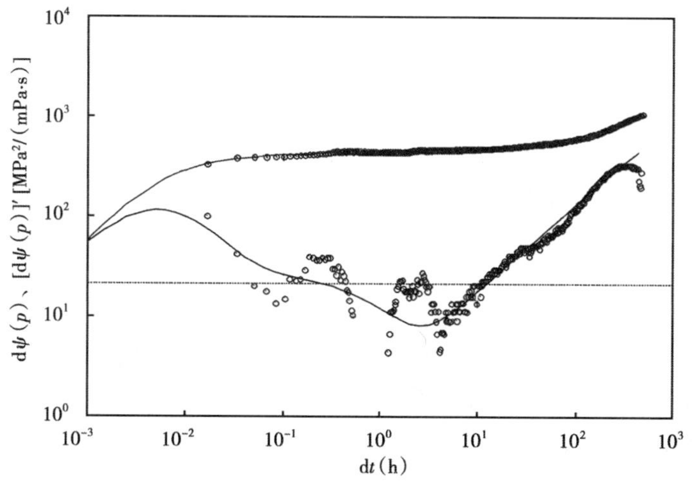

图 5-5-33　D 气田平 C 井开发测试压力恢复试井双对数拟合图

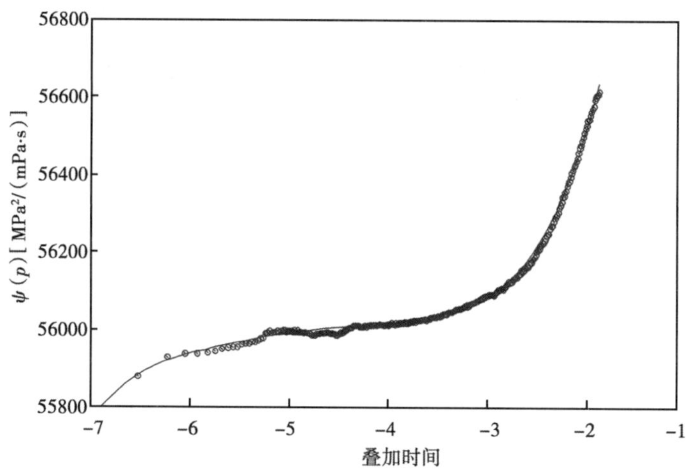

图 5-5-34　D 气田平 C 井开发测试压力恢复试井半对数拟合图

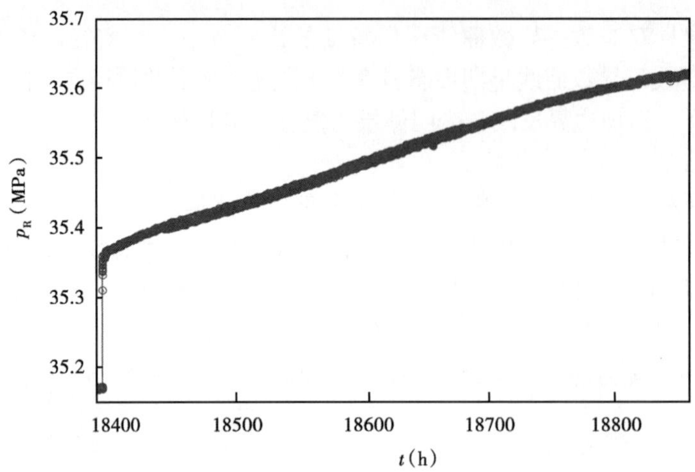

图 5-5-35　D 气田平 C 井开发测试压力恢复试井压力史拟合图

3. 井控储量

利用物质平衡法确定单井控制地质储量。

对于定容封闭性气藏，没有水驱作用，得到定容气藏的物质平衡方程式：

$$\frac{p}{Z}=\frac{p_i}{Z_i}\left(1-\frac{N_p}{G}\right)$$

式中　G——气藏在地面标准条件下（0.101MPa 和 20℃）的原始地质储量，m^3；

N_p——气藏在地面标准条件下的累计产气量，m^3；

p_i——地层原始压力，MPa；

Z_i——原始压力下的压缩因子；

p——生产时的地层压力，MPa；

Z——生产时地层压力下的压缩因子。

把平 C 井历年压力恢复解释的地层压力、气体压缩因子和累计产气量作统计（表 5-5-6）。

表 5-5-6　D 气田平 C 井计算单井控制地质储量表

时间	p（MPa）	Z	p/Z	$(p/Z)/(p_i/Z_i)$	累计产量（10^8m^3）
2009 年 8 月 18 日	41.89	1.06737	39.539053	1	0.01745419
2010 年 7 月 20 日	39.69	1.04871	38.471763	0.973007	0.97078206
2011 年 9 月 30 日	38.67	1.04030	37.120089	0.938821	1.98821893

（1）作平 C 井纵坐标为$\frac{p}{Z}\Big/\frac{p_i}{Z_i}$、横坐标为 N_p 图，作线性回归，当$\frac{p}{Z}\Big/\frac{p_i}{Z_i}=0$ 时，$G=N_p$（图 5-5-36）。计算平 C 井单井控制地质储量 $G=23.1994\times10^8m^3$。

（2）作平 C 井纵坐标为 p/Z、横坐标为 N_p 图，作线性回归，当 $p/Z=0$ 时，$G=N_p$（图 5-5-37）。计算平 C 井单井控制地质储量 $G=23.2286\times10^8/m^3$。

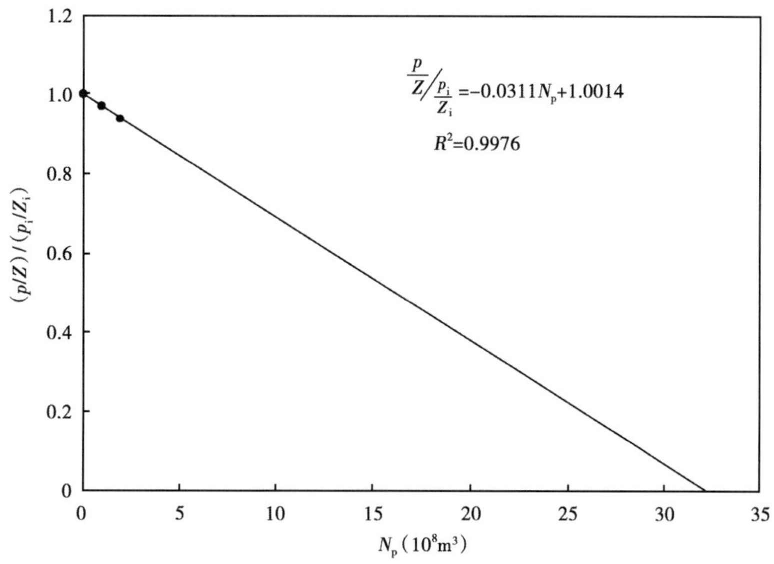

图 5-5-36　物质平衡法计算 D 气田平 C 井控制地质储量（p/Z）/（p_i/Z_i）—N_p 图

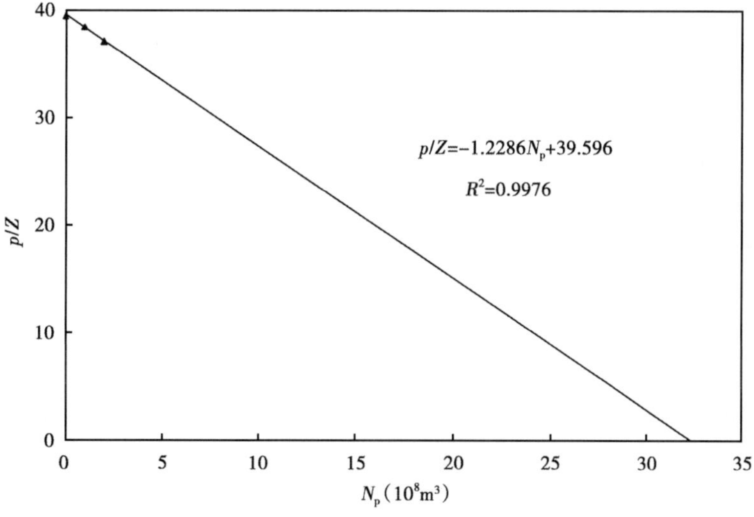

图 5-5-37　物质平衡法计算 D 气田平 C 井控制地质储量 p/Z—N_p 图

4. 小结

通过对 D 气田平 C 井试气、短期试采、开发测试试井解释数据的分析，可知：

（1）试井解释模型为变井筒储集、表皮效应+水平井+复合气藏，复合半径 r=540m。

（2）平 C 井火山岩储层平均渗透率为 50.4mD，地层压力 2009 年为 41.89MPa，2010 年为 39.69MPa，2011 年为 38.67MPa，递减速度为 0.00432MPa/d，通过物质平衡法计算气井控制地质储量为 23.2286×10^8/m^3。

（3）通过产能方程计算平均无阻流量，2011 年为 183.496×10^4m^3/d，根据 IPR 曲线图分析最高合理产量为 44.0×10^4m^3/d，对应测点流动压力为 35.5MPa。

三、平 B 井

1. 测试简况

该井完钻日期 2010 年 5 月 19 日，本次测试层位为 HS 组，电测解释为气层，岩性为灰紫色流纹质晶屑浆屑熔岩，水平井的筛管+裸眼井段 3625. 35 ~ 4402. 00m，长度 776. 65m，气测异常段长度 502. 0m，储层厚度 10m。

1）第一次开发测试

该井于 2010 年 7 月 4—15 日进行静压测试、回压产能测试及测静压、静温梯度，压力计下入深度 3400. 0m、A 点垂深 3678. 0m。本次测试目的是求取该井天然气产能、井底流压变化情况、求取原始地层压力、储层渗流参数，了解储层的污染程度，建立产能方程、求取目前气层无阻流量，进一步指导下步开发。

2）第二次开发测试

该井于 2011 年 10 月 1—17 日进行压力恢复测试。

3）第三次开发测试

该井于 2013 年 7 月 25 日—9 月 15 日进行流压测试；压力恢复测试；静压、静温梯度；回压产能测试；流压、流温梯度测试；压力计下入深度 3400. 0m。

4）第四次开发测试

平 B 井于 2014 年 8 月 1 日—9 月 6 日进行压力恢复测试，回压产能测试，流动压力、流动温度梯度测试；压力计下入深度 3400. 0m。

2. 试井解释

1）第一次开发测试

（1）压力梯度分析。

2010 年 7 月 7 日进行静止压力梯度测试，通过静止压力梯度分析得出静止压力梯度为 0. 289MPa/100m。

（2）产能试井。

平 B 井于 2010 年 7 月 8—9 日进行回压产能试井，分别采用 7. 94mm、9. 53mm、11. 11mm、12. 70mm 油嘴（油嘴刺，未能完成该工作制度测试）工作制度测气，从回压产能试井阶段油压、套压、流动压力与产气量关系曲线可看出，前三个工作制度产能、油压、流动压力相对稳定。

根据表 5-5-7 的回压试井测试数据，由 LIT 法绘出指示曲线（图 5-5-38），计算无阻流量 $q_{AOF}=587.423\times10^4m^3/d$，平 B 井的二项式产能方程：

表 5-5-7　D 气田平 B 井第一次开发测试阶段油压、流动压力、产气量数据统计表

油嘴（mm）	孔板（mm）	油压（MPa）	流动压力（MPa）	折算流动压力（MPa）	折算产气量（$10^4m^3/d$）	备注
7. 94	79. 38	29. 03	39. 015	39. 818	27. 1683	测试 13h
9. 53	79. 38	28. 25	38. 828	39. 631	37. 4166	测试 5h
11. 11	82. 55	27. 12	38. 628	39. 431	47. 6870	测试 5h
12. 70	88. 90	25. 25	38. 412	39. 215	58. 5672	测试 3h，油嘴刺，流动压力不稳

注：地层压力 40. 28 MPa。

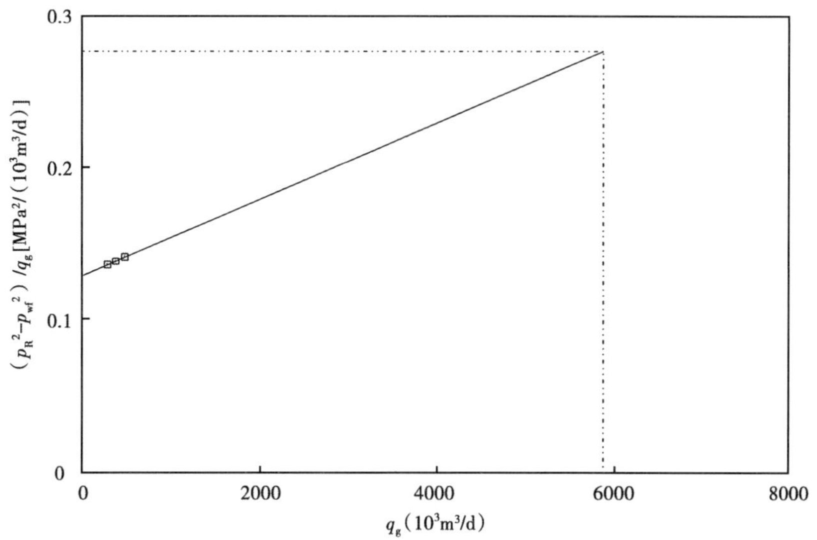

图 5-5-38　D 气田平 B 井第一次开发测试回压试井二项式图

$$p_R^2 - p_{wf}^2 = 0.129362q_g + 2.49971 \times 10^{-5}q_g^2$$

从 IPR 曲线图分析，最高合理产量为 100. 0×10^4 m³/d，对应测点流动压力为 38. 0MPa（图 5-5-39）。

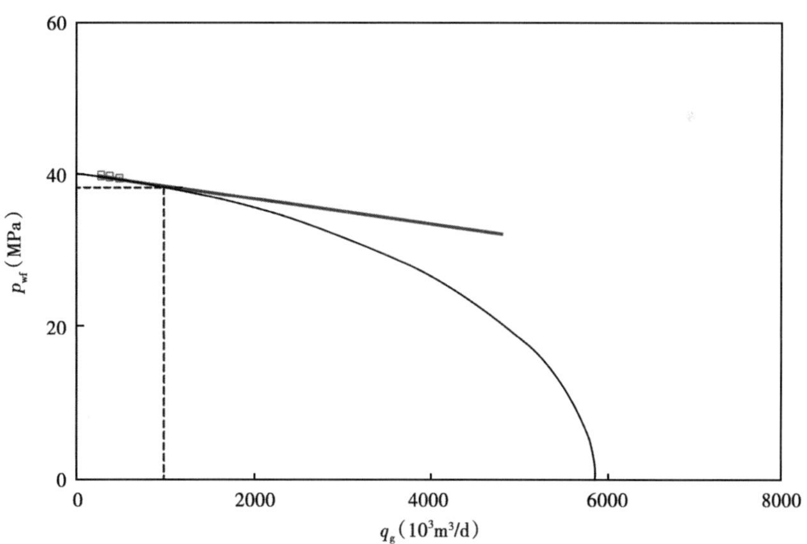

图 5-5-39　D 气田平 B 井第一次开发测试 IPR 曲线图

（3）压力恢复试井。

2010 年 7 月 9—15 日进行关井压力恢复测试，有效关井时间 146h。

①模型诊断。

通过对压力恢复双对数—导数曲线图形特征的诊断分析，证实早期垂向径向流已出现，关井 2h 后出现拟径向流，关井 13h 后导数曲线出现上翘，为储层物性变化所致；从半对数图分析，径向流明显，后期与导数曲线反映一致。

②试井解释结果。

通过模型诊断和图形分析，选用变井筒储集、表皮效应+水平井+复合气藏模型，通过现代试井理论拟合分析和霍纳分析，取得了基本一致的分析成果。测点地层压力为39.48MPa（测点深度为3400.0m）；根据压力梯度折算到气层中部地层压力为40.28MPa（储层中部深度为3678.0m）。复合半径 $r=684$m、$K_{内}=202.19$mD、$K_{外}=53.46$mD、$S=4.67$、$K_z/K_r=0.000313$、水平段长度 = 512 m、$C=0.488m^3/MPa$（图5-5-40、图5-5-41、图5-5-42）。

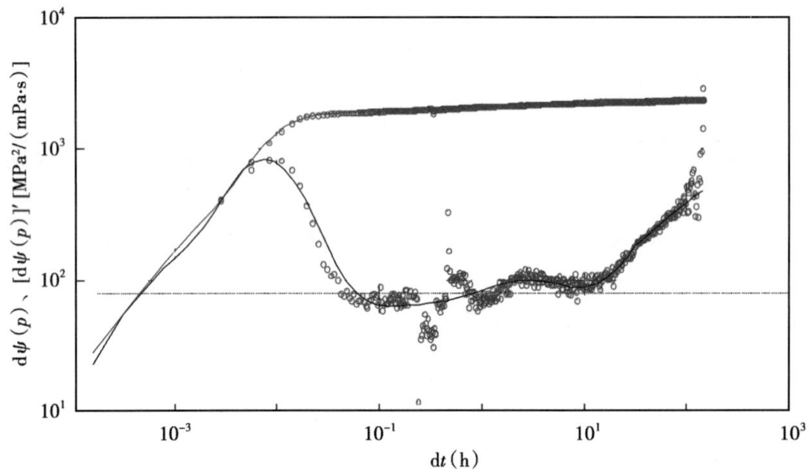

图5-5-40　D气田平B井第一次开发测试压力恢复试井双对数拟合图

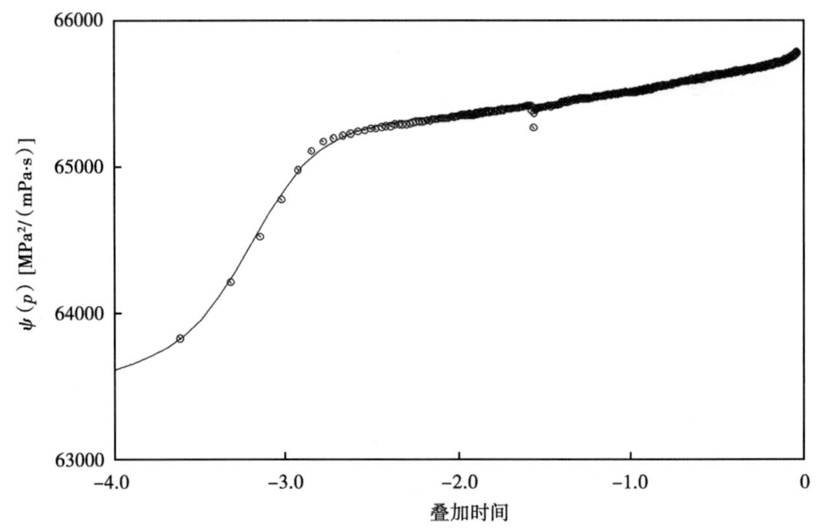

图5-5-41　D气田平B井第一次开发测试压力恢复试井半对数拟合图

2）第二次开发测试

平B井于2011年10月1—17日进行压力恢复测试，有效关井时间384.8h。压力计下入深度3400.0m，A点垂深3678.0m。

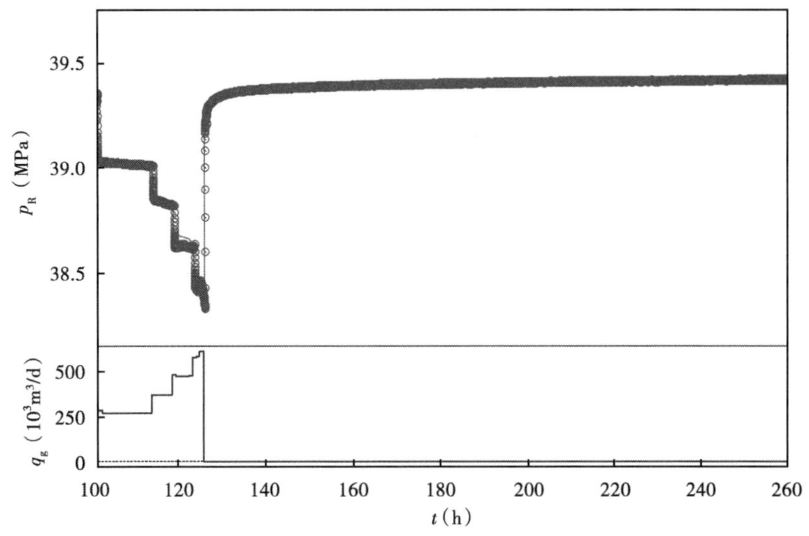

图 5-5-42　D 气田平 B 井第一次开发测试压力恢复试井压力史拟合图

（1）模型诊断。

通过对关井后压力恢复双对数—导数曲线图形特征的诊断分析，井筒储集阶段导数曲线以斜率 1 上升，早中期出现明显径向流，反映储层均质性较好；在关井 1.08h 后，导数曲线开始下掉，关井实测压力恢复曲线中后期同样突然下掉，与井筒内气水相态重新分布或重力分异达到一个新的气水平衡有关；关井 18h 后导数曲线出现上翘，为储层物性变化所致，后期又受到邻井干扰影响，因此参数解释受到一定影响。从半对数图分析，曲线径向流明显，后期与导数曲线反映一致，根据曲线特征解释过程中采用水平井+复合气藏模型进行分析。

（2）试井解释结果。

通过模型诊断和图形分析，选用变井筒储集、表皮效应+水平井+复合气藏模型，通过现代试井理论拟合分析和霍纳分析，取得了基本一致的分析成果。测点地层压力为 36.94MPa（测点深度为 3400.0m）；根据压力梯度折算到油层中部地层压力为 37.74MPa（储层中部深度为 3678.0m）。复合半径 r=606m、$K_{内}$=202.0mD、$K_{外}$=43.25mD、S=0.645、K_z/K_r=0.000658、水平段长度=512m、C=0.814m^3/MPa（图 5-5-43、图 5-5-44、图 5-5-45）。

3）第三次开发测试

（1）压力梯度分析。

2013 年 8 月 14 日进行静止压力梯度测试，通过静止压力梯度分析得出静止压力梯度为 0.241MPa/100m。2013 年 9 月 15 日进行流动压力梯度测试，通过流动压力梯度分析得出流动压力梯度为 0.243MPa/100m。

（2）产能试井。

平 B 井于 2013 年 8 月 26 日—9 月 15 日进行产能测试，2013 年 9 月 14 日 0:00—24:00，工作制度以阀控 1.8 扣产能测试定产，日产气 39.891×10^4m^3、日产液 4.8m^3，平均流动压力 30.43MPa，油压 22.0MPa，套压 7.2MPa（表 5-5-8）。

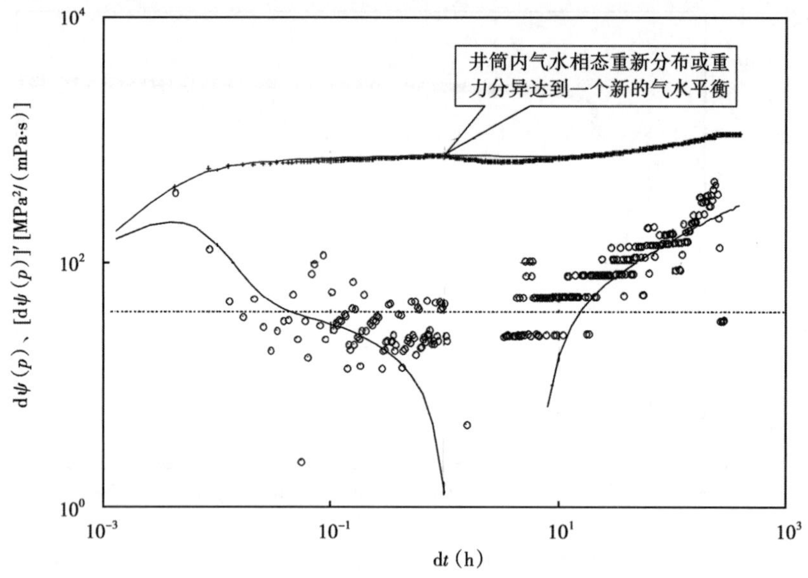

图 5-5-43　D 气田平 B 井第二次开发测试压力恢复试井双对数拟合图

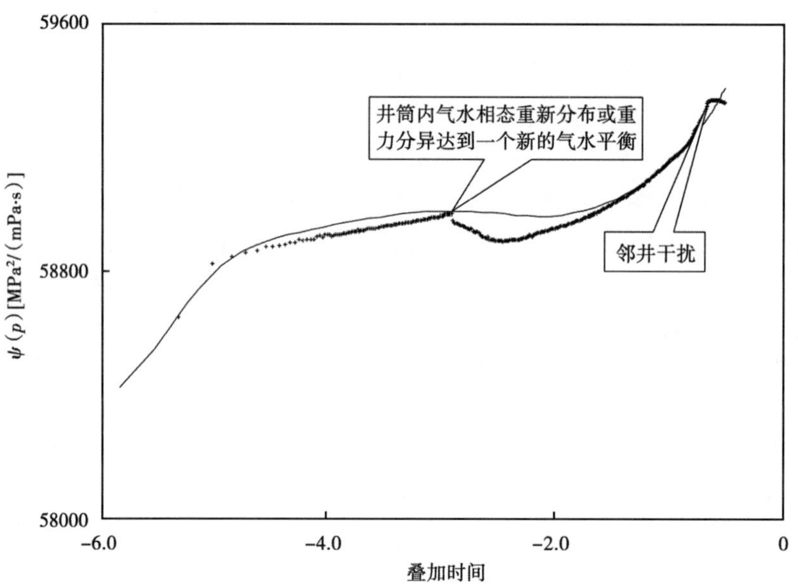

图 5-5-44　D 气田平 B 井第二次开发测试压力恢复试井半对数拟合图

表 5-5-8　D 气田平 B 井第三次开发测试阶段油压、流动压力、产气量数据统计表

日期	油压 (MPa)	套压 (MPa)	流动压力 (MPa)	折算流动压力 (MPa)	产气量 ($10^4m^3/d$)	产水量 (m^3/d)
2013 年 8 月 27—28 日	23.7	3.5	31.178	31.854	19.9104	2.2
2013 年 8 月 28 日	23	4.0	31.059	31.735	24.1580	4.8
2013 年 8 月 28—30 日	22	5.7	30.907	31.583	27.1200	4.4
2013 年 9 月 5—13 日	22.9	7.2	30.607	31.283	35.2893	4.2
2013 年 9 月 14—15 日	22	7.0	30.433	31.109	39.8910	4.8

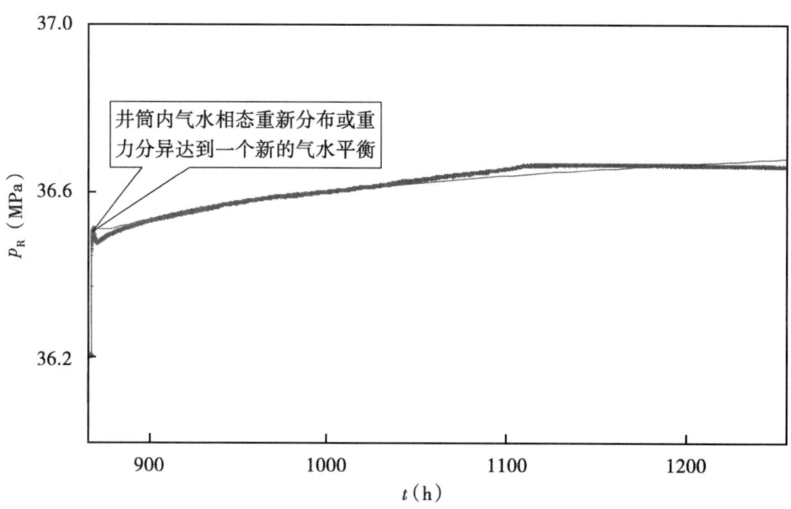

图 5-5-45　D 气田平 B 井第二次开发测试压力恢复试井压力史拟合图

根据表 5-5-8 的产能试井测试数据，由 CandN 法绘出指示曲线（图 5-5-46）。经计算，平 B 井的指数式产能方程：

$$q_g = 47.8919(p_R^2 - p_{wf}^2)^{0.505583}$$

无阻流量 $q_{AOF}=159.854\times10^4 m^3/d$。

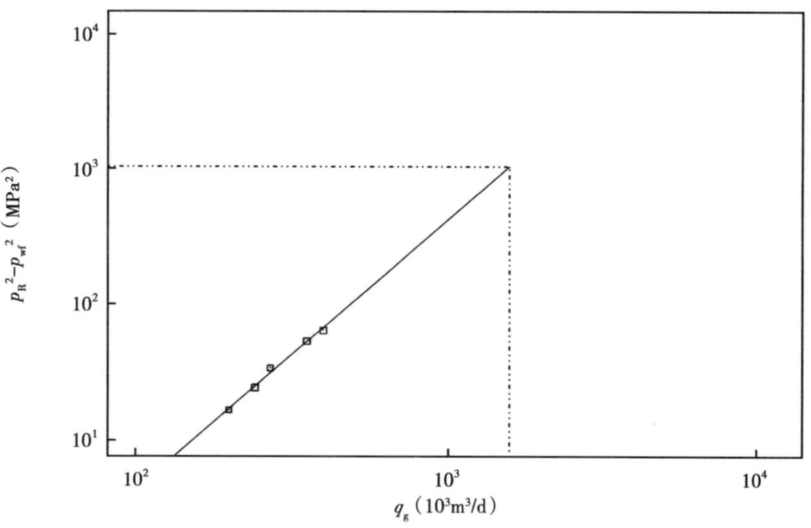

图 5-5-46　D 气田平 B 井第三次开发测试指数式图

根据表 5-5-8 的产能试井测试数据，由 LIT 法绘出指示曲线（图 5-5-47）。无阻流量 q_{AOF}= 182.179×$10^4 m^3/d$。经计算，平 B 井的二项式产能方程：

$$\psi(p_R) - \psi(p_{wf}) = 0.281081q_g + 0.0144632q_g^2$$

由二项式拟压力法取得无阻流量，按照流动压力与产量 IPR 曲线选取合理产能的原则一般为：取直线段内流动压力生产为合理产能，偏离直线段的流动压力为 31.0MPa（对应

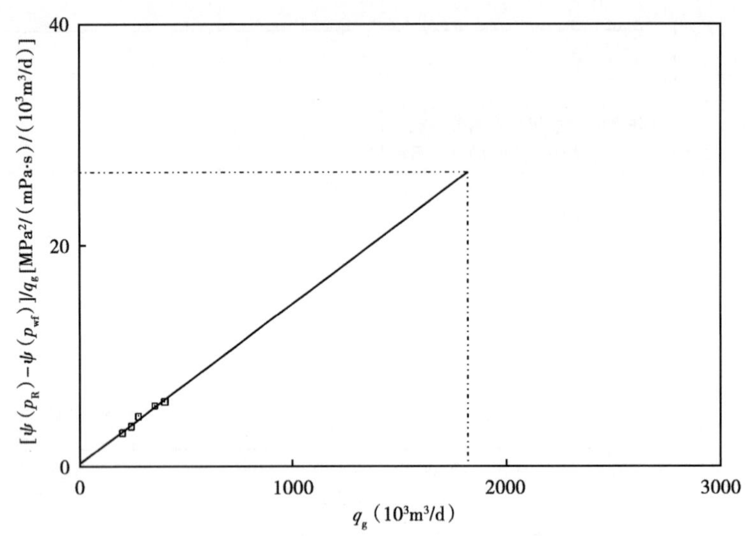

图 5-5-47　D 气田平 B 井第三次开发测试二项式图

测点流动压力见图 5-5-48），此时最高合理产能为 $44.0\times10^4m^3/d$；按气井一般取无阻流量的 1/4 的原则，其合理产能应为 $45.5\times10^4m^3/d$。

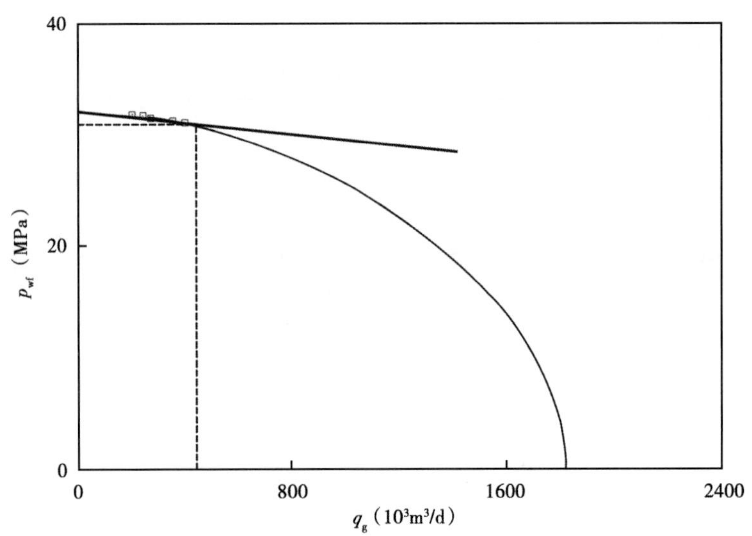

图 5-5-48　D 气田平 B 井第三次开发测试 IPR 曲线图

（3）压力恢复试井。

2013 年 7 月 26 日—8 月 26 日进行关井压力恢复测试。

①模型诊断。

通过对关井压力恢复双对数—导数曲线图形特征的诊断分析，证实早期垂向径向流已出现，关井 0.2h 后出现拟径向流，关井 7h 后导数曲线出现上翘，结合构造图分析，为储层物性变化所致；从半对数图分析，曲线径向流明显，后期与导数曲线反映一致。根据整体曲线形态分析，井筒附近呈均质、外围物性变差的径向复合气藏特征。

②试井解释结果。

通过模型诊断和图形分析，进行现代试井理论拟合分析及常规半对数分析，取得了储层参数分析成果。经过关井压力恢复解释，测点地层压力为 31.44MPa（测点深度为 3400.0m）；根据压力梯度折算到油层中部地层压力为 32.11MPa（储层中部深度为 3678.0m）。复合半径 r = 704m、$K_{内}$ = 202.15mD、$K_{外}$ = 54.19mD、S = 0.62、K_z/K_r = 0.000275、水平段长度=512 m、C=1.52m³/MPa（图 5-5-49、图 5-5-50、图 5-5-51）。

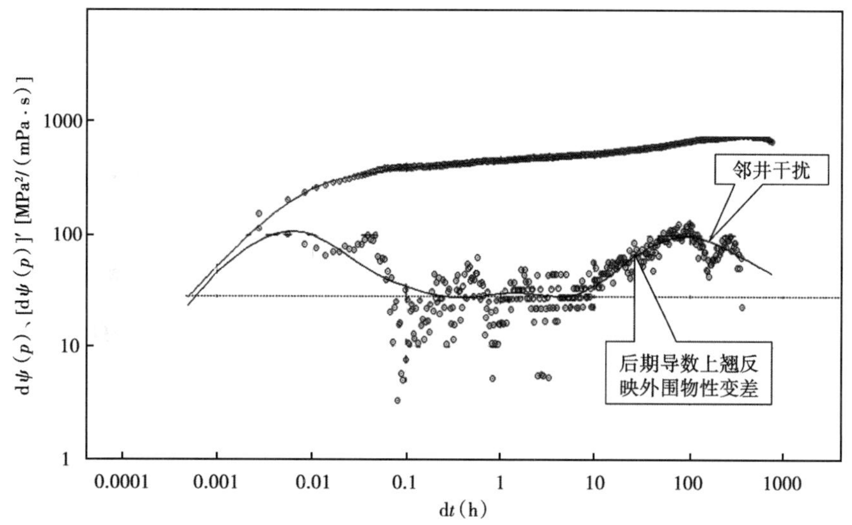

图 5-5-49　D 气田平 B 井第三次开发测试压力恢复试井双对数拟合图

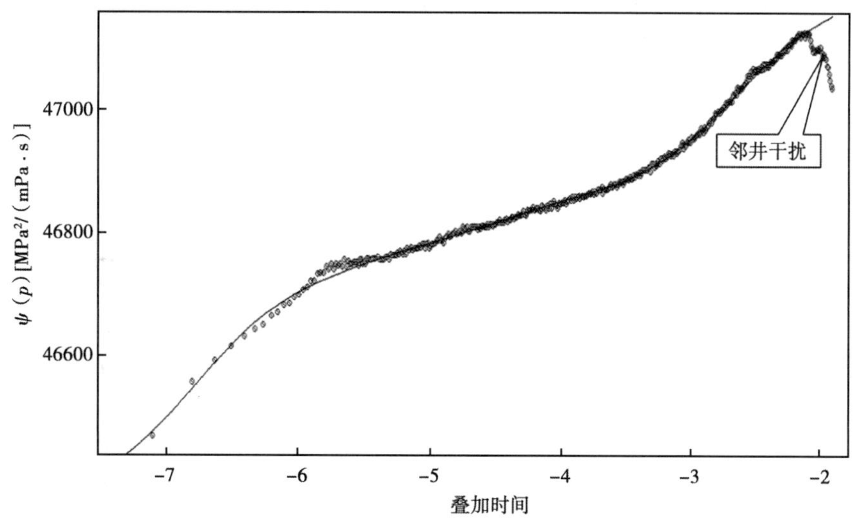

图 5-5-50　D 气田平 B 井第三次开发测试压力恢复试井半对数拟合图

4）第四次开发测试

（1）压力梯度分析。

2014 年 9 月 6 日进行流动压力梯度测试，通过流动压力梯度分析得出流动压力梯度为 0.2MPa/100m。

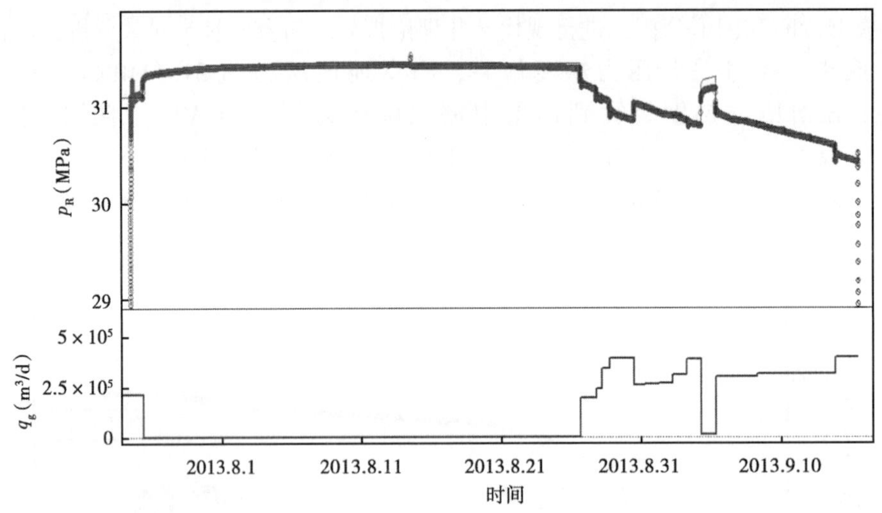

图 5-5-51　D 气田平 B 井第三次开发测试压力恢复试井压力史拟合图

(2) 产能试井。

测试日期为 2014 年 8 月 12 日—9 月 2 日，以 1.8 扣、2.0 扣、2.2 扣、2.4 扣生产，后以 2.4 扣稳定生产，随着投产时间的增长，油压、套压均在递减，产气量也略有递减，关井一段时间后，产气量有所回升，表明远井地带能量供应有限。

依据 2014 年 8 月 13 日的测试，以阀控 2.4 扣定产，平均产气量 $39.66×10^4m^3/d$、产水 $2.52m^3/d$，油压 20.1MPa，平均流动压力 27.63MPa（表 5-5-9）。

表 5-5-9　D 气田平 B 井第四次开发测试阶段油压、流动压力、产气量数据统计表

时间	油压（MPa）	套压（MPa）	流动压力（MPa）	折算流动压力（MPa）	产气量（$10^4m^3/d$）	产水量（m^3/d）
2014 年 8 月 13 日	21.0	5.9	28.07	28.63	26.41	3.6
2014 年 8 月 14 日	21.8	5.9	28.03	28.59	29.81	4.8
2014 年 8 月 15 日	21.0	8.7	27.94	28.50	34.87	5.2
2014 年 9 月 2 日	20.1	8.7	27.63	28.19	39.84	1.4

根据表 5-5-9 的产能试井测试数据，由 CandN 法绘出指示曲线（图 5-5-52）。经计算，平 B 井的指数式产能方程：

$$q_g = 50.1775(p_R^2 - p_{wf}^2)^{0.539445}$$

无阻流量 $q_{AOF}=190.143×10^4m^3/d$。

根据表 5-5-9 的产能试井测试数据，由 LIT 法绘出指示曲线（图 5-5-53）。无阻流量 $q_{AOF}=188.416×10^4m^3/d$。经计算，平 B 井的二项式产能方程：

$$p_R^2 - p_{wf}^2 = 0.0253456q_g + 0.00022426q_g^2$$

由二项式拟压力法取得无阻流量，按照流动压力与产量 IPR 曲线选取合理产能的原则一般为：取直线段内流动压力生产为合理产能，偏离直线段的流动压力为 28.2MPa（对应

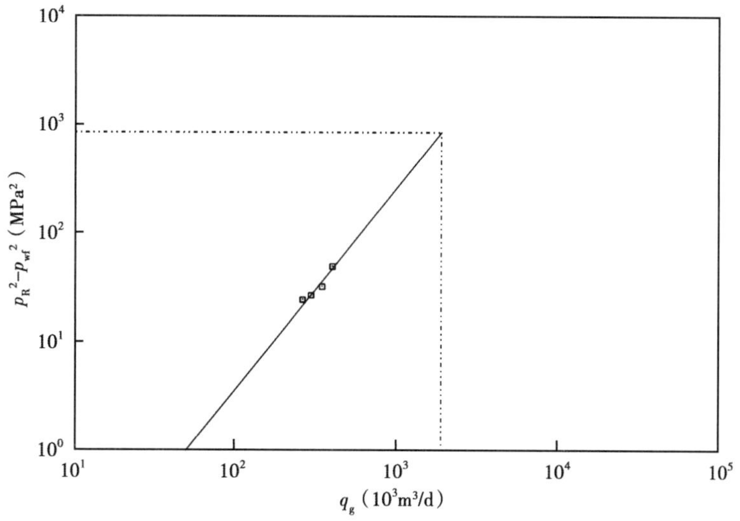

图 5-5-52　D 气田平 B 井第四次开发测试指数式图

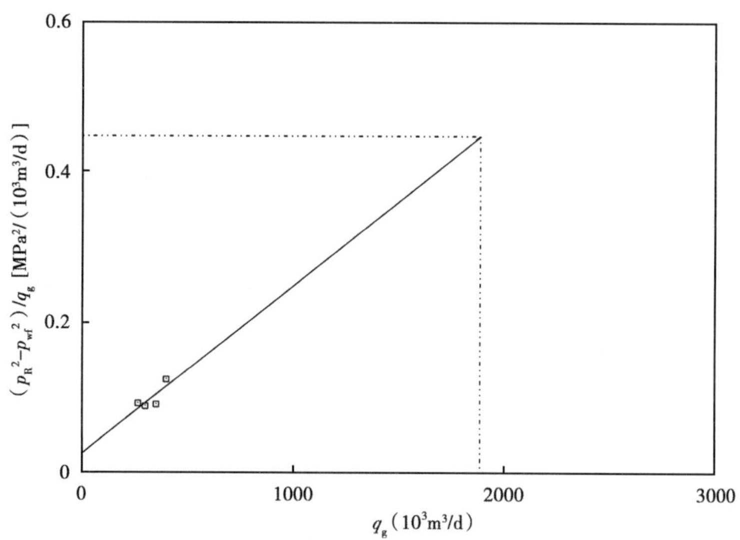

图 5-5-53　D 气田平 B 井第四次开发测试二项式图

测点流动压力，见图 5-5-54），此时最高合理产能为 $40.0\times10^4m^3/d$；按气井一般取无阻流量的 1/4 的原则，其合理产能应为 $47.0\times10^4m^3/d$。

（3）压力恢复试井。

2014 年 8 月 6—11 日进行关井压力恢复测试。

①模型诊断。

通过对关井压力恢复半对数曲线、双对数（导数）曲线形态的诊断分析，早期井筒储集阶段导数曲线沿近 45°线上升，中期见水平井流动特征，先出现纵向径向流特征，然后遇到上下边界，曲线呈线性流特征，后为水平径向流特征，资料解释选用井筒储集+表皮效应+水平井+无限大边界理论模型。

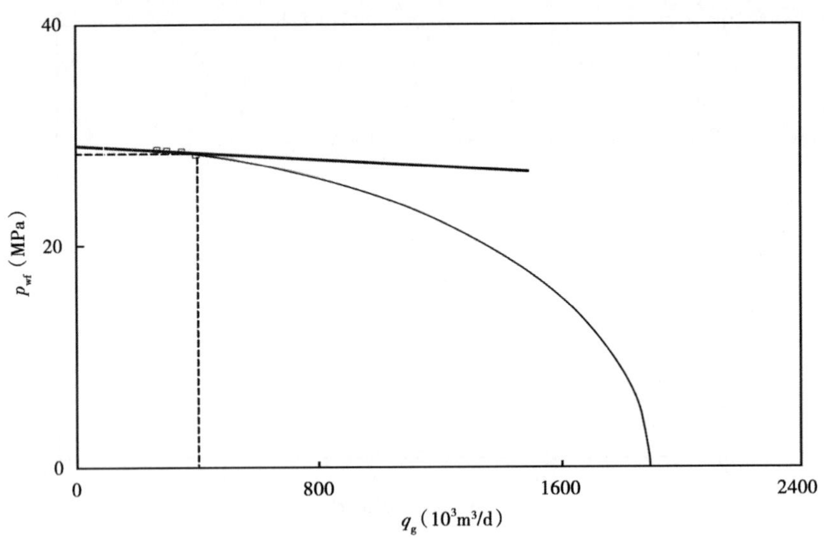

图 5-5-54　D 气田平 B 井第四次开发测试 IPR 曲线图

②试井解释结果。

通过模型诊断和图形分析，进行现代试井理论拟合分析及常规半对数分析，取得了储层参数分析成果。经过关井压力恢复解释，测点地层压力为 28.49MPa（测点深度为 3400.0m）；根据压力梯度折算到油层中部地层压力为 29.05MPa（储层中部深度为 3678.0m）。K=52.3mD、S=-6.21、水平段长度=512m、C=1.48m^3/MPa（图 5-5-55、图 5-5-56、图 5-5-57）。

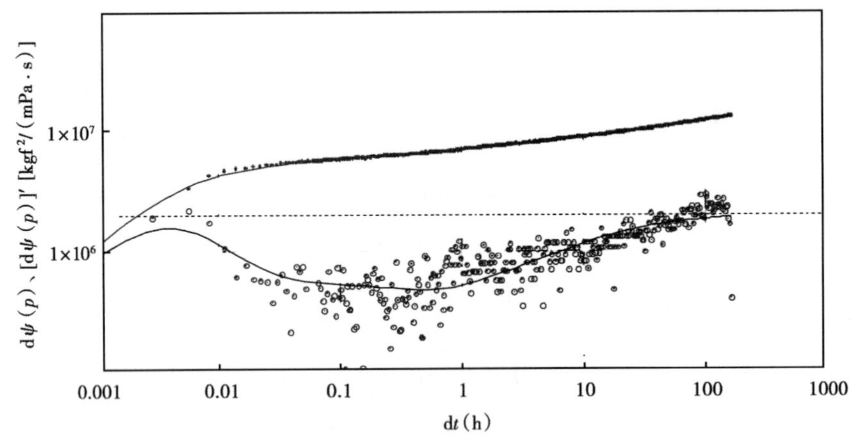

图 5-5-55　D 气田平 B 井第四次开发测试压力恢复试井双对数拟合图

3. 井控储量

利用物质平衡法确定单井控制地质储量。

对于定容封闭性气藏，没有水驱作用，得到定容气藏的物质平衡方程式：

$$\frac{p}{Z}=\frac{p_i}{Z_i}\left(1-\frac{N_p}{G}\right)$$

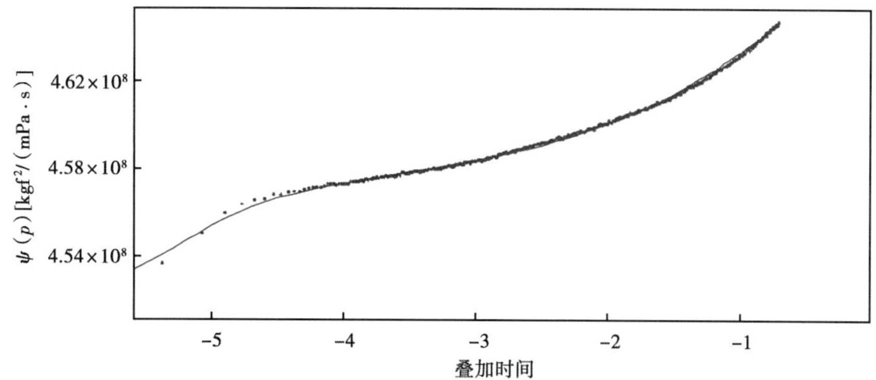

图 5-5-56　D 气田平 B 井第四次开发测试压力恢复试井半对数拟合图

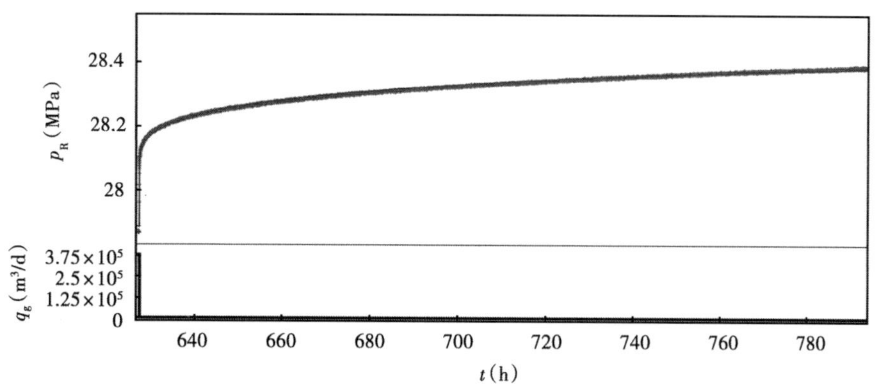

图 5-5-57　D 气田平 B 井第四次开发测试压力恢复试井压力史拟合图

把平 B 井历年压力恢复解释的地层压力、气体压缩因子和累计产气量作统计（表 5-5-10）。

表 5-5-10　D 气田平 B 井计算单井控制地质储量表

时间	p（MPa）	Z	p/Z	$(p/Z)/(p_i/Z_i)$	累计产量（10^8m^3）
2010 年 7 月 9 日	40.28	1.0578	38.07903	1.00000	0.0032
2011 年 10 月 1 日	37.74	1.03677	36.40152	0.95595	1.2229
2013 年 7 月 26 日	32.11	0.994512	32.28719	0.84790	3.3656
2014 年 8 月 6 日	29.05	0.974786	29.80141	0.78262	4.8004

（1）作平 B 井纵坐标为$\frac{p}{Z}\Big/\frac{p_i}{Z_i}$、横坐标为 N_p 图，作线性回归，当$\frac{p}{Z}\Big/\frac{p_i}{Z_i}=0$ 时，$G=N_p$（图 5-5-58）。计算平 B 井单井控制地质储量 $G=21.755\times10^8m^3$。

（2）作平 B 井纵坐标为 p/Z、横坐标为 N_p 图，作线性回归，当 $p/Z=0$ 时，$G=N_p$（图 5-5-59）。计算平 B 井单井控制地质储量 $G=21.752\times10^8m^3$。

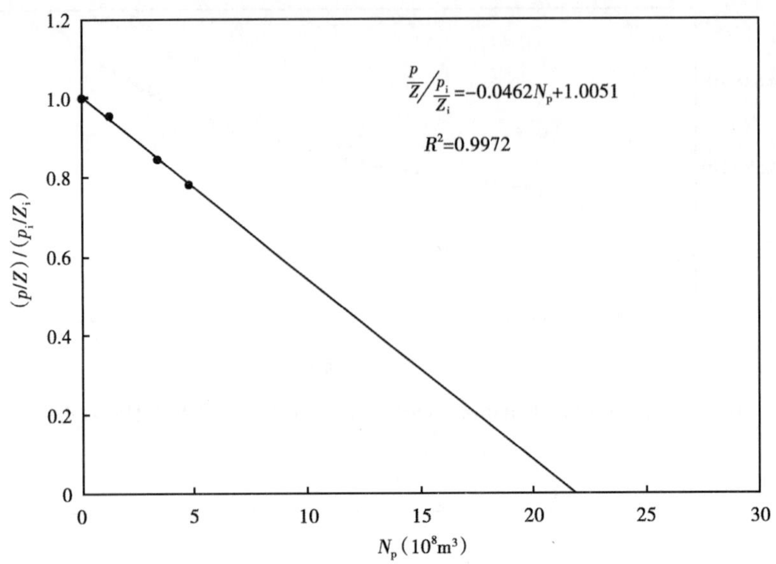

图 5-5-58　物质平衡法计算 D 气田平 B 井控制地质储量 $(p/Z)/(p_i/Z_i)$—N_p 图

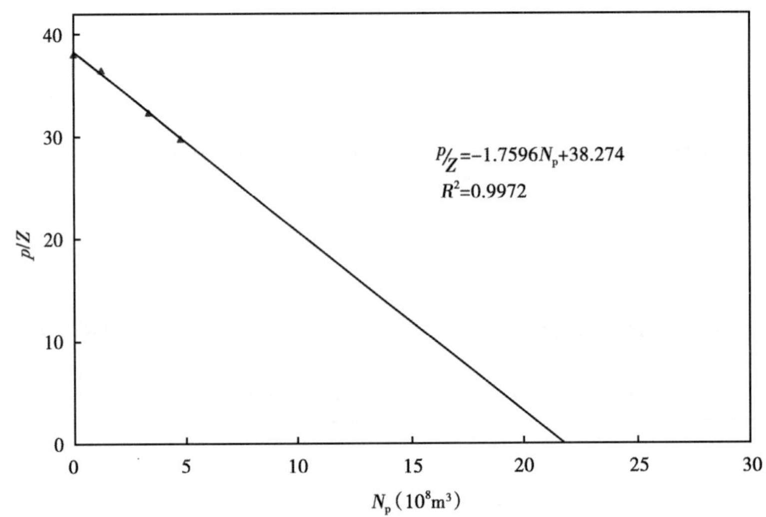

图 5-5-59　物质平衡法计算 D 气田平 B 井控制地质储量 p/Z—N_p 图

4. 小结

通过对 D 气田平 B 井四次试气测试试井解释数据的分析，可知：

（1）通过模型诊断和图形分析，选用变井筒储集、表皮效应+水平井+复合气藏理论模型。

（2）平 B 井火山岩储层地层压力由 2010 年的 40.28MPa 下降至 2014 年的 29.05MPa，表皮系数由 2010 年的 4.67 下降至 2014 年的-6.21，表明井筒附近储层已经解除伤害。

（3）通过产能方程计算无阻流量，由 2010 年的 $587.423\times10^4m^3/d$ 下降至 2014 年的 $188.416\times10^4m^3/d$。利用物质平衡法确定单井控制地质储量为 $21.75\times10^8m^3$。

（4）压力恢复测试存在邻井干扰现象，在参数解释及地层压力的计算过程中受到了不同程度的影响。

四、平D井

1. 测试简况

平D井完钻日期为2009年5月3日，测试层位为HS组，水平井段分筛管完井段（3591.0~3926.8m）和裸眼井段（3926.8~4550.0m），长度为959.0m，储层厚度为12m，A点深度为3710m。岩性为灰紫色流纹质晶屑浆屑熔岩，气测异常17层426.00m，测井解释为气层。试井目的是求取稳定工作制度下的天然气产能，建立产能方程，求取气层无阻流量以及地层压力等储层渗流参数，为下步投产和区块评价提供理论依据。

1）投产前试井测试

平D井于2009年7月17日—8月3日进行系统试井、压力恢复试井及梯度测试。2009年7月17—18日测静止压力、静止温度；2009年7月18—27日分别以9.53mm、6.35mm、7.94mm、9.53mm、11.11mm油嘴生产，延长开井以9.53mm油嘴生产；2009年7月27日—8月3日关井压力恢复；2009年8月3日测静止压力、静止温度梯度，2009年9月25日测流动压力、流动温度梯度，压力计下入深度3420.0m。

2）开发测试

2011年5月11日—6月12日进行压力恢复试井、产能测试及梯度测试。2011年5月11日测流动压力、流动温度梯度；2011年5月12—14日测流动压力；2011年5月14日—6月5日关井压力恢复；2011年6月4日测静止压力、静止温度梯度；2011年6月5—12日阀控0.8扣、1.0扣、1.2扣、1.4扣、1.6扣进行产能试井测试，压力计下入深度3418.0m。

2. 试井解释

1）投产前试井测试

（1）压力梯度分析。

2009年8月3日进行静止压力梯度测试，通过静止压力梯度分析得出静止压力梯度为0.292MPa/100m。2009年9月25日进行流动压力梯度测试，通过流动压力梯度分析得出流动压力梯度为0.34MPa/100m。

（2）产能试井。

平D井在产能试井测试期间分别采用6.35mm油嘴、53.98mm孔板，7.94mm油嘴、69.85mm孔板，9.53mm油嘴、76.2mm孔板，11.11mm油嘴、82.55mm孔板放喷，延长开井阶段采用9.53mm油嘴、76.2mm孔板放喷。6.35mm、7.94mm油嘴放喷时油压、流动压力稳定，9.53mm油嘴延长开井期间初期油压和流动压力有明显递减，后期趋稳，表明储层有解堵现象。从产能和流动压力分析，平D井产能高、生产压差小，表明储层物性好、供气能量充足。延长开井结束前即2009年7月27日6:00，以9.53mm油嘴、76.20mm孔板求产，油压27.91MPa，套压35.02MPa，井底流动压力40.33MPa，生产压差0.58MPa，日产气34.1395×10^3m^3，折算日产水4.4m^3。不同工作制度下油压、套压、流动压力与产气量关系见表5-5-11。

根据表5-5-11的产能试井测试数据，工作制度采用6.35mm、7.94mm、9.53mm、11.11mm油嘴，由CandN法绘出指示曲线（图5-5-60）。经计算，平D井的指数式产能方程：

$$q_g = 61.2268(p_R^2 - p_{wf}^2)^{0.508652}$$

无阻流量 $q_{AOF} = 272.739 \times 10^4 m^3/d$。

表 5-5-11　D 气田平 D 井投产前测试阶段油压、流动压力、产气量数据统计表

油嘴 (mm)	油压 (MPa)	套压 (MPa)	流动压力 (MPa)	折算流动压力 (MPa)	产气量 (m^3/d)	折算产水量 (m^3/d)
9.53	28.49	33.35	40.37	41.36	34.8232	4.2
6.35	30.62	28.78	40.67	41.66	18.5988	6.0
7.94	30.00	29.79	40.56	41.55	25.0895	4.4
9.53	28.41	32.71	40.30	41.29	35.8239	5.0
11.11	26.19	34.94	40.24	41.23	46.8587	10.2
9.53	27.91	35.02	40.33	41.32	34.1395	4.4

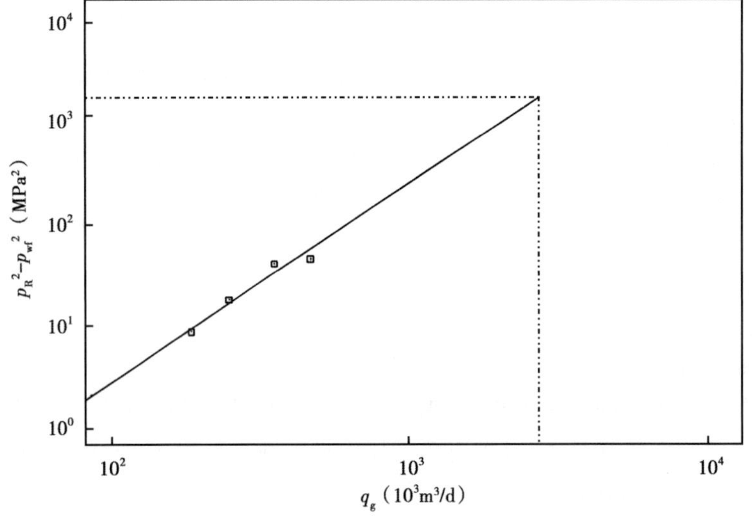

图 5-5-60　D 气田平 D 井投产前测试指数式图

根据表 5-5-11 的产能试井测试数据，工作制度采用 6.35mm、7.94mm、9.53mm、11.11mm 油嘴，由 LIT 法绘出指示曲线（图 5-5-61）。经计算，平 D 井的二项式产能方程：

$$\psi(p_R) - \psi(p_{wf}) = 0.77445q_g + 0.00702945q_g^2$$

无阻流量 $q_{AOF} = 312.511 \times 10^4 m^3/d$。

由二项式拟压力法取得无阻流量，按照流动压力与产量 IPR 曲线选取合理产能的原则一般为：取直线段内流动压力生产为合理产能，偏离直线段的流动压力为 41.10MPa（对应测点流动压力，见图 5-5-62），此时最高合理产能为 $70.0 \times 10^4 m^3/d$；按气井一般取无阻流量的 1/6 的原则，其合理产能应为 $52.0 \times 10^4 m^3/d$。

（3）压力恢复试井。

2009 年 7 月 27 日—8 月 3 日进行关井压力恢复测试，有效关井时间 173h。

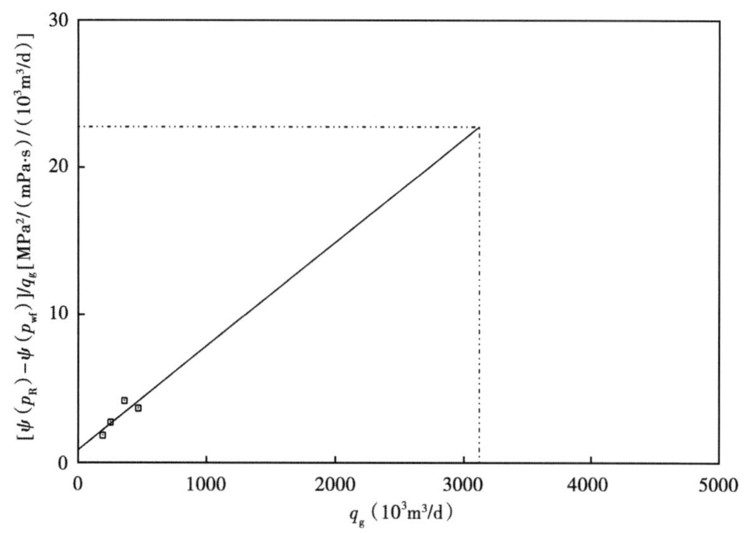

图 5-5-61　D 气田平 D 井投产前测试二项式图

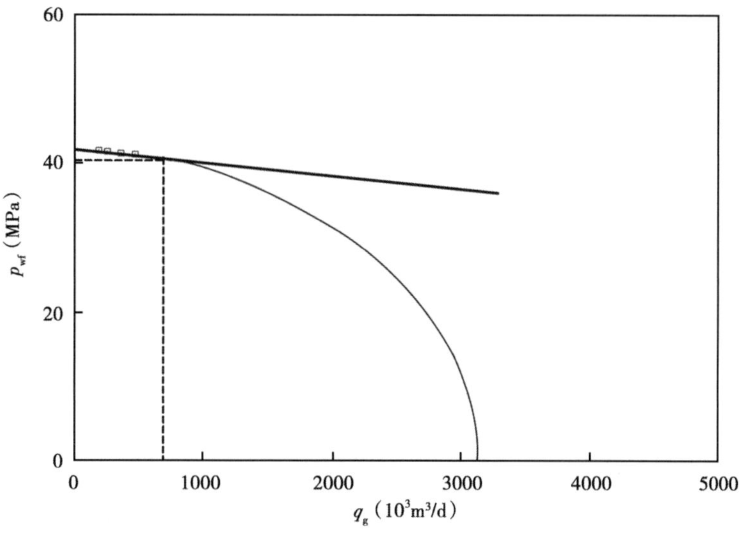

图 5-5-62　D 气田平 D 井投产前测试 IPR 曲线图

①模型诊断。

通过对关井后压力恢复双对数—导数曲线图形特征的诊断分析，井筒储集阶段导数曲线沿斜率 1 上升，中期出现明显径向流，该段持续时间较长，一直到关井结束，反映储层均质性较好。根据曲线特征，解释采用水平井+均质气藏模型进行分析。

②试井解释结果。

通过模型诊断和图形分析，进行现代试井理论拟合分析及常规半对数分析，取得了储层参数分析成果。解释结果：经过关井压力恢复解释，测点地层压力为 40.90MPa（测点深度为 3420.0m）；根据压力梯度折算到油层中部地层压力为 41.76MPa（储层中部深度为 3710.0m）。$K=176.0$mD、$S=12.2$、$K_z/K_r=0.000104$、水平段长度 = 595m、$C=1.21m^3/MPa$（图 5-5-63、图 5-5-64、图 5-5-65）。

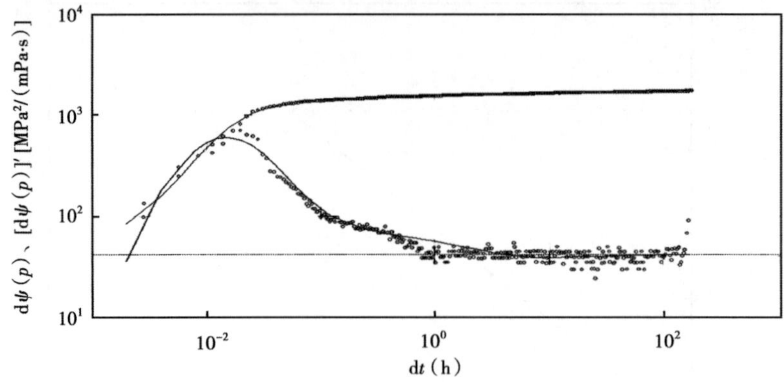

图 5-5-63　D 气田平 D 井投产前压力恢复试井双对数拟合图

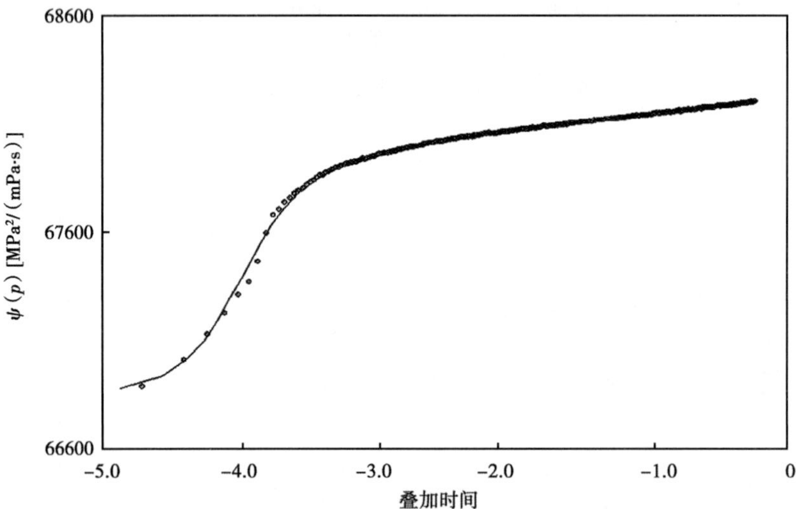

图 5-5-64　D 气田平 D 井投产前压力恢复试井半对数拟合图

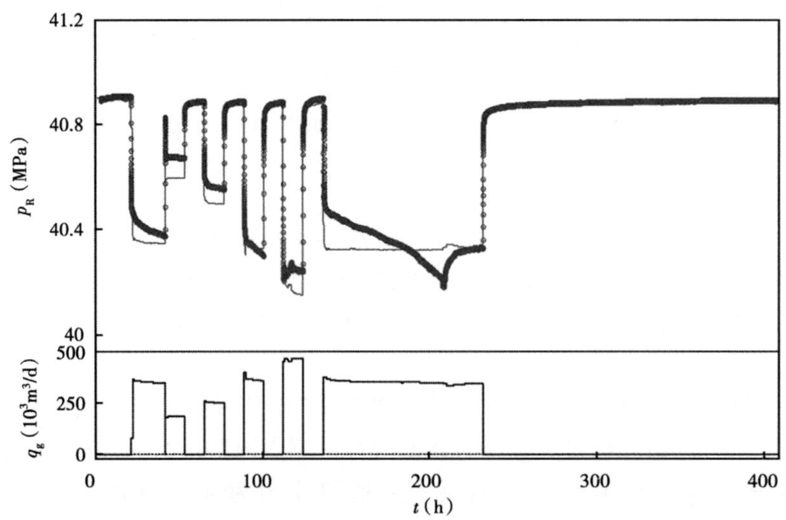

图 5-5-65　D 气田平 D 井投产前压力恢复试井压力史拟合图

2）开发测试

（1）压力梯度分析。

2011 年 5 月 11 日进行流动压力梯度测试，通过流动压力梯度分析得出流动压力梯度为 0.309MPa/100m。2009 年 6 月 4 日进行静止压力梯度测试，通过静止压力梯度分析得出静止压力梯度为 0.279MPa/100m。

（2）产能试井。

平 D 井于 2009 年 8 月 15 日投产，投产后分别以阀控 0.7 扣、0.8 扣、0.9 扣、1.0 扣、1.1 扣、1.2 扣、1.3 扣、1.4 扣、1.5 扣、1.6 扣、1.7 扣、1.8 扣、1.9 扣、2.0 扣、2.1 扣、2.2 扣、2.3 扣生产（产能 $24\times10^4m^3/d$、$28\times10^4m^3/d$、$32\times10^4m^3/d$、$36\times10^4m^3/d$、$20\times10^4m^3/d$、$18\times10^4m^3/d$ 等），从投产后的生产数据可看出，不同工作制度下产能和油压相对稳定，表明储层物性好，供气能力强。

在回压试井阶段分别进行了阀控 $20\times10^4m^3/d$、$25\times10^4m^3/d$、$30\times10^4m^3/d$、$33.5\times10^4m^3/d$、$40\times10^4m^3/d$ 工作制度产能试井测试（表 5-5-12）。

表 5-5-12　D 气田平 D 井回压产能试井油压、流动压力与产气量数据统计表

时间	工作制度（$10^4m^3/d$）	油压（MPa）	流动压力（MPa）	折算流动压力（MPa）	折算产气量（$10^4m^3/d$）	备注
2011 年 6 月 6 日	20	28.2	37.269	38.171	19.5432	开 22h
2011 年 6 月 7 日	25	27.4	37.183	38.085	24.7464	开 24h
2011 年 6 月 8 日	30	26.8	37.094	37.996	30.6029	开 24h
2011 年 6 月 9 日	33.5	26.2	37.044	37.946	33.2020	开 24h
2011 年 6 月 10 日	40	25.5	36.932	37.834	39.8031	开 24h
2011 年 6 月 12 日	25	27.5	37.112	38.014	25.0214	正常生产

根据表 5-5-12，在回压试井阶段放喷，分别进行了阀控 $20\times10^4m^3/d$、$25\times10^4m^3/d$、$30\times10^4m^3/d$、$33.5\times10^4m^3/d$、$40\times10^4m^3/d$ 工作制度产能试井测试，由 LIT 法绘出指示曲线（图 5-5-66）。经计算，平 D 井的二项式产能方程：

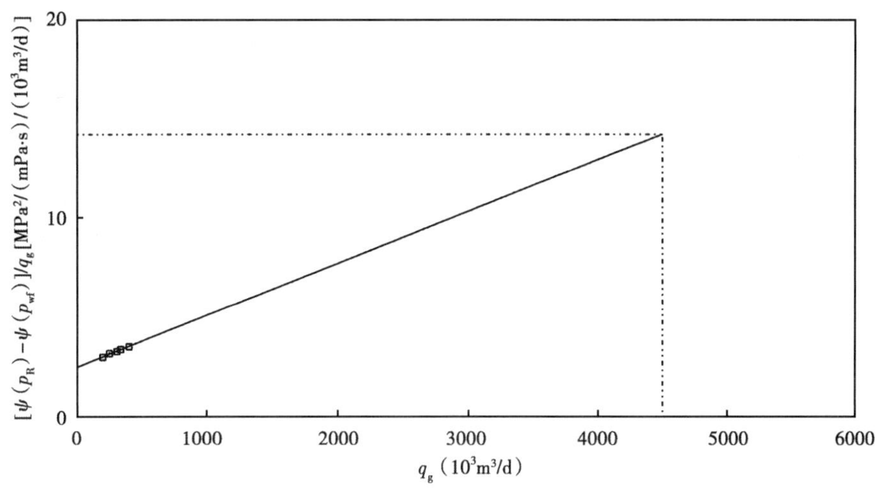

图 5-5-66　D 气田平 D 井开发测试二项式图

$$\psi(p_R)-\psi(p_{wf})=2.49569q_g+0.0026118q_g^2$$

无阻流量 $q_{AOF}=448.709\times10^4m^3/d$。

由二项式拟压力法取得无阻流量，按照流动压力与产量 IPR 曲线选取合理产能的原则一般为：取直线段内流动压力生产为合理产能，偏离直线段的流动压力为 37.42MPa（对应测点流动压力，见图 5-5-67），此时最高合理产能为 $70.0\times10^4m^3/d$；按气井一般取无阻流量的 1/9 的原则，其合理产能应为 $50.0\times10^4m^3/d$。

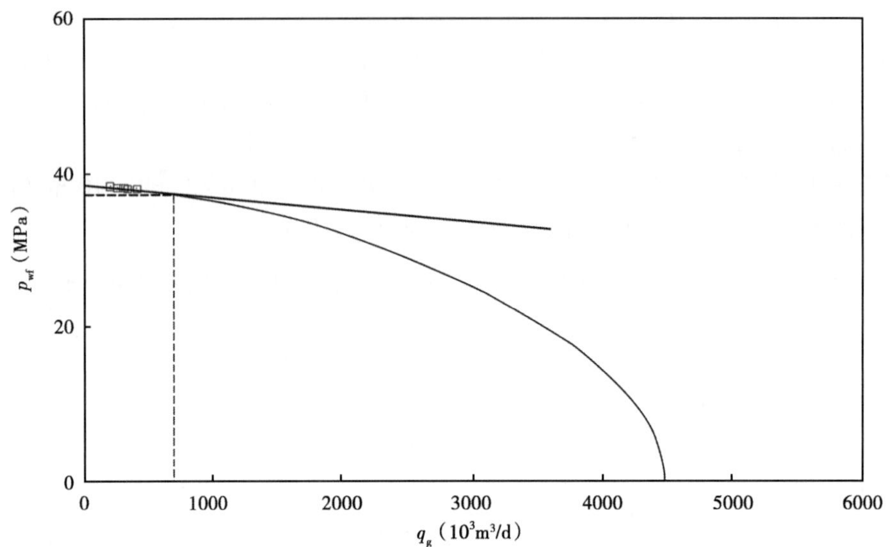

图 5-5-67　D 气田平 D 井开发测试 IPR 曲线图

（3）压力恢复试井。

2011 年 5 月 14 日—6 月 5 日进行关井压力恢复测试，有效关井时间 518h。

①模型诊断。

通过对关井后压力恢复双对数—导数曲线图形特征的诊断分析，井筒储集阶段导数曲线沿斜率 1 上升，中期出现明显径向流，反映储层均质性较好；在关井 85h 后，导数曲线开始下掉（关井实测压力恢复曲线中后期同样出现明显下掉），根据曲线特征，解释过程中采用水平井+均质气藏+定压边界模型进行分析。

②解析试井解释结果。

通过模型诊断和图形分析，进行现代试井理论拟合分析及常规半对数分析，取得了储层参数分析成果。解释结果：经过关井压力恢复解释，测点地层压力为 37.43MPa（测点深度为 3418.0m）；根据压力梯度折算到油层中部地层压力为 38.24MPa（储层中部深度为 3710.0m）。$K=176.0mD$、$S=2.5$、$K_z/K_r=0.000377$、水平段长度 = 551 m、$C=1.0m^3/MPa$（图 5-5-68、图 5-5-69、图 5-5-70）。

③数值试井解释。

解析解模型仅限于模拟一些简单的气藏形状，也就是说，其外边界是规则的，包括一条直线形不渗透边界、两条相交不渗透边界、两条平行不渗透边界（条带状气藏）、不密封断层、一条直线形或圆形恒压边界，以及圆形或长方形封闭气藏等。对于外边界呈不规则形状

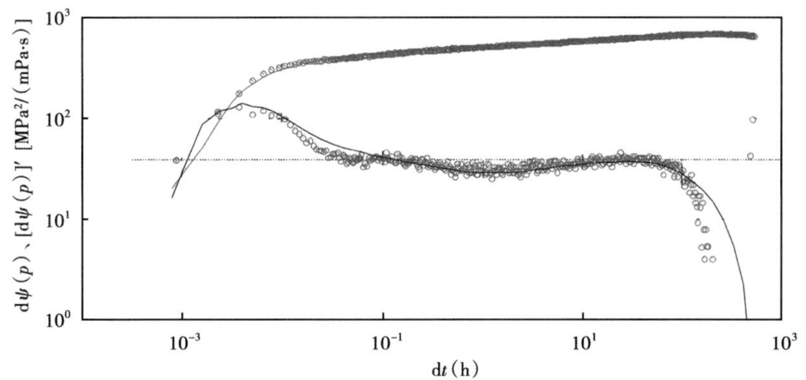

图 5-5-68　D 气田平 D 井开发测试解析试井双对数拟合图

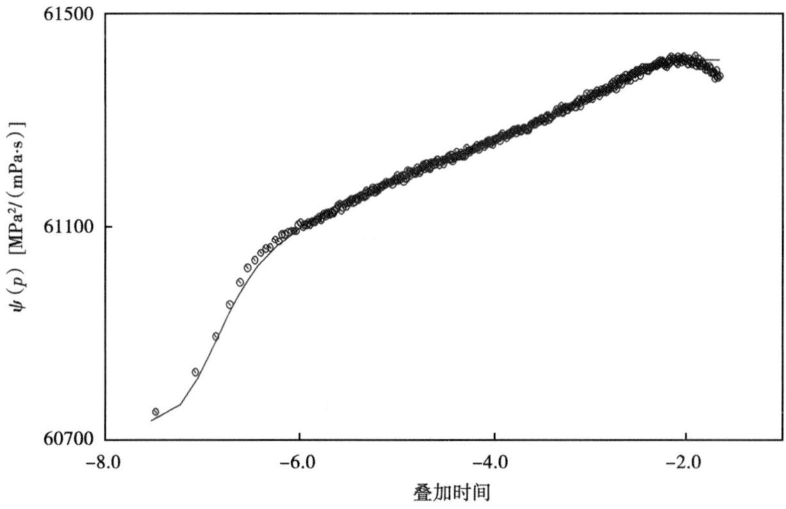

图 5-5-69　D 气田平 D 井开发测试解析试井半对数拟合图

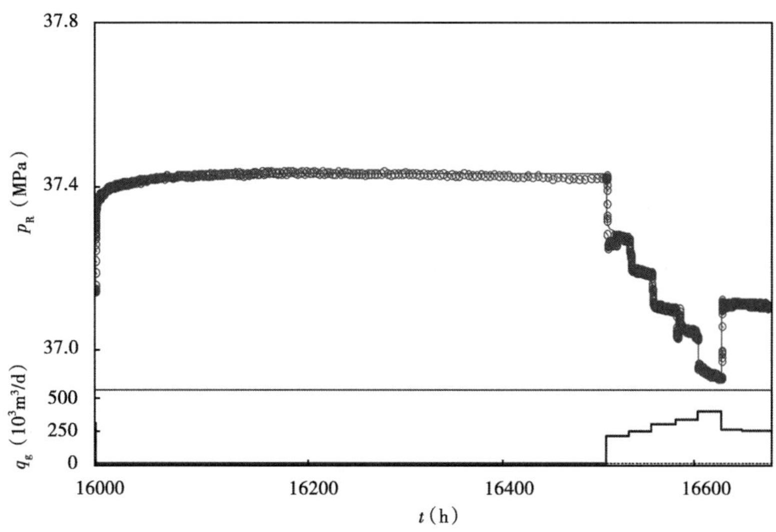

图 5-5-70　D 气田平 D 井开发测试解析试井压力史拟合图

和井间干扰的情形，就无能为力了。运用数值试井，在进行常规解释，对外边界的压力响应进行初步、定性的分析后，就可以勾画出与之大致相匹配的边界形态，然后通过逐步调整和改善构造边界的相关参数达到与实测曲线的最佳拟合，最终实现对测试气藏外部边界形态的准确描述。

通过对关井后压力恢复双对数—导数曲线图形特征的诊断分析，井筒储集阶段导数曲线沿斜率1上升，中期出现明显径向流，反映储层均质性较好；在关井85h后，导数曲线开始下掉（关井实测压力恢复曲线中后期同样出现明显下掉），反映有邻井干扰影响。根据试井曲线特征，解释过程中采用水平井+均质气藏+邻井干扰模型进行分析。

（a）数值试井气藏模型的建立。

第一步，根据地质研究成果，建立或假设一个气藏模型，包括气藏结构：结合平D井地质构造图分析，在该井右边491~866 m处有一口水平井——平E井。平E井筛管+裸眼井段为4203.90~4862.0m，2010年1月15日投产，平均产气量为$31.8\times10^4m^3/d$。

第二步，数值试井必须进行离散化，为此要选用适合的网格。Vorononoi网格是一种把局部细分网格与基本粗化网格连接在一起的一种常用方法，即在井筒附近使用加密的细分网格，而在离井较远处，使用较稀疏的基本网格（图5-5-71）。

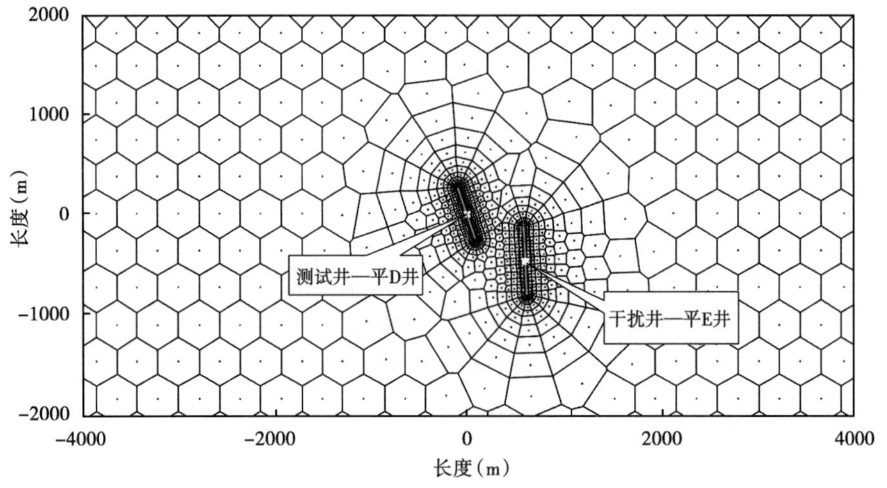

图5-5-71　D气田平D井数值试井Vorononoi网格图

第三步，通过调整气藏结构（气藏的类型，外边界的类型和分布，即各边界的位置和距离等）、气藏参数和流体参数及其分布，计算网格所有节点的压力变化，从而找出与实测压力变化相一致的气藏模型和参数分布，调整到的最佳结果就是所寻求的解。

（b）数值试井解释结果。

通过模型诊断和图形分析，进行现代试井理论拟合分析及常规半对数分析，取得了储层参数分析成果。解释结果：经过关井压力恢复解释，测点地层压力为37.6MPa（测点深度为3418.0m）；根据压力梯度折算到油层中部地层压力为38.41MPa（储层中部深度为3710.0m）。$K=176.0mD$、$S=2.57$、$K_z/K_r=0.000377$、水平段长度=551m、$C=0.0010m^3/MPa$（图5-5-72、图5-5-73、图5-5-74）。

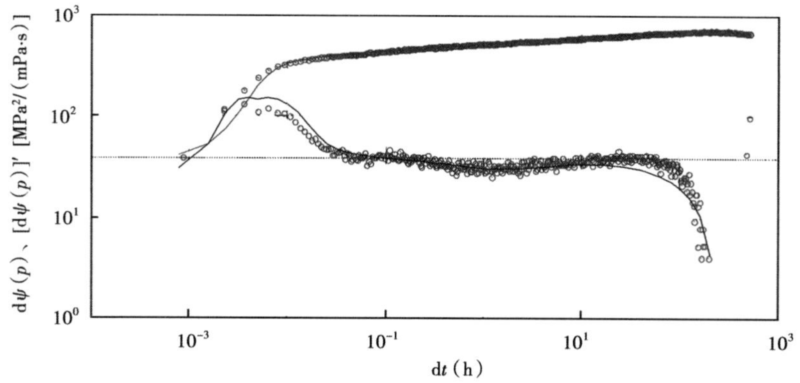

图 5-5-72　D 气田平 D 井开发测试数值试井双对数拟合图

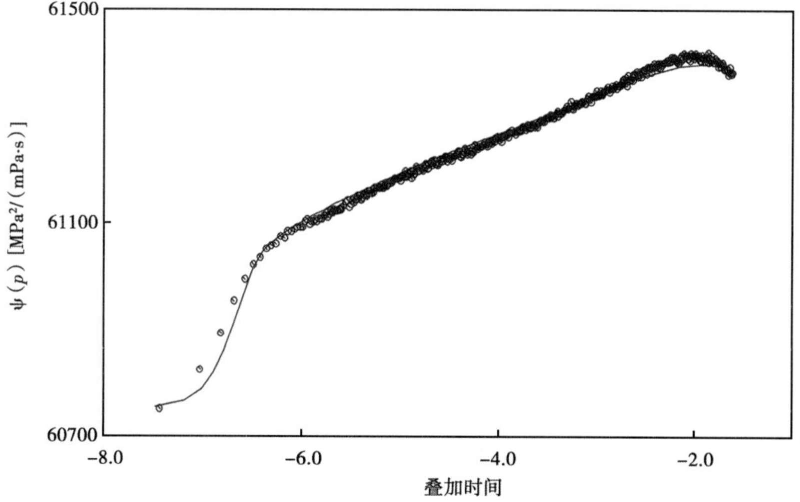

图 5-5-73　D 气田平 D 井开发测试数值试井半对数拟合图

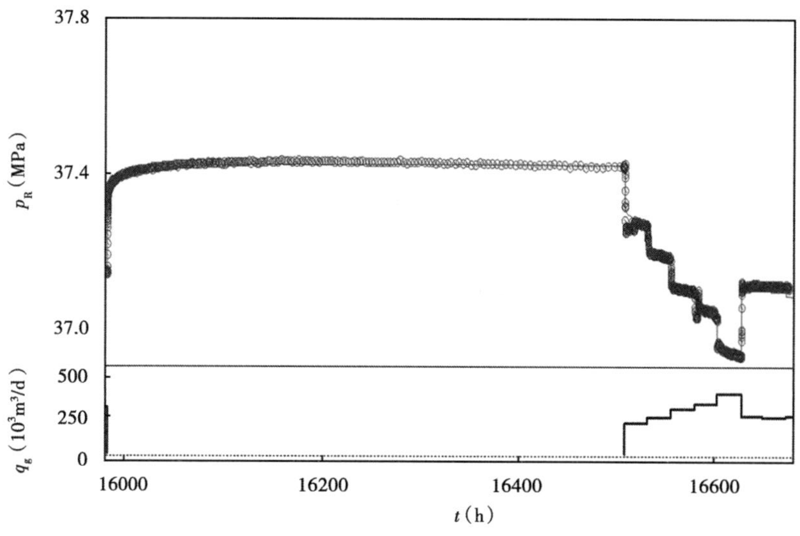

图 5-5-74　D 气田平 D 井开发测试数值试井压力史拟合图

3. 井控储量

利用物质平衡法确定单井控制地质储量。

对于定容封闭性气藏，没有水驱作用，得到定容气藏的物质平衡方程式：

$$\frac{p}{Z}=\frac{p_i}{Z_i}\left(1-\frac{N_p}{G}\right)$$

把平 D 井历年压力恢复解释的地层压力、气体压缩因子和累计产气量作统计（表 5-5-13）。

表 5-5-13 D 气田平 D 井计算单井控制地质储量表

时间	p（MPa）	Z	p/Z	$(p/Z)/(p_i/Z_i)$	累计产量（10^8m^3）
2009 年 8 月 3 日	41.76	1.07486	38.8516	1	0.00156
2011 年 6 月 5 日	38.41	1.04664	36.6984	0.9446	2.18919

（1）作平 D 井纵坐标为$\frac{p}{Z}\Big/\frac{p_i}{Z_i}$、横坐标为 N_p 图，作线性回归，当$\frac{p}{Z}\Big/\frac{p_i}{Z_i}=0$ 时，$G=N_p$（图 5-5-75）。计算平 D 井单井控制地质储量 $G=39.5257\times10^8m^3$。

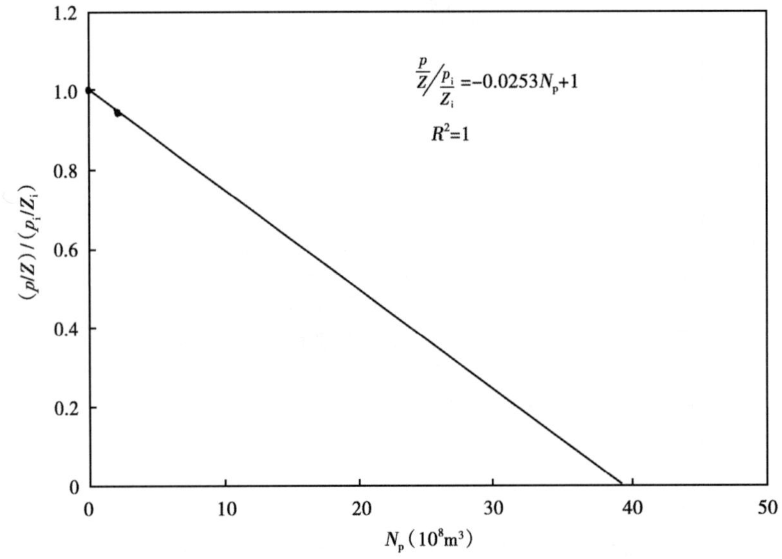

图 5-5-75 物质平衡法计算 D 气田平 D 井控制地质储量 $(p/Z)/(p_i/Z_i)$—N_p 图

（2）作平 D 井纵坐标为 p/Z、横坐标为 N_p 图，作线性回归，当 $p/Z=0$ 时，$G=N_p$（图 5-5-76）。计算平 D 井单井控制地质储量 $G=39.4727\times10^8m^3$。

4. 小结

通过对 D 气田平 D 井两次试气测试试井解释数据的分析，可知：

（1）通过模型诊断和图形分析，选用变井筒储集、表皮效应+水平井+无限大气藏理论模型。

（2）平 D 井火山岩储层平均渗透率为 176.0mD；投产前测试地层压力为 41.76MPa、$S=12.2$；开发测试地层压力为 38.41MPa、$S=2.57$；表明井筒附近储层伤害已经得到改善。

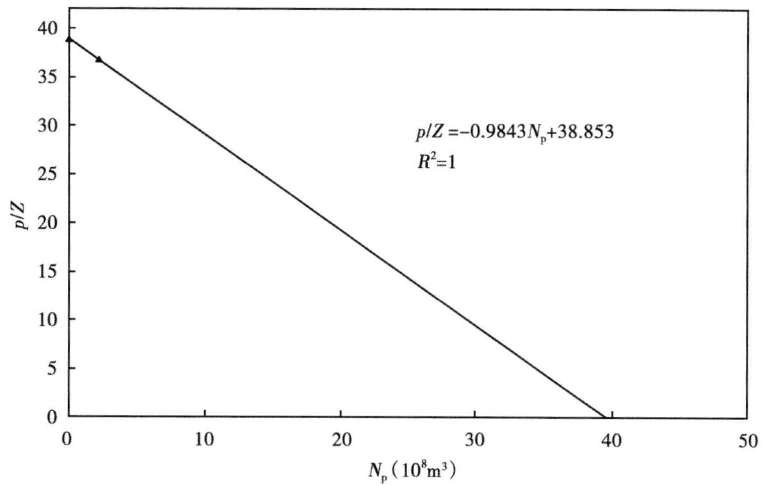

图 5-5-76　物质平衡法计算 D 气田平 D 井控制地质储量 p/Z—N_p 图

利用数值试井对平 D 井外边界和井间干扰进行了试井解释，取得了较好拟合结果。

（3）通过产能方程计算无阻流量，投产前测试为 $312.511\times10^4m^3/d$；开发测试为 $448.709\times10^4m^3/d$；随着伤害得到改善，无阻流量有所增加。

（4）利用物质平衡法确定单井控制地质储量为 $39.55\times10^8/m^3$。

五、平 E 井

1. 测试简况

平 E 井完钻日期为 2009 年 11 月 12 日，测试层位为 HS 组，水平井的裸眼+筛管井段为 3572.1~4862.0m，气测异常段长度为 678.0m，储层厚度为 10 m，A 点垂深为 3630.0m 。

1）投产前试井测试

平 E 井于 2010 年 1 月 9—18 日进行静止压力测试和产能测试。于 2010 年 1 月 9—14 日关井测静止压力；2010 年 1 月 14—18 日进行产能试井测试；2010 年 1 月 18 日短期压力恢复。压力计下入深度 3422.0m。

2）第一次开发测试

2010 年 1 月 15 日平 E 井投产，平均日产气 $32.39\times10^4m^3$，平均油压 26.9MPa，平均套压 15.1MPa。2010 年 5 月 25 日—6 月 17 日进行系统试井测试。2010 年 5 月 26 日—6 月 10 日进行压力恢复试井及静止温度、静止压力梯度测试，压力计下入深度 3422.0m。

3）第二次开发测试

2010 年 6 月 10 日—2011 年 6 月 3 日平均日产气 $32.47\times10^4m^3$，平均油压 26.1MPa，平均套压 13.8MPa。2011 年 6 月 3 日—7 月 12 日进行系统试井测试；2011 年 6 月 3 日进行流动压力、流动温度梯度测试；2011 年 6 月 4—7 日进行流动压力测试；2011 年 6 月 7 日—7 月 1 日关井压力恢复；2011 年 6 月 30 日测静止压力、静止温度梯度；2011 年 7 月 1—12 日产能试井，压力计下入深度 3420.0m。

4）第三次开发测试

2010 年 7 月 12 日—2013 年 5 月 31 日平均日产气 $34.48\times10^4m^3$，平均油压 23.7MPa，平

均套压10.4MPa。2013年5月31日—7月10日进行开发测试；2013年5月31日—6月2日进行流动压力测试；2013年6月2—26日关井压力恢复；2013年6月21日测静止压力、静止温度梯度；2013年6月26日—7月10日产能试井；2013年7月10日进行流动压力、流动温度梯度测试；压力计下入深度3090.0m。

2. 试井解释

1）投产前试井测试

（1）产能试井。

2010年1月14—18日开井测试，测试过程采用22000m³/h、20000m³/h、19500m³/h、16000m³/h的工作制度开井进行产能测试，油压28.0~20.8MPa，开井测试（22000m³/h、20000m³/h、16000m³/h流量）过程中，流动压力相对稳定。

2010年1月17日16:00—18日8:00以20000m³/h流量定产，折日产气48.0×10^4m³，流动压力37.98MPa，油压22.5MPa，流动压力高且相对稳定，表明储层供气能力强（表5-5-14）。

表5-5-14 D气田平E井投产前测试阶段油压、流动压力、产气量数据统计表

日期	油压（MPa）	流动压力（MPa）	折算流动压力（MPa）	产气量（10^4m³/d）
2010年1月16日	20.8	37.52	37.85	52.8
2010年1月17日	24.0	38.06	38.66	38.4
2010年1月18日	22.5	37.98	38.58	48.0

注：地层压力41.2MPa。

平E井由于在回压产能测试期间，地面未能实现工作制度由大到小进行测试，因此不符合多流量方法计算无阻流量和确定产能方程，只能采用单点法及稳定点二项式法计算无阻流量和确定产能方程。稳定点二项式压力平方法确定产能方程：

$$p_R^2 - p_{wf}{}^2 = 4.24395q_g + 0.00270431q_g^2$$

无阻流量$q_{AOF}=184.07\times10^4$m³/d。

按照流动压力与产量IPR曲线选取合理产能的原则一般为：取直线段内流动压力生产为合理产能，偏离直线段的流动压力为38.5MPa，此时最高合理产能为40×10^4m³/d，根据以上选取的合理产能分析，投产过程中产能控制在40×10^4m³/d以下为宜（图5-5-77）。

（2）压力恢复试井。

2010年1月18日进行短期压力恢复测试，有效关井时间1.1h。

①模型诊断。

通过对产能测试结束后短暂关井压力恢复双对数—导数曲线图形特征的诊断分析，证实早期垂向径向流已出现，由于关井时间短，拟径向流未出现，整体曲线形态呈均质气藏特征；从半对数图特征分析，早期垂向径向流明显，也表明储层为均质气藏特征。根据曲线特征，解释采用水平井+均质气藏模型进行分析。

②试井解释结果。

通过模型诊断和图形分析，进行现代试井理论拟合分析及常规半对数分析，取得了储层参数分析成果。解释结果：经过关井压力恢复解释，测点地层压力为40.49MPa（测点深度

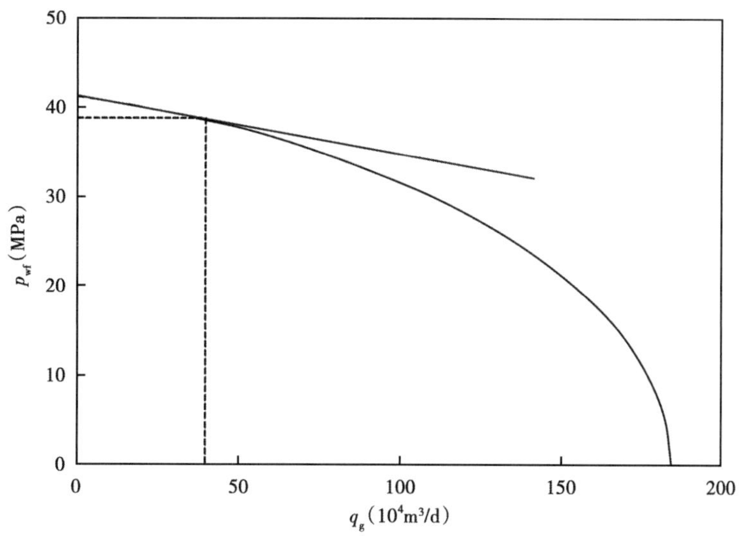

图 5-5-77　D 气田平 E 井投产前测试 IPR 曲线图

为 3422.0m)；根据压力梯度折算到油层中部地层压力为 41.20MPa（储层中部深度为 3630.0m）。$K=90.3mD$、$S=17.5$、$K_z/K_r=0.000138$、$C=0.177m^3/MPa$、水平段长度=691m（图 5-5-78、图 5-5-79、图 5-5-80）。

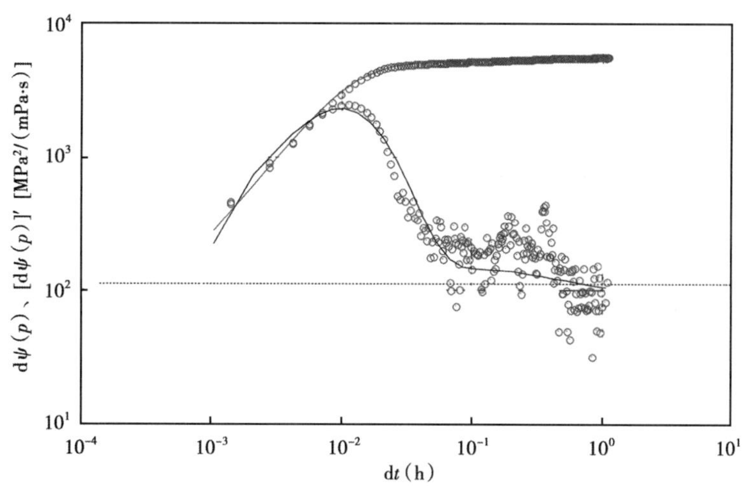

图 5-5-78　D 气田平 E 井投产前压力恢复试井双对数拟合图

2）第一次开发测试

（1）压力梯度分析。

2010 年 6 月 10 日进行静止压力梯度测试，通过静止压力梯度分析得出静止压力梯度为 0.282MPa/100m。2010 年 6 月 17 日进行流动压力梯度测试，通过流动压力梯度分析得出流动压力梯度为 0.299MPa/100m。

（2）产能试井。

2010 年 6 月 13—16 日 E 井进行回压产能试井，采用 4 个工作制度放喷，分别为 20×

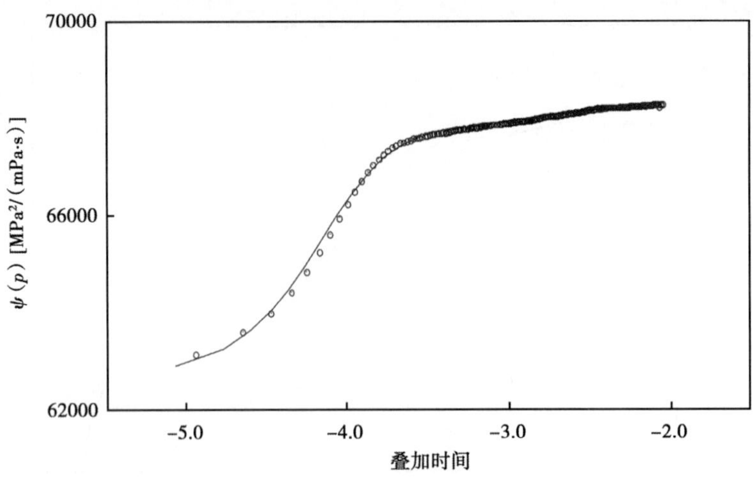

图 5-5-79　D 气田平 E 井投产前压力恢复试井半对数拟合图

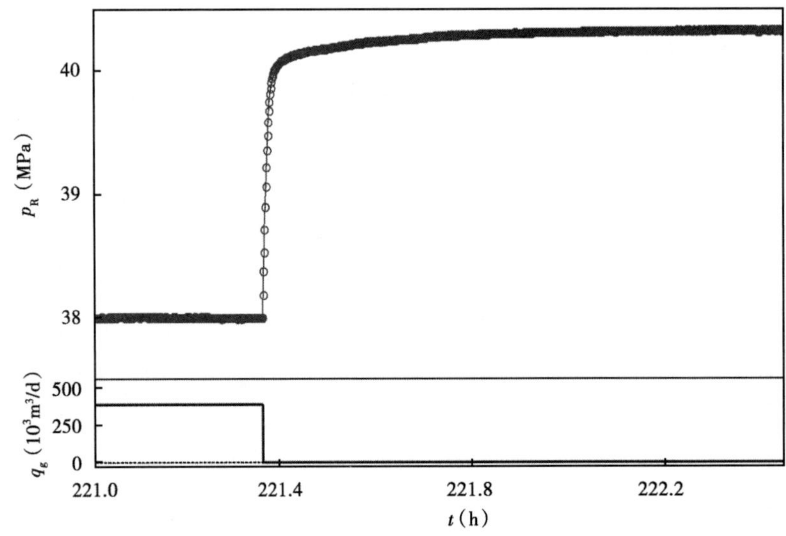

图 5-5-80　D 气田平 E 井投产前压力恢复试井压力史拟合图

$10^4m^3/d$、$30\times10^4m^3/d$、$35\times10^4m^3/d$、$40\times10^4m^3/d$，产能试井期间各工作制度下产能、油压和流动压力相对稳定。流动压力较高且相对稳定，表明储层供气能力强（表 5-5-15）。

表 5-5-15　D 气田平 E 井第一次开发测试回压产能试井油压、流动压力与产气量数据统计表

日期	工作制度（$10^4m^3/d$）	油压（MPa）	流动压力（MPa）	折算流动压力（MPa）	产气量（$10^4m^3/d$）
2010 年 6 月 13 日	20	28.0	39.249	39.871	20.6184
2010 年 6 月 14 日	30	28.0	38.746	39.368	30.6360
2010 年 6 月 15 日	35	26.0	37.954	38.576	38.3136
2010 年 6 月 16 日	40	22.8	37.006	37.628	49.1952

注：地层压力 40.53MPa。

根据表5-5-15的产能试井测试数据，由CandN法绘出指示曲线（图5-5-81）。经计算，平E井的指数式产能方程：

$$q_g = 21.0451(p_R^2 - p_{wf}^2)^{0.580825}$$

无阻流量 $q_{AOF}=155.175\times10^4 m^3/d$。

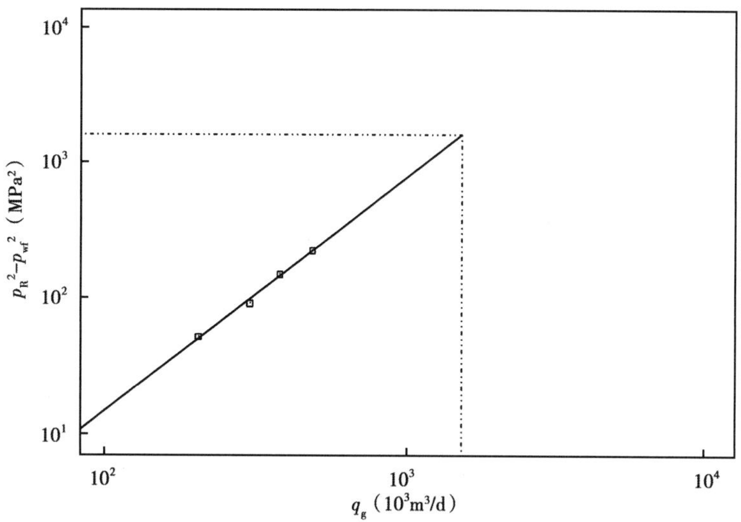

图5-5-81　D气田平E井第一次开发测试指数式图

根据表5-5-15，由LIT法绘出指示曲线（图5-5-82）。经计算，平E井的二项式产能方程：

$$\psi(p_R) - \psi(p_{wf}) = 2.51294q_g + 0.0241737q_g^2$$

无阻流量 $q_{AOF}=164.006\times10^4 m^3/d$。

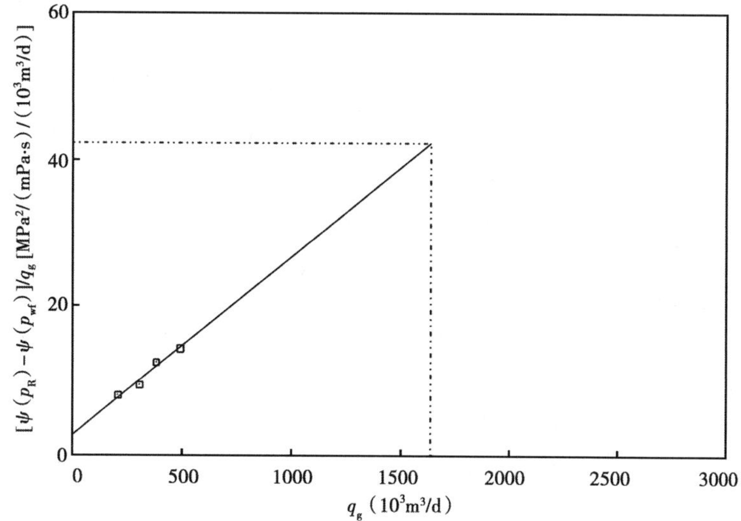

图5-5-82　D气田平E井第一次开发测试二项式图

由二项式拟压力法取得无阻流量，按照流动压力与产量 IPR 曲线选取合理产能的原则一般为：取直线段内流动压力生产为合理产能，偏离直线段的流动压力为 38.1MPa（对应测点流动压力，见图 5-5-83），此时最高合理产能为 $40.0\times10^4m^3/d$；按气井一般取无阻流量的 1/5 的原则，其合理产能应为 $32.0\times10^4m^3/d$。

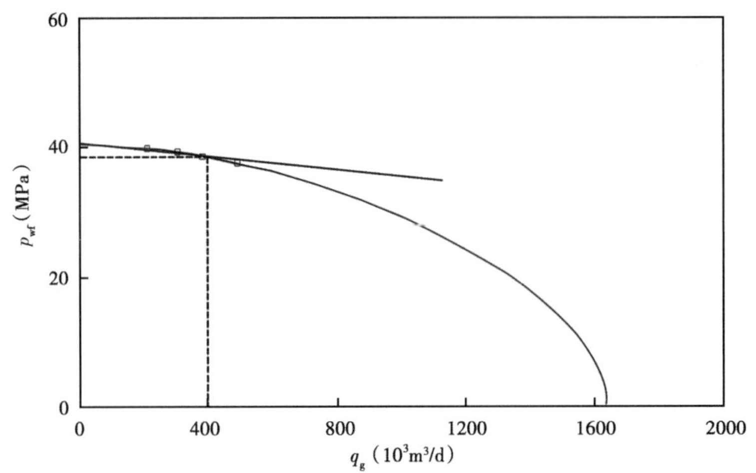

图 5-5-83　D 气田平 E 井第一次开发测试 IPR 曲线图

（3）压力恢复试井。

2010 年 5 月 26 日—6 月 10 日进行关井压力恢复测试，有效关井时间 263.7h。

①模型诊断。

通过对关井压力恢复双对数—导数曲线图形特征的诊断分析，证实早期垂向径向流已出现，拟径向流不明显。由于在关井 150h 后压力恢复曲线出现缓慢下降，致使导数曲线末期下掉，分析认为在关井压力恢复过程中，探测距离已经达到或超过了邻井控制半径，出现邻井干扰现象。从半对数图特征分析，曲线早期垂向径向流明显，也表明储层为均质气藏特征。根据曲线特征，解释采用变井筒储集、表皮效应+水平井+均质气藏+一口干扰井模型。

②数值试井解释。

运用数值试井，在进行常规解释，对外边界的压力响应进行初步、定性的分析后，就可以勾画出与之大致相匹配的边界形态，然后通过逐步调整和改善构造边界的相关参数达到与实测曲线的最佳拟合，最终实现对测试气藏外部边界形态的准确描述。由于在关井 150h 后压力恢复曲线出现缓慢下降，致使导数曲线末期下掉，反映有邻井干扰影响。根据试井曲线特征，解释过程中采用水平井+均质气藏+一口干扰井模型。

（a）数值试井气藏模型的建立。

第一步，根据地质研究成果，建立或假设一个气藏模型，包括气藏结构：结合平 E 井地质构造图分析，在该井右边 130～500 m 处有一口水平井——YPC 井。YPC 井筛管+裸眼井段水平段长 930.0m，2009 年 10 月 29 日投产，平均产气量为 $40.7\times10^4m^3/d$。

第二步，数值试井必须进行离散化，为此要选用适合的网格。Vorononoi 网格是一种把局部细分网格与基本粗化网格连接在一起的一种常用方法，即在井筒附近使用加密的细分网格，而在离井较远处，使用较稀疏的基本网格（图 5-5-84）。

第三步，通过调整气藏结构（气藏的类型，外边界的类型和分布，即各边界的位置和

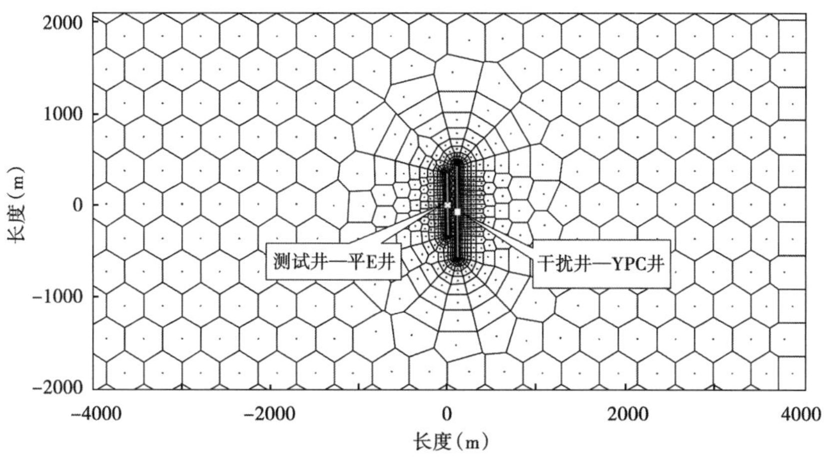

图 5-5-84　D 气田平 E 井第一次开发测试数值试井 Vorononoi 网格图

距离等)、气藏参数和流体参数及其分布，计算网格所有节点的压力变化，从而找出与实测压力变化相一致的气藏模型和参数分布，调整到的最佳结果就是所寻求的解。

(b) 数值试井解释结果。

通过模型诊断和图形分析，进行现代试井理论拟合分析及常规半对数分析，取得了储层参数分析成果。测点地层压力为 39.94MPa（测点深度为 3422.0m）；根据压力梯度折算到油层中部地层压力为 40.53MPa（储层中部深度为 3630.0m）。$K=90.3$mD、$S=13.2$、$K_z/K_r=0.000396$、$C=0.305\text{m}^3/\text{MPa}$、水平段长度=678m（图 5-5-85、图 5-5-86、图 5-5-87）。

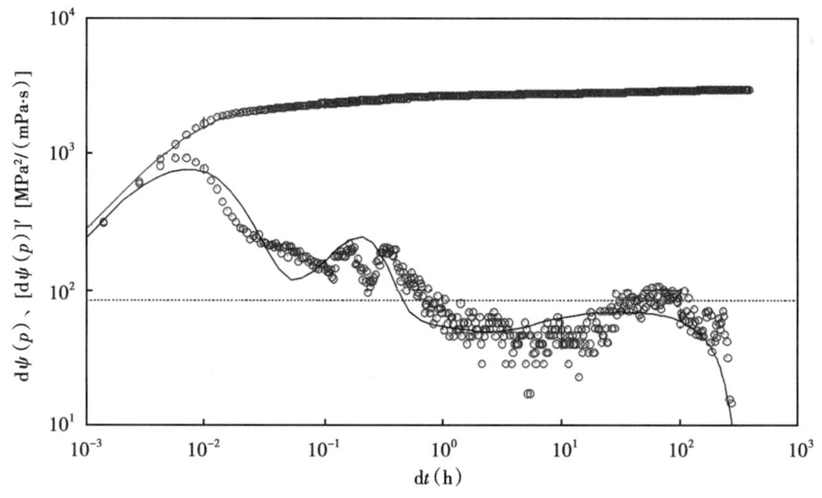

图 5-5-85　D 气田平 E 井第一次开发测试数值试井双对数拟合图

3) 第二次开发测试

(1) 压力梯度分析。

2011 年 6 月 3 日进行流动压力梯度测试，通过流动压力梯度分析得出流动压力梯度为 0.28MPa/100m。2011 年 6 月 30 日进行静止压力梯度测试，通过静止压力梯度分析得出静

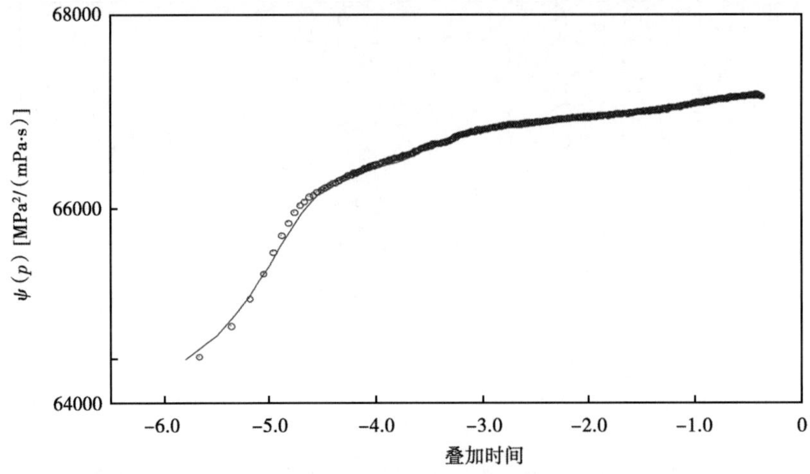

图 5-5-86 D 气田平 E 井第一次开发测试数值试井半对数拟合图

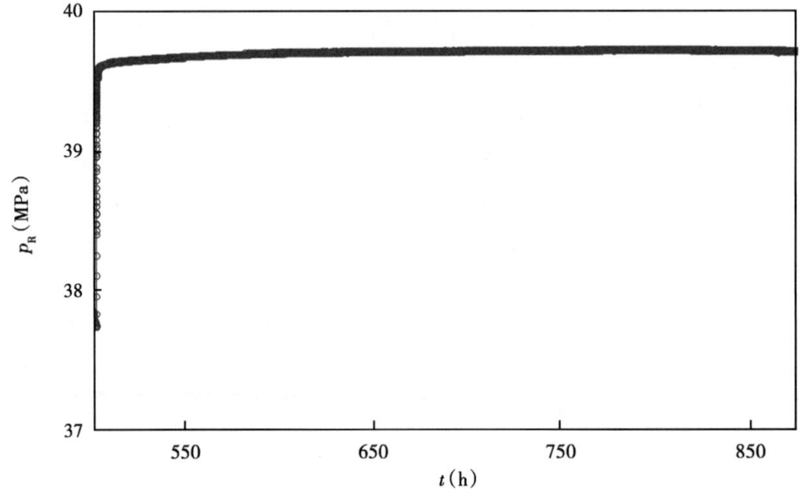

图 5-5-87 D 气田平 E 井第一次开发测试数值试井压力史拟合图

止压力梯度为 0.264MPa/100m。

(2) 产能试井。

回压试井测试是在平 E 井投产 1 年半后进行的。2011 年 7 月 1—12 日采用单一工作制度测试，阀控 1.0 扣，产能控制在 30×10^4 ~ $31\times10^4 m^3/d$ 之间，日产气 $31.3\times10^4 m^3$、折日产液 $2.0m^3$，平均流动压力 36.0MPa，油压 24.80MPa，产能测试期间产能、油压和流动压力相对稳定，表明储层物性较好，供气能力强。采用稳定点二项式压力平方法计算无阻流量和确定产能方程。稳定点二项式压力平方法确定产能方程：

$$p_R^2 - p_{wf}^2 = 7.57601q_g + 0.0029957q_g^2$$

无阻流量 $q_{AOF} = 188.74\times10^4 m^3/d$。

由二项式拟压力法取得无阻流量，按照流动压力与产量 IPR 曲线选取合理产能的原则一般为：取直线段内流动压力生产为合理产能，偏离直线段的流动压力为 35.1MPa（对应

测点流动压力，见图 5-5-88），此时最高合理产能为 40.0×10^{4}m^3/d；按气井一般取无阻流量的 1/6 的原则，其合理产能应为 31.0×10^{4}m^3/d。

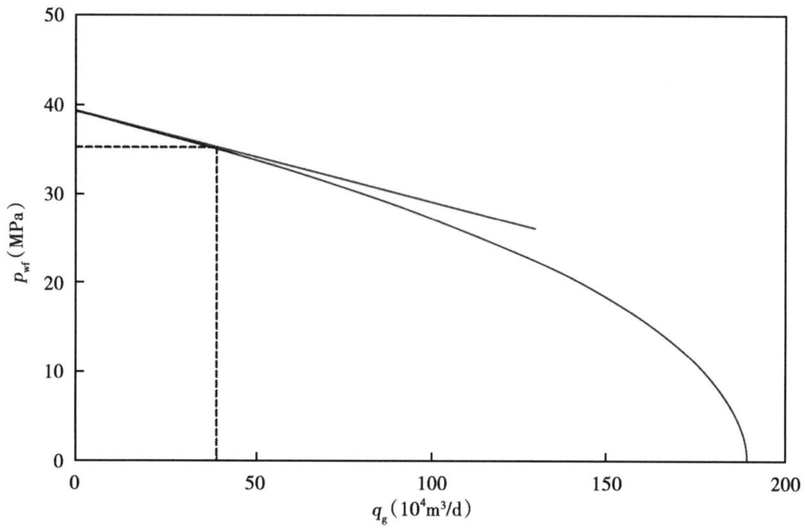

图 5-5-88 D 气田平 E 井第二次开发测试 IPR 曲线图

（3）压力恢复试井。

2011 年 6 月 7 日—7 月 1 日进行关井压力恢复测试，有效关井时间 563.2h。

①模型诊断。

通过对压力恢复双对数—导数曲线图形特征的分析，井筒储集阶段导数曲线沿斜率 1 上升，早中期出现明显径向流，反映储层均质性较好；在关井 30h 后，导数曲线开始下掉（关井实测压力恢复曲线中后期同样明显下掉），反映有邻井干扰影响。

②数值试井解释。

运用数值试井，在进行常规解释，对外边界的压力响应进行初步、定性的分析后，就可以勾画出与之大致相匹配的边界形态。然后通过逐步调整和改善构造边界的相关参数达到与实测曲线的最佳拟合，最终实现对测试气藏外部边界形态的准确描述。由于在关井 30h 后压力恢复曲线出现缓慢下降，致使导数曲线末期下掉，反映有邻井干扰影响。根据试井曲线特征，解释过程中采用水平井+均质气藏+两口干扰井模型。

（a）数值试井气藏模型的建立。

第一步，根据地质研究成果，建立或假设一个气藏模型，包括气藏结构：结合平 E 井地质构造图分析，在该井左右边各有水平井。在该井右边 130～500 m 处有一口水平井——YPC 井。YPC 井筛管+裸眼井段水平段长 930.0m，2009 年 10 月 29 日投产，平均产气量为 40.7×10^{4}m^3/d。在该井左边 491～866 m 处有一口水平井——平 D 井，平 D 井筛管+裸眼井段水平段长 959.0m，2009 年 8 月 22 日投产，平均产气量为 37.24×10^{4}m^3/d。

第二步，数值试井必须进行离散化，为此要选用适合的网格。Vorononoi 网格是一种把局部细分网格与基本粗化网格连接在一起的一种常用方法，即在井筒附近使用加密的细分网格，而在离井较远处，使用较稀疏的基本网格（图 5-5-89）。

第三步，通过调整气藏结构（气藏的类型，外边界的类型和分布，即各边界的位置和

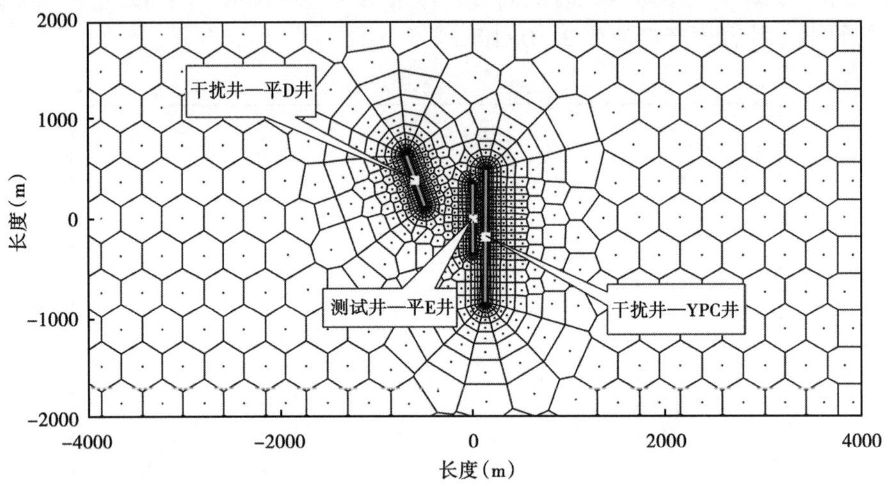

图 5-5-89 D 气田平 E 井第二次开发测试数值试井 Vorononoi 网格图

距离等)、气藏参数和流体参数及其分布，计算网格所有节点的压力变化，从而找出与实测压力变化相一致的气藏模型和参数分布，调整到的最佳结果就是所寻求的解。

(b) 数值试井解释结果。

通过模型诊断和图形分析，进行现代试井理论拟合分析及常规半对数分析，取得了储层参数分析成果。测点地层压力为 38.65MPa（测点深度为 3422.0m）；根据压力梯度折算到油层中部地层压力为 39.20MPa（储层中部深度为 3630.0m）。K = 90.3mD、S = 15.2、K_z/K_r=0.000602、C=0.231m^3/MPa、水平段长度=678m（图 5-5-90、图 5-5-91、图 5-5-92）。

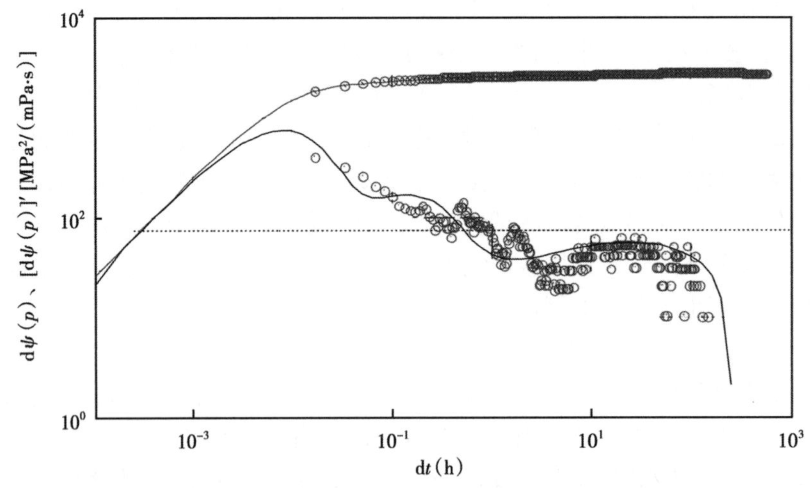

图 5-5-90 D 气田平 E 井第二次开发测试数值试井双对数拟合图

4) 第三次开发测试

(1) 压力梯度分析。

2013 年 6 月 21 日进行静止压力梯度测试，通过静止压力梯度分析得出静止压力梯度为 0.2425MPa/100m。2013 年 7 月 10 日进行流动压力梯度测试，通过流动压力梯度分析得出

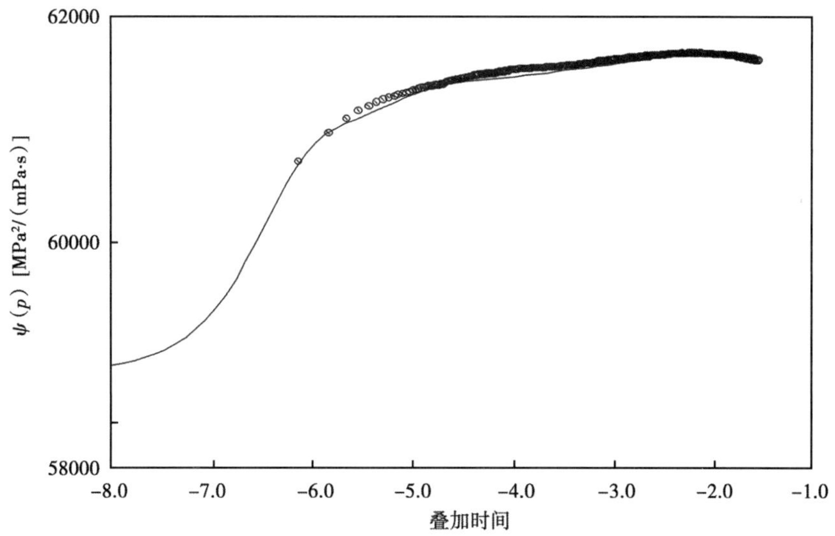

图 5-5-91 D 气田平 E 井第二次开发测试数值试井半对数拟合图

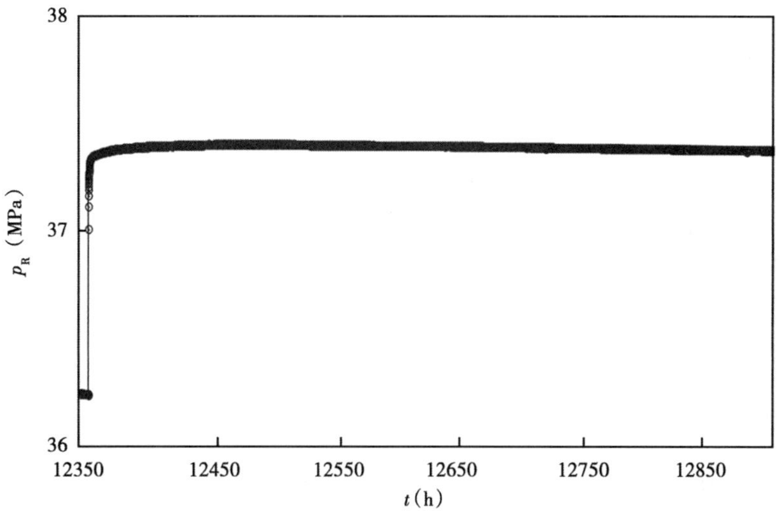

图 5-5-92 D 气田平 E 井第二次开发测试数值试井压力史拟合图

流动压力梯度为 0.263MPa/100m。

（2）产能试井。

2013 年 6 月 26 日—7 月 10 日进行回压产能试井，产能测试过程采用 4 个工作制度放喷，分别是 $20\times10^4m^3/d$、$24\times10^4m^3/d$、$30\times10^4m^3/d$、$35\times10^4m^3/d$（或阀控 1.2 扣、1.4 扣、1.6 扣、1.8 扣）。产能测试期间产能、油压和流动压力相对稳定，依据 2013 年 7 月 10 日 0:00—24:00 进行回压产能测试，以阀控 1.6 扣定产，日产气 $28.80\times10^4m^3$，折日产液 3.10^4m^3，平均流动压力 29.93MPa，油压 21.70MPa。从不同阶段的产能测试结果看出，各阶段的流动压力、产能较高且相对稳定，表明储层物性较好，供气能力强（表 5-5-16）。

表 5-5-16　D 气田平 E 井第三次开发测试回压产能试井油压、套压、流动压力与产气量数据统计表

日期	工作制度（扣）	油压（MPa）	套压（MPa）	流动压力（MPa）	折算流动压力（MPa）	产气量（$10^4m^3/d$）	产水量（m^3/d）
2013 年 6 月 27 日	1.2	23.3	1.3	30.90	32.32	20.46	2.6
2013 年 6 月 28 日	1.4	22.7	3.0	30.62	32.04	23.70	2.8
2013 年 6 月 30 日	1.8	19.8	6.6	29.48	30.90	35.17	3.9
2013 年 7 月 1 日	1.6	19.8	6.6	30.11	31.53	29.91	3.3

注：地层压力 33.71MPa。

根据表 5-5-16 的产能试井测试数据，由 CandN 法绘出指示曲线（图 5-5-93）。经计算，平 E 井的指数式产能方程：

$$q_g = 5.40816(p_R^2 - p_{wf}^2)^{0.80513}$$

无阻流量 $q_{AOF}=156.004\times10^4m^3/d$。

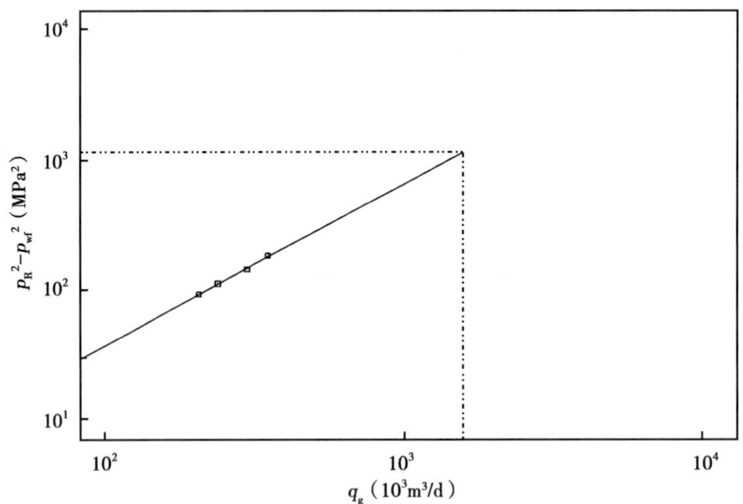

图 5-5-93　D 气田平 E 井第三次开发测试指数式图

根据表 5-5-16，由 LIT 法绘出指示曲线（图 5-5-94）。经计算，平 E 井无阻流量 $q_{AOF}=141.299\times10^4m^3/d$，二项式产能方程：

$$\psi(p_R) - \psi(p_{wf}) = 12.5585q_g + 0.0176027q_g^2$$

由二项式拟压力法取得无阻流量，按照流动压力与产量 IPR 曲线选取合理产能的原则一般为：取直线段内流动压力生产为合理产能，偏离直线段的流动压力为 31.5MPa（对应测点流动力压，见图 5-5-95），此时最高合理产能为 $30.0\times10^4m^3/d$；按气井一般取无阻流量的 1/4 的原则，其合理产能应为 $35.0\times10^4m^3/d$。

（3）压力恢复试井。

2013 年 6 月 2—26 日进行关井压力恢复测试，有效关井时间 566.2h。

①模型诊断。

通过对关井后压力恢复双对数—导数曲线图形特征的诊断分析，井筒储集阶段导数曲线沿斜率 1 上升，早中期出现明显径向流，反映储层均质性较好；在关井 40h 后，导数曲线开

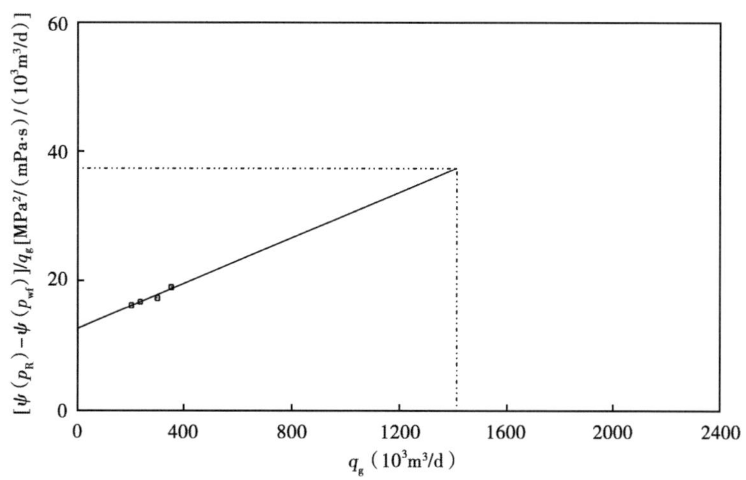

图 5-5-94　D 气田平 E 井第三次开发测试二项式图

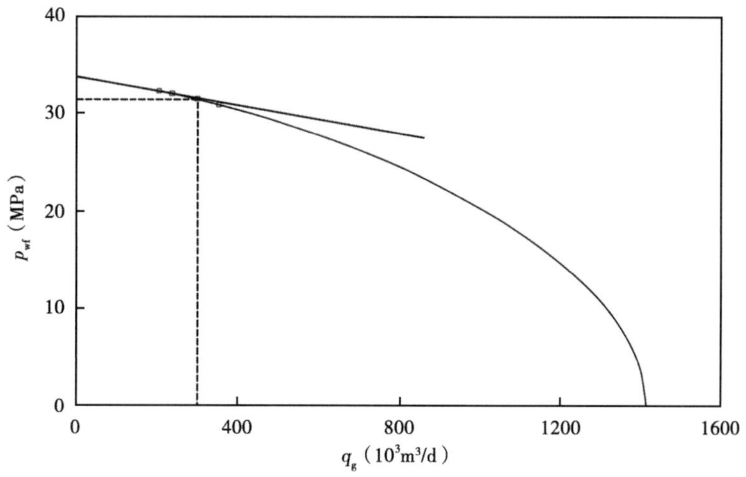

图 5-5-95　D 气田平 E 井第三次开发测试 IPR 曲线图

始下掉（关井实测压力恢复曲线中后期同样明显下掉），反映有邻井干扰影响。根据试井曲线特征，解释过程中采用水平井+均质气藏+两口干扰井模型。

②数值试井解释。

运用数值试井，在进行常规解释，对外边界的压力响应进行初步、定性的分析后，就可以勾画出与之大致相匹配的边界形态。然后通过逐步调整和改善构造边界的相关参数达到与实测曲线的最佳拟合，最终实现对测试气藏外部边界形态的准确描述。由于在关井 40h 后压力恢复曲线出现缓慢下降，致使导数曲线末期下掉，反映有邻井干扰影响。根据试井曲线特征，解释过程中采用水平井+均质气藏+两口干扰井模型。

通过模型诊断和图形分析，进行现代试井理论拟合分析及常规半对数分析，取得了储层参数分析成果。测点地层压力为 32.40MPa（测点深度为 3090.0m）；根据压力梯度折算到油层中部地层压力为 33.71MPa（储层中部深度为 3630.0m）。$K=90.01$mD、$S=4.51$、$K_z/K_r=0.000164$、$C=0.641\text{m}^3/\text{MPa}$、水平段长度=678m（图 5-5-96、图 5-5-97、图 5-5-98）。

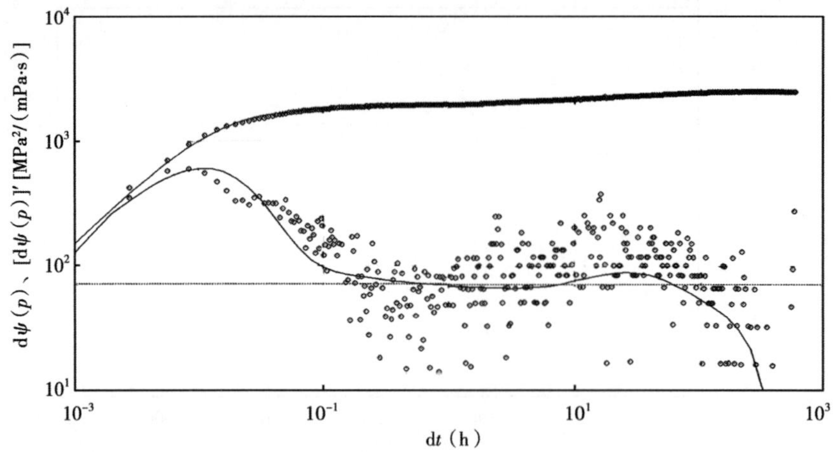

图 5-5-96　D 气田平 E 井第三次开发测试数值试井双对数拟合图

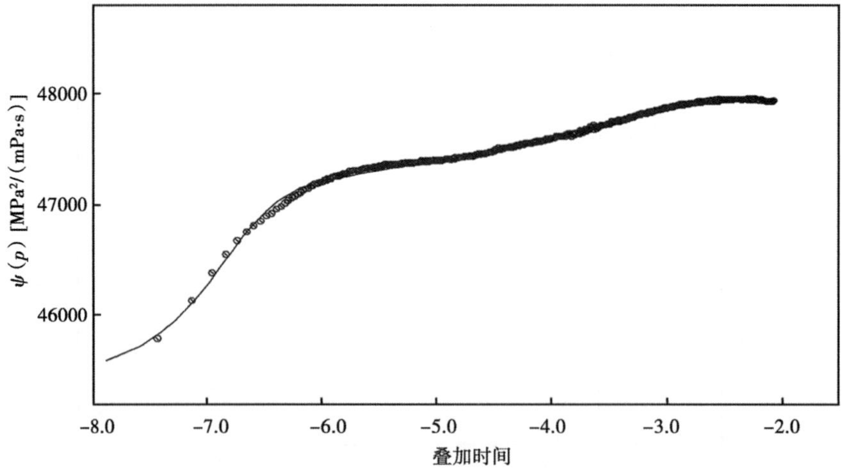

图 5-5-97　D 气田平 E 井第三次开发测试数值试井半对数拟合图

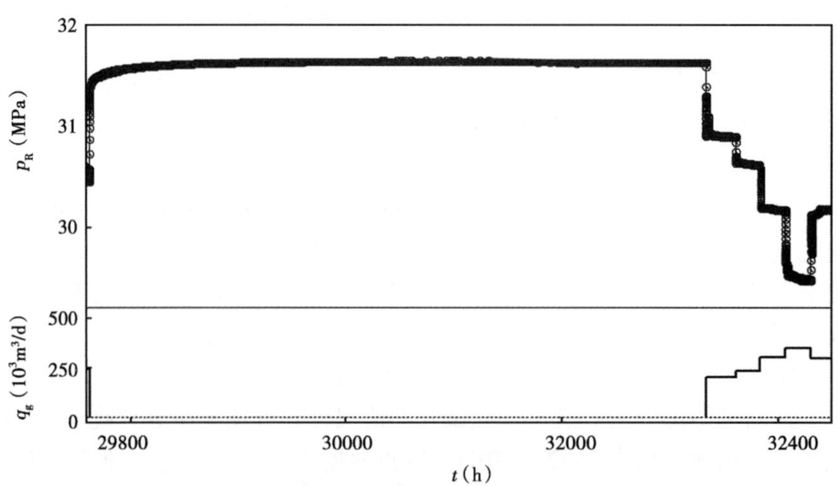

图 5-5-98　D 气田平 E 井第三次开发测试数值试井压力史拟合图

3. 井控储量

利用物质平衡法确定单井控制地质储量。

对于定容封闭性气藏，没有水驱作用，得到定容气藏的物质平衡方程式：

$$\frac{p}{Z}=\frac{p_i}{Z_i}(1-\frac{N_p}{G})$$

把平 E 井历年压力恢复解释的地层压力、气体压缩因子和累计产气量作统计（表 5-5-17）。

表 5-5-17 D 气田平 E 井计算单井控制地质储量表

时间	p (MPa)	Z	p/Z	(p/Z) / (p_i/Z_i)	累计产量 ($10^8 m^3$)
2010 年 1 月 18 日	41.20	1.07436	38.3484	1.00000	0.0013500
2010 年 5 月 26 日	40.53	1.06856	37.9296	0.98908	0.4249575
2011 年 6 月 7 日	39.20	1.06377	36.8501	0.96093	1.5119158
2013 年 6 月 2 日	33.71	1.03133	32.6859	0.85234	3.6235663

（1）作平 E 井纵坐标为$\frac{p}{Z}\Big/\frac{p_i}{Z_i}$、横坐标为 N_p 图，作线性回归，当$\frac{p}{Z}\Big/\frac{p_i}{Z_i}=0$ 时，$G=N_p$（图 5-5-99）。计算平 E 井单井控制地质储量 $G=24.463\times10^8 m^3$。

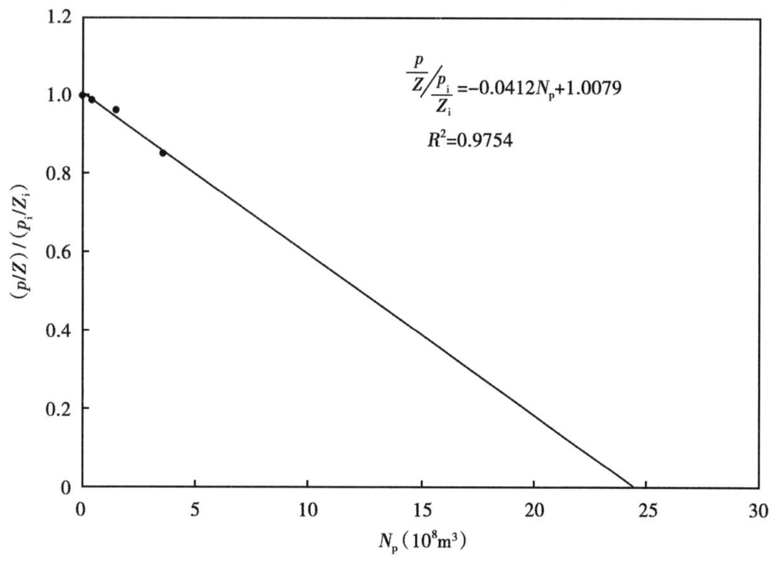

图 5-5-99 物质平衡法计算 D 气田平 E 井控制地质储量 $(p/Z)/(p_i/Z_i)$—N_p 图

（2）作平 E 井纵坐标为 p/Z、横坐标为 N_p 图，作线性回归，当 $p/Z=0$ 时，$G=N_p$（图 5-5-100）。计算平 E 井单井控制地质储量 $G=24.465\times10^8 m^3$。

4. 小结

通过对 D 气田平 E 井两次试气测试试井解释数据的分析，可知：

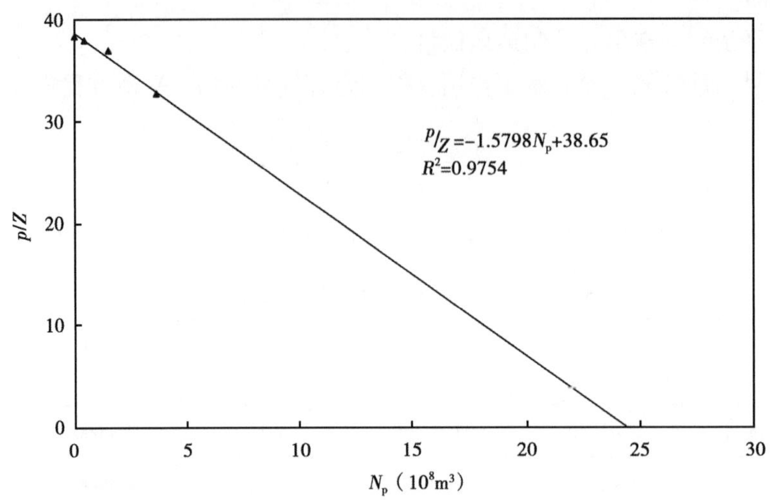

图 5-5-100　物质平衡法计算 D 气田平 E 井控制地质储量 $p/Z—N_p$ 图

（1）运用数值试井，再进行常规解释，最终实现对测试气藏外部边界形态的准确描述。根据试井曲线特征，解释过程中采用水平井+均质气藏+两口干扰井模型。

（2）平 E 井火山岩储层平均渗透率为 90. 01mD；投产前测试地层压力为 41. 2MPa；第一次开发测试地层压力为 40. 53MPa；第二次开发测试地层压力为 39. 2MPa；第三次开发测试地层压力为 33. 71MPa；地层压力单位压力降落产气量 0. 4838×10^8m^3/MPa。

（3）通过产能方程计算无阻流量，第三次开发测试无阻流量为 141. 299×10^4m^3/d，利用物质平衡法确定单井控制地质储量为 24. 46×10^8m^3。

六、平 F 井

1. 测试简况

平 F 井完钻日期为 2009 年 12 月 1 日，测试层位为 HS 组，水平井的裸眼+筛管井段为 3837. 0～4655. 0m，气测异常段长度为 918. 0m，储层厚度为 10m，A 点垂深为 3686. 0m 。

1）投产前试井测试

平 F 井于 2010 年 1 月 27—30 日进行静止压力测试和静止压力梯度测试。压力计下入深度 3407. 0m。

2）第一次开发测试

2010 年 1 月 31 日平 F 井投产，平均日产气 24. 95×10^4m^3，平均油压 27. 4MPa，平均套压 13. 48MPa。2010 年 5 月 26 日—6 月 12 日进行压力恢复试井及静止温度、静止压力梯度测试。2010 年 6 月 12—17 日采用 4 个工作制度生产，进行产能试井和流动压力、流动温度梯度测试，压力计下入深度 3407. 0m。

3）第二次开发测试

2010 年 6 月 17 日—7 月 28 日平均日产气 21. 5×10^4m^3，平均油压 26. 5MPa，平均套压 13. 9MPa。2011 年 7 月 28 日—8 月 31 日进行试井测试。2011 年 7 月 28 日进行流动压力、流动温度梯度测试；2011 年 7 月 28 日—8 月 19 日关井压力恢复；2011 年 8 月 19 日测静止压力、静止温度梯度；2011 年 8 月 19—31 日产能试井，压力计下入深度 3407. 0m。

2. 试井解释

1）投产前试井测试

平 F 井在投产之前即 2010 年 1 月 27—30 日进行了静止压力测试和静止压力梯度测试，通过静止压力梯度分析得出静止压力梯度为 0.226MPa/100m。取得测点（测点深度为 3407.0m）原始静止压力为 39.94MPa，折算 A 点（A 点垂深为 3686.00m）地层压力为 40.57MPa。

2）第一次开发测试

（1）压力梯度分析。

2010 年 6 月 12 日进行静止压力梯度测试，通过静止压力梯度分析得出静止压力梯度为 0.222MPa/100m。2010 年 6 月 18 日进行流动压力梯度测试，通过流动压力梯度分析得出流动压力梯度为 0.229MPa/100m。

（2）产能试井。

平 F 井于 2010 年 1 月 31 日投产，初期分别采用阀控 1.5 扣、1.8 扣、1.4 扣生产，2010 年 2 月 22 日—5 月 27 日采用 1.64 扣生产。从生产曲线可看出，投产后平 F 井产能相对稳定，经过 92d 生产，油压由 28.5MPa 降至 27.5MPa，平均递降速度 0.01MPa/d，在关井压力恢复前即 2010 年 5 月 26 日定产，日产气 $22.7142\times10^4m^3$，日产水 $2.4m^3$，油压 27.5MPa，套压 12.5MPa。

回压产能试井过程采用 4 个工作制度放喷，分别为 $20\times10^4m^3/d$、$30\times10^4m^3/d$、$35\times10^4m^3/d$、$40\times10^4m^3/d$，产能试井期间各工作制度下产能、油压和流动压力相对稳定（表 5-5-18）。

表 5-5-18　D 气田平 F 井第一次开发测试阶段油压、流动压力、产气量数据统计表

日期	油压（MPa）	流动压力（MPa）	折算流动压力（MPa）	产气量（$10^4m^3/d$）
2010 年 6 月 14 日	27.2	35.948	36.587	20.5872
2010 年 6 月 15 日	24.5	33.084	33.723	29.3712
2010 年 6 月 17 日	19.5	31.083	31.722	33.2712
2010 年 6 月 17 日	19.5	29.184	29.823	37.5936

注：地层压力 39.90MPa。

根据表 5-5-18 的产能试井测试数据，由 CandN 法绘出指示曲线（图 5-5-101）。经计算，平 F 井的指数式产能方程：

$$q_g = 8.1273(p_R^2 - p_{wf}^2)^{0.584378}$$

无阻流量 $q_{AOF}=60.4116\times10^4m^3/d$。

根据表 5-5-18，由 LIT 法绘出指示曲线（图 5-5-102）。经计算，平 F 井的二项式产能方程：

$$\psi(p_R) - \psi(p_{wf}) = 8.877q_g + 0.16259q_g^2$$

无阻流量 $q_{AOF}= 64.1631\times10^4m^3/d$。

由二项式拟压力法取得无阻流量，按照流动压力与产量 IPR 曲线选取合理产能的原则一般为：取直线段内流动压力生产为合理产能，偏离直线段的流动压力为 38.0MPa（对应

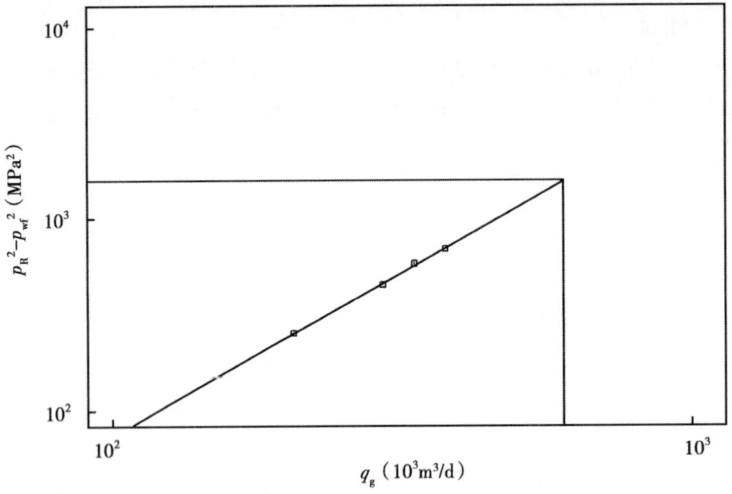

图 5-5-101　D 气田平 F 井第一次开发测试指数式图

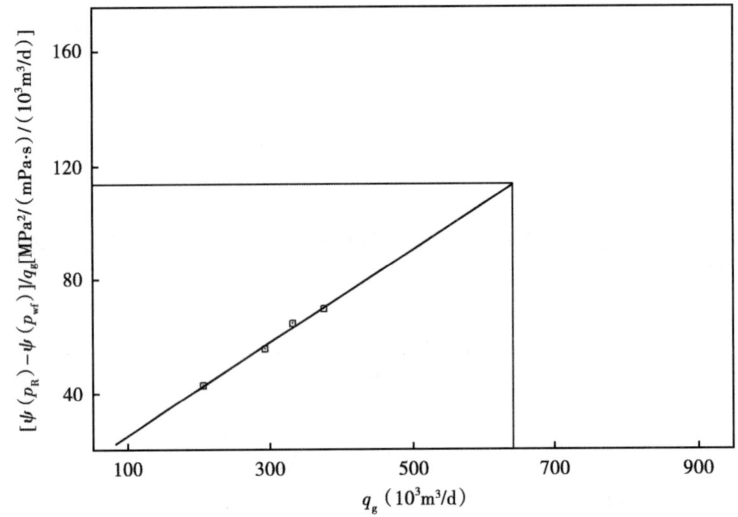

图 5-5-102　D 气田平 F 井第一次开发测试二项式图

测点流动压力，见图 5-5-103)，此时最高合理产能为 15.0×10⁴m³/d；按气井一般取无阻流量的 1/5 的原则，其合理产能应为 12.0×10⁴m³/d。

(3) 压力恢复试井。

2010 年 5 月 26 日—6 月 12 日进行压力恢复试井及静止温度、静止压力梯度测试，有效关井时间 432.0h。

①模型诊断。

通过对关井压力恢复双对数—导数曲线图形特征的诊断分析，证实早期垂向径向流已出现，后期导数曲线上翘，结合构造图分析，属于径向复合+断层反映；从半对数图特征分析，曲线早期垂向径向流特征明显，后期与导数曲线反映一致。

②试井解释结果。

通过模型诊断和图形分析，进行现代试井理论拟合分析及常规半对数分析，取得了储层

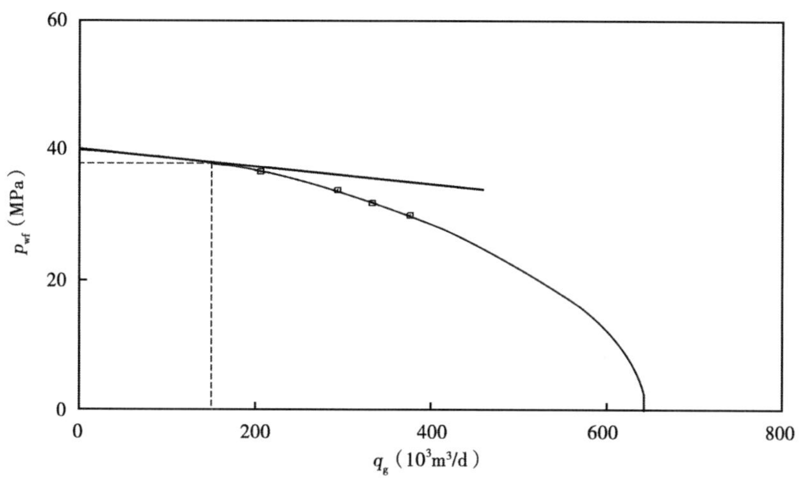

图 5-5-103　D 气田平 F 井第一次开发测试 IPR 曲线图

参数分析成果。解释结果：经过关井压力恢复解释，测点地层压力为 39.28MPa（测点深度为 3407.0m）；根据压力梯度折算到油层中部地层压力为 39.90MPa（储层中部深度为 3686.0m）。K = 39.0mD、S = 23.0、复合边界 r_1 = 470m、断层距离 d = 577m、K_z/K_r = 0.000133、C=0.703m^3/MPa、水平段长度=918m（图 5-5-104、图 5-5-105、图 5-5-106）。

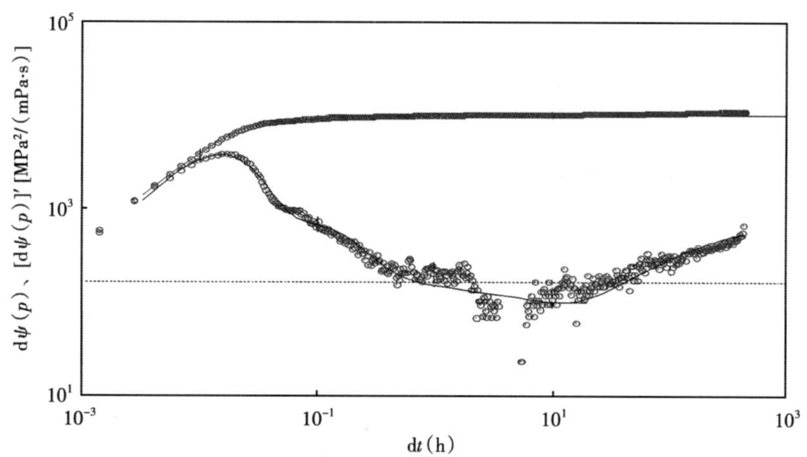

图 5-5-104　D 气田平 F 井第一次开发测试压力恢复试井双对数拟合图

3）第二次开发测试

（1）压力梯度分析。

2011 年 7 月 28 日进行流动压力梯度测试，通过流动压力梯度分析得出流动压力梯度为 0.222MPa/100m。2011 年 8 月 19 日进行静止压力梯度测试，通过静止压力梯度分析得出静止压力梯度为 0.206MPa/100m。

（2）产能试井。

测试在平 E 井投产一年半后进行。2011 年 8 月 19—31 日进行产能测试，测试过程采用单一工作制度试采，阀控 1.8 扣，日产气 19.7×10^4m^3，折日产液 2.4m^3，平均流动压力

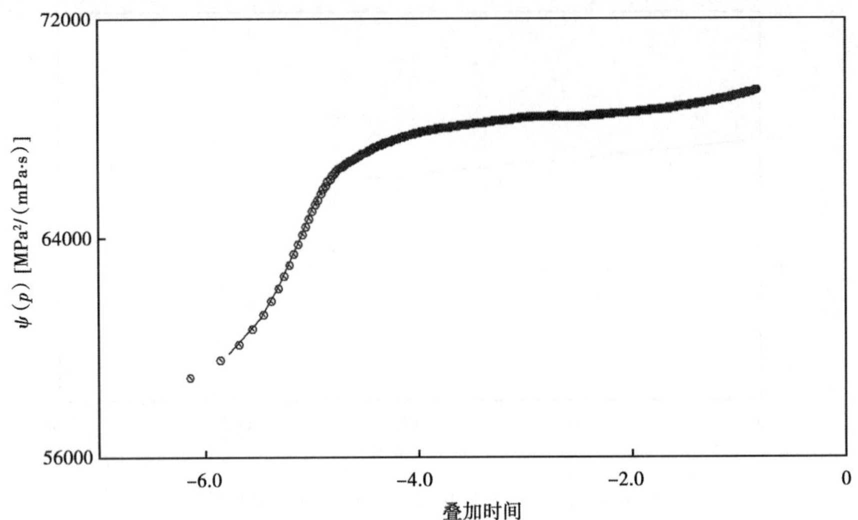

图 5-5-105　D 气田平 F 井第一次开发测试压力恢复试井半对数拟合图

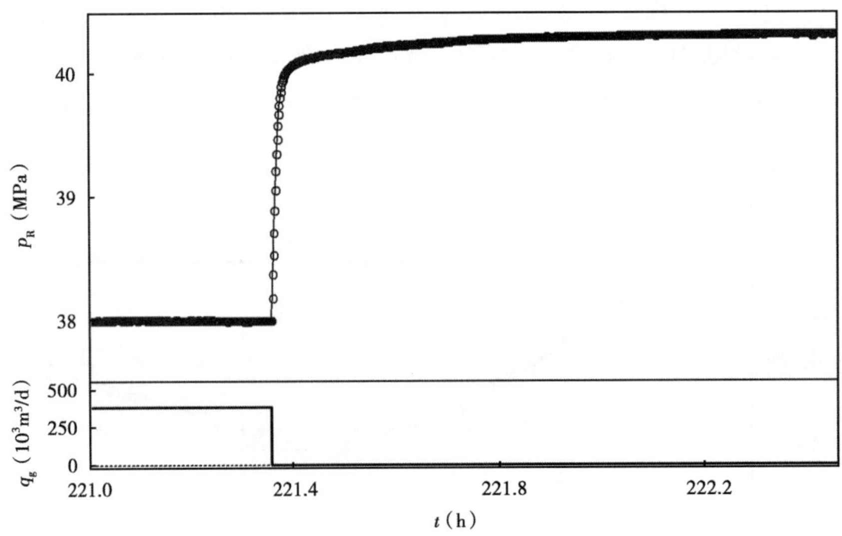

图 5-5-106　D 气田平 F 井第一次开发测试压力恢复试井压力史拟合图

32.27MPa，油压 26.80MPa。在测试期间产能、油压和流动压力相对稳定。从投产后的生产数据可看出，不同工作制度下产气量、油压、套压相对稳定，表明储层物性较好，供气能力较强。

2011 年 8 月 31 日 0:00—24:00 进行产能测试，阀控 1.8 扣定产，日产气 $19.7\times10^4m^3$，折日产液 $2.4m^3$，流动压力 32.27MPa，折算流动压力 32.89MPa，油压 26.80MPa，中部地层压力 36.07MPa。由于测试过程采用单一工作制度试采，因此，利用 A 气田 E 井的两次测试结果联合应用方法，便可以求出目前气井的产能方程。

由 CandN 法绘出指示曲线。经计算，平 F 井的指数式产能方程：

$$q_g = 8.57744(p_R^2 - p_{wf}^2)^{0.584378}$$

无阻流量 $q_{AOF}=56.664\times10^4m^3/d$。

由 LIT 法绘出指示曲线。经计算，平 F 井的二项式产能方程：

$$\psi(p_R)-\psi(p_{wf})=8.75342q_g+0.16259q_g^2$$

无阻流量 $q_{AOF}=59.365\times10^4m^3/d$。

由二项式拟压力法取得无阻流量，按照流动压力与产量 IPR 曲线选取合理产能的原则一般为：取直线段内流动压力生产为合理产能，偏离直线段的流动压力为 34.1MPa（对应测点流动压力，见图 5-5-107），此时最高合理产能为 $15.0\times10^4m^3/d$；按气井一般取无阻流量的 1/5 的原则，其合理产能应为 $12.0\times10^4m^3/d$。

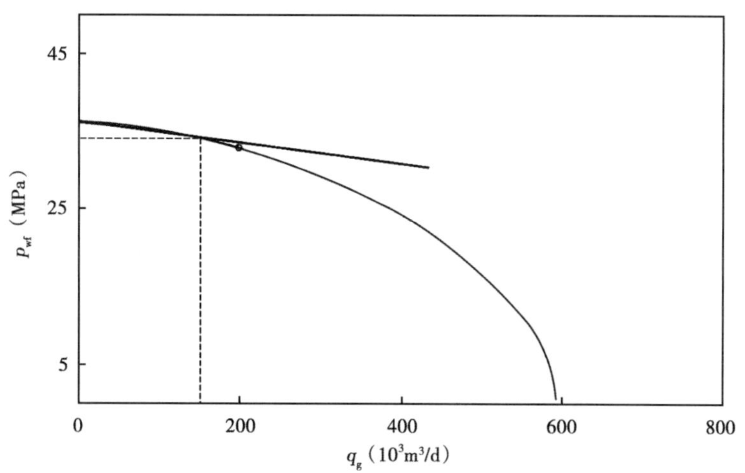

图 5-5-107　D 气田平 F 井第二次开发测试 IPR 曲线图

（3）压力恢复试井。

2011 年 7 月 28 日—8 月 19 日进行关井压力恢复测试，有效关井时间 522.6h。

①模型诊断。

通过对关井压力恢复双对数—导数曲线图形特征的诊断分析，证实早期垂向径向段已出现，后期导数曲线略有上翘，结合构造图分析，属于径向复合+断层反映；从半对数图特征分析，曲线早期垂向径向流特征明显，后期与导数曲线反映一致。

②试井解释结果。

通过模型诊断和图形分析，进行现代试井理论拟合分析及常规半对数分析，取得了储层参数分析成果。解释结果：经过关井压力恢复解释，测点地层压力为 35.5MPa（测点深度为 3407.0m）；根据压力梯度折算到油层中部地层压力为 35.98MPa（储层中部深度为 3686.0m）。K=39.0mD、S=5.58、复合边界 r_1=459m、断层距离 d=577m、K_z/K_r=0.000125、C=1.65 m^3/MPa、水平段长度=918m（图 5-5-108、图 5-5-109、图 5-5-110）。

3. 井控储量

利用物质平衡法确定单井控制地质储量。

对于定容封闭性气藏，没有水驱作用，得到定容气藏的物质平衡方程式：

$$\frac{p}{Z}=\frac{p_i}{Z_i}\left(1-\frac{N_p}{G}\right)$$

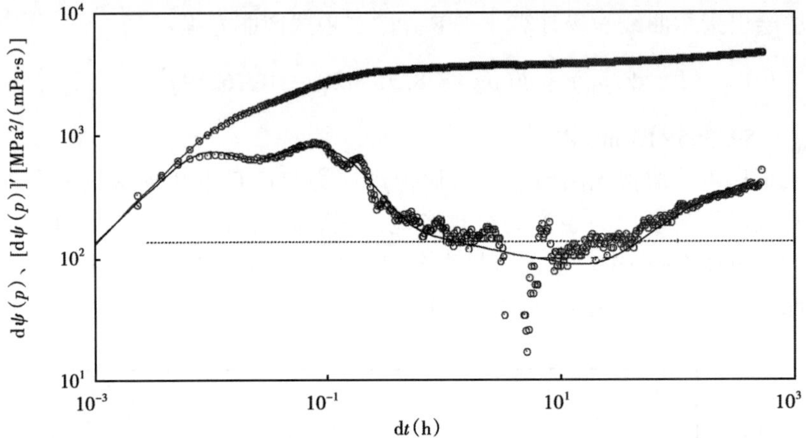

图 5-5-108　D 气田平 F 井第二次开发测试压力恢复试井双对数拟合图

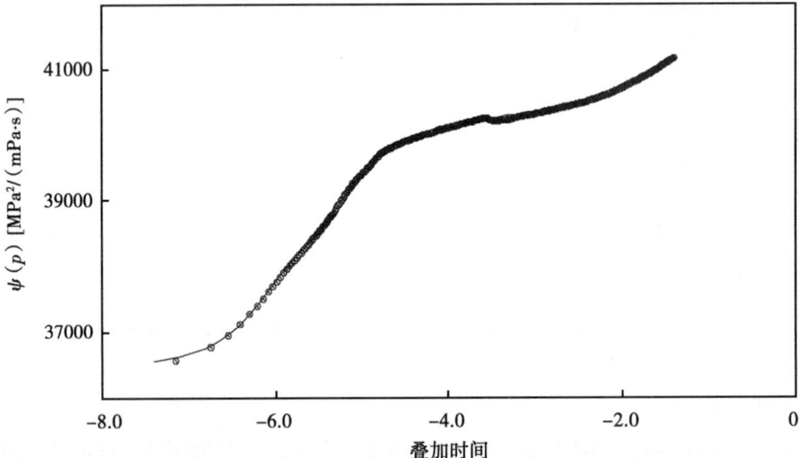

图 5-5-109　D 气田平 F 井第二次开发测试压力恢复试井半对数拟合图

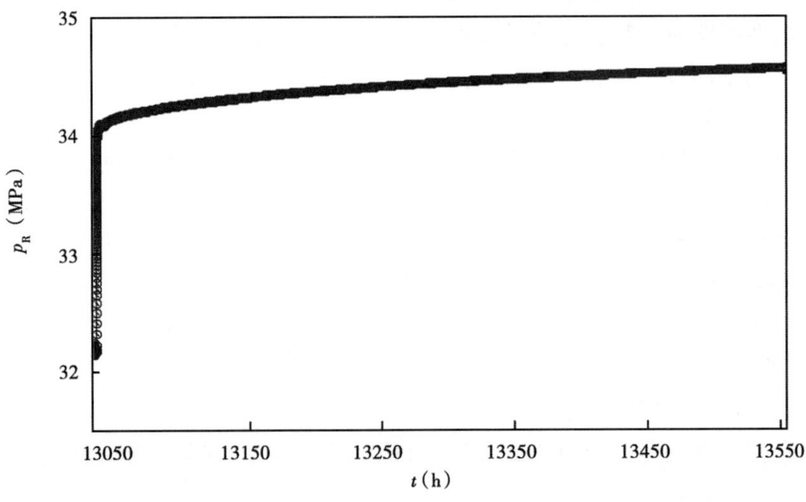

图 5-5-110　D 气田平 F 井第二次开发测试压力恢复试井压力史拟合图

把平 F 井历年压力恢复解释的地层压力、气体压缩因子和累计产气量作统计（表5-5-19）。

表 5-5-19 D 气田平 F 井计算单井控制地质储量表

时间	p（MPa）	Z	p/Z	$(p/Z)/(p_i/Z_i)$	累计产量（10^8m^3）
2010 年 1 月 30 日	40.57	1.10128	36.8390	1.00000	0.001225
2010 年 6 月 17 日	39.90	1.09541	36.4247	0.98876	0.282718
2011 年 8 月 19 日	35.98	1.06160	33.8922	0.92001	1.109720

（1）作平 F 井纵坐标为$\frac{p}{Z}\Big/\frac{p_i}{Z_i}$、横坐标为 N_p 图，作线性回归，当$\frac{p}{Z}\Big/\frac{p_i}{Z_i}=0$ 时，$G=N_p$（图 5-5-111）。计算平 E 井单井控制地质储量 $G=13.463\times10^8m^3$。

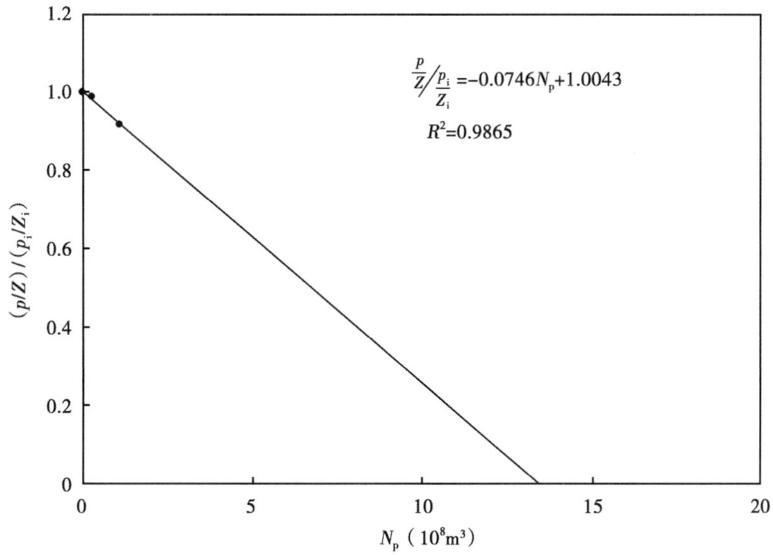

图 5-5-111 物质平衡法计算 D 气田平 F 井控制地质储量 $(p/Z)/(p_i/Z_i)$—N_p 图

（2）作平 F 井纵坐标为 p/Z、横坐标为 N_p 图，作线性回归，当 $p/Z=0$ 时，$G=N_p$（图 5-5-112）。计算平 E 井单井控制地质储量 $G=13.454\times10^8m^3$。

4. 小结

通过对 D 气田平 F 井两次试气测试试井解释数据的分析，可知：

（1）结合地质构造图分析，平 F 井试井解释模型为水平井+径向复合+断层模型。

（2）平 F 井火山岩储层平均渗透率为 39.0mD；断层距井 577m；投产前测试地层压力为 41.57MPa；第一次开发测试地层压力为 39.9MPa；第二次开发测试地层压力为 35.98MPa；地层压力单位压力降落产气量为 $0.7247\times10^8m^3/MPa$。

（3）通过产能方程计算平均无阻流量为 $60.0\times10^4m^3/d$，利用物质平衡法确定单井控制地质储量为 $13.5\times10^8m^3$。

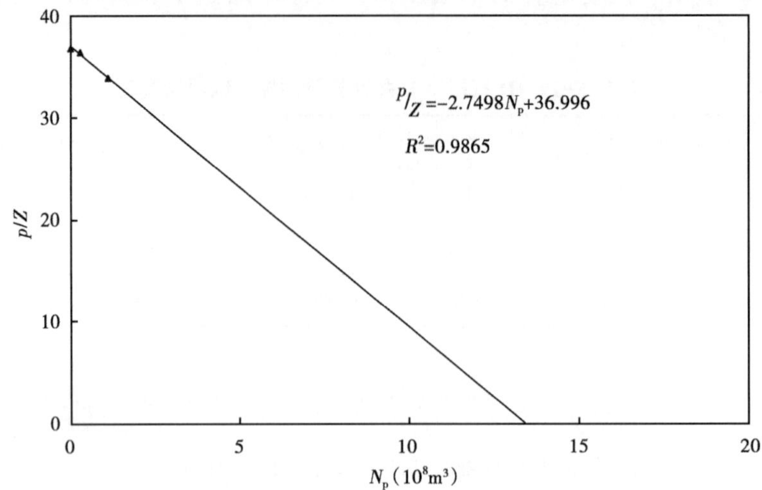

图 5-5-112　物质平衡法计算 D 气田平 F 井控制地质储量 p/Z—N_p 图

七、平 G 井

1. 测试简况

1）第一次开发测试

平 G 井完钻日期为 2009 年 11 月 15 日，测试层位为 HS 组，水平井的裸眼+筛管井段为 3680.0~4907.0m，气测异常段长度为 1111.0m，储层厚度为 15m，A 点垂深为 3713.0m。

2010 年 1 月 21 日平 G 井投产，平均日产气 $29.5\times10^4m^3$，平均油压 26.5MPa。2011 年 4 月 28 日—5 月 24 日进行开发测试，2011 年 4 月 28 日测流动压力、流动温度梯度，2011 年 5 月 1—18 日压力恢复试井，2011 年 5 月 17 日测静止温度、静止压力梯度，2011 年 5 月 19—24 日采用 3 个工作制度生产，进行产能试井，压力计下入深度 3060.0m。

2）第二次开发测试

2012 年 8 月 17 日—9 月 24 日进行开发测试，2012 年 8 月 17 日—9 月 10 日关井压力恢复试井，2012 年 9 月 9 日测静止温度、静止压力梯度，2012 年 9 月 10—24 日进行一点法产能试井，工作制度采用 0.8 扣生产，2012 年 9 月 24 日测流动压力、流动温度梯度，压力计下入深度 3065.0m。

2. 试井解释

1）第一次开发测试

（1）压力梯度分析。

2011 年 4 月 28 日进行流动压力梯度测试，通过流动压力梯度分析得出流动压力梯度为 0.27MPa/100m。2011 年 5 月 17 日进行静止压力梯度测试，通过静止压力梯度分析得出静止压力梯度为 0.30MPa/100m。

（2）产能试井。

平 G 井于 2010 年 1 月 21 日投产，投产后分别以阀控 2.1 扣、1.9 扣、1.8 扣、1.7 扣、1.6 扣、1.5 扣、1.4 扣、1.3 扣、1.2 扣、1.1 扣、1.0 扣、0.9 扣、0.7 扣、0.6 扣工作制度生产。从投产后的生产曲线可看出，不同工作制度下产能和油压相对稳定，表明储层物性好，供气能力强。

在回压试井阶段分别进行了阀控 $20\times10^4m^3/d$、$25\times10^4m^3/d$、$30\times10^4m^3/d$ 工作制度产能试井测试，以 2011 年 5 月 23 日 0:00—24:00 回压产能试井阀控 $30\times10^4m^3/d$ 工作制度定产，日产气 $30.124\times10^4m^3$，日产水 $2.8m^3$，油压 25MPa，井底流动压力 35.032MPa，各工作制度产能见表 5-5-20。

表 5-5-20　D 气田平 G 井第一次开发测试阶段油压、流动压力、产气量数据统计表

日期	油压 (MPa)	流动压力 (MPa)	折算流动压力 (MPa)	产气量 ($10^4m^3/d$)
2011 年 5 月 20 日	26.8	35.676	37.439	20.227
2011 年 5 月 21 日	26.8	35.526	37.289	21.264
2011 年 5 月 22 日	26.0	35.265	37.029	25.320
2011 年 5 月 23 日	25.0	35.032	36.795	30.124

注：地层压力 38.529MPa。

根据表 5-5-20，由 CandN 法绘出指示曲线（图 5-5-113）。经计算，平 G 井的指数式产能方程：

$$q_g = 3.92035(p_R^2 - p_{wf}^2)^{0.886009}$$

无阻流量 $q_{AOF}=253.143\times10^4m^3/d$。

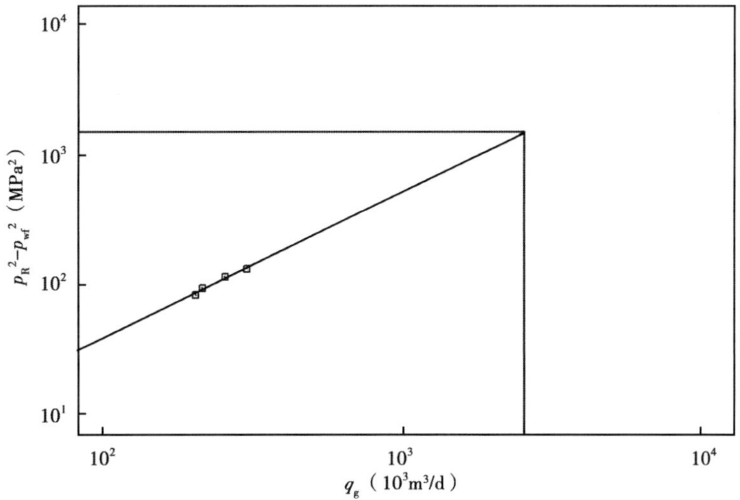

图 5-5-113　D 气田平 G 井第一次开发测试指数式图

根据表 5-5-20，由 LIT 法绘出指示曲线（图 5-5-114）。经计算，平 G 井的二项式产能方程：

$$\psi(p_R) - \psi(p_{wf}) = 12.1454q_g + 0.00542664q_g^2$$

无阻流量 $q_{AOF}=247.339\times10^4m^3/d$。

由二项式拟压力法取得无阻流量，按照流动压力与产量 IPR 曲线选取合理产能的原则一般为：取直线段内流动压力生产为合理产能，偏离直线段的流动压力为 36.0MPa（对应

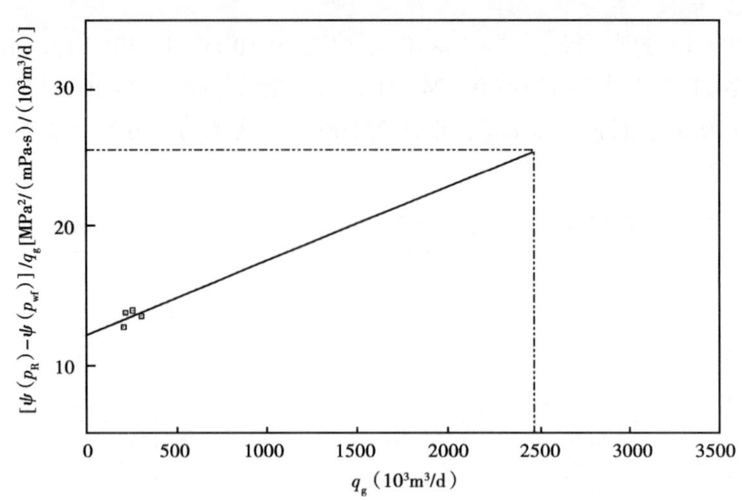

图 5-5-114　D 气田平 G 井第一次开发测试二项式图

测点流动压力，见图 5-5-115)，此时最高合理产能为 40.0×$10^4m^3/d$；按气井一般取无阻流量的 1/6 的原则，其合理产能应为 40.0×$10^4m^3/d$。

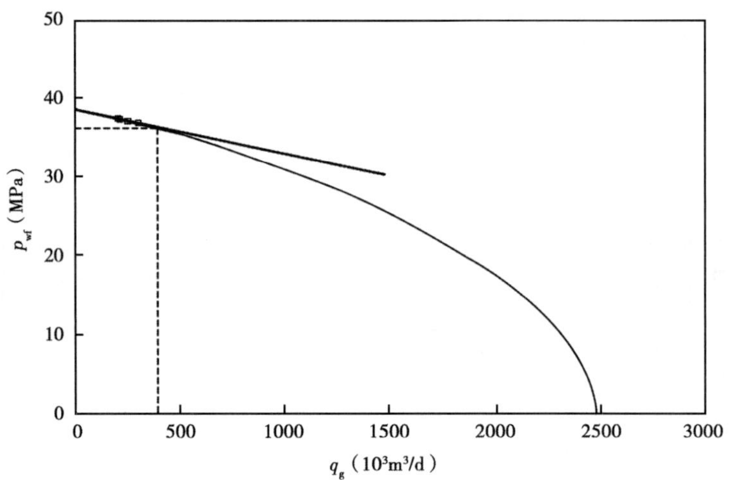

图 5-5-115　D 气田平 G 井第一次开发测试 IPR 曲线图

(3) 压力恢复试井。

2011 年 5 月 1—18 日进行压力恢复试井，有效关井时间 387.0h。

①模型诊断。

从关井压力恢复的半对数曲线、双对数（导数）曲线形态可看出，曲线经历早期井筒储集及表皮段，中期呈现过渡段向后期径向流段转变，出现径向流之后导数曲线发生上翘（导数曲线太乱，不明显）。结合地质情况，资料解释选用水平井+均质气藏+一条断层模型。

②试井解释结果。

通过模型诊断和图形分析，进行现代试井理论拟合分析及常规半对数分析，取得了储层参数分析成果。解释结果：经过关井压力恢复解释，测点地层压力为 36.57MPa（测点深度为3060.0m)；根据压力梯度折算到油层中部地层压力为 38.53MPa（储层中部深度为3713.0m）。$K=29.2\text{mD}$、$S=-2.99$、$d=505\text{m}$、$K_z/K_r=0.000519$、$C=4.01\text{m}^3/\text{MPa}$、水平段长度=900m（图 5-5-116、图 5-5-117、图 5-5-118）。

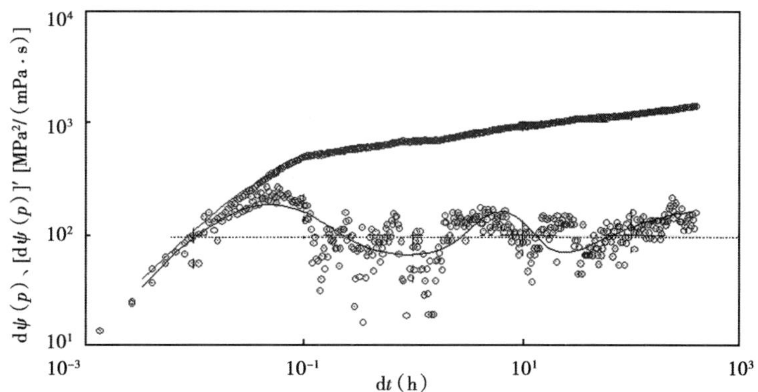

图 5-5-116　D 气田平 G 井第一次开发测试压力恢复试井双对数拟合图

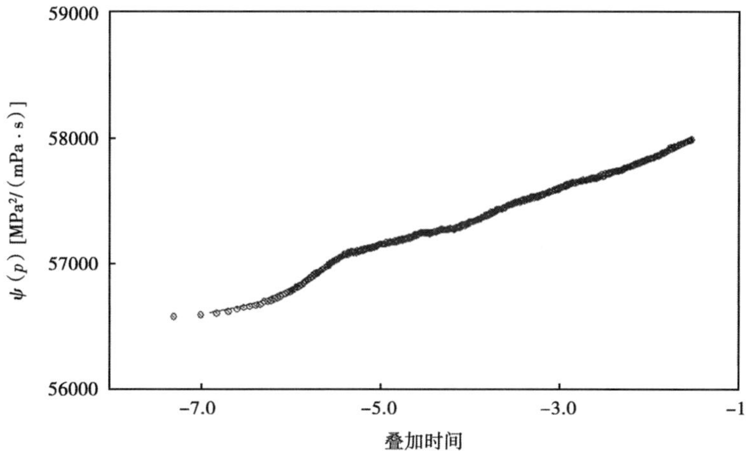

图 5-5-117　D 气田平 G 井第一次开发测试压力恢复试井半对数拟合图

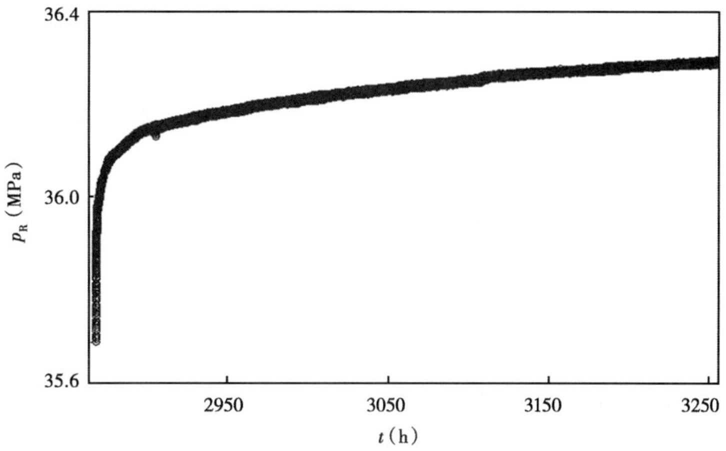

图 5-5-118　D 气田平 G 井第一次开发测试压力恢复试井压力史拟合图

2）第二次开发测试

（1）压力梯度分析。

2012 年 9 月 9 日进行静止压力梯度测试，通过静止压力梯度分析得出静止压力梯度为 0.251MPa/100m。2012 年 9 月 24 日进行流动压力梯度测试，通过流动压力梯度分析得出流动压力梯度为 0.294MPa/100m。

（2）产能试井。

在 2012 年 9 月 10—24 日进行一点法产能试井，期间进行了阀控 0.8 扣工作制度产能测试。以 2012 年 9 月 24 日 0:00—24:00 阀控 0.8 扣工作制度定产，日产气 $14.80\times10^4m^3$，日产水 $15.20\ m^3$，油压 23.60MPa，套压 4.20MPa，井底流动压力 32.80MPa，折气层中部流动压力 34.72MPa。平 G 井产能测试阶段流动压力、产能较高且相对稳定，表明储层物性较好，供气能力较强。

采用稳定点二项式压力平方法计算无阻流量 $q_{AOF}=183.36\times10^4m^3/d$，产能方程：

$$p_R^2 - p_{wf}^2 = 6.61197q_g + 0.002723348q_g^2$$

由稳定点二项式压力平方法取得无阻流量，按照流动压力与产量 IPR 曲线选取合理产能的原则一般为：取直线段内流动压力生产为合理产能，偏离直线段的流动压力为 32.0MPa（对应测点流动压力，见图 5-5-119），此时最高合理产能为 $40.0\times10^4m^3/d$；按气井一般取无阻流量的 1/5 的原则，其合理产能为在 $36.6\times10^4m^3/d$。

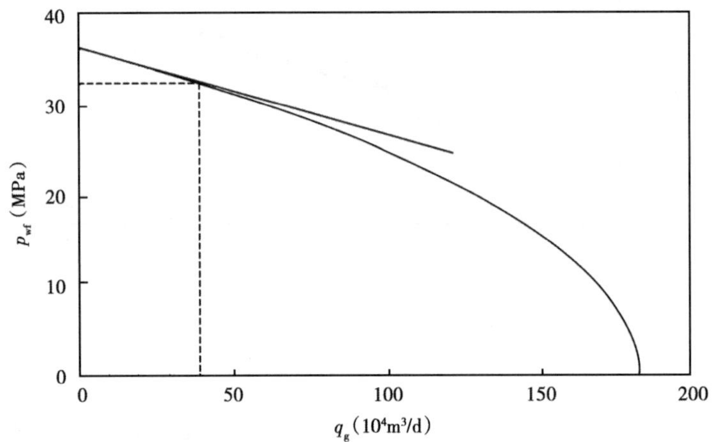

图 5-5-119　D 气田平 G 井第三次开发测试 IPR 曲线图

（3）压力恢复试井。

2012 年 8 月 17 日—9 月 10 日进行压力恢复试井，有效关井时间 579.3h。

①模型诊断。

从关井压力恢复的半对数曲线、双对数（导数）曲线形态可看出，在 0.2~4.2h 恢复压力曲线短暂变平，致使双对数（导数）曲线下掉，分析认为与井筒内气水相态重新分布或重力分异达到一个新的气水平衡有关，后期出现明显径向流。资料解释选用水平井+均质气藏+一条断层模型。

②试井解释结果。

通过模型诊断和图形分析，进行现代试井理论拟合分析及常规半对数分析，取得了储层

参数分析成果。经过关井压力恢复解释，测点地层压力为 34.48MPa（测点深度为 3065.0m）；根据压力梯度折算到油层中部地层压力为 36.11MPa（储层中部深度为 3713.0m）。K=29.0mD、S=14.81、d=650m、K_z/K_r=0.0001203、C=0.8796m^3/MPa、水平段长度=900m（图 5-5-120、图 5-5-121、图 5-5-122）。

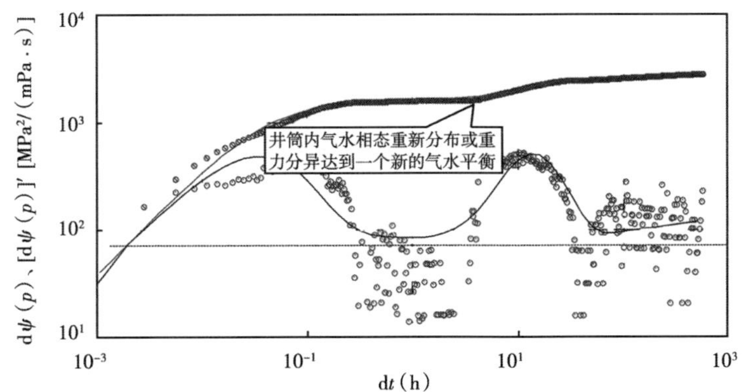

图 5-5-120　D 气田平 G 井第二次开发测试压力恢复试井双对数拟合图

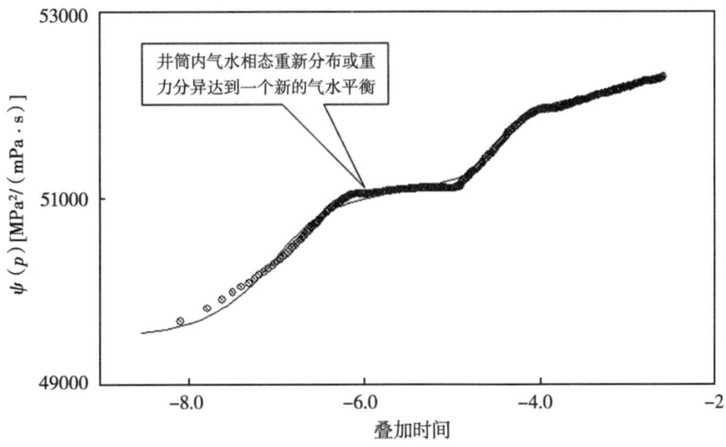

图 5-5-121　D 气田平 G 井第二次开发测试压力恢复试井半对数拟合图

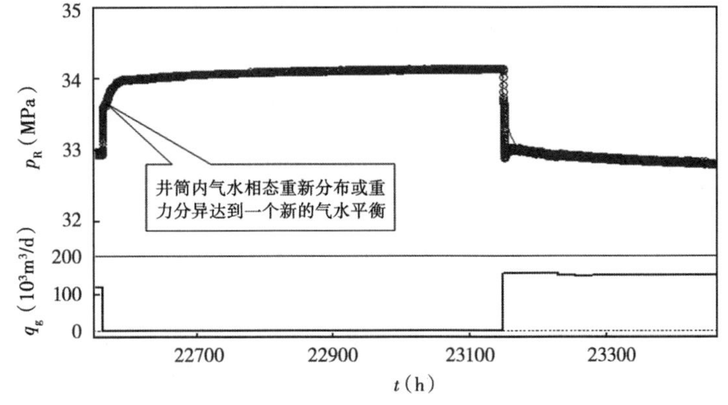

图 5-5-122　D 气田平 G 井第二次开发测试压力恢复试井压力史拟合图

3. 井控储量

利用物质平衡法确定单井控制地质储量。

对于定容封闭性气藏，得到定容气藏的物质平衡方程式：

$$\frac{p}{Z}=\frac{p_i}{Z_i}(1-\frac{N_p}{G})$$

把平G井历年压力恢复解释的地层压力、气体压缩因子和累计产气量作统计（表5-5-21）。

表 5-5-21　D 气田平 G 井计算单井控制地质储量表

时间	p（MPa）	Z	p/Z	$(p/Z)/(p_i/Z_i)$	累计产量（10^8m^3）
2011 年 5 月 1 日	38.53	1.04065	37.024936	1.0000000	1.2227999
2012 年 8 月 17 日	36.11	1.02205	35.330952	0.9542475	2.0933192

（1）作平G井纵坐标为$\frac{p}{Z}\Big/\frac{p_i}{Z_i}$、横坐标为$N_p$图，作线性回归，当$\frac{p}{Z}\Big/\frac{p_i}{Z_i}=0$时，$G=N_p$（图5-5-123）。计算平G井单井控制地质储量$G=20.23\times10^8m^3$。

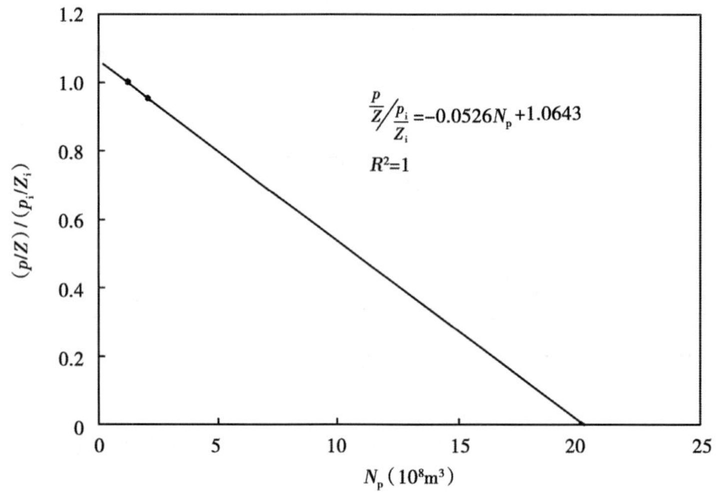

图 5-5-123　物质平衡法计算 D 气田平 G 井控制地质储量$(p/Z)/(p_i/Z_i)$—N_p图

（2）作平G井纵坐标为p/Z、横坐标为N_p图，作线性回归，当$p/Z=0$时，$G=N_p$（图5-5-124）。计算平G井单井控制地质储量$G=20.25\times10^8m^3$。

4. 小结

通过对D气田平G井第一次和第二次测试资料的解释分析，可知：

（1）结合地质构造图分析，平G井两次试井解释模型为水平井+均质气藏+一条断层模型。

（2）平G井火山岩储层平均渗透率为29.1mD；断层距井505~650m；第一次测试（2011年）地层压力为38.53MPa；第二次测试（2012年）地层压力为36.11MPa。

（3）第一次测试（2011年）表皮系数为1.97，日产水2.8m^3；第二次测试（2012年）表皮系数为14.81，日产水15.20m^3；表皮系数增大，可能是由于产水量增加堵塞气体通道。

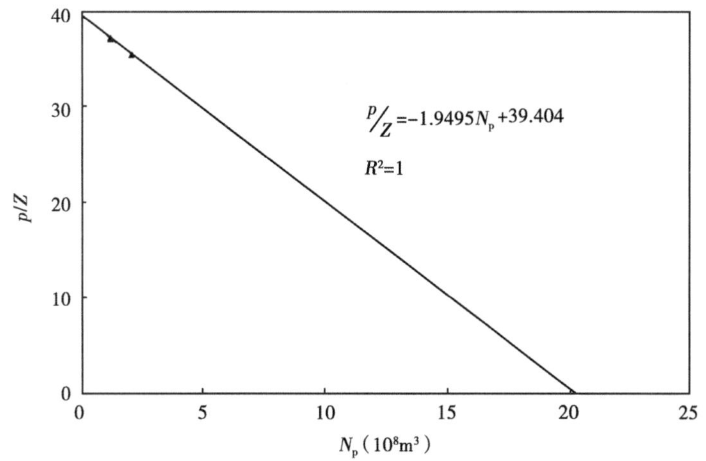

图 5-5-124 物质平衡法计算 D 气田平 G 井控制地质储量 p/Z—N_p 图

（4）产能方程计算平均无阻流量，第一次测试（2011 年）为 247.339×$10^4m^3/d$，第二次测试（2012 年）为 183.36×$10^4m^3/d$，按气井一般取无阻流量的 1/5~1/6 的原则，最高合理产能为 40.0×$10^4m^3/d$。利用物质平衡法确定单井控制地质储量为 20.24×10^8m^3。

（5）压力恢复测试和流动压力梯度测试以及生产过程均反映出地层已产水，在参数解释及地层压力的计算过程中受到了不同程度的影响。

八、平 H 井

1. 测试简况

平 H 井完钻日期为 2012 年 4 月 12 日，测试层位为 HS 组，水平井的裸眼+筛管井段为 3940.0~5142.0m，气测异常段长度为 1202.0m，储层厚度为 10m，A 点垂深为 3726.4m。

2012 年 7 月 9 日平 H 井投产，平均日产气 21.2×10^4m^3，平均油压 22.2MPa。2013 年 4 月 20 日—5 月 28 日进行开发测试；2013 年 4 月 20 日—5 月 11 日压力恢复试井；2013 年 5 月 11 日测静止温度、静止压力梯度；2013 年 5 月 11—28 日采用 4 个工作制度生产，进行产能试井；2013 年 5 月 28 日测流动压力、流动温度梯度，压力计下入深度 3616.0m。

2. 试井解释

1）压力梯度分析

2013 年 5 月 11 日进行静止压力梯度测试，通过静止压力梯度分析得出静止压力梯度为 0.254MPa/100m。2013 年 5 月 28 日进行流动压力梯度测试，通过流动压力梯度分析得出流动压力梯度为 0.337MPa/100m。

2）产能试井

平 H 井于 2012 年 7 月 8 日投产，投产后开始以 8.00mm 油嘴排液生产，2012 年 11 月 1 日后采用阀控 2.0 扣生产，投产后产能在 20.0×$10^4m^3/d$ 左右，产水 10~20m^3/d，油压 22.0MPa 左右，油压及产能基本稳定。产能测试采用阀控 1.8 扣、2.0 扣、2.2 扣生产，各工作制度下产能与井口压力相对稳定，表明储层物性中等，供气能力较强。

2013 年 5 月 27 日 0:00—24:00 以阀控 2.0 扣工作制度定产，产气 20.60×$10^4m^3/d$，产水 20.50m^3/d，油压 16.30MPa，测试结果为气层（含水），各工作制度下产量见表 5-5-22。

表 5-5-22　D 气田平 H 井产能试井测试阶段油压、流动压力、产气量数据统计表

日期	油压（MPa）	流动压力（MPa）	折算流动压力（MPa）	产气量（$10^4m^3/d$）
2013 年 5 月 13 日	22.1	29.68	30.05	14.7
2013 年 5 月 14 日	20.0	29.21	29.58	18.9
2013 年 5 月 15 日	16.8	28.15	28.52	24.3
2013 年 5 月 16 日	16.0	28.9	29.27	18.6
2013 年 5 月 17 日	17.0	28.42	28.79	20.6

注：地层压力 32.70MPa。

根据表 5-5-22，由 CandN 法绘出指示曲线（图 5-5-125）。经计算，平 H 井的指数式产能方程：

$$q_g = 1.32948(p_R^2 - p_{wf}^2)^{0.920777}$$

无阻流量 $q_{AOF}=81.8085\times10^4m^3/d$。

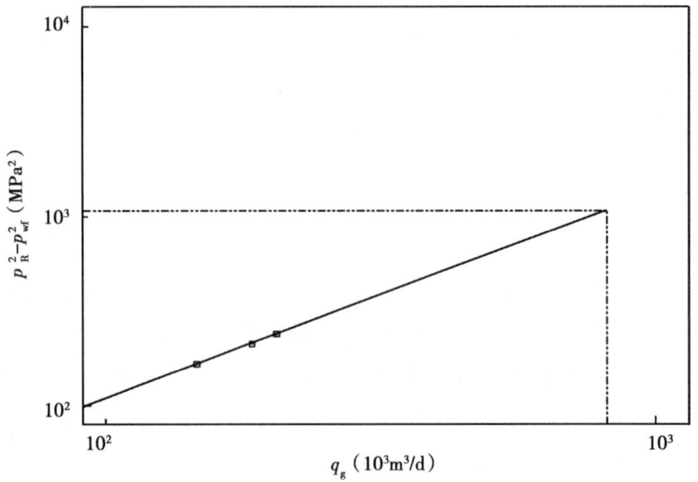

图 5-5-125　D 气田平 H 井开发测试指数式图

根据表 5-5-22，由 LIT 法绘出指示曲线（图 5-5-126）。经计算，平 H 井的二项式产能方程：

$$\psi(p_R) - \psi(p_{wf}) = 37.0425q_g + 0.0322342q_g^2$$

无阻流量 $q_{AOF}=79.2284\times10^4m^3/d$。

由二项式拟压力法取得无阻流量，按照流动压力与产量 IPR 曲线选取合理产能的原则一般为：取直线段内流动压力生产为合理产能，偏离直线段的流动压力为 29.0MPa（对应测点流动压力，见图 5-5-127），此时最高合理产能为 $20.0\times10^4m^3/d$；按气井一般取无阻流量的 1/5 的原则，其合理产能应为 $16.0\times10^4m^3/d$。

3）压力恢复试井

2013 年 4 月 20 日—5 月 11 日进行压力恢复试井，有效关井时间 494.0h。

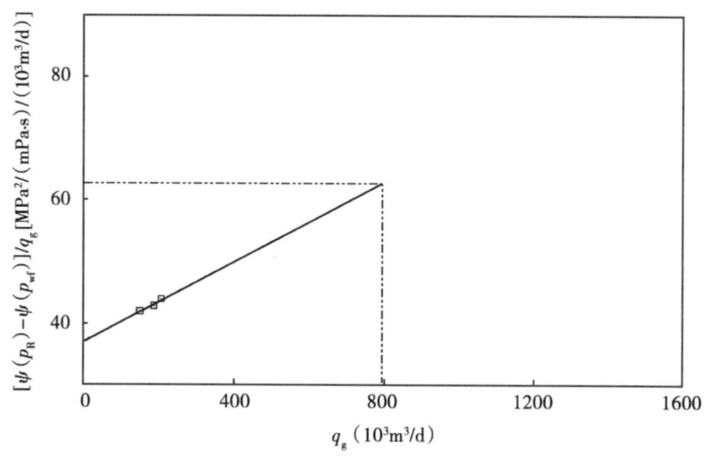

图 5-5-126　D 气田平 H 井开发测试二项式图

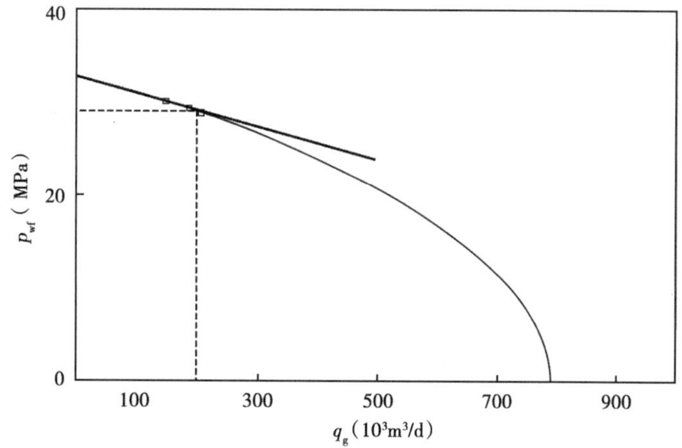

图 5-5-127　D 气田平 H 井开发测试 IPR 曲线图

（1）模型诊断。

通过对关井压力恢复双对数—导数曲线图形特征的诊断分析，井筒储集阶段导数曲线沿斜率近 1 上升，中期出现短暂的径向流，中期导数曲线沿近 1 斜率上升，后期导数曲线下降到拟径向流 0.5 水平线，解释过程中采用变井筒储集、表皮效应+水平井+均质模型。

（2）试井解释结果。

通过模型诊断和图形分析，进行现代试井理论拟合分析及常规半对数分析，取得了储层参数分析成果。解释结果：经过关井压力恢复解释，测点地层压力为 32.41MPa（测点深度为 3616.0m）；根据压力梯度折算到油层中部地层压力为 32.70MPa（储层中部深度为 3726.4m）。K=24.1mD、S=9.35、K_z/K_r=0.0000107、C=1.69m^3/MPa、水平段长度=855（图 5-5-128、图 5-5-129、图 5-5-130）。

3. 小结

通过对 D 气田平 H 井试井测试解释数据的分析，可知：

（1）结合地质构造图分析，平 H 井试井解释模型为变井筒储集、表皮效应+水平井+均质模型。

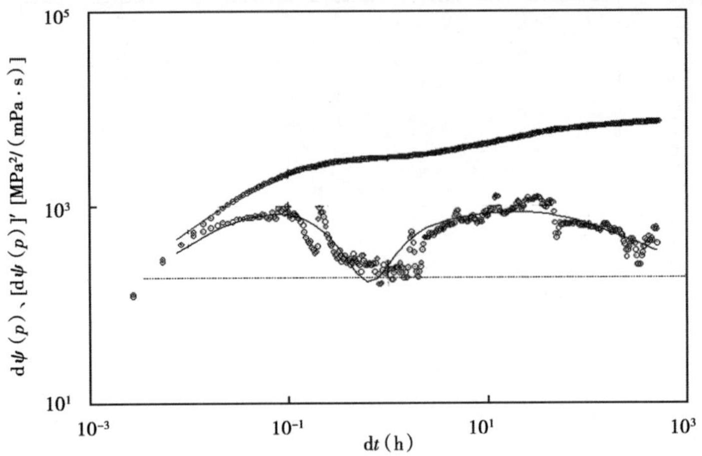

图 5-5-128 D 气田平 H 井开发测试压力恢复试井双对数拟合图

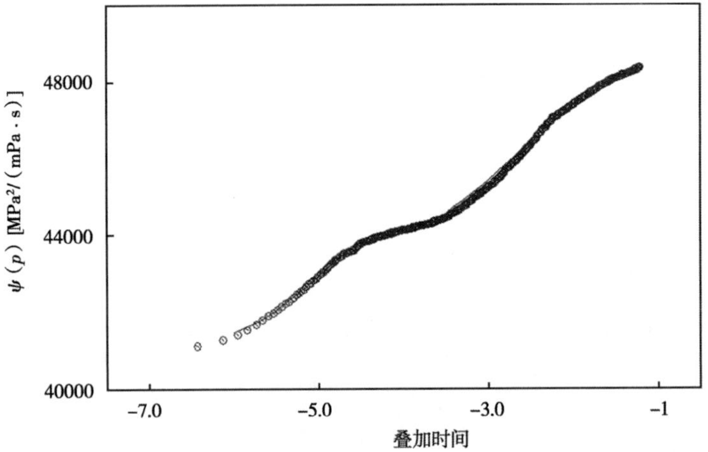

图 5-5-129 D 气田平 H 井开发测试压力恢复试井半对数拟合图

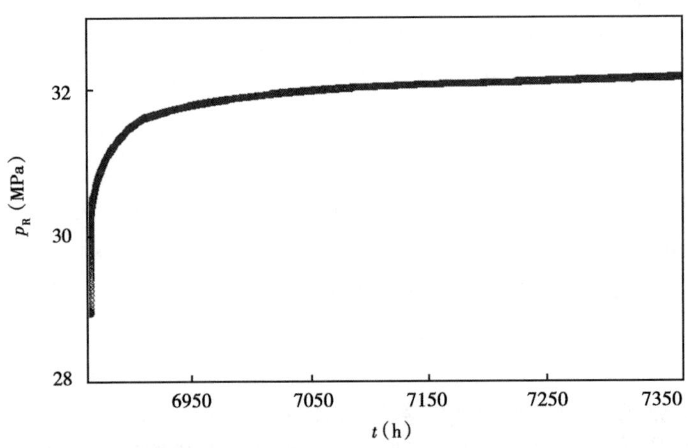

图 5-5-130 D 气田平 H 井开发测试压力恢复试井压力史拟合图

（2）平 H 井火山岩储层平均渗透率为 24.1mD；地层压力为 32.7MPa。

（3）通过产能方程计算平均无阻流量为 $80.0 \times 10^4 m^3/d$，最高合理产能为 $20.0 \times 10^4 m^3/d$。

（4）平 H 井投产后产液量较高，在产气能力为 $20 \times 10^4 \sim 24 \times 10^4 m^3/d$ 情况下，液气比为 $0.4 \sim 1.5 m^3/10^4 m^3$，通过对生产过程中不同产气能力情况下的携液量大小分析，产气能力在 $20 \times 10^4 m^3 d$ 左右时携液能力较强。

（5）在目前携液量较高的合理产气能力下尽量保持稳定生产，不要因过高的产能而放大生产压差；无特殊情况不要关井、开井；关井后开井时要以小的工作制度开始，逐渐提高，对储层尽量减小压力激动从而降低底水上窜。

九、平 I 井

1. 测试简况

平 I 井完钻日期为 2011 年 10 月 10 日，测试层位为 HS 组，水平井的裸眼井段为 3931.0～4331.0m，筛管井段为 4331.0～5131.0m，气测异常段长度为 1202.0m，水平段长度总计为 1200.0m，储层厚度为 15m，A 点垂深为 3682.5m 。

1）试采测试

2011 年 11 月 29 日—12 月 30 日进行产能试井测试；2011 年 11 月 29 日—12 月 5 日关井测压力恢复；2011 年 12 月 5 日测静止压力、静止温度梯度；2011 年 12 月 15—18 日进行产能测试；2011 年 12 月 30 日测流动压力、流动温度梯度，压力计下入深度 3613.25m。

2）静止压力试井

2012 年 6 月 2 日—9 月 2 日进行静止压力试井测试；2012 年 6 月 2 日—7 月 18 日关井测压力恢复；2012 年 7 月 18 日—9 月 2 日换压力计继续关井测压力恢复；2012 年 9 月 2 日测静止压力、静止温度梯度，压力计下入深度 3678.0m。

2. 试井解释

1）试采测试

（1）压力梯度分析。

2011 年 12 月 5 日进行静止压力梯度测试，通过静止压力梯度分析得出静止压力梯度为 0.283MPa/100m。2011 年 12 月 30 日进行流动压力梯度测试，通过流动压力梯度分析得出流动压力梯度为 0.329MPa/100m。

（2）产能试井。

平 I 井于 2011 年 11 月 24—29 日放喷，期间分别采用 6mm、8mm、10mm 油嘴进行求产。2011 年 11 月 28 日 10:00—29 日 10:00 以 10mm 油嘴放喷定产，日产气 $32.7524 \times 10^4 m^3$，日产液 $0.7m^3$，平均流动压力 36.46MPa，油压 24.07MPa。该井放喷阶段流动压力、产能高且相对稳定，表明储层物性较好，供气能力强。

平 I 井压力恢复测试后，于 2011 年 12 月 15—30 日采用 3 个工作制度进行产能测试，由于邻井生产影响，产能和流动压力均低于压力恢复前（表 5-5-23）。2011 年 12 月 30 日 0:00—24:00 以阀控 2.4 扣放喷定产，日产气 $29.2784 \times 10^4 m^3$，日产液 $3.5m^3$，平均流动压力 35.44MPa，油压 21.0MPa。

根据表 5-5-23，由 CandN 法绘出指示曲线（图 5-5-131）。经计算，平 I 井的指数式产能方程：

$$q_g = 4.00261(p_R^2 - p_{wf}^2)^{0.889025}$$

无阻流量 $q_{AOF} = 250.411\times10^4 m^3/d$。

表 5-5-23　D 气田平 I 井试采测试阶段油压、流动压力、产气量数据统计表

日期	油压（MPa）	流动压力（MPa）	折算流动压力（MPa）	产气量（$10^4m^3/d$）
2011 年 12 月 19 日	23.9	35.913	36.141	22.097
2011 年 12 月 27 日	23.2	35.654	35.882	26.333
2011 年 12 月 30 日	21.0	35.440	35.668	29.278

注：地层压力 37.384MPa。

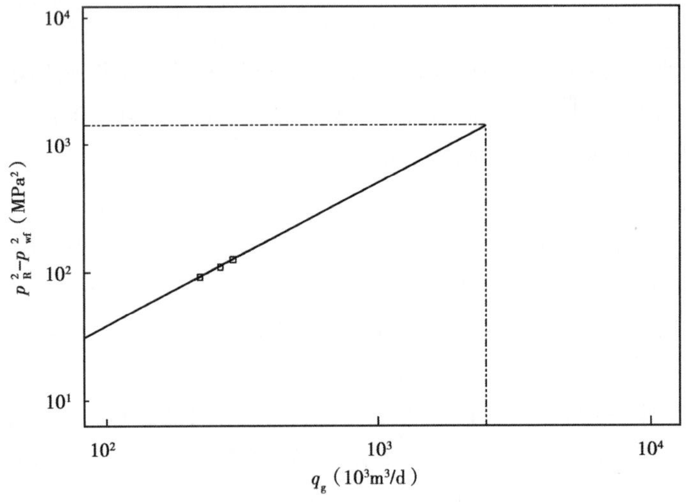

图 5-5-131　D 气田平 I 井试采测试指数式图

根据表 5-5-23，由 LIT 法绘出指示曲线（图 5-5-132）。经计算，平 I 井的二项式产能方程：

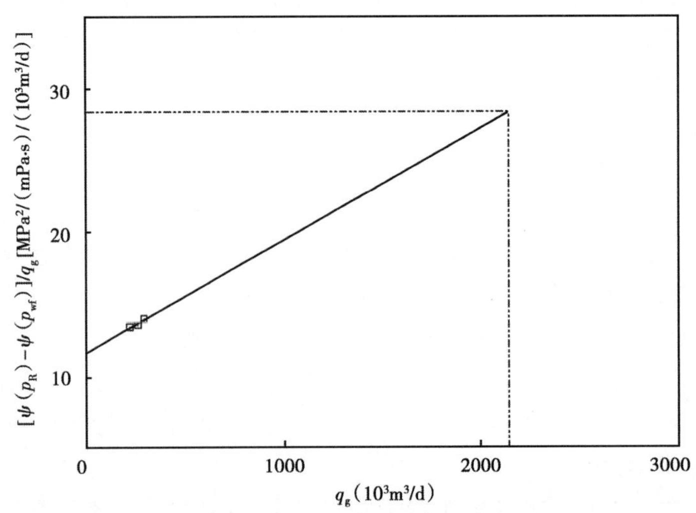

图 5-5-132　D 气田平 I 井试采测试二项式图

$$\psi(p_{R}) - \psi(p_{wf}) = 11.6803q_{g} + 0.00780393q_{g}^{2}$$

无阻流量 $q_{AOF}=214.48\times10^{4}m^{3}/d$。

由二项式拟压力法取得无阻流量，按照流动压力与产量 IPR 曲线选取合理产能的原则一般为：取直线段内流动压力生产为合理产能，偏离直线段的流动压力为 35.2MPa（对应测点流动压力，见图 5-5-133），此时最高合理产能为 $32.0\times10^{4}m^{3}/d$；按气井一般取无阻流量的 1/7 的原则，其合理产能应为 $30.0\times10^{4}m^{3}/d$。

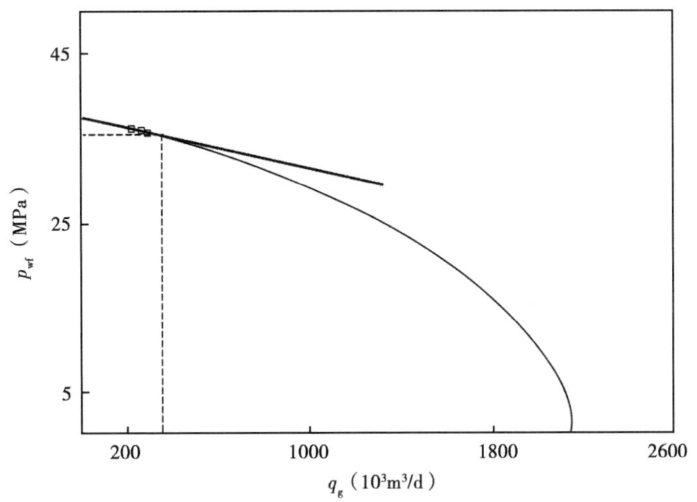

图 5-5-133　D 气田平 I 井试采测试 IPR 曲线图

（3）压力恢复试井。

2011 年 11 月 29 日—12 月 5 日进行压力恢复试井，有效关井时间 141.3h。

①模型诊断。

通过对关井后压力恢复双对数—导数曲线图形特征的诊断分析，井筒储集阶段导数曲线沿斜率 1 上升，早中期出现明显径向流，反映储层均质性较好；在关井 32h 后，导数曲线开始下掉（关井实测压力恢复曲线中后期同样明显下掉），反映有邻井干扰影响。

②数值试井解释。

运用数值试井，在进行常规解释，对外边界的压力响应进行初步、定性的分析后，就可以勾画出与之大致相匹配的边界形态。然后通过逐步调整和改善构造边界的相关参数达到与实测曲线的最佳拟合，最终实现对测试气藏外部边界形态的准确描述。由于在关井 32h 后压力恢复曲线出现下降，反映有邻井干扰影响。根据试井曲线特征，解释过程中采用水平井+均质气藏+三口干扰井模型。

（a）数值试井气藏模型的建立。

第一步，根据地质研究成果，建立或假设一个气藏模型，包括气藏结构：结合平 I 井地质构造图分析，在该井左右边有三口水平井。在该井左边 70～200m 处有一口水平井——平 A 井。平 A 井筛管+裸眼井段水平井段长 526.0m，2008 年 11 月 17 日投产，平均日产量为 $35.07\times10^{4}m^{3}$。在平 I 井左上部 340～530 m 处有一口水平井——平 C 井。平 C 井筛管+裸眼井水平井段长 540.0m，2009 年 8 月 6 日投产，平均日产量为 $33.5\times10^{4}m^{3}$。在平 I 井右边 780m 处有一口水平井——平 G 井。平 G 井筛管+裸眼井段水平井段长 900.0m，2010 年 1 月

21 日投产，平均日产量为 20.8×$10^4$$m^3$。

第二步，数值试井必须进行离散化，为此要选用适合的网格。Vorononoi 网格是一种把局部细分网格与基本粗化网格连接在一起的一种常用方法，即在井筒附近使用加密的细分网格，而在离井较远处，使用较稀疏的基本网格（图 5-5-134）。

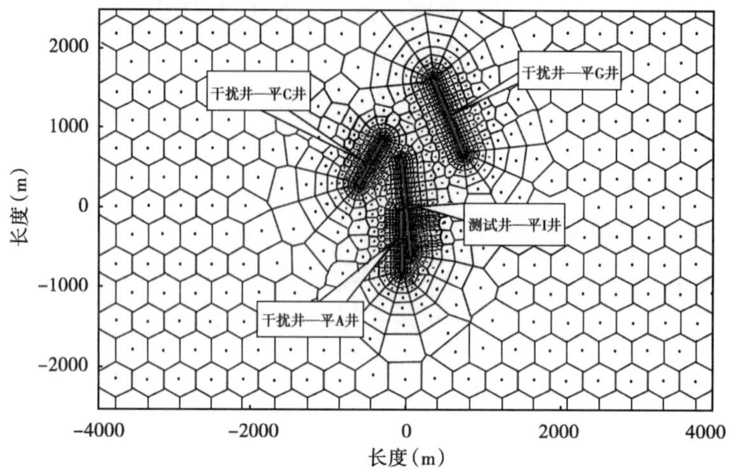

图 5-5-134　D 气田平 I 井数值试井 Vorononoi 网格图

第三步，通过调整气藏结构（气藏的类型，外边界的类型和分布，即各边界的位置和距离等）、气藏参数和流体参数及其分布，计算网格所有节点的压力变化，从而找出与实测压力变化相一致的气藏模型和参数分布，调整到的最佳结果就是所寻求的解。

（b）数值试井解释结果。

通过模型诊断和图形分析，进行现代试井理论拟合分析及常规半对数分析，取得了储层参数分析成果。测点地层压力为 37.188MPa（测点深度为 3613.25m）；根据压力梯度折算到油层中部地层压力为 37.834MPa（储层中部深度为 3682.5m）。$K=47.8$mD、$S=-4.34$、$K_z/K_r=0.000342$、$C=2.71841$$m^3$/MPa、水平井段长度=1200m（图 5-5-135、图 5-5-136、图 5-5-137）。

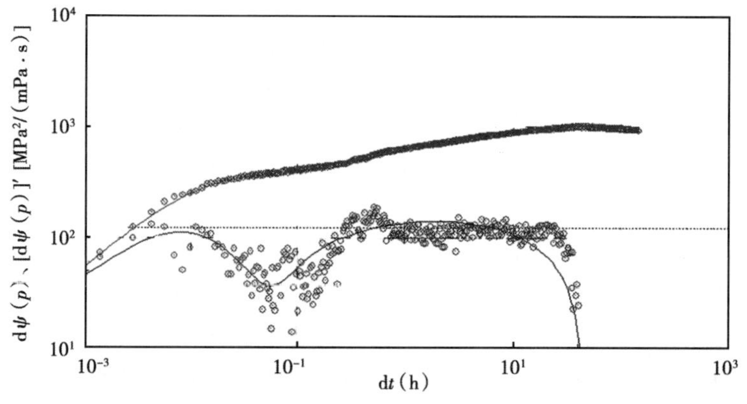

图 5-5-135　D 气田平 I 井试采测试数值试井双对数拟合图

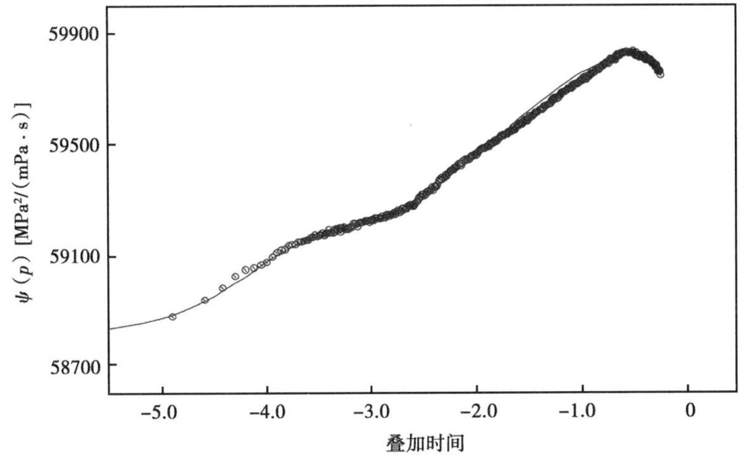

图 5-5-136　D 气田平 I 井试采测试数值试井半对数拟合图

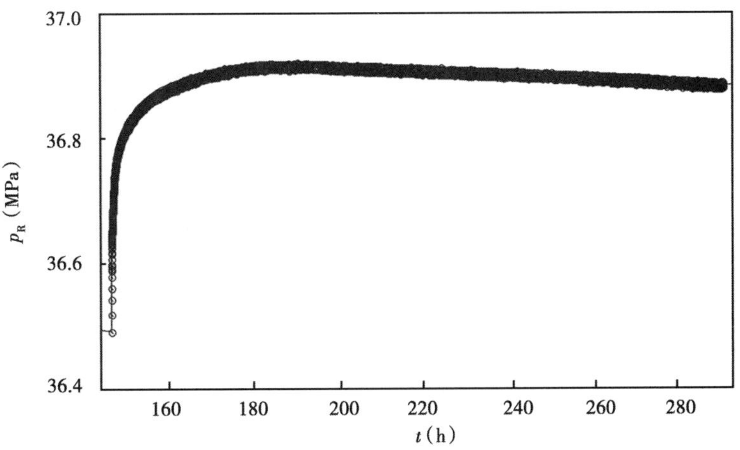

图 5-5-137　D 气田平 I 井试采测试数值试井压力史拟合图

2）静止压力试井

（1）压力梯度分析。

2012 年 9 月 2 日进行静止压力梯度测试，通过静止压力梯度分析得出静止压力梯度为 0.272MPa/100m。

（2）静止压力试井测试概况。

静止压力测试是平 I 井的第二次压力测试，压力计分两次下入，第一次是 2012 年 6 月 2 日—7 月 18 日，起出后紧接着第二次下入，至 2012 年 9 月 2 日结束，两次累计测试时间 92d（2208h）。地面关井从 2012 年 5 月 30 日 9:20 开始，下入压力计是 2012 年 6 月 2 日 8:35 开始（9:36 下至预定位置）。由于下入压力计是在关井 3d 后进行的，因此，关井压力恢复初期数据未能录取，不能进行压力恢复曲线的储层参数解释。

（3）地层压力。

静止压力测试时间为 2012 年 6 月 2 日—9 月 2 日，累计测试时间为 92d，即 2208h。在关井 629.8h 左右恢复压力达到最高值，为 34.80MPa，之后开始逐渐下降，受邻井干扰影响明显，因此不能外推和模拟地层压力。根据实测点（测点垂深为 3629.04m）最高恢复压力为 34.80MPa，确定为目前地层压力，根据静止压力梯度推算至储层中部深度（储层中部垂深为 3682.50m）地层压力为 34.94MPa。

（4）静止压力试井分析。

静止压力试井不只是确定地层压力，实际上要做干扰试井，干扰试井对吉林油田是新技术也是首次开展的，它的失败教训主要有三点：第一点是压力计精度和分辨率不够；第二点是下入压力计时间是在关井 3d 后；第三点是激动井太多且激动次数也过于频繁，在压力曲线上分不清是哪一口井哪一次干扰的（图 5-5-138）。所以只能作毫无意义的定性分析而不能做定量分析。

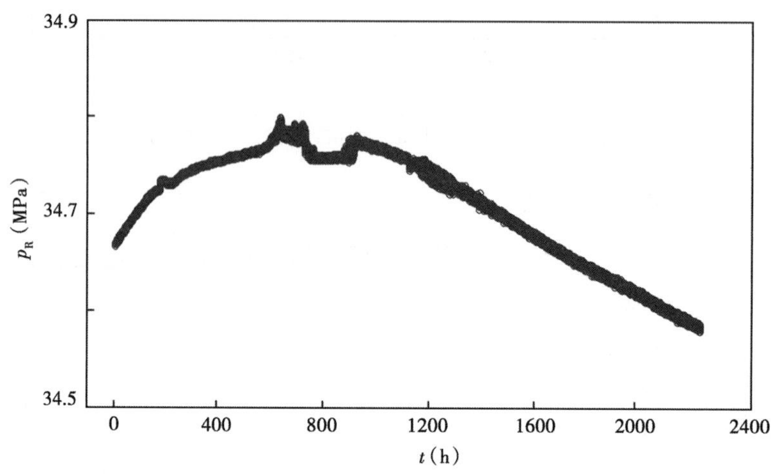

图 5-5-138　D 气田平 I 井静止压力测试压力史图

3. 井控储量

利用物质平衡法确定单井控制地质储量。

对于定容封闭性气藏，没有水驱作用，得到定容气藏的物质平衡方程式：

$$\frac{p}{Z}=\frac{p_i}{Z_i}(1-\frac{N_p}{G})$$

把平 I 井历年压力恢复解释的地层压力、气体压缩因子和累计产气量作统计（表 5-5-24）。

表 5-5-24　D 气田平 I 井计算单井控制地质储量表

时间	p（MPa）	Z	p/Z	$(p/Z)/(p_i/Z_i)$	累计产量（10^8m^3）
2011 年 12 月 5 日	37.834	1.03628	36.5094	1	0.00237
2012 年 9 月 2 日	34.94	1.01365	34.4695	0.9441	0.49492

（1）作平 I 井纵坐标为$\frac{p}{Z}\Big/\frac{p_i}{Z_i}$、横坐标为 N_p 图，作线性回归，当$\frac{p}{Z}\Big/\frac{p_i}{Z_i}=0$时，$G=N_p$（图 5-5-139）。计算平 I 井单井控制地质储量 $G=8.82\times10^8m^3$。

（2）作平 I 井纵坐标为 p/Z、横坐标为 N_p 图，作线性回归，当 $p/Z=0$ 时，$G=N_p$（图

5-5-140)。计算平 I 井单井控制地质储量 $G=8.82\times10^8\text{m}^3$。

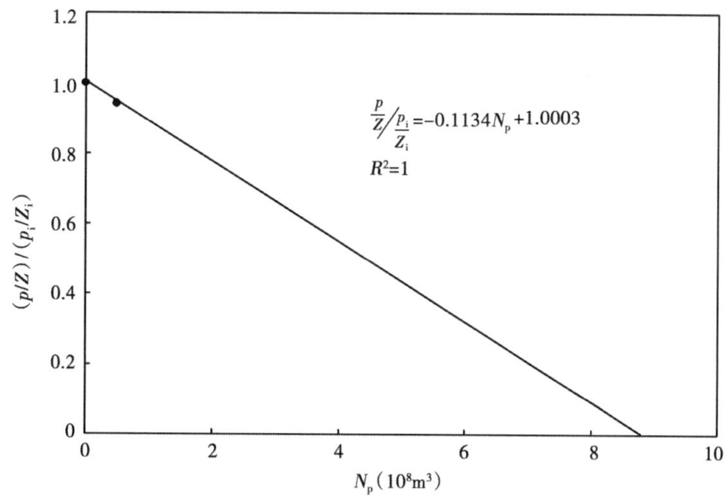

图 5-5-139　物质平衡法计算 D 气田平 I 井控制地质储量 $(p/Z)/(p_i/Z_i)$—N_p 图

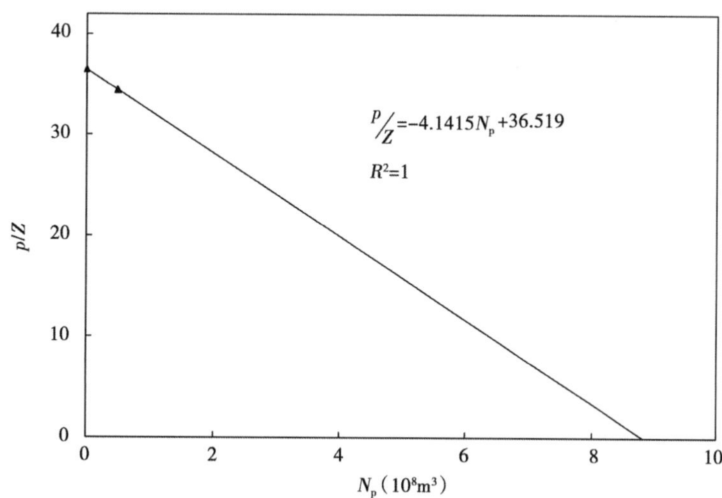

图 5-5-140　物质平衡法计算 D 气田平 I 井控制地质储量 p/Z—N_p 图

4. 小结

通过对 D 气田平 I 井试井解释数据的分析，可知：

(1) 结合地质构造图分析，运用数值试井，再进行常规解释，最终实现对测试气藏外部边界形态的准确描述。根据试井曲线特征，解释过程中采用水平井+均质气藏+三口干扰井模型。

(2) 平 I 井火山岩储层平均渗透率为 47.8mD；地层压力为 37.834MPa。

(3) 通过产能方程计算平均无阻流量为 $214.48\times10^4\text{m}^3/\text{d}$，最高合理产能为 $30.0\times10^4\text{m}^3/\text{d}$，利用物质平衡法确定单井控制地质储量为 $8.82\times10^4\text{m}^3$。

(4) 在进行干扰试井时，首先做到用高精度和高分辨率电子压力计，并且设置合理的采样间隔程序；其次是观测井选 1~2 口，提前 3~5d 把压力计下到预定位置再关井；最后是激动井不要太多，选择 1 口井作为激动井，其他井保持原有的工作制度。

十、平 J 井

1. 测试简况

平 J 井完钻日期为 2011 年 11 月 5 日，测试层位为 HS 组，水平井的裸眼+筛管井段为 3300.0~4913.0m，气测异常段长度为 1274.97m，储层厚度为 10 m，A 点垂深为 3656.33m。

2012 年 7 月 19 日—8 月 27 日进行试井测试，2012 年 7 月 19 日测流动压力、流动温度梯度，2012 年 7 月 19—20 日测流动压力、流动温度，2012 年 7 月 20 日—8 月 13 日关井测压力恢复，2012 年 8 月 7 日测静止压力、静止温度梯度，2012 年 8 月 13—27 日进行产能测试，压力计下入深度 3005.0m。测试目的是根据目前所取得的关井压力恢复数据确定目前地层压力、天然气产能，建立产能方程，求取气层无阻流量以及储层渗流参数，为下步生产和区块评价提供理论依据。

2. 试井解释

1）压力梯度分析

2012 年 7 月 19 日进行流动压力梯度测试，不同深度的流动压力梯度实测曲线以及梯度值显示，在井筒 0~3000m 流动压力梯度不均匀，反映井筒内为水的汽雾状（流动过程中浓度不均匀）和天然气的混合物（生产过程中产水量较多），通过流动压力梯度分析得出流动压力梯度为 0.225MPa/100m。2012 年 8 月 7 日进行静止压力梯度测试，通过静止压力梯度分析得出静止压力梯度为 0.202MPa/100m。

2）产能试井

平 J 井于 2012 年 2 月 17 日投产，投产后至 2012 年 6 月 19 日分别采用 5mm、6mm、8mm、10mm 油嘴进行放喷生产，2012 年 6 月 19 日后采用阀控 2.0 扣生产，关井压力恢复后的产能测试阶段，即 2012 年 8 月 13—24 日采用阀控 2.0 扣工作制度进行产能测试，在测试初期，由于携液量低，致流动压力逐渐递减，2012 年 8 月 24—27 日采用阀控 1.8 扣工作制度进行产能测试，在经过一段时间后，井筒液面降到一定程度，携液趋于正常，此时流动压力趋于稳定。

依据 2012 年 8 月 27 日 0:00—24:00 阀控 1.8 扣工作制度进行产能测试定产，日产气 $13.80\times10^4\text{m}^3$，日产液 11.2m^3，平均流动压力 29.21MPa，折气层中部流动压力 30.68MPa，油压 21.00MPa，套压 23.00MPa，中部地层压力 33.81MPa。平 J 井产能测试阶段流动压力、产能较高且相对稳定，表明储层物性较好，供气能力较强。

采用稳定点二项式压力平方法计算无阻流量 $q_{\text{AOF}}=51.57\times10^4\text{m}^3/\text{d}$，产能方程 $p_{\text{R}}^2-p_{\text{wf}}^2=11.87158q_{\text{g}}+0.199674q_{\text{g}}^2$。

由稳定点二项式压力平方法取得无阻流量，按照流动压力与产量 IPR 曲线选取合理产能的原则一般为：取直线段内流动压力生产为合理产能，偏离直线段的流动压力为 31.3MPa（对应测点流动压力，见图 5-5-141），此时最高合理产能为 $12.0\times10^4\text{m}^3/\text{d}$；按气井一般取无阻流量的 1/3 的原则，其合理产能应为 $17.5\times10^4\text{m}^3/\text{d}$。

3）压力恢复试井

2012 年 7 月 20 日—8 月 13 日进行压力恢复试井，有效关井时间 579.2h。

（1）模型诊断。

通过对关井后压力恢复双对数—导数曲线图形特征的诊断分析，井筒储集阶段导数曲线

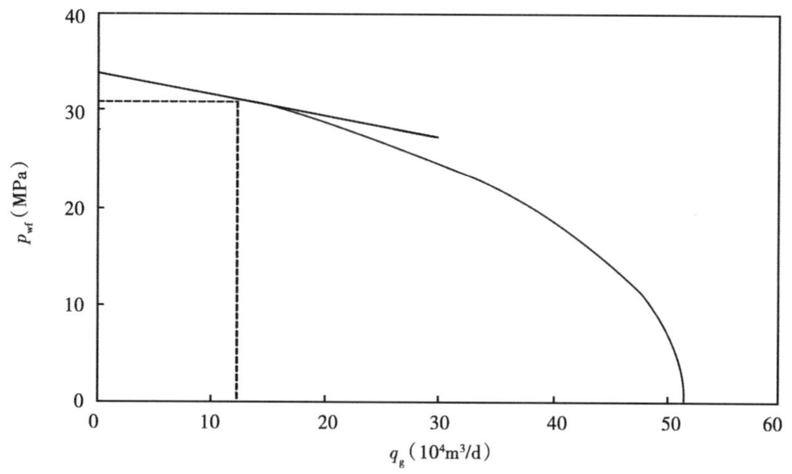

图 5-5-141　D 气田平 J 井试采测试 IPR 曲线图

沿斜率 1 上升，早中期出现明显径向流，反映储层均质性较好；在关井 5h 后，导数曲线开始下掉，与井筒内气水相态重新分布或重力分异达到一个新的气水平衡有关，中后期又受到邻井干扰影响，因此参数解释受到一定影响。根据曲线特征，解释过程中采用水平井+均质气藏+一条断层模型进行分析。

（2）试井解释结果。

通过模型诊断和图形分析，进行现代试井理论拟合分析及常规半对数分析，取得了储层参数分析成果。解释结果：经过关井压力恢复解释，测点地层压力为 32.49MPa（测点深度为 3005.0m）；根据压力梯度折算到气层中部地层压力为 33.81MPa（储层中部深度为 3656.33m）。K=12.5mD、S=−1.08、r=200m、K_z/K_r=0.0000237、C=1.94m^3/MPa、水平井段长度=1089m（图 5-5-142、图 5-5-143、图 5-5-144）。

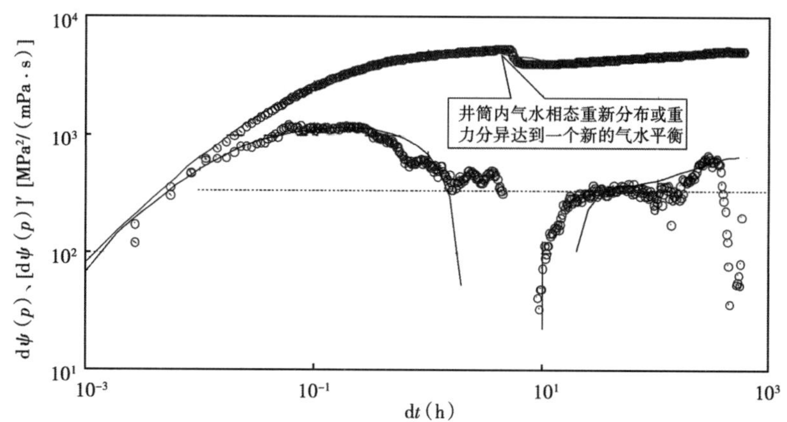

图 5-5-142　D 气田平 J 井试采测试压力恢复试井双对数拟合图

3. 小结

通过对 D 气田平 J 井试井解释数据的分析，可知：

（1）根据试井曲线特征，解释过程中采用水平井+均质气藏+一条断层模型。

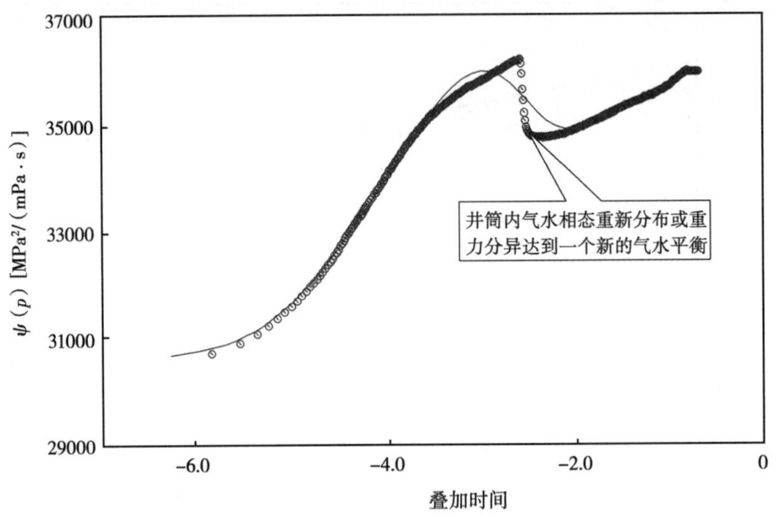

图 5-5-143　D 气田平 J 井试采测试压力恢复试井半对数拟合图

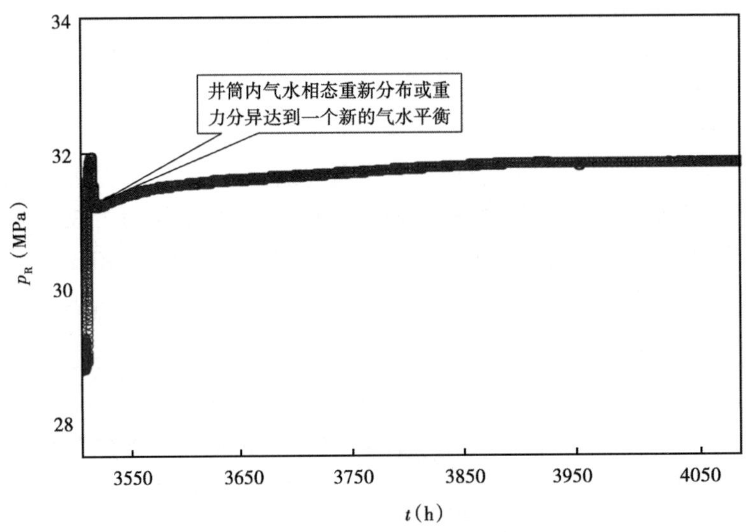

图 5-5-144　D 气田平 J 井试采测试压力恢复试井压力史拟合图

(2) 平 J 井火山岩储层平均渗透率为 12. 5mD；地层压力为 33. 81MPa。

(3) 通过产能方程计算平均无阻流量为 $51.57\times10^4m^3/d$，最高合理产能为 $12.0\times10^4m^3/d$。

(4) 从压力恢复测试和流动压力梯度测试以及生产过程中均反映出地层已产水，并且存在邻井干扰现象，在参数解释及地层压力的计算过程中受到了不同程度的影响。

十一、平 K 井

1. 测试简况

平 K 井于 2012 年 12 月投产，测试层位为 HS 组，生产井段为 3730. 0~4662. 0m，水平井段为 3855. 98~4662. 00m，水平段长度为 807. 0m，储层厚度为 20m，A 点垂深为 3627. 62m。

2012 年 8 月 2 日—9 月 5 日进行试井测试，2012 年 8 月 2—5 日测流动压力、流动温度，

2012 年 8 月 5—29 日关井测压力恢复，2012 年 8 月 24 日测静止压力、静止温度梯度，2012 年 8 月 29 日—9 月 5 日进行产能测试，压力计下入深度 3592.85m。

2. 试井解释

1）压力梯度分析

2012 年 8 月 24 日进行静止压力梯度测试，通过静止压力梯度分析得出静止压力梯度为 0.258MPa/100m。

2）产能试井

平 K 井于 2012 年 12 月投产，投产后以 6mm、8mm、10mm 油嘴生产，8mm 油嘴生产时产能约 $22\times10^4m^3/d$，10mm 油嘴生产时产能约 $30\times10^4m^3/d$。2013 年 6 月 2 日至产能测试前采用阀控 2.0 扣生产，产能 $25.728\times10^4\sim21.1656\times10^4m^3/d$，油压 21.5～21.8MPa，套压 22.5～24.5MPa。从投产后的生产曲线可看出，不同工作制度下的产能和井口压力均较稳定，表明储层物性较好，供气能力较强。

关井压力恢复后产能测试时间为 2013 年 9 月 4 日 0:00—24:00，以阀控 1.8 扣工作制度定产，产气 $24.7536\times10^4m^3/d$，产水 $3.40m^3/d$，油压 21.0 MPa，套压 23.20MPa，井底流动压力 31.18MPa，测试结果为气层（表 5-5-25）。

表 5-5-25　D 气田平 K 井产能试井测试阶段油压、流动压力、产气量数据统计表

流动压力（MPa）	折算流动压力（MPa）	产气量（$10^4m^3/d$）
31.687	31.777	17.3500
30.894	30.984	34.2144
31.548	31.638	19.4400
31.210	31.300	23.5680
31.157	31.247	24.7536

注：地层压力 32.85MPa。

由 CandN 法绘出指示曲线（图 5-5-145）。经计算，平 K 井的指数式产能方程：

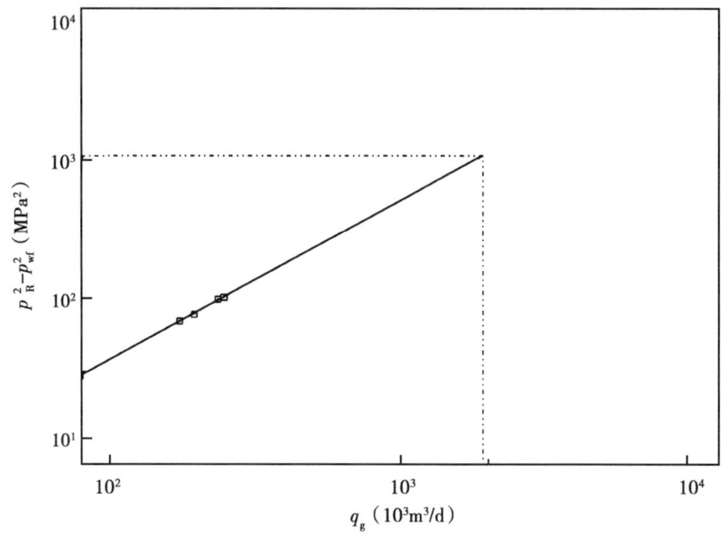

图 5-5-145　D 气田平 K 井开发测试指数式图

$$q_g = 4.29628(p_R^2 - p_{wf}^2)^{0.873218}$$

无阻流量 $q_{AOF} = 191.259 \times 10^4 m^3/d$。

根据表 5-5-25，由 LIT 法绘出指示曲线（图 5-5-146）。经计算，平 K 井的二项式产能方程：

$$\psi(p_R) - \psi(p_{wf}) = 12.7231q_g + 0.0125086q_g^2$$

无阻流量 $q_{AOF} = 161.836 \times 10^4 m^3/d$。

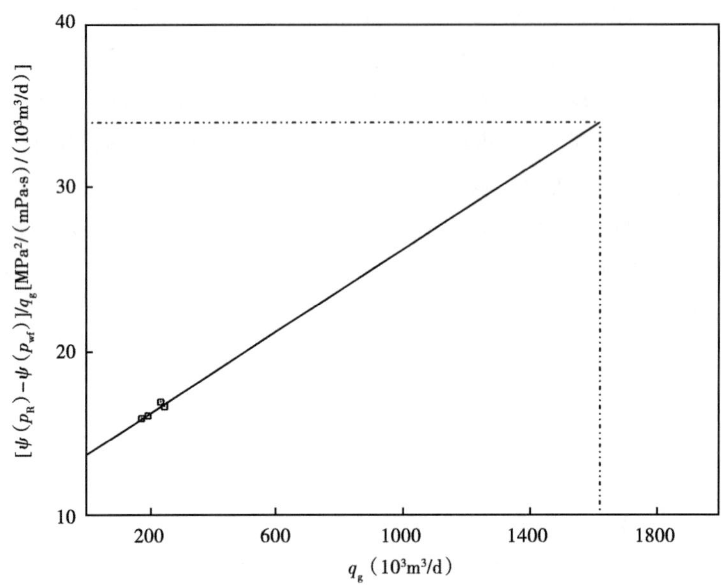

图 5-5-146　D 气田平 K 井开发测试二项式图

由二项式拟压力法取得无阻流量，按照流动压力与产量 IPR 曲线选取合理产能的原则一般为：取直线段内流动压力生产为合理产能，偏离直线段的流动压力为 31.3MPa（对应测点流动压力，见图 5-5-147），此时最高合理产能为 $24.0 \times 10^4 m^3/d$；按气井一般取无阻流量的 1/7 的原则，其合理产能应为 $23.0 \times 10^4 m^3/d$。

3）压力恢复试井

2012 年 8 月 5—29 日进行压力恢复试井，有效关井时间 500.0h。

（1）模型诊断。

通过对关井后压力恢复双对数—导数曲线图形特征的诊断分析，井筒储集阶段导数曲线沿斜率近 1 上升，中期出现径向流，中后期导数曲线呈上翘，是由于断层影响。从半对数图形曲线特征分析，曲线出现两个直线段，它们的斜率之比为 1:2，结合地质构造图分析距平 K 井 168~688m 处有一条断层。解释过程中采用井筒储集、表皮效应+水平井+一条断层模型。

（2）试井解释结果。

通过模型诊断和图形分析，进行现代试井理论拟合分析及常规半对数分析，取得了储层参数分析成果。解释结果：经过关井压力恢复解释，测点地层压力为 32.76MPa（测点深度为 3592.85m）；根据压力梯度折算到油层中部地层压力为 32.85MPa（储层中部深度为 3627.62）。$K = 16.53mD$、$S = 1.22$、$K_z/K_r = 0.000251$、$C = 2.4430m^3/MPa$、水平井段长度 = 415m（图 5-5-148、图 5-5-149、图 5-5-150）。

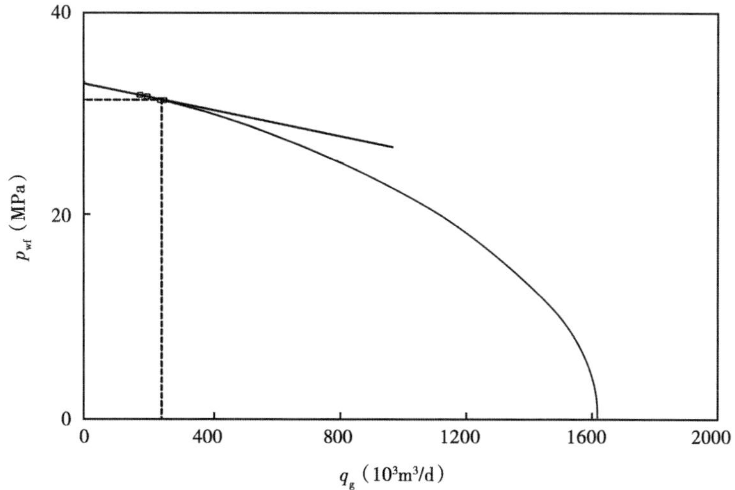

图 5-5-147　D 气田平 K 井开发测试 IPR 曲线图

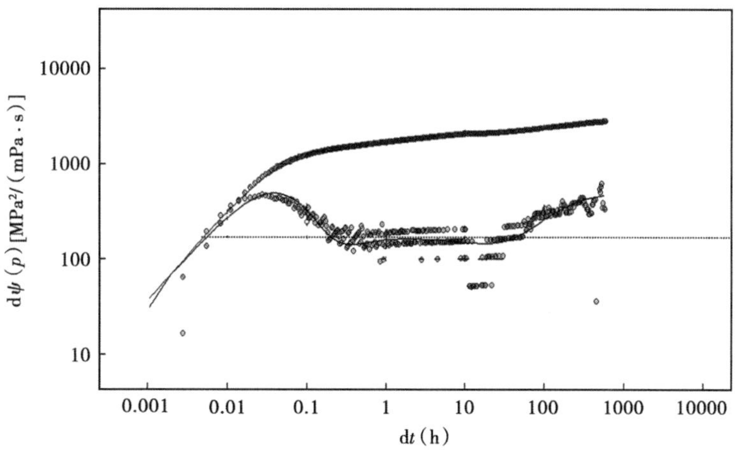

图 5-5-148　D 气田平 K 井开发测试恢复试井双对数拟合图

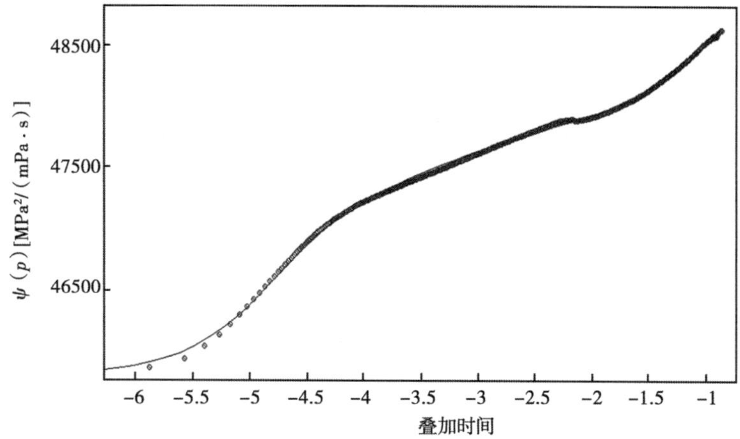

图 5-5-149　D 气田平 K 井开发测试压力恢复试井半对数拟合图

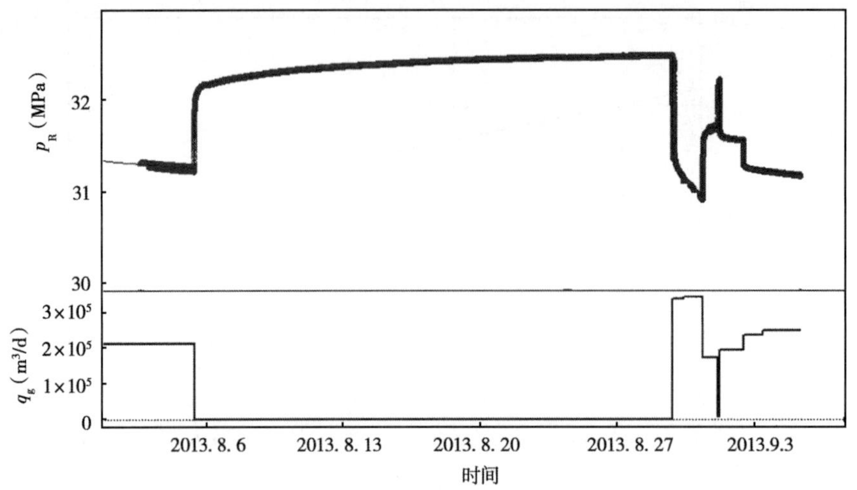

图 5-5-150　D 气田平 K 井开发测试压力恢复试井压力史拟合图

3. 小结

通过对 D 气田平 K 井试井解释数据的分析，可知：

（1）根据试井曲线特征，解释过程中采用水平井+均质气藏+一条断层模型。

（2）平 K 井火山岩储层平均渗透率为 16.53mD；地层压力为 32.85MPa。

（3）通过产能方程计算平均无阻流量为 $161.836\times10^4m^3/d$，最高合理产能为 $24.0\times10^4m^3/d$。

第六节　物质平衡法确定 D 气田 HS 组控制地质储量

根据试井解释结果，统计出 D 气田各阶段的地层压力和累计产量（表 5-6-1）。

一、平均地层压力

通过试井解释中各井的地层压力，采用关井前稳定日产量进行加权平均的方法求出气藏各阶段平均地层压力。

$$\bar{p}_R = \frac{q_{g1} \times p_{R1} + q_{g2} \times p_{R2} \cdots q_{gn} \times p_{Rn}}{q_{g1} + q_{g2} + \cdots + q_{gn}} \tag{5-6-1}$$

式中 $\bar{p}_R$——平均地层压力，MPa；

p_{R1}——第一口井地层压力，MPa；

p_{R2}——第二口井地层压力，MPa；

p_{Rn}——第 n 口井地层压力，MPa；

q_{g1}——第一口井稳定产量，$10^4m^3/d$；

q_{g2}——第二口井稳定产量，$10^4m^3/d$；

q_{gn}——第 n 口井稳定产量，$10^4m^3/d$。

二、气体压缩因子

通过气体组分数据、气藏温度和平均地层压力求出气体压缩因子（表 5-6-1）。

表 5-6-1　D 气田 HS 组计算控制地质储量表

时间	p (MPa)	Z	p/Z	$(p/Z)/(p_i/Z_i)$	累计产量 (10^8m^3)
2008 年 12 月 1 日	42. 31	1. 0774	39. 2733	1. 0000	0. 6628
2009 年 8 月 1 日	41. 58	1. 0711	38. 8215	0. 9885	3. 5987
2010 年 6 月 1 日	40. 36	1. 0608	38. 0506	0. 9689	10. 5597
2011 年 6 月 1 日	38. 11	1. 0423	36. 5673	0. 9311	20. 1268
2012 年 7 月 1 日	35. 02	1. 0183	34. 3906	0. 8757	30. 6438
2013 年 8 月 1 日	33. 10	1. 0043	32. 9539	0. 8391	42. 7959

三、物质平衡确定气田控制地质储量

对于定容封闭性气藏，得到定容气藏的物质平衡方程式：

$$\frac{p}{Z}=\frac{p_i}{Z_i}\left(1-\frac{N_p}{G}\right)$$

（1）作 D 气田 HS 组纵坐标为$\frac{p}{Z}\Big/\frac{p_i}{Z_i}$、横坐标为 N_p 图，作线性回归，当$\frac{p}{Z}\Big/\frac{p_i}{Z_i}=0$ 时，$G=N_p$（图 5-6-1）。计算 D 气田 HS 组控制地质储量 $G=257.69\times10^8m^3$。

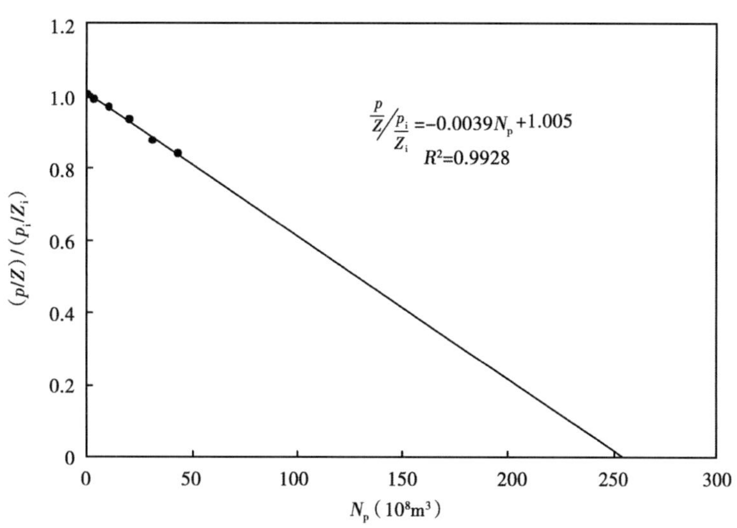

图 5-6-1　物质平衡法计算 D 气田 HS 组控制地质储量 $(p/Z)/(p_i/Z_i)$—N_p 图

（2）作 D 气田 HS 组纵坐标为 p/Z、横坐标为 N_p 图，作线性回归，当 $p/Z=0$ 时，$G=N_p$（图 5-6-2）。计算 D 气田 HS 组控制地质储量 $G=255.29\times10^8m^3$。

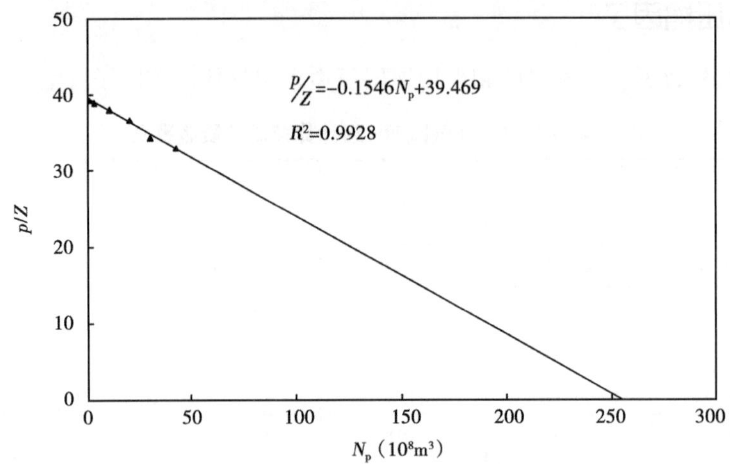

图 5-6-2　物质平衡法计算 D 气田 HS 组控制地质储量 $p/Z—N_p$ 图

利用物质平衡法计算 D 气田 HS 组平均控制地质储量为 256.49×10^8m^3，单井控制地质储量之和为 198.36×10^8m^3，其中平 M 井没有测试，只有一次测试的井有 A 井、A-A 井、平 A、平 K、平 J 井，共计有六口井没有计算单井控制地质储量，所以，D 气田 HS 组控制地质储量与单井控制地质储量之差即 58.13×10^8m^3 为这六口井的控制地质储量。

第七节　D 气田 DLK 组试井实例分析

D 断陷 DLK 组储层岩性以粉、细砂岩为主，局部含砾岩。岩石类型多为细—中粒岩屑长石砂岩或长石岩屑砂岩，经过分析岩心孔隙度为 2.1%~7.1%，渗透率为 0.08~7.3mD，为低孔低渗储层。

一、DA-A 井

DA-A 井为评价井，完钻日期为 2009 年 4 月 6 日，完钻井深 3606.0m，人工井底 3592.0m。测试层位为 DLK 组，射开层号 25 号、26 号、40 号，射开厚度 12.0m/3 层，气层中部深度 3522.5m。2009 年 6 月 13 日进行二层分别投钢球大型压裂，总液量第一层 558m^3、第二层 558m^3；加砂量第一层 90m^3、第二层 85m^3。

1. 测试简况

测试层位为 DLK 组，2009 年 8 月 11 日 投产，2009 年 8 月 27 日—9 月 14 日进行试井测试，2009 年 8 月 31 日—9 月 2 日测流动压力，2009 年 9 月 2—14 日关井测压力恢复，2009 年 9 月 14 日测静止压力、静止温度梯度，压力计下入深度 3450.0m。

2. 试井解释

1）压力梯度分析

2009 年 9 月 14 日进行静止压力梯度测试，通过静止压力梯度分析得出静止压力梯度为 0.19MPa/100m。

2）产能试井

DA-A 井于 2012 年 8 月 11 日投产，采用阀控 2.0 扣生产。2009 年 9 月 2 日产气 4.8864×

$10^4m^3/d$，油压 25.00MPa，套压 26.30MPa，井底流动压力（测点 3450.0m）32.04MPa，折气层中部流动压力 32.18MPa，地层压力（测点 3450.0m）37.62MPa，折中部地层压力 37.76MPa。

采用稳定点二项式压力平方法计算无阻流量 $q_{AOF}=15.71\times10^4m^3/d$，产能方程：

$$p_R^2 - p_{wf}^2 = 72.10504q_g + 1.1466277q_g^2$$

由稳定点二项式压力平方法取得无阻流量，按照流动压力与产量 IPR 曲线选取合理产能的原则一般为，取直线段内流动压力生产为合理产能，偏离直线段的流动压力为 32.0MPa（对应测点流动压力，见图 5-7-1），此时最高合理产能为 $5.0\times10^4m^3/d$。

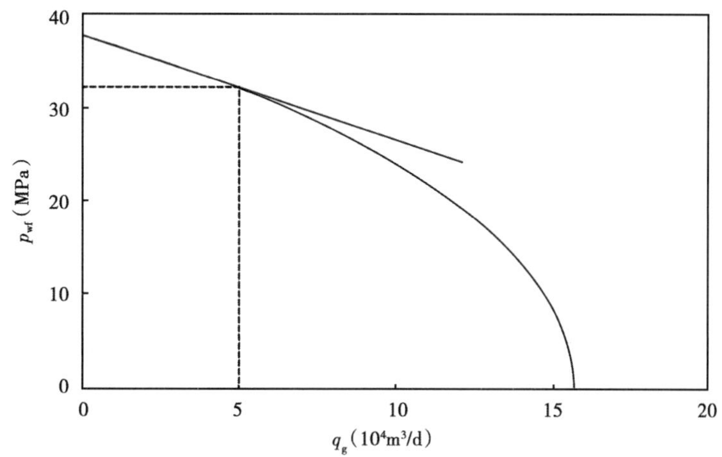

图 5-7-1　D 气田 DA-A 井试采测试 IPR 曲线图

3）压力恢复试井

2009 年 9 月 2—14 日进行压力恢复试井，有效关井时间 275.93h。

（1）模型诊断。

从关井压力恢复的半对数曲线、双对数（导数）曲线形态可看出，过渡段的导数曲线呈 1/2 斜率上升，为线性流，曲线形态反映压裂井特征，径向流不明显，后期出现上翘。从压力展开图（压力历史）可以看出径向流出现，根据以上曲线形态分析，资料解释选用均质+无限导流垂直裂缝模型。

（2）试井解释结果。

通过模型诊断和图形分析，进行现代试井理论拟合分析及常规半对数分析，取得了储层参数分析成果。解释结果：经过关井压力恢复解释，测点地层压力为 37.62MPa（测点深度为 3450.0m）；根据压力梯度折算到油层中部地层压力为 37.76MPa（储层中部深度为 3522.5m）。$K=0.211$mD、$S=-5.66$、$X_f=65.2$m、$C=0.746m^3/MPa$（图 5-7-2、图 5-7-3、图 5-7-4）。

3. 小结

通过对 D 气田 DLK 组 DA-A 井试井解释数据的分析，可知：

（1）根据试井曲线特征，解释过程中选用均质+裂缝无限导流模型。

（2）DA-A 井储层平均渗透率为 0.211mD；地层压力为 37.76MPa；裂缝半长为 65.2m。

（3）通过产能方程计算平均无阻流量为 $15.71\times10^4m^3/d$，最高合理产能为 $5.0\times10^4m^3/d$。

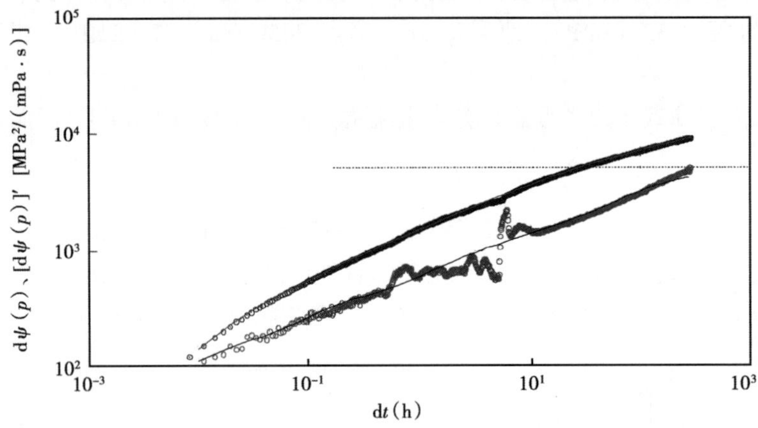

图 5-7-2　D 气田 DA-A 井压力恢复试井双对数拟合图

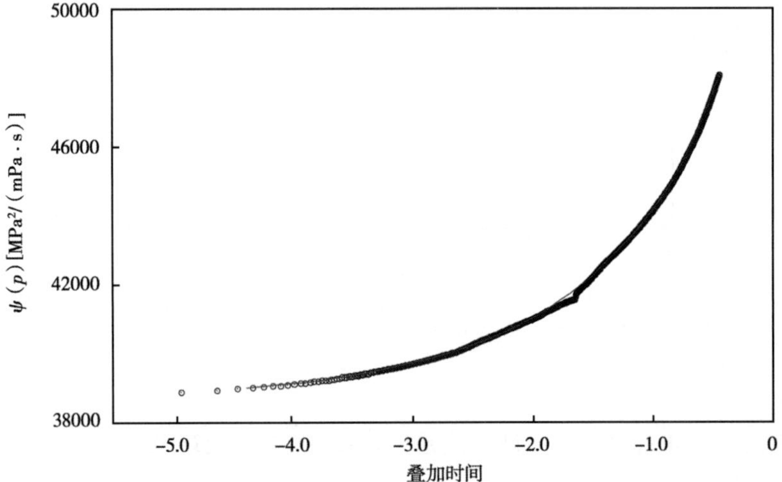

图 5-7-3　D 气田 DA-A 井压力恢复试井半对数拟合图

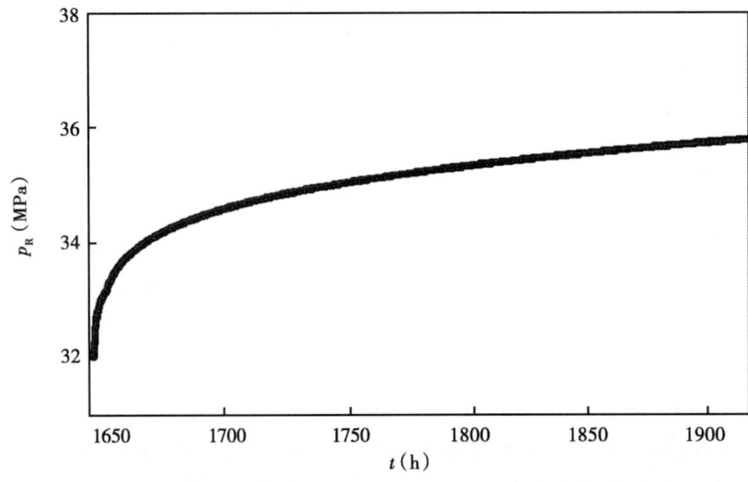

图 5-7-4　D 气田 DA-A 井压力恢复试井压力史拟合图

二、DA-D井

DA-D井为评价井，完钻日期为2010年6月17日，完钻井深3700.0m，人工井底3660.1m。测试层位为DLK组，射开层号14号、23号、28号，射开厚度11.2m/3层，气层中部深度3580.7m。2010年8月1日进行三层分别投钢球大型压裂，总液量第一层318m^3、第二层605m^3、第三层288m^3；加砂量第一层40m^3、第二层80m^3、第三层41m^3。

1. 测试简况

测试层位为DLK组，2010年8月28日—9月27日进行试井测试。2010年8月28—31日测静止压力、静止温度，2010年8月30日测静止压力、静止温度梯度；2010年8月31日—9月18日进行产能试井；2010年9月18日测流动压力、流动温度梯度；2010年9月18—28日关井压力恢复；2010年9月28日测静止压力、静止温度梯度，压力计下入深度3670.0m，2011年1月5日投产。

2. 试井解释

1）压力梯度分析

2010年8月30日和2010年9月28日进行静止压力梯度测试，通过静止压力梯度分析得出静止压力梯度为0.239MPa/100m。2010年9月28日进行流动压力梯度测试，通过流动压力梯度分析得出流动压力梯度为0.238MPa/100m；3500m以下压力梯度增高，为0.797MPa/100m，分析有液相存在。

2）产能试井

修正等时试井阶段分别进行了3mm、5mm、7mm、9mm油嘴产能测试，试采（和延长开井）阶段采用5mm油嘴生产。修正等时试井开井测试期间，3mm油嘴放喷时流动压力与产能相对稳定，其他各油嘴工作制度下流动压力与产能均有不同程度的下降。试采10d产能相对稳定，在$9.0\times10^4m^3/d$左右，油压和流动压力均呈缓慢递减趋势，流动压力由33.23MPa降至32.85MPa，油压由24.00MPa降至22.91MPa，试采期间产能相对稳定表明测试层有一定的渗透性。试采后期即2010年9月17日14:00—18日14:00，以5mm油嘴、44.45mm孔板放喷定产，平均产气89927m^3/d，产水6.20m^3/d，油压22.91~22.95MPa，套压24.16~24.17MPa，平均流动压力32.90MPa，生产压差7.51MPa，试采阶段产能相对稳定，流动压力呈缓慢递减趋势（表5-7-1）。

表5-7-1　D气田DA-D井修正等时试井测试数据表

开井	测试日期	油嘴（mm）	产气量（$10^4m^3/d$）	折算产水量（m^3/d）	流动压力（MPa）	折算流动压力（MPa）	关井	测试日期	关井最高压力（MPa）	折算关井最高压力（MPa）
									39.604	39.391
一开	2010年9月4日 6:00—18:00	3	3.7968	1.60	37.275	36.563	一关	2010年9月4日 18:00—5日6:00	39.719	39.506
二开	2010年9月5日 6:00—18:00	5	9.0557	13.80	32.194	31.482	二关	2010年9月5日 18:00—6日6:00	39.629	39.416
三开	2010年9月6日 6:00—18:00	7	13.4995	15.60	26.238	25.526	三关	2010年9月6日 18:00—7日6:00	39.471	39.258
四开	2010年9月7日 6:00—18:00	9	16.5278	17.80	21.106	20.394	四关	2010年9月7日 18:00—8日6:00	39.287	39.074
延续	2010年9月17日 14:00—18日14:00	5	8.9087	6.20	23.865	32.144				

注：测试深度3670.0m，测试温度133.24℃，解释地层压力40.2MPa。

根据表 5-7-1 的修正等时试井测试数据，由 CandN 法绘出指示曲线（图 5-7-5）。经计算，DA-D 井的指数式产能方程：

$$q_g = 0.314821(p_R^2 - p_{wf}^2)^{0.886542}$$

无阻流量 $q_{AOF}=22.0033\times10^4 m^3/d$。

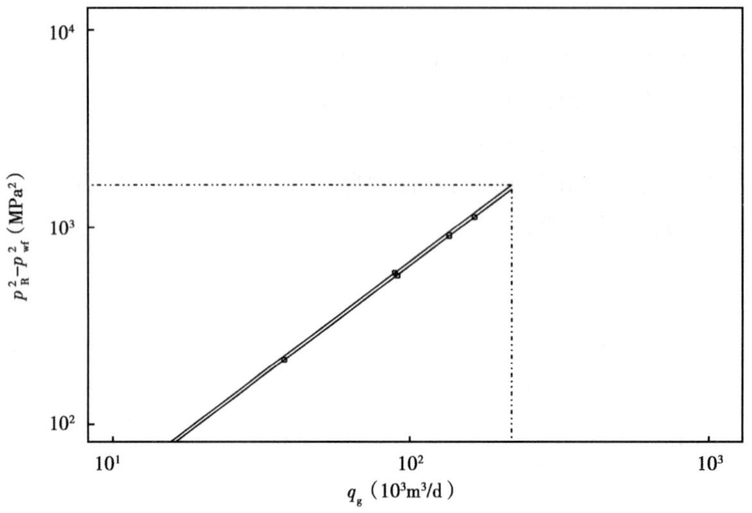

图 5-7-5　D 气田 DA-D 井修正等时试井指数式图

由 LIT 法绘出指示曲线（图 5-7-6）。经计算，DA-D 井的二项式产能方程：

$$\psi(p_R) - \psi(p_{wf}) = 169.334q_g + 0.645488q_g^2$$

无阻流量 $q_{AOF}=22.436\times10^4 m^3/d$。

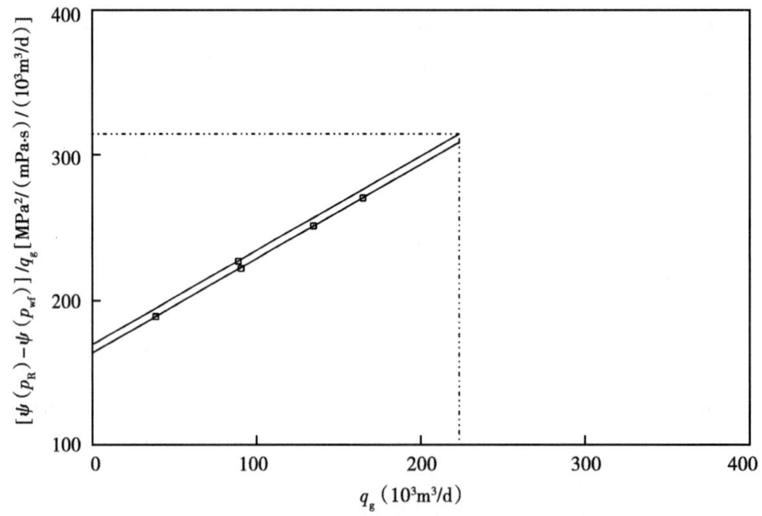

图 5-7-6　D 气田 DA-D 井修正等时试井二项式图

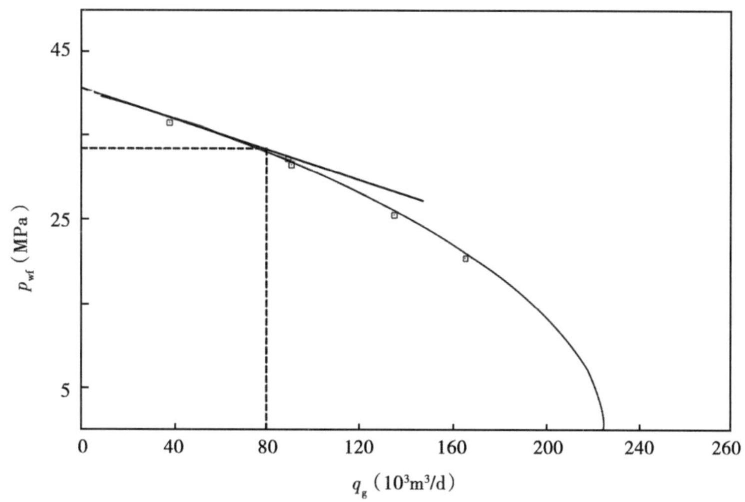

图 5-7-7　D 气田 DA-D 井修正等时试井 IPR 曲线图

由 LIT 法绘出指示曲线，按照流动压力与产量 IPR 曲线选取合理产能的原则一般为：取直线段内流动压力生产为合理产能，偏离直线段的流动压力为 33.5MPa（对应测点流动压力见图 5-7-7），此时最高合理产能为 $8.0 \times 10^4 m^3/d$；按气井一般取无阻流量的 1/3 的原则，其合理产能应为 $7.5 \times 10^4 m^3/d$。

3）压力恢复试井

2010 年 9 月 18—28 日进行压力恢复试井，有效关井时间 234.73h。

（1）模型诊断。

通过对关井压力恢复的半对数曲线、双对数（导数）曲线形态的诊断分析，早期井筒储集阶段导数曲线沿近 45°线上升，无明显的人工裂缝线性流特征，中后期见明显垂向径向流，呈现均质地层特征，资料解释选用变井筒储集+表皮效应+均质气藏理论模型，储层厚度依据测井解释厚度为 11.2m。

（2）试井解释结果。

通过模型诊断和图形分析，进行现代试井理论拟合分析及常规半对数分析，取得了储层参数分析成果。解释结果：经过关井压力恢复解释，测点地层压力为 40.05MPa（测点深度为 3580.7m）；根据压力梯度折算到油层中部地层压力为 40.02MPa（储层中部深度为 3670.0m）。K=2.39mD、S=1.18、C=0.913m^3/MPa（图 5-7-8、图 5-7-9、图 5-7-10）。

3. 小结

通过对 D 气田 DLK 组 DA-D 井试井解释数据的分析，可知：

（1）压力恢复导数曲线反映为均质储层特征，人工裂缝特征不明显，造成这种现象的原因可能是下部 HS 组串通影响，掩盖了早期人工裂缝线性流动段。根据试井曲线特征，解释过程中选用变井筒储集、表皮效应+均质气藏理论模型。

（2）DA-D 井储层平均渗透率为 2.39mD；地层压力为 40.02MPa。

（3）通过产能方程计算平均无阻流量为 $22.436 \times 10^4 m^3/d$，最高合理产能为 $8.0 \times 10^4 m^3/d$。

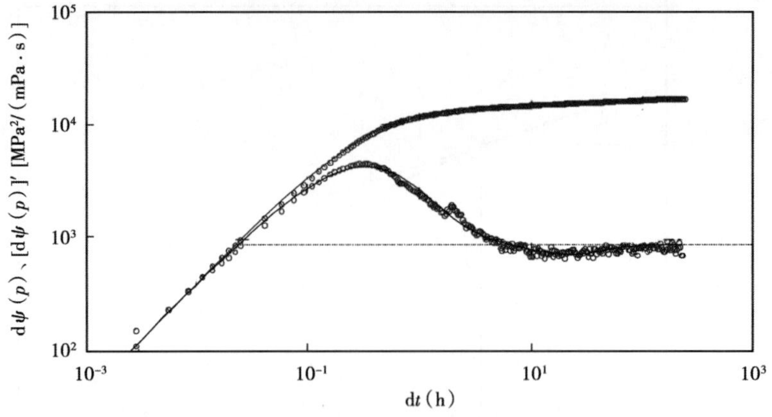

图 5-7-8　D 气田 DA-D 井压力恢复试井双对数拟合图

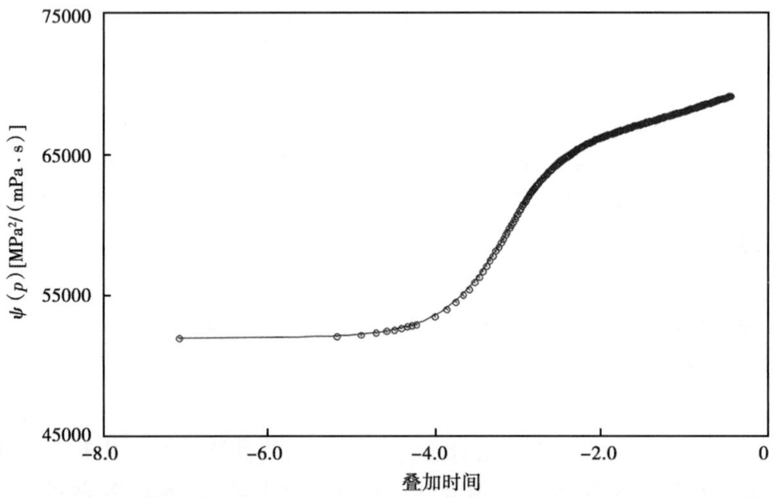

图 5-7-9　D 气田 DA-D 井压力恢复试井半对数拟合图

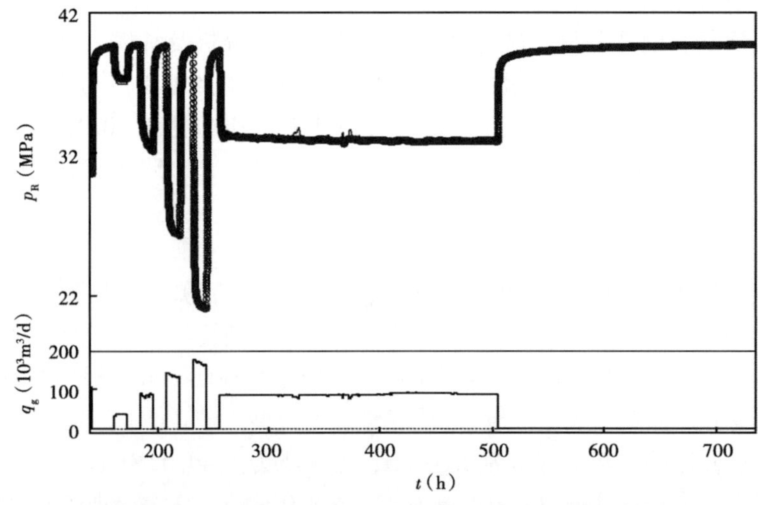

图 5-7-10　D 气田 DA-D 井压力恢复试井压力史拟合图

三、DA-E 井

DA-E 井是一口评价井，完钻日期为 2010 年 4 月 2 日，完钻井深 3615. 0m，人工井底 3593. 0m，测试层位为 DLK 组，层号为 24 号、25 号、30 号、35 号、36 号层。测井解释井段为 3489. 8~3583. 0m，解释厚度为 22. 60m/5 层，电测解释为气层、差气层，射孔井段为 3491. 00~3498. 0m、3539. 00~3543. 0m、3577. 0~3581. 0m，厚度为 15. 0m/3 层，该井于 2010 年 6 月 10—11 日压裂。

1. 测试简况

1）第一次测试

2010 年 8 月 28 日—10 月 28 日进行试井测试。2010 年 8 月 28 日—9 月 1 日测静止压力、静止温度，2010 年 8 月 31 日测静止压力、静止温度梯度；2010 年 9 月 1 日—9 月 20 日进行产能试井；2010 年 9 月 19 日测流动压力、流动温度梯度；2010 年 9 月 20 日—10 月 9 日关井压力恢复，2010 年 10 月 9 日测静止压力、静止温度梯度，压力计下入深度 3580. 0m，2010 年 10 月 13 日投产。

2）第二次测试

2012 年 5 月 24 日—2012 年 6 月 21 日进行试井测试。2012 年 5 月 24 日测静止压力、静止温度梯度，2012 年 5 月 24—28 日测静止压力、静止温度，2012 年 5 月 28 日—6 月 6 日测流动压力、流动温度，2012 年 6 月 6—20 日进行关井压力恢复测试，2012 年 6 月 21 日测流动压力、流动温度梯度，压力计下入深度 3578. 0m。

2. 试井解释

1）第一次测试

（1）压力梯度分析。

①静止压力梯度分析。

2010 年 8 月 31 日进行静止压力梯度测试，通过静止压力梯度分析得出静止压力梯度为 0. 147MPa/100m。

②流动压力梯度分析。

2010 年 9 月 19 日进行流动压力梯度测试，通过流动压力梯度分析得出流动压力梯度为 0. 234MPa/100m。

③压力恢复梯度测试。

2010 年 10 月 9 日进行压力恢复梯度、温度梯度测试，通过压力梯度分析得出流动压力梯度和静止压力梯度均为 0. 129MPa/100m。

（2）产能试井。

修正等时试井阶段分别进行了 3mm、5mm、7mm、9mm 油嘴产能测试，试采（和延长开井）阶段采用 5mm 油嘴生产。开井测试期间 3mm 油嘴放喷时流动压力相对稳定，其他各油嘴工作制度下均不稳定，特别是在 9mm 油嘴放喷时产能小于 7mm 油嘴，试采 15d 产能由初始的 $8.8781\times10^4m^3/d$ 降到 $3.1258\times10^4m^3/d$（产能相对稳定后保持在 3.0×10^4 ~ $3.5\times10^4m^3/d$ 之间），油压、流动压力均呈递减趋势，至试采末期流动压力为 11. 241MPa，比修正等时试井阶段 5mm 油嘴放喷末点流动压力 16. 122MPa 降低了 4. 881MPa，表明测试层物性差，远井地带能量供应不足。

试采后期即 2010 年 9 月 19 日 0:00—24:00，以 5mm 油嘴放喷定产，平均产气流动压力

29576m³/d，产水4.30m³/d，油压7.03～7.11MPa，套压8.82～8.87MPa，平均流动压力11.29MPa，试采阶段产能和流动压力均匀递减（表5-7-2）。

表5-7-2　D气田DA-E井修正等时试井测试数据表

开井	测试日期	油嘴(mm)	产气量($10^4m^3/d$)	折算产水量(m^3/d)	流动压力(MPa)	折算流动压力(MPa)	关井	测试日期	关井最高压力(MPa)	折算关井最高压力(MPa)
									29.086	29.029
一开	2010年9月1日 6:00—18:00	3	2.3546		23.873	23.770	一关	2010年9月1日 18:00—2日6:00	28.830	28.773
二开	2010年9月2日 6:00—18:00	5	3.1830		16.131	16.028	二关	2010年9月2日 18:00—3日6:00	28.042	27.985
三开	2010年9月3日 6:00—18:00	7	4.6895	19.80	10.461	10.358	三关	2010年9月3日 18:00—4日6:00	27.255	27.198
四开	2010年9月4日 6:00—18:00	9	4.3402	16.80	7.7840	7.6810	四关	2010年9月4日 18:00—5日6:00	26.594	26.491
延续	2010年9月5日 14:00—20日14:00	5	3.1258	4.30	11.245	11.142				

注：测试深度3580.0m，测试温度130.78℃，解释地层压力28.1277MPa。

根据表5-7-2的修正等时试井测试数据，由CandN法绘出指示曲线（图5-7-11）。经计算，DA-E井的指数式产能方程：

$$q_g = 0.364799(p_R^2 - p_{wf}^2)^{0.688788}$$

无阻流量 $q_{AOF}=3.61696\times10^4m^3/d$。

由LIT法绘出指示曲线（图5-7-12），经计算，DA-E井的二项式产能方程：

$$\psi(p_R) - \psi(p_{wf}) = 704.015q_g + 7.96096q_g^2$$

无阻流量 $q_{AOF}=4.20334\times10^4m^3/d$。

取无阻流量的1/3为合理产能，最高合理产能应为 $1.4\times10^4m^3/d$。

（3）压力恢复试井。

2010年9月20日—10月9日进行关井压力恢复试井，有效关井时间456.2h。

①模型诊断。

通过对关井压力恢复的半对数曲线、双对数（导数）曲线形态的诊断分析，早期井筒储集阶段导数曲线沿近45°线上升，无明显的人工裂缝线性流特征，中期见明显垂向径向流特征，后期导数曲线出现较低斜率的上翘，半对数曲线为两条直线段，分析认为沿裂缝两侧物性相对较好，远处相对较差，呈现条形非均质地层特征，资料解释选用井筒储集+表皮效应+有限导流+复合气藏模型。

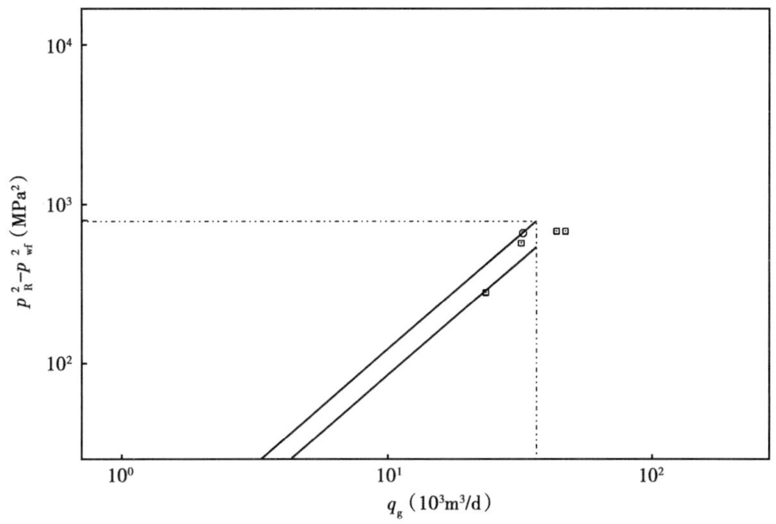

图 5-7-11　D 气田 DA-E 井第一次测试修正等时试井指数式图

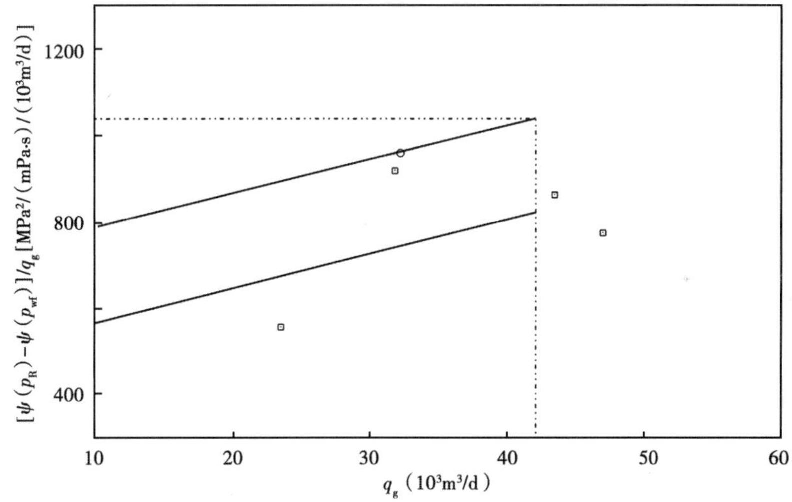

图 5-7-12　D 气田 DA-E 井第一次测试修正等时试井二项式图

②试井解释结果。

通过模型诊断和图形分析，进行现代试井理论拟合分析及常规半对数分析，取得了储层参数分析成果。解释结果：经过关井压力恢复解释，测点地层压力为 28.18MPa（测点深度为 3580.0m）；根据压力梯度折算到油层中部地层压力为 28.13MPa（储层中部深度为 3536.0m）。K=0.118mD、X_f=21.2m、F_C=419.38mD·m、C= 1.15m³/MPa（图 5-7-13、图 5-7-14、图 5-7-15）。

2012 年 5 月 24 日—6 月 21 日进行试井测试。2012 年 5 月 24 日测静止压力、静止温度梯度，2012 年 5 月 24—28 日测静止压力、静止温度，2012 年 5 月 28 日—6 月 6 日测流动压力、流动温度，2012 年 6 月 6—20 日进行关井压力恢复测试，2012 年 6 月 21 日测流动压力、流动温度梯度，压力计下入深度 3578.0m。

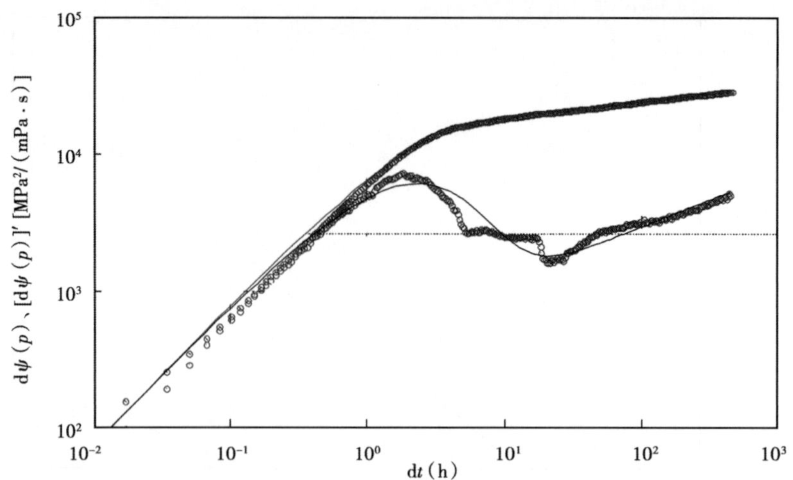

图 5-7-13　D 气田 DA-E 井第一次测试压力恢复试井双对数拟合图

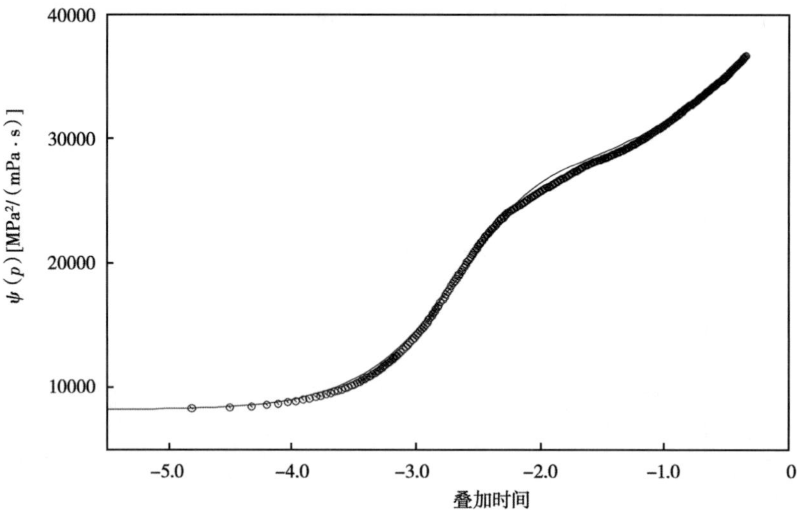

图 5-7-14　D 气田 DA-E 井第一次测试压力恢复试井半对数拟合图

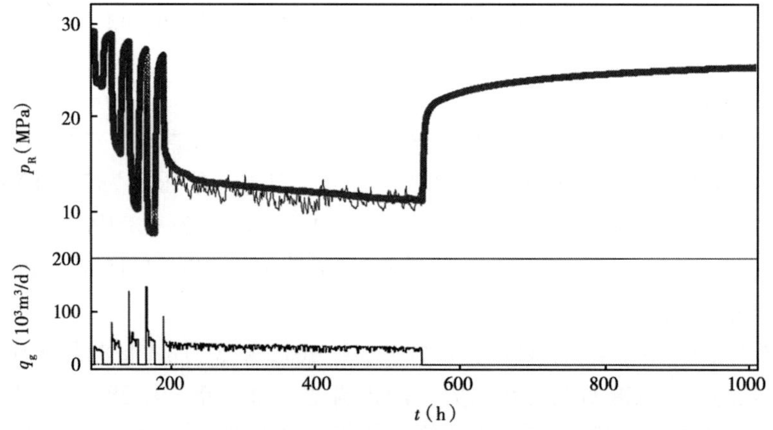

图 5-7-15　D 气田 DA-E 井第一次测试压力恢复试井压力史拟合图

2）第二次测试

（1）压力梯度分析。

①静止压力梯度分析。

2012 年 5 月 24 日进行静止压力梯度测试，通过静止压力梯度分析得出静止压力梯度为 0.107MPa/100m。

②流动压力梯度分析。

2012 年 6 月 21 日进行流动压力梯度测试，通过流动压力梯度分析得出流动压力梯度为 0.38MPa/100m。

（2）产能试井。

产能测试是投产 1 年半后进行的，投产后分别以 3.0 扣、2.0 扣、1.5 扣、1.0 扣生产，随着投产时间的增长，油压、套压、产气量均递减，幅度明显，表明测试层物性差，远井地带能量供应不足。

产能测试结束前即 2012 年 6 月 6 日 0:00—24:00，以阀控 1.0 扣定产，平均产气 $5712m^3/d$，产水 $1.0m^3/d$，油压 5.50MPa，套压 7.30MPa，平均流动压力 10.08MPa，折气层中部流动压力 9.91MPa，试井解释地层压力（测点 3580.0m）22.81MPa，折中部地层压力 22.75MPa（储层中部深度 3536.0m）。产能测试期间在压力相对稳定的情况下产气量逐渐递减（表 5-7-3）。

表 5-7-3　D 气田 DA-E 井生产动态关系表

时间	工作制度	油压（MPa）	套压（MPa）	流动压力（MPa）	折算产气量（$10^4m^3/d$）	折算产水量（m^3/d）	备注（h）
2012 年 5 月 29 日	1.0 扣	5.6	7.4	10.01	2.1256	0.8	14
2012 年 5 月 30 日	1.0 扣	5.6	7.4	9.97	1.9450	1.0	24
2012 年 5 月 31 日	1.0 扣	5.6	7.4	10.19	1.3420	1.0	24
2012 年 6 月 1 日	1.0 扣	5.6	7.4	10.22	0.9165	1.0	24
2012 年 6 月 2 日	1.0 扣	5.6	7.4	10.12	0.9165	1.0	24
2012 年 6 月 3 日	1.0 扣	5.6	7.4	10.07	0.9165	1.0	24
2012 年 6 月 4 日	1.0 扣	5.6	7.4	10.11	0.8278	1.0	24
2012 年 6 月 5 日	1.0 扣	5.6	7.4	10.06	0.5712	1.0	24
2012 年 6 月 6 日	1.0 扣	5.5	7.3	10.08	0.5712	1.0	24

（3）压力恢复试井。

2012 年 6 月 6—20 日进行关井压力恢复试井，有效关井时间 456.2h。

①模型诊断。

通过对关井压力恢复的半对数曲线、双对数（导数）曲线形态的诊断分析，早期井筒储集阶段导数曲线沿近 45°线上升，无明显的人工裂缝线性流特征，中期见明显垂向径向流特征，资料解释选用井筒储集、表皮效应+均质气藏理论模型。

②试井解释结果。

通过模型诊断和图形分析，进行现代试井理论拟合分析及常规半对数分析，取得了储层

参数分析成果。解释结果：经过关井压力恢复解释，测点地层压力为22.81MPa（测点深度为3580.0m）；根据压力梯度折算到油层中部地层压力为22.75MPa（储层中部深度为3536.0m）。K=0.0811mD、C=0.933m^3/MPa（图5-7-16、图5-7-17、图5-7-18）。

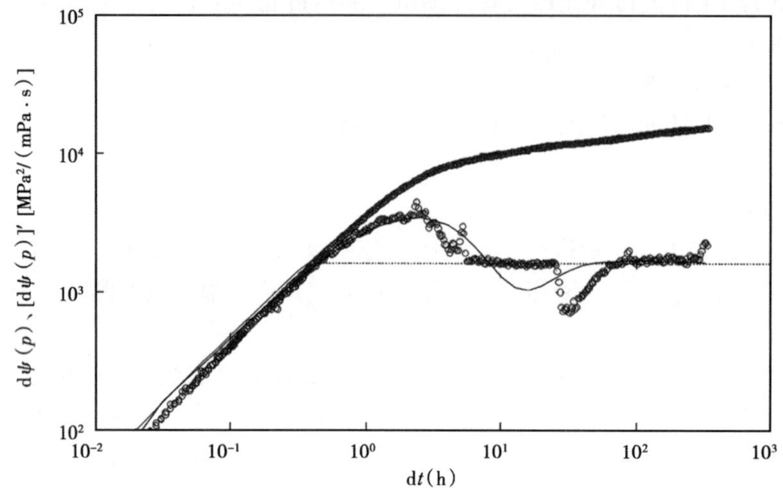

图5-7-16　D气田DA-E井第二次测试压力恢复试井双对数拟合图

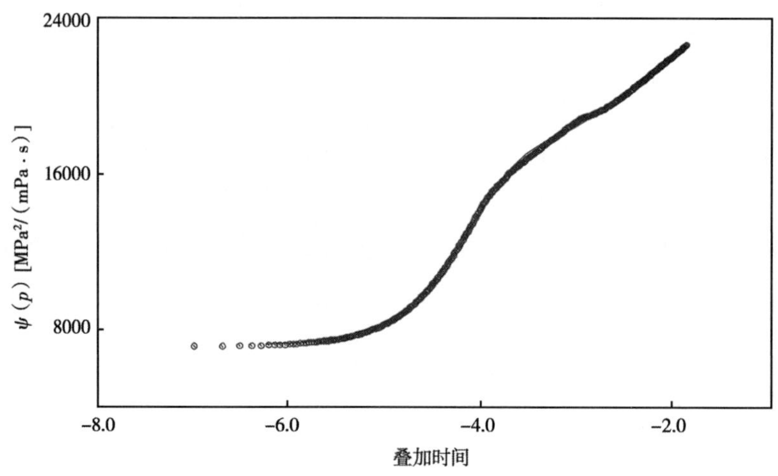

图5-7-17　D气田DA-E井第二次测试压力恢复试井半对数拟合图

3. 小结

通过对D气田DLK组DA-E井两次试井解释、试气、短期试采测试数据的分析，可知：

（1）第一次压力恢复导数曲线反映为均质储层特征，人工裂缝特征不明显，分析认为沿裂缝两侧物性相对较好，远处相对较差；第二次压力恢复导数曲线反映为均质储层特征。

（2）第一次解释储层平均渗透率为0.118mD，地层压力为28.13MPa；第二次解释储层平均渗透率为0.0811mD，地层压力为22.75MPa。地层压力降低了5.38MPa，从生产曲线以及地层压力递减情况分析，表明地层压力递减较快。

（3）通过产能方程计算无阻流量为4.20334×10^4m^3/d，取无阻流量的1/3为合理产能，最高合理产能应为1.4×10^4m^3/d。

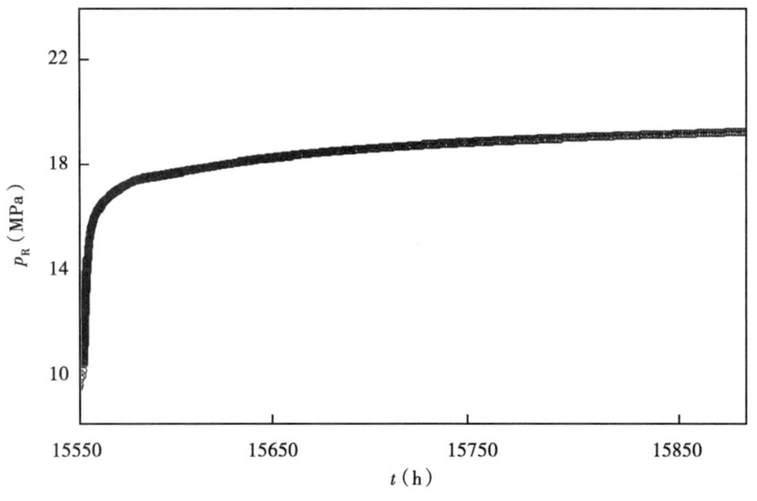

图 5-7-18　D 气田 DA-E 井第二次测试压力恢复试井压力史拟合图

四、D 平 F 井

1. 测试简况

D 平 F 井为一口生产水平井，测试层位为 DLK 组，水平井段的生产层段为 3701.0~4717.0m，水平井段长度为 969.6m，测井解释为气层，储层厚度为 10 m。D 平 F 井于 2011 年 10 月 31 日投产，投产初期油压为 23.3MPa，套压为 0，日产气 $23.2 \times 10^4 m^3$，日产液 $34.43m^3$。目前油压为 15.2MPa，套压为 0，日产气 $10.2 \times 10^4 m^3$，日产液 $8.9m^3$。截至 2012 年 5 月底，累计产气 $2759 \times 10^4 m^3$，累计产液 $4340m^3$。压力恢复及回压产能测试的目的是求取生产近 10 个月后的目前地层压力、天然气产能、储层渗流参数，建立产能方程，2012 年 7 月 16 日—8 月 26 日进行压力恢复试井、产能测试及梯度测试（表 5-7-4）。

表 5-7-4　D 气田 D 平 F 井测试时间安排表

测试阶段	时间	地面显示描述	下入深度（m）
流动压力	2012 年 7 月 16—17 日	阀控 0.8 扣生产	3618.0
关井	2012 年 7 月 17 日—8 月 6 日	关井压力恢复	3618.0
梯度测试	2012 年 8 月 6 日	静止压力、静止温度梯度	
产能试井	2012 年 8 月 6 日—9 月 1 日	阀控 1.0 扣生产	3618.0
梯度测试	2012 年 8 月 26 日	流动压力、流动温度梯度	

2. 试井解释

1）压力梯度分析

（1）压力恢复梯度分析。

2012 年 8 月 6 日进行压力恢复梯度测试，通过压力恢复梯度分析得出压力恢复梯度为 0.119MPa/100m。

（2）流动压力梯度分析。

2012 年 8 月 26 日进行流动压力梯度测试，通过流动压力梯度分析得出流动压力梯度为 0. 209MPa/100m。

2）产能试井

D 平 F 井于 2011 年 10 月 31 日投产，投产后开始以 8mm 油嘴生产，2012 年 5 月后分别以阀控 1. 0 扣、0. 8 扣生产，初期产能在 $20\times10^4m^3/d$ 左右，产水 $34m^3/d$ 左右，随着投产时间的增长，产能和井口压力均逐渐递减（主要是储层物性较差，生产时产能过高所致），表明储层物性较差，供气能力较低。

关井压力恢复后的产能测试时间为 2012 年 8 月 29 日 0:00—24:00，以阀控 1. 0 扣工作制度定产，产气 $9.8194\times10^4m^3/d$，产水 $9.50m^3/d$，油压 13. 40MPa，井底流动压力 16. 86MPa（测点深度 3618. 0m、测点垂深 3474. 32m），折井底流动压力 16. 92MPa（气层 A 点垂深 3503. 0m），折地层压力 27. 14MPa（气层 A 点垂深 3503. 0m）。

采用稳定点二项式压力平方法计算无阻流量 $q_{AOF}=14.41\times10^4m^3/d$，产能方程：

$$p_R^2-p_{wf}^2=34.5121q_g+1.1554q_g^2$$

由稳定点二项式压力平方法取得无阻流量，按照流动压力与产量 IPR 曲线选取合理产能的原则一般为：取直线段内流动压力生产为合理产能，偏离直线段的流动压力为 24. 1MPa（对应测点流动压力见图 5-7-19），此时最高合理产能为 $4.0\times10^4m^3/d$。

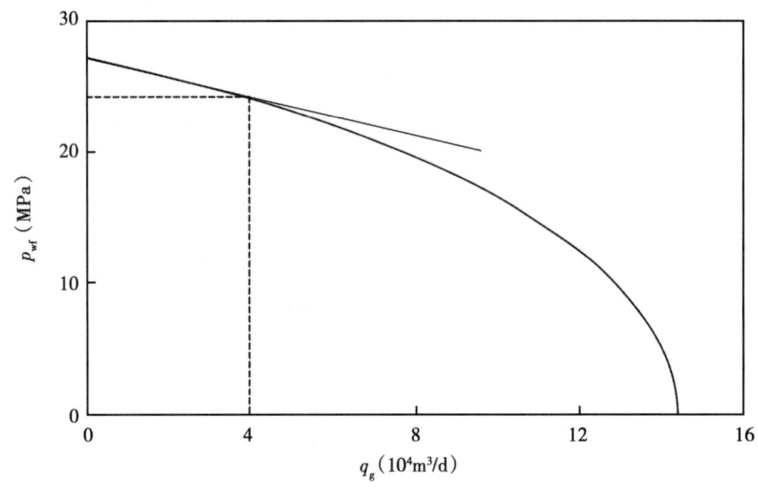

图 5-7-19　D 气田 D 平 F 井试采测试 IPR 曲线图

3）压力恢复试井

2012 年 7 月 17 日—8 月 6 日进行压力恢复试井，有效关井时间 470. 48h。

（1）模型诊断。

通过对压力恢复双对数—导数曲线图形特征的诊断分析，双对数—导数曲线早期为井筒储集阶段，曲线沿斜率近 1 上升（*a*—*b*），很快进入垂向径向流阶段（*c*—*d*），遇到上下边界，曲线呈线性流特征。对 D 平 F 井进行了大型压裂改造，导数曲线进入垂直于水平井筒的 1/2 拟线性流阶段（*d*—*e*），最后进入水平井拟径向流阶段（*e*—*f*），后期导数曲线基本保持上升，未达到拟径向流阶段（图 5-7-20）。

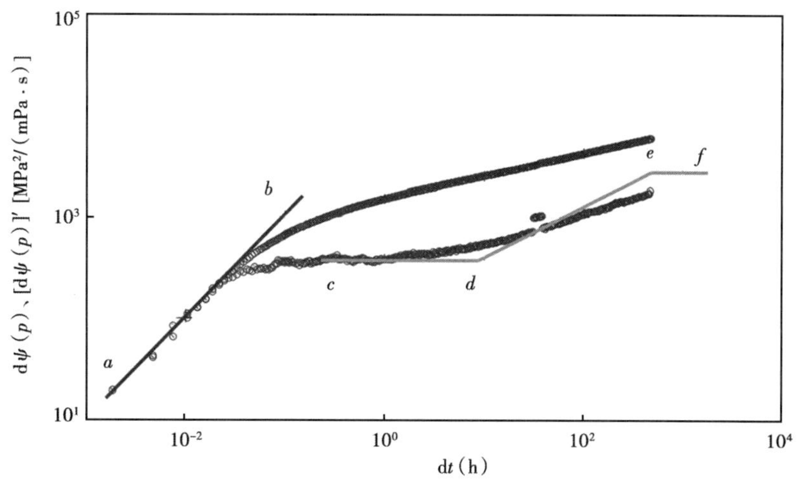

图 5-7-20　D 气田 D 平 F 井压力恢复试井双对数分析图

（2）试井解释结果。

通过模型诊断和图形分析，资料解释中选用井筒储集、表皮效应+水平井+均质模型，通过现代试井理论拟合分析和霍纳分析，取得了基本一致的分析成果。解释结果：经过关井压力恢复解释，测点地层压力为 27.11MPa（测点深度为 3618.0m，测点垂深为 3474.32m）；根据压力梯度折算到气层中部地层压力为 27.14MPa（气层中部垂深为 3503.0m）。K=0.923mD、C=3.27m^3/MPa、S=−6.78、K_z/K_r=3.65×10^{-2}、水平段长度=344m（图 5-7-21、图 5-7-22、图 5-7-23）。

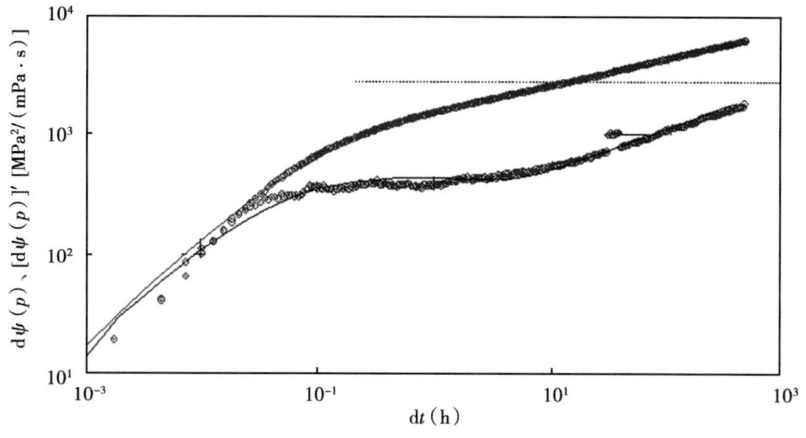

图 5-7-21　D 气田 D 平 F 井压力恢复试井双对数拟合图

3. 小结

通过对 D 气田 D 平 F 井试井解释数据的分析，可知：

（1）根据试井曲线特征，解释过程中采用井筒储集、表皮效应+水平井+均质模型。

（2）DLK 组 D 平 F 井储层平均渗透率为 0.923mD，地层压力为 27.14MPa。

（3）通过产能方程计算平均无阻流量为 14.41×$10^4$$m^3$/d，最高合理产能为 4.8×$10^4$$m^3$/d。

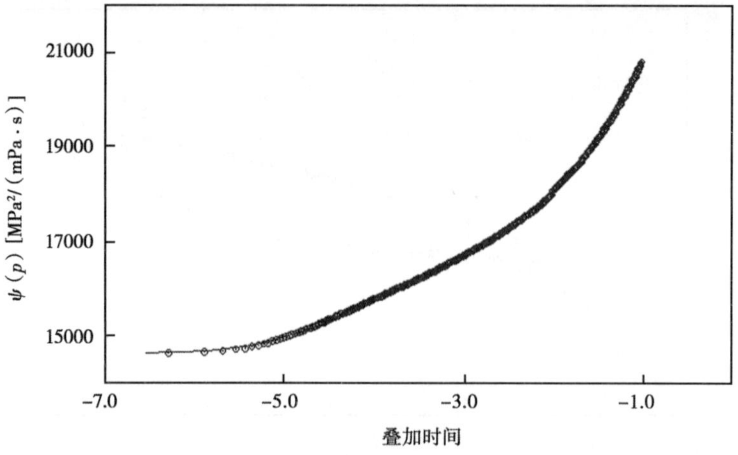

图 5-7-22　D 气田 D 平 F 井压力恢复试井半对数拟合图

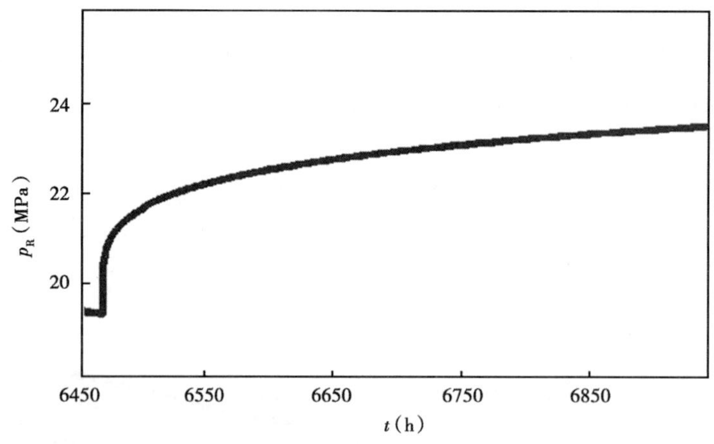

图 5-7-23　D 气田 D 平 F 井压力恢复试井压力史拟合图

五、D 平 G 井

1. 测试简况

D 平 G 井为一口生产水平井，测试层位为 DLK 组，水平井段的生产层段为 3753. 0～5020. 0m，水平井段长度为 1267. 0m，储层厚度为 22. 0m，岩性为粉砂岩，测井解释为气层，生产井段为 3680. 0～4980. 0m，测试结果为气层（含凝析水）。

1）第一次开发测试（2012 年）

D 平 G 井于 2011 年 12 月 10 日投产，投产初期油压为 19. 30MPa，套压为 0，日产气 $19.3\times10^4m^3$，日产液 $30.3m^3$。到 2012 年 6 月底累计产气 $2603\times10^4m^3$，累计产液 $3303m^3$。压力恢复及产能测试的目的是求取生产近 10 个月后的目前地层压力、天然气产能、储层渗流参数，建立产能方程。2012 年 8 月 22 日—10 月 23 日进行压力恢复试井、产能测试及梯度测试（表 5-7-5）。

表 5-7-5　D 气田 D 平 G 井第一次开发测试时间安排表

测试阶段	时间	地面显示描述	下入深度（m）
流动压力	2012 年 8 月 22 日—24 日	流动压力、流动温度监测，阀控 1.7 扣生产	3613.0
关井	2012 年 8 月 24 日—9 月 18 日	关井压力恢复	3613.0
产能试井	2012 年 9 月 18 日—10 月 23 日	产能测试，阀控 1.7 扣生产	3613.0
梯度测试	2012 年 9 月 16 日	压力恢复、温度梯度	
梯度测试	2012 年 10 月 23 日	流动压力、流动温度梯度	

2）第二次开发测试（2014 年）

于 2014 年 9 月 9 日—10 月 10 日进行第二次开发测试，测试中流动压力监测 7d，关井压力恢复 15d，压力恢复温度梯度、产能试井、流动压力和流动温度梯度测试时间安排见表 5-7-6。

表 5-7-6　D 气田 D 平 G 井第一次开发测试时间安排表

测试阶段	时间	地面显示描述	下入深度（m）
流动压力	2014 年 9 月 9—16 日	测流动压力	3200
关井	2014 年 9 月 16—30 日	压力恢复测试	3200
梯度测试	2014 年 9 月 30 日	压力恢复、温度梯度	
产能试井	2014 年 9 月 9—15 日 2014 年 10 月 1—10 日	产能试井	3200
梯度测试	2014 年 10 月 10 日	测流动压力、流动温度梯度	

2. 试井解释

1）第一次开发测试（2012 年）

（1）压力梯度分析。

①压力恢复梯度分析。

2012 年 9 月 16 日进行压力恢复梯度测试，通过压力恢复梯度分析得出压力恢复梯度为 0.115MPa/100m。

②流动压力梯度分析。

2012 年 10 月 23 日进行流动压力梯度测试，通过流动压力梯度分析得出流动压力梯度为 0.14MPa/100m。

（2）产能试井。

D 平 G 井于 2011 年 12 月 10 日投产，投产后以 8mm 油嘴生产，投产初期产能约 $20\times10^4m^3/d$，油压 21.00MPa，至 2012 年 5 月 24 日产能约 $9.8\times10^4m^3/d$，油压 15.70MPa，随生产时间增加，产气量和油压均在递减。2012 年 5 月 31 日后改为阀控 2.0 扣生产，2012 年 7 月 12—26 日作业后开井，以阀控 2.0 扣、1.7 扣生产，产能在 $10.7\times10^4\sim12\times10^4m^3/d$ 之间，油压递减速度降低，至 2012 年 8 月 24 日关井前，油压 13.0MPa，套压 12.0MPa，日产气 $12.1307\times10^4m^3$，投产后产气量和油压递减较快。

关井压力恢复后产能测试时间为 2012 年 10 月 22 日 0:00—24:00，以阀控 1.7 扣工作制度定产，产气 $10.5864\times10^4m^3/d$，产水 $4.0m^3/d$，油压 14.50MPa，套压 15.60MPa，井底流动压力 17.76MPa（测点斜深 3613.00m、测点垂深 3492.98m），折井底流动压力 17.78MPa

（气层 A 点垂深 3510.27m），折地层压力 27.12MPa（气层 A 点垂深 3510.27m）。

采用稳定点二项式压力平方法计算无阻流量 $q_{AOF}=16.71\times10^4m^3/d$，产能方程：

$$p_R^2-p_{wf}^2=32.0095q_g+0.7183q_g^2$$

由稳定点二项式压力平方法取得无阻流量，按照流动压力与产量 IPR 曲线选取合理产能的原则一般为：取直线段内流动压力生产为合理产能，偏离直线段的流动压力为 28.8MPa（对应测点流动压力见图 5-7-24），此时最高合理产能为 $5.0\times10^4m^3/d$。

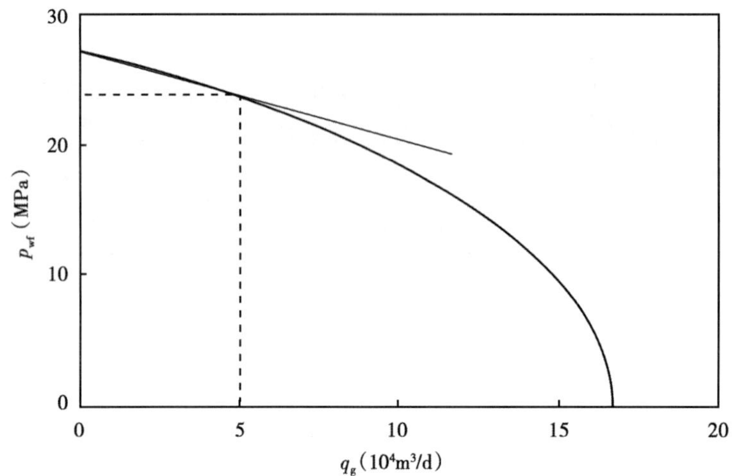

图 5-7-24　D 气田 D 平 G 井第一次开发测试 IPR 曲线图（2012 年）

（3）压力恢复试井。

2012 年 8 月 24 日—9 月 18 日进行压力恢复试井，有效关井时间 591.03h。

①模型诊断。

通过对压力恢复双对数—导数曲线图形特征的诊断分析，双对数—导数曲线早期为井筒储集阶段，曲线沿斜率近 1 上升（a—b），很快进入垂向径向流阶段（c—d），遇到上下边界，曲线呈线性流特征。对 D 平 G 井进行了大型压裂改造，导数曲线进入垂直于水平井筒的 1/2 拟线性流阶段（d—e），该井拟线性流阶段很长，最后进入水平井拟径向流阶段（e—f），后期导数曲线基本保持上升，未达到拟径向流阶段（图 5-7-25）。

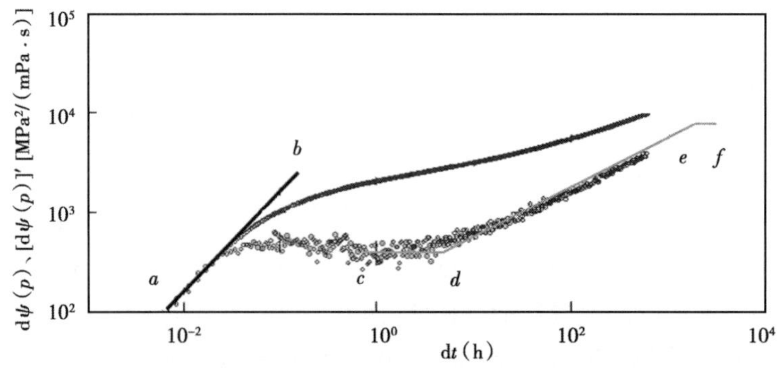

图 5-7-25　D 气田 D 平 G 井第一次开发测试压力恢复试井双对数分析图（2012 年）

②试井解释结果。

通过模型诊断和图形分析，资料解释中选用井筒储集、表皮效应+水平井+均质模型，通过现代试井理论拟合分析和霍纳分析，取得了基本一致的分析成果。解释结果：经过关井压力恢复解释，测点地层压力为 27.10MPa（测点斜深为 3613.0m，测点垂深为 3492.98m）；根据压力梯度折算到气层中部地层压力为 27.12MPa（气层 A 点垂深为 3510.27m）。K=0.182mD、C=2.96m^3/MPa、S=−7.23、K_z/K_r=1、水平段长度=615.14m（图 5-7-26、图 5-7-27、图 5-7-28）。

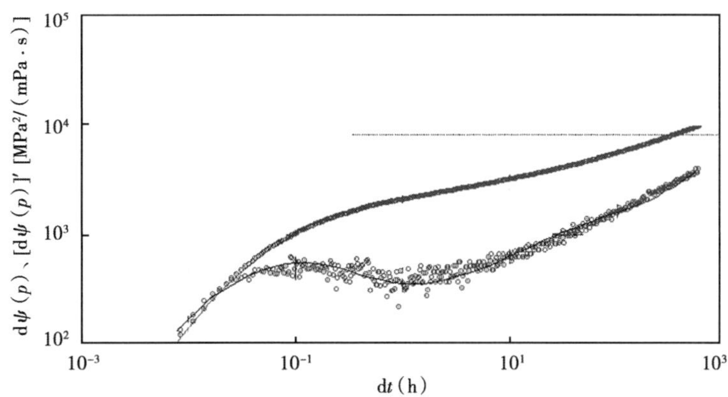

图 5-7-26　D 气田 D 平 G 井第一次开发测试压力恢复试井双对数拟合图（2012 年）

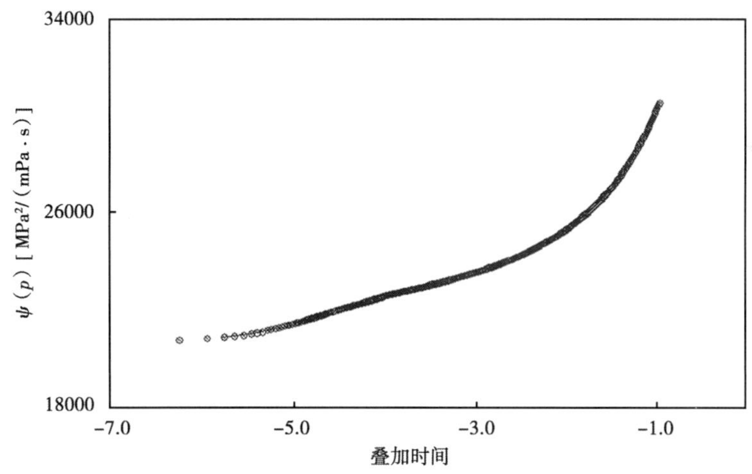

图 5-7-27　D 气田 D 平 G 井第一次开发测试压力恢复试井半对数拟合图（2012 年）

2）第二次开发测试（2014 年）

（1）压力梯度分析。

①压力恢复梯度分析。

2014 年 9 月 30 日进行压力恢复梯度测试，通过压力恢复梯度分析得出压力恢复梯度为 0.07MPa/100m。

②流动压力梯度分析。

2014 年 10 月 10 日进行流动压力梯度测试，通过流动压力梯度分析得出流动压力梯度为 0.09MPa/100m。

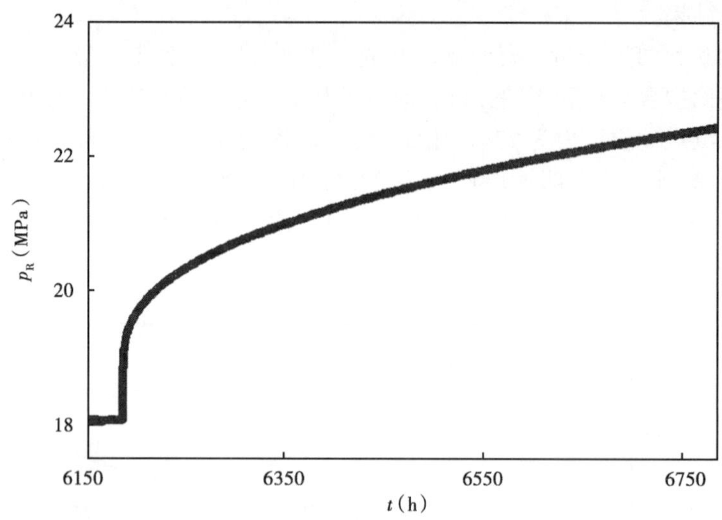

图 5-7-28　D 气田 D 平 G 井第一次开发测试压力恢复试井压力史拟合图（2012 年）

（2）产能试井。

2014 年 10 月 9 日进行测试，目前以 1.8 扣节流阀生产，平均产气 4.46×$10^4m^3/d$，产液 2.1m^3/d，油压 7.2MPa ，套压 8.5MPa，累计产气 7409.08×10^4m^3，累计产液 5284.3 m^3。2014 年 10 月 10 日测井底流动压力 10.06MPa（测点深度 3200.0m），折井底流动压力 10.34MPa（气层 A 点垂深 3510.27m），折地层压力 13.93MPa（气层 A 点垂深 3510.27m）（表 5-7-7）。

表 5-7-7　D 气田 D 平 G 井生产数据表

时间	生产时间（h）	工作制度	油压（MPa）	套压（MPa）	产气量（$10^4m^3/d$）	产液量（m^3/d）
2014 年 10 月 1 日	12	0/1.8 扣	7.2	10	3.3648	2.8
2014 年 10 月 2 日	24	1.8 扣	7.2	10	6.1224	2.1
2014 年 10 月 3 日	24	1.8 扣	7.2	10	5.8032	2.1
2014 年 10 月 4 日	24	1.8 扣	7.2	10	5.616	2.1
2014 年 10 月 5 日	24	1.8 扣	7.2	10	5.4036	2.2
2014 年 10 月 6 日	24	1.8 扣	7.2	10	5.1222	2.1
2014 年 10 月 7 日	24	1.8 扣	7.2	10	5.1222	2.1
2014 年 10 月 8 日	24	1.8 扣	7.2	10	4.1992	1.4
2014 年 10 月 9 日	24	1.8 扣	7.2	10	4.1936	1.3
2014 年 10 月 10 日	24	1.8 扣	7.2	10	4.1936	1.3

采用稳定点二项式压力平方法计算无阻流量 q_{AOF}=8.72×$10^4m^3/d$，产能方程：

$$p_R^2 - p_{wf}^2 = 16.7096q_g + 0.6337q_g^2$$

由稳定点二项式压力平方法取得无阻流量，按照流动压力与产量 IPR 曲线选取合理产能的原则一般为：取直线段内流动压力生产为合理产能，偏离直线段的流动压力为 12.4MPa

（对应测点流动压力见图 5-7-29），此时最高合理产能为 2.2×10^{4}m^3/d；按气井一般取无阻流量的 1/4 的原则，其合理产能应为 2.2×10^{4}m^3/d。

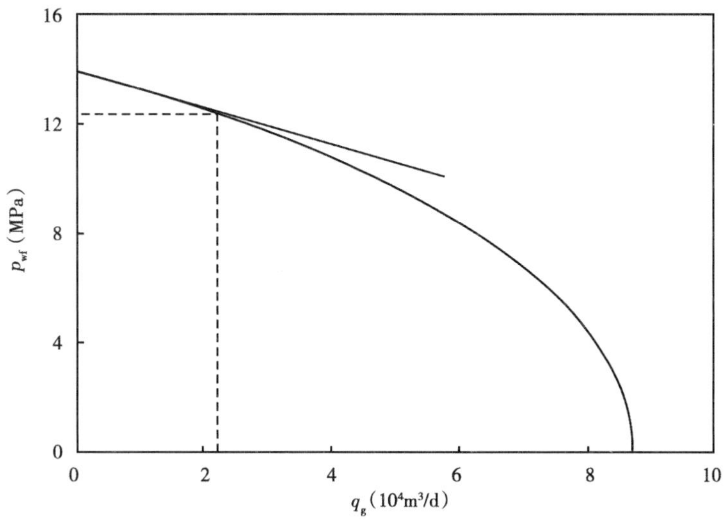

图 5-7-29　D 气田 D 平 G 井第二次开发测试 IPR 曲线图（2014 年）

（3）压力恢复试井。

2012 年 9 月 16—30 日进行压力恢复试井，有效关井时间 354.21h。

①模型诊断。

通过对压力恢复双对数—导数曲线图形特征的诊断分析，双对数—导数曲线早期为井筒储集阶段，曲线沿斜率近 1 上升，很快进入垂向径向流阶段，之后导数曲线进入垂直于水平井筒½的拟线性流阶段，D 平 G 井拟线性流阶段很长，后期导数曲线基本保持上升，未达到拟径向流阶段。

②试井解释结果。

通过模型诊断和图形分析，资料解释中选用井筒储集、表皮效应+水平井+均质模型，通过现代试井理论拟合分析和霍纳分析，取得了基本一致的分析成果。解释结果：经过关井压力恢复解释，测点地层压力为 17.86MPa（测点深度为 3200.0m）；根据压力梯度折算到气层中部地层压力为 13.93MPa（气层 A 点垂深为 3510.27m）。$K=0.18$mD、$C=3.95$m^3/MPa、$S=-6.94$、$K_z/K_r=1$、水平段长度=615m（图 5-7-30、图 5-7-31、图 5-7-32）。

3. 井控储量

利用物质平衡法确定单井控制地质储量。

对于定容封闭性气藏，没有水驱作用，得到定容气藏的物质平衡方程式：

$$\frac{p}{Z}=\frac{p_i}{Z_i}(1-\frac{N_p}{G})$$

式中　G——气藏在地面标准条件下（0.101MPa 和 20℃）的原始地质储量，m^3；

N_p——气藏在地面标准条件下的累计产气量，m^3；

p_i——地层原始压力，MPa；

Z_i——原始压力下的压缩因子；

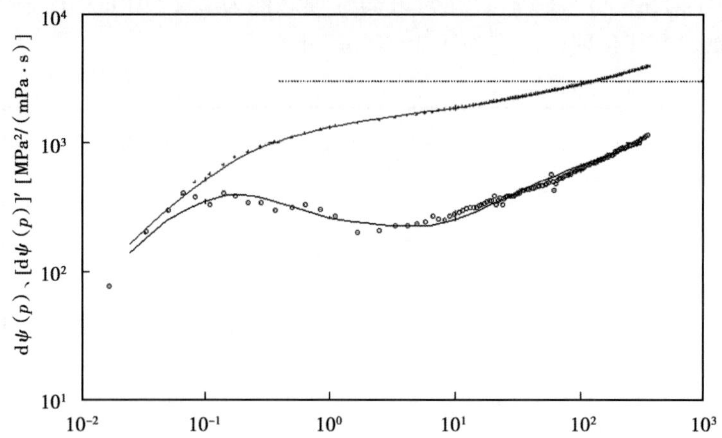

图 5-7-30　D 气田 D 平 G 井第二次开发测试压力恢复试井双对数拟合图（2014 年）

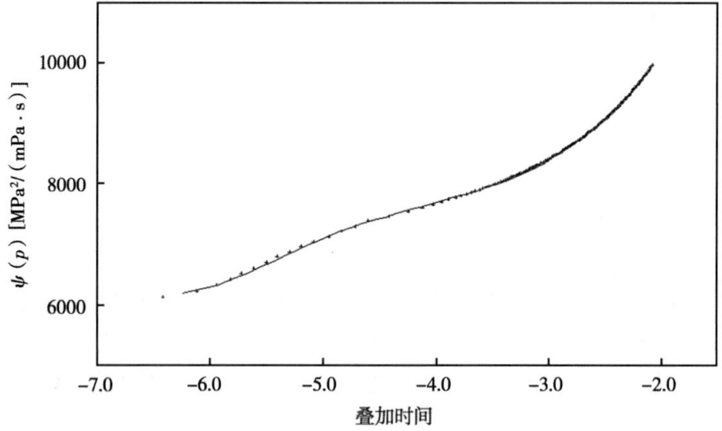

图 5-7-31　D 气田 D 平 G 井第二次开发测试压力恢复试井半对数拟合图（2014 年）

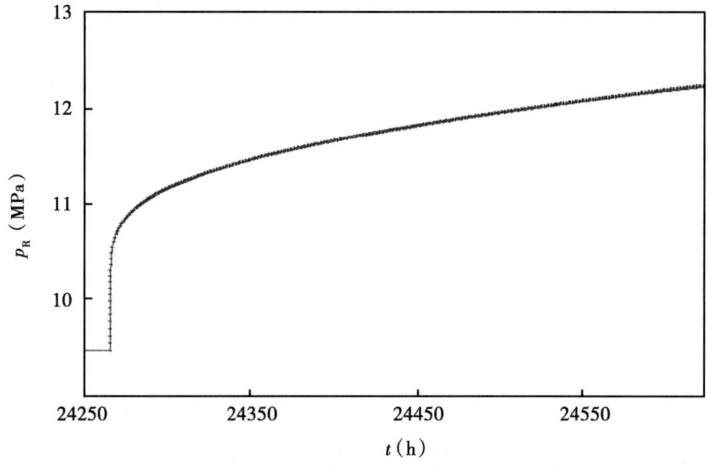

图 5-7-32　D 气田 D 平 G 井第二次开发测试压力恢复试井压力史拟合图（2014 年）

p——生产时的地层压力，MPa；

Z——生产时地层压力下的压缩因子。

把D平G井历年压力恢复解释的地层压力、气体压缩因子和累计产气量作统计（表5-7-8）。

表5-7-8 D气田D平G井计算单井控制地质储量表

时间	p (MPa)	Z	p/Z	$(p/Z)/(p_i/Z_i)$	累计产量 (10^8m^3)
2012年9月18日	27.12	1.0052	26.9797	1.0000	0.3115
2014年9月30日	13.93	0.9635	14.4571	0.5359	0.7409

（1）作D平G井纵坐标为$\frac{p}{Z}\Big/\frac{p_i}{Z_i}$、横坐标为$N_p$图，作线性回归，当$\frac{p}{Z}\Big/\frac{p_i}{Z_i}=0$时，$G=N_p$（图5-7-33）。计算D平G井单井控制地质储量$G=1.2367\times10^8m^3$。

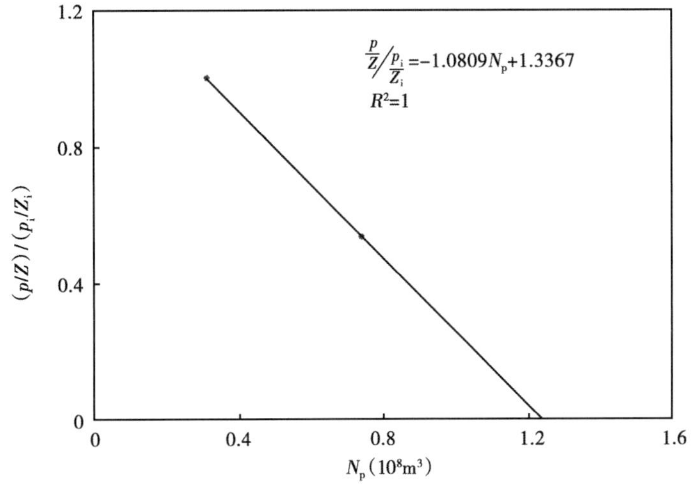

图5-7-33 物质平衡法计算D气田D平G井控制地质储量$(p/Z)/(p_i/Z_i)$—N_p图

（2）作D平G井纵坐标为p/Z、横坐标为N_p图，作线性回归，当$p/Z=0$时，$G=N_p$（图5-7-34）。计算D平G井单井控制地质储量$G=1.2366\times10^8m^3$。

4. 小结

通过对D气田D平G井试井解释数据的分析，可知：

（1）根据试井曲线特征，解释过程中采用井筒储集、表皮效应+水平井+均质模型。

（2）D平G井DLK组储层平均渗透率为0.18mD；地层压力从2012年的27.12MPa下降到2014年的13.93MPa；通过物质平衡法计算气井控制地质储量为$1.24\times10^8m^3$。

（3）通过产能方程计算平均无阻流量从2012年的$16.71\times10^4m^3/d$下降到2014年的$8.72\times10^4m^3/d$。

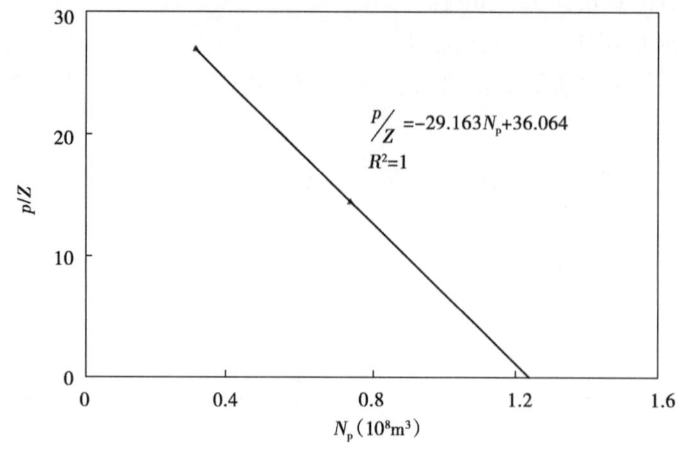

图 5-7-34　物质平衡法计算 D 气田 D 平 G 井控制地质储量 $p/Z—N_p$ 图

六、D 平 I 井

1. 测试简况

D 平 I 井为一口生产水平井，测试层位为 DLK 组，水平井段的生产层段为 3754. 8～4966. 0m，水平井段长度为 1211. 00m，储层厚度为 30. 0 m，岩性为粉砂岩，测井解释为气层，生产井段为 3650. 0～4910. 0m，测试结果为气层（含凝析水）。

压力恢复及产能测试的目的是求取生产近 10 个月后的目前地层压力、天然气产能、储层渗流参数，建立产能方程。2012 年 9 月 17 日—10 月 20 日进行压力恢复试井、产能测试及梯度测试（表 5-7-9）。

表 5-7-9　D 气田 D 平 I 井测试时间安排表

测试阶段	时间	地面显示描述	下入深度（m）
流动压力	2012 年 9 月 17—18 日	流动压力、流动温度监测，阀控 1. 2 扣生产	3045. 00
关井	2012 年 9 月 18 日—10 月 10 日	关井压力恢复	3045. 00
产能试井	2012 年 10 月 10—20 日	产能测试，阀控 2. 0 扣生产	3045. 00
梯度测试	2012 年 10 月 9 日	压力恢复、温度梯度	
梯度测试	2012 年 10 月 20 日	流动压力、流动温度梯度	

2. 试井解释

1）压力梯度分析

（1）压力恢复梯度分析。

2012 年 10 月 9 日进行压力恢复梯度测试，通过压力恢复梯度分析得出压力恢复梯度为 0. 134MPa/100m。

（2）流动压力梯度分析。

2012 年 10 月 20 日进行流动压力梯度测试，通过流动压力梯度分析得出流动压力梯度为 0. 178MPa/100m。

2）产能试井

D 平 I 井于 2011 年 11 月 30 日投产，投产后以 7. 94mm 油嘴生产，投产初期产能约 15×

$10^4m^3/d$，油压 23.10MPa，至 2012 年 5 月 11 日产能约 $13.5\times10^4m^3/d$，日产液 $16.4m^3$，油压 16.10MPa，随生产时间增加，产气量和油压均在递减。2012 年 5 月 12 日后改为阀控 1.0 扣、0.8 扣、0.7 扣、1.2 扣生产，2012 年 6—7 月不压井重新完井作业，开井后油压 15.6MPa，套压 14.0MPa，日产气 $14.56\times10^4m^3$，日产液 $1.8m^3$。至 2012 年 9 月 20 日关井前以阀控 1.2 扣生产，油压 13.50MPa，套压 15.60MPa，日产气 $9.2\times10^4m^3$，日产液 $8.00m^3$，投产后产气量和油压递减较快。

产能测试时间为 2012 年 10 月 10—20 日，采用阀控 2.0 扣生产，产能在 $11.9\times10^4m^3/d$ 左右，井口油压反映递减较快，表明储层物性较差，供气能力较低。

关井压力恢复后产能测试时间为 2012 年 10 月 20 日 0:00—24:00，以阀控 2.0 扣工作制度定产，产气 $11.8776\times10^4m^3/d$，产水 $3.50m^3/d$，油压 13.6MPa，套压 14.8MPa，井底流动压力 18.56MPa（测点深度 3045.0m），折井底流动压力 19.43MPa（气层 A 点垂深 3532.0m），折地层压力 33.23MPa（气层 A 点垂深 3532.0m）。

采用稳定点二项式压力平方法计算无阻流量 $q_{AOF}=16.52\times10^4m^3/d$，产能方程：

$$p_R^2 - p_{wf}^2 = 46.7754q_g + 1.2130q_g^2$$

由稳定点二项式压力平方法取得无阻流量，按照流动压力与产量 IPR 曲线选取合理产能的原则一般为：取直线段内流动压力生产为合理产能，偏离直线段的流动压力为 29.0MPa（对应测点流动压力见图 5-7-35），此时最高合理产能为 $5.0\times10^4m^3/d$；按气井一般取无阻流量的 1/3 的原则，其合理产能应为 $5.8\times10^4m^3/d$。

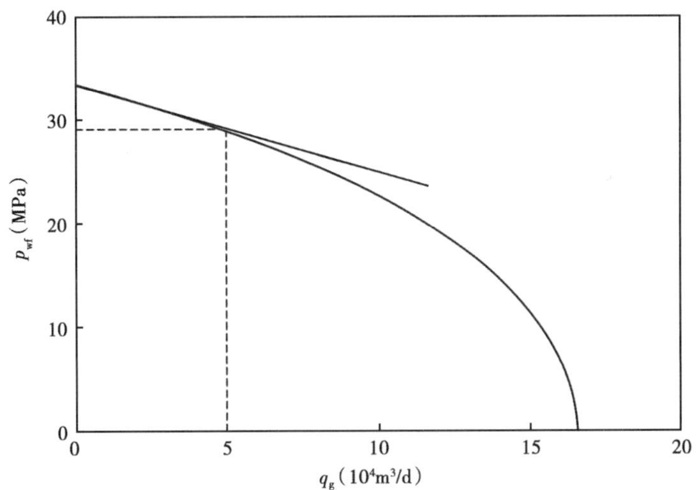

图 5-7-35　D 气田 D 平Ⅰ井试采测试 IPR 曲线图

3）压力恢复试井

2012 年 9 月 18 日—10 月 10 日进行压力恢复试井，有效关井时间 528.73h。

（1）模型诊断。

通过对压力恢复双对数—导数曲线图形特征的诊断分析，双对数—导数曲线早期为井筒储集阶段，曲线沿斜率近 1 上升（a—b），很快进入垂向径向流阶段（c—d），遇到上下边界，曲线呈线性流特征。D 平 I 井进行了大型压裂改造，导数曲线进入垂直于水平井筒 1/2 的拟线性流阶段（d—e），该井拟线性流阶段很长，最后进入水平井拟径向流阶段（e—f），后期导数曲线基本保持上升，未达到拟径向流阶段（图 5-7-36）。

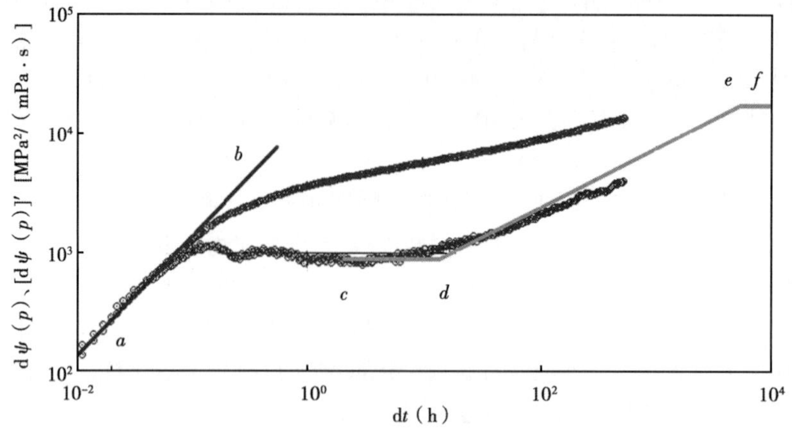

图 5-7-36　D 气田 D 平 I 井压力恢复试井双对数分析图

（2）试井解释结果。

通过模型诊断和图形分析，资料解释中选用井筒储集、表皮效应+水平井+均质模型，通过现代试井理论拟合分析和霍纳分析，取得了基本一致的分析成果。解释结果：经过关井压力恢复解释，测点地层压力为 32.58MPa（测点深度为 3045.0m）；根据压力梯度折算到气层中部地层压力为 33.23MPa（气层 A 点垂深为 3532.0m）。$K=0.048$mD、$C=1.15\text{m}^3/\text{MPa}$、$S=-7.35$、$K_z/K_r=0.939$、水平段长度=643m（图 5-7-37、图 5-7-38、图 5-7-39）。

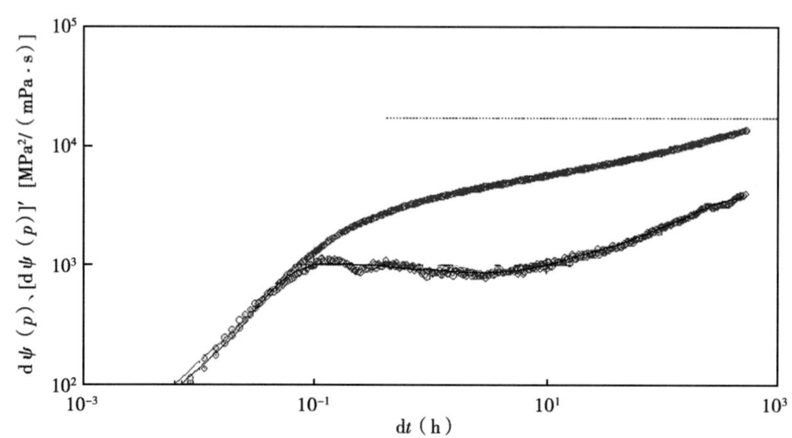

图 5-7-37　D 气田 D 平 I 井压力恢复试井双对数拟合图

3. 小结

通过对 D 气田 D 平 I 井试井解释数据的分析，可知：

（1）根据试井曲线特征，解释过程中采用井筒储集、表皮效应+水平井+均质模型。

（2）D 平 F 井 DLK 组储层平均渗透率为 0.048mD；地层压力为 33.23MPa。

（3）通过产能方程计算平均无阻流量为 $16.52\times10^4\text{m}^3/\text{d}$，最高合理产能为 $5.8\times10^4\text{m}^3/\text{d}$。

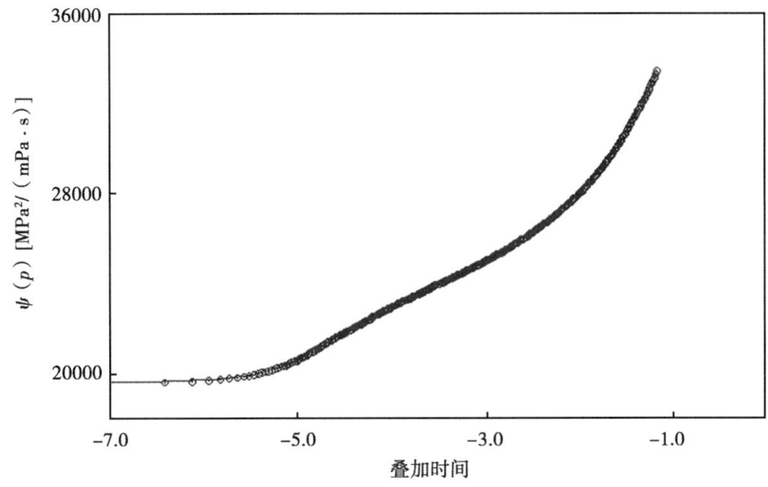

图 5-7-38　D 气田 D 平Ⅰ井压力恢复试井半对数拟合图

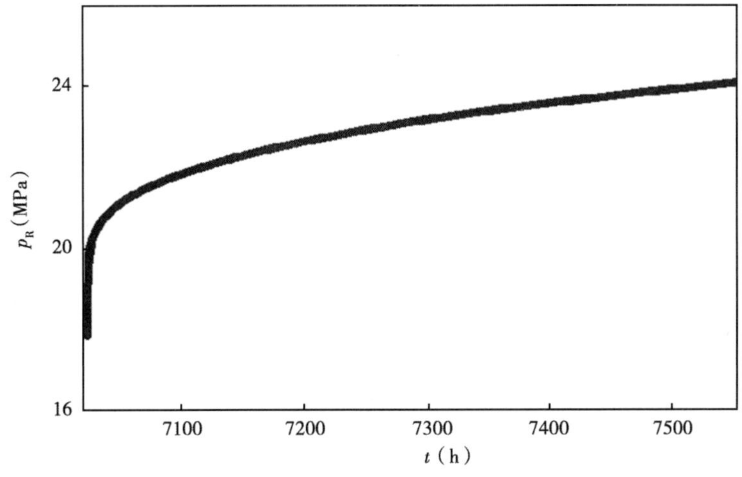

图 5-7-39　D 气田 D 平Ⅰ井压力恢复试井压力史拟合图

七、D 平 N 井

1. 测试简况

D 平 N 井为评价井（水平井），测试层位为 DLK 组，A 点至 B 点水平井段为 3795.0～5010.0m，测井解释为气层。水平井的生产层段为 3670.0～4960.0m，生产井段长度为 1290.0m，储层厚度为 30.0m，该井压裂后于 2012 年 5 月 24 日投产。

2013 年 7 月 8 日—9 月 14 日进行压力恢复试井、产能测试及梯度测试，目的是求取生产近 1 年零 2 个月的地层压力、天然气产能、储层渗流参数，建立产能方程（表 5-7-10）。

2. 试井解释

1）压力梯度分析

（1）压力恢复梯度分析。

2013 年 8 月 16 日进行压力恢复梯度测试，通过压力恢复梯度分析得出压力恢复梯度为

0.13MPa/100m。

表 5-7-10　D 气田 D 平 N 井测试时间安排表

测试阶段	时间	地面显示描述	下入深度（m）
流动压力	2013 年 7 月 8—25 日	阀控 1.2 扣生产	3580.0
关井	2013 年 7 月 25 日—8 月 16 日	关井压力恢复	3580.0
梯度测试	2013 年 8 月 16 日	压力恢复、温度梯度	
产能试井	2013 年 8 月 16 日—9 月 14 日	阀控 2.0 扣生产	3580.0
梯度测试	2013 年 9 月 14 日	流动压力、流动温度梯度	

（2）流动压力梯度分析。

2013 年 9 月 14 日进行流动压力梯度测试，通过流动压力梯度分析得出流动压力梯度为 0.123MPa/100m。

2）产能试井

D 平 N 井于 2012 年 5 月 24 日投产，投产后开始以 10mm 油嘴排液生产，2012 年 8 月 20 日后采用阀控 1.0 扣生产，2012 年 10 月 27 日至产能测试前采用阀控 1.2 扣生产，投产初期产气 $10.2\times10^4m^3/d$ 左右，产液 $52m^3/d$ 左右，油压 8.2MPa，随着压裂液的排出井口压力逐渐提高。在压裂液影响减小后，正常生产随着投产时间的增长产能和井口压力均逐渐降低，至测试前产能降至约 $5.0\times10^4m^3$，日产液约 $4.5m^3$，油压 8.5MPa，套压 11.0MPa，表明储层物性较差，供气能力较低。

关井压力恢复后进行产能测试。2013 年 9 月 13 日 0:00—24:00，以阀控 2.0 扣工作制度定产，产气 $4.634\times10^4m^3/d$，产水 $3.20m^3/d$，油压 9.30MPa，套压 11.00MPa，井底流动压力 14.67MPa（测点深度 3498.51m），折井底流动压力 14.75MPa（气层 A 点垂深 3560.0m），折地层压力 31.73MPa（气层 A 点垂深 3560.0m）。

采用稳定点二项式压力平方法计算无阻流量 $q_{AOF}=5.88\times10^4m^3/d$，产能方程：

$$p_R^2 - p_{wf}^2 = 165.5261q_g + 1.0329q_g^2$$

由稳定点二项式压力平方法取得无阻流量，按照流动压力与产量 IPR 曲线选取合理产能的原则一般为：取直线段内流动压力生产为合理产能，偏离直线段的流动压力为 26.0MPa（对应测点流动压力见图 5-7-40），此时最高合理产能为 $2.0\times10^4m^3/d$；按气井一般取无阻流量的 1/3 的原则，其合理产能应为 $1.9\times10^4m^3/d$。

3）压力恢复试井

2013 年 7 月 25 日—8 月 16 日进行压力恢复试井，有效关井时间 531.25h。

（1）模型诊断。

通过对压力恢复双对数—导数曲线图形特征的诊断分析，双对数—导数曲线早期为井筒储集阶段，曲线沿斜率近 1 上升（*a*—*b*），进入垂向径向流阶段（*c*—*d*），遇到上下边界，曲线呈线性流特征。D 平 N 井进行了大型压裂改造，导数曲线进入垂直于水平井筒的 1/2 拟线性流阶段（*d*—*e*），之后进入水平井拟径向流阶段（*e*—*f*），最后导数曲线基本保持上升（*f*—*g*），为边界反映段（图 5-7-41）。结合地质构造情况，分析距该井 470m 有一条断层，但不是完全遮挡全井（图 5-7-42），只遮挡全井的 20%，所以试井图中解释断层距离有误差，这是正常现象。

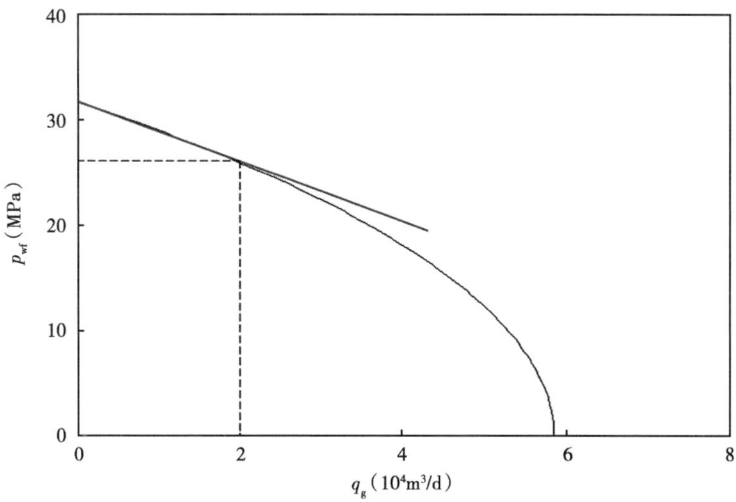

图 5-7-40 D 气田 D 平 N 井试采测试 IPR 曲线图

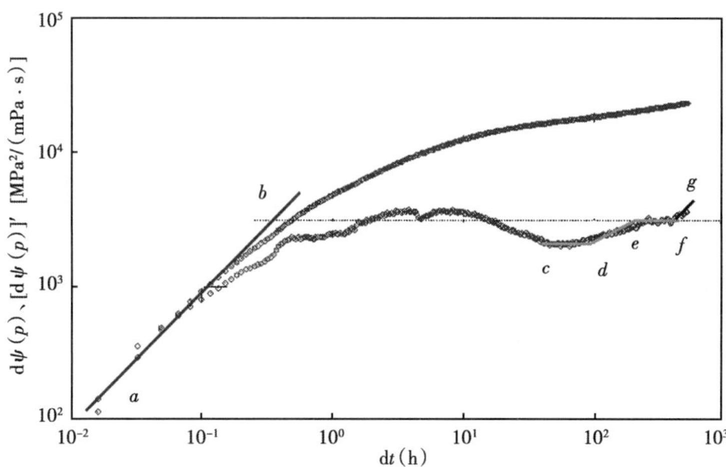

图 5-7-41 D 气田 D 平 N 井压力恢复试井双对数分析图

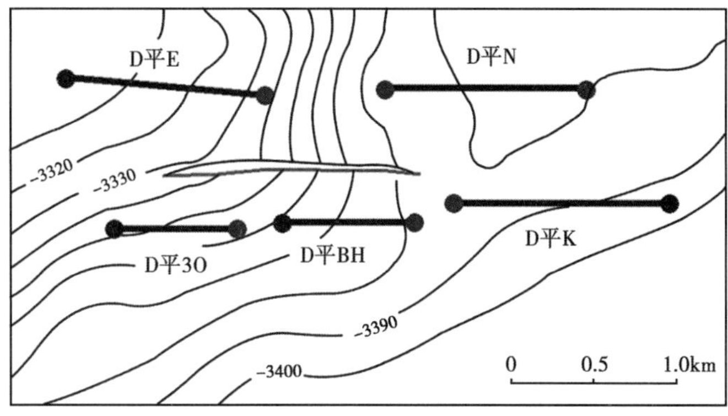

图 5-7-42 D 气田 D 平 N 井 DLK 组地质构造（m）图

（2）试井解释结果。

通过模型诊断和图形分析，资料解释中选用井筒储集、表皮效应+水平井+均质模型+一条断层边界，通过现代试井理论拟合分析和霍纳分析，取得了基本一致的分析成果。解释结果：经过关井压力恢复解释，测点地层压力为 31.65MPa（测点深度为 3498.51m）；根据压力梯度折算到气层中部地层压力为 31.73MPa（气层 A 点垂深为 3560.0m）。$K=0.127\text{mD}$、$C=1.85\text{m}^3/\text{MPa}$、$S=-3.7$、$K_z/K_r=0.00125$、水平段长度 = 1085m、断层距离 $r=130\text{m}$（图 5-7-43、图 5-7-44、图 5-7-45）。

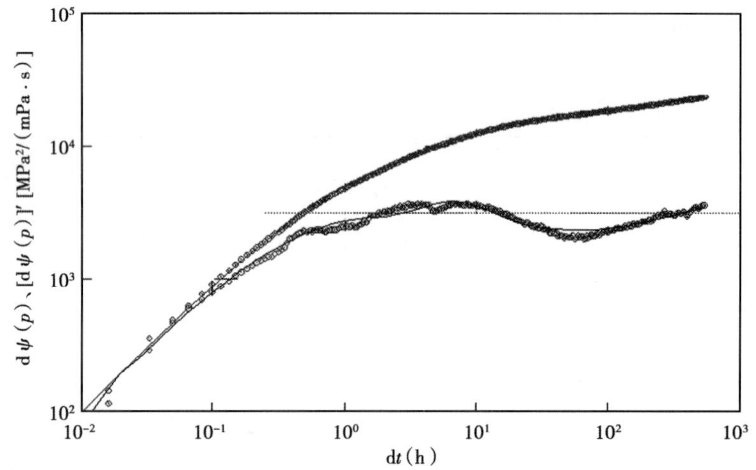

图 5-7-43　D 气田 D 平 N 井压力恢复试井双对数拟合图

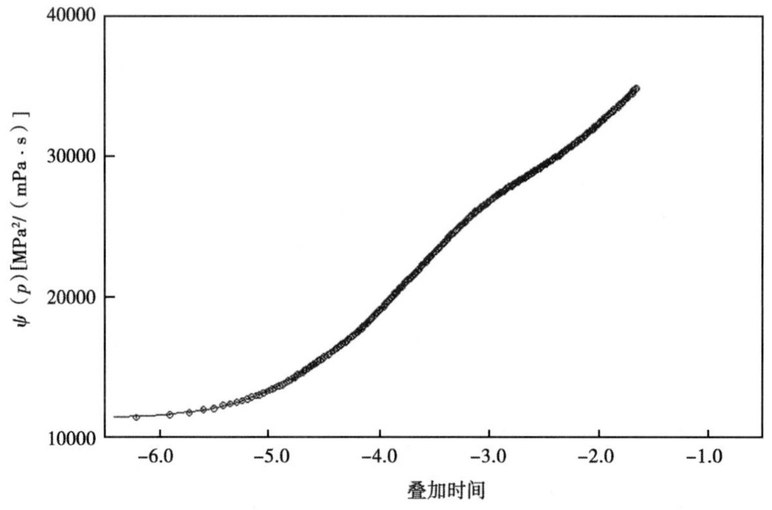

图 5-7-44　D 气田 D 平 N 井压力恢复试井半对数拟合图

3. 小结

通过对 D 气田 D 平 N 井试井解释数据的分析，可知：

（1）根据试井曲线特征，解释过程中采用井筒储集、表皮效应+水平井+均质模型+一条断层。

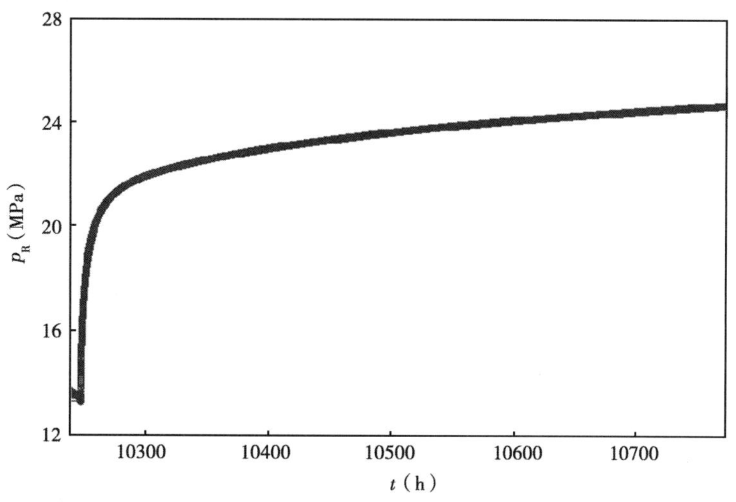

图 5-7-45　D 气田 D 平 N 井压力恢复试井压力史拟合图

（2）D 平 N 井 DLK 组储层平均渗透率为 0.127mD；地层压力为 31.73MPa。

（3）通过产能方程计算平均无阻流量为 5.88×$10^4m^3/d$，最高合理产能为 2.0×$10^4m^3/d$。

八、D 平 U 井

1. 测试简况

D 平 U 井为水平井，测试层位为 DLK 组，A 点至 B 点水平井段为 3905.0~5111.0m，测井解释为气层。水平井的生产层段为 3755.0~5070.0m，水平井段长度为 1315.00m，储层厚度为 20.0m，压裂后于 2012 年 9 月 11 日投产。

2013 年 4 月 20 日—5 月 24 日进行压力恢复试井、产能测试及梯度测试。压力恢复及回压产能测试的目的是求取生产近 8 个月后的目前地层压力、天然气产能，建立产能方程，求取气层无阻流量以及储层渗流参数，为今后生产和区块评价提供理论依据（表 5-7-11）。

表 5-7-11　D 气田 D 平 U 井测试时间安排表

测试阶段	时间	地面显示描述	下入深度（m）
流动压力	2013 年 4 月 20 日—21 日	阀控 1.0 扣生产	3450.0
关井	2013 年 4 月 21 日—5 月 13 日	关井压力恢复	3450.0
梯度测试	2013 年 5 月 10 日	压力恢复、温度梯度	
产能试井	2013 年 5 月 13—24 日	阀控 1.0 扣生产	3450.0
梯度测试	2013 年 5 月 24 日	流动压力、流动温度梯度	

2. 试井解释

1）压力梯度分析

（1）压力恢复梯度分析。

2013 年 5 月 10 日进行压力恢复梯度测试，通过压力恢复梯度分析得出压力恢复梯度为

0.102MPa/100m。

（2）流动压力梯度分析。

2013 年 5 月 24 日进行流动压力梯度测试，通过流动压力梯度分析得出流动压力梯度为 0.162MPa/100m。

2）产能试井

D 平 U 井于 2012 年 9 月 11 日投产，投产后开始以 7.94mm 油嘴排液生产，2012 年 11 月 5 日后采用 6.35mm 油嘴生产，2013 年 1 月 21 日至产能测试前采用阀控 1.0 扣生产，初期产能 $11.0\times10^4m^3/d$ 左右，产水 $34m^3/d$ 左右，油压 13.4MPa。随着投产时间的增长，产能和井口压力均逐渐降低，至测试前产能降至 $5.3\times10^4m^3/d$ 左右，产水 $6.3m^3/d$ 左右，油压降至 7.6MPa。导致产能和井口压力递减较快的因素主要是储层物性较差，生产时产能过高，表明储层物性较差，供气能力较低。

关井压力恢复后的产能测试时间为 2013 年 5 月 23 日 0:00—24:00，以阀控 1.0 扣工作制度定产，产气 $5.9034\times10^4m^3/d$，产水 $8.0m^3/d$，油压 11.10MPa，套压 12.00MPa，井底流动压力 12.24MPa（测点斜深 3450.00m、测点垂深 3434.72m），折井底流动压力 12.55MPa（气层 A 点垂深 3623.52m），折地层压力 27.14MPa（气层 A 点垂深 3623.52m）。

采用稳定点二项式压力平方法计算无阻流量 $q_{AOF}=7.45\times10^4m^3/d$，产能方程：

$$p_R^2 - p_{wf}^2 = 95.0377q_g + 0.5174q_g^2$$

由稳定点二项式压力平方法取得无阻流量，按照流动压力与产量 IPR 曲线选取合理产能的原则一般为：取直线段内流动压力生产为合理产能，偏离直线段的流动压力为 22.2MPa（对应测点流动压力见图 5-7-46），此时最高合理产能为 $2.6\times10^4m^3/d$；按气井一般取无阻流量的 1/3 的原则，其合理产能应为 $2.5\times10^4m^3/d$。

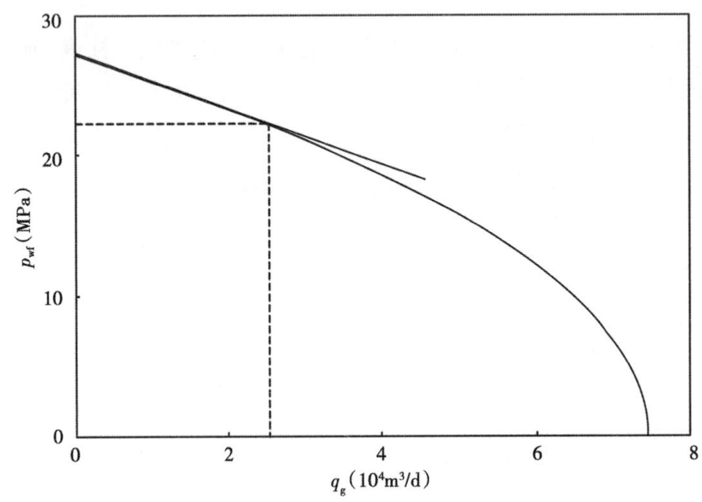

图 5-7-46　D 气田 D 平 U 井试采测试 IPR 曲线图

3）压力恢复试井

2013 年 4 月 21 日—5 月 13 日进行压力恢复试井，有效关井时间 528.77h。

（1）模型诊断。

通过对压力恢复双对数—导数曲线图形特征的诊断分析，双对数—导数曲线早期为井筒储集阶段，曲线沿斜率近1上升（$a—b$），进入短暂垂向径向流阶段（$c—d$），遇到上下边界，曲线呈线性流特征。D平U井进行了大型压裂改造，导数曲线进入垂直于水平井筒的1/2拟线性流阶段（$d—e$），之后进入短暂水平井拟径向流阶段（$e—f$），最后导数曲线基本保持上升（$f—g$），为边界反映段（图5-7-47）。结合地质构造分析，距该井92～281m有一条断层（图5-7-48）。

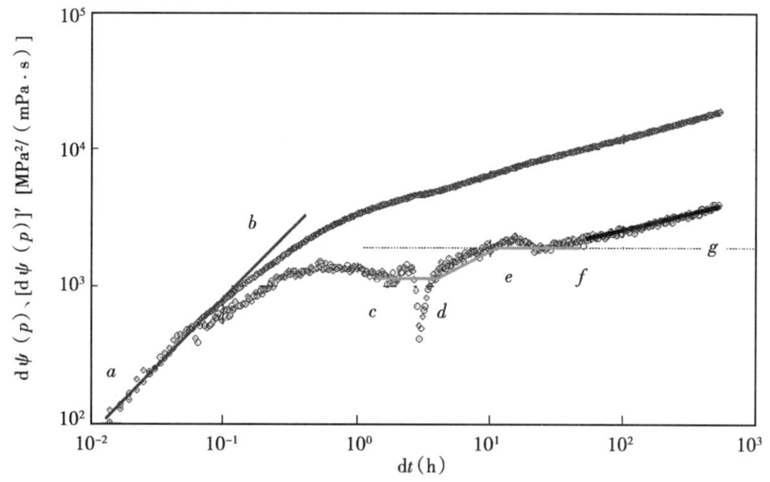

图5-7-47 D气田D平U井压力恢复试井双对数分析图

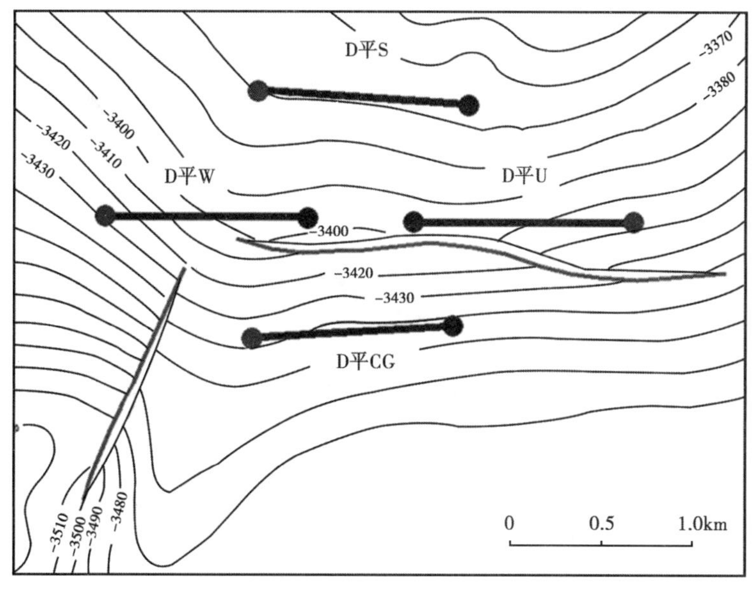

图5-7-48 D气田D平U井DLK组地质构造（m）图

（2）试井解释结果。

通过模型诊断和图形分析，资料解释中选用井筒储集、表皮效应+水平井+均质模型+一条断层边界，通过现代试井理论拟合分析和霍纳分析，取得了基本一致的分析成果。解释结果：经过关井压力恢复解释，测点地层压力为26.95MPa（测点斜深为3450.00m，测点垂深为3434.72m)；根据压力梯度折算到气层中部地层压力为27.14MPa（气层A点垂深为3623.52m)。$K=0.282$mD、$C=13.4m^3/MPa$、$S=-3.65$、$K_z/K_r=0.000512$、水平段长度=1093m、断层距离$r=94.2$m（图5-7-49、图5-7-50、图5-7-51)。

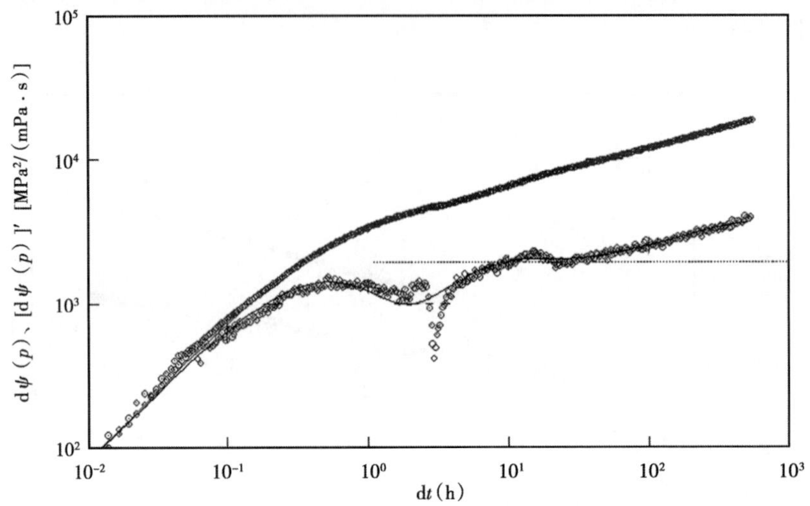

图5-7-49　D气田D平U井压力恢复试井双对数拟合图

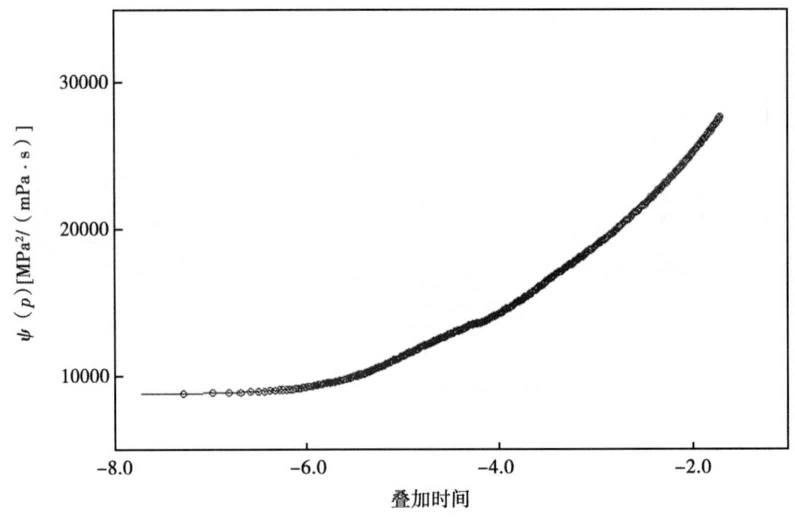

图5-7-50　D气田D平U井压力恢复试井半对数拟合图

3. 小结

通过对D气田D平U井试井解释数据的分析，可知：

(1) 根据试井曲线特征，解释过程中采用井筒储集、表皮效应+水平井+均质模型+一条断层。

(2) D平U井DLK组储层平均渗透率为0.282mD；地层压力为27.14MPa。

(3) 通过产能方程计算平均无阻流量为$7.45\times10^4m^3/d$，最高合理产能为$2.6\times10^4m^3/d$。

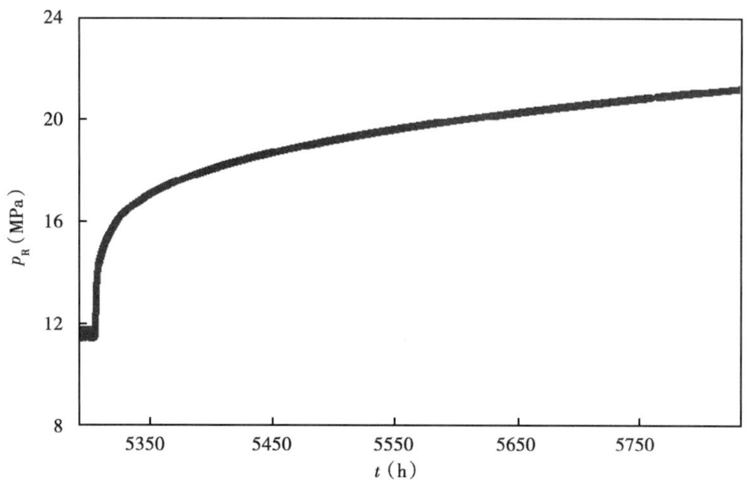

图 5-7-51　D 气田 D 平 U 井压力恢复试井压力史拟合图

第八节　E 气田试井实例分析

截至 2014 年 12 月底，E 气田完钻探井、评价井及生产井总计 66 口，其中探井 24 口、评价井 29 口、生产井 13 口；已投产井 23 口，累计产天然气 $1.277 \times 10^8 m^3$。E 气田纵向上发育 X 组、DLK 组及 SHZ 组和 HSL 组四套主要含气层段，其中 X 组、DLK 组为碎屑岩储层，SHZ 组和 HSL 组主要为火山岩储层。

碎屑岩储层地震反射特征表现为中—弱振幅、中—低频、连续性较好。该类储层主要发育于 X 组，岩性以细砂岩为主，DLK 组为杂色砂砾岩、细砂岩与杂色泥岩、粉砂质泥岩互层，储层岩性以细砂岩为主。SHZ 组为灰色砂砾岩与深灰色泥岩互层，中部为深灰色、黑色泥岩，下部为煤层，部分地区为火山角砾岩。HSL 组火山岩岩性复杂，以中酸性火山岩为主，共计 14 种岩性，气层岩性以安山岩、流纹岩和火山角砾岩为主。

一、E 气田 CHSHFOC 井

1. 测试简况

D 气田 CHSHFOC 井为位于松辽盆地南部的一口评价井，测试层位为 SHZ 组 129 号层，测井解释井段为 2567.2~2601.6m，厚度为 34.40m/1 层，测井解释为气层；129 号层射孔井段为 2582.0~2590.0m，射孔厚度为 8.0m/1 层。于 2013 年 4 月 9—29 日进行静止压力、静止温度及梯度，系统试井，流动压力、流动温度梯度测试（表 5-8-1）。

表 5-8-1　E 气田 CHSHFOC 井测试时间安排表

测试阶段	时间	地面显示描述	下入深度（m）
静止压力	2013 年 4 月 9—20 日	测静止压力、静止温度	2450.0
梯度测试	2013 年 4 月 20 日	测静止压力、静止温度梯度	
修正等时试井	2013 年 4 月 21—25 日	3mm、5mm、7mm、9mm 油嘴	2450.0
试采	2013 年 4 月 21—29 日	5mm 油嘴（延长开井）试采	2450.0
梯度测试	2013 年 4 月 29 日	测流动压力、流动温度梯度	

2. 试井解释

1）梯度分析

（1）静止压力梯度分析。

2013 年 4 月 20 日进行静止压力梯度测试，通过静止压力梯度分析得出静止压力梯度为 0.15MPa/100m。

（2）流动压力梯度分析。

2013 年 4 月 29 日进行流动压力梯度测试，通过流动压力梯度分析得出流动压力梯度为 0.13MPa/100m。

2）压力恢复试井解释

（1）模型诊断。

通过对修正等时试井第 3 个工作制度（7mm 油嘴）后关井压力恢复双对数—导数曲线图形特征（图 5-8-1）的诊断分析，井筒储集阶段早期导数曲线沿斜率近 1 上升，井筒储集阶段中后期导数和双对数曲线出现两条斜率为 1/2 的平行线，且两线的距离标差为 0.301（时间很短）。曲线继续攀升偏离斜率 1/2，上升到 0.5 水平线，说明径向流出现。

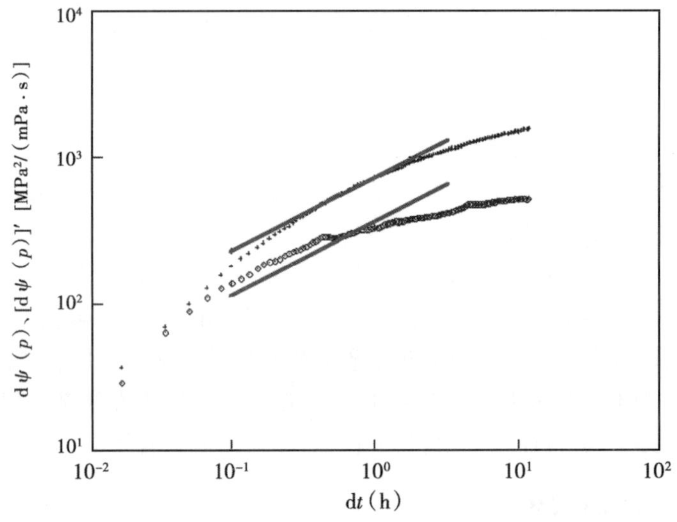

图 5-8-1　E 气田 CHSHFOC 井压力恢复试井双对数分析图

（2）解释结果。

通过模型诊断和图形分析，试井解释模型选用井筒储集和表皮效应+均质无限导流垂直裂缝+无限大模型（图 5-8-2、图 5-8-3、图 5-8-4）。Kh=35.0mD·m；K=4.38mD；C=0.791m³/MPa；S=-3.13；X_f=5.9m。CHSHFOC 井修正等时试井前于 2013 年 4 月 9—20 日进行静止压力测试，静止压力趋于稳定，测点深度为 2450.00m，测点静止压力为 17.45MPa；修正等时试井三关压力恢复后模拟地层压力为 17.67MPa，与测点压力基本一致，折储层中部（储层中部深度为 2586.00m）地层压力为 17.87MPa。

3）产能试井

CHSHFOC 井在修正等时试井测试期间分别采用 3.0mm 油嘴、25.4mm 孔板，5.0mm 油嘴、38.1mm 孔板，7.0mm 油嘴、50.8mm 孔板，9.0mm 油嘴、57.15mm 孔板放喷，延长开井采用 5.0mm 油嘴、31.75mm 孔板放喷，5.0mm 油嘴工作制度下的短期试采产气量较稳

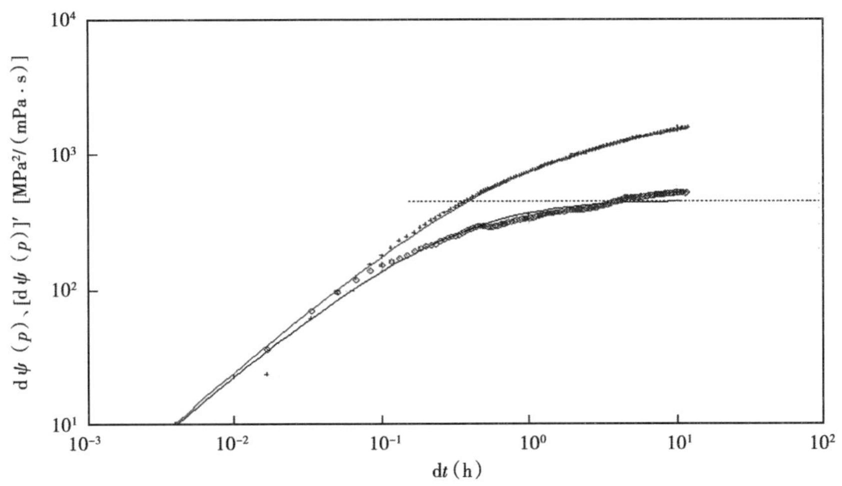

图 5-8-2　E 气田 CHSHFOC 井压力恢复试井双对数拟合图

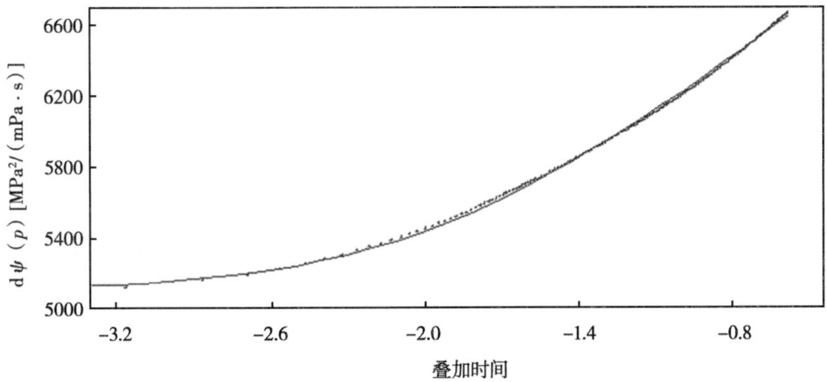

图 5-8-3　E 气田 CHSHFOC 井压力恢复试井半对数拟合图

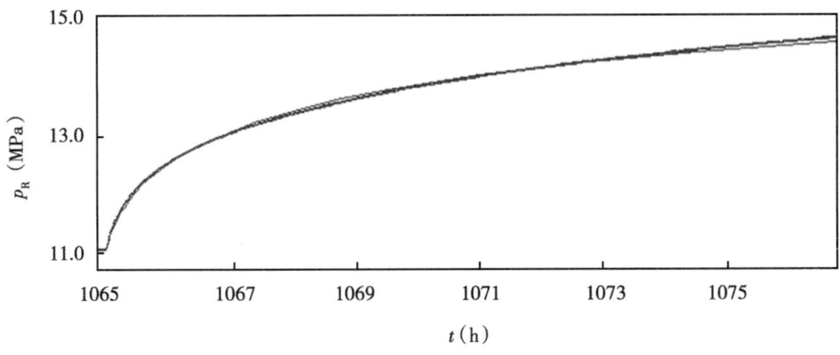

图 5-8-4　E 气田 CHSHFOC 井压力恢复试井压力历史拟合图

定，油压、流动压力均显示逐渐降低。

试采结束后于 2013 年 4 月 28 日 24:00，采用 5.0mm 油嘴、31.75mm 孔板生产，油压 7.16MPa，套压 8.16MPa，井底流动压力 10.179MPa，生产压差 7.27MPa，日产气 21739m^3，产油微量（表 5-8-2）。

表 5-8-2　E 气田 CHSHFOC 井不同工作制度油压、套压、流动压力与产气量数据表

开井	测试日期	油嘴（mm）	油压（MPa）	套压（MPa）	流动压力（MPa）	折算流动压力（MPa）	产气量（$10^4m^3/d$）	关井	测试日期	油压（MPa）	套压（MPa）	关井最高压力（MPa）	折算关井最高压力（MPa）
										13. 59	13. 39	17. 4504	17. 6544
一开	2013 年 4 月 21 日 06:00 2013 年 4 月 21 日 18:00	3	12. 43	12. 73	16. 4602	16. 6370	1. 5734	一关	2013 年 4 月 21 日 18:00 2013 年 4 月 22 日 06:00	13. 17	13. 06	17. 0727	17. 2767
二开	2013 年 4 月 22 日 06:00 2013 年 4 月 22 日 18:00	5	11. 25	11. 33	14. 5066	14. 6834	3. 5601	二关	2013 年 4 月 22 日 18:00 2013 年 4 月 23 日 06:00	12. 65	12. 4	16. 1843	16. 3883
三开	2013 年 4 月 23 日 06:00 2013 年 4 月 23 日 18:00	7	7. 99	8. 81	11. 0927	11. 2695	6. 2953	三关	2013 年 4 月 23 日 18:00 2013 年 4 月 24 日 06:00	11. 64	11. 29	14. 6937	14. 8977
四开	2013 年 4 月 24 日 06:00 2013 年 4 月 24 日 18:00	9	5. 79	7. 13	8. 87262	9. 0494	7. 7455	四关	2013 年 4 月 24 日 18:00 2013 年 4 月 25 日 06:00	10. 75	10. 28	13. 4464	13. 6504
延续	2013 年 4 月 25 日 18:00 2013 年 4 月 28 日 24:00	5	7. 16	8. 16	10. 1790	10. 3558	2. 1739						

注：2013 年 4 月 21 日 06:00 修正等时试井测试开始，开关井时间间隔 12h，延续生产 90h，气层中部地层压力为 17. 87MPa。

经前 3 个工作制度，计算 CHSHFOC 井的指数式产能方程：

$$q_g = 0.114854(p_R^2 - p_{wf}^2)^{0.985518}$$

无阻流量 $q_{AOF}=3.294\times10^4m^3/d$（图 5-8-5）。

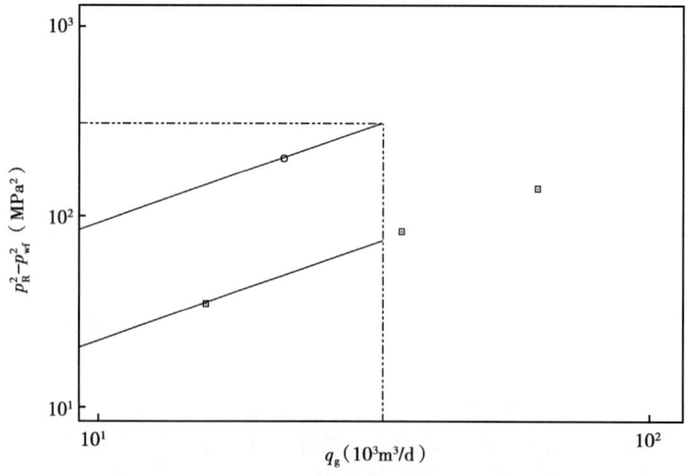

图 5-8-5　E 气田 CHSHFOC 井修正等时试井指数式图

经前 3 个工作制度，计算 CHSHFOC 井的二项式产能方程：

$$p_R^2 - p_{wf}^2 = 9.4133q_g + 4.5106 \times 10^{-4} q_g^2$$

无阻流量 $q_{AOF}=3.30569\times10^4 m^3/d$（图 5-8-6）。

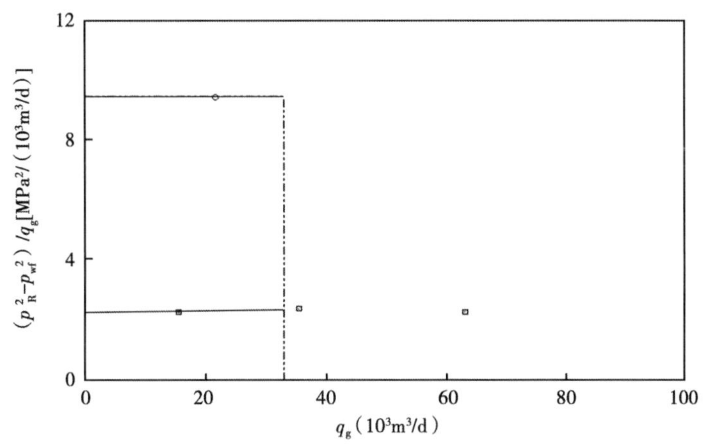

图 5-8-6　E 气田 CHSHFOC 井修正等时试井二项式图

3. 小结

通过对 E 气田 CHSHFOC 井产能试井测试、关井压力恢复测试和试采测试数据的分析，可知：

（1）有效渗透率为 4.38mD，分析储层有一定的渗透能力，地层流动系数为 1980.9489mD · m/(mPa · s)，表明气体流动能力较强，储层中部（深度为 2586.0m）地层压力为 17.87MPa。

（2）修正等时二项式计算无阻流量为 $3.30\times10^4 m^3/d$，取无阻流量的 1/3 为合理产能，最高合理产能应为 $1.1\times10^4 m^3/d$。

二、E 气田 CHBOG 井

1. 测试简况

D 气田 CHBOG 井为位于松辽盆地南部的一口评价井，测试层位为 X 组 75 号、72 号、70 号、69 号层，测井解释井段为 1779.4～1782.8m、1771.6～1774.4m、1760.0～1762.6m、1757.2～1759.0m 共 4 个层，测井解释为气层；射孔井段为 1779.4～1782.8m、1771.6～1774.4m、1757.2～1762.6m，射孔厚度为 11.8m/4 层。于 2012 年 8 月 8—30 日进行静止压力、静止温度及梯度，系统试井，流动压力、流动温度梯度测试（表 5-8-3）。

表 5-8-3　E 气田 CHBOG 井测试时间安排表

测试阶段	时间	地面显示描述	下入深度（m）
静止压力	2012 年 8 月 8—15 日	测静止压力、静止温度	1700.0
梯度测试	2012 年 8 月 15 日	测静止压力、静止温度梯度	
修正等时试井	2012 年 8 月 15—19 日	4mm、6mm、8mm、10mm 油嘴	1700.0
试采	2012 年 8 月 20—30 日	5mm 油嘴（延长开井）试采	1700.0
压力恢复	2012 年 8 月 30 日—9 月 8 日	测压力恢复	1700.0
梯度测试	2012 年 9 月 8 日	测流动压力、流动温度梯度	

2. 试井解释

1）梯度分析

（1）静止压力梯度分析。

2012 年 8 月 10 日进行静止压力梯度测试，通过静止压力梯度分析得出静止压力梯度为 0.10MPa/100m。

（2）压力恢复梯度、温度梯度分析。

2012 年 9 月 8 日进行压力恢复梯度、温度梯度测试，通过压力恢复梯度分析得出压力恢复梯度为 0.09MPa/100m。

2）压力恢复试井解释

（1）模型诊断。

通过对双对数—导数曲线图形特征的诊断分析，第一段是井筒储集阶段早期，导数曲线沿斜率近 1 上升。在关井 1.175~2.625h 后恢复压力曲线短暂变平，致使双对数（导数）曲线下掉。由于 CHBOG 井在开井时产水，井筒内流体是气液两相混合物，在关井时出现井筒内气水相态重新分布或重力分异达到一个新的气水平衡，所以在关井压力恢复曲线上出现短暂平缓。第二段是双线性流阶段，井筒储集阶段中后期导数和双对数曲线出现两条斜率为 1/4 的平行线，且两条线的标差为 0.602（图 5-8-7）。第三段双对数曲线上升到 0.5 水平线，说明拟径向流出现。第四段为外边界反映段。在半对数分析图中可见两条近似 2 倍关系的直线段。

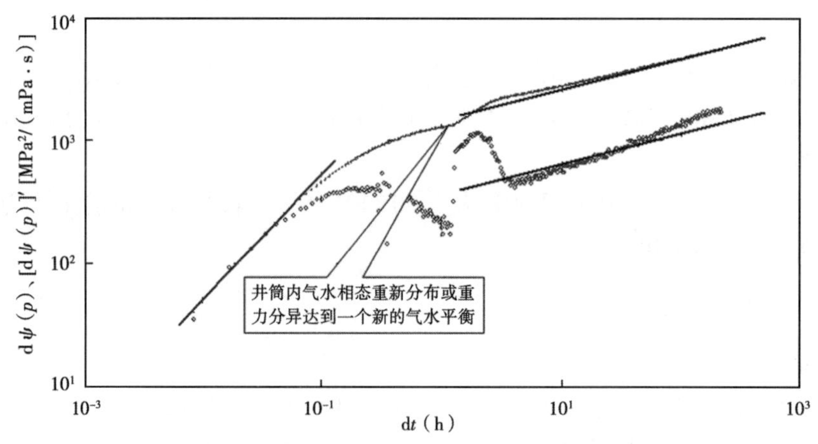

图 5-8-7　E 气田 CHBOG 井压力恢复试井双对数分析图

（2）解释结果。

通过模型诊断和图形分析，试井解释模型选用井筒储集和表皮效应+均质有限导流垂直裂缝+一条不渗透边界模型（图 5-8-8、图 5-8-9、图 5-8-10）。Kh = 2.10mD · m、K = 0.181mD、C = 7.43m^3/MPa、X_f = 36.0m、F_C = 26.3mD · m。CHBOG 井于 2012 年 8 月 8—15 日进行静止压力测试，静止压力趋于稳定，测点深度为 1700.0m，测点静止压力为 13.466MPa；折储层中部（储层中部深度为 1770.0m）地层压力为 13.536MPa。2012 年 8 月 30 日—9 月 8 日压力恢复解释地层压力为 13.50MPa（测点深度为 1700.0m），折储层中部（储层中部深度为 1770.0m）地层压力为 13.563MPa。

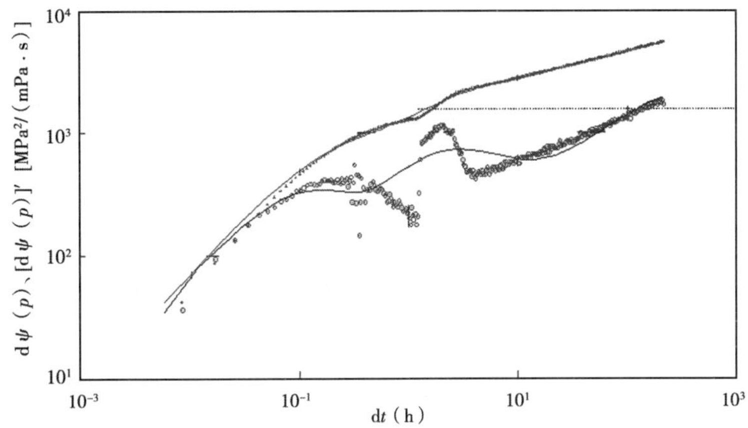

图 5-8-8　E 气田 CHBOG 井压力恢复试井双对数拟合图

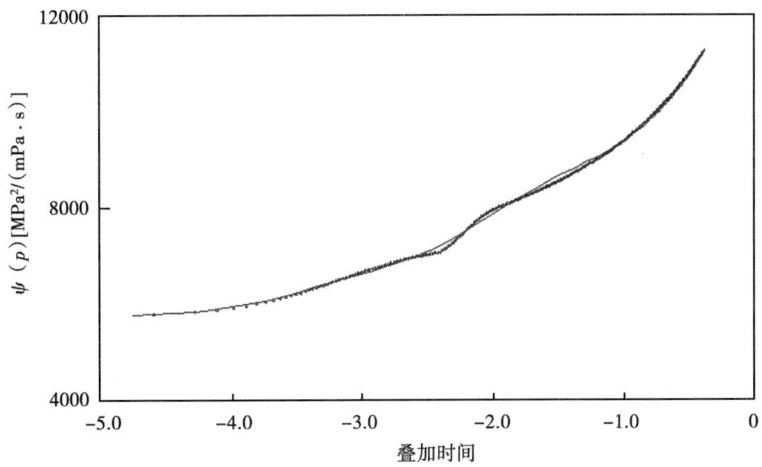

图 5-8-9　E 气田 CHBOG 井压力恢复试井半对数拟合图

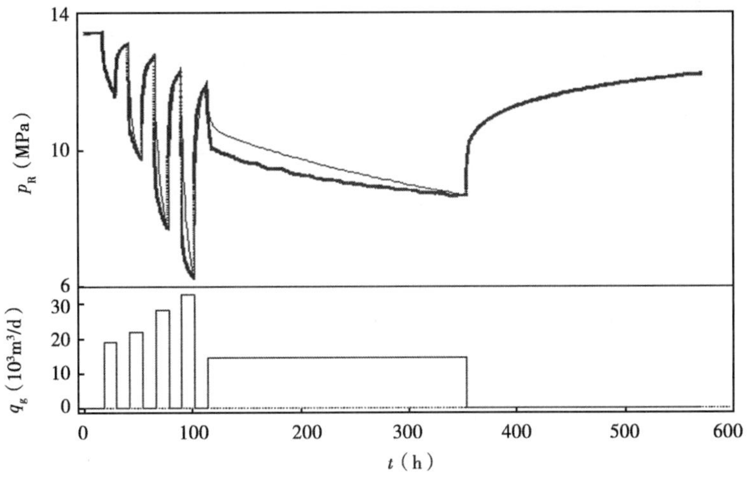

图 5-8-10　E 气田 CHBOG 井压力恢复试井压力历史拟合图

3）产能试井

CHBOG 井在 2012 年 8 月 16 日修正等时试井测试期间分别采用 4.0mm 油嘴、12mm 孔板，6.0mm 油嘴、12mm 孔板，8.0mm 油嘴、17mm 孔板，10.0mm 油嘴、17mm 孔板放喷，延长开井采用 5.0mm 油嘴、17mm 孔板放喷，短期试采产气量较稳定，油压、套压、流动压力均显示逐渐降低。

2012 年 9 月 8 日延长试采末期，采用 5.0mm 油嘴、12mm 孔板生产，油压 5.98MPa，套压 7.47MPa，井底流动压力 8.638MPa，产气 $1.4438\times10^4m^3$，产水 $55.52m^3$（表 5-8-4）。

表 5-8-4　E 气田 CHBOG 井不同工作制度油压、套压、流动压力与产气量数据表

开井	测试日期	油嘴（mm）	油压（MPa）	套压（MPa）	流动压力（MPa）	折算流动压力（MPa）	产气量（$10^4m^3/d$）	关井	测试日期	关井最高压力（MPa）	折算关井最高压力（MPa）
								初关		13.466	13.536
一开	2012 年 8 月 16 日 06:00 2012 年 8 月 16 日 18:00	4	9.91	10.01	11.565	11.628	1.8853	二关	2012 年 8 月 16 日 18:00 2012 年 8 月 17 日 06:00	13.128	13.198
二开	2012 年 8 月 17 日 06:00 2012 年 8 月 17 日 18:00	6	7.33	8.45	9.739	9.802	2.1744	三关	2012 年 8 月 17 日 18:00 2012 年 8 月 18 日 06:00	12.735	12.805
三开	2012 年 8 月 18 日 06:00 2012 年 8 月 18 日 18:00	8	5.59	6.64	7.675	7.738	2.8407	四关	2012 年 8 月 18 日 18:00 2012 年 8 月 19 日 06:00	12.314	12.384
四开	2012 年 8 月 19 日 06:00 2012 年 8 月 19 日 18:00	10	4.03	5.37	6.218	6.281	3.2699	五关	2012 年 8 月 19 日 18:00 2012 年 8 月 20 日 06:00	11.908	11.978
延续	2012 年 8 月 20 日 18:00 2012 年 8 月 30 日 24:00	5	5.98	7.47	8.638	8.701	1.4438				

注：2012 年 8 月 16 日 06:00 修正等时试井测试开始，开关井时间间隔 12h，延续生产 240h，地层压力 13.563MPa。

经计算，CHBOG 井的指数式产能方程：

$$q_g = 0.609273(p_R^2 - p_{wf}^2)^{0.609273}$$

无阻流量 $q_{AOF}=1.997\times10^4m^3/d$（图 5-8-11）。

经计算，CHBOG 井的二项式产能方程：

$$\psi(p_R) - \psi(p_{wf}) = 476.696q_g + 4.61953q_g^2$$

无阻流量 $q_{AOF}=2.328\times10^4m^3/d$（图 5-8-12）。

修正等时二项式计算无阻流量为 $2.328\times10^4m^3/d$，取无阻流量的 1/3 为合理产能，最高合理产能应为 $0.8\times10^4m^3/d$。

3. 小结

（1）在模型诊断中由于 CHBOG 井在开井时产水，井筒内流体是气液两相混合物，在关

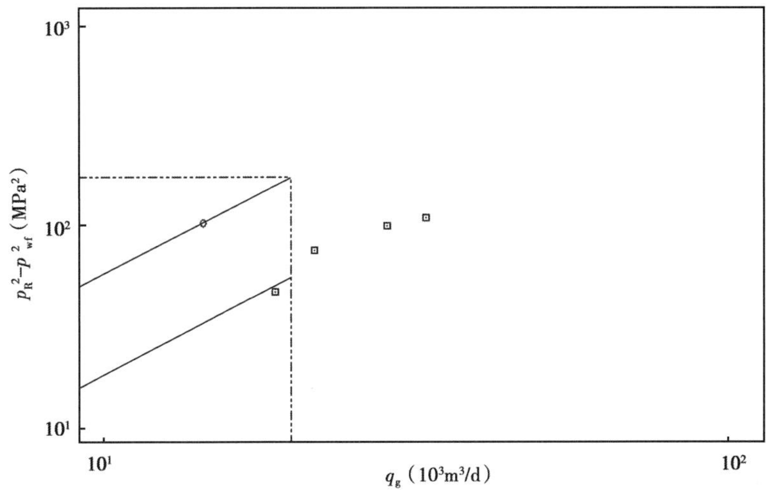

图 5-8-11　E 气田 CHBOG 井修正等时试井指数式图

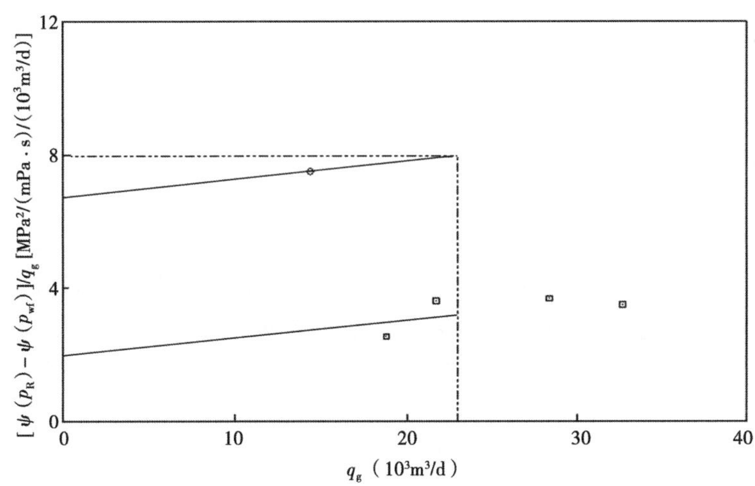

图 5-8-12　E 气田 CHBOG 井修正等时试井二项式图

井时出现井筒内气水相态重新分布或重力分异达到一个新的气水平衡，所以在关井 1.175～2.625h 后恢复压力曲线短暂变平，致使双对数（导数）曲线下掉。

（2）解释有效渗透率为 0.181mD，分析储层有一定的渗透能力，地层流动系数为 13.2468mD·m/(mPa·s)，表明气体流动能力一般。储层中部（深度为 1770.0m）地层压力为 13.563MPa。

（3）修正等时二项式计算无阻流量为 $2.328\times10^4m^3/d$，取无阻流量的 1/3 为合理产能，最高合理产能应为 $0.8\times10^4m^3/d$。

三、E 气田 CHB-G 井

1. 测试简况

E 气田 CHB-G 井为位于松辽盆地南部的一口评价井，测试层位为 DLK 组 99 号、96 号、94 号、88～89 号、86 号、76 号层，测井解释井段为 1871.4～1874.6m、1860.0～1862.4m、

1851.0~1853.8m、1835.2~1839.0m、1826.4~1829.0m、1783.8~1786.0m，共6个层，测井解释为气层，射孔厚度为17.0m/6层，孔隙度为11.8%。于2013年7月8日—8月10日进行修正等时试井，流动温度、流动压力及梯度，压力恢复及静止压力、静止温度梯度测试（表5-8-5）。

表5-8-5 E气田CHB-G井测试时间安排表

测试阶段	时间	地面显示描述	下入深度（m）
修正等时试井	2013年7月8—12日	5mm、7mm、9mm、11mm油嘴	1700.00
延续生产	2013年7月12—18日	5mm油嘴（延长开井）试采	1700.00
流动压力梯度	2013年7月19日	测流动压力、流动温度梯度	
压力恢复	2013年7月19日—8月10日	测压力恢复	1700.00
压力恢复梯度	2013年8月10日	测压力恢复、温度梯度	

2. 试井解释

1）梯度分析

（1）流动压力梯度分析。

2013年7月19日进行流动压力梯度、流动温度梯度测试，通过流动压力梯度分析得出流动压力梯度为0.16MPa/100m。

（2）压力恢复梯度、温度梯度分析。

2013年9月8日进行压力恢复梯度、温度梯度测试，通过压力恢复梯度分析得出压力恢复梯度为0.13MPa/100m。

2）压力恢复试井解释

（1）模型诊断。

2013年7月19日—8月10日关井压力恢复，通过对双对数—导数曲线图形特征的诊断分析，第一段是井筒储集阶段早期，导数曲线沿斜率近1上升。在关井1.4~2.9h后恢复压力短暂下降，致使双对数（导数）曲线下掉。由于CHB-G井在开井时产水，井筒内流体是气液两相混合物，在关井时出现井筒内气水相态重新分布或重力分异达到一个新的气水平衡，所以在关井压力恢复曲线上出现短暂下降。第二段是双线性流阶段，井筒储集阶段中后期导数和双对数曲线出现两条斜率为1/4的平行线，且两线的标差为0.602（图5-8-13）。

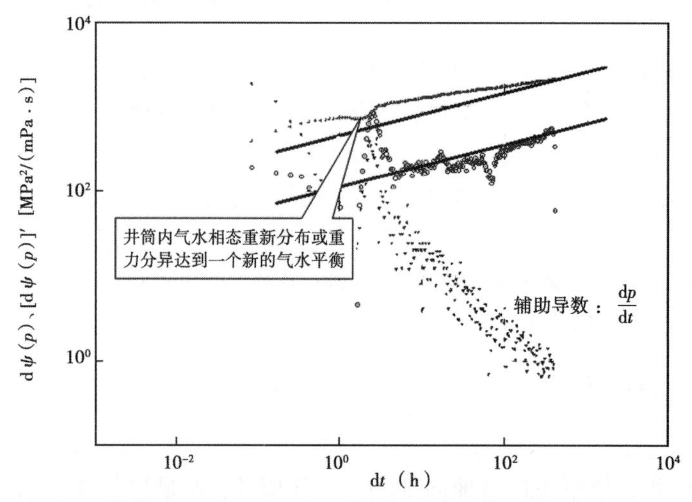

图5-8-13 E气田CHB-G井压力恢复试井双对数分析图

第三段双对数曲线上升到0.5水平线，说明拟径向流出现。第四段为外边界反映段。在半对数分析图可见两条近似2倍关系的直线段（图5-8-14）。

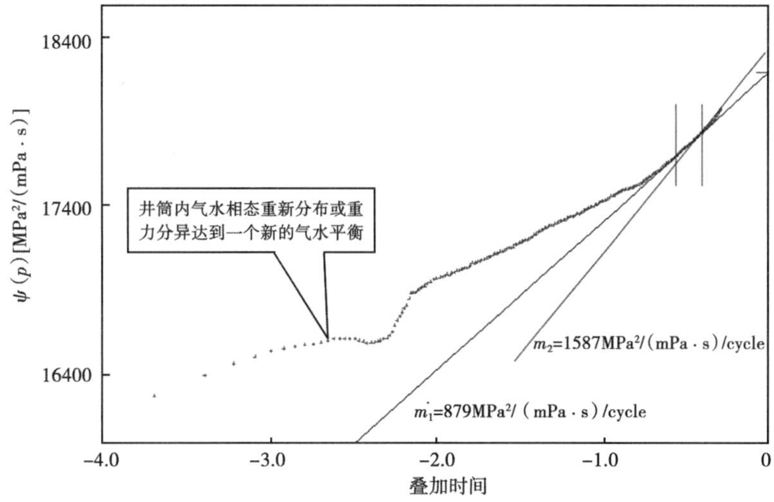

图5-8-14　E气田CHB-G井压力恢复试井半对数分析图

（2）解释结果。

通过模型诊断和图形分析，试井解释模型选用井筒储集和表皮效应+均质有限导流垂直裂缝+一条不渗透边界模型（图5-8-15、图5-8-16、图5-8-17）。$Kh=24.0\mathrm{mD\cdot m}$、$K=1.41\mathrm{mD}$、$C=48.4\mathrm{m^3/MPa}$、$X_\mathrm{f}=80.6\mathrm{m}$、$F_\mathrm{C}=338\mathrm{mD\cdot m}$、$r=85.0\mathrm{m}$。

CHB-G井于2013年6月26—28日放喷测气；2013年6月28日—7月8日关井测静止压力，测点（深度为1700.00m）静止压力为16.131MPa，折算到储层中部（储层中部深度为1829.20m）静止压力为16.299MPa；2013年7月8日下入压力计进行系统试井测试；2013年7月19日—8月10日进行压力恢复测试。解释地层压力为15.737MPa，折算到储层中部（储层中部深度为1829.20m）地层压力为15.904MPa。

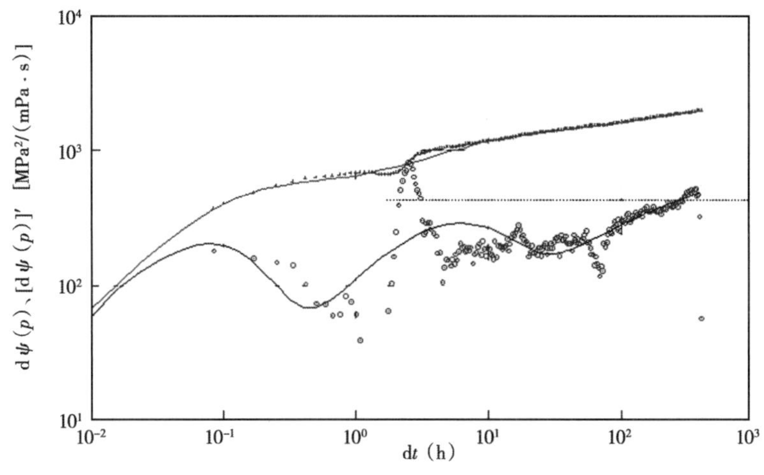

图5-8-15　E气田CHB-G井压力恢复试井双对数拟合图

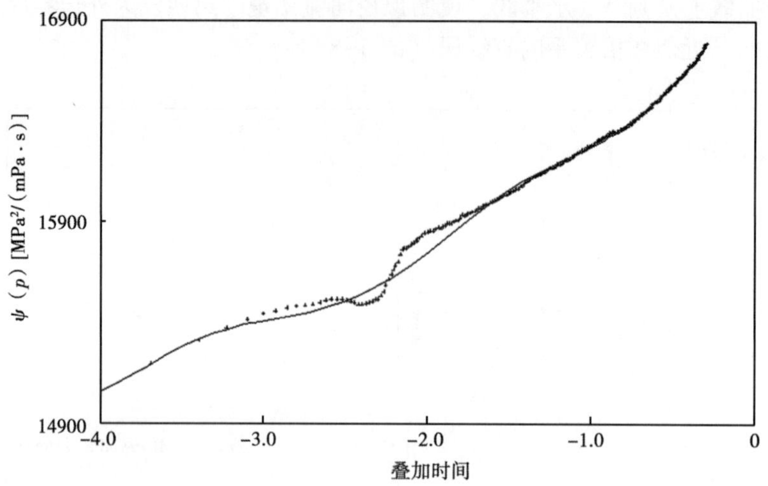

图 5-8-16　E 气田 CHB-G 井压力恢复试井半对数拟合图

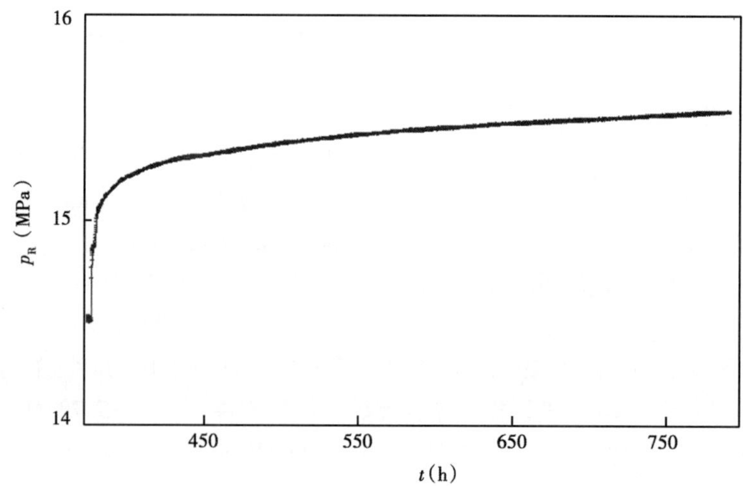

图 5-8-17　E 气田 CHB-G 井压力恢复试井压力历史拟合图

3）产能试井

CHB-G 井在修正等时试井测试期间分别采用 5.0mm 油嘴、38.1mm 孔板，7.0mm 油嘴、50.8mm 孔板，9.0mm 油嘴、57.15mm 孔板，11.0mm 油嘴、63.5mm 孔板放喷；延长开井采用 5.0mm 油嘴、31.75mm 孔板放喷。短期试采产气量较稳定，油压、流动压力均显示逐渐降低。

2013 年 7 月 18 日，以 5.0mm 油嘴、31.75mm 孔板生产，油压 12.25MPa，套压 12.71MPa，井底流动压力 14.507MPa，生产压差 1.49MPa，日产气 40872m^3。不同工作制度下油压、套压、流动压力与产气量关系见表 5-8-6。

经计算，CHB-G 井的指数式产能方程：

$$q_g=0.878224\ (p_R^2-p_{wf}^2)^{0.985958}$$

无阻流量 $q_{AOF}=21.57\times10^4 m^3/d$（图 5-8-18）。

表 5-8-6　E 气田 CHB-G 井不同工作制度油压、套压、流动压力与产气量数据表

开井	测试日期	油嘴（mm）	油压（MPa）	套压（MPa）	流动压力（MPa）	折算流动压力（MPa）	产气量（$10^4m^3/d$）	产水量（m^3/d）	关井	测试日期	油压（MPa）	套压（MPa）	关井压力（MPa）	折算关井压力（MPa）
											13. 84	13. 67	16. 131	16. 299
一开	2013 年 7 月 8 日 06:00 2013 年 7 月 8 日 18:00	5	12. 42	13. 21	15. 442	15. 649	3. 9527	0. 51	一关	2013 年 7 月 8 日 18:00 2013 年 7 月 9 日 06:00	13. 83	13. 62	16. 062	16. 230
二开	2013 年 7 月 9 日 06:00 2013 年 7 月 9 日 18:00	7	11. 67	12. 64	14. 646	14. 853	7. 6838	1. 09	二关	2013 年 7 月 9 日 18:00 2013 年 7 月 10 日 06:00	13. 76	13. 53	15. 927	16. 095
三开	2013 年 7 月 10 日 06:00 2013 年 7 月 10 日 18:00	9	10. 86	12. 08	13. 954	14. 161	11. 0754	1. 18	三关	2013 年 7 月 11 日 18:00 2013 年 7 月 11 日 06:00	13. 66	13. 41	15. 774	15. 942
四开	2013 年 7 月 11 日 06:00 2013 年 7 月 12 日 18:00	11	9. 65	11. 41	13. 145	13. 352	14. 0648	1. 69	四关	2013 年 7 月 11 日 18:00 2013 年 7 月 12 日 06:00	13. 52	13. 28	15. 593	15. 761
延续	2013 年 7 月 12 日 18:00 2013 年 7 月 28 日 24:00	5	12. 25	12. 71	14. 507	14. 714	4. 0872	0. 41						

注：2013 年 7 月 8 日 06:00 修正等时试井测试开始，开关井时间间隔 12h，延续生产 162h，地层压力为 15. 904MPa。

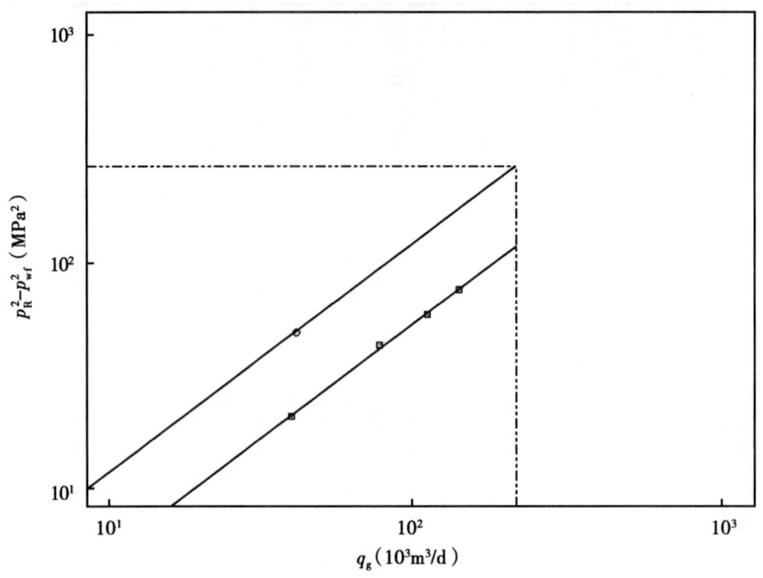

图 5-8-18　E 气田 CHB-G 井修正等时试井指数式图

经计算，CHB-G 井的二项式产能方程：

$$\psi(p_R)-\psi(p_{wf})=1.20079q_g+4.61387\times10^{-5}q_g{}^2$$

无阻流量 $q_{AOF}=21.92\times10^4m^3/d$（图 5-8-19）。

修正等时二项式计算无阻流量为 $21.92\times10^4m^3/d$，取无阻流量的 1/3 为合理产能，最高合理产能应为 $7.31\times10^4m^3/d$。

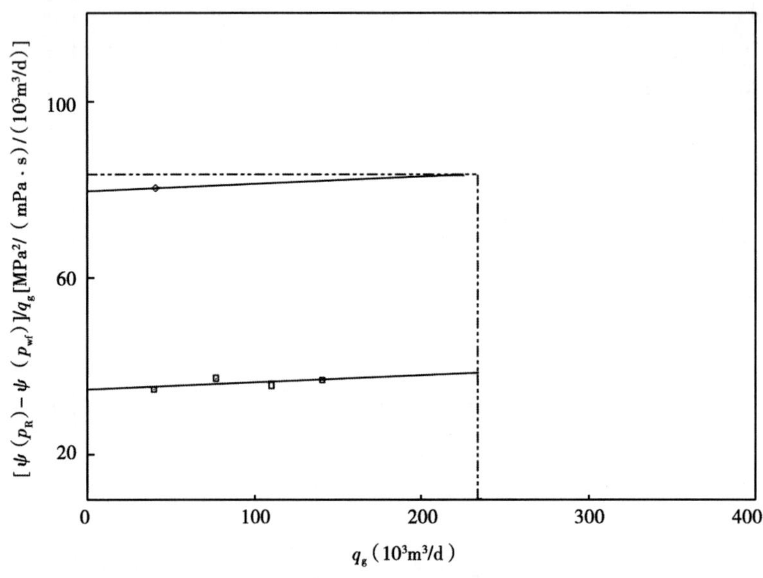

图 5-8-19　E 气田 CHB-G 井修正等时试井二项式图

3. 小结

（1）在模型诊断中由于 CHB-G 井在开井时产水，井筒内流体是气液两相混合物，在关井时出现井筒内气水相态重新分布或重力分异达到一个新的气水平衡，所以在关井 1.4～2.9h 后恢复压力短暂下降，致使双对数（导数）曲线下掉。

（2）解释有效渗透率为 1.41mD，分析储层有一定的渗透能力，地层流动系数为 1377.78mD·m/(mPa·s)，表明气体流动能力较强。储层中部（深度为 1829.20m）地层压力为 16.299MPa。

（3）修正等时二项式计算无阻流量为 $21.92\times10^4m^3/d$，取无阻流量的 1/3 为合理产能，最高合理产能应为 $7.31\times10^4m^3/d$。

四、E 气田 CHSHBOA 井

1. 测试简况

E 气田 CHSHBOA 井为位于松辽盆地南部的一口评价井，测试层位为 X 组 29 号、28 号、18 号层，测井解释井段为 1564.4～1566.0m、1560.4～1562.8m、1454.4～1459.4m，共 3 个层，测井解释为气层；射孔厚度为 9.0m/3 层。于 2010 年 10 月 4 日—11 月 6 日进行静止压力、静止温度及梯度，系统试井，流动压力、流动温度梯度测试（表 5-8-7）。

表 5-8-7　E 气田 CHSHBOA 井测试时间安排表

测试阶段	时间	地面显示描述	下入深度（m）
静止压力	2010 年 10 月 4—8 日	静止压力、静止温度	1400.0
梯度测试	2010 年 10 月 8 日	静止压力、静止温度梯度	
修正等时试井	2010 年 10 月 8—14 日	3mm、5mm、7mm、9mm、11mm 油嘴	1400.0
试采	2010 年 10 月 14—27 日	5mm、3mm 油嘴（延长开井）试采	1400.0
梯度测试	2010 年 10 月 27 日	测流动压力、流动温度梯度	
压力恢复	2010 年 10 月 27 日—11 月 6 日	测压力恢复	1400.0
梯度测试	2010 年 11 月 6 日	测压力恢复、温度梯度	

2. 试井解释

1）梯度分析

2010 年 10 月 8 日进行静止压力梯度、静止温度梯度测试；2013 年 11 月 6 日进行压力恢复梯度、温度梯度测试，通过压力恢复梯度分析得出压力恢复梯度为 0.11MPa/100m。

2）压力恢复试井解释

（1）模型诊断。

通过对双对数—导数曲线图形特征的诊断分析，第一段是井筒储集阶段早期，导数曲线沿斜率近 1 上升。在关井 0.79～1.65h 后恢复压力下降，致使双对数（导数）曲线下掉。由于 CHSHBOA 井在开井时产水（第 4、5 工作制度日产水 $2.5m^3$、$2.1m^3$），井筒内流体是气液两相混合物，在关井时出现井筒内气水相态重新分布或重力分异达到一个新的气水平衡，所以在关井压力恢复曲线上出现短暂下降。第二段是双线性流阶段，井筒储集阶段中后期导数和双对数曲线出现两条斜率为 1/4 的平行线，且两线的标差为 0.602（图 5-8-20）。第三段双对数曲线上升到 0.5 水平线，说明拟径向流出现。

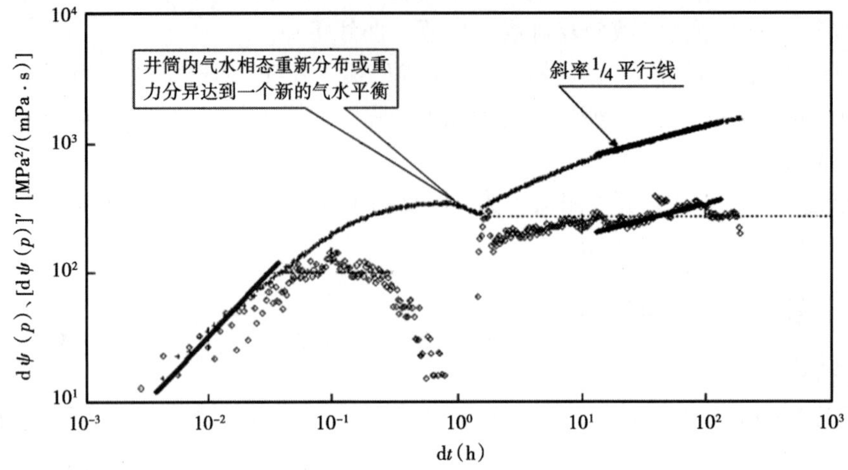

图 5-8-20　E 气田 CHSHBOA 井压力恢复试井双对数分析图

（2）解释结果。

通过模型诊断和图形分析，试井解释模型选用井筒储集和表皮效应+均质有限导流垂直裂缝+无限大边界模型（图 5-8-21、图 5-8-22、图 5-8-23）。$Kh=17.9$mD·m、$K=1.99$mD、$C=8.17\text{m}^3/\text{MPa}$、$X_f=25.7$m、$F_C=146$mD·m。

CHSHBOA 井于 2010 年 10 月 4—8 日进行静止压力测试，静止压力趋于稳定，测点深度为 1400.0m，测点静止压力为 14.18MPa；折算储层中部（储层中部深度为 1510.2m）地层压力为 14.301MPa。2012 年 10 月 27 日—11 月 6 日进行压力恢复试井，解释地层压力为 14.0169MPa（测点深度为 1400.0m），折算储层中部（储层中部深度为 1510.2m）地层压力为 14.16MPa。

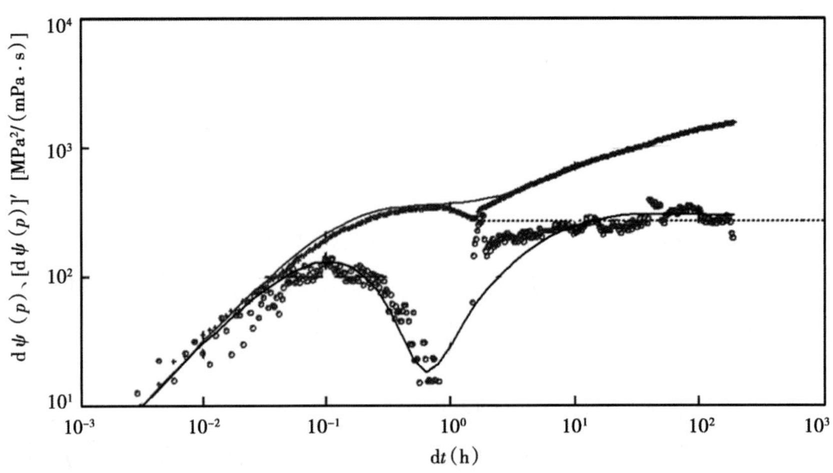

图 5-8-21　E 气田 CHSHBOA 井压力恢复试井双对数拟合图

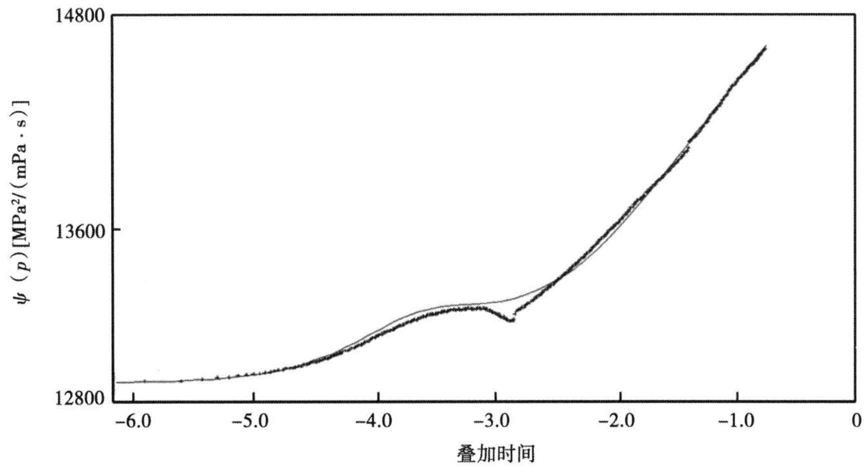

图 5-8-22　E 气田 CHSHBOA 井压力恢复试井半对数拟合图

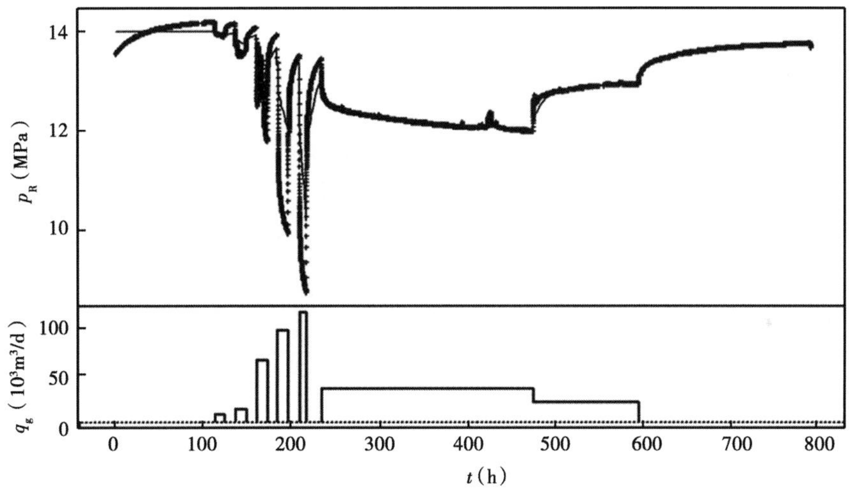

图 5-8-23　E 气田 CHSHBOA 井压力恢复试井压力历史拟合图

3）产能试井

CHSHBOA 井在 2010 年 10 月 9 日进行修正等时试井测试期间分别采用 3.0mm 油嘴、19.05mm 孔板，5.0mm 油嘴、31.75mm 孔板，7.0mm 油嘴、44.45mm 孔板，9.0mm 油嘴、50.8mm 孔板，11.0mm 油嘴、57.15mm 孔板放喷；延长开井采用 5.0mm 油嘴、31.75mm 孔板，3.0mm 油嘴、19.05mm 孔板放喷，短期试采产气量较稳定，油压、套压、流动压力均显示逐渐降低。

2010 年 10 月 14—24 日延长试采，油嘴 5.0mm、油压 10.47MPa、套压 10.63MPa、井底流动压力 12.118MPa，日产气 $3.5792\times10^4m^3$；2010 年 10 月 24—29 日延长试采末期，以 3mm 油嘴生产，油压 12.27MPa、套压 12.31MPa、井底流动压力 13.913MPa，日产气 $2.1475\times10^4m^3$。不同工作制度下油压、套压、流动压力与产气量关系见表 5-8-8。

表 5-8-8　E 气田 CHSHBOA 井不同工作制度油压、套压、流动压力与产气量数据表

开井	测试日期	油嘴（mm）	油压（MPa）	套压（MPa）	流动压力（MPa）	折算流动压力（MPa）	产气量（$10^4m^3/d$）	关井	测试日期	关井最高压力（MPa）	折算关井最高压力（MPa）
								初关		14.197	14.318
一开	2010年10月9日06:00 2010年10月9日18:00	3	12.27	12.31	13.902	14.045	0.9019	二关	2010年10月9日18:00 2010年10月10日06:00	14.161	14.282
二开	2010年10月10日06:00 2010年10月10日18:00	5	11.86	12.07	13.627	13.770	1.4432	三关	2010年10月10日18:00 2010年10月11日06:00	14.079	14.200
三开	2010年10月11日06:00 2010年10月11日18:00	7	10.14	10.54	11.844	11.987	6.5544	四关	2010年10月11日18:00 2010年10月12日06:00	13.932	14.053
四开	2010年10月12日06:00 2010年10月12日18:00	9	8.1	8.8	9.898	10.041	9.6209	五关	2010年10月12日18:00 2010年10月13日06:00	13.524	13.645
五开	2010年10月13日06:00 2010年10月13日18:00	11	6.52	7.86	8.704	8.847	11.5427	六关	2010年10月13日18:00 2010年10月14日07:00	13.447	13.568
延续	2010年10月14日07:00 2010年10月24日06:00	5	10.47	10.63	11.975	12.118	3.5792				
延续	2010年10月24日06:00 2010年10月29日07:00	3	12.27	12.31	13.77	13.913	2.1475				

注：2010年10月9日06:00修正等时试井测试开始，开关井时间间隔12h，延续生产360h，地层压力为14.16MPa。

经计算，CHSHBOA 井的指数式产能方程：

$$q_g = 0.737875(p_R^2 - p_{wf}^2)^{0.974651}$$

无阻流量 $q_{AOF}=12.9339\times10^4m^3/d$（图 5-8-24）。

经计算，CHSHBOA 井的二项式产能方程：

$$\psi(p_R) - \psi(p_{wf}) = 104.778q_g + 0.0709225q_g^2$$

无阻流量 $q_{AOF}=13.3162\times10^4m^3/d$（图 5-8-25）。

修正等时二项式计算无阻流量为 $13.3162\times10^4m^3/d$，取无阻流量的 1/3 为合理产能，最高合理产能应为 $4.4\times10^4m^3/d$。

3. 小结

（1）在模型诊断中由于 CHSHBOA 井在开井时产水，井筒内流体是气液两相混合物，在关井时出现井筒内气水相态重新分布或重力分异达到一个新的气水平衡，所以在关井

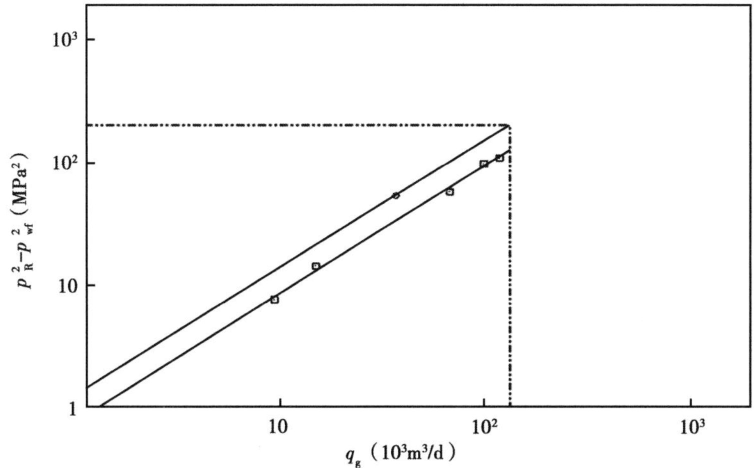

图 5-8-24　E 气田 CHSHBOA 井修正等时试井指数式图

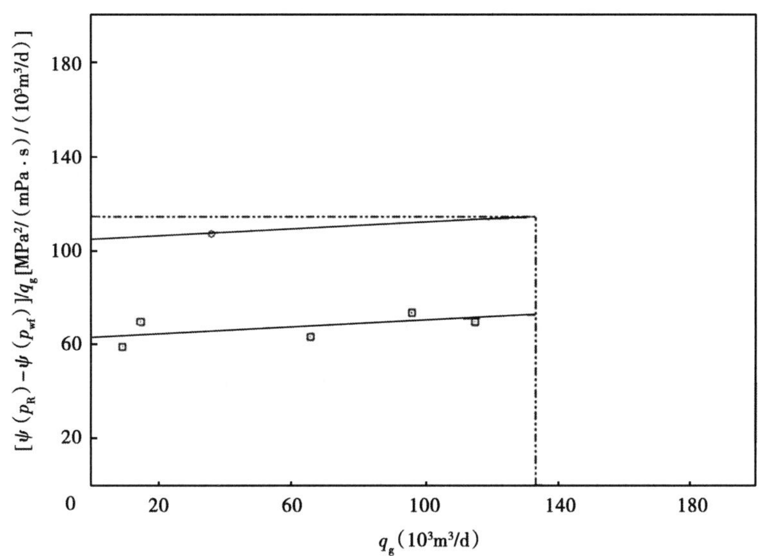

图 5-8-25　E 气田 CHSHBOA 井修正等时试井二项式图

0.79~1.65h 后恢复压力短暂下降，致使双对数（导数）曲线下掉。

（2）解释有效渗透率为 1.99mD，分析储层有一定的渗透能力，地层流动系数为 17.9mD·m/(mPa·s)，表明气体流动能力一般。储层中部（深度为 1510.2m）地层压力为 14.16MPa。

（3）修正等时二项式计算无阻流量为 $13.3162\times10^4m^3/d$，取无阻流量的 1/3 为合理产能，最高合理产能应为 $4.4\times10^4m^3/d$。

五、E 气田 CHSHE 井

1. 测试简况

E 气田 CHSHE 井为位于松辽盆地南部的一口预探井，测试层位为 SHZ 组 80 号、79 号层，测井解释井段为2303.30~2322.20m、2295.50~2303.30m，共2个层，测井解释为气层；射孔井段为2298.0~2310.0m，射孔厚度为12.0m/2层，孔隙度为9.0%。于2012年9月9日—10月15日进行静止压力、静止温度及梯度，系统试井，流动压力、流动温度梯度测试（表5-8-9）。

表5-8-9　E气田CHSHE井测试时间安排表

测试阶段	时间	地面显示描述	下入深度（m）
静止压力	2012年9月9—21日	测静止压力	2250.0
静止压力梯度	2012年9月20日	测静止压力、静止温度梯度	
修正等时试井	2012年9月21日—10月2日	3mm、5mm、7mm、9mm油嘴	2250.0
压力恢复	2012年10月2—15日	测压力恢复	2250.0
压力恢复梯度测试	2012年10月15日	测压力恢复梯度	

2. 试井解释

1）梯度分析

（1）静止压力梯度分析。

2012年9月20日进行静止压力梯度、静止温度梯度测试，通过静止压力梯度分析得出静止压力梯度为0.143MPa/100m。

（2）压力恢复梯度。

2012年10月15日进行压力恢复梯度、温度梯度测试，通过压力恢复梯度分析得出压力恢复梯度为0.139MPa/100m。

2）压力恢复试井解释

（1）模型诊断。

通过对双对数—导数曲线图形特征的诊断分析，第一段是井筒储集阶段早期，导数曲线沿斜率近1上升；第二段是线性流阶段，井筒储集阶段中后期导数和双对数曲线出现两条斜率为1/2的平行线，且两线的标差为0.301（图5-8-26）；第三段双对数曲线后期连续上升未达到0.5水平线，只能按井筒储集和表皮效应+均质无限导流垂直裂缝+无限大边界进行

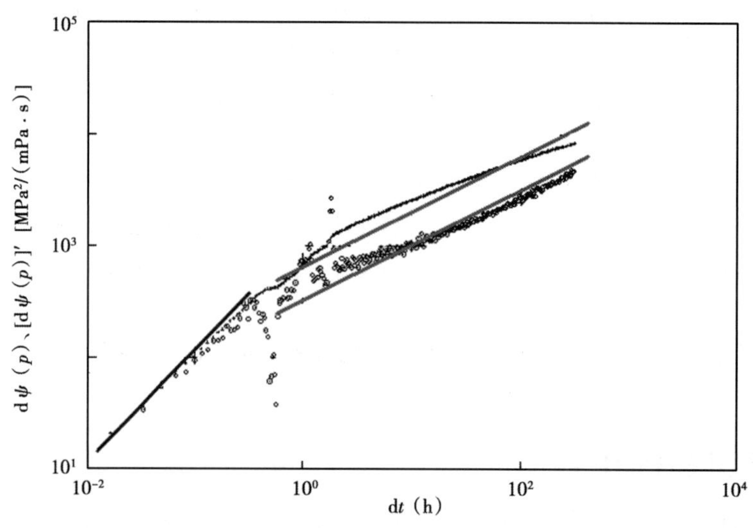

图5-8-26　E气田CHSHE井压力恢复试井双对数分析图

初步试井解释。

（2）解释结果。

通过模型诊断和图形分析，试井解释模型选用井筒储集和表皮效应+均质无限导流垂直裂缝+无限大边界模型（图 5-8-27、图 5-8-28、图 5-8-29）。$Kh=2.37\text{mD}\cdot\text{m}$；$K=0.197\text{mD}$；$C=1.01\text{m}^3/\text{MPa}$；$X_f=42.2\text{m}$。

CHSHE 井于 2012 年 9 月 9—21 日进行静止压力测试，静止压力趋于稳定，测点深度为 2250.0m，测点静止压力为 20.945MPa；折算储层中部（储层中部深度为 2304.0m）地层压力为 21.02MPa。2012 年 10 月 2—15 日进行压力恢复试井，解释地层压力为 20.9667MPa（测点深度为 2250.0m），折算储层中部（储层中部深度为 2304.0m）地层压力为 21.045MPa。

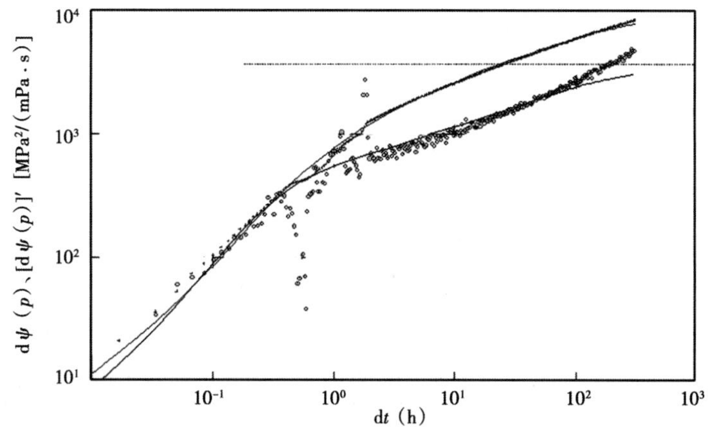

图 5-8-27　E 气田 CHSHE 井压力恢复试井双对数拟合图

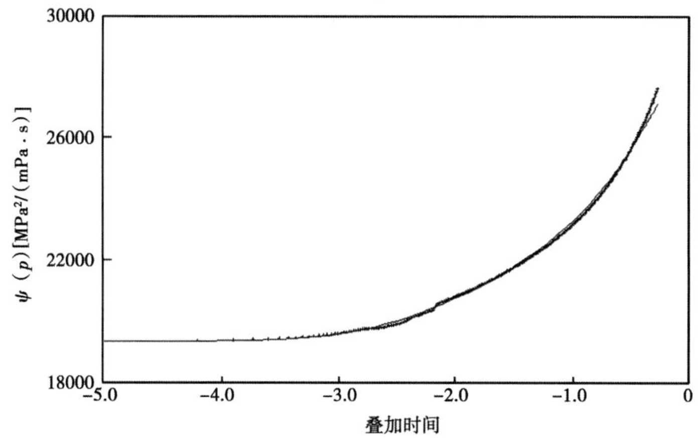

图 5-8-28　E 气田 CHSHE 井压力恢复试井半对数拟合图

3）产能试井

CHSHE 井于 2012 年 9 月 2 日 17:00 开始计量放喷，采用 6mm 油嘴、32.00~39.98mm 孔板放喷，至 2012 年 9 月 9 日 19:00—9 月 21 日 6:00 关井压力恢复，2012 年 9 月 21 日 7:00—9 月 25 日 5:00 进行修正等时试井（3mm、5mm、7mm、9mm 油嘴四个工作制度），2012 年 9 月 25 日 5:00—10 月 2 日 5:00 采用 5mm 油嘴、32.00mm 孔板放喷延长开井，2012 年 10 月 2 日 5:00—10 月 16 日 6:00 关井压力恢复，2012 年 10 月 16 日 6:00 采用 3mm 油嘴、

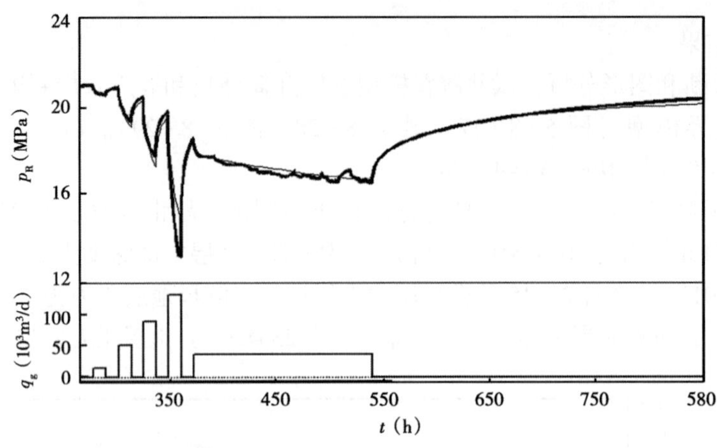

图 5-8-29　E 气田 CHSHE 井压力恢复试井压力历史拟合图

27.99mm 孔板放喷生产。根据修正等时试井以及试采阶段资料，井口压力均不能保持稳定，呈下降趋势，表明储层物性很差，虽然经过压裂改造，储层供气能力仍较低。

2012 年 10 月 1 日 7:00—10 月 2 日 6:00 延长开井阶段以 5mm 油嘴、32mm 孔板生产，取平均产能定产，产气量 $3.395\times10^4m^3/d$，油压 13.44~13.14MPa，套压 14.22~13.79MPa，平均井底流动压力 16.562MPa。不同工作制度下油压、套压、流动压力与产气量关系见表 5-8-10。

表 5-8-10　E 气田 CHSHE 井不同工作制度油压、套压、流动压力与产气量数据表

开井	测试日期	油嘴（mm）	油压（MPa）	套压（MPa）	流动压力（MPa）	折算流动压力（MPa）	产气量（$10^4m^3/d$）	关井	测试日期	关井最高压力（MPa）	折算关井最高压力（MPa）
								初关		20.945	21.020
一开	2012 年 9 月 21 日 07:00 2012 年 9 月 21 日 17:00	3	17.13	17.15	20.499	20.574	1.40265	二关	2012 年 9 月 21 日 17:00 2012 年 9 月 22 日 07:00	20.844	20.919
二开	2012 年 9 月 22 日 07:00 2012 年 9 月 22 日 17:00	5	16.01	16.20	19.285	19.360	5.11575	三关	2012 年 9 月 22 日 17:00 2012 年 9 月 23 日 07:00	20.414	20.489
三开	2012 年 9 月 23 日 07:00 2012 年 9 月 23 日 17:00	7	14.77	14.95	17.722	17.797	8.8009	四关	2012 年 9 月 23 日 17:00 2012 年 9 月 24 日 07:00	19.756	19.831
四开	2012 年 9 月 24 日 07:00 2012 年 9 月 24 日 17:00	9	10.34	11.18	13.156	13.231	13.20025	五关	2012 年 9 月 24 日 17:00 2012 年 9 月 25 日 07:00	18.535	18.610
延续	2012 年 9 月 25 日 7:00 2012 年 9 月 11 月 2 日	5	13.14	13.79	16.562	16.637	3.59265				

注：2012 年 9 月 21 日 07:00 修正等时试井测试开始，开关井时间间隔 12h，延续生产 116h，地层压力为 21.045MPa。

经计算，CHSHE 井的指数式产能方程：

$$q_g = 0.303982\ (p_R^2 - p_{wf}^2)^{0.933431}$$

无阻流量 $q_{AOF} = 8.97376 \times 10^4 m^3/d$（图 5-8-30）。

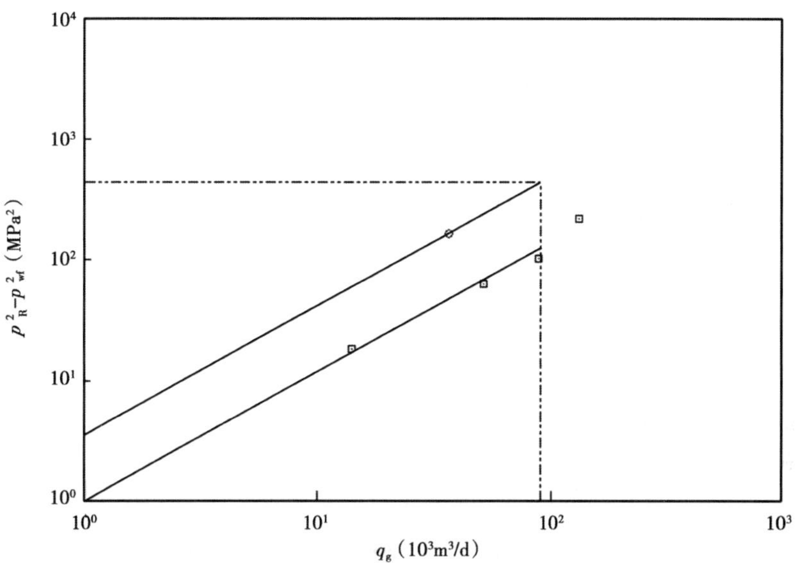

图 5-8-30　E 气田 CHSHE 井修正等时试井指数式图

经计算，CHSHE 井的二项式产能方程：

$$\psi\ (p_R) - \psi\ (p_{wf}) = 272.798 q_g + 0.232077 q_g^2$$

无阻流量 $q_{AOF} = 9.93593 \times 10^4 m^3/d$（图 5-8-31）。

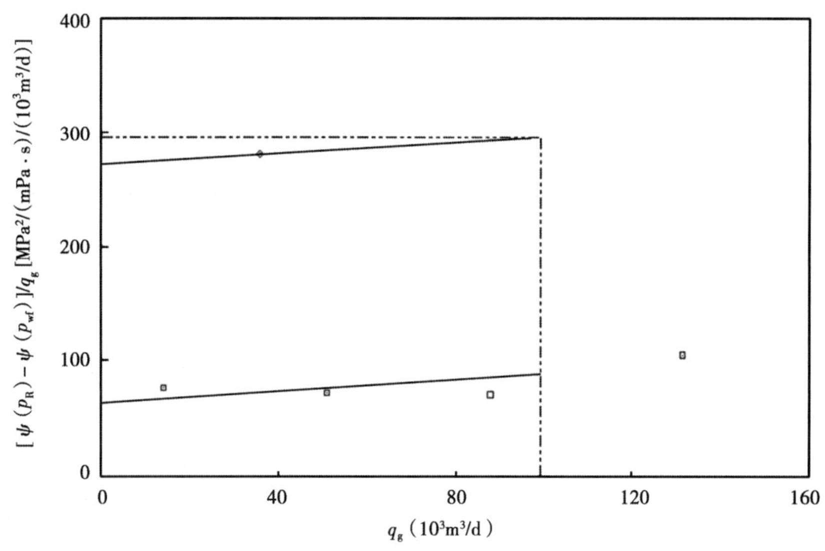

图 5-8-31　E 气田 CHSHE 井修正等时试井二项式图

修正等时二项式计算无阻流量为 9.93593×$10^4m^3/d$，取无阻流量的 1/3 为合理产能，最高合理产能应为 3.3×$10^4m^3/d$。

3. 小结

（1）解释有效渗透率为 0.197mD，分析储层有一定的渗透能力，地层流动系数为 123.8931mD · m/(mPa · s)，表明气体流动能力一般。储层中部（深度为 2250.0m ）地层压力为 21.045MPa。

（2）修正等时二项式计算无阻流量为 9.93593×$10^4m^3/d$，取无阻流量的 1/3 为合理产能，最高合理产能应为 3.3×$10^4m^3/d$。

六、E 气田 CHSHI 井

1. 测试简况

E 气田 CHSHI 井为位于松辽盆地南部的一口预探井，测试层位为 SHZ 组 117 号、116 号、115 号层，测井解释井段为 2266.1～2271.1m、2260.5～2265.2m、2256.0～2259.0m，共 3 个层，测井解释分别为气层、气层、差气层；射孔井段为 2267.0～2271.0m、2261.0～2265.0m、2256.0～2259.0m，射孔厚度为 11.0m/3 层。2013 年 4 月 10 日—5 月 19 日进行静止压力、静止温度及梯度，系统试井，流动压力、流动温度梯度测试（表 5-8-11）。

表 5-8-11　E 气田 CHSHI 井测试时间安排表

测试阶段	时间	地面显示描述	下入深度（m）
静止压力	2013 年 4 月 10—15 日	测静止压力、静止温度	2160.0
梯度测试	2013 年 4 月 15 日	测静止压力、静止温度梯度	
修正等时试井	2013 年 4 月 15—20 日	4.76mm、6.35mm、7.94mm、9.525mm 油嘴	2160.0
试采	2013 年 4 月 20 日—5 月 2 日	4.76mm 油嘴（延长开井）试采	2160.0
压力恢复	2013 年 5 月 2—19 日	测压力恢复	2160.0
流动压力梯度	2013 年 5 月 19 日	测流动压力、流动温度梯度	
压力恢复测试	2013 年 5 月 19 日	测压力恢复、温度梯度	

2. 试井解释

1）梯度分析

（1）静止压力梯度分析。

2013 年 4 月 15 日进行静止压力梯度、静止温度梯度测试，通过静止压力梯度分析得出静止压力梯度为 0.16MPa/100m。

（2）流动压力梯度分析。

2013 年 5 月 19 日进行流动压力梯度、流动温度梯度测试，通过流动压力梯度分析得出流动压力梯度为 0.17MPa/100m。

（3）压力恢复梯度。

2013 年 5 月 19 日进行压力恢复梯度、温度梯度测试，通过压力恢复梯度分析得出压力恢复梯度为 0.14MPa/100m。

2）压力恢复试井解释

（1）模型诊断。

通过对双对数—导数曲线图形特征的诊断分析，第一段是井筒储集阶段早期，导数曲线沿斜率近 1 上升。在关井 0.76~1.8h 后恢复压力曲线短暂变平，致使双对数（导数）曲线下掉。由于 CHSHI 井在开井时产水，井筒内流体是气液两相混合物，在关井时出现井筒内气水相态重新分布或重力分异达到一个新的气水平衡，所以关井压力恢复双对数（导数）曲线出现短暂下降。第二段是双线性流阶段，井筒储集阶段中后期导数和双对数曲线出现两条斜率为 1/2 的平行线，且两线的标差为 0.301（图 5-8-32）。第三段双对数曲线上升到 0.5 水平线，说明拟径向流出现；第四段为外边界反映段。在半对数分析图中可见两条近似 2 倍关系的直线段，与地质情况相符。

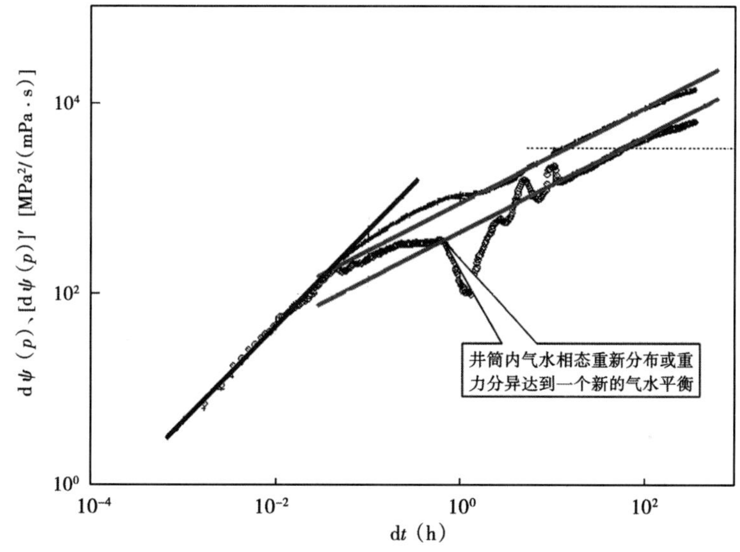

图 5-8-32　E 气田 CHSHI 井压力恢复试井双对数分析图

（2）解释结果。

通过模型诊断和图形分析，试井解释模型选用井筒储集和表皮效应+均质无限导流垂直裂缝+一条不渗透边界模型（图 5-8-33、图 5-8-34、图 5-8-35）。Kh = 1.35mD · m、K = 0.123mD、C = 16.7m³/MPa、X_f = 14.3m、r = 16.7m。

3）产能试井

CHSHI 井在 2013 年 4 月 16 日修正等时试井测试期间分别采用 4.0mm 油嘴、35mm 孔板，6.0mm 油嘴、35mm 孔板，8.0mm 油嘴、41mm 孔板，10.0mm 油嘴、41mm 孔板放喷，延长开井采用 5.0mm 油嘴、35mm 及 25mm 孔板放喷，5.0mm 油嘴工作制度下的短期试采产气量较稳定，油压、套压、流动压力均显示逐渐降低。

2013 年 5 月 2 日延长试采末期，以 5.0mm 油嘴、25mm 孔板生产，油压 4.96MPa，套压 7.26MPa，井底流动压力 8.863MPa，日产气 $1.6924 \times 10^4 m^3$，产水少量。不同工作制度下油压、套压、流动压力与产气量关系见表 5-8-12。

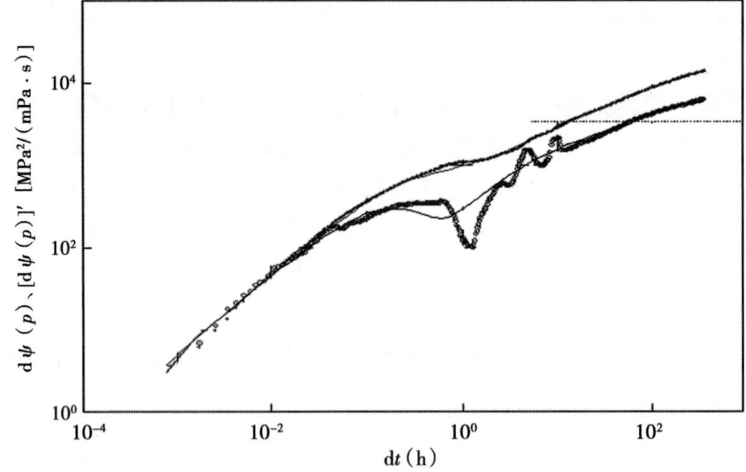

图 5-8-33　E 气田 CHSHI 井压力恢复试井双对数拟合图

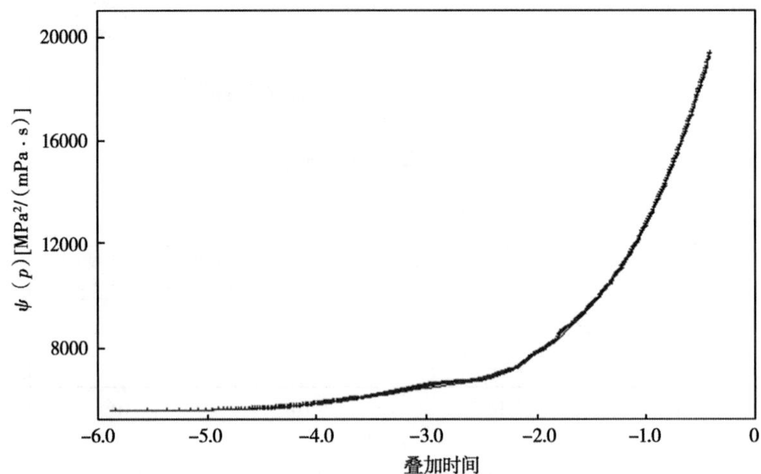

图 5-8-34　E 气田 CHSHI 井压力恢复试井半对数拟合图

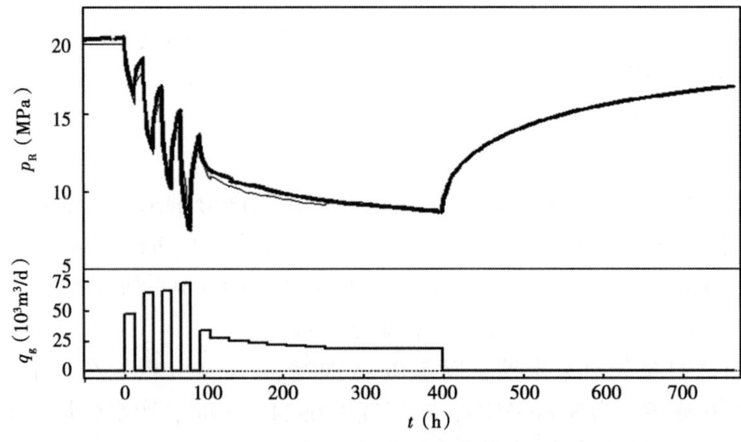

图 5-8-35　E 气田 CHSHI 井压力恢复试井压力历史拟合图

表 5-8-12　E 气田 CHSHI 井不同工作制度油压、套压、流动压力与产气量数据表

开井	测试日期	油嘴(mm)	油压(MPa)	套压(MPa)	流动压力(MPa)	折算流动压力(MPa)	产气量($10^4m^3/d$)	关井	测试日期	关井最高压力(MPa)	折算关井最高压力(MPa)
								初关		19.56	19.7049
一开	2013 年 4 月 16 日 06:00 2013 年 4 月 16 日 18:00	4	13.07	13.36	16.290	16.466	4.66452	二关	2013 年 4 月 16 日 18:00 2013 年 4 月 17 日 06:00	18.671	18.816
二开	2013 年 4 月 17 日 06:00 2013 年 4 月 17 日 18:00	6	9.48	10.61	12.781	12.957	6.51439	三关	2013 年 4 月 17 日 18:00 2013 年 4 月 18 日 06:00	16.897	17.042
三开	2013 年 4 月 18 日 06:00 2013 年 4 月 18 日 18:00	8	7.50	8.51	10.203	10.379	6.64156	四关	2013 年 4 月 18 日 18:00 2013 年 4 月 19 日 06:00	15.327	15.472
四开	2013 年 4 月 19 日 06:00 2013 年 4 月 19 日 18:00	10	5.30	6.28	7.493	7.669	7.24290	五关	2013 年 4 月 19 日 18:00 2013 年 4 月 20 日 06:00	13.684	13.829
延续	2013 年 4 月 20 日 06:00 2013 年 5 月 2 日 19:00	5	4.96	7.26	8.687	8.863	1.69239				

注：2013 年 4 月 16 日 06:00 修正等时试井测试开始，开关井时间间隔 12h，延续生产 301h，地层压力 19.7049MPa。

经计算，CHSHI 井的指数式产能方程：

$$q_g=0.018378\ (p_R^2-p_{wf}^2)^{0.697837}$$

无阻流量 $q_{AOF}=2.195\times10^4m^3/d$（图 5-8-36）。

经计算，CHSHI 井的二项式产能方程：

$$\psi(p_R)-\psi(p_{wf})=1063.19q_g+1.07568q_g^2$$

无阻流量 $q_{AOF}=2.359\times10^4m^3/d$（图 5-8-37）。

修正等时二项式计算无阻流量为 $2.359\times10^4m^3/d$，取无阻流量的 1/3 为合理产能，最高合理产能应为 $0.8\times10^4m^3/d$。

3. 小结

（1）在模型诊断中由于 CHSHI 井在开井时产水，井筒内流体是气液两相混合物，在关井时出现气水相态重新分布或重力分异达到一个新的气水平衡，所以在关井 0.76～1.8h 后压力恢复曲线短暂变平，致使双对数（导数）曲线下掉。

（2）解释有效渗透率为 0.123mD，分析储层有一定的渗透能力，地层流动系数为 70.438mD·m/(mPa·s)，表明气体流动能力一般。储层中部（深度为 2263.5m）地层压力

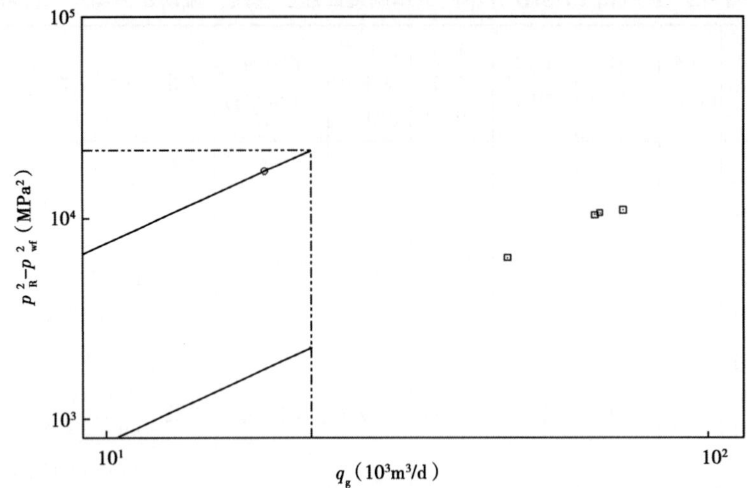

图 5-8-36　E 气田 CHSHI 井修正等时试井指数式图

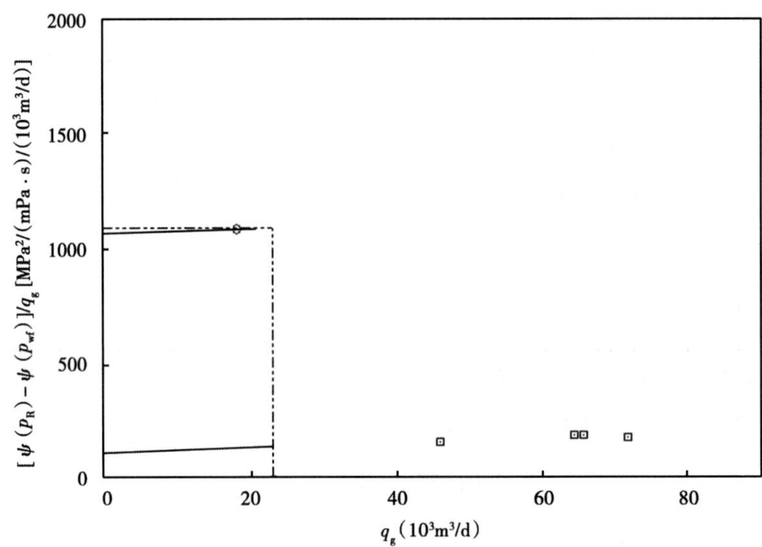

图 5-8-37　E 气田 CHSHI 井修正等时试井二项式图

为 19.705MPa。

（3）修正等时二项式计算无阻流量为 $2.359\times10^4m^3/d$，取无阻流量的 1/3 为合理产能，最高合理产能应为 $0.8\times10^4m^3/d$。

七、E 气田 CHSHK 井

1. 测试简况

E 气田 CHSHK 井为位于松辽盆地南部的一口预探井，测试层位为 SHZ 组 65 号、64 号、63 号、60 号、59 号、56 号层，共 6 个层，测井解释为气层，射孔井段为 1906.0~1912.0m、1873.0~1877.0m、1866.6~1868.2m，射孔厚度为 11.6m。2012 年 9 月 1 日—10 月 23 日进行静止压力、静止温度及梯度，系统试井，流动压力、流动温度梯度测试（表 5-8-13）。

表 5-8-13 E 气田 CHSHK 井测试时间安排表

测试阶段	时间	地面显示描述	下入深度（m）
静止压力	2012 年 9 月 1—6 日	测静止压力、静止温度	1770.0
梯度测试	2012 年 9 月 6 日	测静止压力、静止温度梯度	
修正等时试井	2012 年 9 月 7—19 日	3mm、5mm、7mm、9mm、6mm 油嘴	1770.0
梯度测试	2012 年 9 月 19 日	测流动压力、流动温度梯度	
压力恢复	2012 年 9 月 19—29 日	5mm 油嘴（延长开井）试采	1770.0
梯度测试	2012 年 9 月 29 日	测压力恢复、温度梯度	

2. 试井解释

1）梯度分析

（1）静止压力梯度分析。

2012 年 9 月 6 日进行静止压力梯度、静止温度梯度测试，通过静止压力梯度分析得出静止压力梯度为 0.12MPa/100m。

（2）流动压力梯度分析。

2012 年 9 月 19 日进行流动压力梯度、流动温度梯度测试，通过流动压力梯度分析得出流动压力梯度为 0.18MPa/100m。

（3）压力恢复梯度。

2012 年 9 月 29 日进行压力恢复梯度、温度梯度测试，通过压力恢复梯度分析得出压力恢复梯度为 0.09MPa/100m。

2）压力恢复试井解释

（1）模型诊断。

通过对双对数—导数曲线图形特征的诊断分析，第一段是井筒储集阶段早期，导数曲线沿斜率近 1 上升。在关井 1.34~1.6h 后试井曲线恢复速度突然上升，由于 CHSHK 井在开井时产水，井筒内流体是气液两相混合物，在关井时出现井筒内气水相态重新分布或重力分异达到一个新的气水平衡。第二段是双线性流阶段，井筒储集阶段中后期导数和双对数曲线出现两条斜率为 1/4 的平行线，且两线的标差为 0.602（图 5-8-38）。第三段双对数曲线上升到 0.5 水平线，说明拟径向流出现。第四段为外边界反映段。在半对数分析图中可见两条近

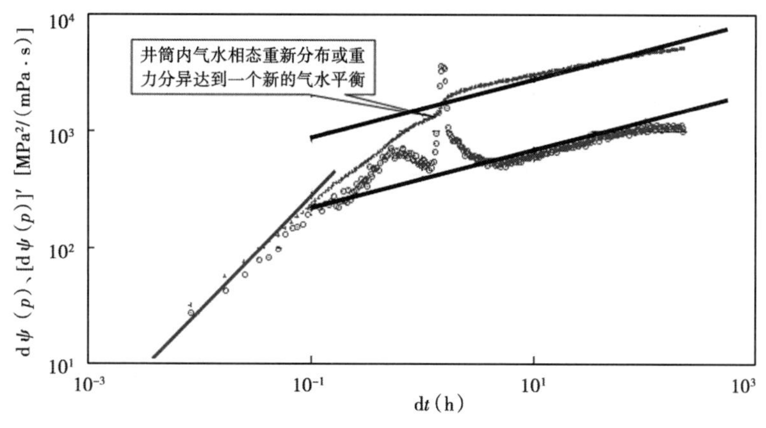

图 5-8-38 E 气田 CHSHK 井压力恢复试井双对数分析图

似 2 倍关系的直线段。

（2）解释结果。

通过模型诊断和图形分析，试井解释模型选用井筒储集和表皮效应+均质无限导流垂直裂缝+一条不渗透边界模型（图 5-8-39、图 5-8-40、图 5-8-41）。Kh=13.6mD·m、K=1.2mD、C=37.6m^3/MPa、X_f=9.21m、F_C=400.0mD·m、r=66.3m。CHSHK 井于 2012 年 9 月 1—6 日进行静止压力测试，静止压力趋于稳定，测点深度为 1770.0m，测点静止压力为 15.248MPa，折算储层中部（储层中部深度为 1889.6m）静止压力为 15.356MPa。2012 年 9 月 19—29 日进行压力恢复试井，解释地层压力为 15.12MPa（测点深度为 1770.0m），折算储层中部（储层中部深度为 1889.6m）地层压力为 15.229MPa。

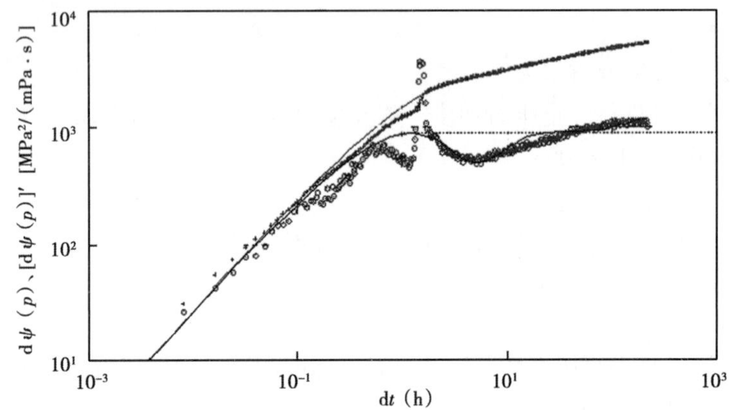

图 5-8-39　E 气田 CHSHK 井压力恢复试井双对数拟合图

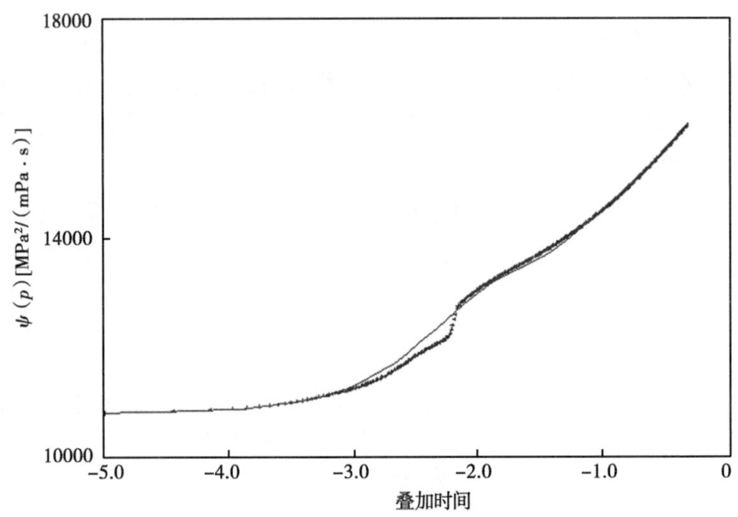

图 5-8-40　E 气田 CHSHK 井压力恢复试井半对数拟合图

3）产能试井

CHSHK 井在 2012 年 9 月 7 日修正等时试井测试期间分别采用 3.0mm 油嘴、25.4mm 孔板，5.0mm 油嘴、38.10mm 孔板，7.0mm 油嘴、50.80mm 孔板，9.0mm 油嘴、57.15mm 孔板放喷，延长开井采用 6.0mm 油嘴、44.45mm 孔板放喷。6.0mm 油嘴工作制度下的短期试

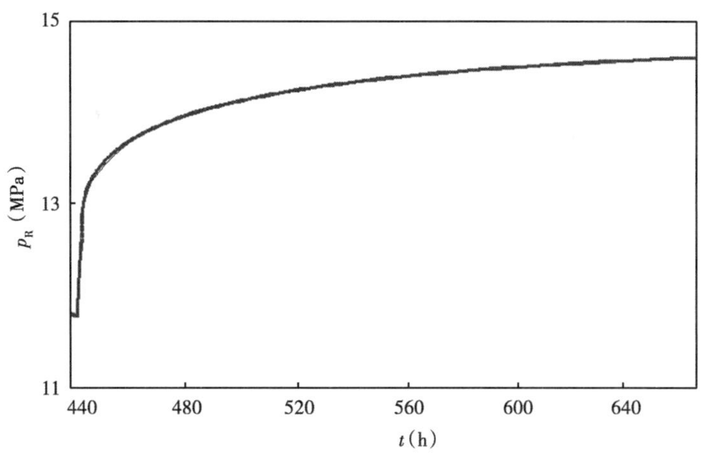

图 5-8-41　E 气田 CHSHK 井压力恢复试井压力历史拟合图

采产气量较稳定，油压、套压、流动压力均显示逐渐降低。

2012 年 9 月 12 日延长试采末期，以 6.0mm 油嘴、44.45mm 孔板生产，油压 8.78MPa，套压 10.26MPa，井底流动压力 11.765Pa，日产气 $5.3955\times10^4m^3$，产水 $63.34m^3$。不同工作制度下油压、套压、流动压力与产气量关系见表 5-8-14。

表 5-8-14　E 气田 CHSHK 井不同工作制度油压、套压、流动压力与产气量数据表

开井	测试日期	油嘴（mm）	油压（MPa）	套压（MPa）	流动压力（MPa）	折算流动压力（MPa）	产气量（$10^4m^3/d$）	产水量（m^3）	关井	测试日期	关井最高压力（MPa）	折算关井最高压力（MPa）
									初关		15.248	15.356
一开	2012 年 9 月 7 日 05:00 2012 年 9 月 7 日 17:00	3	12.96	12.77	14.855	15.07	2.4573	0	二关	2012 年 9 月 7 日 17:00 2012 年 9 月 8 日 05:00	15.2	15.308
二开	2012 年 9 月 8 日 05:00 2012 年 9 月 8 日 17:00	5	12.18	12.17	14.062	14.277	6.2287	0	三关	2012 年 9 月 8 日 17:00 2012 年 9 月 9 日 05:00	15.029	15.137
三开	2012 年 9 月 9 日 05:00 2012 年 9 月 9 日 17:00	7	9.98	11.17	12.851	13.066	8.4486	3.2	四关	2012 年 9 月 9 日 17:00 2012 年 9 月 10 日 05:00	14.744	14.852
四开	2012 年 9 月 10 日 05:00 2012 年 9 月 10 日 17:00	9	8.47	9.75	11.147	11.362	11.5502	15.87	五关	2012 年 9 月 10 日 17:00 2012 年 9 月 12 日 10:30	14.587	14.695
延续	2012 年 9 月 12 日 10:30 2012 年 9 月 19 日 7:03	6	8.78	10.26	11.765	11.98	5.3955	63.34				

注：2012 年 9 月 7 日 5:00 修正等时试井测试开始，开关井时间间隔 12h，延续生产 188.5h，地层压力为 15.229MPa。

经计算，CHSHK 井的指数式产能方程：

$$q_g = 6.20469(p_R^2 - p_{wf}^2)^{0.650763}$$

无阻流量 $q_{AOF}=10.1053\times10^4 m^3/d$（图 5-8-42）。

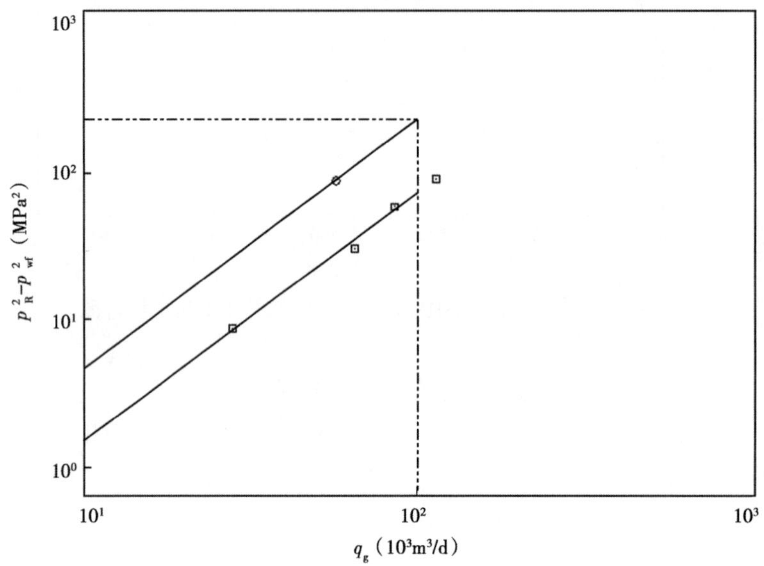

图 5-8-42　E 气田 CHSHK 井修正等时试井指数式图

经计算，CHSHK 井的二项式产能方程：

$$p_R^2 - p_{wf}^2 = 0.219174q_g + 0.00505685q_g^2$$

无阻流量 $q_{AOF}=11.8127\times10^4 m^3/d$（图 5-8-43）。

修正等时二项式计算无阻流量为 $11.8127\times10^4 m^3/d$，取无阻流量的 1/4 为合理产能，最高合理产能应为 $2.95\times10^4 m^3/d$。

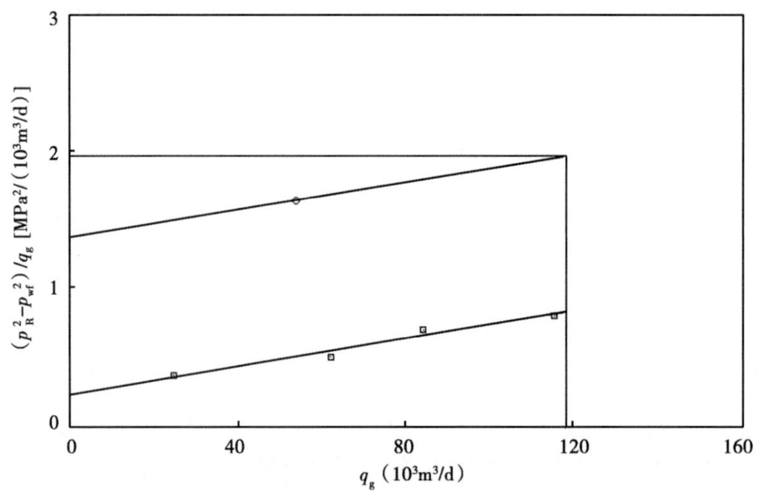

图 5-8-43　E 气田 CHSHK 井修正等时试井二项式图

3. 小结

（1）在模型诊断中，由于 CHSHK 井在开井时产水，井筒内流体是气液两相混合物，在关井时出现井筒内气水相态重新分布或重力分异达到一个新的气水平衡，所以造成关井压力恢复曲线出现短暂上升。

（2）解释有效渗透率为 1.2mD，分析储层有一定的渗透能力，地层流动系数为 804.44mD · m/(mPa · s)，表明气体流动能力良好。储层中部（深度为 1889.6m）地层压力为 15.229MPa。

（3）修正等时二项式计算无阻流量为 $11.8127\times10^4m^3/d$，取无阻流量的 1/4 为合理产能，最高合理产能应为 $2.95\times10^4m^3/d$。

八、DSHCE 井

1. 测试简况

DSHCE 井为位于松辽盆地南部的一口预探井，测试层位为 DLK 组 49 号、47 号、45 号、43 号、42 号层，共 5 个层，测井解释为气层，射孔井段为 1480.0~1483.0m、1471.0~1472.0m、1461.0~1463.0m、1444.0~1447.0m、1440.0~1441.0m，射孔厚度为 10.0m/5 层。2015 年 3 月 10 日—5 月 6 日进行静止压力、静止温度及梯度，修正等时试井，流动压力、流动温度梯度，压力恢复试井，压力恢复梯度测试（表 5-8-15）。

表 5-8-15　E 气田 DSHCE 井测试时间安排表

测试阶段	时间	地面显示描述	下入深度（m）
梯度测试	2015 年 3 月 10 日	静止压力、静止温度梯度	
静止压力	2015 年 3 月 10—20 日	静止压力、静止温度	1400.0
修正等时试井	2015 年 3 月 20—24 日	4mm、6mm、8mm、10mm 油嘴	1400.0
试采	2015 年 3 月 24 日—4 月 18 日	5mm 油嘴（延长开井）试采	1400.0
梯度测试	2015 年 4 月 17 日	测流动压力、流动温度梯度	
压力恢复	2015 年 4 月 18 日—5 月 6 日	测压力恢复	1400.0
梯度测试	2015 年 5 月 6 日	测压力恢复、温度梯度	

2. 试井解释

1）梯度分析

（1）静止压力梯度分析。

2015 年 3 月 10 日进行静止压力梯度、静止温度梯度测试，通过静止压力梯度分析得出静止压力梯度为 0.10MPa/100m。

（2）流动压力梯度分析。

2015 年 4 月 17 日进行流动压力梯度、流动温度梯度测试，通过流动压力梯度分析得出流动压力梯度为 0.12MPa/100m。

（3）压力恢复梯度。

2015 年 5 月 6 日进行压力恢复梯度、温度梯度测试，通过压力恢复梯度分析得出压力恢复梯度为 0.10MPa/100m。

2）压力恢复试井解释

（1）模型诊断。

通过对双对数—导数曲线图形特征的诊断分析，第一段是井筒储集阶段早期，导数曲线沿斜率近 1 上升。第二段是双线性流阶段，井筒储集阶段中后期导数和双对数曲线出现两条斜率为 1/4 的平行线，且两线的标差为 0.602（图 5-8-44）。第三段双对数曲线上升到 0.5 水平线，说明拟径向流出现。

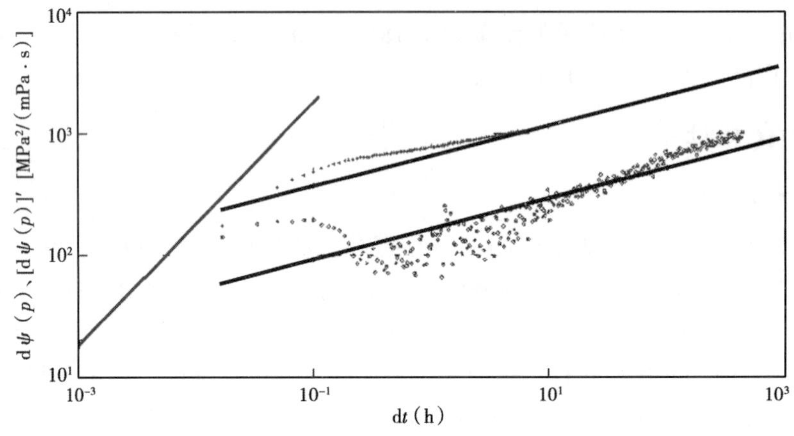

图 5-8-44　E 气田 DSHCE 井压力恢复试井双对数分析图

（2）解释结果。

通过模型诊断和图形分析，解释模型选用井筒储集和表皮效应+均质无限导流垂直裂缝+无限大边界模型（图 5-8-45、图 5-8-46、图 5-8-47）。Kh=6.52mD·m、0.652mD、C=0.1m³/MPa、X_f=68.6m、F_C=586.0mD·m。DSHCE 井于 2015 年 3 月 10—20 日进行静止压力测试，静止压力趋于稳定，测点深度为 1400.0m，测点静止压力为 13.5581MPa，折算储层中部（储层中部深度为 1461.5m）静止压力为 13.6319MPa。2015 年 4 月 18 日—5 月 6 日进行压力恢复试井，解释地层压力为 12.6024MPa（测点深度为 1400.0m），折算储层中部（储层中部深度为 1461.5m）地层压力为 12.6762MPa。

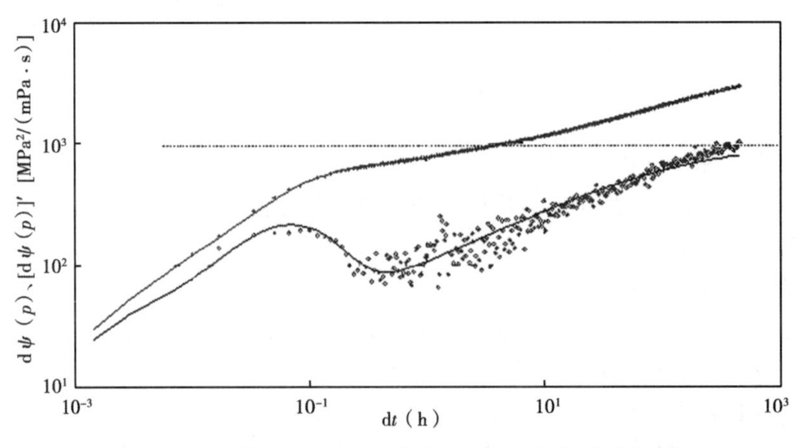

图 5-8-45　E 气田 DSHCE 井压力恢复试井双对数拟合图

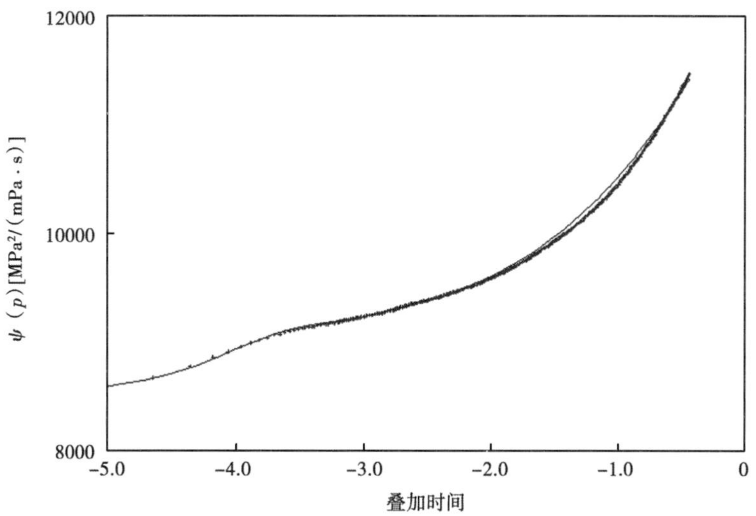

图 5-8-46　E 气田 DSHCE 井压力恢复试井半对数拟合图

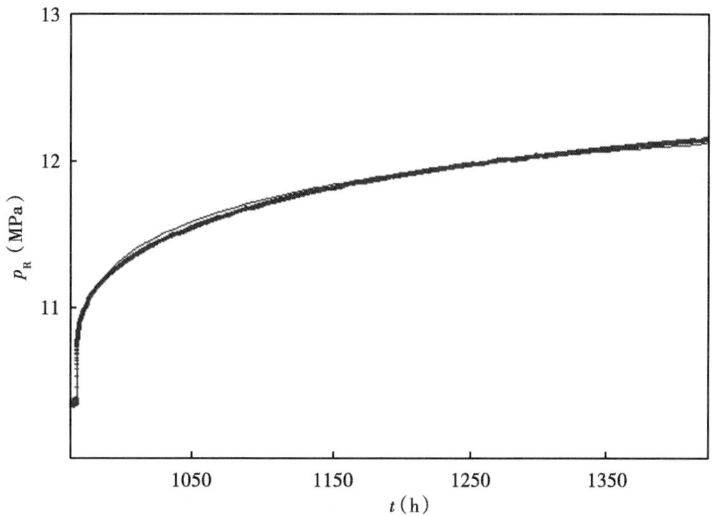

图 5-8-47　E 气田 DSHCE 井压力恢复试井压力历史拟合图

3）产能试井

DSHCE 井在 2015 年 3 月 20 日修正等时试井测试期间分别采用 4.0mm 油嘴、31.75mm 孔板生产，日产水 0；6.0mm 油嘴、38.1mm 孔板生产，日产水 2.0m^3；8.0mm 油嘴、63.5mm 孔板生产，日产水 2.9m^3；10.0mm 油嘴、69.85mm 孔板生产，日产水 6.1m^3。延长开井采用 5.0mm 油嘴、38.1mm 孔板生产，平均日产水 3.58m^3。5.0mm 油嘴工作制度下的短期试采产气量较稳定，油压、套压、流动压力均显示逐渐降低。

2015 年 4 月 18 日延长试采末期，以 5.0mm 油嘴、38.1mm 孔板生产，油压 8.5MPa，套压 9.0MPa，井底流动压力 10.3702MPa，日产气 2.8789×10^{4}m^3，产水 2.1m^3。不同工作制度下油压、套压、流动压力与产气量关系见表 5-8-16。

表 5-8-16　E 气田 DSHCE 井不同工作制度油压、套压、流动压力与产气量数据表

开井	测试日期	油嘴（mm）	油压（MPa）	套压（MPa）	流动压力（MPa）	折算流动压力（MPa）	产气量（$10^4m^3/d$）	关井	测试日期	关井最高压力（MPa）	折算关井最高压力（MPa）
								初关	2015 年 3 月 10 日 00:00 2015 年 3 月 20 日 00:00	13.5581	13.6319
一开	2015 年 3 月 20 日 00:00 2015 年 3 月 20 日 18:00	4	10.9	11.05	13.0952	13.1567	2.5326	二关	2015 年 3 月 20 日 18:00 2015 年 3 月 21 日 06:00	13.3738	13.4476
二开	2015 年 3 月 21 日 06:00 2015 年 3 月 21 日 18:00	6	10.4	10.9	12.6116	12.6731	5.6942	三关	2015 年 3 月 21 日 18:00 2015 年 3 月 22 日 06:00	13.2274	13.3012
三开	2015 年 3 月 22 日 06:00 2015 年 3 月 22 日 18:00	8	9.5	10.2	11.6263	11.6878	9.5834	四关	2015 年 3 月 22 日 18:00 2015 年 3 月 23 日 06:00	12.9664	13.0402
四开	2015 年 3 月 23 日 06:00 2015 年 3 月 23 日 18:00	10	7.9	8.8	9.91541	9.9769	11.6089	五关	2015 年 3 月 23 日 18:00 2015 年 3 月 24 日 06:00	12.6289	12.7027
延续	2015 年 3 月 24 日 06:00 2015 年 4 月 18 日	5	8.5	9	10.3702	10.4317	2.8789				

注：2015 年 3 月 20 日 00:00 修正等时试井测试开始，开关井时间间隔 12h，延续生产 26d，压力恢复解释折算中部地层压力为 12.6762MPa。

经计算，DSHCE 井的指数式产能方程：

$$q_g = 0.961697(p_R^2 - p_{wf}^2)^{0.860811}$$

无阻流量 $q_{AOF}=7.62\times10^4m^3/d$（图 5-8-48）。

经计算，DSHCE 井的二项式产能方程：

$$p_R^2 - p_{wf}^2 = 1.7718q_g + 0.0010342q_g^2$$

无阻流量 $q_{AOF}= 8.63\times10^4m^3/d$（图 5-8-49）。

修正等时二项式计算无阻流量为 $8.6\times10^4m^3/d$，取无阻流量的 1/3 为合理产能，最高合理产能应为 $2.8\times10^4m^3/d$。

3. 小结

（1）解释有效渗透率为 0.652mD，分析储层有一定的渗透能力，地层流动系数为

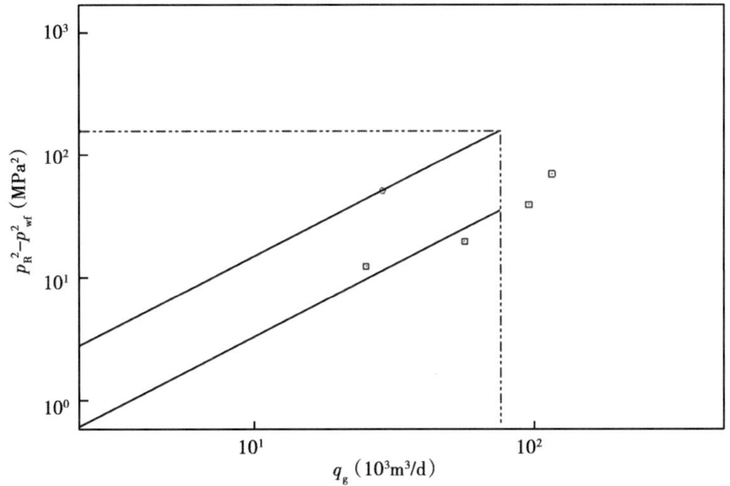

图 5-8-48　E 气田 DSHCE 井修正等时试井指数式图

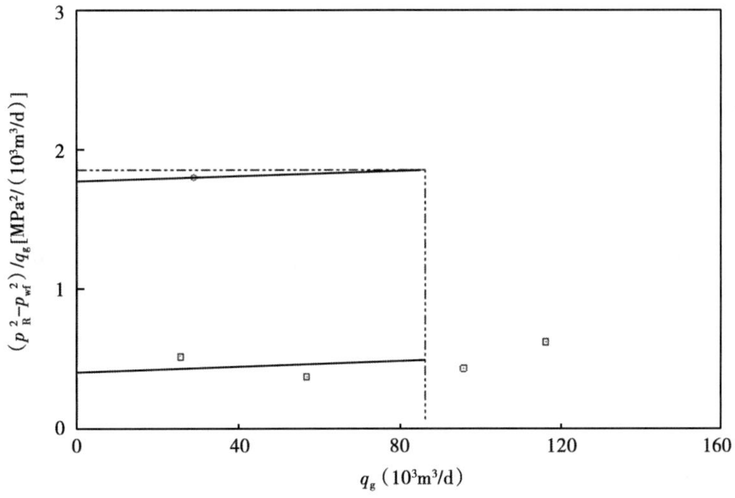

图 5-8-49　E 气田 DSHCE 井修正等时试井二项式图

404.42mD·m/(mPa·s)，表明气体流动能力良好。储层中部（深度为 1461.5m）地层压力为 12.6762MPa。

（2）修正等时二项式计算无阻流量为 $8.63\times10^4m^3/d$，取无阻流量的 1/3 为合理产能，最高合理产能应为 $2.8\times10^4m^3/d$。

第六章　注水井试井解释分析

吉林油气田的各个采油厂都采用注水开发的方式，注水井的数量也比较多。注入水在地下流动的物性与采收率相关关系较大，所以对注水井的测试十分重要。由于水和油在地层中流动的特性基本相似，注水井压力降落资料的解释与油井压力恢复具有相同的特点。目的是求解一口井控制面积内的平均地层参数、平均地层压力或边界压力，分析注水井周围的非均质性、断层的存在、流体性质的突变，在理想条件下可分析油井动态及边界特征等。

在吉林油田试井解释中，目前注水井压力降落试井解释基础模型有均质无限大、均质油藏中垂直裂缝、复合油藏等。要注意的是测试井下入压力计的深度，有的井下入井口 50m、100m、1000m 处进行测量，对实测数据进行压力折算后进行资料的解释。

第一节　Y 油田水井试井解释

一、Y 油田 Z 井

(1) 基本状况。

Z 井为 Y 油田 Y 区块正常注水井，完钻井深 2460. 44m。射孔井段 2418～2424m，射开厚度 6. 0m；2426～2432m，射开厚度 6. 0m；2434～2442m，射开厚度 8. 0m，合计 20m。油层中部深度 2430. 0m。

(2) 测试简况：2010 年 6 月 11 日将压力计下入 2430. 0m 进行压力降落试井测试，测试时间总计 476. 6h，压力由 25. 1MPa 下降至 12. 4MPa。

(3) 从录取的时间—压力数据看，测压过程中井口密封良好，没有漏失现象，表明压力计工作状况良好，现场试井资料可用。

(4) 试井曲线分析。

通过双对数分析图、半对数分析图分析，在双对数分析图（双对数+导数图）中，第一段和第二段为续流段、过渡段，双对数和导数曲线合二为一，呈现 45°的直线，表明续流段的影响（即井筒储集效应的影响），导数曲线出现峰值向下倾又上升，表明变井筒储集效应特征。第三段为导数曲线出现 0. 5 水平线，它是地层中产生径向流的典型特征。

在半对数分析图（MDH 或 Horner 图）中，出现续流段的第一段、过渡段的第二段和径向流直线段。

通过试井数据预处理技术、图形模式及图形分析技术和模型诊断技术，确定 Y 井解释模型为：内边界条件变井筒储集、表皮效应+均质模型+外边界条件无限大。

(5) 试井解释结果。

解释地层压力为 7. 31MPa，有效渗透率为 0. 53mD，表皮系数为-3. 43，井筒储集系数为 0. 33m^3/MPa。从双对数拟合图、半对数拟合图和压力历史拟合图可见，压力降落曲线出现径向流，解释结果可靠（图 6-1-1、图 6-1-2、图 6-1-3）。

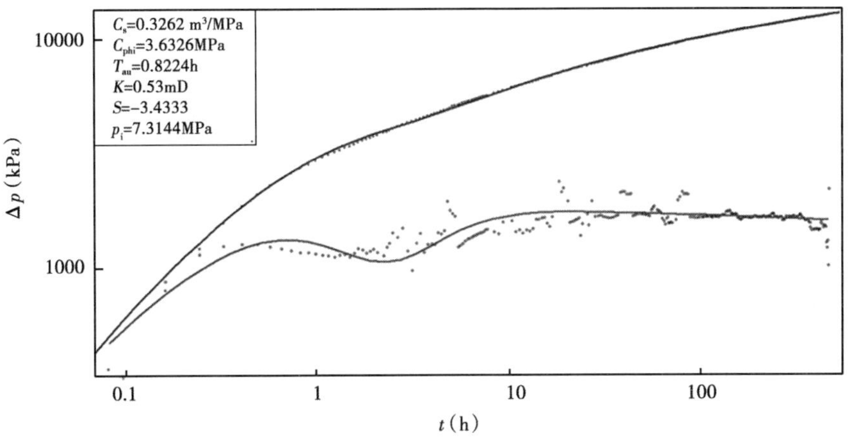

图 6-1-1　Y 油田 Z 井双对数拟合图

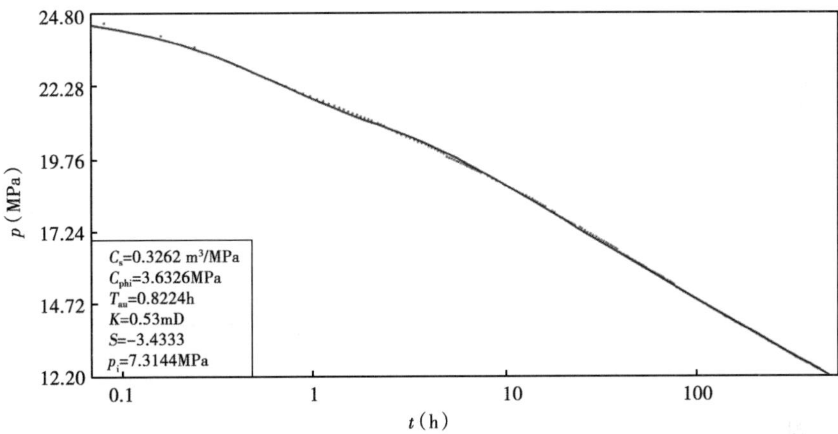

图 6-1-2　Y 油田 Z 井半对数拟合图

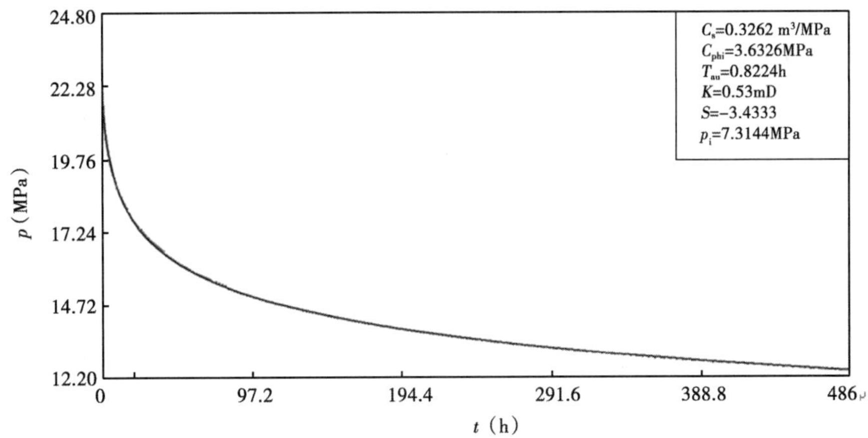

图 6-1-3　Y 油田 Z 井压力历史拟合图

二、Y 油田 Y 井

（1）基本状况。

Y 井为 2005 年 8 月 18 日投产的正常注水井，完钻井深 2018m。射孔井段 1971～1977m，射开厚度 6. 0m，油层中部深度 1974m。

（2）测试简况：2009 年 6 月 7 日开始测试，下入深度 1000m，测试时间 526h。测得的压力降落起点压力为 22. 5MPa，末点压力为 19. 75MPa。

（3）从录取的时间—压力数据看，测压过程中井口密封好，压力计工作状况良好，经过选取现场试井资料可用。

（4）试井曲线分析。

利用试井解释模型诊断技术和图形分析技术进行双对数分析和半对数分析。在双对数分析图（双对数+导数图）中（图 6-1-4），第一段是续流段部分。双对数和导数曲线合二为一，呈现 45°的直线，表明续流段的影响（即井筒储集效应的影响）。第二段为线性流段、过渡段，在线性流阶段，压差曲线和导数曲线都是斜率为 1/2 的直线，即它们互相平行（在纵坐标方向上两平行的斜率为 1/2 的直线距离为 2. 2，与纵坐标一个对数周期 7. 3 之比称为标差，为 0. 3014，约等于 0. 301 个对数周期）。第三段为导数曲线出现拟径向流特征的 0. 5 水平线。在半对数（MDH 或 Horner 图）分析图中，特征为续流段、线性流段、过渡段和拟径向流直线段。

通过试井数据预处理技术、图形模式及图形分析技术和模型诊断技术，确定 Y 井解释模型为：内边界条件井筒储集、表皮系数+均质无限导流垂直裂缝油藏+外边界条件无限大。

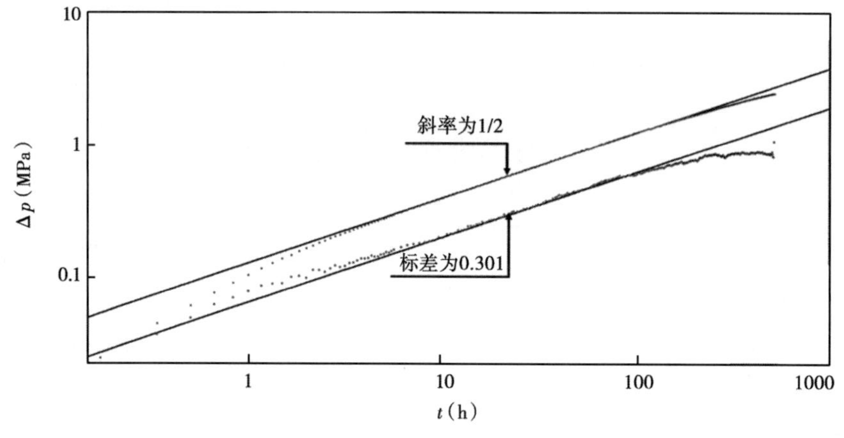

图 6-1-4　Y 油田 Y 井双对数分析图

（5）试井解释结果。

解释地层压力为 16. 7MPa，折算油层中部地层压力为 26. 44MPa，有效渗透率为 4. 58mD，裂缝半长为 293m，井筒储集系数为 32. 28m^3/MPa，解释成果见图 6-1-5、图 6-1-6、图 6-1-7。

（6）成果评价与建议。

Y 井于 2009 年 6 月 7 日开始测试，下入深度 1000m，测试时间 526h，取得了完整的试井资料。从双对数拟合图、半对数拟合图和压力历史拟合图可以看出，压力恢复曲线出现拟径向流（图 6-1-5、图 6-1-6、图 6-1-7）。

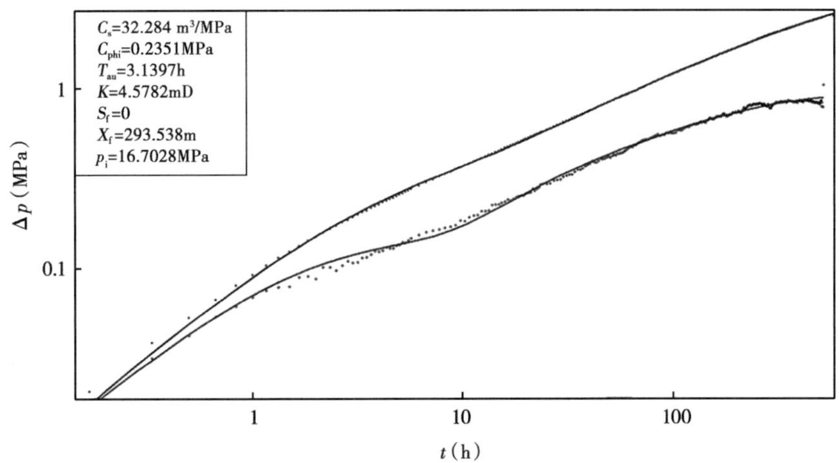

图 6-1-5　Y 油田 Y 井双对数拟合图

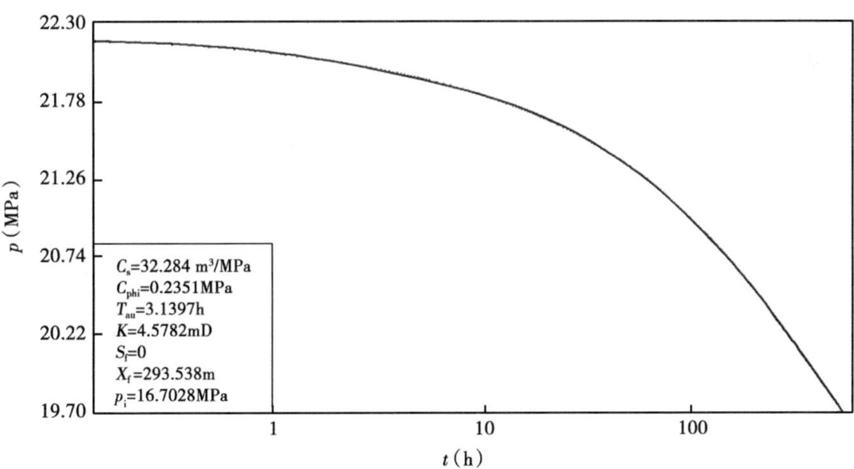

图 6-1-6　Y 油田 Y 井半对数拟合图

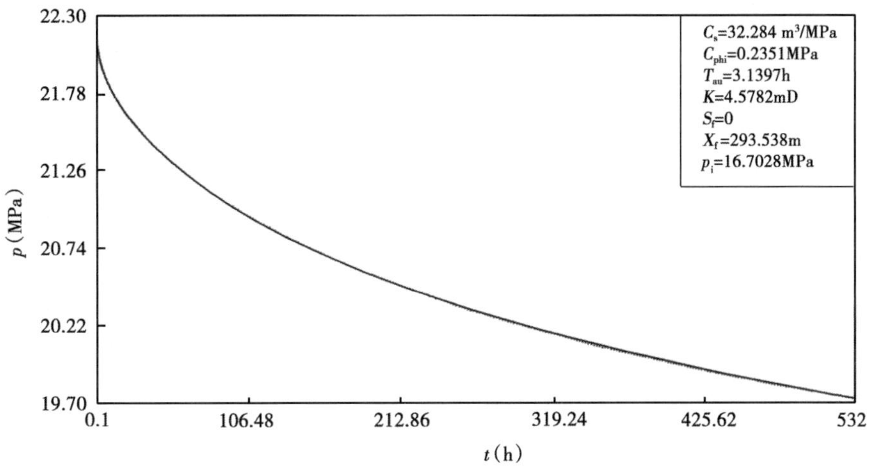

图 6-1-7　Y 油田 Y 井压力历史拟合图

①Y 井油层中部地层压力为 26.44MPa。

②Y 井有效渗透率为 4.58mD，储层的渗透率低，属低渗透性油层。

③裂缝半长 X_f 为 293m，说明近井地带未伤害堵塞。

三、Y 油田 X 井

（1）基本状况。

X 井为 Y 油田 Y 区块正常注水井。完钻井深 1895m，测试层位长 6 段，射孔井段 1843~1847m，射开厚度 4.0m，油层中部深度 1845m，测试前稳定日注水 28m^3。

（2）测试简况：下入压力计时间为 2011 年 4 月 2 日 11:00；起出压力计时间为 2011 年 4 月 22 日 9:00，下入深度 1000m，测试时间 476h。

（3）从录取的时间—压力数据看，测压过程中井口密封好，压力计工作状况良好，经过选取现场试井资料可用。

（4）试井曲线分析。

利用试井解释模型诊断技术和图形分析技术进行双对数分析和半对数分析。在双对数分析图（双对数+导数图）中，可分成三段来分析。第一段是续流段，双对数和导数曲线合二为一，呈现 45°的直线，表明续流段的影响（即井筒储集效应的影响）。第二段为过渡段和双线性流阶段，在双线性流阶段，压差曲线和导数曲线都是斜率为 1/4 的直线，即它们互相平行，且两线的距离为 3.0，与纵坐标一个对数周期 4.98 之比称为标差，为 0.6024，约等于 0.602 个对数周期（图 6-1-8）。第三段为导数曲线出现 0.5 水平线。

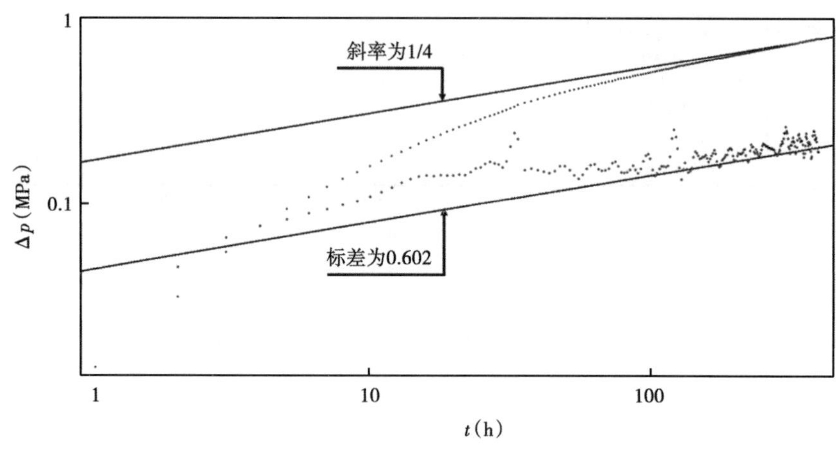

图 6-1-8　Y 油田 X 井双对数分析图

在半对数分析图（MDH 或 Horner 图）中，试井曲线分为续流段、过渡段和拟径向流直线段。

通过试井数据预处理技术、图形模式及图形分析技术和模型诊断技术，确定 X 井解释模型为：内边界条件井筒储集、表皮系数+有限导流垂直裂缝模型+外边界条件无限大。

（5）试井解释结果。

解释测点压力为 16.21MPa，折算油层中部地层压力为 24.66MPa，有效渗透率为 7.7mD，裂缝半长为 731m，裂缝导流能力为 3.7，井筒储集系数为 51.41m^3/MPa，解释成果见图 6-1-9、图 6-1-10、图 6-1-11。

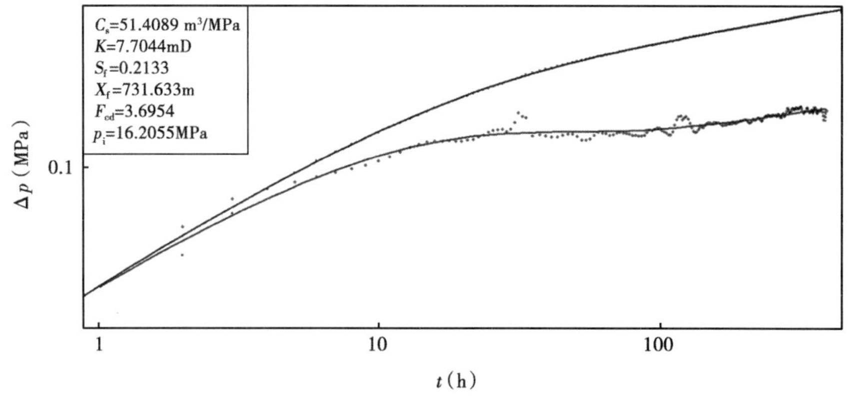

图 6-1-9　Y 油田 X 井双对数拟合图

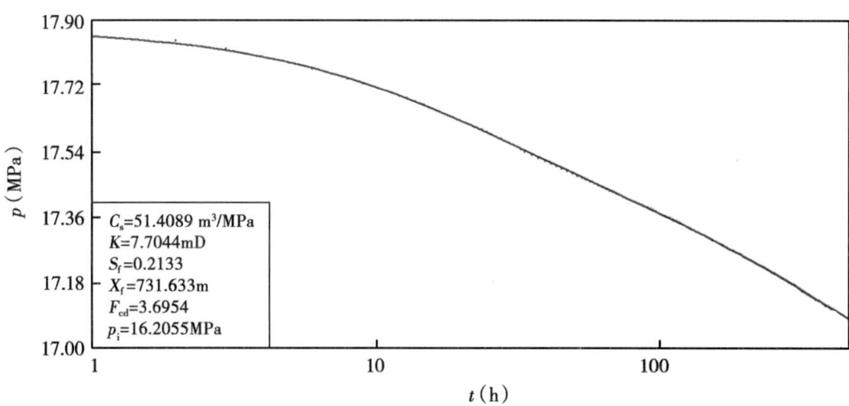

图 6-1-10　Y 油田 X 井半对数拟合图

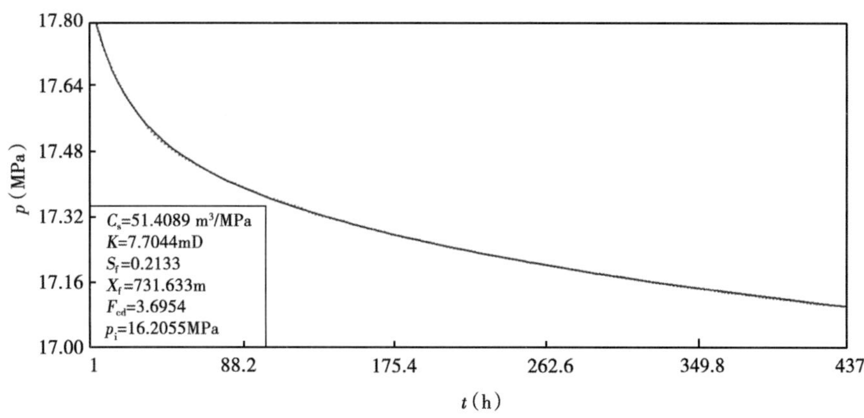

图 6-1-11　Y 油田 X 井压力历史拟合图

（6）成果评价与建议。

X 井测试从 2011 年 4 月 2 日 14 时开始测试，有效测试测试时间 476h，取得了完整的试井资料从双对数拟合图、半对数拟合图和压力历史拟合图可以看出，压力恢复曲线出现径向流。

①X 井油层中部地层压力为 24. 66MPa。

②X 井有效渗透率为 7. 7mD。

③裂缝半长为 731m，说明近井地带未受伤害堵塞。

四、Y 油田 W 井

（1）基本状况。

W 井为 Y 油田 Y 区块正常注水井，完钻井深 1966. 44m。射孔井段 1915～1920m，射开厚度 5. 0m；1931～1936m，射开厚度 5. 0m，合计 10m。油层中部深度 1917. 5m。

（2）测试简况：下入压力计时间为 2011 年 9 月 12 日 12:00；起出压力计时间为 2011 年 10 月 2 日 11:00，下入深度 1000m，测试时间 476h。

（3）从录取的时间—压力数据看，测压过程中井口密封好，压力计工作状况良好，经过选取现场试井资料可用。

（4）试井曲线分析。

利用试井解释模型诊断技术和图形分析技术进行双对数分析和半对数分析。在双对数分析图（双对数+导数图）中，双对数曲线的前一部分与均质模型相同：第一段是续流段。双对数和导数曲线合二为一，呈现 45°的直线，表明续流段的影响（即井筒储集效应的影响）。第二段为过渡段，导数曲线出现峰值向下倾，峰值的高低取决于参数 C_De^{2S} 值的大小。第三段为导数曲线出现径向流 0. 5 水平线，导数曲线呈一条水平直线段（第一直线段），反映的是 1 区（内区）的特性。第四段为外边界反映段，导数曲线呈现上翘，之后出现第二条水平线（第二直线段），反映的是 2 区（外区）的特性。

在半对数分析图（MDH 或 Horner 图）中，出现续流段、过渡段和径向流直线段。在井筒储集阶段结束后，呈现两条直线段，分别对应于压力导数曲线的两个水平直线段；第一段和第二段的斜率分别为 m 和 M。也就是说，当 M 大于 1 时，曲线上翘。

通过试井数据预处理技术、图形模式及图形分析技术和模型诊断技术，确定 W 井解释模型为内边界条件变井筒储集、表皮效应+复合模型。

（5）试井解释结果。

解释测点压力为 19. 33MPa，折算油层中部地层压力为 28. 5MPa，有效渗透率为 88. 33mD，表皮系数为 6. 33，井筒储集系数为 0. 37m³/MPa，r = 821m。解释成果见图 6-1-12、图 6-1-

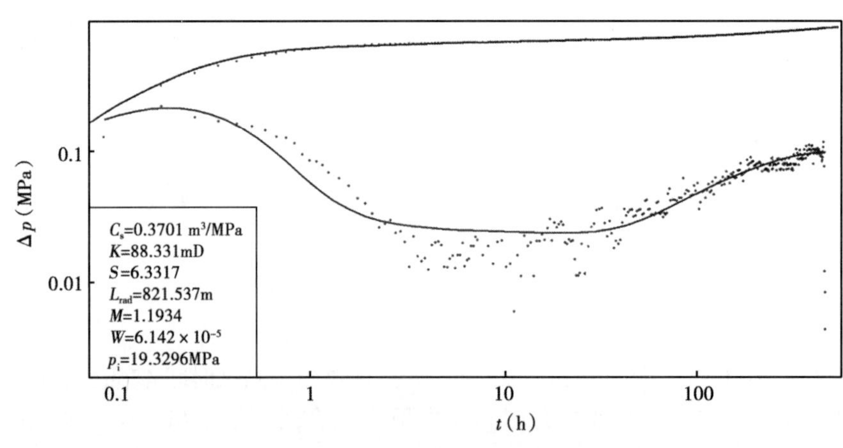

图 6-1-12　Y 油田 W 井双对数拟合图

13、图 6-1-14。

（6）成果评价与建议。

W 井于 2008 年 6 月 4 日开始测试，有效测试时间 496. 5h，取得了完整的试井资料。从双对数拟合图、半对数拟合图和压力历史拟合图可以看出，压力恢复曲线出现径向流（图 6-1-12、图 6-1-13、图 6-1-14）。

① W 井油层中部地层压力为 28. 5MPa。

② W 井有效渗透率为 88. 33mD。

③ 表皮系数为 6. 33，说明近井地带伤害堵塞。

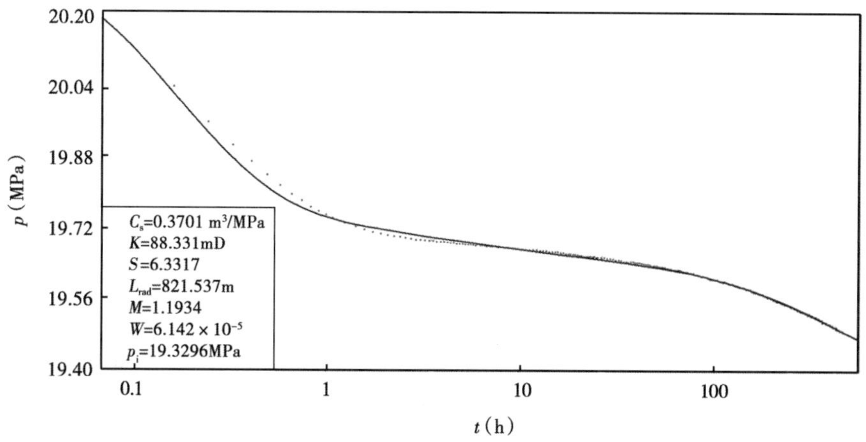

图 6-1-13　Y 油田 W 井半对数拟合图

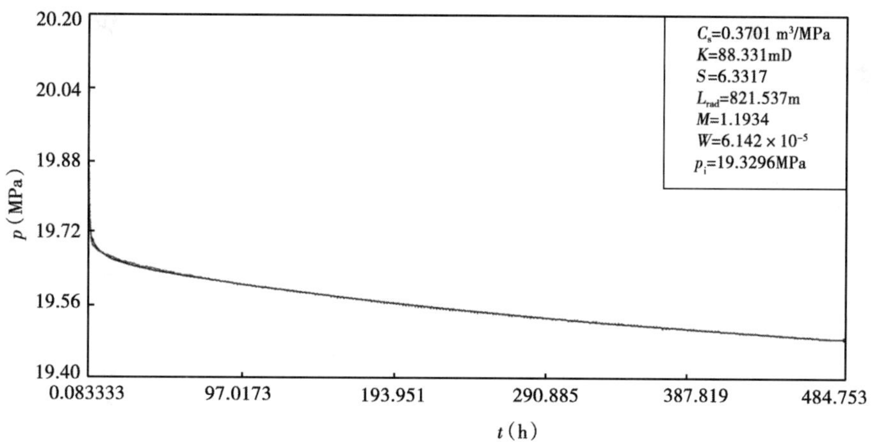

图 6-1-14　Y 油田 W 井压力历史拟合图

五、Y 油田 V 井

（1）基本状况。

V 井为 2005 年 10 月 27 日投产的正常注水井，完钻井深 2220m。射孔井段 2165～2173m，射开厚度 8. 0m；2180～2186m，射开厚度 6. 0m，合计 14m。油层中部深度 2175. 5m。

（2）测试简况：V 井于 2008 年 6 月 4 日开始测试，下入深度 1000m，测试时间 500h。测得的压力降落起点压力为 18.56MPa，末点压力为 16.22MPa。

（3）从录取的时间—压力数据看，测压过程中井口密封好，压力计工作状况良好，经过选取现场试井资料可用。

（4）试井曲线分析。

利用试井解释模型诊断技术和图形分析技术进行双对数分析和半对数分析。在双对数分析图（双对数+导数图）中，第一段是续流段。双对数和导数曲线合二为一，呈现 45°的直线，表明续流段的影响（即井筒储集效应的影响）。第二段为过渡段，导数曲线出现峰值向下倾，峰值的高低取决于参数 $C_D e^{2S}$ 值的大小。第三段为导数曲线出现径向流 0.5 水平线，导数曲线呈一条水平直线段（第一直线段），反映的是 1 区（内区）的特性。第四段为外边界反映段，导数曲线呈现上翘，之后未出现第二条水平线（第二直线段不明显），基本反映的是 2 区（外区）的特性。

在半对数分析图（MDH 或 Horner 图）中，出现续流段、过渡段和径向流直线段。在井筒储集阶段结束后，呈现两条直线段，分别对应于压力导数曲线的两个水平直线段；第一段和第二段的斜率分别为 m 和 M。也就是说，当 M 大于 1 时，曲线上翘。

通过试井数据预处理技术、图形模式及图形分析技术和模型诊断技术，确定 V 井解释模型为：内边界条件变井筒储集、表皮效应+复合模型。

（5）试井解释结果。

解释地层压力为 15.25MPa，折算油层中部地层压力为 27.0MPa，有效渗透率为 26.7mD，表皮系数为-5.3，井筒储集系数为 15.97m³/MPa。解释成果见图 6-1-15、图 6-1-16、图 6-1-17。

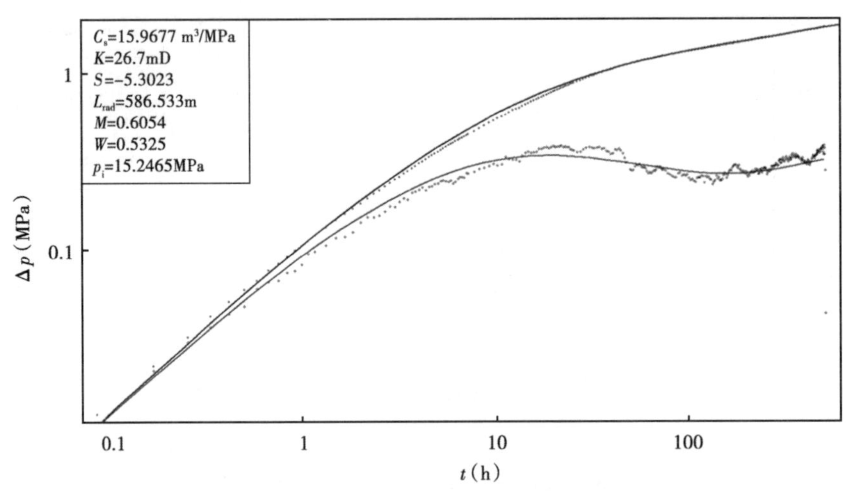

图 6-1-15　Y 油田 V 井双对数拟合图

（6）成果评价与建议。

V 井于 2008 年 6 月 4 日开始测试，有效测试时间 496.5h，取得了完整的试井资料。从双对数拟合图、半对数拟合图和压力历史拟合图可以看出，压力恢复曲线出现径向流（图 6-1-15、图 6-1-16、图 6-1-17）。

①V 井油层中部地层压力为 27.0MPa。

②V 井有效渗透率为 26.7mD。

③表皮系数为-5.3，说明近井地带未伤害堵塞。

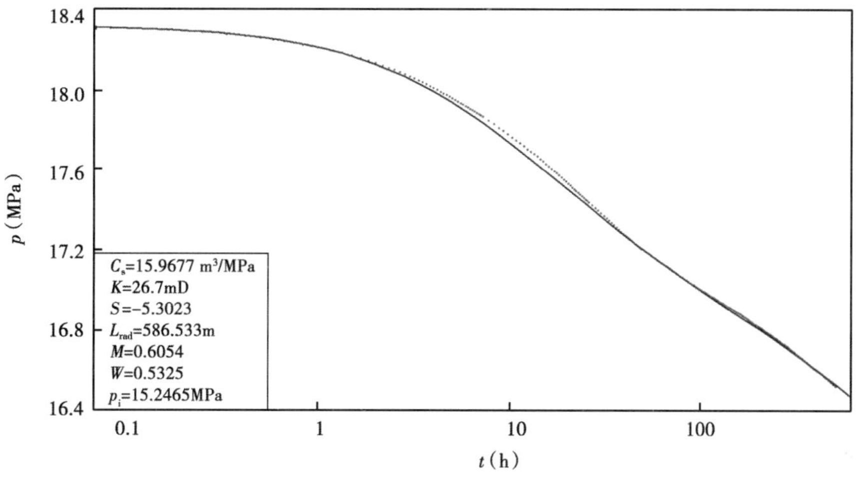

图 6-1-16　Y 油田 V 井半对数拟合图

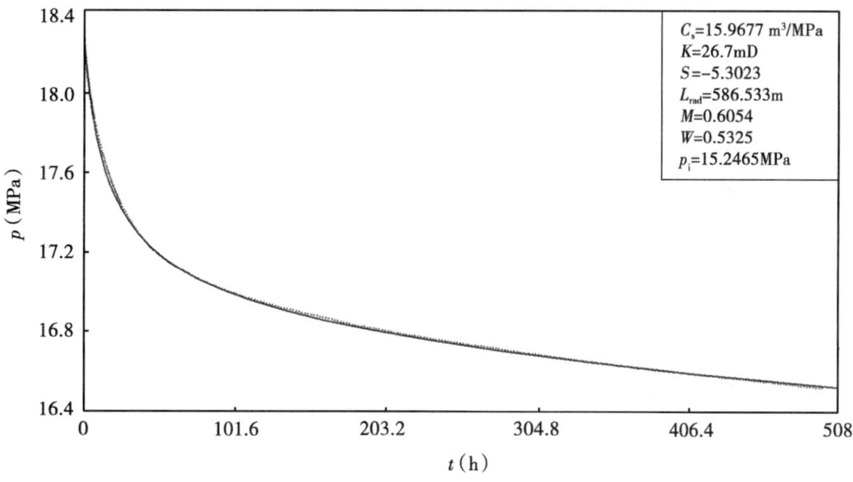

图 6-1-17　Y 油田 V 井压力历史拟合图

六、Y 油田水井试井小结

通过对 Y 油田 141 井次注水井试井解释发现，关井时间为 20d 左右，试井解释模型有均质模型、均质无限导流垂直裂缝模型和复合模型。有 16 井次未出现径向流，占总测试水井的 12%。油井关井时间也为 20d 左右，未出现径向流的油井占总测试油井的 38%。注水井流动状态好于油井流动状态。

第二节　BEN 油田水井试井解释

一、BEN 油田 U 井

(1) 基本状况。

U 井为 BEN 油田 A 区块正常注水井，完钻井深 502. 0m。射孔井段 454. 6~458. 2m，射开厚度 3. 6m；463. 2~472. 0m，射开厚度 8. 8m；439. 6~443. 4m，射开厚度 3. 8m；431. 2~437. 2m，射开厚度 6. 0m，合计 22. 2m，油层中部深度 450. 0m。

(2) 测试简况：2004 年 4 月 21 日将压力计下入 450. 0m 进行压力降落试井测试，2004 年 4 月 29 日起出压力计，测试时间总计 187. 25h，压力由 10. 38MPa 下降至 8. 26MPa。

(3) 从录取的时间—压力数据看，测压过程中井口密封良好，没有漏失现象，表明压力计工作状况良好，现场试井资料可用。

(4) 试井曲线分析。

通过双对数分析图、半对数分析图分析，在双对数分析图（双对数+导数图）中，第一段为续流段，第二段为过渡段，双对数和导数曲线合二为一，呈现 45°的直线，表明续流段的影响（即井筒储集效应的影响）。导数曲线出现峰值之后出现下凹，为变井筒储集效应特征。第三段导数曲线出现 0. 5 水平线，为地层中产生径向流的典型特征。在半对数分析图（MDH 或 Horner 图）中，出现续流段的第一段、过渡段的第二段和径向流直线段。

通过试井数据预处理技术、图形模式及图形分析技术和模型诊断技术，确定 U 井解释模型为：内边界条件变井筒储集、表皮效应+均质模型+外边界条件无限大（图 6-2-1、图 6-2-2、图 6-2-3）。

(5) 试井解释结果。

解释地层压力为 6. 68MPa，有效渗透率为 0. 81mD，表皮系数为-3. 69，井筒储集系数为 3. 72m^3/MPa。从双对数拟合图、半对数拟合图和压力历史拟合图可以看出，压力降落曲线出现径向流，解释结果可靠（图 6-2-1、图 6-2-2、图 6-2-3）。

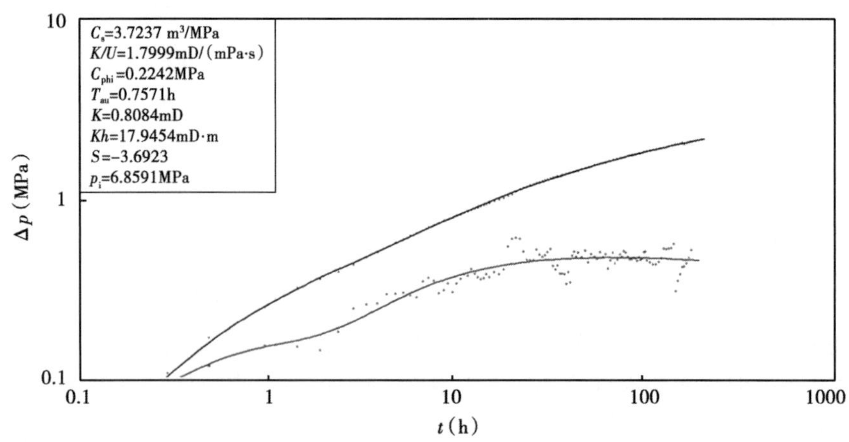

图 6-2-1　BEN 油田 U 井双对数拟合图

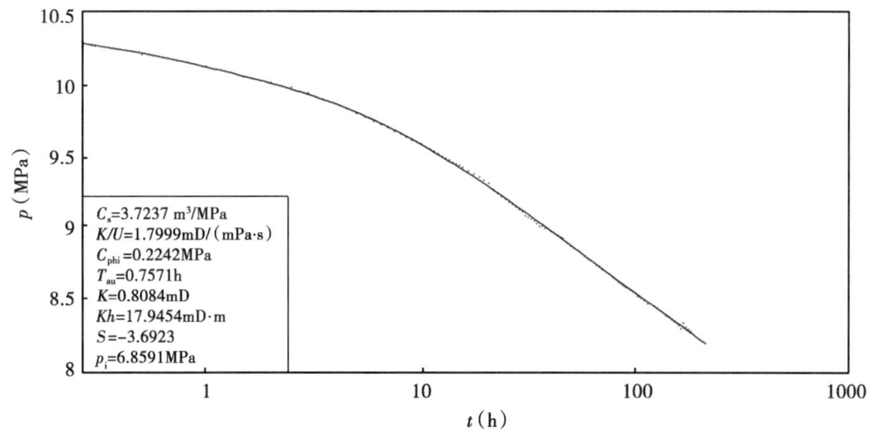

图 6-2-2　BEN 油田 U 井半对数拟合图

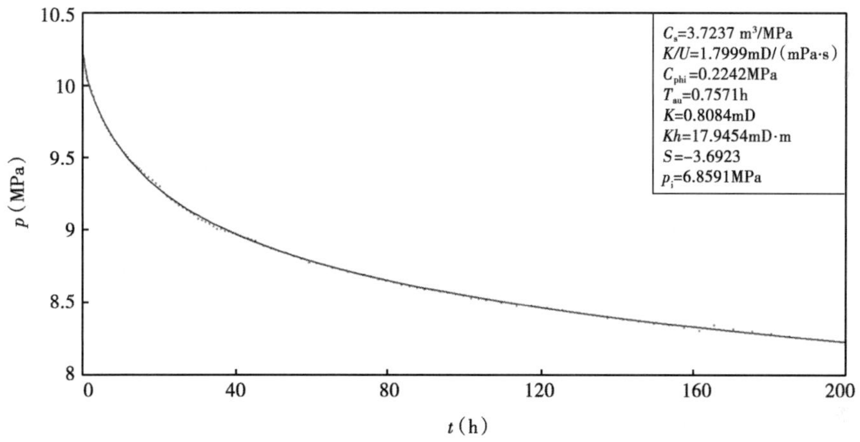

图 6-2-3　BEN 油田 U 井压力历史拟合图

二、BEN 油田 T 井

（1）基本状况。

T 井为 BEN 油田 A 区块正常注水井，完钻井深 540.0m。射孔井段 514.8～522.0m，射开厚度 7.2 m；508.2～511.2m，射开厚度 3.0m；459.2～468.6m，射开厚度 9.4m；488.2～492.0m，射开厚度 3.8m；471.0～478.0m，射开厚度 7.0m；445.6～449.4m，射开厚度 3.8m；440.8～442.6m，射开厚度 1.8m；429.0～435.6m，射开厚度 6.6m，合计 42.6m，油层中部深度 475.5m。

（2）测试简况：2004 年 4 月 30 日将压力计下入 450.0m 进行压力降落试井测试，2004 年 5 月 7 日起出压力计，测试时间总计 197.25h，压力由 9.96MPa 下降至 7.99MPa。

（3）从录取的时间—压力数据看，测压过程中井口密封良好，没有出现漏失现象，表明压力计工作状况良好，现场试井资料可用。

（4）试井曲线分析。

通过对双对数分析图、半对数分析图的分析，在双对数分析图（双对数+导数图）中，第一段是续流段，双对数和导数曲线合二为一，呈现45°的直线，表明续流段的影响（即井筒储集效应的影响）。第二段为过渡段，导数曲线出现峰值之后向水平发展。第三段为导数曲线出现0.5水平线，它是地层中产生径向流的典型特征。

在半对数分析图（MDH或Horner图）中，出现续流段的第一段、过渡段的第二段和径向流直线段。

通过试井数据预处理技术、图形模式及图形分析技术和模型诊断技术，确定T井解释模型为：内边界条件变井筒储集、表皮效应+均质模型+外边界条件无限大（图6-2-4、图6-2-5、图6-2-6）。

（5）试井解释结果。

解释地层压力为6.43MPa，有效渗透率为0.405mD，表皮系数为-3.75，井筒储集系数为4.06m^3/MPa。从双对数拟合图、半对数拟合图和压力历史拟合图可以看出，压力降落曲线出现径向流，解释结果可靠（图6-2-4、图6-2-5、图6-2-6）。

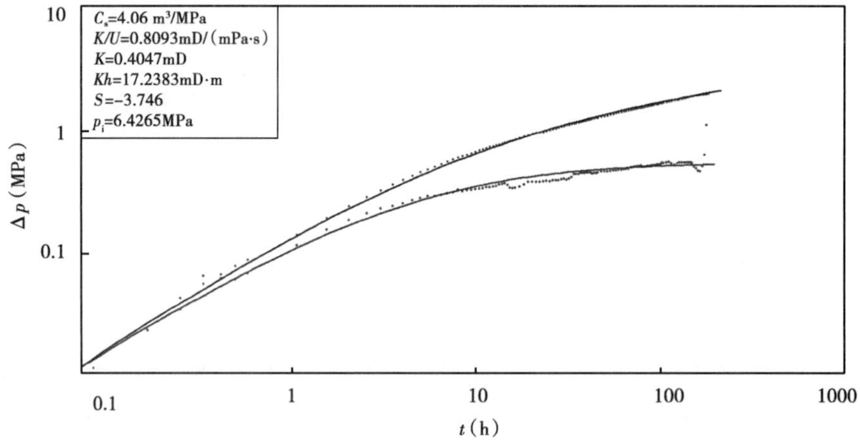

图6-2-4　BEN油田T井双对数拟合图

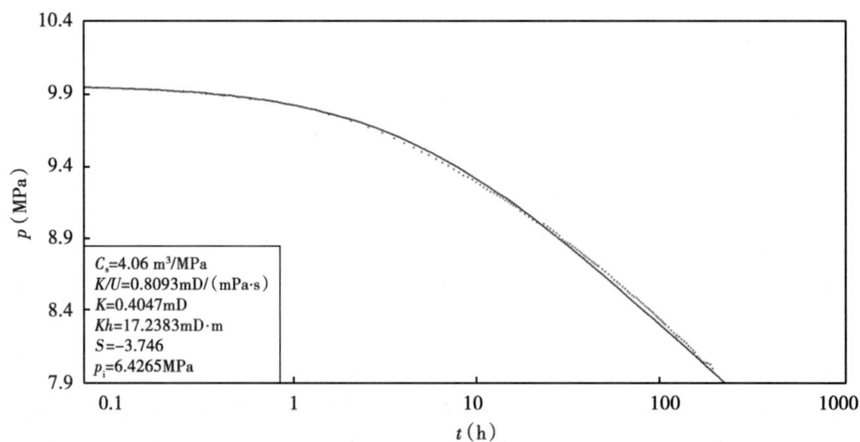

图6-2-5　BEN油田T井半对数拟合图

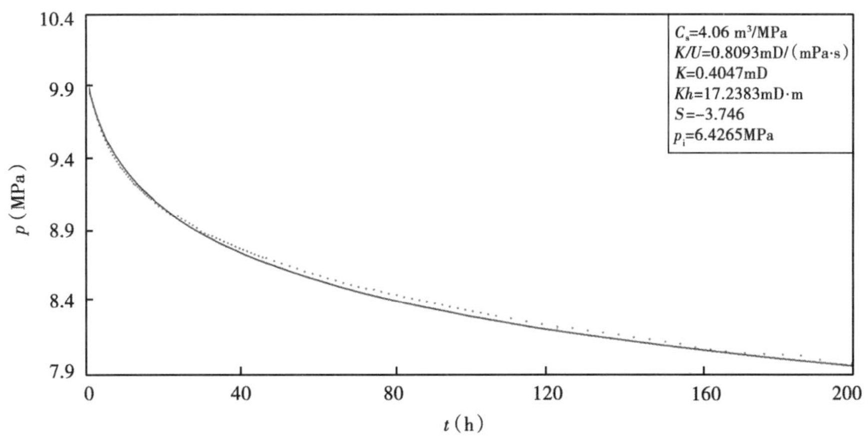

图 6-2-6 BEN 油田 T 井压力历史拟合图

三、BEN 油田 S 井

(1) 基本状况。

S 井为 BEN 油田 A 区块正常注水井，完钻井深 510. 0m。射孔井段 487. 2～490. 8m，射开厚度 3. 6m；470. 2～472. 4m，射开厚度 2. 2m；432. 6～435. 2m，射开厚度 2. 6m；437. 6～442. 0m，射开厚度 4. 4m，合计 12. 8m，油层中部深度 461. 7m。

(2) 测试简况：2004 年 9 月 11 日将压力计下入 461. 7m 进行压力降落试井测试，2004 年 9 月 18 日起出压力计，测试时间总计 172. 25h，压力由 8. 77MPa 下降至 7. 50MPa。

(3) 从录取的时间—压力数据看，测压过程中井口密封良好，没有漏失现象，表明压力计工作状况良好，现场试井资料可用。

(4) 试井曲线分析。

通过对双对数分析图、半对数分析图的分析，在双对数分析图（双对数+导数图）中，第一段是续流段，双对数和导数曲线合二为一，呈现 45°的直线，表明续流段的影响（即井筒储集效应的影响）。第二段为过渡段和线性流段，在线性流阶段，压差曲线和导数曲线都是斜率为½的直线，即它们互相平行。第三段为导数曲线出现 0. 5 水平线，它是地层中产生拟径向流的典型特征。

在半对数分析图（MDH 或 Horner 图）中，出现续流段的第一段、过渡段的第二段和径向流直线段。

通过试井数据预处理技术、图形模式及图形分析技术和模型诊断技术，确定 S 井解释模型为：内边界条件变井筒储集、表皮效应+均质无限导流垂直裂缝油藏+外边界条件无限大（图 6-2-7、图 6-2-8、图 6-2-9）。

(5) 试井解释结果。

解释地层压力为 6. 05MPa，有效渗透率为 1. 58mD，裂缝半长为 32. 5m，井筒储集系数为 17. 4m³/MPa。从双对数拟合图、半对数拟合图和压力历史拟合图可以看出，压力降落曲线出现径向流，解释结果可靠（图 6-2-7、图 6-2-8、图 6-2-9）。

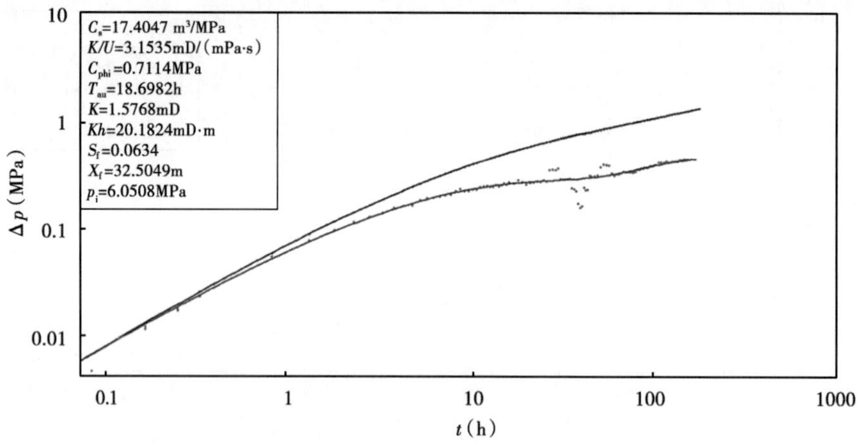

图 6-2-7 BEN 油田 S 井双对数拟合图

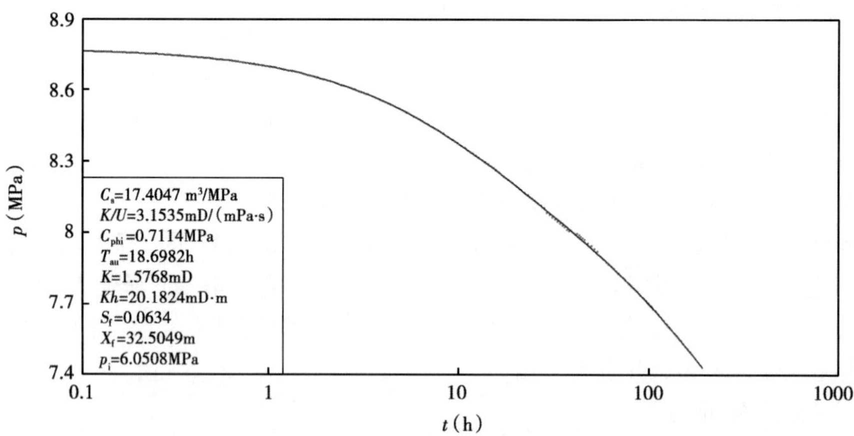

图 6-2-8 BEN 油田 S 井半对数拟合图

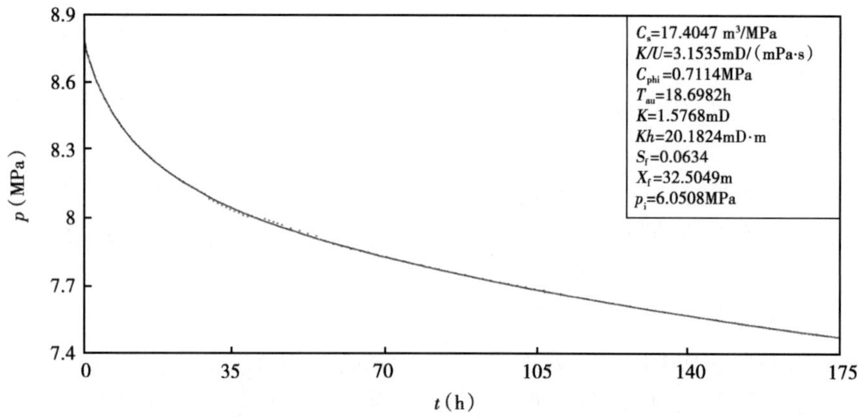

图 6-2-9 BEN 油田 S 井压力历史拟合图

四、BEN 油田 R 井

（1）基本状况。

R 井为 BEN 油田 G 区块正常注水井。射开厚度 9.4m，油层中部深度 1550.0m。

（2）测试简况：2015 年 7 月 18 日将压力计下入 1550.0m 进行压力降落试井测试，2015 年 7 月 25 日起出压力计，测试时间总计 167.167h，压力由 24.38MPa 下降至 14.4MPa。

（3）从录取的时间—压力数据看，测压过程中井口密封良好，没有出现漏失现象，表明压力计工作状况良好，现场试井资料可用。

（4）试井曲线分析。

通过对双对数分析图、半对数分析图的分析，在双对数分析图（双对数+导数图）中，第一段是续流段，双对数和导数曲线合二为一，呈现 45°的直线，表明续流段的影响（即井筒储集效应的影响）。第二段为过渡段，导数曲线出现峰值之后下降。第三段为导数曲线出现 0.5 水平线，它是地层中产生径向流的典型特征。在半对数分析图（MDH 或 Horner 图）中，出现续流段的第一段、过渡段的第二段和径向流直线段。

通过试井数据预处理技术、图形模式及图形分析技术和模型诊断技术，确定 R 井解释模型为：内边界条件变井筒储集、表皮效应+均质模型+一条恒压外边界（图 6-2-10、图 6-2-11、图 6-2-12）。

（5）试井解释结果。

解释地层压力为 13.36MPa，有效渗透率为 1.11mD，表皮系数为-2.8，井筒储集系数为 1.72m^3/MPa。从双对数拟合图、半对数拟合图和压力历史拟合图可以看出，压力降落曲线出现径向流，解释结果可靠（图 6-2-10、图 6-2-11、图 6-2-12）。

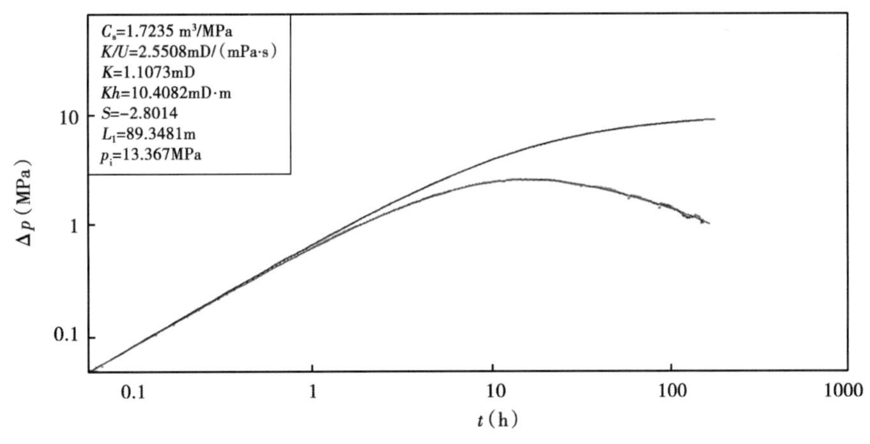

图 6-2-10　BEN 油田 R 井双对数拟合图

五、BEN 油田 Q 井

（1）基本状况。

Q 井为 BEN 油田 G 区块正常注水井。射开厚度 9.8m，油层中部深度 1391.0m。

（2）测试简况：2010 年 10 月 3 日将压力计下入 1391.0m 进行压力降落试井测试，测试时间总计 167.167h，压力由 15.87MPa 下降至 14.15MPa。

（3）从录取的时间—压力数据看，测压过程中井口密封良好，没有漏失现象，表明压

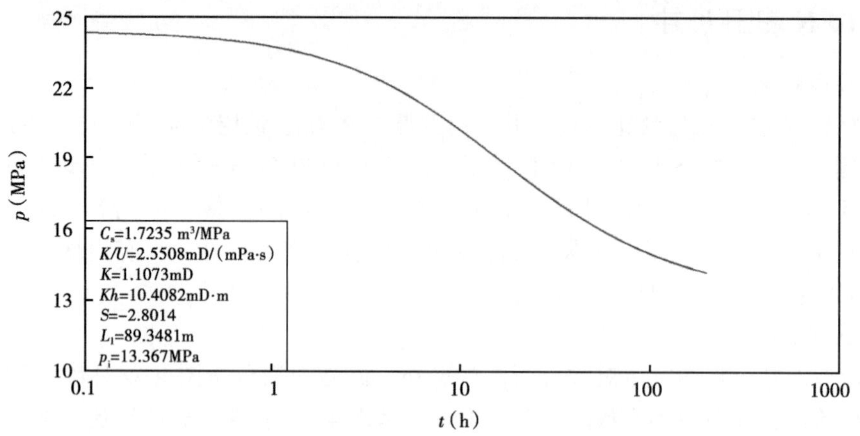

图 6-2-11　BEN 油田 R 井半对数拟合图

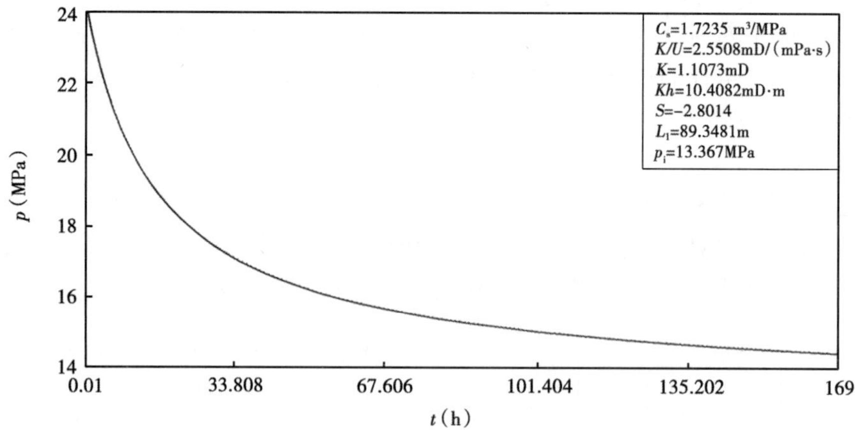

图 6-2-12　BEN 油田 R 井压力历史拟合图

力计工作状况良好，现场试井资料可用。

（4）试井曲线分析。

通过对双对数分析图、半对数分析图的分析，在双对数分析图（双对数+导数图）中，第一段是续流段，双对数和导数曲线合二为一，呈现 45°的直线，表明续流段的影响（即井筒储集效应的影响）。第二段为过渡段，导数曲线出现峰值之后变平。第三段为导数曲线出现 0.5 水平线，它是地层中产生径向流的典型特征。在半对数分析图（MDH 或 Horner 图）中，出现续流段的第一段、过渡段的第二段和径向流直线段。

通过试井数据预处理技术、图形模式及图形分析技术和模型诊断技术，确定 Q 井解释模型为：内边界条件变井筒储集、表皮效应+均质模型+外边界条件无限大（图 6-2-13、图 6-2-14、图 6-2-15）。

（5）试井解释结果。

解释地层压力为 13.16MPa，有效渗透率为 3.30mD，表皮系数为−5.11，井筒储集系数为 8.31m³/MPa。从双对数拟合图、半对数拟合图和压力历史拟合图可以看出，压力降落曲线出现径向流，解释结果可靠（图 6-2-13、图 6-2-14、图 6-2-15）。

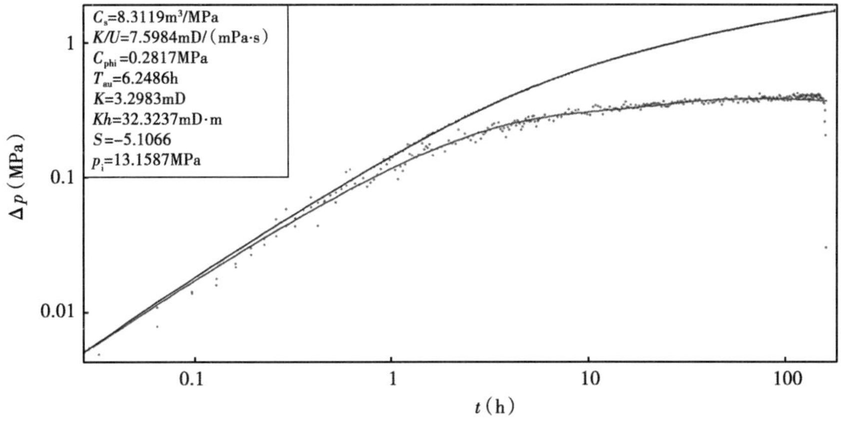

图 6-2-13　BEN 油田 Q 井双对数拟合图

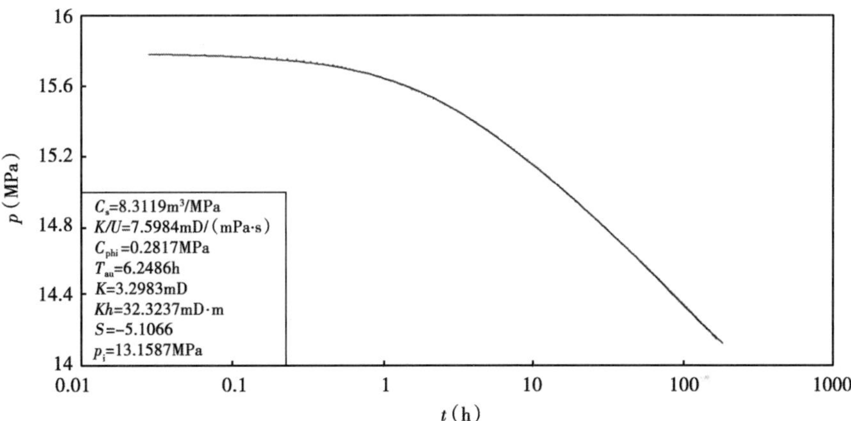

图 6-2-14　BEN 油田 Q 井半对数拟合图

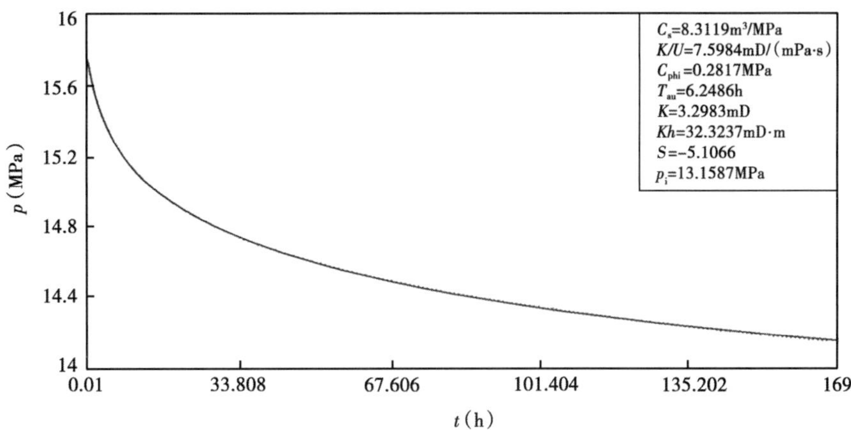

图 6-2-15　BEN 油田 Q 井压力历史拟合图

六、BEN 油田 P 井

（1）基本状况。

P 井为 BEN 油田 G 区块正常注水井。射开厚度 6.6m，油层中部深度 1466.0m。

（2）测试简况：2010 年 8 月 24 日将压力计下入 1466.0m 进行压力降落试井测试，测试时间总计 167.167h，压力由 23.69MPa 下降至 20.01MPa。

（3）从录取的时间—压力数据看，测压过程中井口密封良好，没有出现漏失现象，表明压力计工作状况良好，现场试井资料可用。

（4）试井曲线分析。

通过对双对数分析图、半对数分析图的分析，在双对数分析图（双对数+导数图）中，第一段是续流段，双对数和导数曲线合二为一，呈现 45°的直线，表明续流段的影响（即井筒储集效应的影响）。第二段为过渡段，导数曲线出现峰值之后变平。第三段为导数曲线出现 0.5 水平线，它是地层中产生径向流的典型特征。在半对数分析图（MDH 或 Horner 图）中，出现续流段的第一段、过渡段的第二段和径向流直线段。

通过试井数据预处理技术、图形模式及图形分析技术和模型诊断技术，确定 P 井解释模型为：内边界条件变井筒储集、表皮效应+均质模型+外边界条件无限大（图 6-2-16、图 6-2-17、图 6-2-18）。

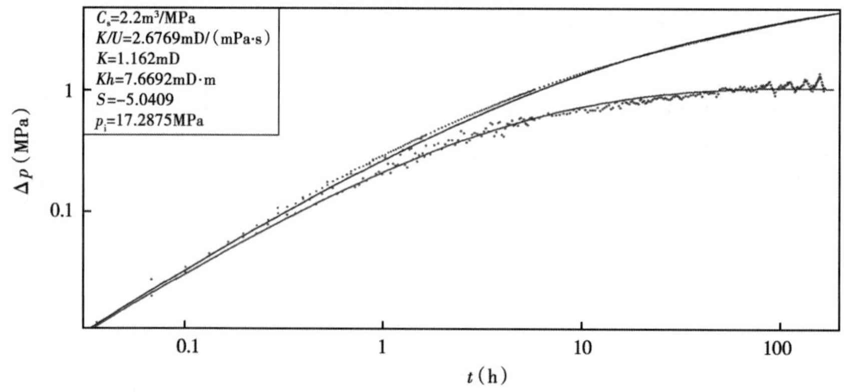

图 6-2-16　BEN 油田 P 井双对数拟合图

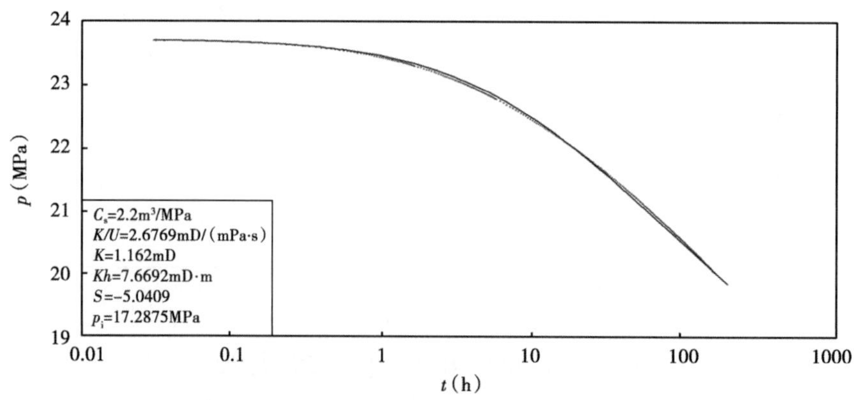

图 6-2-17　BEN 油田 P 井半对数拟合图

（5）试井解释结果。

解释地层压力为 17.28MPa，有效渗透率为 1.16mD，表皮系数为-5.04，井筒储集系数为 2.2m³/MPa。从双对数拟合图、半对数拟合图和压力历史拟合图可以看出，压力降落曲线出现径向流，解释结果可靠（图 6-2-16、图 6-2-17、图 6-2-18）。

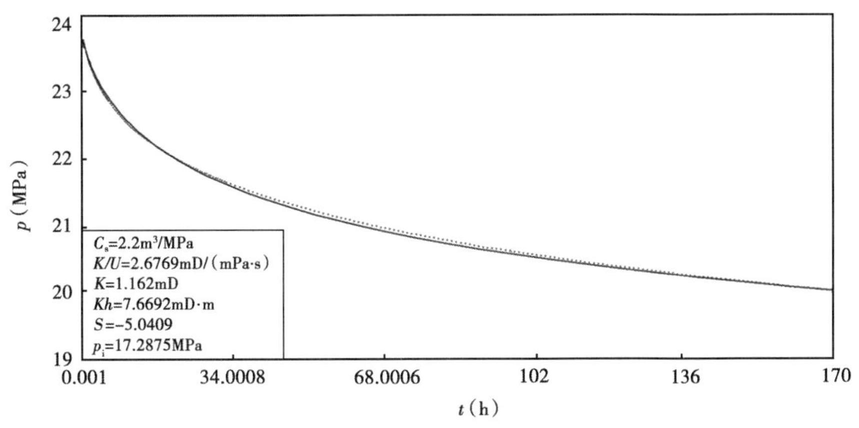

图 6-2-18　BEN 油田 P 井压力历史拟合图

七、BEN 油田 O 井

（1）基本状况。

O 井为 BEN 油田 G 区块正常注水井。射开厚度 9.6m，油层中部深度 1399.7m。

（2）测试简况：2011 年 4 月 25 日将压力计下入 1399.7m 进行压力降落试井测试，测试时间总计 177.5h，压力由 23.27MPa 下降至 20.96MPa。

（3）从录取的时间—压力数据看，测压过程中井口密封良好，没有出现漏失现象，表明压力计工作状况良好，现场试井资料可用。

（4）试井曲线分析。

通过对双对数分析图、半对数分析图的分析，在双对数分析图（双对数+导数图）中，第一段是续流段，双对数和导数曲线合二为一，呈现 45°的直线，表明续流段的影响（即井筒储集效应的影响）。第二段为过渡段，导数曲线出现峰值之后变平。第三段为导数曲线出现 0.5 水平线，它是地层中产生径向流的典型特征。在半对数分析图（MDH 或 Horner 图）中，出现续流段的第一段、过渡段的第二段和径向流直线段。

通过试井数据预处理技术、图形模式及图形分析技术和模型诊断技术，确定 O 井解释模型为：内边界条件变井筒储集、表皮效应+均质模型+外边界条件无限大（图 6-2-19、图 6-2-20、图 6-2-21）。

（5）试井解释结果。

解释地层压力为 19.51MPa，有效渗透率为 2.18mD，表皮系数为-5.22，井筒储集系数为 3.94m³/MPa。从双对数拟合图、半对数拟合图和压力历史拟合图可以看出，压力降落曲线出现径向流，解释结果可靠（图 6-2-19、图 6-2-20、图 6-2-21）。

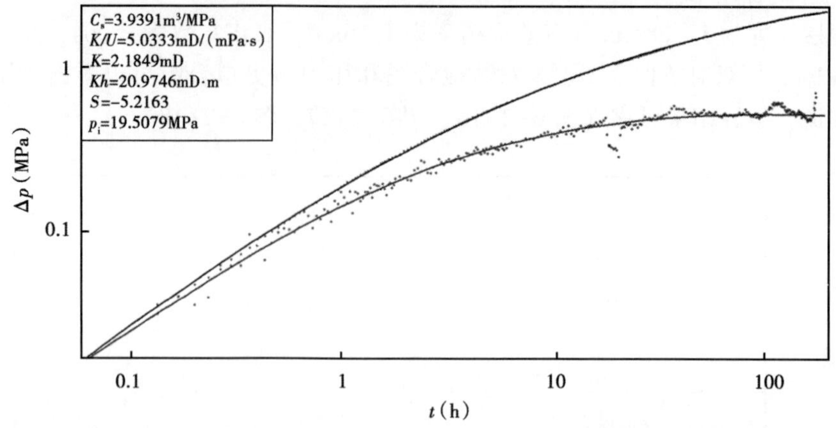

图 6-2-19　BEN 油田 O 井双对数拟合图

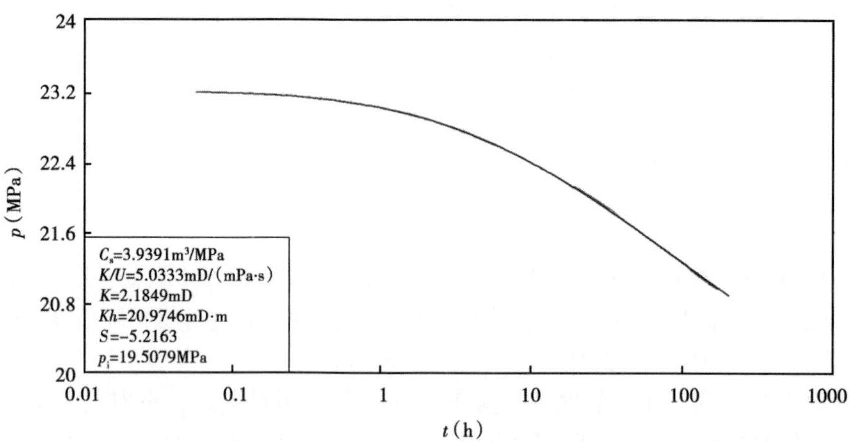

图 6-2-20　BEN 油田 O 井半对数拟合图

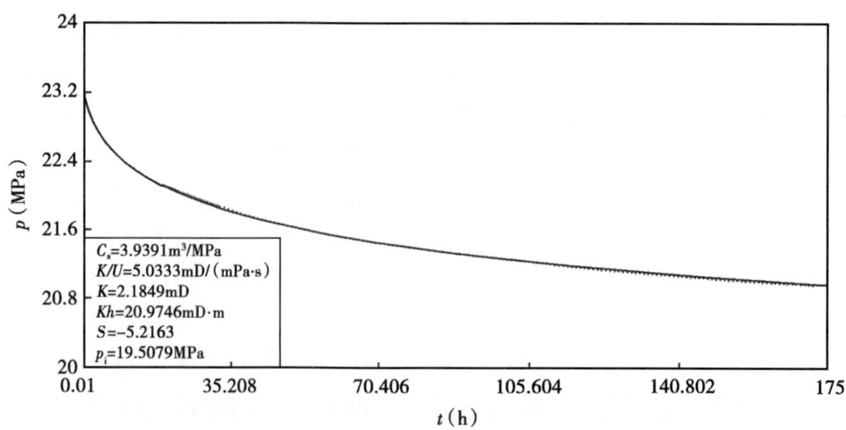

图 6-2-21　BEN 油田 O 井压力历史拟合图

八、BEN 油田 N 井

（1）基本状况。

N 井为 BEN 油田 G 区块正常注水井。射开厚度 13.0m，油层中部深度 1396.3m。

（2）测试简况：2010 年 10 月 3 日将压力计下入 1396.3m 进行压力降落试井测试，测试时间总计 166.16h，压力由 14.62MPa 下降至 13.11MPa。

（3）从录取的时间—压力数据看，测压过程中井口密封良好，没有出现漏失现象，表明压力计工作状况良好，现场试井资料可用。

（4）试井曲线分析。

通过对双对数分析图、半对数分析图的分析，在双对数分析图（双对数+导数图）中，第一段是续流段，双对数和导数曲线合二为一，呈现 45°的直线，表明续流段的影响（即井筒储集效应的影响）。第二段为过渡段，导数曲线出现峰值之后变平。第三段为导数曲线出现 0.5 水平线，它是地层中产生径向流的典型特征。在半对数分析图（MDH 或 Horner 图）中，出现续流段的第一段、过渡段的第二段和径向流直线段。

通过试井数据预处理技术、图形模式及图形分析技术和模型诊断技术，确定 N 井解释模型为：内边界条件变井筒储集、表皮效应+均质模型+外边界条件无限大（图 6-2-22、图 6-2-23、图 6-2-24）。

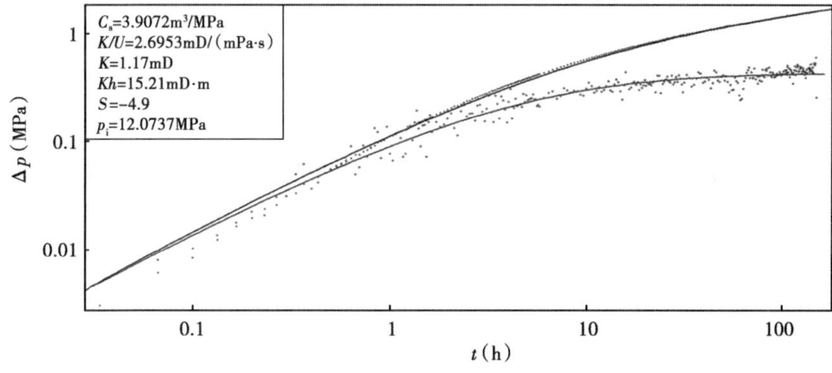

图 6-2-22　BEN 油田 N 井双对数拟合图

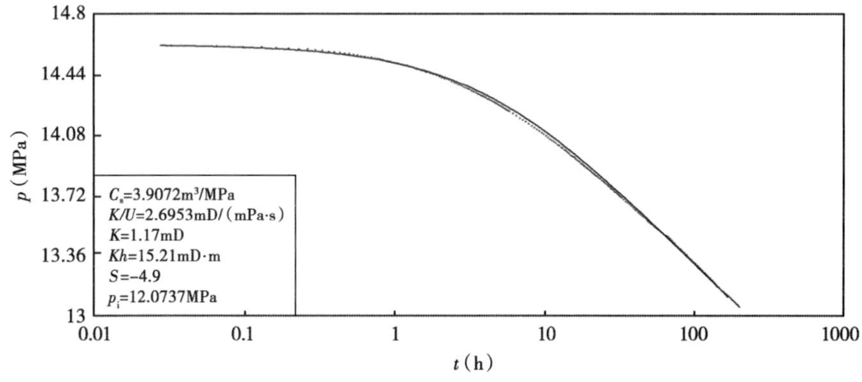

图 6-2-23　BEN 油田 N 井半对数拟合图

(5) 试井解释结果。

解释地层压力为 12. 07MPa，有效渗透率为 1. 17mD，表皮系数为-4. 9，井筒储集系数为 3. 91m^3/MPa。从双对数拟合图、半对数拟合图和压力历史拟合图，压力降落曲线出现径向流，解释结果可靠（图 6-2-22、图 6-2-23、图 6-2-24）。

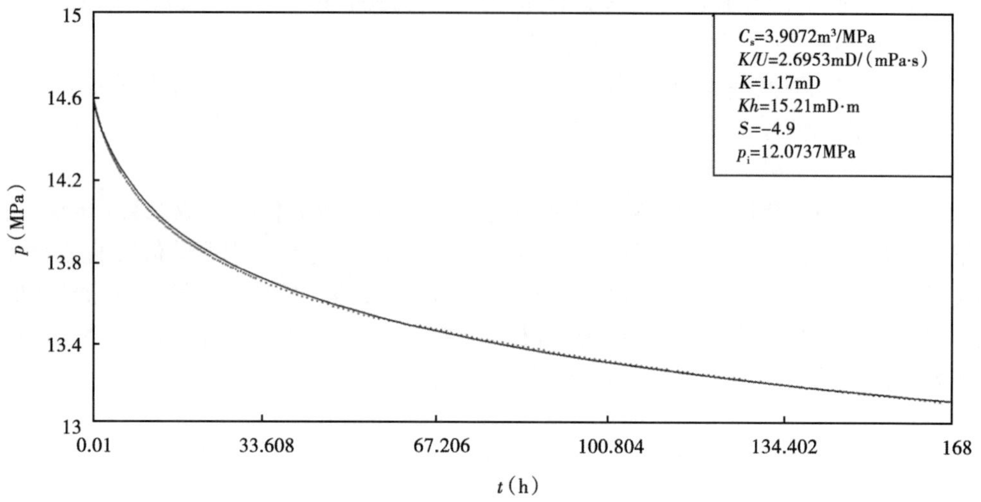

图 6-2-24 BEN 油田 N 井压力历史拟合图

九、BEN 油田 M 井

(1) 基本状况。

M 井为 BEN 油田 G 区块正常注水井。射开厚度 12. 4m，油层中部深度 1402. 4m。

(2) 测试简况：2010 年 11 月 6 日将压力计下入 1402. 4m 进行压力降落试井测试，测试时间总计 191. 66h，压力由 20. 79MPa 下降至 17. 62MPa。

(3) 从录取的时间—压力数据看，测压过程中井口密封良好，没有出现漏失现象，表明压力计工作状况良好，现场试井资料可用。

(4) 试井曲线分析。

通过对双对数分析图、半对数分析图的分析，在双对数分析图（双对数+导数图）中，第一段是续流段，双对数和导数曲线合二为一，呈现 45°的直线，表明续流段的影响（即井筒储集效应的影响）。第二段为过渡段和线性流段，在线性流阶段，压差曲线和导数曲线都是斜率为 1/2 的直线，即它们互相平行。第三段为导数曲线出现 0. 5 水平线，它是地层中产生拟径向流的典型特征。

在半对数分析图（MDH 或 Horner 图）中，出现续流段的第一段、过渡段的第二段和径向流直线段。

通过试井数据预处理技术、图形模式及图形分析技术和模型诊断技术，确定 M 井解释模型为：内边界条件变井筒储集、表皮效应+均质无限导流垂直裂缝油藏+外边界条件无限大（图 6-2-25、图 6-2-26、图 6-2-27）。

(5) 试井解释结果。

解释地层压力为 14. 47MPa，有效渗透率为 0. 63mD，裂缝半长为 82. 5m，井筒储集系数

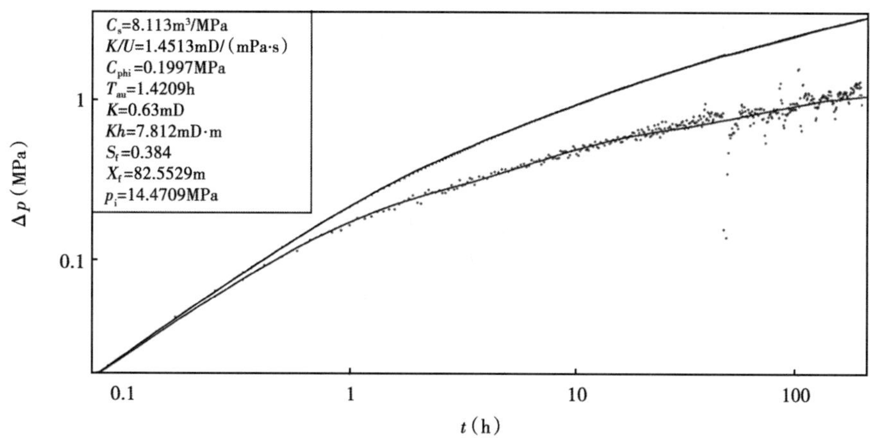

图 6-2-25　BEN 油田 M 井双对数拟合图

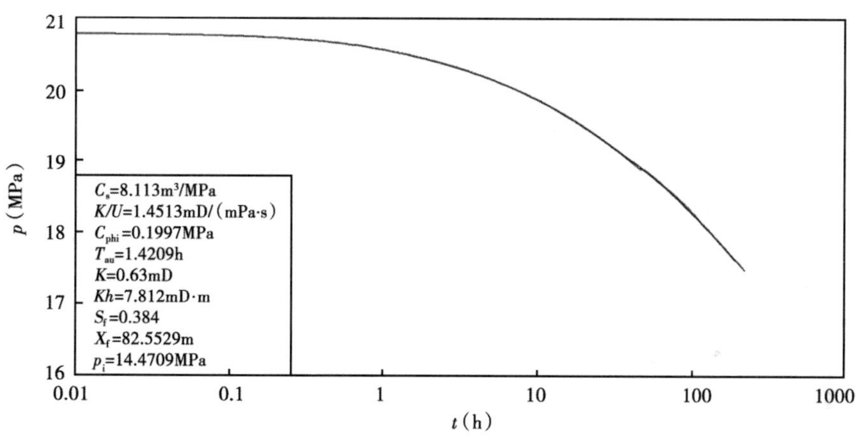

图 6-2-26　BEN 油田 M 井半对数拟合图

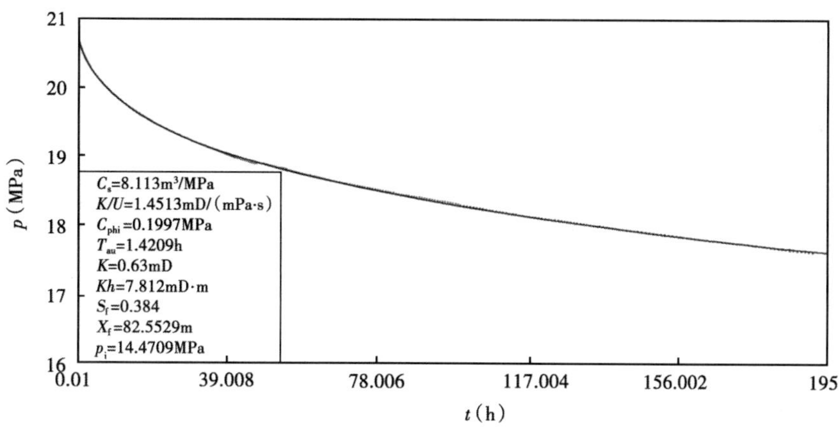

图 6-2-27　BEN 油田 M 井压力历史拟合图

为 8.11m³/MPa。从双对数拟合图、半对数拟合图和压力历史拟合图可以看出，压力降落曲线出现径向流，解释结果可靠（图 6-2-25、图 6-2-26、图 6-2-27）。

十、BEN 油田 L 井

（1）基本状况。

L 井为 BEN 油田 G 区块正常注水井。射开厚度 7.6m，油层中部深度 1399.9m。

（2）测试简况：2011 年 5 月 5 日将压力计下入 1399.9m 进行压力降落试井测试，测试时间总计 166.16h，压力由 20.79MPa 下降至 17.62MPa。

（3）从录取的时间—压力数据看，测压过程中井口密封良好，没有出现漏失现象，表明压力计工作状况良好，现场试井资料可用。

（4）试井曲线分析。

通过对双对数分析图、半对数分析图的分析，在双对数分析图（双对数+导数图）中，第一段是续流段，双对数和导数曲线合二为一，呈现 45°的直线，表明续流段的影响（即井筒储集效应的影响）。第二段为过渡段和线性流段，在线性流阶段，压差曲线和导数曲线都是斜率为 1/4 的直线，即它们互相平行。第三段为导数曲线出现 0.5 水平线，它是地层中产生拟径向流的典型特征。

在半对数分析图（MDH 或 Horner 图）中，出现续流段的第一段、过渡段的第二段和径向流直线段。

通过试井数据预处理技术、图形模式及图形分析技术和模型诊断技术，确定 L 井解释模型为：内边界条件变井筒储集、表皮效应+均质有限导流垂直裂缝油藏+外边界条件无限大（图 6-2-28、图 6-2-29、图 6-2-30）。

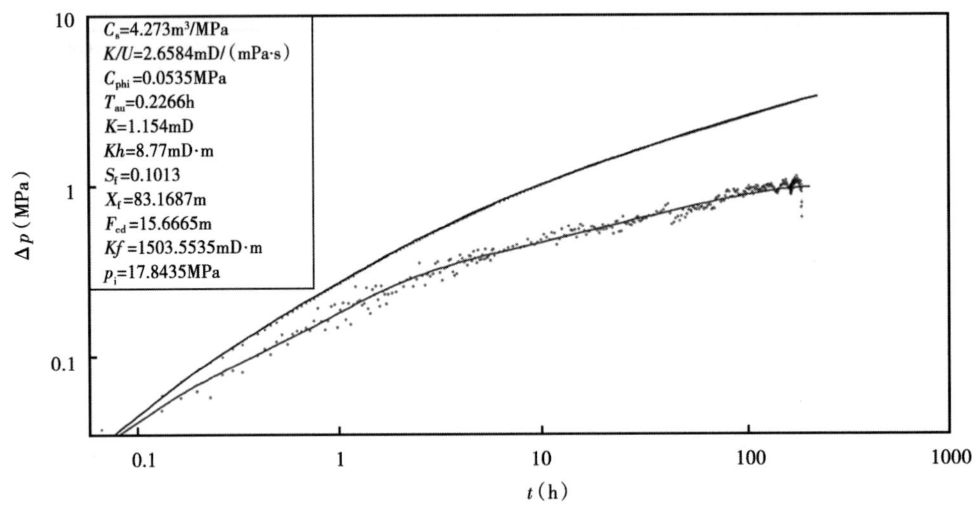

图 6-2-28　BEN 油田 L 井双对数拟合图

（5）试井解释结果。

解释地层压力为 17.84MPa，有效渗透率为 1.15mD，裂缝半长为 83.19m，裂缝导流能力为 15.66，井筒储集系数为 4.27m³/MPa。从双对数拟合图、半对数拟合图和压力历史拟

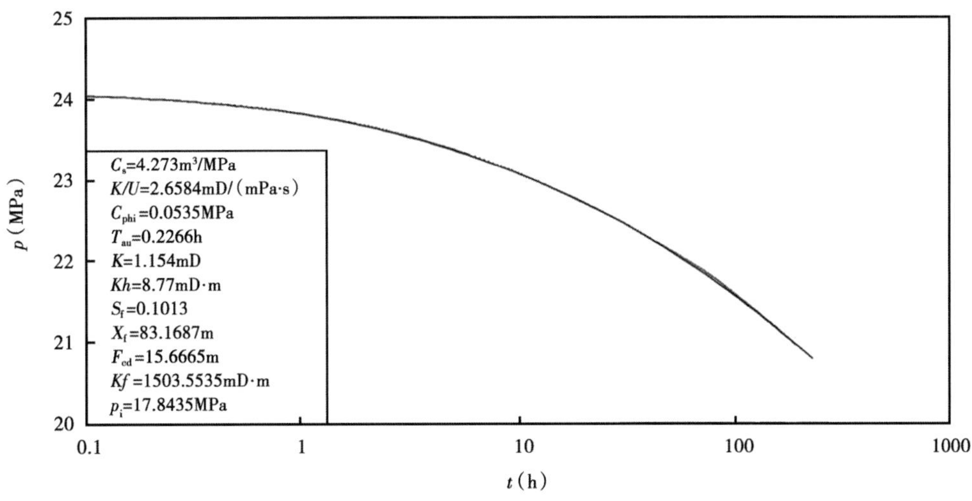

图 6-2-29　BEN 油田 L 井半对数拟合图

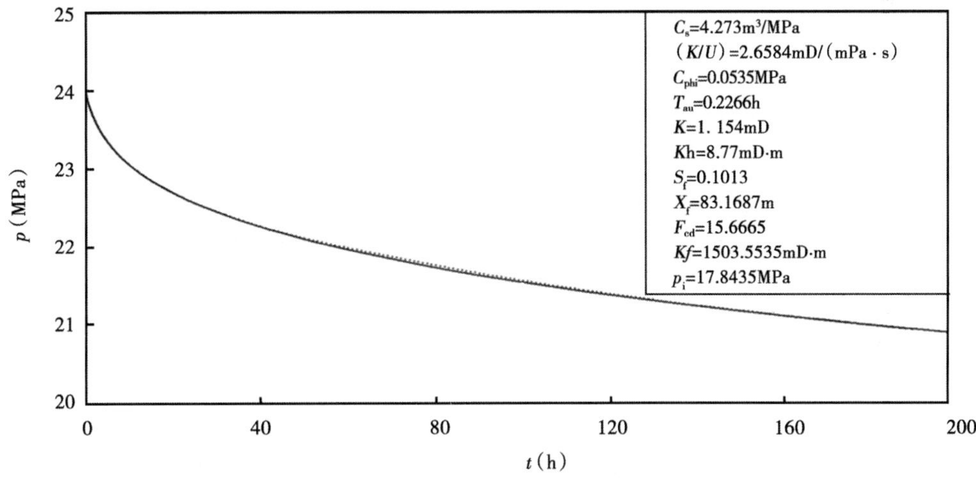

图 6-2-30　BEN 油田 L 井压力历史拟合图

合图可以看出，压力降落曲线出现径向流，解释结果可靠（图 6-2-28、图 6-2-29、图 6-2-30）。

第三节　水井未出现径向流试井解释

通过对 Y 油田 141 井次注水井试井解释发现，关井时间为 20d 左右，有 125 井次出现径向流，占总测试注水井的 88. 7%。通过对 BEN 油田 A 区块和 G 区块注水井试井解释发现，关井时间为 7d 左右，有 9 井次出现径向流，占总测试水井的 10%～20%。BEN 油田 A 区块和 G 区块未出现径向流的原因是关井时间不足。为了使未出现径向流的注水井落差资料得到很好应用，首次提出了 PanSystem 试井解释软件+注水井落差曲线斜率回归公式法+图解法三位一体的联合技术。

一、注水井落差试井基本方法

吉林油区是开发较好的典型低渗透砂岩油藏。对注水井和油藏动态的了解主要依靠试井方法。由于水和油在地层流动的特性基本相似，所以其基本流动方程和试井分析方法仍采用常规和现代试井解释方法。

$$K = \frac{2.12 \times 10^{-3} qB\mu}{mh} \tag{6-3-1}$$

$$S = 1.151\left(\frac{p_{1h} - p_i}{m} - \lg \frac{K}{\phi\mu C_t r_w^2} - 0.9078\right) \tag{6-3-2}$$

式中 q——测试期间稳定、标准条件的水流量，m^3/d；

B——注入水的地层体积系数；

μ——注入水黏度，mPa · s；

K——地层渗透率，D；

ϕ——地层有效孔隙度；

m——分析图上特征直线斜率，MPa/cycle；

h——射开有效厚度，m；

p_{1h}——分析图上特征直线 $t=1$h 时的压力读数，MPa；

p_i——地层压力，MPa；

C_t——注水系统总压缩系数，MPa^{-1}。

通过对两个油田注水井落差曲线的分析，主要试井解释模型为均质模型、均质无限导流垂直裂缝模型和复合模型。

二、PanSystem 试井解释软件

PanSystem 试井解释软件有一个特点，在 MDH 半对数曲线图上可以作出多个斜率的直线，通过图形识别和图形分析发现续流段伪斜率 m_1 与径向流拟合直线段斜率 m 有一定关系。以续流段斜率为自变量，以径向流直线段斜率 m 为因变量，进行线性回归得出注水井落差曲线径向流直线段斜率公式，此公式命名为“吉林公式 4”。

三、“吉林公式 4” 分析

利用 Y 油田 3 口井、BEN 油田 A 区块 3 口井和 G 区块 7 口井共计 13 口井出现径向流（表6-3-1、图6-3-1）的压力落差曲线得出“吉林公式4”，回归公式计算出的直线段斜率为 m'，总相对误差为 3.58%：

$$\begin{gathered} m' = 11.509m_1 + 0.1946 \\ R = 0.9981 \end{gathered} \tag{6-3-3}$$

式中 m'——回归公式计算出的直线段斜率，MPa/cycle；

m_1——续流段伪斜率，MPa/cycle。

表 6-3-1 利用"吉林公式 4"和图解法确定 MDH 曲线径向流斜率表

井号	伪斜率（MPa/cycle）	径向流斜率（MPa/cycle）	计算斜率（MPa/cycle）	相对误差（%）	最高压力（MPa）	最低压力（MPa）	纵坐标最高压力（MPa）	纵坐标最小压力（MPa）	m_1 与 m 之间角度（°）
Y	-0. 2194	-2. 3621	-2. 3303	1. 34	22. 45	19. 74	23	13	150
Z	-0. 0603	-0. 5632	-0. 4992	11. 37	18. 55	16. 52	19	16	155
X	-0. 0790	-0. 7313	-0. 7140	2. 36	17. 87	17. 10	19	16	155
R	-0. 2592	-2. 7210	-2. 7890	2. 50	24. 38	14. 40	25	14	152
Q	-0. 0943	-0. 8744	-0. 8912	1. 91	15. 87	14. 15	16	13	150
P	-0. 2252	-2. 4657	-2. 3974	2. 77	23. 70	20. 01	24	16	148
O	-0. 1355	-1. 3513	-1. 3649	1. 01	23. 27	20. 96	24	16	160
N	-0. 1009	-0. 9299	-0. 9669	3. 97	14. 61	13. 10	15	12	147
M	-0. 3011	-3. 2345	-3. 2708	1. 12	24. 07	20. 95	25	16	150
L	-0. 2809	-3. 0131	-3. 0386	0. 85	20. 79	17. 62	22	13	145
S	-0. 1058	-1. 0666	-1. 0235	4. 05	8. 77	7. 50	9	5	150
U	-0. 1159	-1. 0912	-1. 1393	4. 41	10. 36	8. 26	11	5	160
T	-0. 1306	-1. 2406	-1. 3087	5. 49	9. 90	7. 99	11	5	157

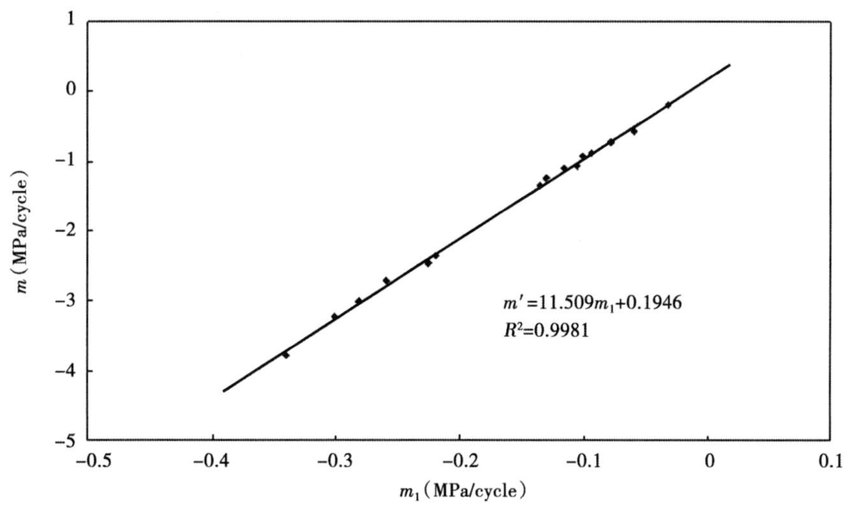

图 6-3-1 径向流直线段斜率 m—续流段伪斜率 m_1 相关关系图

四、图解法

在 MDH 半对数曲线图上，横坐标为时间常用对数，最小横坐标数值设置为 0. 01h，最大横坐标数值设置为 1000h。纵坐标为关井井底压力 p_{ws}，最小纵坐标数值设置为原始地层压力数值，取整加 1MPa，最大纵坐标数值设置为 p_{ws} 数值最大值，取整加 1MPa。这样设置半对数曲线图的目的是既保证图的完整性又使图形不发生随意变形，也就是固定续流段伪斜率 m_1 与径向流直线段斜率 m 之间的角度。

在设置半对数曲线图之后，量取每口井的续流段伪斜率 m_1 与径向流直线段斜率 m 之间的角度，通过量取 13 口井续流段伪斜率 m_1 与径向流直线段斜率 m 之间的角度平均为 152°，最小角度为 145°～160°，一般为 150°～160°（图 6-3-2），这也是对径向流直线段斜率计算是否正确的验证。

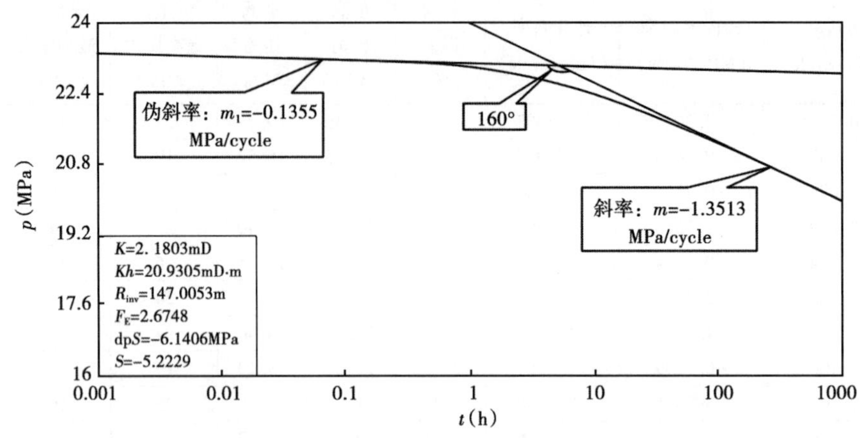

图 6-3-2　半对数曲线图量取 m_1、m 和角度图

五、试井解释拟合方法

在半对数图中，把续流段的伪斜率求出来，再利用“吉林公式 4”，算出径向流直线段斜率。按照图解法把横纵坐标调好，用量角器量出续流段伪斜率 m_1 与径向流直线段斜率 m 之间的角度，看看角度是否在 145°～160°之间。如果不在范围内重新读取续流段的伪斜率，重新计算径向流直线段斜率。

1. 初拟合

在试井解释软件的半对数图中，按“吉林公式 4”求得的径向流斜率 m' 画出直线段，这样就求出该井的有效渗透率，在试井解释软件的双对数图中，上下左右平移曲线，找出与有效渗透率相符的那一条曲线，从而就求得该井的井筒储集系数和表皮系数。再回到半对数图中，上下移动径向流直线段，找出与表皮系数相符的那一条直线，就求出平均地层压力。用以上拟合的参数进入终拟合。

2. 终拟合

把以上参数代入进行终拟合试算，如果双对数图、半对数图、历史拟合图这三个曲线都拟合得很好，这口井的解释就完成了。否则，就调整参数。

在进行参数调整时，可根据曲线形态调整如下参数：

（1）调整井筒储集系数；

（2）调整表皮系数；

（3）最后微调有效渗透率。

调整到双对数图、半对数图、压力史拟合图三个曲线拟合好为止。这样该井试井解释才算完成。

六、解释实例

BEN 油田 O 井的基本状况：该井为 BEN 油田 G 区块正常注水井，射开厚度 9. 6m，油层中部深度 1399. 7m。2011 年 4 月 25 日将压力计下入 1399. 7m 进行落差试井测试，测试时间总计 177. 5h，压力由 23. 27MPa 下降至 20. 96MPa。解释地层压力为 19. 51MPa，有效渗透率为

2.18mD，表皮系数为-5.22，井筒储集系数为3.94m³/MPa(图6-3-3、图6-3-4、图6-3-5)。

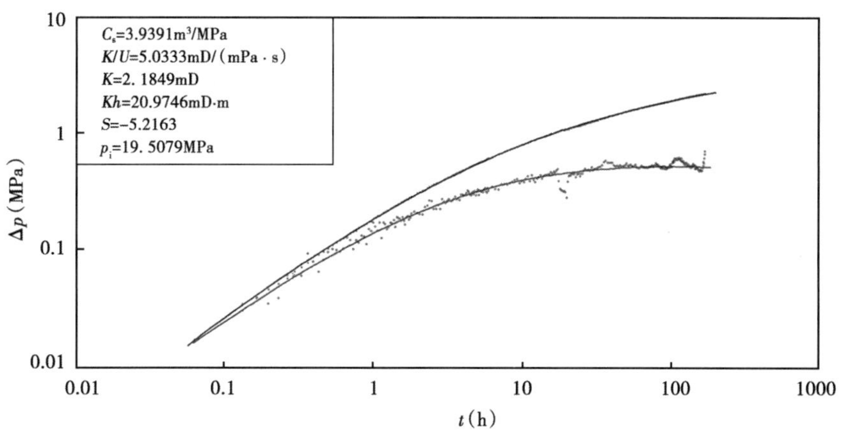

图6-3-3 BEN油田O井完整双对数拟合图

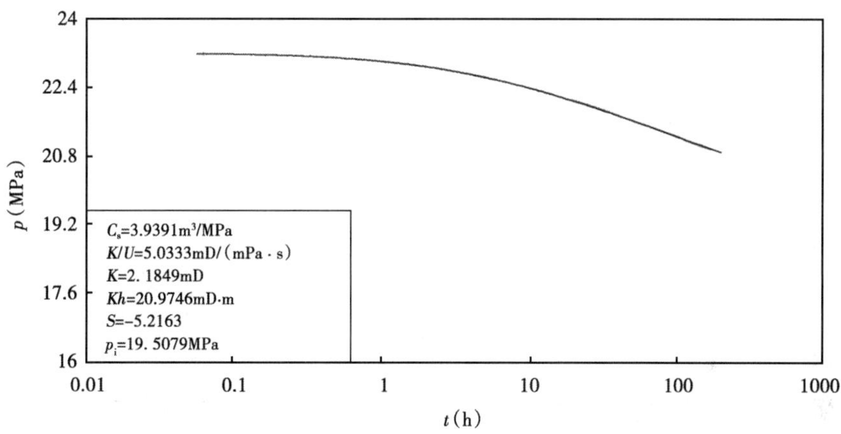

图6-3-4 BEN油田O井完整半对数拟合图

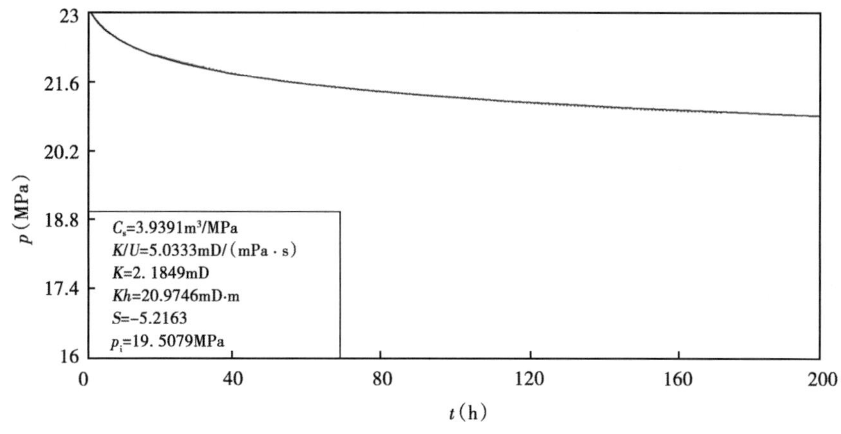

图6-3-5 BEN油田O井完整压力历史拟合图

(1) 把BEN油田O井录入PanSystem试井解释软件中，删去径向流部分。

(2) 在MDH半对数曲线图上，读取O井的续流段伪斜率 m_1 = -0.1355MPa/cycle。

（3）用“吉林公式 4”径向流直线段斜率计算 $m'=-1.3649$MPa/cycle。

（4）在 MDH 半对数曲线图上，按照图解法把横纵坐标设置好，把“吉林公式 4”直线段斜率 $m'=-1.3649$MPa/cycle 绘制出来。

（5）量出续流段伪斜率 m_1 与径向流直线段斜率 m 之间的角度为 160°，在 150°~160°之间，有效渗透率 $K=2.1572$mD（图 6-3-6）。

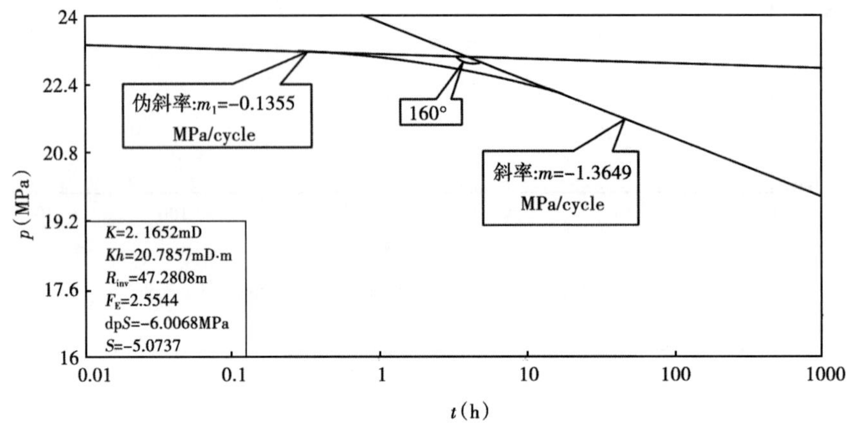

图 6-3-6　BEN 油田 O 井删去径向流确定 m 和角度图

1. 初拟合

在双对数图上，用划分流动段的方法，把续流段划分出来，求出井筒储集系数 $C=5.7025\text{m}^3/\text{MPa}$；用划分流动段方法，把径向流段划分出来，按照有效渗透率 $K=2.1572$mD 进行划分，此时 S 值为-5.0781。

2. 终拟合

（1）进行终拟合，调整 C 值使续流段曲线在 45°线上，再调整 S 值，最后微调有效渗透率。如果双对数图、半对数图、历史拟合图这三个曲线都拟合得很好，O 井的解释就完成了。否则，就调整参数。

（2）解释地层压力为 19.44MPa，有效渗透率为 2.16mD，表皮系数为-5.19，井筒储集系数为 $4.17\text{m}^3/\text{MPa}$（图 6-3-7、图 6-3-8、图 6-3-9）。

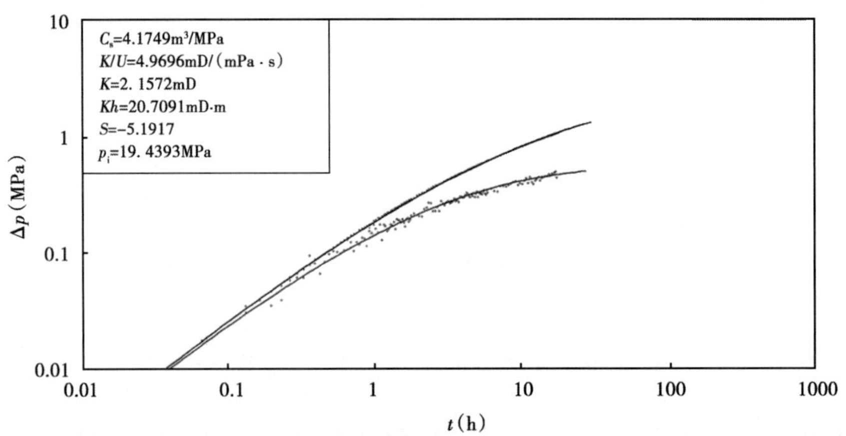

图 6-3-7　BEN 油田 O 井删去径向流段双对数拟合图

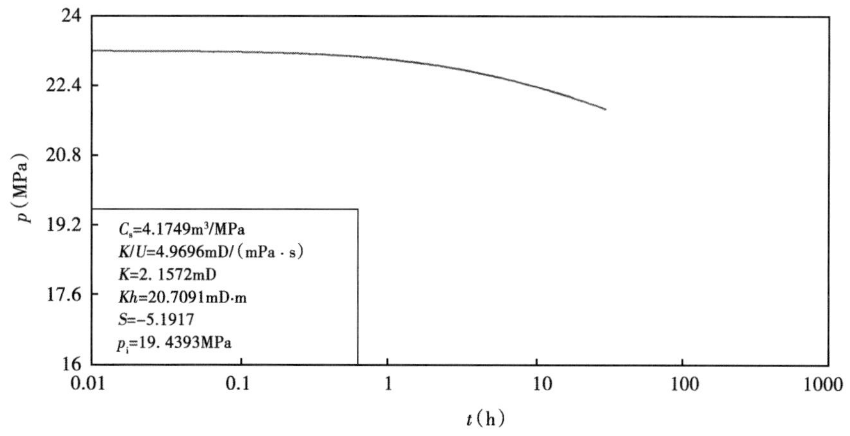

图 6-3-8　BEN 油田 O 井删去径向流段半对数拟合图

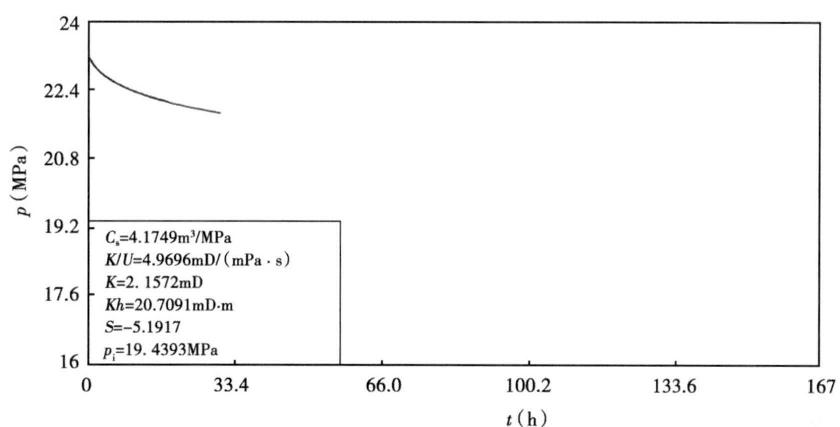

图 6-3-9　BEN 油田 O 井删去径向流段压力史拟合图

用该方法对 O 井和 R 井进行了试井解释，从两口井的拟合参数对比中看出平均地层压力相对误差为 1. 26%，删去径向流直线段与有径向流直线段各项拟合参数见表 6-3-2。

表 6-3-2　删去和存在径向流直线段拟合参数对比表

井号	完整曲线形态试井解释结果				删去径向流试井解释结果				平均地层压力相对误差(%)
	p_R (MPa)	K (mD)	S	C (m^3/MPa)	p_R (MPa)	K (mD)	S	C (m^3/MPa)	
O	19. 51	2. 18	-5. 22	3. 94	19. 44	2. 16	-5. 19	4. 17	0. 36
R	13. 36	1. 11	-2. 80	1. 72	13. 07	1. 03	-2. 99	1. 7	2. 17

总之，注水井落差试井曲线未出现径向流的解释存在多解性问题，在国内外也是一大难题。那么怎样减小它的多解性，就要依靠出现径向流的资料规律来解决。

七、结论

（1）该方法使大多数未出现径向流的试井测试资料得到有效的应用，提高测试资料的利用率。

（2）该方法准确地解释了注水井落差试井曲线参数，解释地层压力相对误差为1.26%。

（3）该方法的提出，是低渗透储层试井解释的又一个新思路。解决了吉林油区低渗透储层试井解释难题，打开了低渗透油藏试井解释新局面。

第七章　试井解释技术

第一节　试井解释的步骤

（1）了解测试井、层的基本情况和测试情况。例如测试层的岩性、测试层包含多少层、各层的测井解释结果、测试井的构造位置、附近的边界情况、测试井的类型（直井、斜井、水平井、部分射开井等）、完井方式、测试类型、测试过程（作业情况、开关井情况和生产情况等）、产出物情况、是否多相流动、测试工艺等，弄清这些情况对正确选择解释模型和认识、处理解释过程中出现的问题非常重要。

（2）录入数据，包括压力数据、产量数据、测试层和产出物的有关参数（如测试层厚度、孔隙度、测试井的半径等）和高压物性数据（产出物的体积系数、黏度、综合压缩系数等，气井情况还包括气体的偏差系数等）。

根据产量和流体性质化验分析资料（流体性质包括密度或相对密度、气油比、气体组分等）确定测试层属性（油层、气层还是水层）；尤其在油气同出的情况下，注意弄清产出流体的性质，根据有关标准，判定产出流体的类型，确定应该用油相、气相还是必须用双相流动模型进行解释。

准确可靠的测试资料是作出正确解释的前提，在得到从测试现场传来的资料，开始进行解释之前，首先要检查数据的可靠性和合理性。

通常测试时都会串联两支压力计下井（这两支压力计必须在标定合格的有效期内），它们所测得的资料应当一致；同时，压力曲线应当光滑，没有台阶状的、杂乱无序的或其他不正常的变化。要注意检查各流动阶段起始时刻的时间和压力数值。如有问题应分析其原因。

要仔细阅读测试日报等原始记录，将产量数据齐全、完整、准确无误地录入。在产量发生变化时，应把产量史适当细分成台阶状变化的序列，并验证其变化是否与压力史相符。

这里要特别强调“认真”“严细”的工作态度。处理资料是件很烦琐的事情，很容易出错。就是根据测试日报统计产量这么简单的事，计算无非是加减乘除，一点也不复杂，但稍不小心就会出错。可是，产量却是试井解释这一系统分析中最重要的输入信息，一旦出错，对解释过程和解释结果影响很大。

（3）划分测试阶段。查阅测试施工记录可以知道所有事件发生的时间，从而得到各个测试阶段（如三开、二关等）的起始时间；许多解释软件都会将压力史和产量史画在同一张图上，它们的变化应该互相对应或匹配；把压力史和产量史图适当放大，从放大图上可以更准确地确定各个测试阶段的起始时间和历时的长短。正确确定开关井时间也是很重要的，定得不准确会影响曲线的形状，对早期段的影响尤为严重。

（4）选择进行解释的测试阶段。一般情况只选择最好的（如延续时间最长、相关的产量最稳定、录取资料质量最高的）测试阶段进行解释。

但有条件时，应考虑将所有可以解释的测试阶段（如二关、三关等）都进行解释，以便互相验证，并有可能从不同测试阶段的资料解释结果得到更深入的认识。

（5）绘制双对数图和半对数图。一旦选定了进行解释的测试阶段，解释软件就会在屏幕上显示出该测试阶段的双对数曲线图和半对数曲线图。

（6）选择解释模型。根据双对数曲线图的形态和对测试井、层基本情况的了解，可以初步确定应该选用的解释模型。有的软件还会提供若干个可能合适的模型，供用户选择。

（7）图版拟合。手工拟合是将解释图版固定，将实测复合双对数曲线放置在解释图版上，在保持它们的坐标轴互相平行的前提下，通过上下、左右移动，让实测曲线与图版中的某一条样板曲线拟合。但用计算机进行解释的时候，却并非如此。有的软件是在画出实测曲线之后，根据用户选定的模型和输入的资料，产生一条样板曲线；并按用户确定的实测曲线径向流动段（实测导数曲线的水平直线段）和井筒储集效应段（实测导数曲线早期斜率为1的直线段，即45°线）的位置，将利用不同参数产生的样板曲线叠置其上，直至找到获得满意拟合结果的样板曲线。也就是说，用计算机进行解释实质上是将实测曲线固定，而平移解释图版，寻找其中符合测试层和测试井实际情况的样板曲线，并和实测曲线拟合。有的软件具有自动拟合的功能，也是固定了实测曲线，再根据所选模型和所输入的高压物性参数，产生一条又一条样板曲线，一步一步地逼近实测曲线，直到获得最佳拟合。

（8）计算参数。图版拟合完毕，由拟合值计算的测试层和测试井的各项参数就已经得到了，在导数曲线上标出径向流动段，软件就会在半对数曲线上用该段的数据点画出直线段，并计算出所有参数。

（9）对比计算结果。由图版拟合解释和半对数分析以及其他方法算得的各项参数应当一致。如不一致应进行检查并重新解释。

（10）进行半对数曲线拟合检验和压力史（全程）拟合检验。用所选解释模型和解释结果产生的半对数曲线及压力史应与实测半对数曲线和压力史相一致，如不一致应进行检查甚至重新解释。在过去，压力恢复的半对数曲线拟合检验用的是无量纲 Horner 曲线检验，有的软件直接用有量纲半对数曲线进行检验，但其道理或实质是完全一样的。

第二节　试井解释技术关键

做好一口井的试井解释，首先应进行数据预处理工作，因为数据预处理是试井解释的前提和基础；其次应具备模型诊断的能力，因为模型诊断是试井解释的灵魂；再次是与地质情况相结合，因为与地质情况相结合是保证试井解释结果正确的必要手段，三者缺一不可。

一、数据预处理

在稳定试井解释和不稳定试井解释之前，首先要做的是数据预处理工作，因为数据预处理是保证试井曲线形态的一种必要手段。为什么总是强调试井曲线形态？因为曲线形态是试井解释的基础，如果基础不牢靠，靠后续所有工作都无法得出正确的结果。

1. 剔除非点

剔除非点是在利用液面资料求取地层参数的可行性研究中提出来的，但是用压力计测试也可能出现类似情况，它是由于压力计精度不足造成的。将图 7-2-1 中的 A、B、C、D 删去。

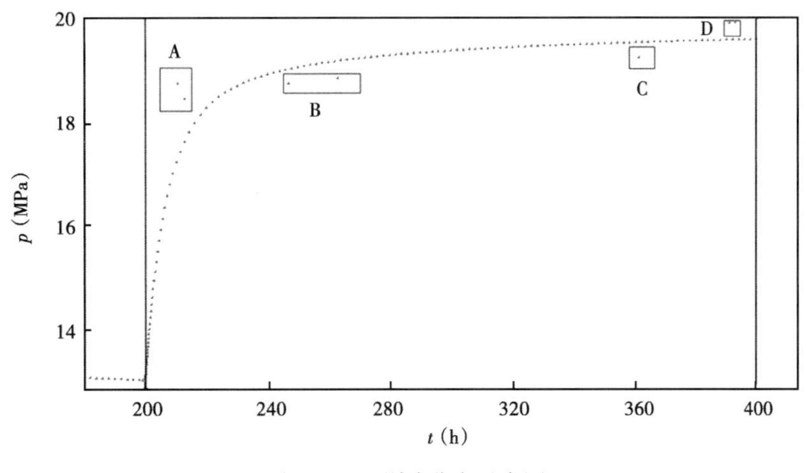

图 7-2-1 剔除非点示意图

尽可能多地了解测试情况。特别是测试资料出现某些反常的情况时，要弄清其原因，例如是否测试仪器有什么故障，井身井口出过什么问题，施工过程中有过什么情况（如出现何种误操作）等，以免把这些异常误认为是测试层（井）本身异常特性的反映，使解释误入歧途。

2. 初始时间点的选取

要对一口井进行试井解释，首先把测压数据录入试井解释软件，进行第一点（流动压力）的选取工作。

准确划分测试阶段。测试阶段（特别是进行解释的测试阶段）起始时间的确定是很重要的，如果定得不准确，会造成压差和压力导数计算的错误，使压力及其导数曲线变形、失真，使解释变得困难，图 7-2-2 为初始点选取错误示意图。在压力史和产量史图上，它们的变化应该互相对应或匹配，应据此准确地确定各个测试阶段的起始时间和结束时间，要结合剔除非点工作进行。

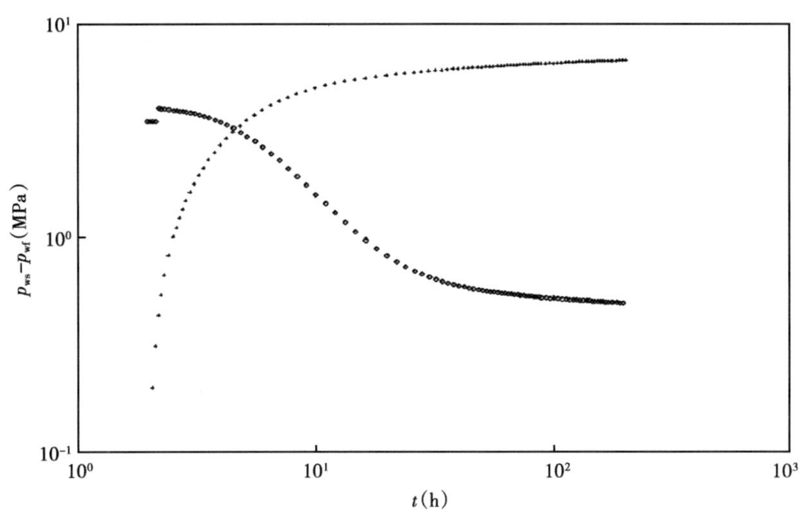

图 7-2-2 初始点选取错误示意图

3. 进行生产时间的加载工作

如果缺少这项工作，双对数图形也将出现错误，见图 7-2-3。

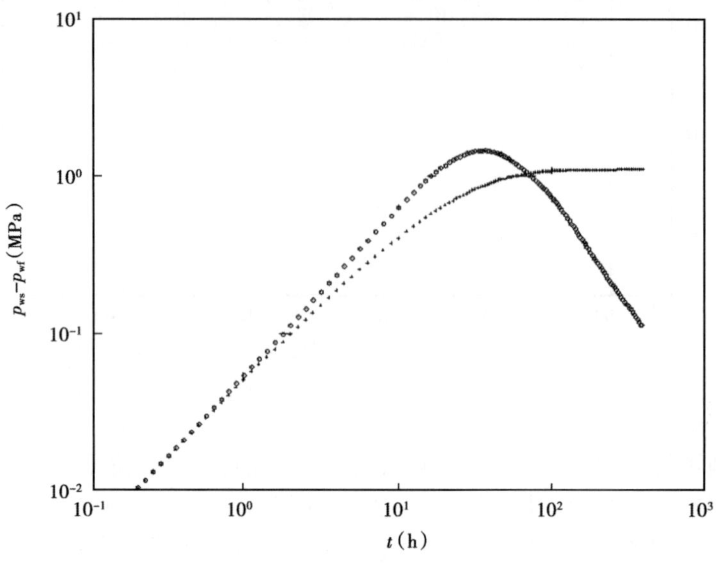

图 7-2-3　生产时间加载错误示意图

为了验证该信息是否是真正的地层信息，采用附加导数中的压力降落导数和压力恢复导数进行对比，从曲线可以看出，后期压力恢复导数和压力降落导数是否分离，判断测试井是否受到了开井时间短的影响（图 7-2-4、图 7-2-5）。

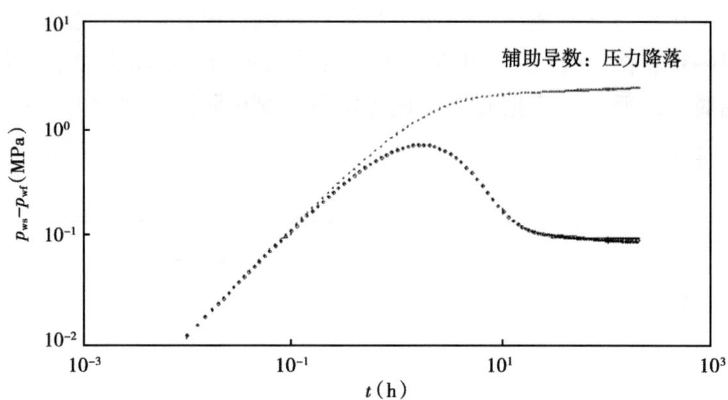

图 7-2-4　正常压力降落导数和压力恢复导数对比图

4. 对整个数据进行筛点

这部分工作是根据不同试井解释软件来做的，由于目前采用高精度电子压力计，采点很密，数据量增大，它不仅影响软件运行速度，也影响试井曲线形态。做这项工作，要结合实际工作经验，一般数据量为 $1\times10^4\sim10\times10^4$，保留 1000~5000 个点为好。

5. 适度使用光滑化方法

如果实测导数曲线的数据点很杂乱，可以考虑进行光滑化。但光滑化系数不要选得太高，以免使曲线失真。

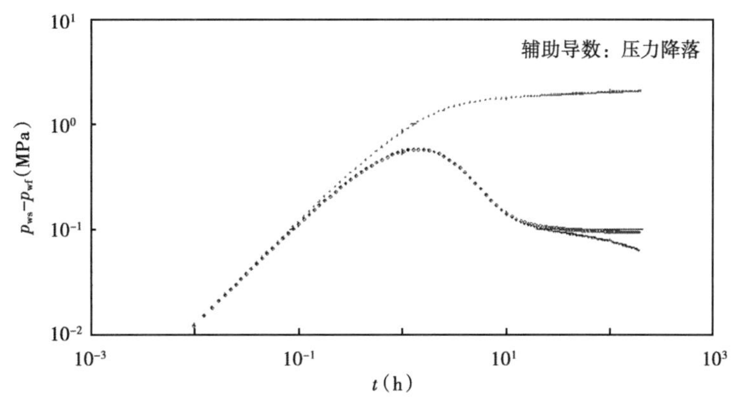

图 7-2-5　异常压力降落导数和压力恢复导数对比图

要注意曲线末端由于求导（特别是光滑化）产生的末端效应，这是由于利用移动窗口法计算导数时，使用了窗长范围内两端的数据点，当接近整个解释阶段的末端、离末端的距离小于窗长时，末端的数据点将被反复用以计算所有各点的导数。特别是当光滑化系数选得较大时，末端效应可能使得末端相当大一段曲线严重变形或失真。所以，如果确认末端的数据有较大的误差，特别是计算导数时又进行了光滑化，对于末端出现的曲线异常，应当非常慎重地考虑和处理，不要把末端效应误解为边界，也要结合剔除非点工作进行。

二、选择试井解释模型

慎重选择试井解释模型。这是至关重要的，因为如果模型选错了，得到的解释结果必定不符合实际，当然也不可能通过最后的半对数曲线拟合检验和压力史拟合检验，而不得不重新进行解释。为了能够较准确地选择解释模型，解释人员必须熟悉不同模型和不同流动阶段压力变化的形态特征，即不同模型和不同流动阶段的诊断曲线。

三、试井资料的诊断方法——压力对时间的导数检验法

用压力导数进行试井解释具有很大的优越性，压力对时间导数$\frac{dp}{dt}$本身，在诊断均质油藏的压力方面，有着很强的功能。均质油藏压力降落测试过程中各种流动阶段，如井筒储集、线性流、双线性流、球形流、平面径向流、拟稳定流和稳定流等。可以看到：不管在哪个流动阶段，$\frac{dp}{dt}$都是时间的减函数。图 7-2-6 是实测压力对时间的一阶导数曲线。曲线自始至终都呈下降趋势，表明压力资料是正常的。

而在图 7-2-7 中，在线 A 和 B 之间，$\frac{dp}{dt}$线却出现了明显上升的现象，表明压力资料出现异常，或者说，这一段的数据点所反映的井底压力变化，并不是测试层的性质所引起的，而是别的原因造成的。如果实测压力资料的某一段出现压力对时间的一阶导数随时间增加而增大的现象，那么，这一段数据所反映的不可能是均质测试层的特性，而是因为某种原因产生了异常，此时应找出产生异常的原因，常见的可能原因有：

（1）井筒中出现相态的重新分布或变井筒储集等现象。

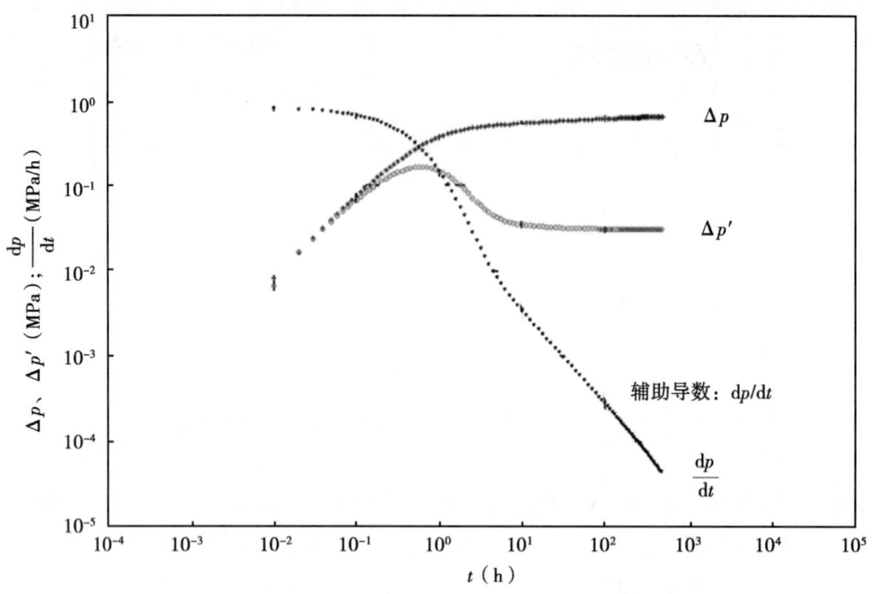

图 7-2-6　正常实测压力对时间一阶导数曲线

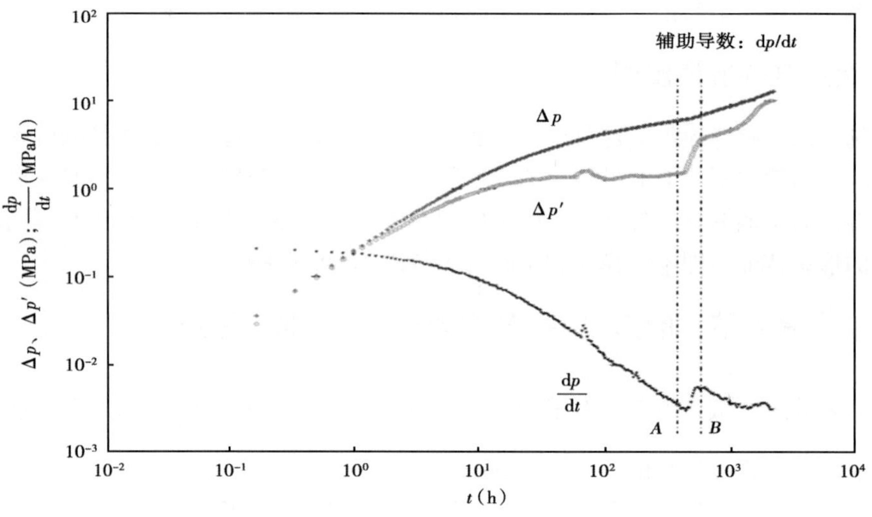

图 7-2-7　异常实测压力对时间一阶导数曲线

（2）压力计故障，工作不正常，以致测得的数据有误。

可以看到：压力对时间的导数是一种非常有效且简单的诊断方法。有些试井解释软件，包含了这种诊断方法，很容易使用。

四、与地质研究人员相结合，参考地质研究成果

试井解释是具有多解性的，很可能出现这样的情况：似乎有若干种模型都可用来解释，甚至结果都可以通过压力史拟合检验；但是测试层和测试井的实际情况只有一种。在这种情况下，到底哪一种才符合实际，能得到地质研究结果的支持？应参考地质研究成果，多听取

地质研究人员的意见。

五、多解释几个测试阶段进行对比

若有条件，应考虑将所有可以解释的测试阶段都进行解释并比较，这样可对解释结果进行互相验证，使对解释结果的可靠性更有把握，同时还有可能从它们的差异中取得很有价值的信息。例如：表皮系数随着测试的进行逐步减小，提供了油层在不断解堵的信息；随着流动时间的增加，清井越来越彻底，近井地带的伤害程度越来越低。如果得到气井在不同产量下的拟表皮系数，还可以算出其真表皮系数等。

六、检查解释结果的合理性

最后应将解释结果与所了解的各种情况相比较；与测试井井况、测试层相比较；与进行过测试的同层邻井情况相比较；与各参数的合理数值范围相比较，以保证解释结果的合理性。

总之，在试井解释中，要结合地质、测井、射孔和周围井生产动态资料进行分析，通过试井数据预处理，选择正确模型，可求出准确地层参数。主要参数有：平均地层压力、储层类型、有效渗透率、不渗透边界的大致几何形态及最近边界距离、井周围储层物性变化、伤害程度、措施效果评价和可动储量等。利用这些参数可对油藏的压力系统、注水动态、措施效果、油藏特性等方面进行评价，同时为油藏描述提供可靠依据，从而可制订合理的油气田开发和调整政策，提高油气田的最终采收率。

参 考 文 献

刘能强 . 1996. 实用现代试井解释方法 . 北京：石油工业出版社 .

刘能强 . 2008. 实用现代试井解释方法 . 北京：石油工业出版社 .

庄惠农 . 2003. 气藏动态描述和试井 . 北京：石油工业出版社 .

[美] 李约翰（著）. 王福松，董恩环（译）. 1986. 试井 . 北京：石油工业出版社 .

《中国油气测试资料解释范例》编写组 . 1994. 中国油气测试资料解释范例 . 北京：石油工业出版社 .

石广仁 . 1999. 地学中的计算机应用新技术 . 北京：石油工业出版社 .

《试井手册》编写组 . 1991. 试井手册 . 北京：石油工业出版 .

樊世忠，陈元千 . 1988. 油气层保护与评价 . 北京：石油工业出版社 .

李克向 . 1993. 保护油气层钻井完井技术 . 北京：石油工业出版社 .

陆明德，田时芸 . 1991. 石油天然气数学地质 . 北京：中国石油大学出版社 .

林加恩 . 1996. 实用试井分析方法 . 北京：石油工业出版社 .

陈元千 . 1990. 油气藏工程计算方法 . 北京：石油工业出版社 .

陈元千 . 1991. 油气藏工程计算方法（续篇）. 北京：石油工业出版社 .

杨继盛，刘建仪 . 1994. 采气实用计算 . 北京：石油工业出版社 .

陈礼义 . 1990. 计算机算法与应用 . 北京：天津大学出版社 .

洪世铎 .《油藏油物理基础》. 北京：石油工业出版社 .

刘振宇，赵春森，殷代印 . 2002. 油藏工程基础知识手册 . 北京：石油工业出版社 .

Blasingame T A，Lee W J. 1986. The Variable-Rate Reservoir Limits Testing. SPE 15028 presented at the SPE Permian basin Oil & Gas Recovery Conference.

Blasingame T A，McCray T C，Lee W J. 1991. Decline Curve Analysis for Variable Pressure Drop/Variable Flowrate Systems. SPE 21513 presented at the SPE Gas Technology Symposium.

石广仁，等 . 2002. 多地质因素的勘探目标优选——人工神经网络法与多元回归分析法比较研究 . 石油学报，23（5）：19-22.

史仲乾 . 2002. 对低渗透油藏缩短测试时间的可行性分析 . 石油勘探与开发 .

张英魁 . 2000. 利用试井技术对气层伤害综合评价研究 . 油气井测试，41-46.

刘斌，张英魁，张之晶 . 1998. 应用试井方法对大房身气田早期评价研究 . 油气井测试，24-28.

张英魁，刘斌，谷武，等 . 2001. 利用多元回归方法确定岩石压缩系数 . 油气井测试，7-9.

张英魁，栾海波，司云革，等 . 2001. 油田注水开发中后期试井解释中基础参数的确定方法研究 . 油气井测试，23-25.

张英魁，张太春，张辉，等 . 2002. 新民油田试井测试与解释存在的问题及解决方法 . 油气井测试，29-31.

王安辉，张英魁，高景龙，等 . 2003. 应用人工神经网络方法确定岩石压缩系数 . 石油勘探与开发，105-107.

刘兴忠，张英魁，史文选，等 . 2003. 未现径向流进行多井综合分析试井解释新方法——“吉林公式 3”在低渗透油藏试井解释中的应用 . 油气井测试，14-16.

张英魁，张兆武，阮宝涛，等 . 2004. 海坨子油田试井资料解释分析 . 油气井测试，22-24.

王安辉，宇淑颖，张英魁，等 . 2004. 神经网络在低渗透油田试井解释中应用 . 石油与天然气地质，338-343.

张英魁，张兆武，龚华立，等 . 2004. 起泵测试对试井解释中模型诊断及解释结果的影响，油气井测试，21-23.

宇淑颖，贾立莹，汤文玲，等 . 2004. 坨深 1 井试井资料解释与应用 . 油气井测试，20-22.

张英魁，苏爱武，宇树国，等 . 2005. 不稳定试井方法在双坨子气藏应用 . 油气井测试，34-36.

张英魁，郑占英，王宝友，等 . 2006. 坨 A4-2 试井资料解释与应用 . 石油知识，12-13.

陈少军，张英魁，张辉，等 . 2006. 坨 17 井试井资料分析与解释 . 断块油气田，14-16.

汤文玲，张英魁，李徽，等 . 2005. 新民油田 6 队地层压力评价 . 中外石油化工，89-90.
张辉 . 2007. 英台油田利用液面资料求取地层参数可行性研究 . 断块油气田，84-85.
张英魁，王盛祥，杨柏林，等 . 2009. 稳定试井方法在双坨子气藏的应用 . 油气井测试，20-22.
孙达，夏平，张英魁，等 . 2010. 坨 17 井生产数据动态分析与井控储量计算 . 油气井测试，20-23.
张英魁 . 2011. 试井技术在吉林油区发展历程及应用前景 . 石油科技论坛，15-17.
王建国，张国华，张英魁，等 . 2012. 油井稳定试井解释在吉林油田的应用 . 油气井测试，27-28.
邵文勇，施国法，张英魁，等 . 2012. 油井多次环空测试资料进行油井试井解释新方法 . 油气井测试，6-8.
张英魁 . 2015. 油气井压力恢复试井解释技术关键 . 天然气文集，68-71.